China International Academic Forum on Mine Surveying 2017

矿山测量
研究进展与应用

2017中国国际矿山测量学术论坛文集

中国矿业大学出版社

内容简介

本书由2017中国国际矿山测量学术论坛组委会组织编写。全书共分为四篇，分别为"三下"采矿理论与技术篇、土地复垦与环境保护篇、3S技术进展及应用篇、矿山测量人才培养篇。论文集涉及矿山测量多个研究方向，是矿山测量研究与技术应用方面的成果总结。

本书可供从事矿山测量、矿区土地复垦、测绘工程等学科方向或专业的现场技术人员和高校相关专业学生阅读与参考。

图书在版编目(CIP)数据

矿山测量研究进展与应用：2017中国国际矿山测量学术论坛文集/袁亮主编．—徐州：中国矿业大学出版社，2017.9

ISBN 978-7-5646-3722-4

Ⅰ．①矿… Ⅱ．①袁… Ⅲ．①矿山测量－学术会议－文集 Ⅳ．①TD17-53

中国版本图书馆 CIP 数据核字(2017)第245745号

书　　名	矿山测量研究进展与应用
	——2017中国国际矿山测量学术论坛文集
主　　编	袁 亮
责任编辑	潘俊成　王美柱　孙建波
责任校对	杨 洋
出版发行	中国矿业大学出版社有限责任公司
	（江苏省徐州市解放南路　邮编221008）
营销热线	(0516)83885307　83884995
出版服务	(0516)83885767　83884920
网　　址	http://www.cumtp.com　E-mail:cumtpvip@cumtp.com
印　　刷	徐州中矿大印发科技有限公司
开　　本	787×1092　1/16　印张 33.25　字数 851千字
版次印次	2017年9月第1版　2017年9月第1次印刷
定　　价	128.00元

（图书出现印装质量问题，本社负责调换）

《矿山测量研究进展与应用》
编审委员会

主　　编　袁　亮

副 主 编　黄乐亭　邹友峰

执行主编　徐良骥

编审人员　（以汉语拼音为序）

戴华阳　冯遵德　郭庆彪　胡炳南　胡海峰

黄礼富　刘国林　刘小生　刘　辉　卢　霞

申宝宏　滕永海　王　磊　杨洪泉　杨建华

姚顽强

前　言

矿山测量是综合应用光学、声学、惯性、重力、电磁等手段及空间信息等理论方法，研究与矿产资源开发利用有关的从地面到地下、从矿体/工程到围岩的动静态空间信息监测监控、定向定位、集成分析、数字表达、智能感知和调控决策等的科学与技术。研究内容涵盖矿山信息采集与三维表达，地下定位与导航，多源复杂信息整合与集成处理，数字矿山与物联感知，沉陷监测与变形控制，"三下"采煤，矿体几何与储量动态管理，土地复垦与环境整治，地下空间环境评估等。我国矿产资源需求量大，开发工程多，矿山测量专业在保障资源安全、高效、绿色、节约开发利用方面发挥了重要作用，产生了巨大的应用效益，具有广阔的社会需求及发展前景。

我国的矿山测量事业历经六十多年的发展，现已形成较为完整的学科建设、科学研究及人才培养体系。伴随着矿山开采技术的迅速发展及人们对矿山生态环境保护意识的不断增强，矿山测量事业也需不断革新、与时俱进地发展，适应我国国民经济发展及社会的需求。

2017中国国际矿山测量学术论坛将于10月12日至14日在安徽理工大学召开，组委会从提交的参会论文中遴选优秀论文60篇，由中国矿业大学出版社出版了《矿山测量研究进展与应用》文集。论文来自武汉大学、中国矿业大学、中国矿业大学(北京)、河南理工大学、安徽理工大学、中煤科工集团等多所高校及企业，内容涉及矿山开采沉陷损害防护与控制、"三下"采矿理论与技术、矿区环境与灾害遥感监测、矿区环境保护与土地复垦、矿山测量学科人才培养等多个方面，涵盖了矿山测量事业发展的多个方向，可供从事矿山测量、矿区土地复垦与生态修复、测绘工程等学科方向或专业的科研、教学及现场技术人员参考。

本书由袁亮院士主编，黄乐亭研究员、邹友峰教授副主编，徐良骥教授执行主编，本书的编审委员会成员在本书出版过程中付出了辛勤劳动，安徽理工大学对本书的出版给予了支持与资助，中国煤炭学会与中国科协对会议举办给予了支持与资助，《测绘通报》编辑部杨洪泉研究员、《金属矿山》编辑部黄礼富研究员在组委会推荐优秀论文发表过程中给予了极大的支持，在此深表感谢！由于时间仓促，书中不足之处敬请读者批评指正。

2017中国国际矿山测量学术论坛组委会

2017年9月

目 录

"三下"采矿理论与技术篇

井下等边直伸形方向附合导线优化方法及平差通用模型研究 ⋯ 池深深,王磊,魏涛,等(3)
盐穴收缩引起的地表下沉预计 ⋯⋯⋯⋯⋯⋯⋯⋯⋯⋯⋯⋯⋯ 姜岳,杨伦,马振和(11)
建筑物下压煤条带煤柱巷柱式加固技术及应用 ⋯⋯⋯⋯⋯ 戴华阳,廖孟光,田秀国(18)
基于时效 Knothe 函数的开采沉陷动态精准预计方法研究 ⋯⋯ 魏涛,王磊,池深深,等(28)
大型地质异常体极不稳定围岩耦合注浆控制技术⋯⋯⋯⋯ 徐燕飞,陈永春,安士凯,等(38)
基于 Rayleigh 法的开采沉陷相似准数研究 ⋯⋯⋯⋯⋯⋯⋯⋯⋯⋯ 张文志,任筱芳(53)
高潜水位多煤层开采地表沉陷积水区动态演变预测研究 ⋯⋯⋯⋯⋯⋯⋯⋯ 高旭光(60)
建筑物下充填条带开采方案设计及效果评价⋯⋯⋯⋯⋯⋯⋯ 张琪,刘辉,翟树纯,等(67)
基于非均布载荷下梁结构破断理论的地表破坏规律 ⋯⋯⋯ 张文静,胡海峰,廉旭刚(75)
开采沉陷动态下沉模型及其参数研究⋯⋯⋯⋯⋯⋯⋯⋯ 张劲满,徐良骥,李杰卫,等(83)
建筑物下压煤开采地表变形预计及建筑物损害分析⋯⋯⋯ 蓟洋,刘辉,郑刘根,等(89)
矸石密实充填采煤地表沉陷预计模型 ⋯⋯⋯⋯⋯⋯⋯⋯⋯⋯⋯ 吕鑫,郭庆彪,王磊(97)
带状充填开采地表沉陷预计方法研究⋯⋯⋯⋯⋯⋯⋯⋯⋯⋯⋯⋯⋯⋯⋯⋯ 朱晓峻(108)
基岩裸露山区倾斜煤层开采地表沉陷规律研究 ⋯⋯⋯⋯⋯⋯⋯⋯⋯ 王启春,郭广礼(116)
Research on Surface Subsidence of Solid Backfilling Mining by
 Numerical Simulation ⋯⋯⋯⋯⋯⋯⋯ CHAI Huabin,YAN Chao,ZHANG Ziyue(124)
基于动态预报模型的充填开采地表沉陷反演研究⋯⋯⋯⋯ 林怡恺,郭广礼,郭庆彪(133)
基于物联网的煤矿实时监测的拓扑可靠性设计与优化分析 ⋯⋯⋯⋯ 田立勤,马亚楠(140)
高速公路穿越煤矿老采空区安全性评价程序、内容与方法
 ⋯⋯⋯⋯⋯⋯⋯⋯⋯⋯⋯⋯⋯⋯⋯⋯⋯⋯⋯⋯⋯ 杨锋,郭广礼,郭庆彪,等(147)
Innovational Methods of Geomonitoring—the Most Effective Way of Providing Industrial
 Safety in Mines ⋯⋯⋯⋯ M. Nurpeisaova,G. Kyrgizbaeva,S. Soltabaeva,et al(156)
Monitoring of the Engineering Structures Stability Conditions
 ⋯⋯⋯⋯⋯⋯⋯⋯⋯⋯⋯⋯⋯⋯⋯ M. Nurpeissova,A. Ormambekova,A. Bek,et al(165)
基于 LiDAR DEM 不确定性分析的矿区沉陷信息提取 ⋯⋯ 于海洋,杨礼,牛峰明,等(177)

基于 D-InSAR 的矿区地表沉陷监测方法 …………………………… 李楠,王磊,池深深,等(188)
利用 InSAR 和修正概率积分法预计不同采动程度下的矿区地表变形 ……………………………
　　　　　　　　　　　　　　　　　　　　　　　　　　　　杨泽发,李志伟,朱建军,等(196)

土地复垦与环境保护篇

不同低分子量有机酸对煤矸石养分释放的影响作用 ………… 汪梦甜,余健,房莉,等(207)
挤压和含水量对采煤塌陷地不同秸秆还田复垦土壤碳转化的影响 …………………………
　　　　　　　　　　　　　　　　　　　　　　　　　　　　　　周光,余健,房莉,等(216)
煤矸石充填复垦地修复效果研究
　　——以淮南市大通矿区为例 …………………………………… 刘曙光,徐良骥(225)
泊江海子流域 30 a(1987—2016)生态演替与气候响应 …… 刘玮玮,劳从坤,刘畅,等(232)
基于高分辨率遥感影像的大通废弃煤矿区生态修复林淹水胁迫灾情信息提取 ……………
　　　　　　　　　　　　　　　　　　　　　　　　　　　　　　王楠,汪桂生,张震(245)
基于 MODIS NDVI 的淮南矿区植被覆盖度动态监测 …………………… 汪桂生,仇凯健(254)
矿业城市景观格局时空演变分析
　　——以淮南市潘集区为例 ……………………………… 于伟宣,毛亚,刘樾,等(265)
城区重度污染水体遥感识别研究 ………………………… 李佳琦,戴华阳,李家国,等(274)

3S 技术进展及应用篇

GPS 三频信号仿真电离层误差补偿模型研究及精度分析 ……………… 陈少鑫,徐良骥(287)
煤炭资源空间分布的分形特征和厚度变化规律的分形滤波方法研究 ……………… 刘星(294)
基于 H^∞ 滤波的 SINS/GPS 组合无人机定位 ………………… 王昆仑,陶庭叶,黄祚继,等(306)
利用 NMF 算法确定 ZTD 格网产品空间分辨率 ………… 刘志平,朱丹彤,王潜心,等(313)
百度地图坐标解密方法精度分析 ………………………………………… 杨丁亮,刘志平(323)
多卫星导航系统钟差解算效率分析 ………………………… 毛亚,王潜心,于伟宣,等(331)
北斗 IGSO/GEO/MEO 卫星三频单历元变形解算中随机模型的比较研究 ……………………
　　　　　　　　　　　　　　　　　　　　　　　　　　　　　严超,余学祥,徐炜,等(340)
基于 JavaScript 的 3D GIS 中的八叉树索引研究 …………………………………… 汪玲玲(350)
基于 ANUDEM 的县南沟流域坡长尺度效应研究 ………………………… 樊宇,郭伟玲(357)
GPS 高程拟合方法研究 …………………………………………………………… 方懿(366)
基于 RBF 神经网络的 GPS 对流层延迟插值算法 ………………… 马健武,陶庭叶,尹为松(375)
基于 ArcEngine 建筑物保护煤柱留设自动化及三维可视化研究 ………………… 洪娅岚(381)

探地雷达技术在矿区的应用 ··· 胡荣明,王舒,李岩(387)
三维空间实体自动拓扑构建研究 ··· 鹿凤(392)
时序双极化 SAR 开采沉陷区土壤水分估计 ··············· 马威,陈登魁,王夏冰,等(397)
基于地形梯度的皖南地区土地利用类型分布特征 ········· 张平,陆龙妹,赵明松(412)
基于 PSR 模型的稀土矿区生态安全评价 ··························· 李恒凯,杨柳(419)
后差分技术及像控点密度对无人机摄影测量精度影响研究
··· 陈鹏飞,胡海峰,廉旭刚,等(430)
三维激光扫描点云边界提取研究 ······································· 杜秋,郭广礼(436)
基于无人机倾斜摄影的露天矿工程量计算方法 ········· 王果,沙从术,蒋瑞波,等(444)
数字水准仪二等水准测量记录、计算程序的开发应用 ············· 曾振华,王炎(451)
三维激光扫描技术在相似模型实验的应用 ··············· 焦晓双,胡海峰,廉旭刚(460)
一种 Web 数字校园路径查询研究与实现 ································· 韩海涛(467)
全站仪视准线测小角观测法在紫金山金铜矿重点大坝边坡安全监测中的
  设计与应用 ··· 刘国元(474)
基于 Matlab 的 SIFT 和 SURF 算法在无人机影像配准中的对比研究
··· 徐妍,王鹏辉,焦明连(483)
三维动态测量技术在地下矿山的测绘与安全生产管理应用
··· 王飞,康锡勇,代邵波(489)
混合大地坐标和笛卡儿坐标的赫尔默特转换模型 ··············· 林鹏,高井祥,常国宾(496)
GPS 实时三频电离层改正方法及精度分析 ··············· 陈少鑫,徐良骥(506)

矿山测量人才培养篇

基于项目导向的矿山测量专业人才培养体系研究与实践 ········· 邓军,冯大福,李天和(515)

"三下"采矿理论与技术篇

井下等边直伸形方向附合导线优化方法及平差通用模型研究

池深深,王磊,魏涛,李楠,吕挑

(安徽理工大学测绘学院,安徽 淮南,232001)

摘 要:为了解决井下控制测量中陀螺仪定向边位置优化以及方向附合导线平差问题,本文综合运用理论研究和模拟分析方法,开展了井下等边直伸形方向附合导线优化方法及平差通用模型研究,主要获得如下结论:(1)基于拉格朗日乘数法讨论了等距离加测陀螺定向边为井下最优方向附合导线形式的理论依据,并进一步分析了不同贯通类型、不同定向精度时陀螺定向边加测的规律;(2)基于条件平差推导了井下任意条陀螺仪定向导线平差模型,并利用模拟的方向附合导线算例验证了模型的正确性。研究成果对井下方向附合导线优化和数据处理具有重要参考价值。

关键词:陀螺仪定向边;方向附合导线;平差模型;贯通测量;最佳加测位置

Research on Optimization Method and General Model of the Adjustment of the Underground Equilateral Straight-extended form of Connecting Traverse

CHI Shenshen, WANG Lei, WEI Tao, LI Nan, LV Tiao

(*School of Geomatics*, *Anhui University of Science and Technology*, *Huainan 232001*, *China*)

Abstract: In order to solve the problem of the optimization of the observed Peg-top Azimuths position and the adjustment of the Direction connecting traverse, in this paper, the theory and simulation analysis method are used to carry out the research on the optimization method and the general model of the adjustment of the underground equilateral straight-extended form of connecting traverse. The main conclusions are as follows: (1) Based on Lagrange's extreme value method, it is proved that the equal distance is the best form to measure the observed Peg-top Azimuths, and obtain the law of the position of the observed Peg-top Azimuths with different types and different orientation accuracy. (2) Based on the adjustment of the condition observations, this paper establishes the model of the Direction connecting traverse adjustment of the Peg-top Azimuths, and verifies the correctness of the model with the simulative example of a Direction connecting traverse. The results of research have important reference for the optimization of the underground direction connecting traverse connection and data processing.

Keywords: Gyro orientation; direction-connecting; traverses; adjustment modelholing through survey; optimal position of additional surveying

井下控制测量导线(特别是基本控制导线)布设一般是随着巷道的掘进以支导线的形式向前发展,为了满足大型巷道贯通等测量的要求,须要严格控制基本控制导线方向误差累积,为此《煤矿测量规程》[1]中规定基本控制导线必须每隔 1.5~2 km 加测一条陀螺定向边。但笔者通过对《煤矿测量规程》及相关文献[2-8]研究,认为井下方向附合导线优化及数据处理还存在两方面不足:(1) 井下方向附合导线形式的优化缺乏理论依据。对于不同定向精度、服务不同贯通类型的方向附合导线,尚未提出加测陀螺定向边个数、加测陀螺定向边位置及模式的理论依据。(2) 未建立任意条方向附合导线平差通用模型。当 $\sqrt{2}m_{a0}/\sqrt{n}m_\beta >$ 1/3 时,陀螺边定向边为非坚强方向[3],数据处理时须要考虑陀螺定向误差的影响,为此文献[5]基于条件平差方法建立了加测 2 和 3 条非坚强方向附合导线平差模型,但未建立任意个数方向附合导线平差通用模型。本文针对上述不足,拟开展井下等边直伸形方向附合导线优化方法及平差通用模型研究,成果对井下方向附合导线布设和数据处理具有重要参考价值。

1 井下等边直伸形方向附合导线优化方法研究

1.1 陀螺定向边加测模式理论依据

等边直伸形导线是井下大巷中常见的导线形式,本文将讨论等边直伸形方向附合导线的优化问题。假设不按等距离间隔加测陀螺边,且全部边长均为 l,当等边直伸形导线加测 N 条陀螺边时,且终边加测陀螺边,设各段边数为 $n_1, n_2, n_3, \cdots, n_N$,导线的总边数为 n,可以把导线分成 N 段,即有:

$$n = n_1 + n_2 + n_3 + \cdots + n_N \tag{1}$$

将每段可以视作附和导线,第一段加测陀螺定向边的位置位于第 n_1 边,其终点横向误差的计算公式为:

$$M_{n_1}^2 = \frac{m_\beta^2}{\rho^2} \cdot \frac{n_1 l^2 (n_1+1)(n_1+2)}{12} + \frac{m_a^2 n_1^2 l^2}{2\rho^2} \tag{2}$$

第二段加测陀螺定向边的位置位于第 n_2 边,其终点横向误差的计算公式为:

$$M_{n_2}^2 = \frac{m_\beta^2}{\rho^2} \cdot \frac{n_2 l^2 (n_2+1)(n_2+2)}{12} + \frac{m_a^2 n_2^2 l^2}{2\rho^2} \tag{3}$$

依次类推,则导线的终点横向误差为:

$$M_{x_k}^2 = \frac{1}{12}\left(\frac{m_\beta l}{\rho}\right)^2 [n_1(n_1+1)(n_1+2) + n_2(n_2+1)(n_2+2) + \cdots + n_N(n_N+1)(n_N+2)] + \frac{1}{2}\left(\frac{m_a l}{\rho}\right)^2 [n_1^2 + n_2^2 + \cdots + n_N^2] \tag{4}$$

由拉格朗日乘数法建立方程:

$$F(n_1, n_2, \cdots, n_N) = \frac{1}{12}\left(\frac{m_\beta l}{\rho}\right)^2 [n_1(n_1+1)(n_1+2) + n_2(n_2+1)(n_2+2) + \cdots + n_N(n_N+1)(n_N+2)] + \frac{1}{2}\left(\frac{m_a l}{\rho}\right)^2 [n_1^2 + n_2^2 + \cdots + n_N^2] + \lambda(n_1 + n_2 + n_3 + \cdots + n_N - n) \tag{5}$$

将上式分别对 $n_1, n_2, n_3, \cdots, n_N$ 求导且令其为:

$$\begin{cases} m_\beta^2 l^2(3n_1^2+6n_1+2)+12m_a^2l^2+12\rho^2\lambda=0 \\ m_\beta^2 l^2(3n_2^2+6n_2+2)+12m_a^2l^2+12\rho^2\lambda=0 \\ \cdots \\ m_\beta^2 l^2(3n_N^2+6n_N+2)+12m_a^2l^2+12\rho^2\lambda=0 \\ n_1+n_2+\cdots+n_N-n=0 \end{cases} \quad (6)$$

可得结果为：

$$n_1=n_2=\cdots=n_N=\frac{n}{N} \quad (7)$$

由上式可知，当加测 N 条陀螺定向边时，且终边加测陀螺边时，等间距加测陀螺边，可使终边横向中误差最小。

如图 1 所示，考虑等边直伸导线的形式，在 A 点至 K 点等距离间隔加测 N 条陀螺边，共测量 n 条边，每段边长均为 l，即导线全长为 $L=ln$，忽略导线起点 A 的误差影响时，设导线复测了 T 次，并假定 A 点为假定坐标系的原点，沿导线直伸方向设为 y，垂直于直伸方向设为 x 轴，直接给出贯通点在水平重要方向的中误差 $M_{x'_k}^2$ 的计算公式为：

$$M_{x'_k}^2=\frac{m_\beta^2 nl^2}{\rho^2}\frac{nl^2(n+N)(n+2N)}{12TN^2}+\frac{m_a^2 n^2 l^2}{\rho^2}\left(\frac{1}{N}-\frac{1}{2N^2}\right) \quad (8)$$

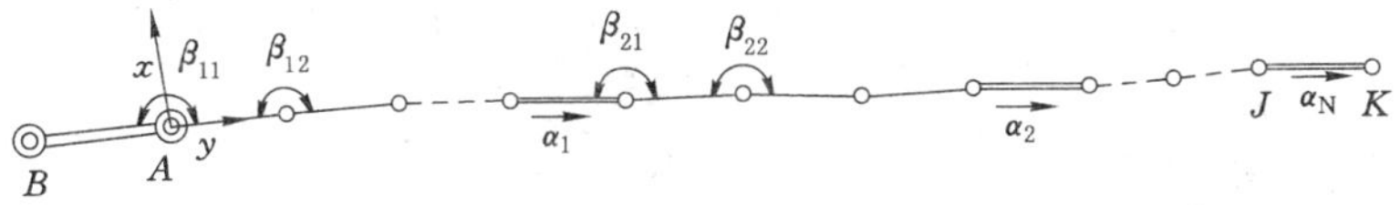

图 1　等边直伸形多条陀螺定向边的方向附合导线

1.2　陀螺定向边个数设计理论依据

在 1.1 节中讨论了等边直伸形方向附合导线形式的优化问题，本节将在此基础上进一步讨论陀螺定向边个数设计理论依据问题。假设基本控制导线的测角误差 $m_\beta=7''$，导线边长 $l=120$ m，陀螺定向精度需要满足一井和二井巷道贯通测量要求。下面讨论常见陀螺仪定向精度 $m_a=5''$（比如 Y/JTD-2 高精度 5″级全自动陀螺全站仪）、$m_a=10''$（比如 TDJ83 陀螺全站仪）、$m_a=15''$（比如 JT$_{15}$型陀螺经纬仪）时，陀螺定向边个数设计理论依据。

对于一井内巷道贯通横向偏差应控制在 300 mm 以内，两井巷道贯通横向偏差应控制在 500 mm 以内，则贯通测量横向允许中误差分别为：$M_{x_{k1}}=300/2\sqrt{2}=106.1$ mm，$M_{x_{k2}}=500/2\sqrt{2}=176.8$ mm，则根据公式(8)可求解不同定向精度、不同贯通类型方向附合导线在导线长度一定的情况下需要加测陀螺定向边的个数，求解结果如图 2 和图 3 所示。

从图 2、图 3 可以看出：(1) 当巷道贯通长度达到 6 km 时，为了满足一井内巷道巷道贯通测量要求，对于定向精度为 15″、10″和 5″的陀螺仪理论上需要加测陀螺边的个数分别为 17 条、9 条和 3 条，因此从定向效率和成本角度衡量，对于一井内巷道巷道贯通测量宜加测定向精度为 5″的高精度陀螺定向边；(2) 当巷道贯通长度达到 6 km 时，为了满足二井间巷道巷道贯通测量要求，对于定向精度为 15″、10″和 5″的陀螺仪理论上需要加测陀螺边的个数分别为 7 条、4 条和 3 条，因此从定向效率和成本角度衡量，对于两井内巷道巷道贯通测量宜加测定向精度为 10″的高精度陀螺定向边；(3) 采用多项式拟合的方法拟合了需贯通导线

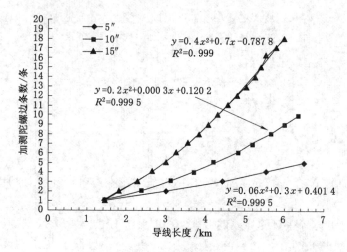

图 2 一井定向加测陀螺边条数分布图

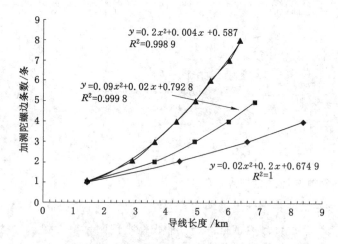

图 3 两井定向加测陀螺边条数分布图

的长度与加测陀螺定向边条数之间的关系,各关系式如图所示。一井定向分布曲线较两井定向曲线陡,即导线达到一定长度时,一井定向需加测的陀螺边较密,这与一井定向要求贯通精度高相一致。

2 井下任意条陀螺仪定向边导线平差模型研究

对于加测 1~3 条陀螺定向边导线的平差模型已有文献[4]报道,下面将从条件平差的角度重点讨论加测 4 条以上陀螺仪定向边导线平差的通用模型。

假设加测 n 条陀螺边的方向附合导向如图 4 所示,其方位角为 $\alpha_1, \alpha_2, \alpha_3, \cdots, \alpha_N$,这时可将整个导线分为 $N-1$ 部分。即导线 $1,2,3,\cdots,N-1$,条件平差过程如下:

(1)求算陀螺定向边 $\alpha_1,\alpha_2,\alpha_3,\cdots,\alpha_N$ 的定向中误差 $m_{\alpha 1},m_{\alpha 2},\cdots,m_{\alpha N}$ 及导线测角中误差 m_β(等精度观测时)。

(2)按条件平差列出观测改正数条件方程式,如图 5 所示,导线 $1,2,3,\cdots,N-1$,改正数条件方程式为:

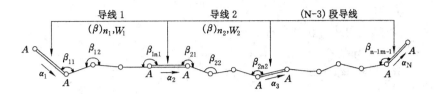

图 4 具有 N 条陀螺定向边导线的平差图

$$\begin{cases} V_{\alpha_1} - V_{\alpha_2} + V_{\beta_{11}} + V_{\beta_{12}} + \cdots + V_{\beta_{1n_1}} + W_1 = 0 \\ V_{\alpha_2} - V_{\alpha_3} + V_{\beta_{21}} + V_{\beta_{22}} + \cdots + V_{\beta_{2n_2}} + W_2 = 0 \\ \cdots \\ V_{\alpha_{N-1}} - V_{\alpha_N} + V_{\beta_{(N-1)1}} + V_{\beta_{(N-1)2}} + \cdots + V_{\beta_{(N-1)n_{n-1}}} + W_{(n-1)} = 0 \end{cases} \quad (9)$$

式中 $V_{\alpha_1}, V_{\alpha_2}, \cdots, V_{\alpha_N}$ ——分别为陀螺定向边坐标方位角 $\alpha_1, \alpha_2, \cdots, \alpha_N$ 的改正数；

$V_{\beta_{i1}}, V_{\beta_{i2}}, \cdots, V_{\beta_{in_i}}$ ——导线 i 中角度 β_i 的改正数；

$n_1, n_2, \cdots, n_{(n-1)}$ ——分别为导线 i 中角度的个数。

（3）确定定向边方位角和角度的权

当导线等精度观测时，取导线的测角中误差 m_β 为单位权中误差，即 $P_\beta = 1$，则定向边坐标方位角的权为：

$$p_{\alpha_1} = \frac{m_\beta^2}{m_{\alpha_1}^2}; p_{\alpha_2} = \frac{m_\beta^2}{m_{\alpha_2}^2}; \cdots; p_{\alpha_N} = \frac{m_\beta^2}{m_{\alpha_N}^2} \quad (10)$$

权倒数为：

$$q_1 = \frac{1}{P_{\alpha_1}}; q_2 = \frac{1}{P_{\alpha_2}}; \cdots; q_N = \frac{1}{P_{\alpha_N}}$$

（4）组成法方程式

$$NK + W = 0 \quad (11)$$

$$N = \begin{bmatrix} N_1 & -q_2 & 0 & 0 & \cdots & 0 & 0 \\ -q_2 & N_2 & -q_3 & 0 & \cdots & 0 & 0 \\ 0 & -q_3 & N_3 & -q_4 & \cdots & 0 & 0 \\ \vdots & \vdots & \vdots & \vdots & & \vdots & \vdots \\ 0 & 0 & 0 & 0 & & -q_{(n-1)} & N_{n-1} \end{bmatrix}$$

其中：

$$N_i = n_i + q_i + q_{i+1}$$

（5）计算各项改正数

① 由于采用等精度导线观测，各角的改正数为：

$$V_{\beta_i} = V_{\beta_{i1}} = V_{\beta_{i2}} = \cdots = V_{\beta_{in_i}} = K_i \quad (12)$$

② 陀螺方位角的改正数为：

$$\begin{cases} V_{\alpha_1} = q_1 \cdot K_1 \\ V_{\alpha_2} = q_2 \cdot (K_2 - K_1) \\ \cdots \\ V_{\alpha i} = q_i \cdot (K_i - K_{i-1}) \\ \cdots \\ V_{\alpha N} = -q_N \cdot K_{n-1} \end{cases} \quad (13)$$

式中 α_i——陀螺定向边方位角观测值;

V_{α_i}——陀螺定向边方位角的改正数;

β_{in}——第 i 段导线各观测角之值;

V_{β_i}——第 i 段导线各观测角之改正值。

3 模拟实验研究

假设井下大巷内有一条单一直伸形基本控制导线,导线总长度为 6 km,且为等间距加测陀螺边,测角精度设计为 $7''$,导线平均边长为 120 m,且该大巷需要在一井内实现贯通。该方向附合导线形式依据本文第 1 节理论进行了优化设计,模拟的实测参数如图 5 所示。

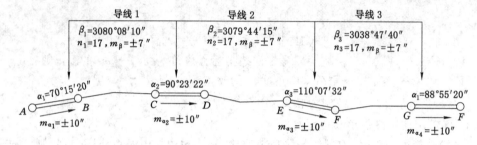

图 5 模拟 4 条陀螺定向边导线

根据本文第二节建立的井下任意条陀螺仪定向边导线平差模型,进行如下平差计算:

(1) 求导线 1、2、3 的角度闭合差

$W_1 = \alpha_1 - \alpha_2 + [\beta]_1 - n_1 180° = 70°15'20'' - 90°23'22'' + 3\,080°08'10'' - 17 \times 180° = 8''$

$W_2 = \alpha_2 - \alpha_3 + [\beta]_2 - n_2 180° = 90°23'22'' - 110°07'32'' + 3\,079°44'18'' - 17 \times 180° = 8''$

$W_2 = \alpha_3 - \alpha_4 + [\beta]_3 - n_3 180° = 110°07'32'' - 88°55'20'' + 3\,038°47'42'' - 17 \times 180° = -6''$

(2) 求权倒数

求导线测角中误差 m_β 为单位权中误差,即 $p_\beta = 1$

$$q_1 = \frac{m_{\alpha 1}^2}{m_\beta^2} = \frac{10^2}{7^2} = 2.04; \quad q_1 = q_2 = q_3 = q_4 = 2.04$$

(3) 法方程

$$\begin{bmatrix} 21.08 & -2.04 & 0 \\ -2.04 & 21.08 & -2.04 \\ 0 & -2.04 & 21.08 \end{bmatrix} \begin{bmatrix} K_1 \\ K_2 \\ K_3 \end{bmatrix} = \begin{bmatrix} 8 \\ 8 \\ -6 \end{bmatrix}$$

解法方程求得:$K_1 = 0.418, K_2 = 0.396, K_3 = -0.246$。

(4) 计算各改正数

$V_{\beta_1} = K_1 = 0.418''$ $V_{\beta_2} = K_2 = 0.396''$ $V_{\beta_3} = K_3 = -0.246''$

$V_{\alpha_1} = q_1 \cdot K_1 = 2.04 \times 0.418 = 0.85''$

$V_{\alpha_2} = q_2 \cdot (K_2 - K_1) = 2.04 \times (0.396 - 0.418) = -0.04''$

$V_{\alpha_3} = q_3 \cdot (K_3 - K_2) = 2.04 \times (-0.246 - 0.396) = -1.3''$

$V_{\alpha_4} = -q_4 \cdot K_3 = -2.04 \times (-0.246) = 0.5''$

各观测值的最或是值:

$$\alpha_1^0 = \alpha_1 + v_{\alpha_1} = 70°15'20'' + 0.85'' = 70°15'20.85''$$
$$\alpha_2^0 = \alpha_2 + v_{\alpha_2} = 90°23'22'' - 0.04'' = 90°23'21.96''$$
$$\alpha_3^0 = \alpha_3 + v_{\alpha_3} = 110°07'32'' - 1.3'' = 110°07'30.7''$$
$$\alpha_4^0 = \alpha_4 + v_{\alpha_4} = 88°56'20'' + 0.5'' = 88°56'20.5''$$
$$[\beta]_1^0 = [\beta]_1 + n_1 v_{\beta_1} = 3\,080°08'10'' + 17 \times 0.418'' = 3\,038°08'17.1''$$
$$[\beta]_2^0 = [\beta]_2 + n_2 v_{\beta_2} = 3\,079°44'15'' + 17 \times 0.396'' = 3\,079°44'21.7''$$
$$[\beta]_3^0 = [\beta]_3 + n_3 v_{\beta_3} = 3\,038°47'40'' + 17 \times (-0.246'') = 3\,038°47'35$$

4 结 论

根据以上对加测陀螺边形成的方向附合导线的研究,结合具体的贯通测量实例,可得出如下结论:基于拉格朗日乘数法证明了在井下直伸形巷道贯通测量中,当末边加测陀螺定向边时,等间距加测陀螺边可使贯通点横向中误差最小。并推出等间距加测陀螺边导线终点横向中误差求解的实用公式;本文推出加测 N 条陀螺定向边导线的角度平差模型,利用该模型便可求出角度改正值,进而求出各导线点的坐标值;在长距离巷道贯通时,低等级陀螺定向边已不满足一井巷道贯通要求,应采用高等级的陀螺定向仪。

参考文献

[1] 中华人民共和国煤炭工业部.煤矿测量规程[M].北京:煤炭工业出版社,1998.
[2] 陈栋栋.井上下控制测量方法与精度研究[D].西安:西安科技大学,2014.
[3] 康旭.方向附合导线网的数据处理[D].西安:西安科技大学,2011.
[4] 刘长星.加测陀螺定向边后方向附合导线的平差[J].西安科技大学学报,2001,21(4):340-343.
[5] 韩群柱,屈漫丽.地下工程直伸支导线陀螺定向精度分析研究[J].西安工业大学学报,2006,26(3):276-279.
[6] 张国良.矿山测量学[M].徐州:中国矿业大学出版社,2008.
[7] 潘国荣,王穗辉.地下导线加测陀螺边最优位置确定及精度分析[J].同济大学学报(自然科学版),2004,32(5):656-659.
[8] 邓军,王胜利.加测陀螺定向边的井下导线平差方法探讨[J].资源环境与工程,2006,20(2):163-167.
[9] 夏桂锁.陀螺经纬仪自动寻北关键技术的研究[D].天津:天津大学,2007.
[10] 罗勇康,卢勇,冉伟.超长巷道贯通误差分析与处理[J].矿山测量,2011(6):81-83.
[11] 张正禄.工程测量学[M].武汉:武汉大学出版社,2005.
[12] 张恒璟,周利利.矿井加测陀螺边及其最佳位置的探讨[C].2009 全国测绘科技信息交流会暨首届测绘博客征文颁奖论文集,2009.
[13] 曹汝波,匡伟.加测陀螺边在煤矿井下巷道贯通中的应用研究[J].矿山测量,2013(3):25-28.
[14] 朱有彬,李星,费存建,等.王家塔矿井 3107 主运巷贯通测量方案优化[J].煤炭工程,2016,48(4):46-49.
[15] LIU H, LIU J, YU C, et al. Integrated geological and geophysical exploration for

concealed ores beneath cover in the Chaihulanzi goldfield, northern China[J]. Geophysical Prospecting,2006,54(5):605-621.

基金项目:国家自然科学基金项目(41602357,41474026);安徽省博士后基金项目(2014B019);安徽高校自然科学研究项目(KJ2016A190)。

作者简介:池深深(1990—),男,安徽宿州人,安徽理工大学测绘学院硕士研究生,主要研究方向为矿山变形监测及控制方面。E-mail:austcss@163.com。

盐穴收缩引起的地表下沉预计

姜岳[1]，杨伦[2]，马振和[3]

(1. 山东科技大学，山东青岛，266590；2. 辽宁工程技术大学，辽宁阜新，123000；
3. SOCON 盐穴测量有限公司，下萨克森州希尔德斯海姆，31134)

摘 要：岩盐水溶开采后，在地下形成巨大空间的盐穴，可以利用地下盐穴存储石油、天然气等物质。盐穴的收缩将引起盐穴容积减少，导致存储效率下降，同时引起地表下沉。盐穴收缩引起的地表下沉视作一个随机过程，把盐穴容积收缩量转换为等效开采厚度，把圆柱形盐穴等效为正方体，基于克诺特影响函数，建立了圆柱形盐穴收缩引起的地表下沉预计模型。

关键词：岩盐水溶开采；盐穴；地表下沉；预计模型

Surface Subsidence Prediction Model by Salt Cavern Shrinkage

Abstract: The underground enormous salt cavern is formed after salt solution mining, it is used for storing oil and natural gas. The salt cavern shrinkage will reduce the cavern volume, cause reducing store efficiency and surface subsidence. The salt cavern shrinkage is as a random process, volume shrinkage as equivalent mining thickness, cylinder salt cavern as equivalent cube. Based on Knothe influence function, the prediction model is established by cylinder salt cavern shrinkage.

Keywords: salt solution mining; salt cavern; surface subsidence; prediction model

中国岩盐资源矿产丰富，大部分矿山采用水溶法开采。岩盐水溶开采后，在地下形成巨大空间的盐穴，利用深部盐穴存储石油与天然气是国际上广泛认可的储存方法，世界上有多座岩盐盐穴地下储气库在运行。在盐穴的使用过程中，盐穴受到压力与温度的共同作用力，诱发盐穴容积减少，盐穴的收缩最终会反映到地表，使地表产生下沉，导致地表建筑物、管线、道路及生态环境的损害，甚至发生重大人身伤亡和财产损失灾害。因此，研究盐穴收缩引起的地表下沉是十分必要的，为预计和评估地表下沉损害程度和安全预警提供依据。

1 岩盐水溶开采地表下沉规律

岩盐水溶开采后，在地下形成巨大空间的盐穴，地下盐穴无论是作为储库，还是密封废置，都存在着盐穴容积逐渐变小的可能性，盐穴容积的变化受到岩层物理与力学性质及压力和温度等许多因素的影响，是一个复杂的时空力学过程，盐穴容积会逐渐变小，最终会通过岩层移动反映到地表，而形成地表下沉盆地，产生地表移动与变形，甚至引发塌陷型地质灾害，将威胁到矿区的生产和生命财产的安全。岩盐开采引起的地表下沉过程发展比较缓慢，文献给出一个盐穴变化实例[1]：当盐穴压力差为3~8 MPa时，盐穴半径缩小7~25 mm/a，盐穴容积缩小0.17%，地表下沉230 mm/a。研究盐穴容积收缩引起的地表下沉规律最有效的办法是通过实地观测[2,3]，国外文献给出了地表水平移动与下沉的观测成果如下列图1和图2所示。

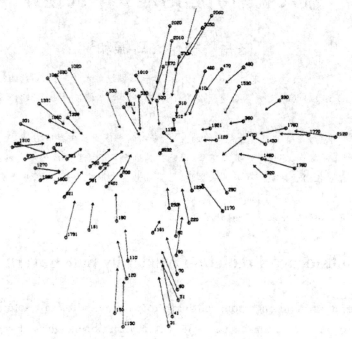

图1 德国观测站地表水平移动矢量图[4]

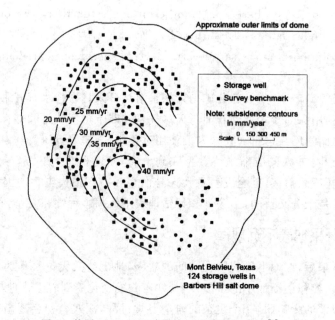

图2 美国Texas 124个盐穴区地表下沉分布[5]

目前国内外对盐矿地表移动变形的监测资料较少,概括性总结岩盐水溶开采地表移动一般规律如下:

(1) 在一定的条件下盐穴会产生收缩,当盐穴的收缩量传播到地表时,将引起地表移动与变形,形成下沉盆地,地表下沉盆地体积与盐穴收缩量呈正比。

(2) 地表移动矢量指向下沉盆地中央方向,即指向盐穴集中分布区域的中心方向。

(3) 德国文献给出岩盐水溶开采的影响范围[6],以地表下沉值 0 mm 为边界,确定的走向边界角 37.8°,下山边界角 39.6°,上山边界角 38.7°。

(4) 盐矿开采地表移动发展缓慢,但持续时间漫长甚至超过一百年以上,在老矿区地表会突然形成较大的塌陷坑,导致交通瘫痪,居民被迫紧急搬迁,矿区地面建筑物损害严重。

2 盐穴收缩引起的地表下沉预计

根据对岩盐水溶开采地表移动一般规律的初步总结分析,可以看出岩盐水溶开采与地下煤层开采引起地表移动的规律基本相似,因此把盐穴收缩引起的地表下沉视作一个随机过程,把地表下沉视作地下盐穴收缩向地表传播扩散的结果,应用影响函数法预计盐穴容积收缩引起的地表下沉,地表下沉函数 $S(x,y)$ 可表达为[7]:

$$S(x,y) = Q(x,y) \times \iint_D f(x,y) d\sigma$$

式中,$Q(x,y)$ 为下沉源函数;$f(x,y)$ 为下沉传播影响函数;D 为开采空间的几何形状。

2.1 地表下沉源函数

盐穴容积的收缩是引起地表下沉的根源,盐穴容积的收缩是一个与时间 t 有关的动态过程,以圆柱形盐穴为例,设盐穴高度为 H,半径为 R,容积平均收缩率为 $\rho(t)$,t 时刻的盐穴收缩体积为 $\pi R^2 H \rho(t)$,把盐穴收缩量等效为盐层开采体积,忽略盐穴在水平方向的收缩对盐穴容积计算误差的影响,盐穴收缩量与盐层等效开采体积近似关系如下:

$$\pi R^2 M_e \approx \pi R^2 H \rho(t) \tag{1}$$

由式(1)计算出等效开采厚度 M_e:

$$M_e = H\rho(t) \tag{2}$$

则下沉源函数:

$$Q(x,y,t) = M_e q \tag{3}$$

式中,q 为地表下沉系数。

2.2 下沉影响传播函数

由地下开采引起的岩层与地表移动,是一个十分复杂的时空力学过程,从纯力学角度研究岩层地表移动还存在很多困难,本文把盐穴收敛引起的地表下沉视作一个随机过程,应用影响函数法预计地表下沉,把地表下沉视作地下开采空间向地表传播扩散的结果,盐穴容积收敛引起的地表下沉原理如图 3 所示。

根据煤矿开采地表移动变形预计的经验,取 Knothte 函数为下沉影响传播函数,在 Z 水平处的下沉影响传播函数:

$$f(x,y,z) = f(x)f(y) = \frac{1}{r_z^2} \exp\left(-\pi \frac{x^2+y^2}{r_z^2}\right) \tag{4}$$

式中,r_z 为 Z 水平处的开采影响半径。

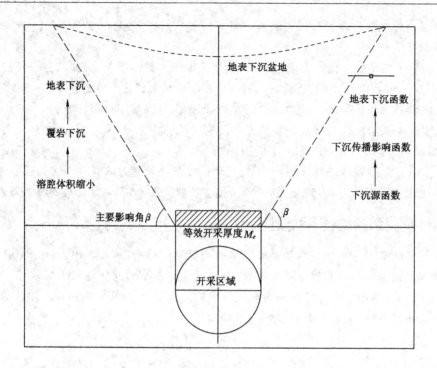

图 3 盐穴容积收敛引起的地表下沉原理示意图

当开采区域 D 为 $[x_1,x_2]$ 与 $[y_1,y_2]$ 矩形时,且设地层各向同性,则盐穴收缩引起的地表下沉预计值:

$$S(x,y) = M_e q \iint_D f(x,y) \mathrm{d}\sigma = M_e q \int_{x_1}^{x_2} \frac{1}{r} e^{-\pi \frac{x^2}{r^2}} \mathrm{d}x \int_{y_1}^{y_2} \frac{1}{r} e^{-\pi \frac{y^2}{r^2}} \mathrm{d}y \tag{5}$$

为了简化计算,采用等效开采面积,把水平截面圆形的盐穴等效为正方形,即 $\pi R^2 = l^2$,l 为正方形边长,并设正方形的左下角为坐标原点,计算坐标系如图 4 所示。

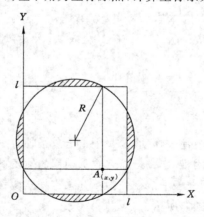

图 4 地表下沉计算坐标系

在图 4 坐标系下,可求出正方形开采地表任意点下沉:

$$S(x,y) = M_e q \int_{-x}^{l-x} \frac{1}{r} e^{-\pi \frac{x^2}{r^2}} \mathrm{d}x \int_{-y}^{l-y} \frac{1}{r} e^{-\pi \frac{y^2}{r^2}} \mathrm{d}y = M_e q C_{(x)} C_{(y)} \tag{6}$$

式中,$C_{(x)}$ 和 $C_{(y)}$ 称为下沉分布系数,可由式(7)计算或在文献[8]查取:

$$\begin{cases} C_{(x)} = \frac{1}{2}\left\{\left[erf\left(\sqrt{\pi}\,\frac{x}{r}\right)+1\right]-\left[erf\left(\sqrt{\pi}\,\frac{x-l}{r}\right)+1\right]\right\} \\ C_{(y)} = \frac{1}{2}\left\{\left[erf\left(\sqrt{\pi}\,\frac{y}{r}\right)+1\right]-\left[erf\left(\sqrt{\pi}\,\frac{y-l}{r}\right)+1\right]\right\} \\ erf(x) = \frac{2}{\sqrt{\pi}}\int_0^x \exp(-\lambda^2)\mathrm{d}\lambda \end{cases} \quad (7)$$

3 圆柱形盐穴地表下沉预计

3.1 单盐穴地表下沉预计

以某盐矿为例,井田含盐系地层位于古近系阜宁组四段上部,地层平缓,倾角3°～5°,埋深860～1 050 m,视厚度190 m。所揭露的岩石类型主要为卤化物、硫酸盐岩、泥质岩、粉砂岩及少量碳酸盐岩,属于陆源碎屑沉积—化学沉积相。盐层的顶、底板岩石为含膏粉砂岩、含盐泥岩、含硝泥岩、含膏砂岩。岩石致密,属于半坚硬岩石类型,透水性弱,抗压强度为24.35～37.85 MPa,顶板强度中等,较稳定,适宜水溶法开采,设单井开采,开采深度 $H_0=800$ m,盐层开采厚度为 $H=150$ m,盐穴半径 $R=30$ m(等效正方形开采宽度 $l=53$ m),下沉系数 $q=0.65$,主要影响角正切 $\tan\beta=1.0$,当盐穴收缩率为 $\rho(t)=10\%$ 时,折算等效开采厚度 $M_e=15$ m,则下沉源函数 $Q(x,y,t)=M_e q=9\ 750$ mm。

计算距盐穴中心地表点下沉值如表1所列,下沉预计曲线如图5所示。

表 1　　　　　　　主断面上距盐穴中心地表点下沉预计值

距盐穴中心距离 ρ/m	0	100	200	300	400	500	800
地表下沉预计值/mm	58.5	56.0	55.6	43.8	26.7	20.0	2.5

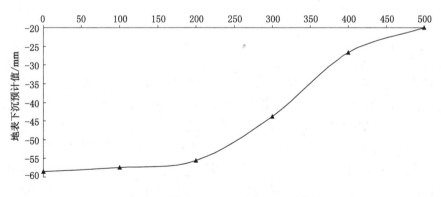

图 5　距盐穴中心点地表下沉预计曲线

3.2 多盐穴地表下沉预计

预计多盐穴地表下沉时,可以应用单盐穴预计模型,分别预计出单盐穴地表下沉 $S_i(x,y)$,通过叠加计算,可以预计出多盐穴地表下沉值。预计十个盐穴收缩引起的地表下沉如图6所示。

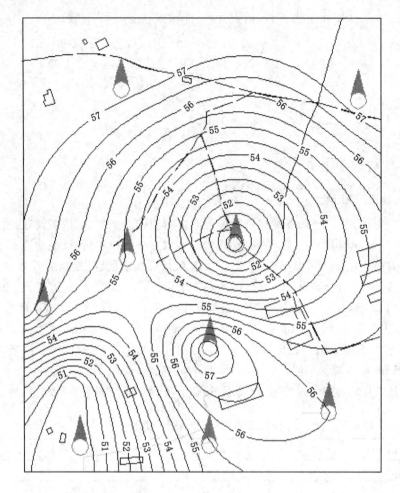

图 6 地表下沉预计等值线图

4 初步结论

在盐穴的建造与使用过程中,盐穴受到压力与温度的共同作用力,盐穴容积会逐渐变小,最终会通过岩层移动反映到地表,使地表产生下沉。盐穴收缩引起的地表下沉过程发展比较缓慢,其地表移动规律与煤矿开采基本相似。

把盐穴收缩引起的地表下沉视作一个随机过程,把盐穴容积收缩量转换为等效开采厚度,采用等效开采面积,把圆形盐穴等效为正方形,基于克诺特影响函数,建立了圆柱形盐穴地表下沉预计模型,采用叠加计算,可以预计出多盐穴收缩地表移动变形值,为盐穴安全评估提供依据。

参考文献

[1] KRATZSCH. Bergschadenkunde(5. Auflage)[M]. Deutscher Markscheider-Verein e. V.,Bochum,2008:39.

[2] 马振和.盐穴矿区的测量工作[J].中国盐业,2011,141(6):10-13.

[3] 姜岩,张侰锋,王奉斌.岩盐水溶开采地表移动与变形监测[J].中国盐业,2011,144(9):24-28.

[4] PALLMANN H. Horizontale Punktbewegungen aus Messungen ueber Salzkavernen[J]. Markscheidewesen,1990,97(1):373-377.

[5] BÉREST P, BROUARD B. Safety of Salt Caverns Used for Underground Storage[J]. Oil & Gas Science and Technology-Rev. IFP, 2003,58(3):361-384.

[6] PALLMANN H. Markscheiderische Probleme bei der Bearbetung von Oelkavernen[J]. Markscheidewesen,1984,91(2):375-382.

[7] 姜岩,PREUSSE,SROKA.应用地表移动与矿山开采损害学[M].Essen,VGE Verlag,2006.

[8] 何国清,杨伦,凌赓娣,等,矿山开采沉陷学[M].徐州:中国矿业大学出版社,1991.

作者简介:姜岳(1991—)男,研究生,主要研究方向为构造地质学,E-mail:jiangyue@sdust.edu.cn。

建筑物下压煤条带煤柱巷柱式加固技术及应用

戴华阳[1]，廖孟光[2]，田秀国[3]

(1. 中国矿业大学(北京)地球科学与测绘工程学院，北京，100083;
2. 湖南科技大学地理空间信息技术国家地方联合工程实验室，湖南 湘潭，411201;
3. 开滦集团有限责任公司，河北 唐山，063000)

摘 要：为了提高条带开采的采出率，可采取巷柱式加固煤柱、减小留宽的方法。本文通过数值模拟分析，揭示了巷柱式条带煤柱优化了条带开采方案和煤柱加固方案，研究结果表明，煤柱加固能减少留设煤柱的宽度，提高条带开采采出率。结合国内某矿特殊的地质采矿条件和巷柱式煤柱加固思想，在试验区采用拱棚木垛联合加固技术，木垛与棚架组成的巷柱式加固宽度1.5 m，间距2 m。通过井下煤柱位移监测和地表变形监测数据分析可知，井下巷柱式加固体最大竖向位移为361 mm，地表最大下沉值217 mm，煤柱加固有效地防止了煤壁的破坏，地表变形得到了一定的控制，确保了建(构)筑物的安全使用。因此，巷柱式煤柱加固思想能为建筑物下采煤提供重要的途径和借鉴。

关键词：开采沉陷；条带开采；巷柱式煤柱加固；拱棚木垛联合加固技术；监测数据

Study on Pillar Reinforcement Methods of Strip Mining Under the Buildings

DAI Huayang[1], LIAO Mengguang[1,2], Tian Xiuguo[3]

(1. College of Geoscience and Surveying Engineering,
China University of Mining and Technology(Beijing), Beijing 100083, China;
2. National-Local Joint Engineering Laboratory of Geo-spatial Information Technology,
Hunan University of Science and Technology, Xiangtan 411201, China;
3. Kailuan Group, Co., Ltd., Tangshan 063000, China)

Abstract: To solve the low mining rate problem of strip mining under buildings, it's put forward the thought of reinforcing coal pillar with roadway shores, which can reduce the width of pillar to achieve the goal of improve the extraction rate. By analyzing numerical simulation to optimize projects of strip mining and pillar reinforcement, and the results show that the reinforcement can reduce the coal pillar of the coal pillar width, improve strip mining recovery rate. Combined with special geological and mining conditions of one coal mine in China and the thought of reinforcing coal pillar with roadway shores, the joint reinforcement technology of shed and wood crib was used in the test area, the column type of reinforcement bodies were composed of shed and wood crib, the width of reinforcement bodies were 1.5 m, the interval of reinforcement bodies were 2 m. Analysis on data monitoring of the underground displacement monitoring of coal pillar and surface settlement monitoring, the maximum vertical displacement of underground reinforcement bodies is 361 mm, the maximum subsidence of surface is 217 mm, the result indicated pillar reinforcement can prevent the destruction of the coal wall and make ground surface deformation effectively control, ensure the safety of the building. So, the thought pillar reinforcement of roadway shore can provide important way and reference of mining under buildings.

Keywords: mining subsidence; strip mining; reinforcing coal pillar with roadway shores; the joint reinforcement technology of shed and wood crib; monitoring data

为解决建筑物下压煤开采的问题,条带开采不失为一种减缓地表沉降、保护建(构)筑物的采煤方法,在国内外应用广泛。但条带开采作为一种传统的部分开采方法,通过留设煤柱支撑上覆岩层的压力,以牺牲煤炭资源来达到控制地表变形的目的,其采出率比较低,难以达到资源的高产高效回收的要求。如何进一步减小煤柱留设宽度,提高采出率是当今条带开采技术所面临的关键性问题[1,2]。

减小条带煤柱的留设宽度,提高条带开采采出率,最常用的方法是对煤柱进行技术可行、经济合理的加固。常用的煤柱加固方法有锚杆加固、高水固结材料墙加固、注浆加固、水砂充填加固和矸石、木垛充填加固等。国内外学者对煤柱加固做了大量的研究与试验[3-5],其中,1986年Regen和Mikula对煤岩试块进行加固与未加固单轴抗压试验,结果表明,采取加固的单轴抗压强度提高了10%,且试块边界破坏相对完整。任建华、康建荣等[6]对条带煤柱加固进行离散元模拟分析,结果表明,采用锚杆加固的煤柱垂直应力比较均匀,而未加固煤柱存在垂直应力比较集聚等应力集中的现象,可将煤柱尺寸减小15%~20%来提高条带开采的采出率。杭涛、杜宝同[7]用马丽散和罗克休对煤柱加固,既阻止了有害气体泄漏,又提高了煤柱整体承载强度。戴华阳等[8]提出一种"采-充-留"协调开采技术,通过充填体对煤柱进行加固,从而提高采出率等。

本文以国内某矿的建(构)筑物下条带开采工作面作为试验区,根据试验区的地质采矿条件及巷道支护现状,结合柱式支撑在巷道支护、沿空留巷领域的研究成果[9,10],提出巷柱式煤柱加固思想,优化条带开采方案和加固方案,经现场工程实践,巷柱式煤柱加固方案是可行的。本文的研究可为类似条件的"三下"开采提供借鉴和参考。

1 试验区概述

×煤柱加固试验区工作面标高为−991.5~−1 098.1 m,地面标高+48 m。该区域煤层结构复杂,煤层走向在100°~130°,煤层倾角25°~57°,平均35°,煤层厚度0.5~3.2 m,平均2.1 m。顶板直接顶强度较大,为黑色腐泥质黏土岩,平均厚度1.86 m,抗压强度为108.6 MPa,基本顶强度较小;直接底为深灰色粉砂岩,泥质胶结。

试验区为建筑物下压煤范围,采用条带开采方案,采煤方法为走向长壁采煤法,回采工艺选择爆破采煤工艺,全部垮落法管理顶板。

试验工作面西段回风巷道全长约320 m,取回风巷开切眼侧150 m作为煤柱加固的试验段,如图1所示。

2 巷柱式煤柱加固方案

2.1 巷柱式煤柱加固思想

(1)煤柱强度——两区约束理论

国内外学者从传统的煤柱强度观点出发,建立了多种煤柱载荷计算理论、经验公式以及

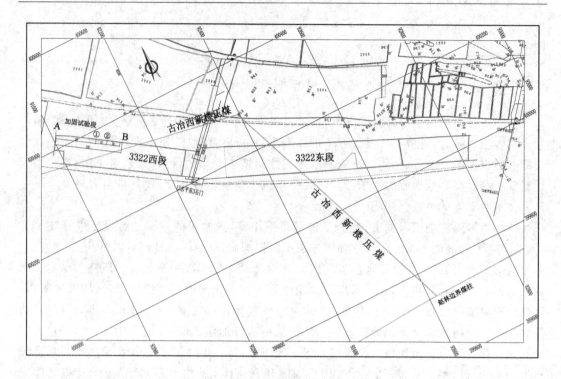

图 1 煤柱加固试验区平面图

分析方法,经典的煤柱强度理论主要有有效区域理论、压力拱理论、两区约束理论、核区强度不等理论、极限平衡理论等。其中,A. H. Wilson(1972)[11]根据英国的实测数据及实例,在煤柱三向强度特性的基础上,提出了两区约束理论。认为条带煤柱主要由核区和屈服区组成,破坏的塑性屈服区对核区形成侧向约束,使核区处于三轴应力状态,如图 2 所示。该煤柱强度理论得到国内外学者的广泛认同,并在此基础上得到了进一步的发展。

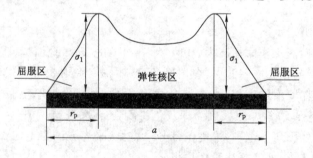

图 2 煤柱屈服区与核区

(2)巷柱式煤柱加固思想

根据两区约束理论的煤柱应力分布可知,煤柱加固能提高煤柱的承载力。一方面煤柱加固能向煤柱提供径向约束力和切向约束力,径向约束力能缓解上覆岩层对煤柱的作用,防止屈服区煤壁片帮;切向约束力能控制煤柱的横向变形,使煤柱处于三向应力状态。另一方面,使煤柱屈服区的破碎煤体联结在一起,提高煤柱的抗剪强度和整体性。

然而,井下基本顶的初次来压或周期来压会对条带煤柱的煤壁造成破坏性的影响,使煤壁在不同程度的冲击压力下容易造成片帮[12,13],从而使煤柱的有效支撑面积减少。而煤壁片帮过多会使煤柱核区宽度减少,从而降低条带煤柱的承载能力。为防止煤壁受矿山压力造成的破坏,本文通过煤柱加固设计出柱式结构来缓冲煤壁的压力,从而达到保护煤壁的作用。

从上述分析可知,巷道支撑柱的作用不仅要分担一部分煤柱的载荷,而且缓冲矿压对煤壁的冲击破坏,防止煤壁片帮而造成煤柱的有效支撑面积减小。因此,本文的巷柱式煤柱加固思想具有以下两个方面的特点:

① 巷道支撑柱具有一定的承载力,对上覆岩层的静压起支撑作用;

② 支撑柱允许产生一定程度的弹性变形,对动压(如基本顶初次来压、周期来压等)起缓冲作用。

2.2 巷柱式煤柱加固方案的优化

(1) 建立三维模型

煤柱加固数值模拟原型以试验区为研究对象,利用 FLAC^{3D} 软件进行建模,以条带开采煤柱加固后应力场计算模型为中心,分析条带开采后留设煤柱在加固或未加固下应力的分布规律,并对煤柱进行稳定性分析[14]。模型规划设计 2 个条采面和 3 个保留煤柱,研究重点区域为 2 条采面之间的条带煤柱。根据试验区概况,煤层倾角为 35°,确定三维模型尺寸为 400 m×120 m×400 m,条带开采尺寸倾斜方向为采 100 m 留 100 m,图 3 为试验区条带开采的三维模型,表 1 为试验区围岩力学参数。

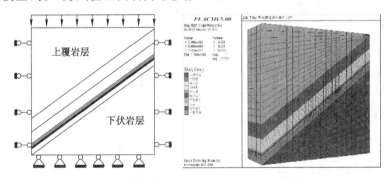

图 3　试验区条带开采三维模型

表 1　围岩力学参数

序号	岩性名称	密度 /(kg/m³)	弹性模量 /Pa	泊松比	抗拉强度 /Pa	黏结力 /Pa	内摩擦角 /(°)
1	上覆砂岩	2 610	20.9e9	0.25	3.07e6	13.5e6	35
2	中砂岩	2 618	28.5e9	0.23	4.13e6	14.5e6	32
3	灰褐色细砂岩	2 649	17.1e9	0.22	2.93e6	11.6e6	39
4	黑色腐泥质黏土岩	2 533	11.2e9	0.26	1.79e6	5.1e6	38
5	12-1 煤层	1 410	2.0e9	0.2	0.4e6	1.05e6	30
6	粉砂岩	2 649	17.1e9	0.22	2.93e6	11.6e6	39
7	中砂岩	2 618	28.5.0e9	0.23	4.13e6	14.5e6	32
8	下伏砂岩	2 610	20.9e9	0.25	3.07e6	13.5e6	35

（2）模拟方案

由于试验区开采工作面为地表建筑物下压煤范围，原开采设计方案为条带开采，为国内某权威机构设计，条带开采参数为采宽80 m，留宽120 m，采出率40%。为提高煤炭资源的采出率，延长矿井生产年限，在煤柱加固的基础上缩短留设煤柱宽度，本文提出以下开采方案[15,16]：

① 方案1：为原设计方案，采宽80 m，留宽120 m，采出率40%。

② 方案2：采宽100 m，留宽100 m，采出率50%，对煤柱两帮进行加固。

③ 方案3：采宽120 m，留宽80 m，采出率60%，对煤柱两帮进行加固。

为了简化模型，本次模拟直接对煤壁采用加固措施即可达到目的，没有模拟巷道及巷道支护。为了确定合理的加固参数，建立试验区数值模型，设计如下3个方案模拟条带煤柱在未加固和加固条件下煤柱的垂直应力和垂直位移分布。

3个加固方案为：方案1：无加固；方案2：巷柱式加固，巷柱尺寸为1 m×1 m，间隔1 m；方案3：加固方式同方案2。

（3）模拟结果分析

根据数值模拟结果，分别从垂直应力与垂直位移方面分析煤柱加固对上覆岩层的影响规律（图4）。

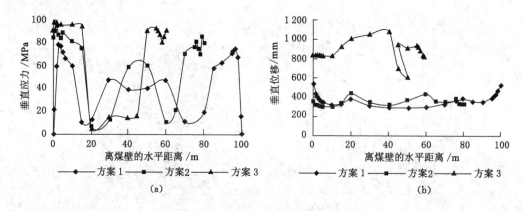

图4 巷柱式煤柱加固的模拟结果分析
(a) 垂直应力；(b) 垂直位移

① 垂直应力

方案1最大垂直应力为79 MPa，主要位于煤柱两侧，距煤壁约为3 m，核区最大承载力为40 MPa；方案2最大垂直应力为103 MPa，主要位于煤壁两端，煤柱承载力整体上相对于方案1得到了明显的提高，煤柱中央承载力提高了近20 MPa，达到60 MPa，采用巷柱式联合加固措施使煤柱的塑性屈服区承载能力提高；方案3最大垂直应力为115 MPa，主要位于煤柱边缘和巷道支撑柱上，承载应力区主要在煤柱的两端，且煤柱中央出现20 MPa以下的低承载力区，说明加固对煤柱核区的作用不大，此煤柱可能已经屈服。

② 垂直位移

方案1煤壁的垂直位移最大为600 mm以上；方案2煤壁垂直位移不到400 mm，煤壁得到很好的保护，说明煤柱加固有效地防止了煤壁破碎和松动；方案3的整条煤柱的垂直位移在数值上较大，位于800~1 050 mm，远大于方案1和方案2，且变形曲线形态与前两方案不同,没有一定的规律性,结合煤柱的垂直应力分析结果,说明方案3煤柱已经屈服。

总之,方案2在巷柱式加固的措施下,煤壁得到了很大的保护,且提高了煤柱的承载能力;方案3由于煤柱设计宽度过小而屈服,加固措施对其保护煤壁作用不大,验证了当留设煤柱宽度过小,煤柱加固措施对其失去作用的论断。因此,方案2在巷柱式加固的措施下,提高了煤柱的承载力,并且缩短留设煤柱,提高了条带开采的采出率。经过数值模拟分析得出,方案2为最优方案,且得到现场采纳。

2.3 巷柱式煤柱加固方案的实施

(1) 巷道支护方式

由于试验区特殊的地质条件,矿区最常用的巷道支护方式为拱棚支护,拱棚采用U型钢金属材质,连接处具有一定的可缩性。试验区工作面回风巷的巷道支护方式为拱棚支护,根据具体条件,选取拱棚支护参数如下:

棚距:0.5 m;

支架规格:25U,9 m^2;

净高:2.4 m;

净宽:3.308 m;

承载力:263 kN。

(2) 巷柱式煤柱加固—拱棚木垛联合加固技术

结合巷柱式煤柱加固思想和试验区地质采矿条件,综合考虑井上下实际情况,最终煤柱加固技术采用拱棚木垛联合加固技术。

具体加固措施:在原拱棚支护巷道中,当工作面推进通过时,进行巷道分段封闭式木垛加固,分段按"拆3留4"拆除和保留拱棚数,木垛与棚架联合加固间距2 m,加固宽度1.5 m,如图5所示。

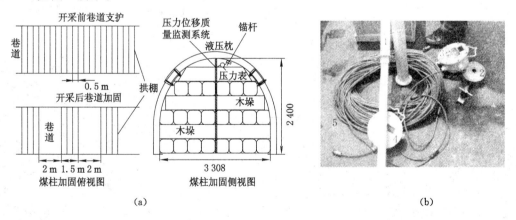

图5 巷柱式煤柱加固示意图

(a)拱棚木垛联合加固示意图;(b)压力位移质量监测系统

1——位移计;2——液压枕;3,4——YHY60矿用本安型压力表;5——数据线

在每一段拱棚支护内进行木垛填充,形成巷柱式加固体。巷柱式加固体对顶板起支撑作用,缓解上覆岩层的压力,从而达到保护煤壁的作用;另外,巷柱式加固体在一定程度上阻挡煤柱的横向变形,对煤柱提供切向约束力。

3 巷柱式煤柱加固效果分析

为分析巷柱式煤柱加固实施后条带煤柱的稳定性和加固效果,需分别对井下煤柱加固体和地表沉降进行变形监测[17-19],本文分别对井下煤柱进行位移实时监测、对地表进行地表沉降观测,从而验证巷柱式煤柱加固体能否有效地支撑上覆岩体、保护煤壁,达到控制地表变形的效果。

3.1 煤柱位移监测结果分析

现场井下加固体监测设备选用徐州惠顿矿业科技开发有限公司生产的压力位移质量监测系统。图5(b)为试验区采用的位移监测系统,其中位移计为杆式传感器,用于监测巷柱式加固体的压缩位移,监测仪器的现场安装位置如图5所示。

针对井下巷柱式加固体的位移监测数据,由于仪器电池寿命、井下环境恶劣、仪器安装问题等各方面原因,导致部分监测数据不完整。

图6为①号和②号仪器随时间变化的位移曲线,①号仪器在前11天压缩位移快速增大,并达到最大值361 mm,然后读数趋于稳定。②号仪器随时间变化的位移曲线,压缩位移量开始增长显著,然后读数趋于稳定,未出现位移值下降的情况。经分析可知,工作面经过①号仪器时的推进速度为2.7 m/d,过②号仪器时工作面推进速度为1.7 m/d,分析可知加固体的变形量与工作面的推进速度呈正比,可在以后进一步研究。

从煤柱位移监测数据分析可知,巷柱式加固体压缩位移随着工作面推进,开始显著增大,最后趋于平缓。因此,拱棚木垛联合加固能有效支撑和缓解上覆岩层的压力,对煤柱提供侧向约束,提高煤柱的承载力。

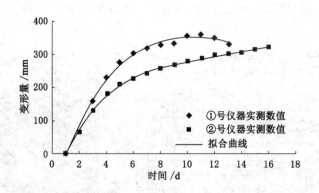

图6 巷柱式加固体的变形—时间曲线

3.2 地表变形监测结果分析

采动影响区地表建(构)筑物有居民住宅(平房和楼房)、工厂和学校等,地表建(构)筑物平面形状不一,结构质量不同。为确保地表受保护对象的安全使用,在影响范围区域地表布设2条如图7所示的地表观测线:L线总体上南北向布设,共39个观测点;Z观测线东西向布设,26个观测点,位于村庄北侧130 m左右。

试验段工作面的回采时间为2013年3月~10月,选取2013年2月的观测数据为首次观测,地表沉降观测数据分析如下:

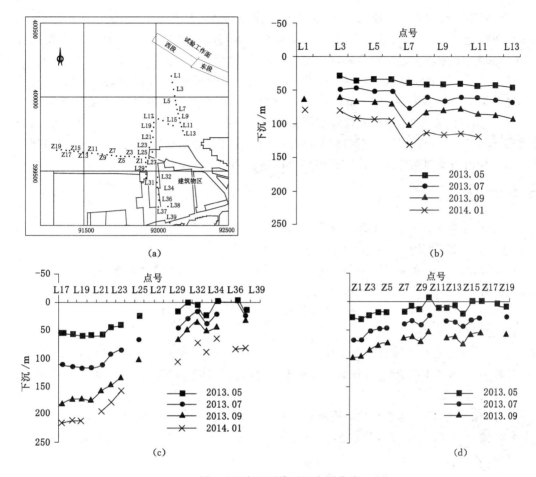

图 7 地表观测线下沉实测曲线
(a) 地表观测点布设;(b) L 线(L1~L13);(c) L 线(L17~L39);(d) Z 线

(1) L 线为折线,分两段进行分析,图 7(a)为 L 线 L1~L13 观测点地表下沉等值线实测曲线图,从图中可以看出,曲线形态从北向南地表下沉增大,最大下沉值为 L7 点,下沉 130 mm;图 7(b)为 L 线 L17~L39 观测点实测曲线图,曲线下沉值由北向南逐渐减少,最大下沉点位 L17,下沉值为 217 mm。因此,L 线最大下沉值为 217 mm。

(2) Z 线为东西走向的直线,位于建筑物区北侧,下沉从西至东逐渐减少,最大下沉点位 Z1,下沉值为 99 mm,如图 7(c)所示。

通过地表观测数据分析,在地表村庄受保护对象区域内,地表最大下沉值为 159 mm。建筑物区北侧为 Z 观测线,最大下沉为 99 mm,L 观测线 L29 点位于建筑物区北端,下沉值为 105 mm。因此,通过井下煤柱加固,地表变形得到了一定的控制,保证了建(构)筑物的安全使用。

4 结 论

(1) 为了提高条带开采的采出率,结合某矿具体的地质采矿条件,提出了条带开采优化方案与条带煤柱旁巷柱加固方案,并确定了相应的加固参数。

（2）采用拱棚木垛联合加固方法，在试验工作面实施煤柱加固，在原拱棚支护巷道中，当工作面推进通过时，进行巷道分段封闭式木垛加固，分段按"拆3留4"拆除和保留拱棚数，加固参数为：木垛与棚架联合加固间距2 m，加固宽度1.5 m。

（3）通过井下加固体位移监测与地表变形监测结果分析可知，加固方案实施后，煤柱加固体竖向最大压缩位移为361 mm；在7煤重复采动的影响下，测得地表最大下沉值为217 mm。监测结果表明，巷柱式煤柱加固技术在一定程度上缓解了上覆岩层的压力，对煤壁提供一定的侧护作用；地表下沉得到有效的控制，保证了建筑物的使用安全。本文提出的方法和设计可为类似条件的"三下"开采提供借鉴。

参考文献

[1] 邹友峰,柴华彬.我国条带煤柱稳定性研究现状及存在问题[J].采矿与安全工程学报,2006(2):141-145.

[2] 何国清,杨伦,凌赓娣,等.矿山开采沉陷学[M].徐州:中国矿业大学出版社,1991.

[3] 吴立新,王金庄,郭增长.煤柱设计与监测基础[M].徐州:中国矿业大学出版社,2010.

[4] 杨跃翔.房柱式开采煤柱设计及锚固法煤柱加固技术研究[D].北京:煤炭科学研究总院,2002.

[5] 段书武.煤柱锚杆加固机理与煤柱强度影响因素分析[J].煤矿开采,2009(3):62-64.

[6] 任建华,康建荣,何万龙.锚杆加固条带煤柱的离散元模拟分析[J].山西矿业学院学报,1997(2):25-29.

[7] 杭涛,杜宝同.回采巷道煤柱加固技术研究与实践[J].煤炭技术,2010(3):75-76.

[8] 戴华阳,郭俊廷,阎跃观,等."采-充-留"协调开采技术原理与应用[J].煤炭学报,2014(8):1602-1610.

[9] 高延法,王波,曲广龙,等.钢管混凝土支架力学性能实验及其在巷道支护中的应用[C]2009年第八届海峡两岸隧道与地下工程学术与技术研讨会,2009.

[10] 姚尚元,曹苏.锚芭柱支护技术在沿空掘巷中的应用[J].煤炭技术,2003(08):52-53.

[11] WILSON A H, ASHIN D P. Research into the determination of Pillar size[J]. The Mining Engineer,1972(131):409-417.

[12] 钱鸣高,石平五.矿山压力与岩层控制[M].徐州:中国矿业大学出版社,2003.

[13] 张新荣.煤柱强度与变形特征的实验室试验研究[J].煤矿开采,2012(3):17-20.

[14] 刘贵,张华兴,徐乃忠.深部厚煤层条带开采煤柱的稳定性[J].煤炭学报,2008,33(10):1086-1091.

[15] 刘义新,戴华阳,董荣泉,等.建筑物下压煤条带煤柱支护设计[J].煤矿开采,2012(5):67-69.

[16] 何荣,郭增长,陈俊杰.大采深条带开采宽度确定方法研究[J].河南理工大学学报(自然科学版),2009(2):155-159.

[17] 王春秋,高立群,陈绍杰,等.条带煤柱长期承载能力实测研究[J].采矿与安全工程学报,2013(6):799-804.

[18] 郝育喜,李化敏,袁瑞甫,等.煤柱稳定性的微震监测研究[J].煤炭工程,2012(11):64-67.

[19] 徐金海,缪协兴,张晓春.煤柱稳定性的时间相关性分析[J].煤炭学报,2005(4):433-437.

作者简介:廖孟光(1985—),男,博士研究生,讲师,主要研究方向为开采沉陷与防护等。E-mail:liaomengguang@163.com。

基于时效 Knothe 函数的开采沉陷动态精准预计方法研究

魏涛,王磊,池深深,李楠,吕挑

(安徽理工大学测绘学院,安徽 淮南,232001)

摘 要:针对当前开采沉陷动态预计不精准问题,综合利用实测分析和理论研究方法,提出了基于时效 Knothe 函数的开采沉陷动态精准预计方法,主要取得如下成果:(1) Knothe 时间函数的参数 C 值在开采过程中呈现近似正态分布,采动结束后 C 值呈负指数衰减直至趋于定值;(2)在预测时效 Knothe 函数 C 值时,实验结果表明:就整体性预测而言,AR 模型的整体性最好,传统的 GM(1,1)模型误差较大,三次指数平滑法的预测结果出现粗差;就单期预测而言,传统的 GM(1,1)模型和 AR 模型对 C 值的预测存在不稳定性,三次指数平滑法各期预测值误差均小,较稳定。本文研究成果对研究开采沉陷动态精准预计具有参考意义。

关键词:时间参数;时间序列;灰色系统;动态更新

Research on Dynamic Precise Prediction Method of Mining Subsidence Based on Aged Knothe Function

Wei Tao,Wang Lei,Chi Shenshen,Li Nan,Lv Tiao

(*School of Geomatics,Anhui University of Science and Technology,Huainan 232001,China*)

Abstract:Aiming at the problem of inaccurate prediction of current mining subsidence, this paper puts forward the dynamic precision prediction method of mining subsidence based on aging Knothe function with methods of measurement analysis and theoretical research. The main achievements obtained are as following: (1) The values of parameter C in Knothe time function in the mining process showed a similar normal distribution, while the values of C are negative exponential decay, and finally reach a certain value after the end of the mining. (2) The experimental results of the prediction of the Knothe function C value show that: In terms of holistic prediction, the integrity of the AR model is the best, while the traditional GM (1,1) model has a large error, and the prediction results of the cubic exponential smoothing method are gross errors. In the case of single-stage prediction, the predictions of C with the traditional GM (1,1) model and the AR model are unstable, and the errors of the three-order exponential smoothing method are all small and stable. The research results of this paper are of reference significance to the precise dynamic prediction of mining subsidence.

Keywords:time parameter; time series; grey system; dynamic updating

研究开采沉陷动态精准预计方法,不仅能为"三下"采煤的工作面布置、开采速度优化和开采方式提供理论依据,同时对实时评估采动影响区地表建(构)筑物的安全,及时制定建

（构）筑物的维修与加固方案，都有着重要的指导意义。

开采沉陷动态预计一般原理：将开采引起的地表最终移动与变形乘以反映岩层移动时间效应的时间函数模型来进行动态预计。因此，时间函数模型的科学性在某种程度上决定了动态预计的精准性，当前的时间函数模型主要有：Knothe 时间函数[1]，双参数 Knothe 时间函数，正态分布时间函数[2]，Logistic 时间函数[3]，Gompertz 时间函数，Richards 时间函数，Weibull 时间函数[4]，双曲线时间函数等。其中，Knothe 时间函数作为最经典的时间函数模型，也无法准确地描述地表动态移动变形的全过程。为了实现开采沉陷动态精准预计，针对 Knothe 时间函数存在的不足，常占强[5]等提出了分段 Knothe 时间函数模型，张兵[6]等也对分段 Knothe 时间函数进行优化；而刘玉成[7]等则对该函数进行改进，提出了幂指数 Knothe 时间函数模型。这些研究成果在一定程度上都对 Knothe 时间函数模型进行了完善，但在时间函数的普适应方面仍存在着一定的缺陷。鉴于此，笔者对淮南顾北煤矿 1312(1)工作面地表移动变形全过程的时间参数 C 的变化进行研究，C 的时间分布如图 1 所示。研究结果表明，Knothe 函数的参数 C 在开采期间近似正态分布，C 在采动结束后逐渐衰减最终趋于稳定值。因此，笔者认为基于 Knothe 函数的预计模型不能够实现精准动态预计的原因关键在于 Knothe 函数不具有时效性，即 C 没有随开采过程实时动态更新。

鉴于此，本文将探讨基于时效 Knothe 函数的开采沉陷动态精准预计方法。

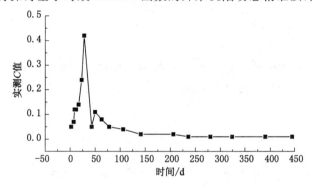

图 1　淮南顾北煤矿 1312(1)工作面实测 C 值

1　基于时效 Knothe 函数的开采沉陷动态预计方法研究

1.1　基于 Knothe 函数的开采沉陷动态预计原理

概率积分法[8]作为一种静态预计方法，对工作面空间上进行预计，结合时间函数，完成对地表下沉的动态预计，再根据地表下沉对其他移动变形值进行预计，从而建立地表移动变形的动态预计模型。

如图 2 所示，假设开切眼的时间为 0，第 i 天开采速度为 v_i，则第 i 天的开采长度为 $l_i = i * v_i$。根据实际开采速度及推进尺寸，将工作面剖分为多个倾向长度为 D，走向长度为 l_i 的矩形工作面，对每个小矩形工作面的下沉预计值进行叠加，从而获得该工作面总的静态下沉值。

假设，该工作面地表上方某点 p 的测量坐标为 (x,y)，根据概率积分法原理，第 i 天工作面推进尺寸 l_i 对 p 点引起的理论下沉值为：

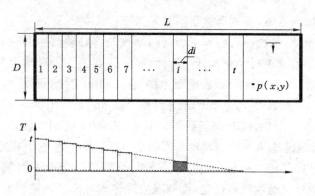

图 2 动态预计原理图

$$W_0(i,p) = \frac{1}{W_0}[W(x_i)-W(x_i-l_i)]W_0(y_i) = \frac{1}{W_0}[W(x_i)-W(x_i-l_i)][W(y_i)-W(y_i-D)]$$

其中，$W_0=mq\cos\alpha$，m 表示工作面采厚，q 为最大下沉系数，α 为煤层倾角；(x_i, y_i) 表示 p 点通过坐标转换后的工作面坐标；D 为工作面倾向长度，$W(x)=\frac{W_0}{2}\left[\text{erf}\left(\frac{\sqrt{\pi}}{r}x\right)+1\right]$。

将获得的静态下沉预计值与时间函数联合，从而求取第 i 个开采单元引起 p 点在 t_i 时刻的下沉值为：

$$W(i,p,t_i)=W_0(i,p) \cdot f(t) \tag{1}$$

其中，$f(t)=1-e^{-a}$；t_i 为单元工作面从开采时刻到预计时刻所经历的时间。因此，第 i 天开采形成的开采单元 i 到预计时刻 t 所经历的时间为：$t=t_i+1$，则 k_i 点在 t_i 时刻的累积下沉值（即动态预计下沉值）为：

$$W(p,t_i) = \sum_{i-1}^{t_i} W(i,p,t_i) \tag{2}$$

根据概率积分法中下沉值与其他移动变形值的关系，可以动态预计 k_i 点在 t_i 时刻的倾斜值，曲率，水平移动和水平变形值。

工程实践表明，基于 Knothe 函数的开采沉陷动态预计模型并不能够全程精准预计开采引起的地表移动与变形，问题的关键在于 Knothe 函数不具有时效性，因而下文将探讨基于时效 Knothe 函数的动态预计方法。

1.2 基于时效 Knothe 函数的动态预计方法

基于时效 Knothe 函数的动态预计方法的关键在于如何利用时序实测移动变形值动态预测更新 Knothe 函数的参数 C，使 Knothe 函数保持时效性。为了实现对 Knothe 函数的参数 C 的精准预测，本文选择预测性能好的 AR、GM 和三次指数平滑法 3 种模型对参数 C 进行优化预测。本文将以淮南顾北煤矿 1312(1)工作面为例，对基于时效 Knothe 函数的动态预计方法进行阐述，该方法主要步骤为：

（1）对 1312(1)工作面观测站实测数据进行三次样条插值法，获得各期实测 C 值均匀插值。

（2）根据观测值，利用 AR、GM、三次指数平滑法模型分别对 Knothe 时间函数参数 C 进行整体单期预测和滚动预测，以及对整体单期预测最优模型进行外推性研究，确定 C 值预测最优模型。

(3) 基于预测的 C 值动态更新 Knothe 函数中的 C 值，实现开采沉陷精准动态预计。

基于时效 Knothe 函数的动态预计方法流程如图 3 所示。

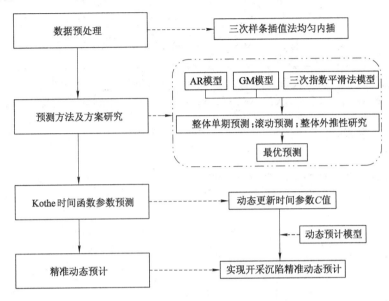

图 3　拟研究路线图

2　工程应用

2.1　工程概况

文章以淮南顾北煤矿 1312(1) 工作面为研究对象，该工作面自 2012 年 2 月 9 日正式回采到 2012 年 5 月 14 日回采结束(回采时间约 96 d)，实际工作面回采长约 620 m(含切眼)，宽 205 m(含运输巷和回风巷)，煤厚 2.73～5.57 m，平均采高 3.3 m，倾角 3°～7°，平均 5°，为近水平煤层，实际采出煤量 58.5 万 t，实际工作面回采率 96.47%。根据井上下对照图，回采工作面 11-2 煤层埋深 493～540 m，平均约为 528 m；煤层底板高程为 -475～-542 m。工作面自 2012 年 2 月 9 日正式开始回采，工作面推进速度约为 6.5 m/d，日产原煤约 6 100 t。

1312(1) 工作面采用综合机械化掘进，以锚网索支护为主、"U"型棚支护为辅的联合支护方式，后退式开采，综合机械化采煤，一次采全高，全部垮落法管理顶板。顾北矿 1312(1) 首采面观测站自 2011 年 10 月 15 日开始进行连接测量到 2013 年 5 月 1 日为止，观测工作历时约 19 个月(共 565 d)，观测站沿走向和倾向分别布设 72 个和 28 个观测点。

2.2　数据预处理

以 1312(1) 工作面 18 期的实测数据为基础，利用已编写的模矢法求参代码[11-13]反演出该工作面的概率积分参数：下沉系数 q、水平移动系数 b、主要影响角正切 $\tan\beta$、开采影响传播角 θ_0 和上、下、左、右拐点偏移距 S_u、S_d、S_l、S_r。并通过基于 Matlab 编写的代码反推出各期最合适的时间参数 C 值，各期最优值如表 1 所示。

表 1　　各期反演的最优 C 值

时间/d	7	9	12	17	23	28	43	50	63
最优 C 值	0.07	0.12	0.12	0.14	0.24	0.42	0.05	0.11	0.08
预测效果	5.05%	5.77%	2.38%	2.45%	2.54%	2.32%	2.66%	1.87%	2.82%
时间/d	78	106	141	206	236	280	324	390	445
最优 C 值	0.05	0.04	0.02	0.02	0.01	0.01	0.01	0.01	0.01
预测效果	1.89%	3.00%	2.22%	5.28%	3.21%	2.28%	3.11%	4.06%	4.73%

注：预测效果是指各点预计下沉值与实际下沉值的累积误差与最大实际下沉值的相对误差。

从表 1 可以发现，各期最优 C 值对各期下沉值的相对误差都在 5% 以内，均在误差允许范围内，且各期最优 C 值是动态变化的。

由于前文所述的三种预测模型都是等间隔预测，所以需要对 C 值进行均值插值处理，笔者选择以 20 d 为间隔等间隔插值，其处理结果如图 4 所示。

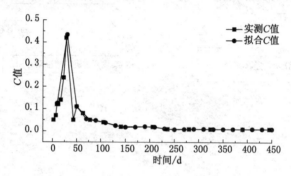

图 4　实测值与拟合 C 值比较

由图 4 和表 1 可以看出，C 值在开采过程中是动态变化的，在采动过程中，C 值的变化遵循偏正态分布，且最大值在略大于 $\frac{1}{2}\tau$（τ 为采动时间）处，大于回采时间后的 C 值呈现指数变化，C 值变化有明显规律。所以，单纯的以充分开采后的数据反演出的时间参数 C 值作为该矿区的时间参数是存在很大误差的，动态更新时间参数值 C 是有必要的。因此，笔者准备采用时间序列中的 AR 模型、三次指数平滑法和灰色系统中的 GM(1,1) 对 Knothe 时间函数中参数 C 进行最优预测（由于实测值于 203 d 后呈现稳定趋势，因此预测值也只进行到 250 d）。

2.3　研究方法

（1）三种模型整体单期预测 C 值

整体单期预测是指利用前 $n-1$ 期的所有数据，基于预测模型来预测第 n 期的数据，各期的时间间隔是相等的。文章是以前四期数据作为原始数据预测其他期数据的。

为了寻求三种模型中，对 C 值预测的最优模型，笔者对三种模型分别单期预测 C 值，并将 C 值代入已编写的代码中计算各实测点的预计下沉值。然后将实测值与预计值进行比较，从而获取最优模型。表 2 是各模型的预测 C 值及预测效果比较。

表 2　　　　　　　　　　　三种模型单期预测的 C 值比较

时间/d	实测值	AR	预测效果	GM	预测效果	三次指数平滑法	预测效果
90	0.048 0	0.076 8	5.12%	0.014 8	21.87%	0.130 5	8.65%
110	0.037 5	0.049 9	2.98%	0.007 2	30.86%	0.068 6	4.91%
130	0.024 9	0.040 7	5.29%	0.003 9	36.66%	0.022 3	1.75%
150	0.018 1	0.028 8	6.10%	0.002 2	41.82%	−0.013 4	305.97%
170	0.018 6	0.020 2	1.05%	0.001 2	46.45%	−0.038 0	14 405.00%
190	0.020 9	0.018 4	1.15%	0.000 7	49.27%	−0.050 8	>100%
210	0.019 0	0.02	0.36%	0.000 4	50.89%	−0.054 5	>100%
230	0.011 8	0.019 8	5.11%	0.000 3	51.97%	−0.054 0	>100%
250	0.008 2	0.014 7	8.85%	0.000 2	52.84%	−0.053 7	>100%

注：预测效果是指各点预计下沉值与实际下沉值的累积误差与最大实际下沉值的相对误差。

由表 2 可以看出，AR 模型的整体预测 C 值引起的下沉值相对误差较小，都在误差允许范围内，但是，GM 模型和三次指数平滑法整体预测的 C 值引起的下沉值存在较大的误差：GM(1,1)模型的预测 C 值的预测效果均在 20% 以上，甚至达到 50%，误差严重超出允许范围，而三次指数平滑法的预测 C 值出现负值，不符合 C 值的实际数值范围。

因此，经过研究发现，时间序列的 AR 模型对 Knothe 时间函数的参数 C 值的动态预计整体效果最好。

（2）三种模型的滚动预测

笔者在对三种模型预测 C 值的研究中发现，GM(1,1)模型和三次指数平滑法的预测效果很差，查阅文献发现，模型存在一定的制约性[14]，有的专家对此提出滚动预测的方法，即利用第 n 期前的 k 期数据，基于预测模型预测第 n 期数据，各期的时间间隔是相等的。

因此，笔者也在此对 C 值的预测中做出滚动预测的实验，文章是以当前期的前 4 期数据来预测的，预计结果如图 5 所示。

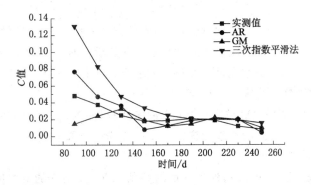

图 5　各模型滚动预计 C 值的比较

针对各模型所滚动预计的 C 值，所求出的预计下沉值与实际下沉值的预测效果比较如表 3 所示。

表3　　　　　　　各模型 C 值的预计下沉值与实际下沉值的误差比较

时间/d	实测值	AR滚动预计单期	预测效果	GM滚动预计单期	预测效果	SC滚动预计单期	预测效果
90	0.048 0	0.076 8	5.12%	0.014 8	21.87%	0.130 5	8.65%
110	0.037 5	0.047 0	2.45%	0.024 3	6.74%	0.082 6	5.82%
130	0.024 9	0.036 2	4.38%	0.032 5	3.36%	0.047 2	6.18%
150	0.018 1	0.008 0	17.60%	0.019 2	0.96%	0.033 6	7.29%
170	0.018 6	0.012 6	6.56%	0.012 1	7.30%	0.024 7	3.11%
190	0.020 9	0.018 8	0.94%	0.014 7	3.86%	0.020 6	0.13%
210	0.019 0	0.020 8	0.60%	0.022 2	0.97%	0.020 1	0.39%
230	0.011 8	0.020 1	5.19%	0.019 9	5.13%	0.019 4	4.99%
250	0.008 2	0.004 3	15.33%	0.010 2	4.12%	0.015 5	9.34%

注：预测效果是指各点预计下沉值与实际下沉值的累积误差与最大实际下沉值的相对误差。

从表3中可发现，AR模型在第150 d和250 d的时候出现较大的误差，引起的下沉值相对误差分别达到17.60%和15.33%，其他时间的预测值 C 的误差并未对预计下沉值造成太大的影响，其误差均在误差允许范围内。灰色系统GM(1,1)模型的预测值中，除了刚开始第90天时的预测值 C 误差较大，其预计下沉值的相对误差达到21.87%，其余各期的预测值 C 的误差对预计下沉值的影响较小，均在允许误差范围内。三次指数平滑法的预测值 C 整体性最好，各期的相对误差均较小，且比较稳定。

鉴于第90天GM(1,1)预测值的误差太大，笔者将第90天和误差最小的第150天的三种模型预测 C 值预计的观测站点的下沉值以三维方式呈现，两期整体下沉拟合结果如图6所示。

为了更好地比较各模型滚动预计的整体效果，笔者选取最大下沉点MS23，使用各模型的预测 C 值和静态求取的单一 C 值计算预计下沉值，并与实测值进行比较，并作出各模型预测下沉值与实测值的误差比较，其结果如图7和图8所示。

由以上研究内容可以看出，滚动预测中，AR模型和GM(1,1)模型均存在某期预测值误差较大，三次指数平滑法各期误差均较小，且动态更新的时间参数 C 值明显优于传统单一参数 C 值。因此，三次指数平滑法的整体性更优于AR模型和GM模型。

(3) AR模型的外推性研究

在上述研究过程中发现，AR模型预计的整体性较好，为此，笔者欲研究AR模型的外推性，从而为不同精度要求的动态预计提供一定的参考。文章仅研究外推一期到四期之间的比较，综合结果如表4所示。

从表4可以发现，第110天时，外推一期的 C 值0.049 9引起的下沉值相对误差2.88%明显优于外推二期的 C 值0.083 7引起的下沉值相对误差5.68%；第130天，外推一期的 C 值0.040 7引起的相对误差5.29%也优于外推三期的 C 值0.082 4引起的相对误差7.63%；第150天，外推一期的 C 值0.028 8引起的相对误差6.10%也优于外推四期的 C 值0.081 6引起的相对误差9.39%。但是，当158天后，C 值本身趋势趋于平缓时，AR模型的外推期数对预测值的影响较小。

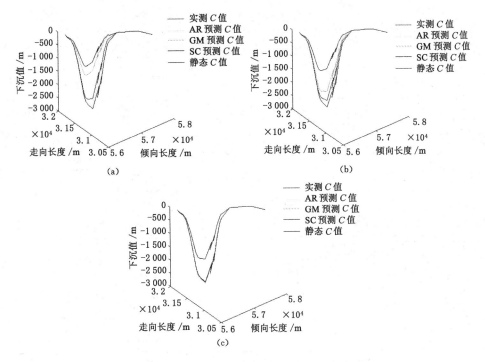

图 6 第 90、110 和 150 天的三种模型整体预测下沉的三维图

(a) 第 90 天三种模型滚动预测下沉的三维图形；
(b) 第 110 天三种模型滚动预测下沉的三维图形；(c) 第 150 天三种模型滚动预测下沉的三维图形

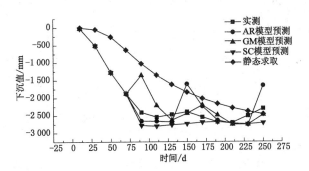

图 7 MS23 点各模型 C 值滚动预测的单点下沉曲线

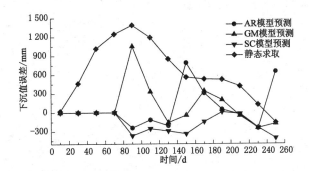

图 8 MS23 点各模型滚动预测 C 值引起的下沉值与实测下沉值的误差图

表 4　　AR 模型外推期数对下沉的影响

时间/d	90	110	130	150	170	190	210	230	250
实测 C 值	0.048 0	0.037 5	0.024 9	0.018 1	0.018 6	0.020 9	0.019 0	0.011 8	0.008 2
外推一期 C 值	0.076 8	0.049 9	0.040 7	0.028 8	0.020 2	0.018 4	0.02	0.019 8	0.014 7
中误差	125.070	73.316	130.641	146.213	25.788	30.874	9.717	128.102	203.901
预测效果	5.12%	2.88%	5.29%	6.10%	1.01%	1.15%	0.36%	5.11%	8.85%
外推二期 C 值	0.076 8	0.083 7	0.040 7	0.041 3	0.020 2	0.020 6	0.02	0.019 8	0.014 7
中误差	125.070	144.469	130.641	200.553	25.788	3.148	9.717	128.102	203.901
预测效果	5.12%	5.68%	5.29%	8.37%	1.01%	0.12%	0.36%	5.11%	8.85%
外推三期 C 值	0.076 8	0.083 7	0.082 4	0.028 8	0.029 5	0.029 3	0.020 0	0.019 8	0.019 8
中误差	125.070	144.469	188.417	146.213	106.709	50.595	9.717	128.102	250.571
预测效果	5.12%	5.68%	7.63%	6.10%	4.36%	1.88%	0.36%	5.11%	10.88%
外推四期 C 值	0.076 8	0.083 7	0.082 4	0.081 6	0.020 6	0.020 6	0.020 5	0.020 5	0.014 7
中误差	125.070	144.469	188.417	225.138	25.788	3.148	14.008	132.695	203.901
预测效果	5.12%	5.68%	7.63%	9.39%	1.01%	0.12%	0.52%	5.29%	8.85%

注：预测效果是指各点预计下沉值与实际下沉值的累积误差与最大实际下沉值的相对误差。

综上，当数据变动幅度较大时，AR 模型预测的期数越少，其精度越高；若数据趋于平缓时，可接受多期预测，省时省力，预测精度也较高。因此，在保证预测精度的前提下，采动过程中，AR 模型预测期数应较少，采动结束后可增加预测期数。

3 结　论

（1）证明了采动引起的地表移动变形过程中，Knothe 时间函数参数 C 不是定值，并呈现一定的规律：采动期，C 值呈近似正态分布变化，且均值略大于 $\frac{1}{2}\tau$（τ 为采动时间）；采动结束后，C 值呈负指数形式变化。

（2）通过实验证明，笔者所选择的三种预测模型中，AR 模型的整体性最好，且外推性良好，精度要求不高时，可多期同时预测；传统的 GM(1,1) 模型误差较大，超过误差允许范围；三次指数平滑法的预测结果出现粗差，不符合 Knothe 时间参数 C 值的范围。

（3）三种模型滚动预测单期实验中，传统的 GM(1,1) 模型和 AR 模型对 C 值的预测都存在不稳定性，整体效果不佳。而三次指数平滑法各期预测值误差均小，明显优于传统的 GM(1,1) 模型和 AR 模型。

参考文献

[1] 胡青峰，崔希民，康新亮，等. Knothe 时间函数参数影响分析及其求参模型研究[J]. 采矿与安全工程学报，2014，31(1)：122-126.

[2] 李春意，高永格，崔希民. 基于正态分布时间函数地表动态沉陷预测研究[J]. 岩土力学，2016(S1)：108-116.

[3] 徐洪钟,李雪红.基于 Logistic 增长模型的地表下沉时间函数[J].岩土力学,2005(s1):155-157.

[4] 刘玉成,曹树刚,刘延保.可描述地表沉陷动态过程的时间函数模型探讨[J].岩土力学,2010,31(3):925-931.

[5] 常占强,王金庄.关于地表点下沉时间函数的研究——改进的克诺特时间函数[J].岩石力学与工程学报,2003,22(9):1496-1499.

[6] 张兵,崔希民.开采沉陷动态预计的分段 Knothe 时间函数模型优化[J].岩土力学,2017(2):541-548+556.

[7] 刘玉成,曹树刚,刘延保.改进的 Konthe 地表沉陷时间函数模型[J].测绘科学,2009,34(5):16-17.

[8] 何国清,杨伦,凌赓娣,等.矿山开采沉陷学[M].徐州:中国矿业大学出版社,1991.

[9] 周永道,王会琦,吕王勇.时间序列分析及应用[M].北京:高等教育出版社,2015.

[10] 王海涛,孔明慧.三次指数平滑法预测管道腐蚀速率的应用[J].腐蚀与防护,2016,37(1):8-11,59.

[11] 查剑锋,贾新果,郭广礼.概率积分法求参初值选取的均匀设计方法[J].金属矿山,2006(11):27-29.

[12] 朱晓峻,郭广礼,方齐.概率积分法预计参数反演方法研究进展[J].金属矿山,2015(4):173-177.

[13] 石磊.厚松散层条件下概率积分法求参方法研究[D].淮南:安徽理工大学,2016.

[14] 郑照宁,武玉英,包涵龄.GM 模型的病态性问题[J].中国管理科学,2001,9(5):38-44.

基金项目:国家自然科学基金项目(41602357,41474026);安徽省博士后基金项目(2014B019);安徽高校自然科学研究项目(KJ2016A190)。

作者简介:魏涛(1993—),男,硕士研究生。E-mail:austwlei@163.com。

大型地质异常体极不稳定围岩耦合注浆控制技术

徐燕飞[1,2]，陈永春[1,2]，安士凯[1,2]，李翠[1,2]，毕波[1,2]

(1. 淮南矿业(集团)有限责任公司，安徽 淮南，232001；
2. 煤矿生态环境保护国家工程实验室，安徽 淮南，232001)

摘　要：结合对淮南矿业(集团)公司顾桥煤矿−780 m水平南翼胶带机大巷施工遇顾桂地质异常体时围岩所表现出的特殊地质与工程特征分析，考虑注浆位置、注浆范围与围岩承载特性相适应，指明了耦合注浆的内涵。基于FLAC^{3D}阐明了耦合注浆围岩控制机制，得出：同样的注浆厚度，注浆深度越小，围岩控制效果越好；同样的注浆起始位置，注浆的范围越大，围岩控制效果越好；应力峰值至巷道表面围岩注浆可以有效地抑制塑性区的发育，破裂区注浆可以有效地控制围岩变形量。针对大型地质异常体极不稳定围岩注浆治理工程，提出采用"整体注浆—区域注浆—局部注浆"耦合注浆的方法，对围岩实施联合控制；给出了耦合注浆技术中各注浆环节的最优注浆范围确定方法，得出：整体注浆的范围应大于2倍的峰值深度，区域注浆和局部注浆范围可由围岩弹塑性力学求解确定。采用耦合注浆理念，联合运用地面预注浆、超前预注浆和短注短掘技术，在顾桂地质异常体内施工巷道的工程实践中取得了理想的围岩注浆控制效果。

关键词：耦合注浆；地质异常体；控制机制；围岩；深部岩巷

Surrounding Rock Control Technology of Coupling Grouting in Large-scale Geological Anomalous Body has Instable Surrounding Rock

XU Yanfei[1,2], CHEN Yongchun[1,2], AN Shikai[1,2], LI Cui[1,2], BI Bo[1,2]

(1. Huainan Mining Industry (Group) Co., Ltd., Huainan 232001, China；
2. National Engineering Laboratory for Protection of Coal Mine Eco-environment, Huainan 232001, China)

Abstract: Combined the analysis of special geological features and engineering features that appear in the construction process of level −780 m south wing conveyor roadway of Guqiao coal mine, huainan mining area, the grouting position and grouting range should adapt to the bearing performance of surrounding rock is considered to explain the connotations of coupling grouting. Mechanism of surrounding rock control via coupling grouting is elaborated based on FLAC3D numerical simulation software; the results show that for the same thickness of grouting, grouting depth is smaller, the better control effect of surrounding rock; for the same starting grouting position, the greater the range of grouting, the better control effect of surrounding rock. Grouting in the surrounding rock between the position of stress peak and the roadway surface can inhibit the development of the plastic zone effectively, grouting in the rupture zone of surrounding rock can control the deformation of the surrounding rock obviously. In order to achieve effective control of the roadway with instable surrounding rock in large geological anomalous body, this article provides a coupling grouting method of "overall grouting-regional grouting-partial grouting"; method for determine the optimal grouting range in step grouting of coupling grouting is proposed, the grouting range of overall grouting should be greater than 2 times of the stress peak depth, and the grouting range of regional grouting and partial grouting can be determined by solving elastic-plastic mechanics of surrounding rock. Under the guidance of the coupling grouting concept, surface pre-grouting technology, advance pre-grouting technology and short-grouting and short-tunneling technology were used to manage roadway in gugui geological anomalous body, and achieved the desired effect of surrounding rock control.

Keywords: coupling grouting; geological anomalous body; control mechanism; surrounding rock; deep well rock roadway

地质构造是岩土力学与工程领域内重要的研究对象之一,构造带影响范围内的地下工程围岩一般多具有松散、软弱、易泥化及控水等特性;大型地质构造带附近存在大范围松散破碎岩体,当深部围岩体不能形成稳定的承载结构时,支护体很难控制围岩的稳定;针对此类地质条件的围岩治理,关键在于增强围岩整体稳定性和提高岩体强度[1]。注浆可以有效改善围岩的松散结构,提高岩体黏聚力,增大裂隙面的摩擦阻力,提高围岩整体强度和稳定性,在构造带工程围岩实施注浆可以起到显著的加固效果[1-5]。

目前,很多学者对注浆理论和注浆技术工程应用进行了大量的研究[6-18]。文献[6-12]对注浆围岩加固机理及注浆参数等进行了大量的研究,但未涉及注浆时机、注浆位置对围岩注浆加固效果影响的探讨。随着时间的变化,巷道围岩内部不同位置将发生不同程度的变形与破坏,表现出不同的受力和承载特征,对巷道围岩的控制发挥着各自不同的作用;对不同位置围岩实施注浆,也将达到不同的围岩控制效果[13-18]。文献[13-16]对围岩二次注浆进行研究,采用一次注浆对浅部松散破碎围岩进行固结,采用二次高压注浆劈裂深部围岩,实现更深部的注浆,但未对最优二次注浆范围进行探讨,也没有考虑不同承载特性的围岩注浆对围岩控制效果的影响。文献[16-18]提出采用两步耦合注浆技术对松散破碎围岩进行治理,指出根据围岩的变形特征确定首次注浆时机,将注浆材料的硬化时间作为二次耦合注浆滞后时间,在确定二次注浆时机时同样没有考虑注浆时机、注浆位置应与围岩的变形及承载特性的耦合关系;且不同注浆材料硬化时间差别很大,采用注浆材料的硬化时间作为二次耦合注浆滞后时间,其适用性也有待商榷。

本文以淮南矿业(集团)公司顾桥煤矿−780 m水平南翼胶带机大巷穿越大型地质异常体为工程背景,针对大型地质异常体的高应力及围岩的极不稳定性,考虑了围岩内部不同变形、破坏及承载特征的岩体注浆对围岩控制效果的影响,提出采用"整体注浆—区域注浆—局部注浆"耦合注浆的方法,对围岩进行联合控制,取得了理想的围岩控制效果。

1 顾桂地质异常体概况

顾桥煤矿−780 m水平南翼胶带机大巷穿过一组呈NWW向发育的断裂带,在此构造带上呈串珠状分布5个古潜山及4个古洼地,其延展长度约15 km,宽约670 m,向上发育到新生界松散层,向下发育到灰岩地层;该断层带包含正断层、逆断层和直立断层等多种断裂形态,断层组形成落差约140 m,沿NWW向延展分布的地堑状断裂带,称为顾桂地质异常体,整个地质异常断裂体影响范围达720~950 m。

地质异常体附近巷道变形剧烈,很难维持巷道稳定,究其原因,包括以下三方面:① 特殊地质特征,该区域属于多期活动断层带,具有新构造断层活动的迹象和形成陷落柱的条件,掘进动压影响可能引起新构造断层或陷落柱进一步活化,导致围岩大范围失稳;② 围岩的极不稳定性,围岩属Ⅴ级极不稳定岩体,表现为大范围整体松动变形,初始剧烈变形和后期流变速度快,掘进过程中有泥石流现象;③ 高地应力,巷道埋深 800 m,属于深部巷道,实测巷道附近最大水平主应力为 28.8 MPa,呈东西向(NE83°),构造应力和自重应力均是影响断裂带地应力水平及巷道稳定性的主要因素。

可见大型地质异常体高应力环境和围岩的极不稳定性是影响围岩控制的两个关键因素,该巷道工程属于深部高应力区超大地质异常断裂带大断面软岩巷道施工安全与围岩长期稳定控制难题。

2 耦合注浆围岩控制机制

大型地质异常体附近围岩大范围整体松动变形、流变剧烈,巷道周边较大范围内出现如图 1 所示的应力分布[19-20]。破裂区Ⅰ围岩体遭到破坏,出现大量次生裂隙,围岩应力低于原岩应力;塑性区Ⅱ围岩体发生塑性变形,但岩体有较高的承载能力与弹性区应力升高部分Ⅲ共同作为矿山压力的主要承载部分;较远处的原始应力区Ⅳ受巷道掘进影响最小。

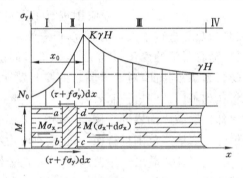

图 1 巷道两侧支承压力分布

Ⅰ——破裂区;Ⅱ——塑性区;Ⅲ——弹性区应力升高部分;Ⅳ——原始应力区

文献[13-18]已证实,对不同位置围岩实施注浆,围岩控制效果不同。因此,要实现最佳围岩注浆控制效果,注浆时机和注浆位置与围岩变形承载特征应满足一定的时空关系。围岩的变形、破坏、受力(应力转移)都是与时间相关的函数。本文在研究不同注浆位置和不同注浆时机对围岩的控制影响时,将"注浆时机"、"注浆位置"两个概念统一为"承载特性区"进行讨论。"耦合注浆"其内涵概括为:针对围岩的不同承载特性区,联合应用不同的注浆工艺,以实现最佳的围岩控制效果。明确围岩体内不同承载特性区注浆对围岩的控制机制,对指导灵活组合应用各种注浆手段是非常有意义的。

2.1 数值计算方案设计

(1) 建立模型

为了模拟围岩不同承载区域注浆对围岩控制的效果,以顾桥煤矿-780 m 水平南翼胶带机大巷为研究对象,采用 FLAC^{3D} 数值模拟软件,建立外环绕放射状网格,如图 2 所示。

模型由内而外共 7 层,每层 5 m;模型尺寸,长×宽×高=76 m×16 m×76 m,共 20 352 个单元,26 080 个节点;生成初始地应力场,模型上部至地表岩层按照岩柱自重换算为均布载荷 20.25 MPa,加在模型上部。计算时采用莫尔—库仑(Mohr-Coulomb)屈服准则,建立模型。

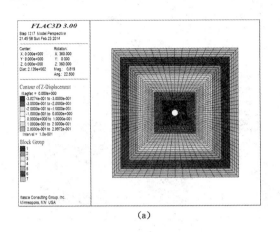 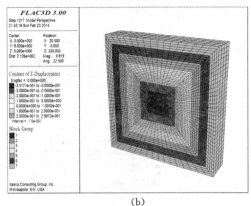

图 2 注浆数值计算三维模型

(a) 平面图；(b) 立面图

(2) 注浆方案设计

注浆前让围岩发生一定的变形，使应力发生转移，在围岩内部出现不同的承载部位，作为注浆模拟初始模型，巷道初始变形前后地应力分布如图 3(a)、(b)所示，岩体参数和计算方案见表 1、表 2。

表 1　　　　　　　　　　　　　　数值计算岩体力学参数

岩层岩性	黏结力 C/MPa	内摩擦角 $\varphi/(°)$	抗拉强度 R_t/MPa	泊松比 μ	密度 $\rho/(g/cm^3)$	岩石强度 R/MPa	弹性模量 E/GPa
泥岩	1.2	22	0.1	0.24	2.695	15	9.1
注浆体	2.2	25	1.0	0.21	2.500	26	28
混凝土	3.5	27	1.5	0.20	2.650	30	36

表 2　　　　　　　　　　　　　　模拟计算方案

方案	注浆位置	注浆范围	备注
方案一	1 区	0～5 m	破裂区，地应力小于原岩应力
方案二	2 区	5～10 m	峰值区，岩体为"塑性—弹性"受力状态
方案三	3 区	10～15 m	弹性区应力升高部分，岩体未遭破坏
方案四	4 区	15～20 m	弹性区，岩体未遭破坏
…	…	…	…
方案七	7 区	30～35 m	弹性区，岩体未遭破坏
方案八	3～7 区	10～35 m	弹性区
方案九	1～7 区	0～35 m	对比方案
方案十	不注浆	—	对比方案

图 3(d)第 1 圈 0～5 m 围岩发生塑性破坏，垂直应力小于原始地应力，为破裂区；峰值出现在第 2 圈 5～10 m 内，峰值为 $1.4\gamma h$，围岩出现部分塑性破坏，此区岩体处于"塑性—弹

性"状态;第 3 圈至第 7 圈为弹性区,地应力小于峰值应力,岩体未发生塑性破坏。

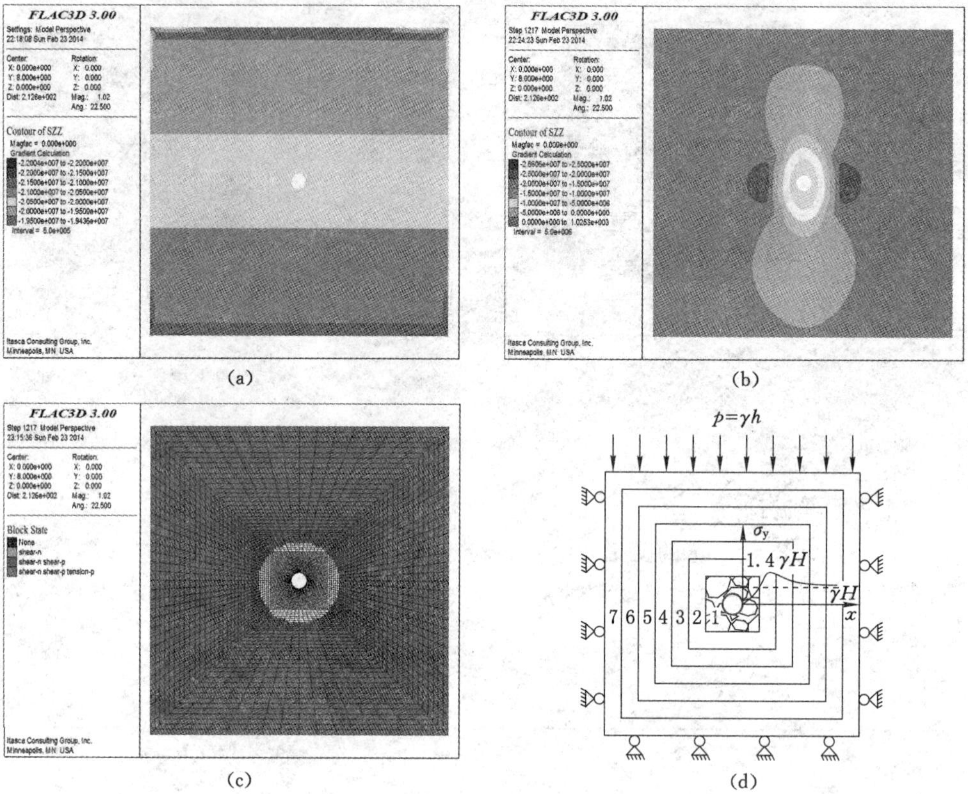

图 3 注浆模拟计算初始模型

(a)巷道变形前初始地应力;(b)巷道初始变形后地应力;(c)初始变形后塑性区;(d)巷道变形后初始模型

通过提高围岩的力学强度参数来实现注浆加固效果的数值模拟;围岩注浆加固后,其力学性质基本上接近于注浆体的强度,在数值计算时,注浆后的围岩采用注浆体的力学计算参数,将围岩和浆体共同胶结而成的加固体看作Ⅱ类围岩[17,21];巷道采用全封闭双层"O"型棚支护,表面喷射混凝土,各方案设置 step 3000 作为计算结束。

2.2 不同注浆位置围岩控制效果

方案一为破裂区注浆,方案二为峰值附近注浆,方案三、方案四为弹性区注浆;围岩塑性破坏如图 4 所示。

如图 4 所示,不同位置注浆对控制围岩塑性区发育有很大的差异,注浆位置由浅变深,塑性区发育范围逐渐增大,说明注浆的位置越深,对围岩的控制作用越弱。最浅部 1 区(破裂区)注浆后围岩塑性区发育控制效果最好,2 区(峰值位置)注浆塑性区范围明显小于 3、4 区注浆,说明在应力峰值附近注浆可以有效地控制塑性区的发育。

计算时记录各方案顶板下沉情况,如图 5 所示。

由图 5 可知,注浆深度越小,顶板下沉量越小,且 1 区注浆,顶板下沉量明显小于其他区(2、3、4 区)注浆后巷道顶板的下沉量。

如图 6 所示,注浆后在两帮注浆区域内出现明显的应力集中现象,应力集中区域呈纵条

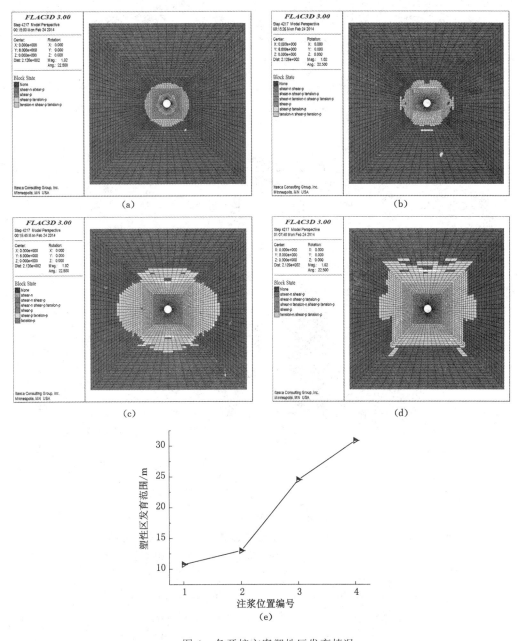

图 4 各开挖方案塑性区发育情况
(a) 1 区注浆塑性区发育范围;(b) 2 区注浆塑性区发育范围;
(c) 3 区注浆塑性区发育范围;(d) 4 区注浆塑性区发育范围;(e) 塑性区发育范围统计

状分布,且注浆后应力集中位置较不注浆巷道浅,注浆后两帮应力集中系数最大为 $2.3\gamma h$,大于不注浆巷道的 $1.6\gamma h$,说明围岩注浆能阻止应力集中向深部转移,注浆体充当了围岩应力的主要承载体。

2.3 不同注浆范围围岩控制效果

为了研究不同注浆区域围岩控制效果,选择方案三(3 区注浆)、方案五(3~7 区注浆)、

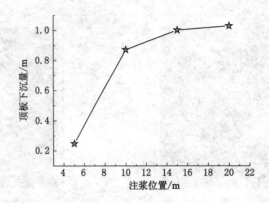

图 5 不同注浆位置顶板变形控制

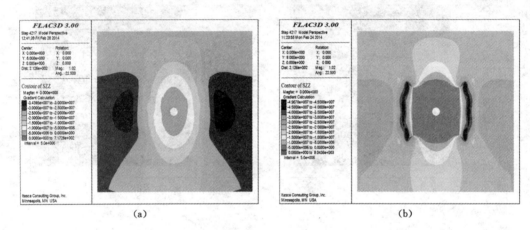

图 6 注浆后围岩内部应力集中分布
(a) 不注浆；(b) 注浆

方案六(1~7区注浆)、方案七(全不注浆)的计算结果进行对比分析,如图7所示。

不同注浆范围顶板变化如图7所示,应力集中系数的变化如图8所示。

如图7、图8所示,同样的注浆起始位置,注浆范围越大,围岩塑性区发育范围越小,顶板下沉量越小,围岩的控制效果越好。

如图9所示,注浆范围在5~35 m时,随着注浆范围的增大,围岩应力集中系数变小,围岩内部受力逐渐均衡,说明注浆范围增大,围岩应力环境得以改善。当围岩不注浆时,应力集中系数也比较小,这是由于围岩不注浆,岩体比较均质,应力集中现象不明显,不注浆时,虽然应力集中系数较小,但围岩变形量最大。

2.4 耦合注浆围岩控制技术

由以上分析可知,为了达到理想的围岩注浆控制效果,首先要加强浅部注浆,保障浅部注浆质量,研究得出同样的注浆厚度,浅部注浆围岩控制效果最明显,但围岩浅部属于破裂区,裂隙发育,注浆时容易出现跑浆、漏浆现象,因此应当加强对浅部围岩的注浆;其次要扩大注浆范围,研究表明同样的注浆起始位置,注浆范围增大,围岩塑性区、变形量减小,围岩应力集中现象减弱,说明增加注浆范围能有效提高围岩控制效果。

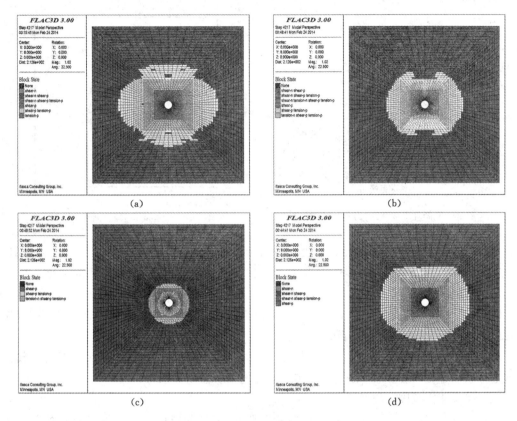

图 7 不同区域注浆塑性区发育情况
(a) 3 区注浆;(b) 3~7 区注浆;(c) 1~7 区注浆;(d) 不注浆

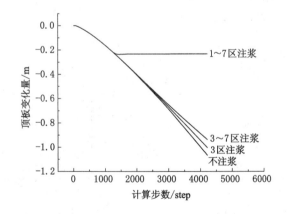

图 8 不同注浆范围顶板变形控制情况

(1) 耦合注浆围岩控制机制分析

针对大型地质异常体极不稳定围岩的治理,提出采用"整体注浆—区域注浆—局部注浆"耦合注浆控制技术,对围岩分步实施"全面控制—重点控制—强化控制",以实现围岩的稳定控制,耦合注浆围岩加固机理如图 10 所示。

① 整体注浆。采用大范围整体注浆,在大型地质异常体内创造一个局部相对稳定的环

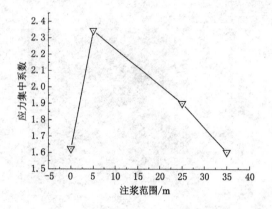
图 9 不同注浆范围应力集中系数

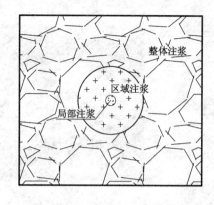
图 10 耦合注浆围岩加固机理模型

境,在较大范围内形成稳定围岩结构,改善后期工程岩体的应力环境,对围岩实施全面控制。

② 区域注浆。研究表明,峰值附近注浆能有效控制塑性区的发育,因此加强该区域注浆,以增强围岩控制效果,对围岩实施重点控制。

③ 局部注浆。巷道破裂区注浆围岩控制效果最好,对破裂区围岩进一步实施注浆,强化注浆效果,对围岩实施强化控制。

不同承载特性区注浆对围岩的控制效果不同,耦合注浆技术实质就是针对不同承载特性区岩体联合应用不同的注浆工艺,以实现最佳的围岩控制效果。

(2) 耦合注浆范围确定

整体注浆时,注浆范围越大,围岩控制效果越好,但工程应用时不可能无限制扩大注浆范围,因此需要确定最优注浆范围。对以上模型围岩赋不同参数后注浆模拟不同围岩条件下不同注浆位置围岩控制效果,结果如图 11 所示,一致满足 Expdec1 函数,相关系数都在 0.999 以上,参数见表 3。

$$y = A_1 e^{-\frac{x}{t_1}} + y_0, x \in (0,35) \tag{1}$$

表 3　　拟合参数

组别	y_0	A_1	t_1	R
第一组	0.950	−3.540	3.365	0.999
第二组	1.049	−3.540	3.365	0.999
第三组	1.149	−3.540	3.365	0.999

值得注意的是各模拟方案的 A_1 和 t_1 值相等,对式(1)求导,得出随注浆深度变化,顶板下沉量变化率为式(2),如图 12 所示。

$$\dot{y} = 1.052 e^{-\frac{x}{3.365}}, x \in (0,35) \tag{2}$$

由图 12 可知,当注浆深度大于 2 倍的峰值深度(20 m)时,随着注浆深度的增加,顶板下沉变化率趋近于零,如注浆位置为 25 m 处,为 0.000 642。说明当注浆的深度大于 2 倍的峰值深度时,进一步增加注浆范围,围岩的控制效果趋于稳定,因此整体注浆的范围确定为不小于 2 倍峰值深度。

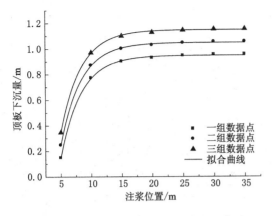
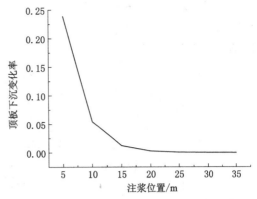

图 11 不同围岩顶板下沉与注浆位置关系   图 12 随注浆深度增加注浆效果变化情况

区域注浆和局部注浆位置分别在峰值附近和围岩破裂区。如图 1 中 ab 和 cd 面的水平应力分别为 σ_x 和 $\sigma_x + d\sigma_x$,垂直应力为 $\sigma_y dx$,与顶、底板的摩擦力为 $f\sigma_y dx$,黏结力为 τdx。极限平衡区内单元体 $abcd$ 的平衡方程为 $M\sigma_x + 2(\tau + f\sigma_y)dx = M(\sigma_x + d\sigma_x)$,化简为:

$$2\tau + 2f\sigma_y - M\frac{d\sigma_x}{dx} = 0 \quad (3)$$

单元体处于极限平衡状态,故:

$$\frac{\sigma_y + \tau \cot \varphi}{\sigma_x + \tau \cot \varphi} = \lambda \quad (4)$$

解式(3)、式(4)的联立方程,得:

$$\sigma_y = N_0 e^{\frac{2fx}{\lambda M}} - \tau \cot \varphi \quad (5)$$

将 $\sigma_y = K\gamma H$ 代入式(5),得出峰值点至巷道表面的距离 x_1 为:

$$x_1 = \frac{\lambda M}{2f} \ln \frac{K\gamma H + \tau \cot \varphi}{N_0} \quad (6)$$

因此得出区域注浆的范围应大于等于 x_1。

围岩破裂区内 $\sigma_y \leqslant \gamma H$,将 $\sigma_y = \gamma H$ 代入式(5),得出破裂区深度 x_0 为:

$$x_0 = \frac{\lambda M}{2f} \ln \frac{\gamma H + \tau \cot \varphi}{N_0} \quad (7)$$

因此得出局部注浆的范围应大于等于 x_0。

3 耦合注浆技术工程实践

淮南矿业(集团)公司顾桥煤矿 -780 m 水平南翼胶带机大巷施工遇顾桂地质异常体,针对这一深部高应力区超大地质异常断裂带大断面软岩巷道施工安全与围岩长期稳定控制难题,采用耦合注浆理念,联合运用地面预注浆、超前预注浆和短注短掘技术,在顾桂地质异常体内施工巷道的工程实践中取得了理想的围岩注浆控制效果。

3.1 地面预注浆

地面注浆时,沿巷道两侧各 16 m,巷道顶 30~50 m,巷底 20 m 注浆加固,如图 13 所示;为减少征地费用和钻井工程量,设计采用主孔加分支孔的定向钻进,如图 14 所示,地面施工钻孔主 A1、主 B1 和主 C1,在地下 500 m 处分别分支形成 A2、A3、B2、B3、C2、C3,共 9 个钻孔,各排钻孔孔间距定为 25~27.5 m,主孔与分支钻孔之间最大歪斜平距为 41.17 m,对围岩实施整体注浆加固。

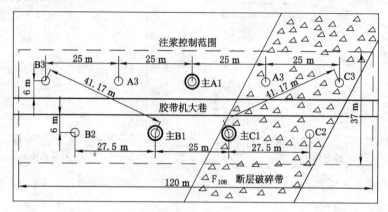

图 13 钻孔布置图

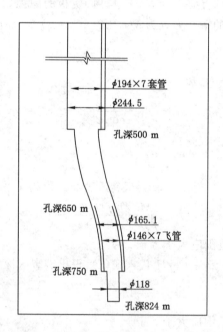

图 14 钻孔结构

3.2 超前预注浆

距断层组 20 m 时,对前方 40 m 范围内的巷道围岩实施区域注浆加固,如图 15 布置。

共施工注浆孔 49 个,终孔间排距 4 m,共计 7 排,钻孔穿过断层面 20 m,注浆孔终孔位置落在巷道底板下 5 m 和顶板上 15 m,巷道中线左右各 12 m 的长方形区域。

3.3 短注短掘

为了进一步强化注浆效果,采用短注短掘方法对巷道浅部围岩实施局部注浆加固,注浆孔布置图见图 16。

施工中采取循环分茬施工,每茬施工长度为 5 m;深孔与巷道表面呈 60°,孔深 10 m,注

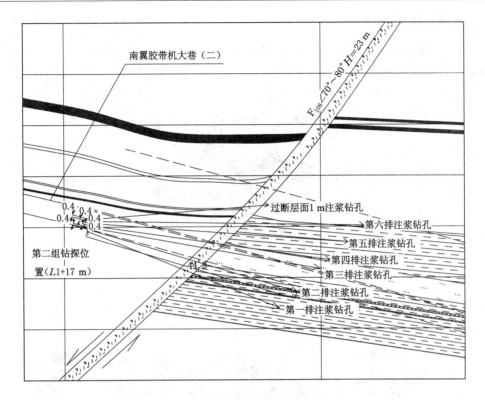

图 15 超前预注浆注浆孔布置图

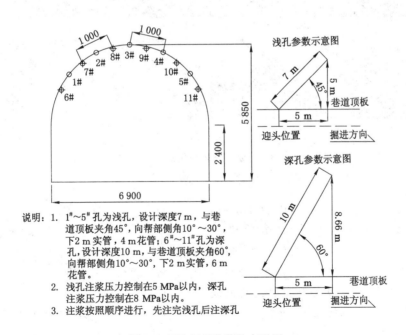

图 16 短注短掘注浆孔布置图

浆加固范围为 8.7 m;钻孔浅孔与巷道表面呈 45°,孔深 7 m,注浆加固范围为 5 m。注浆材料采用固邦特化学浆液。

3.4 耦合注浆效果检验

地面注浆结束后,打注浆质量检查孔对孔深 748.0～817.0 m 段取芯检查,发现岩石裂隙中均充填水泥,裂隙填充密实,围岩固结较好,注浆效果良好,浆液扩散半径及注浆量等参数均达到设计要求,如图 17 所示。

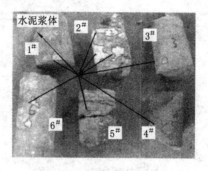

图 17 岩芯表观分析

超前预注浆和短注短掘施工后,使用钻孔窥视仪进行注浆效果验证。发现巷道围岩裂隙明显减少,岩性明显提高。注浆效果对比见图 18。

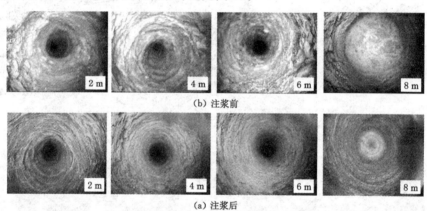

图 18 注浆前后顶板裂隙发育探测
(a)注浆前;(b)注浆后

采用耦合注浆技术对巷道围岩注浆后,巷道掘进成型 1 个月内断面由原来的 20.1 m² 变为 18.7 m²,变形量仅为 7%,较原来巷道一个月内发生的 50% 的变形量相比,巷道变形量明显减小;顶底板变形在巷道成型 80 d 左右趋于稳定,如图 19 所示。

通过注浆加固工程效果分析,可知运用耦合注浆围岩控制理念,对大型地质异常体极不稳定围岩进行治理是行之有效的,采用研究成果设计的注浆参数是安全可靠的。

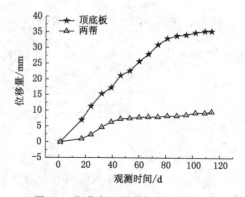

图 19 巷道表面围岩变形监测曲线

4 结 论

(1) 阐明了耦合注浆围岩控制的内涵为:针对围岩的不同承载特性区,联合应用不同的注浆工艺,以实现最佳的围岩控制效果;注浆位置和注浆范围应与围岩承载特性相适应。

(2) 基于 FLAC^{3D} 数值模拟软件,阐明了耦合注浆围岩控制机制,得出:同样的注浆厚度,注浆深度越小,围岩控制效果越好;同样的注浆起始位置,注浆的范围越大,围岩控制效果越好。对围岩破裂区注浆围岩控制效果最好,在应力峰值附近注浆可以有效地控制塑性区的发育。

(3) 针对大型地质异常体极不稳定围岩注浆治理,提出采用"整体注浆—区域注浆—局部注浆"耦合注浆的方法,实现对围岩的"全面控制—重点控制—强化控制"联合控制作用,给出了各注浆环节的最优注浆范围的确定方法,得出:整体注浆的范围不小于 2 倍的峰值深度,区域注浆和局部注浆范围可由围岩弹塑性力学求解确定。

(4) 基于耦合注浆围岩控制理念,分步运用地面预注浆、超前预注浆和短注短掘注浆技术,在顾桂地质异常体内巷道施工的工程实践中,取得了理想的围岩注浆控制效果。验证了研究结论,具有一定的理论意义和工程推广价值。

参 考 文 献

[1] 王国际.注浆技术理论与实践[M].徐州:中国矿业大学出版社,2000.
[2] 葛家良.注浆技术的现状与发展趋向综述[C]//首届全国岩石锚固与灌浆技术学术讨论会.北京,1995:82-89.
[3] 杨米加.注浆理论的研究现状及发展方向[J].岩石力学与工程学报,2001,20(6):839-841.
[4] 许茜,王彦明,范延勇,等.注浆材料的发展及其应用[J].21世纪建筑材料,2010,2(1):58-62.
[5] 建筑工程水泥—水玻璃双液注浆技术规程[S].JGJ/T 211—2010.北京:中国建筑工业出版社,2010.
[6] 陈伟.裂隙岩体灌浆压力及其稳定性控制方法研究[D].长沙:中南大学,2008:1-21.
[7] 张霄,李术才,张庆松,等.矿井高压裂隙涌水综合治理方法的现场试验[J].煤炭学报,2010,35(8):1314-1315.
[8] 卢萍.联合注浆在软弱地基处理中的应用研究[D].昆明:昆明理工大学,2011:1-70.
[9] 邹金峰,李亮,杨小礼,等.土体劈裂灌浆力学机理分析[J].岩土力学,2006,27(4):325-628.
[10] 罗长军.土坝坝体劈裂式灌浆施工技术的商榷[J].岩石力学与工程学报,2005,24(9):1605-1611.
[11] 黄诚,杨维好,王宗胜,等.超深部土体地面高压射孔注浆现场实测研究[J].岩土工程学报,2005,27(4):442-447.
[12] 李利平,李术才,崔金生.岩溶突水治理浆材的试验研究[J].岩土力学,2009,30(12):3642-3648.

[13] 安妮.盾构施工盾尾空隙二次注浆控制地表沉降研究[D].杭州:浙江大学,2013.
[14] 蒋楚生,周德培.二次劈裂注浆锚索承载力的计算[J].岩石力学与工程学报,2005,24(14):2414-2418.
[15] 李云,韩立军,孙昌兴,等.大松动圈破碎围岩二次注浆加固试验研究[J].煤炭科学技术,2012,40(12):19-23.
[16] 夏雄,周德培.预应力锚索二次劈裂注浆设计参数研究[C]//2006年中国交通土建工程学术论文集,2006:1002-1005.
[17] 杨磊.破碎软岩巷道两步耦合注浆技术研究及工程应用[D].湘潭:湖南科技大学,2006.
[18] 王卫军,杨磊,林大能,等.松散破碎围岩两步耦合注浆技术与浆液扩散规律[J].中国矿业,2006,15(3):70-73.
[19] 钱鸣高,石平五.矿山压力与岩层控制[M].徐州:中国矿业大学出版社,2003.
[20] 徐永圻.采矿学[M].徐州:中国矿业大学出版社,2003.
[21] 朱永建,余伟健.构造带极不稳定围岩注浆加固效果数值分析[J].煤炭科学技术,2011,39(3):14-17.

基金项目:大型煤电基地土地整治关键技术(2016YFC0501105)。
作者简介:徐燕飞(1987—),男,安徽亳州人,硕士研究生,工程师,现从事煤矿环境治理方面的研究工作。E-mail:xuyanfei2304@163.com。

基于 Rayleigh 法的开采沉陷相似准数研究

张文志,任筱芳

(河南理工大学测绘与国土信息工程学院,河南 焦作,454000)

摘 要:针对岩移参数的相似准数问题,基于 π 定理,以扩充因次 M、Lx、Ly、Lz、T 代替传统 M-L-T 因次,利用 Rayleigh 法推导开采沉陷的相似准数,建立了统一的预计参数与角量参数的走向、上山、下山方向的相似准数函数模型,为矿区岩移参数计算及相似实验分析提供了依据。

关键词:岩移参数;函数模型;相似准数;Rayleigh 法

Research on Mining Subsidence Similarity Criterions with Rayleigh Theory

ZHANG Wenzhi, REN Xiaofang

(School of Surveying-maping and National-Land-Information Engineering, Henan Polytechnic University, Jiaozhuo 454000, China)

Abstract: It discusses the key problems with similarity criterions of rock movement parameter. Bing based on π theory, as well as extending dimension M、Lx、Ly、Lz、T instead of traditional dimension M-L-T, it deduces similarity criterions of mining subsidence by Rayleigh method, and establishes trend、up、down function models with similarity criterions for prediction parameter and angular parameter. These models provide basis for calculation of rock movement parameter and analysis of similarity experiment.

Keywords: rock movement parameter; function model; similarity criterions; rayleigh theory

煤层开采引起的岩层移动的力学和物理现象十分复杂,反映岩层和地表移动特征的各种参数(简称岩移参数)与地质采矿因素之间存在着非线性关系,有些因素是定量的、确定的,有些则是定性的、模糊的,很难用数理统计进行准确而全面的描述[1,2]。为此,国内外专家学者分析了岩移参数与地质采矿因素之间的各种关系,建立了具有不同优缺点的函数模型,但至今尚未建立预计参数和角量参数的统一函数模型[3,4]。作者将利用相似理论的 Rayleigh 法推导开采沉陷的相似准数,建立统一的岩移参数与地质采矿因素之间的函数模型,提高参数预计的普遍性和准确性。

1 π 定理

1.1 π 定理原理

Buckinghem(白金汉)于 1914 年提出 π 定理,用以分析各类工程相似现象各物理量的表达方式,要点是:如果描述某相似现象有 n 个物理变量(其中,k 个因次独立的物理量作为基本单位)构成一个因次齐次方程式,此方程式可转化为$(n-k)$个互相独立的无因次乘积(π_{n-k})组成的方程式,再转化为一个完整无因次乘积集合之间的关系式[5,6]。设:

$$f(a_1,a_2,\cdots,a_k,a_{k+1},\cdots,a_n)=0 \tag{1}$$

式中,$a_1 \sim a_n$为物理量,k个独立物理量,以小写作为物理量符号,大写作为因次符号[5,6],则:

$$\left.\begin{array}{l}[a_1]=A_1;[a_2]=A_2;\cdots;[a_k]=A_k \\ {[a_{k+1}]=A_1^{p_1}A_2^{p_2}\cdots A_k^{p_k}} \\ \cdots \\ {[a_{n-1}]=A_1^{q_1}A_2^{q_2}\cdots A_k^{q_k}} \\ {[a_n]=A_1^{r_1}A_2^{r_2}\cdots A_k^{r_k}}\end{array}\right\} \tag{2}$$

将独立物理量分别缩小$a_1,a_2,\cdots,a_n$倍,且缩小后的物理量符号上方加′,则:

$$\left.\begin{array}{l}a'_1=a_1 a_1;a'_{k+1}=a_1^{p_1}a_2^{p_2}\cdots a_k^{p_k}\cdot a_{k+1} \\ a'_2=a_2 a_2 \cdots \\ \cdots \\ a'_{n-1}=a_1^{q_1}a_2^{q_2}\cdots a_k^{q_k}\cdot a_{n-1} \\ a'_k=a_k a_k,a'_n=a_1^{r_1}a_2^{r_2}\cdots a_k^{r_k}\cdot a\end{array}\right\} \tag{3}$$

将式(3)代入式(1),得:

$$\begin{array}{c}f(a_1 a_1,a_2 a_2,\cdots,a_k a_k,a_1^{p_1}a_2^{p_2}\cdots a_k^{p_k}\cdot a_{k+1},\cdots, \\ a_1^{q_1}a_2^{q_2}\cdots a_k^{q_k}\cdot a_{n-1},a_1^{r_1}a_2^{r_2}\cdots a_k^{r_k}\cdot a)=0\end{array} \tag{4}$$

为减少f函数中变量数,则$a_1,a_2,\cdots,a_k$任意取值,设:

$$a_1=\frac{1}{a_1},a_2=\frac{1}{a_2},\cdots,a_k=\frac{1}{a_k} \tag{5}$$

将式(5)代入式(3),得:

$$\left.\begin{array}{l}a'_{k+1}=a_1^{p_1}a_2^{p_2}\cdots a_k^{p_k}\cdot a_{k+1}=\dfrac{a_{k+1}}{a_1^{p_1}a_2^{p_2}\cdots a_k^{p_k}} \\ \cdots \\ a'_{n-1}=a_1^{q_1}a_2^{q_2}\cdots a_k^{q_k}\cdot a_{n-1}=\dfrac{a_{n-1}}{a_1^{q_1}a_2^{q_2}\cdots a_k^{q_k}} \\ a'_n=a_1^{r_1}a_2^{r_2}\cdots a_k^{r_k}\cdot a_n=\dfrac{a_n}{a_1^{r_1}a_2^{r_2}\cdots a_k^{r_k}}\end{array}\right\} \tag{6}$$

由式(2)知:

$$[a_{k+1}]=A_1^{r_1}A_2^{r_2}\cdots A_k^{r_k}=[a_1]^{p_1}[a_2]^{p_2}\cdots[a_k]^{p_k} \tag{7}$$

故式(6)中$\dfrac{[a_{k+1}]}{[a_1]^{p_1}[a_2]^{p_2}\cdots[a_k]^{p_k}}$称为无因次量$\pi$,将其代入式(4)得式(8)。

$$f(\overbrace{1,1,\cdots}^{k\uparrow},\pi_1,\pi_2,\cdots,\pi_{n-k})=0 \tag{8}$$

即$f(\pi_1,\pi_2,\cdots,\pi_{n-k})=0$,此为相似准数方程。

1.2 来列(Rayleigh)法的相似准数求解

由π定理知,用相似准数方程来代替所研究现象的方程,其相似准数可用Rayleigh法求解。设某工程现象有$a_1,a_1,\cdots,a_k,\cdots,a_n$共$n$个物理量。

$$\begin{rcases}[a_1] = A_1^{b_{11}} A_2^{b_{21}} \cdots A_k^{b_{k1}} \\ \cdots \\ [a_{k+j}] = A_1^{b_{1k+j}} A_2^{b_{2k+j}} \cdots A_k^{b_{kk+j}} \\ [a_n] = A_1^{b_{1n}} A_2^{b_{2n}} \cdots A_k^{b_{kn}}\end{rcases} \quad (9)$$

根据式(9)可列因次矩阵(10)：

	a_1	a_2	$\cdots$	a_k	a_{k+1}	$\cdots$	a_n
A_1	b_{11}	b_{12}	$\cdots$	b_{1k}	b_{1k+1}		b_{1n}
A_2	b_{21}	b_{22}	$\cdots$	b_{2k}	b_{2k+1}		b_{2n}
$\vdots$	$\vdots$	$\vdots$		$\vdots$	$\vdots$		$\vdots$
A_{K-1}	b_{k-11}	b_{k-12}	$\cdots$	b_{k-1k}	b_{k-1k+1}		b_{k-1n}
A_K	b_{k1}	b_{k2}	$\cdots$	b_{kk}	b_{k+1k+1}		b_{kn}

(10)

设方程 $f(a_1, a_2, \cdots, a_k, a_{k+1}, \cdots, a_n) = 0$ 展开成单项幂指数之和式(11)：

$$A(a_1^{\alpha_1} a_2^{\beta_1} \cdots a_n^{\gamma_1}) + B(a_1^{\alpha_2} a_2^{\beta_2} \cdots a_n^{\gamma_2}) + \cdots = 0 \quad (11)$$

式(11)中第一项通除全式，得式(12)：

$$1 + \frac{B}{A}(a_1^{\alpha_2-\alpha_1} a_2^{\beta_2-\beta_1} \cdots a_n^{\gamma_2-\gamma_1}) + \cdots = 0 \quad (12)$$

根据齐次方程和谐性，则各项均应为无因次。令 $\alpha_2 - \alpha_1 = m_1, \beta_2 - \beta_1 = m_2, \cdots \gamma_2 - \gamma_1 = m_n$，而：

$$[\pi] = A_1^0, A_2^0, \cdots, A_k^0 = [a_1^{m_1}, a_2^{m_2}, \cdots, a_n^{m_n}] \quad (13)$$

式中，$m_1, m_2, \cdots, m_n$ 为待定系数。

将式(9)代入式(13)，得：

$$\begin{rcases}A_1: b_{11}m_1 + b_{12}m_2 + \cdots + b_{1n}m_n = 0 \\ A_2: b_{21}m_1 + b_{22}m_2 + \cdots + b_{2n}m_n = 0 \\ \cdots \\ A_k: b_{k1}m_1 + b_{k2}m_2 + \cdots + b_{kn}m_n = 0\end{rcases} \quad (14)$$

式(14)中有 k 个方程式但有 n 个 m 未知，故为不定解，其中有 $n-k$ 个物理量自由选择，此为包含 n 个未知数的齐次线性方程组，当系数矩阵 **D** 的秩为 r 时，则其线性独立解的个数为 $n-r$，即有 $p = n-r$ 个相似准数。即：

$$\pi = a_1^{m_1} a_2^{m_2} \cdots a_n^{m_n} \quad (15)$$

2 开采沉陷函数模型的建立

煤矿开采引起的岩层移动主要取决于地质条件和采矿因素的综合影响，图1中列举了对开采沉陷影响的地质因素和采矿技术因素，有些影响因素可通过力学方程推导其函数关系表达式，但有些则难用分析法列出方程式[1,2]。但是，根据相似理论因次分析法，可列出诸物理量的函数表达式(16)。

$$F = f(H, M, l, L, \rho, g, E, C, \sigma, \alpha, \varphi, \mu, \lambda) \quad (16)$$

式中，H, M 为平均采深和开采厚度，m；l, L 为工作面走向长度与倾向长度，m；E, C 为岩层平均弹性模量和内聚力,MPa;σ 为应力,MPa;α,φ 为煤层倾角和内摩擦角,(°);ρ,g 为岩体平均密度(g/cm³)和重力加速度(m/s²);λ,μ 为侧压力系数和泊松比。

为简化相似准数的计算,压缩性质相同的物理量,泊松比 μ 与内摩擦角本身是无因次量,则式(16)可简化成表达式(17)。

$$F=f(H,M,l,L,\rho,g,E,\sigma) \tag{17}$$

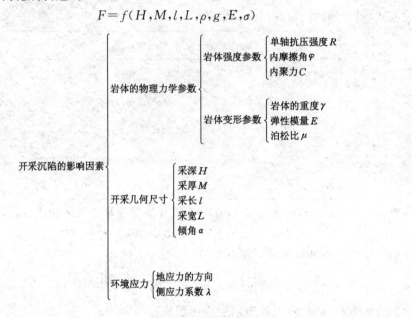

图 1　开采沉陷的影响因素

式(17)中传统 M-L-T 因次矩阵为表1,但矩阵中 M、L 与 H、E 与 σ 等因次相同但物理本质不同的物理量却无法区别。为区别物理本质不同的物理量,进行因次扩充得表2,基本因次由3个(M-L-T)增至5个(M、L_x、L_y、L_z、T),同时将因次的幂改为整数,得扩充因次矩阵表3。

表 1　　　　因次分析矩阵

	E	H	σ	M	l	L	ρ	g
M	1	0	1	0	0	0	1	0
L	−1	1	−1	1	1	1	−3	1
T	−2	0	−2	0	0	0	0	−2

表 2　　　　扩充因次表

参数	符号	M-L-T 因次	扩充因次
走向长度	l	L	$L_X^{1/3}$
倾向长度	L	L	$L_Y^{1/3}$
采深	H	L	$L_Z^{1/3}$
弹性模量	E	$ML^{-1}T^{-2}$	$M L_X^{-1/3} L_Y^{-1/3} L_Z^{-1/3} T^{-2}$

续表 2

参数	符号	M-L-T 因次	扩充因次
X 轴向应力	σ_x	$ML^{-1}T^{-2}$	$ML_X L_Y^{-1} L_Z^{-1} T^{-2}$
Y 轴向应力	σ_y	$ML^{-1}T^{-2}$	$ML_Y L_X^{-1} L_Z^{-1} T^{-2}$
Z 轴向应力	σ_z	$ML^{-1}T^{-2}$	$ML_Z L_Y^{-1} L_X^{-1} T^{-2}$
重力加速度	g	LT^{-2}	$L_Z T^{-2}$
密度	ρ	ML^{-3}	$ML_X^{-1} L_Y^{-1} L_Z^{-1} T^{-2}$
摩擦角	φ	1	1
泊松比	μ	1	1

表 3　扩充因次矩阵

	E	H	σ_x	σ_y	σ_z	M	l	L	ρ	g
M	3	0	3	3	3	0	0	0	3	0
L_x	−1	0	3	−3	−3	0	3	0	−3	0
L_y	−1	0	−3	3	−3	0	0	3	−3	0
L_z	−1	3	−3	−3	3	3	0	0	−3	3
T	−6	0	−6	−6	−6	0	0	0	0	−6

根据式(16)影响因素的物理量 $n=13$，基本因次 $r=5$，由表 3 矩阵可求解 8 个相似准数($p=n-r$)，根据表 3 列出 5 个方程组：

$$\left.\begin{aligned} & 3m_1+3m_3+3m_4+3m_5+3m_9=0 \\ & -m_1+3m_3-3m_4-3m_5+3m_7-3m_9=0 \\ & -m_1-3m_3+3m_4-3m_5+3m_8-3m_9=0 \\ & -m_1+3m_2-3m_3-3m_4+3m_5+3m_6-3m_9+3m_{10}=0 \\ & -6m_1-6m_3-3m_4-3m_5-6m_{10}=0 \end{aligned}\right\} \quad (18)$$

设 $m_1、m_2、m_3、m_4、m_5$ 为已知，则式(18)化简为式(19)：

$$\left.\begin{aligned} m_6 &= \frac{1}{3}m_1-m_2+m_3+m_4-m_5 \\ m_7 &= -\frac{2}{3}m_1-2m_3 \\ m_8 &= -\frac{2}{3}m_1-2m_4 \\ m_9 &= -m_1-m_3-m_4-m_5 \\ m_{10} &= -m_1-m_3-m_4-m_5 \end{aligned}\right\} \quad (19)$$

因为矩阵中变量较多，故采用计算机优选出 5 个相似准数，优化的相似准数物理量最少，且各物理量因次的幂总和绝对值最小，根据式(15)得出：

$$\pi_1=\frac{EM}{L^{2/3}l^{2/3}\rho g};\pi_2=\frac{H}{M};\pi_3=\frac{\sigma_x M}{l^2\rho g};\pi_4=\frac{\sigma_y M}{L^2\rho g};\pi_5=\frac{\sigma_z}{M\rho g} \quad (20)$$

另无因次量 $\pi_6=\varphi, \pi_7=\alpha, \pi_8=\mu$，则：

$$F=f\left(\frac{EM}{L^{2/3}l^{2/3}\rho g},\frac{H}{M},\frac{\sigma_x M}{l^2\rho g},\frac{\sigma_y M}{L^2\rho g},\frac{\sigma_z}{M\rho g},\varphi,\alpha,\mu\right) \tag{21}$$

由于：

$$\sigma_x=\sigma_y=-\frac{\mu}{1-\mu}(\rho gz),\sigma_z=\rho gz \text{ 和 } \lambda=-\frac{\mu}{1-\mu} \tag{22}$$

式(22)带入式(21)，则式(21)变为：

$$F=f\left(\frac{EM}{L^{2/3}l^{2/3}\rho g},\frac{H}{M},\lambda\frac{HM}{l^2},\lambda\frac{HM}{L^2},\varphi,\alpha,\mu\right) \tag{23}$$

如果把相似准数式(23)中的分数转换为整数，其结果不变。又因对某矿区而言，环境应力基本稳定，λ 变化不大，变形参数泊松比有一定的取值范围，它对开采沉陷的影响不太明显[1]。则式(23)进一步化简为：

$$F=f\left(\frac{E^3M^3}{L^2l^2\rho^3g^3},\frac{H}{M},\lambda\frac{HM}{l^2},\lambda\frac{HM}{L^2},\varphi,\alpha\right) \tag{24}$$

3 岩移参数的函数模型

开采沉陷预计参数中下沉系数 q、水平移动系数 b、主要影响角正切 $\tan\beta$、拐点偏移距 S/H 相似准数模型为式(25)；角量参数中边界角 δ_0、移动角 δ、最大下沉角 θ、超前影响角 ω、充分采动角 ψ 相似准数模型为式(26)。

$$\left.\begin{aligned}q&=f_1\left(\frac{E^3M^3}{L^2l^2\rho^3g^3},\frac{H}{M},\lambda\frac{HM}{l^2},\lambda\frac{HM}{L^2},\varphi,\alpha\right)\\b&=f_2\left(\frac{E^3M^3}{L^2l^2\rho^3g^3},\frac{H}{M},\lambda\frac{HM}{l^2},\lambda\frac{HM}{L^2},\varphi,\alpha\right)\\\tan\beta&=f_3\left(\frac{E^3M^3}{L^2l^2\rho^3g^3},\frac{H}{M},\lambda\frac{HM}{l^2},\lambda\frac{HM}{L^2},\varphi,\alpha\right)\\\frac{S}{H}&=f_4\left(\frac{E^3M^3}{L^2l^2\rho^3g^3},\frac{H}{M},\lambda\frac{HM}{l^2},\lambda\frac{HM}{L^2},\varphi,\alpha\right)\end{aligned}\right\} \tag{25}$$

式(25)和式(26)中 H 被平均采深 H_0 代替，则可成为工作面走向的主要影响角正切 $\tan\beta$、拐点偏移距 S/H_0、边界角 δ_0、移动角 δ、充分采动角 ψ 的函数模型。

式(25)和式(26)中 H 被上山采深 H_2 代替，则可成为上山方向的主要影响角正切 $\tan\beta_1$、拐点偏移距 S_2/H_2、边界角 γ_0、移动角 γ、充分采动角 ψ_1 等岩移参数的函数模型。

式(25)和式(26)中 H 被下山采深 H_1 代替，则可成为下山方向的主要影响角正切 $\tan\beta_2$、拐点偏移距 S_1/H_1、边界角 β_0、移动角 β、充分采动角 ψ_2 等岩移参数的函数模型。

若煤层倾角 $\alpha=0$，则式(25)和式(26)可成为水平煤层预计参数和角量参数的函数模型。

这样就建立了矿区统一的走向方向、上山方向、下山方向岩移参数的函数模型，以区别各影响因素对走向方向和上、下山方向预计参数和角量参数的不同影响，也为开采沉陷相似实验模型的计算提供依据。

$$\left.\begin{aligned} \delta_0 &= f_5\left(\frac{E^3 M^3}{L^2 l^2 \rho^3 g^3}, \frac{H}{M}, \lambda\frac{HM}{l^2}, \lambda\frac{HM}{L^2}, \varphi, \alpha\right) \\ \delta &= f_6\left(\frac{E^3 M^3}{L^2 l^2 \rho^3 g^3}, \frac{H}{M}, \lambda\frac{HM}{l^2}, \lambda\frac{HM}{L^2}, \varphi, \alpha\right) \\ \theta &= f_7\left(\frac{E^3 M^3}{L^2 l^2 \rho^3 g^3}, \frac{H}{M}, \lambda\frac{HM}{l^2}, \lambda\frac{HM}{L^2}, \varphi, \alpha\right) \\ \bar{\omega} &= f_8\left(\frac{E^3 M^3}{L^2 l^2 \rho^3 g^3}, \frac{H}{M}, \lambda\frac{HM}{l^2}, \lambda\frac{HM}{L^2}, \varphi, \alpha\right) \\ \psi &= f_9\left(\frac{E^3 M^3}{L^2 l^2 \rho^3 g^3}, \frac{H}{M}, \lambda\frac{HM}{l^2}, \lambda\frac{HM}{L^2}, \varphi, \alpha\right) \end{aligned}\right\} \quad (26)$$

4 结 论

(1) 通过分析开采沉陷预计参数与角量参数的自然地质影响因素与技术开采影响因素,合并部分性质相同的物理量,建立了简化的开采沉陷表达式 $F = f(H, M, l, L, \rho, g, E, \sigma)$。

(2) 根据相似理论因次分析方法,以扩充因次 M、L_x、L_y、L_z、T 代替传统 M-L-T 因次,利用 Rayleigh 法推导了开采沉陷的 5 个相似准数,建立了相似准数方程。

$$F = f\left(\frac{E^3 M^3}{L^2 l^2 \rho^3 g^3}, \frac{H}{M}, \lambda\frac{HM}{l^2}, \lambda\frac{HM}{L^2}, \varphi, \alpha\right)$$

(3) 根据相似准数方程,建立了矿区统一预计参数与角量参数的走向、上山、下山的相似准数函数模型,为岩移参数的计算和相似实验模型的分析提供了依据。

参 考 文 献

[1] 殷作如,邹友峰,邓智毅,等.开滦矿区岩层与地表移动规律及参数[M].北京:科学出版社,2010.
[2] 张文志.开采沉陷预计参数与角量参数综合分析的相似理论法研究[D].焦作:河南理工大学,2011.
[3] 张文志,郭文兵,任筱芳.基于相似理论的厚松散层岩移参数规律[J].煤矿开采,2016(2):18-21.
[4] 张文志.基于无因次开采沉陷岩层与地表移动变形参数的规律研究[D].焦作:河南理工大学,2017.
[5] 左其华.水波相似与模拟[M].北京:海洋出版社,2006.
[6] 邹友峰,柴华彬.开采沉陷的相似理论及应用[M].北京:科学出版社,2013.

基金项目:煤炭联合基金项目(U1261206);河南省博士后基金资助项目(2011036);河南理工大学博士基金项目(B2013-021)。
作者简介:张文志(1976—)男,副教授,博士(后),硕士生导师。
联系方式:河南省焦作市世纪大道 2001 号河南理工大学测绘学院。E-mail:zhangwenzhi@hpu.edu.cn。

高潜水位多煤层开采地表沉陷积水区动态演变预测研究

高旭光

(安徽建筑大学,安徽 合肥,230601)

摘 要:在总结分析相关研究资料的基础上,得出了厚松散层下多煤层开采沉陷的部分显著性特征。基于概率积分法提出开采沉陷预计与初始地形相结合的矿区开采沉陷积水区分布预测方法,并开发出开采沉陷预计软件。利用该软件预测分析了淮南潘集矿多煤层开采引起地表沉陷积水区的时空分布演变过程,显示出地表沉陷未积水区—浅水区—深水区分布与开采进程之间的联动关系。

关键词:开采沉陷;预计;多煤层开采;高潜水位

Research on Prediction of Subsidence Ponding Development Caused by Multi-layers Coal Mining in the High Groundwater Level Area

GAO Xuguang

(Anhui Jianzhu University, Hefei 230601, China)

Abstract: According to the relevant research, some distinct characters of mining subsidence in the multi-layers coal with thick alluvial are acquired. Researching the prediction of subsidence ponding by combing the subsidence with initial terrain based on probability integration, and a subsidence prediction software is developed. The evolution of subsidence ponding in Huainan Panji mine can be predicted by the software, and the relationship of the ponding level and mining process is showed.

Keywords: mining subsidence; prediction; multi-layers coal mining; high groundwater

煤炭在我国的能源结构中占有重要的比重,我国的煤炭90%以上采用井工开采,开采后矿区形成大范围的采煤沉陷区。在安徽、江苏、河南、河北、山东等我国东部地区分布的大量矿区具有地下潜水位高、煤层多的特点,此类煤矿开采沉陷范围大、沉降量大、沉降后积水深。而同时,该地区又是我国重要的粮油主产区和人口稠密区,开采沉陷对当地居民的生产生活和生态环境产生巨大影响。因此,研究高潜水位多煤层开采地表沉陷动态演变规律和预测方法可为该类型矿区的区域规划和生态环境治理提供重要依据。

伴随煤层被相继开采,高潜水位矿区由陆生生态逐渐向水生生态环境演变,变化过程表现在时间和空间上的分布规律取决于多个影响因素,如:开采方法、开采计划、上覆岩层性质、松散层厚度、煤层特性、工作面范围、潜水位高度、原始地形等。本文以"两淮"矿区为例,根据开采沉陷理论,分析厚松散层下多煤层开采地表沉陷规律,开发出地表沉陷预计分析软件,进而对矿区开采沉陷而产生的地表积水进行时空分布动态分析。

1 厚松散层多煤层开采沉陷特点[1,2]

1.1 厚松散层开采沉陷特点[3-5]

根据相关矿区的相似材料模拟研究和地表移动观测站的实地观测,得出在厚松散层下开采煤层的地表沉陷主要特点如下:

(1) 下沉系数偏大

厚松散层矿区的下沉系数大多比薄松散层矿区下沉系数偏大,接近甚至大于1.0。根据资料统计,厚松散层下采煤初次采动时,地表下沉系数通常为0.81～1.20。《淮北矿区地表移动规律研究报告》中所观测的20个地表移动观测站下沉系数为0.7～1.41,其中小于0.9的仅有5个,其余的均大于1.0,下沉系数平均值为1.034。

(2) 地表移动盆地范围扩大

厚松散层下采煤引起的地表移动范围大于薄松散层下开采引起的地表移动范围,地表下沉盆地下沉边界收敛缓慢且扩展很远。表现为反映地表移动主要影响范围的概率积分参数主要影响角正切 $\tan \beta$ 较小。例如:淮北矿区实测 $\tan \beta$ 一般为1.33～2.3,平均值为1.74;淮南矿区 $\tan \beta$ 一般为1.3～2.3。

1.2 重复采动地表沉陷特点[6]

根据"两淮"矿区部分观测资料,分析得出厚松散层下重复采动引起的地表沉陷规律主要有以下几方面:

(1) 下沉系数比初采大

初次采动后,采空区上覆岩层遭到破坏发生垮落、断裂、弯曲,垮落的岩石具有碎胀性,充填进采空区后形成新的支撑,重新与上部断裂和弯曲的岩层产生平衡。当该采空区上部(或下部)有煤层被重复开采出来后,新的采空区产生,上述破坏过程再一次发生,但由于初次采动后上覆岩层已经遭到破坏,重复采动后使这种破坏加剧,岩层进一步被破碎,初采的采空区进一步被压实,因此地表下沉系数增大。

(2) 边界角、移动角减小

由于岩层初次采动引起垮落、裂缝、弯曲、离层和下沉等变形,当煤层再次被采出时,上覆岩层迅速弯曲下沉,与初次采动相比,地表移动变形边界更远离地表移动盆地的中心,因而边界角、移动角减小。

对应于概率积分参数主要影响角正切 $\tan \beta$ 值重复采动后相对初次采动增大。拐点偏移距 s_0 主要由上覆岩层的悬臂作用引起,由于初采后上覆岩层强度降低,因此重复采动拐点偏移距比初次采动小。

2 开采沉陷淹没区预测

导致开采沉陷地表积水有两个因素,第一是开采后地面高程,第二是地下潜水位高程。采后地面高程由采前地面高程和开采沉降量叠加获得,地下潜水位高程则由该矿区地质水文观测资料获取。

概率积分法是国内研究最为成熟、使用最为广泛的开采沉陷预计数学模型。该模型基于随机介质理论,根据国内在多个矿区利用该模型预计结果与地面观测结果比较表明,在水平煤层或缓倾斜煤层地表沉陷预计中精度较高,适用于我国东部大多数高潜水位矿区。

2.1 概率积分预计模型[7,8]

(1) 半无限开采地表移动盆地走向主断面预计模型

本文重点研究开采沉陷对地表积水区域的影响,因此只考虑地表下沉预计。倾向充分采动、走向半无限开采时走向主断面地表下沉预计公式为:

$$W(x) = \frac{w_0}{2}\left[\operatorname{erf}\left(\frac{\sqrt{\pi}}{r}x\right)+1\right] \tag{1}$$

最大下沉:
$$W_0 = mq\cos\alpha$$

式中,m 为煤层厚度;q 为下沉系数;α 为煤层倾角;r 为走向主断面主要影响半径。

式中概率积分函数 erf 可写为:

$$\operatorname{erf}\left(\frac{\sqrt{\pi}}{r}x\right) = \frac{2}{\sqrt{\pi}}\int_0^{\frac{\sqrt{\pi}}{r}x} e^{-u^2}du \tag{2}$$

实际计算中,$\operatorname{erf}(x)$ 按其级数展开式计算:

$$\operatorname{erf}(x) = \frac{2}{\sqrt{\pi}}\cdot\sum_{n=0}^{\infty}(-1)^n\frac{x^{2n+1}}{n!(2n+1)} \tag{3}$$

(2) 有限开采地表移动盆地走向主断面预计模型

倾向充分采动、走向有限开采时走向主断面地表下沉预计公式为:

$$W^0(x) = W(x) - W(x-l) \tag{4}$$

式中,l 为走向有限开采时的计算长度,即:

$$l = D_3 - s_3 - s_4$$

式中,D_3 为工作面走向长;s_3,s_4 为左右边界的拐点偏移距。

(3) 有限开采地表移动盆地倾向主断面地表下沉预计模型

$$W^0(y) = W(y;t_2) - W(y-L;t_2) \tag{5}$$

式中,t_1 为下山边界参数(即 r_1);t_2 为上山边界参数(即 r_2);L 为倾向工作面计算长度,按下式计算:

$$L = (D_1 - s_1 - s_2)\frac{\sin(\theta_0 + \alpha)}{\sin\theta_0} \tag{6}$$

式中,D_1 为工作面倾向斜长;s_1 为下山拐点偏移距;s_2 为上山拐点偏移距;θ_0 为开采影响传播角。

(4) 走向和倾向均为有限开采地表下沉盆地主断面预计模型

沿走向主断面:

$$W^0(x) = C_{ym}[W(x,t_3) - W(x-l,t_4)] \tag{7}$$

式中,C_{ym} 倾向采动程度系数,计算方法为:

$$C_{ym} = \frac{W_{my}^0}{W_0}$$

沿倾向主断面:

$$W^0(y) = C_{xm}[W(y,t_2) - W(y-L,t_2)] \tag{8}$$

式中,C_{xm} 为走向采动程度系数,计算方法为:

$$C_{xm} = \frac{W_m^0}{W_0}$$

（5）地表移动盆地内任意点下沉预计模型

$$W(x,y)=\frac{1}{W_0}W^0(x)W^0(y) \tag{9}$$

2.2 地面高程与开采沉降量叠加

采前地表初始高程值一般可以通过采前实测获得，小范围矿区可以采用 GPS RTK 或全站仪野外采集数据生成数字高程模型(DEM)，较大范围矿区可以采用无人机航测法外业数据采集，亦可采用矿区大比例尺现状地形图。

叠加计算方法如下：

假定预测点 P 的坐标为 x_P,y_P，利用概率积分模型预计该点开采下沉值为 $W(x_P,y_P)$。利用数字高程模型或现状地形图，搜索 P 点周边最近的 3 个点 $P_i(x_i,y_i)$、$P_j(x_j,y_j)$、$P_k(x_k,y_k)$，且要求该三点位于 3 个不同的象限。设 P_i、P_j、P_k 的高程分别为 H_i、H_j、H_k，则通过如下内插法得到 P 点的高程 H_P。

如图 1 所示，将 P_i、P_j 点连接，连接 P_k 和 P 点并延长至 P_i、P_j 连线得交点 M，由 P_i、P_j 间距离 D_{ij} 和 P_i、M 间距离 D_{iM} 可以按式(10)内插出 M 点高程 H_M。

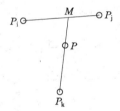

图 1 高程内插

$$H_M=(H_j-H_i)\cdot\frac{D_{iM}}{D_{ij}}+H_i \tag{10}$$

同理可以内插出 P 点高程 H_P。

开采后 P 点的高程 H_{PW} 为：

$$H_{PW}=H_P-W(x_P,y_P) \tag{11}$$

3 预测软件开发及演变过程预测方法

地表沉陷预计系统 V1.0 采用 Visual Basic6.0 作为开发平台，采用北京超图软件股份有限公司 SuperMap Objects 作为支持组件。软件的功能结构如图 2 所示。

软件主界面如图 3 所示，图形显示区上部为沉陷区平面图，可导入矿区地形图进行地面初始高程叠加，下部为沉陷曲线图。

软件通过设置工作面开采进程计划实现地表沉陷空间分布的动态预测，见图 4。结合该矿区地下水位高程，软件自动进行淹没分析，由此便实现了井下开采与地表沉陷积水区的动态关联，该功能可为沉陷区治理采前规划提供重要依据。

4 应用实例

本文以淮南潘集矿为例，说明该系统在矿区开采沉陷积水区预测中的应用。某工作面首采结束后下沉曲线如图 5 所示，淹没区如图 6 所示。

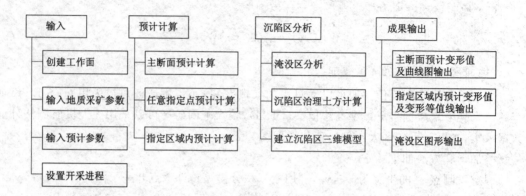

图 2 软件主要功能

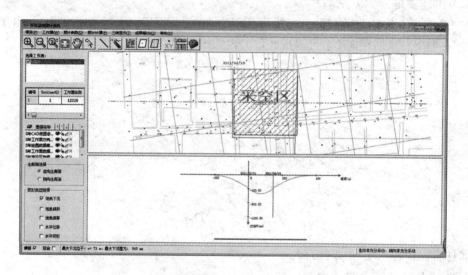

图 3 走向主断面变形预计

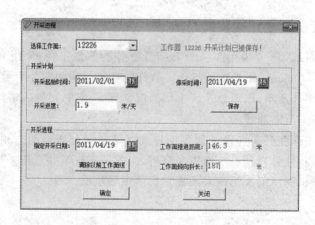

图 4 设置开采进程

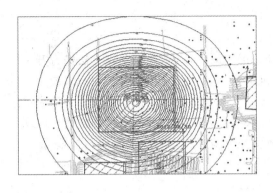 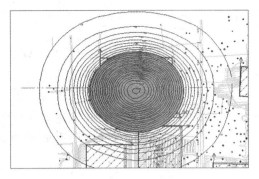

图5 首采地表下沉等值线　　　　　　图6 首采地表沉陷淹没区

下部煤层重复采动后,地表重新发生下沉,与第一煤层开采时产生的沉降发生叠加,使沉陷区范围沉降量增大。重复开采叠加沉陷等值线见图7,复采地表沉陷淹没区见图8。

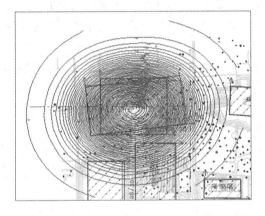 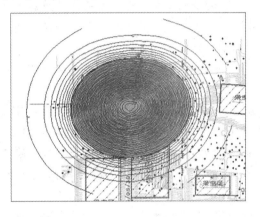

图7 重复开采叠加沉陷等值线　　　　图8 重复开采叠加沉陷淹没区

煤层群多工作面开采后,地表沉陷彼此叠加,在矿区将形成地表沉陷后未淹没区、浅水区和深水区动态分布格局,如图9所示。

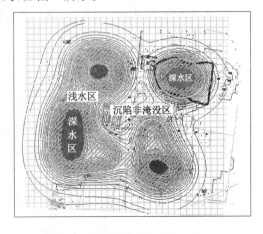

图9 煤层群开采地表积水分布

5 结论

本文通过分析厚松散层高潜水位多煤层开采沉陷的特征,结合概率积分法进行开采沉陷预计和地表沉陷积水区预测,并开发出开采沉陷预计软件。采用本方法在开采前进行预计分析,可得到工作面不同开采进度时的地表沉陷空间分布和多工作面重复开采地表沉陷的动态分布变化。同时,结合矿区水文资料可以得出开采沉陷地表积水区的空间与时间分布变化。结合该动态分布,可以有针对性地实施沉陷区生态环境治理与资源最优化利用[9,10]。

参考文献

[1] 淮南矿业(集团)有限责任公司.张集矿(北区)首采面观测站技术成果报告[R].

[2] 淮南矿业(集团)有限责任公司.淮南矿区采煤沉陷机理研究及沉陷区预测[R].2013.

[3] 顾伟.厚松散层下开采覆岩及地表移动规律研究[D].徐州:中国矿业大学,2013.

[4] 刘义新.厚松散层下深部开采覆岩破坏及地表移动规律研究[D].北京:中国矿业大学(北京),2010.

[5] 王宁,吴侃,秦志峰.基于松散层厚影响的概率积分法开采沉陷预计模型[J].煤炭科学技术,2012,40(7):10-12.

[6] 王建卫.重复开采地表移动规律研究[D].淮南:安徽理工大学,2011.

[7] 何国清,杨伦,等.矿山开采沉陷学[M].徐州:中国矿业大学出版社,1991.

[8] 邹友峰,邓喀中,马伟民.矿山开采沉陷工程[M].徐州:中国矿业大学出版社,2003.

[9] 张瑞娅,肖武,史亚立,等.考虑原始地形的采煤沉陷积水范围确定方法[J].中国矿业,2016,25(6):143-147.

[10] 安士凯,李召龙,胡志胜,等.高潜水位矿区生态系统演变趋势研究:以淮南潘谢矿区为例[J].中国矿业,2015,24(1):40-44.

基金项目:安徽省高等学校自然科学研究项目(KJ2017JD02)。

作者简介:高旭光(1980—),男,安徽舒城人,硕士,讲师,主要从事变形监测方向研究与教学工作。E-mail:464268036@qq.com。

建筑物下充填条带开采方案设计及效果评价

张琪[1], 刘辉[1,2], 翟树纯[3], 郑刘根[1], 陈永春[4]

(1. 安徽大学资源与环境工程学院矿山环境修复与湿地生态安全协同创新中心, 安徽 合肥, 230601;
2. 河北工程大学矿业与测绘学院, 河北 邯郸, 056038; 3. 冀中能源邯郸矿业集团, 河北 邯郸, 056002;
4. 平安煤炭开采工程技术研究院有限责任公司, 安徽 淮南, 232001)

摘 要: 为了解放建筑物下煤炭资源, 以邯郸矿区某矿断层发育区地质采矿条件为研究背景, 基于超高水材料充填开采技术, 提出了充填条带、冒落条带两种开采方案的工作面布置。在分析了地表变形预计参数的基础上, 采用概率积分法基本原理, 进行了地表变形预计, 并对开采方案进行了优化设计, 并给出了安全开采技术措施。结果表明: 采用充填条带开采和冒落条带开采, 分别可采出煤炭资源 330.17 万 t、216.88 万 t, 采出率分别为 70%、45%, 地表最大下沉分别为 1 390 mm、1 420 mm, 最大倾斜均为 10.9 mm/m, 建议采用超高水材料充填条带开采方案。此方案设计为类似地质采矿条件下的煤炭资源开采提供了理论依据和技术参考。

关键词: 建筑物下开采; 开采沉陷; 超高水材料; 充填条带; 地表变形

Design and Effect Evaluation of Filling Strip Mining under Buildings

ZHANG Qi[1], LIU Hui[1,2], ZHAI Shuchun[3], ZHENG Liugen[1], CHEN Yongchun[4]

(1. School of Resources and Environmental Engineering, Anhui University, Hefei 230601, China;
2. School of Mining and Geomatics, Hebei University of Engineering, Handan 056038, China;
3. Jizhong Energy Handan Mining Group, Handan 056002, China;
4. Ping An Mining Engineering Technology Research Institute Co., Ltd., Huainan 232001, China)

Abstract: In order to liberate the coal resources under the building, taking the geological mining conditions of a developing fault area in Handan mining area as the research background, based on the super high-water material filling mining technology, the paper puts forward the working surface layout of the filling strip method and falling strip method. Based on the analysis of the expected parameters of surface deformation, the basic principle of probability integral method is used to predict the surface deformation, and the mining scheme is optimized, and the safety mining technology is given. The results show that the use of filling strip method can be made of coal resources of 330.17 million tons, the recovery rate of 70%, the largest surface subsidence were 1 390 mm, the maximum tilt of 10.9 mm/m, the use of falling strip method can be made of coal resources of 216.88 million tons, the recovery rate of 45%, the largest surface subsidence were 1 390 mm, the maximum tilt of 10.9 mm/m, and it is recommended to use ultra-high water material filling strip mining method. This scheme is designed to provide the theoretical basis and technical reference for the exploitation of coal resources under the similar condition of geological mining.

Keywords: mining under buildings; mining subsidence; super high-water material; filling strip; surface deformation

煤炭是我国国民经济发展的重要物质基础,虽然煤炭资源较为丰富,但是大量赋存在构建物或水体等不宜开采的条件下。由于"三下"压煤等问题,其回收率仅为40%左右[1]。据不完全统计,建筑物下压煤量约占"三下"压煤总量的63.5%[2]。

邯郸矿区位于河北省邯郸市西部沁河之滨,距邯郸市21 km,东临青兰高速2 km,北靠邯长铁路、邯武公路,西依太行山脉,地理位置优越,交通便捷。由于大量建筑物下压煤的存在,不仅大大减少了矿井的服务年限,同时使后续开采难度越来越大,开采成本越来越高,对矿井回采率、经济效益以及可持续发展能力产生极大影响[3]。因此,为摆脱目前的发展困境,采用有效的技术途径最大限度地采出建筑物下压覆的煤炭资源已成当务之急。针对此问题,不少研究表明条带开采和充填开采是建筑物下压煤开采的2种主要技术途径[4-6]。

超高水材料由于具有凝结速度快、最终强度高、易于泵送等技术优点,作为一种绿色充填材料,已在诸多矿区进行了工程实践[7-11],解放了大量"三下"压覆的煤炭资源。本文以邯郸矿区某矿建筑物下开采为技术背景,研究了充填条带和冒落条带两种方法的开采技术参数,基于概率积分法基本原理,进行了地表变形预计,提出了安全开采的技术措施。

1 采区概况

邯郸矿区某矿六采区位于该矿区井田东部,北面以矿井边界为界,东部以F1断层为界,西部为该矿区五采区,以F12断层为界,南部以技术边界为界。南北走向长250~700 m,倾斜长400~2 100 m,面积约1 228 000 m²,该采区主采2#煤层,平均厚度4.31 m,煤层埋深490~600 m,覆岩结构以中砂岩、细砂岩等中硬岩石为主。

本区为处于两条大型断层之间的条带块段,其中,F12断层位于本区西部,断层落差$H=150\sim210$ m,走向23°~49°,倾向113°~139°,倾角70°,区内走向长3 050 m;F1断层位于本区东南部,贯穿整个采区,落差$H=300\sim600$ m,走向16°~69°,倾向106°~159°,倾角70°,区内走向长3 350 m。

六采区地表大部分为村庄和水库,有一条冲沟自西向东流过本区,地表大部分被新生界地层所掩盖,基岩出露较少,地层倾向东或北东,地表标高152~205 m,如图1所示。

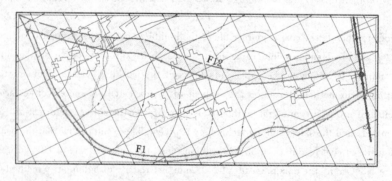

图1 邯郸矿区某矿六采区概况

2 开采技术参数设计

条带开采作为建筑物下开采的一种主要技术手段,是为了在控制地表变形及建筑物损害的基础上,最大限度地解放煤炭资源,采宽和留宽的合理设计是条带开采的重要技术参数。

2.1 采宽设计原理

开采宽度可分别按照经验公式、压力拱理论、覆岩结构等方法进行计算。

(1) 经验公式法。为使地面不出现波浪式下沉盆地,在进行条带开采时,应遵循以下原则:采出条带宽度 $b=(1/4\sim1/10)H$。式中,H 为开采深度,m,为安全起见,一般采用工作面上边界采深。

(2) 压力拱理论。压力拱的内宽 L_{PA} 主要受上覆岩层厚度,即采深 H 的影响,压力拱的外宽 L_{PB} 则受覆岩内部组合结构的影响。即:$L_{PA}=3(H/20+6.1)$。

(3) 覆岩结构分析法。在进行条带开采尺寸设计时,主要考虑覆岩结构中的硬岩层(即关键层)对岩层移动的控制作用。保证覆岩中关键岩层不断裂的极限采宽 D 可按下式估算:$D\leqslant L_1+2H_1\cot\psi$。式中,$L_1$ 为主要关键岩层岩梁的极限跨距,m;H_1 为开采煤层至关键岩层底部的距离,m;ψ 为岩体垮落范围角度。

2.2 留宽设计原理

开采留宽可分别按照煤柱单向受力状态计算法、三向受力状态计算法、A. H. Wilson 经验公式、煤柱荷载计算法等方法进行计算。

(1) 煤柱单向受力状态计算法。采出条带和保留煤柱上方岩层的荷载不超过保留煤柱的允许抗压强度。即 $a=\dfrac{b\cdot S}{1-S}$,其中,$S\geqslant\dfrac{\gamma\cdot H}{\delta_{煤}}$。式中,$S$ 为留设煤柱造成的面积损失率,%;γ 为上覆岩层平均重度,N/m³;H 为平均采深,m;$\delta_{煤}$ 为煤柱的允许抗压强度,取 10 MPa。

(2) 三向受力状态计算法。A. H. 威尔逊认为条带开采成功与否的关键在于保留条带煤柱的稳定性,并由此概念经室内及现场研究得出,保留条带煤柱宽度应大于 $S=2y+8.4$(m)。

(3) A. H. Wilson 经验公式。即在一般采深时条带煤柱宽度可取开采深度的 12% 或 10% 外加 9.1~13.7 m(平均为 11.4 m)。则 $a=0.12H$,或 $a=0.1H+11.4$。

(4) 煤柱荷载计算法。按照设计区域的实际地质采矿条件,本设计冒落条带开采属于 $b<0.6H$ 的情况,则长煤柱的极限承载能力为:$F=40\gamma H(a-4.92MH\times10^{-3})$;留设煤柱的实际载荷值为:$N=10\gamma[H\times(a+b)/2(2H-b/0.6)]$。式中,$a$ 为保留煤柱宽度,m;γ 为上覆岩层平均重度;b 为开采条带宽度,m;M 为开采煤层厚度,m;H 为采深,m。

2.3 开采方案设计及依据

为减少煤炭开采对断层的影响,采区总体规划工作面为与断层斜交的伪倾斜开采方式。设计冒落条带开采和充填条带开采两种方案。

(1) 冒落条带开采

根据条带开采设计要求,六采区各工作面的采宽和留宽取值如表 1 和表 2 所示。综合考虑采区地质采矿条件及相邻矿区开采经验,2601、2603 工作面采宽 60 m,留宽 75 m;2602、2606、2608 工作面采宽 75 m,留宽 91 m;2610、2612 工作面采宽 80 m,留宽 97 m。

(2) 充填条带开采

根据条带设计要求,该采区煤柱的2倍的屈服带宽度范围在21.5～28.1 m,为安全起见,充填条带的留设宽度应大于28.1 m。如再加上8.4 m的"煤柱核区",则按照冒落条带要求留设的煤柱宽度至少为36.5 m。考虑到充填条带开采对留宽的要求小于冒落条带开采,因此,综合分析后将六采区充填条带开采的采宽设为70 m。

(3)煤柱稳定性分析

为了进一步验证条带开采的技术参数,保证留设煤柱能够支撑上覆岩层及地表荷载,对保留煤柱进行稳定性分析。

① 稳定性安全系数:

$$k=\frac{F}{N}=\frac{40\gamma H(a-4.92MH\times 10^{-3})}{10\gamma[H\times a+b/2(2H-b/0.6)]}$$

应满足冒落条带开采时煤柱稳定性安全系数的技术要求。

② 煤柱宽高比:应满足冒落条带开采时条带煤柱宽高比的技术要求。

③ 屈服带宽度与"核区"宽度:屈服带宽度为:$X_0=0.004\ 9mH$;条带煤柱核区宽度:$L_0=a-2X_0$。

④ 采出率:$\rho=\dfrac{b}{a+b}$。

经条带设计及煤柱稳定性分析,各个工作面的采宽、留宽取值的安全系数均为2.0,2601、2603工作面采出率为44.4%;2602、2606、2608工作面采出率为45.2%;2610、2612工作面采出率为45.2%。

2.4 工作面布置方案设计

根据采区地质采矿条件和目前建筑物下采煤技术等,通过综合对比分析,设计了两种技术方案,分别为:① 超高水材料充填条带开采,全部采用超高水材料充填条带开采,采宽70 m(含双巷),留宽30 m(图2)。② 冒落条带开采中,2601、2603等工作面采宽60 m(含双巷),留宽75 m;2602、2606、2608等工作面采宽75 m(含双巷),留宽91 m;2610、2612等工作面采宽80 m(含双巷),留宽97 m(图3)。

表1 采宽计算表 m

工作面	开采深度	平均采深	最大采宽	最小采宽	压力拱计算值	覆岩结构	条带开采综合分析值
2601、2603	478～504	492	49.2	123	67.5	≤78	60
2602、2606、2608	509～580	541	54.1	135.3	71	≤78	75
2610、2612	565～624	585	58.5	146.3	77.3	≤78	80

表2 留宽计算表 m

工作面	开采深度	采宽	三向应力计算	安全系数法	经验公式	条带开采综合分析值
2601、2603	478～504	60	>30.5	76	60～62	75
2602、2606、2608	509～580	75	>32.7	93	69～70	91
2610、2612	565～624	80	>34.7	99	74～75	97

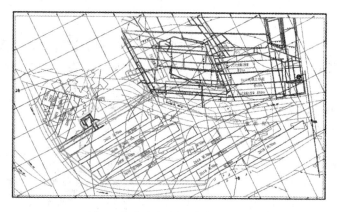

图 2 超高水材料充填条带开采

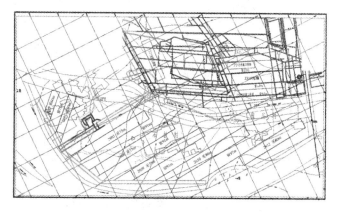

图 3 冒落条带开采

3 地表移动变形预计及效益分析

3.1 地表沉陷预测参数选取

根据国内充填开采的分析,影响充填开采下沉的主要因素为:

(1) 充填前顶底板移近量,与顶底板、煤层的性质、工作面长度及充填前悬顶距有关,对于中硬岩层,大约为开采厚度的 10%。

(2) 充填体压缩量,与充填材料性质、级配、覆岩应力等有关,对于矸石充填,大约为 20%,对于膏体充填小于 10%,对于超高水材料充填,与材料凝结时间等有关,根据相关试验,为充填厚度的 1.2%～2.2%。

根据以上分析及超高水材料充填工艺和邯郸某矿 2515 充填工作面地表沉降观测数据,确定超高水材料充填率控制到 90%(压实后)。

经综合分析,确定本次预计选用的超高水材料充填条带开采地表移动预计参数为:下沉系数 $q=0.18$;水平移动系数 $b=0.2$;主要影响角正切 $\tan\beta=1.28$;开采影响传播角 $\theta=90°-0.6\alpha=86°$;拐点偏移距 $s=0.05H$。

冒落条带预计参数为:下沉系数 $q=0.11$;水平移动系数 $b=0.2$;主要影响角正切 $\tan\beta=1.3$;开采影响传播角 $\theta=90°-0.6\alpha=87°$;拐点偏移距 $s=0.05H$。

3.2 预计结果分析

根据预计参数,采用概率积分法基本原理,对六采区地表沉降进行了预计,超高水材料充填条带开采和冒落条带开采方法地表下沉等值线如图4和图5所示,两种开采方案最大移动变形值如表3所示。六采区超高水材料充填条带开采最大变形区域主要集中在2606、2608、2610工作面附近,冒落条带开采最大变形区域主要集中在2606工作面附近。

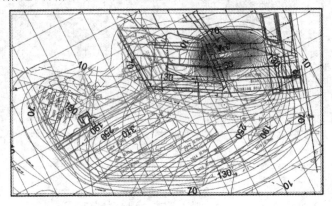

图4 超高水材料充填条带开采综合下沉等值线

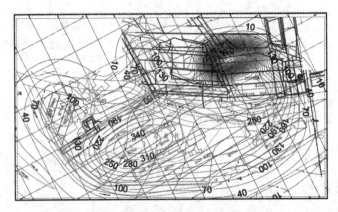

图5 冒落条带开采综合下沉等值线

表3 两种开采方案最大移动变形值

方案	下沉 /mm	东西向倾斜 /(mm/m)	南北向倾斜 /(mm/m)	东西向水平变形 /(mm/m)	南北向水平变形 /(mm/m)	东西向曲率 /(mm/m²)	南北向曲率 /(mm/m²)
超高水材料充填条带开采	1 390	10.9~9.0	8.7~6.0	4.5~8.0	3.5~4.1	0.10~0.22	0.08~0.09
冒落条带开采	1 420	10.9~9.0	8.4~5.9	4.5~8.0	3.5~4.1	0.10~0.22	0.08~0.09

3.3 开采方案效益分析

对两种开采方案的技术分析得出,用超高水材料充填条带开采后总的面积采出率为70%,可采出煤炭330.17万t;用冒落条带开采后的面积采出率为45%,可以采出煤炭216.88万t;且采用超高水材料充填开采和冒落条带开采2种方法,开采后地表最大下沉分别为 1 390 mm、1 420 mm,最大倾斜均为 10.9 mm/m,最大水平变形均为 8.0 mm/m,经地表建筑物的损害分析,六采区两种方案开采后地表建筑破坏均为《建筑物、水体、铁路及主要井巷煤柱留设与压煤开采规程》中建筑物损害等级Ⅰ级以内,符合要求。由于本区位于 F1、F12 断层之间,开采可能导致这些断层活化,使位于断层露头处的建筑物损害严重。因此,综合考虑断层的影响及地面变形预计结果,建议超高水材料充填条带开采为首选方案。

4 安全开采技术措施

为了能使保留条带煤柱有效支撑上覆岩层的载荷,并具有长期稳定性,开采后地表的移动和变形值限定在允许范围内,在条带开采中应严格遵守以下原则:

(1) 在整个采区回采过程中应严格按设计采宽和留宽进行开采,严禁超限开采和超限出煤。不得随意缩小保留煤柱尺寸,以避免减少煤柱的有效支撑面积,使煤柱安全性降低、煤柱及上覆岩层失稳。

(2) 在主要断层(断层落差大于 10 m)处要留断层煤柱,其断层煤柱按本矿区断层煤柱设计规则设定。

(3) 条带开采时,地表移动期显著缩短,条带开采完以后,地表移动期将很快趋于稳定,为了不使条带逐条开采时在预定盆地底部形成短期盆地边缘,应当尽量保持连续开采,不得采掘失调。

(4) 在整个地表移动过程中,加强对地面建筑物的定期巡视,发现问题及时采取各种补救措施。

5 结 论

通过以上计算和分析,得到以下主要结论:

(1) 根据邯郸矿区某矿建筑物下开采地质采矿条件,提出了超高水材料充填条带开采和冒落条带开采两种技术方案,对开采技术参数及工作面布置进行了优化设计。

(2) 研究了该区域地表变形预计参数,基于概率积分法基本原理,进行了地表变形预计,采用超高水材料充填开采和冒落条带开采 2 种开采方法,开采后地表最大下沉分别为 1 390 mm、1 420 mm,最大倾斜均为 10.9 mm/m,最大水平变形均为 8.0 mm/m,地表建筑物损害等级均为Ⅰ级以内。

(3) 采用超高水材料充填条带开采,总采出率为 70%,可采出煤炭 330.17 万 t,采用冒落条带开采方法总采出率为 45%,可采出煤炭 216.88 万 t,建议采用超高水材料充填条带开采法进行开采。

(4) 在开采过程中要加强对建筑物的巡视,发现问题及时采取措施。在条带开采中严格遵守相关措施。

参 考 文 献

[1] 缪协兴,钱鸣高.中国煤炭资源绿色开采研究现状与展望[J].采矿与安全工程学报,2009(1):1-14.

[2] 李凤明,耿德庸.我国村庄下采煤的研究现状、存在问题及发展趋势[J].煤炭科学技术,1999(1):14-7.

[3] 钱鸣高,许家林,缪协兴.煤矿绿色开采技术[J].中国矿业大学学报,2003(4):5-10.
[4] 冯锐敏,李鑫磊,符辉.村庄下压煤条带开采技术[J].煤矿安全,2012(11):85-7.
[5] 赵富,安伯超,赵琦.建筑物下压煤开采方案技术经济评价模型研究[J].煤炭科学技术,2012(11):24-7.
[6] 韩永斌.村庄下压煤的巷道矸石充填开采技术[J].煤矿安全,2014(7):80-2.
[7] 周帅,冯光明,李杰.俯采超高水材料充填体稳定性控制研究[J].金属矿山,2013(4):69-70.
[8] 殷术明,冯光明,顾威龙,等.城郊煤矿超高水材料充填系统设计研究与应用[J].煤炭工程,2012(4):13-5.
[9] 李春生,安勇烨,于健浩.瑞丰煤业超高水材料充填技术研究与应用[J].煤炭工程,2012(9):40-1.
[10] 胡炳南.我国煤矿充填开采技术及其发展趋势[J].煤炭科学技术,2012(11):1-5.
[11] 李凤凯,冯光明,贾凯军,等.陶一矿超高水材料充填开采试验研究[J].煤炭工程,2011(11):63-6.

基金项目:安徽省科技攻关计划项目(1604a0802115);河北省高等学校青年拔尖人才计划项目(BJ2016010);安徽省发改委科技项目(SZAH-2016-13);平安煤炭开采工程技术研究院有限责任公司科研项目(HNKY-PG-WT-2017-005)。

作者简介:张琪(1994—),女,河南驻马店人,硕士,从事矿山开采沉陷及生态环境治理等方面的研究工作。E-mail:1102481254@qq.com。

基于非均布载荷下梁结构破断理论的地表破坏规律

张文静,胡海峰,廉旭刚

(太原理工大学矿业工程学院,山西 太原,030024)

摘　要:为研究晋南典型山区厚黄土层薄基岩地质条件下煤矿开采对地表的破坏规律,本文以山西省河寨煤矿为例,在实地调查的基础上,采用 UDEC 软件进行数值模拟,得出岩层断裂及地表移动的关系。实验发现,上覆岩层断裂的位置,地表破坏最严重。根据模拟结果,建立了基于非均布载荷的梁结构覆岩破断模型,推导出覆岩初次断裂和周期断裂的步距公式。将计算结果与实测地表裂缝位置进行对比,取得较好的一致性。研究表明:在山区厚黄土层薄基岩地质条件下进行煤矿开采时,采用非均布载荷梁结构断裂模型预测地表裂缝间距是可行的。

关键词:山区;厚黄土层;梁结构;非均布载荷;裂缝间距

The Surface Damage Regulation Based on Fracture Theory of Beam Under Non-uniform Load

Zhang Wenjing, Hu Haifeng, Lian Xugang

(College of Mining Engineering, Taiyuan University of Technology, Taiyaun 030024, China)

Abstract: To study the mining damage regulations of the ground surface under the geological conditions of thick loess and thin bedrock in mountain areas, Hezhai coal mine, in the south of Shanxi province, is chosen as the study site. Based on the investigations, the numerical simulation software of UDEC is employed to study the relationship between strata fracture and surface displacement. The numerical tests show that the most serious surface deformations happen upon the fracture positions of the rock strata. A fracture model of overlying strata is established as the beam structure under non-uniform load, from which the span equations of the primary fracture and periodic fractures are deduced. The comparison between the calculated results and the locations of surface fissures obtained by investigation shows the method developed in this study is available. The study shows that it is feasible to predict the surface crack spacing by using the non-uniform load beam structure fracture model under the condition of thin bedrock geological condition in the thick loess layer in the mountain area.

Keywords: mountain areas, thick loess, beam structure, non-uniform load, crack spacing

　　矿产资源的开采造成严重的地表破坏,形成了大量的开采地裂缝[1],并时常引发滑坡、坍塌等地质灾害[2]。近年来,国内外学者在不同程度上对地表裂缝形成机理[3-5]、分布规律[6-8]进行研究,但具体研究不够深入,没有形成系统的理论。特别是山区厚黄土薄基岩矿区,土层倾角多样,黄土厚度依坡度的不同变化较大,回采过程中地表移动变形情况各异。本文以山西晋南河寨煤矿 2212 工作面为例,通过建立非均布载荷下梁结构覆岩破断模型,对山区厚黄土薄基岩地质情况下的煤矿开采进行了研究,为相似条件下开采引起的地表破坏提供了依据。

1 研究区域概况

河寨煤矿井田位于山西省沁水煤田西南部,翼城矿区西部。工作面采空区长 164 m,宽 118 m,埋深 160 m,煤层厚度 2.5 m。其顶板及上覆岩层较薄,厚度约 30 m,岩性主要为泥岩和粉砂岩等软质岩,地表地形为平均坡度为 20°的黄土坡体,地表第四系黄土层厚度达到 130 m,局部地质剖面图如图 1 所示。开采速度平均每月约 33 m,采煤方法为走向长壁式,一次采全高法,采用全部垮落法管理顶板。

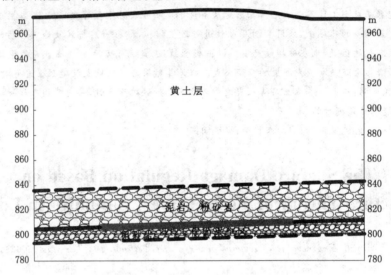

图 1 河寨煤矿地质剖面图

2 地表破坏情况实地的调查

经现场踏勘,采动过程中地表塌陷严重,现场出现各种不同程度、不同形态的地裂缝,其中,台阶状裂缝最为典型(图 2)。

图 2 采动过程中地表塌陷现场图

根据现场定位裂缝位置和矿区井上下对照图,得到河寨煤矿地表裂缝与对应工作面位置(图3)。由图可见,破坏范围很大,且五条主要非常严重的裂缝从工作面采煤巷道边界外侧约35 m一直延伸到工作面内部,大致平行于煤层倾向方向。

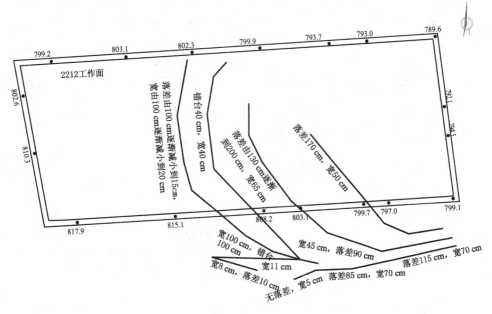

图3 河寨煤矿地表裂缝与工作面位置关系

3 河寨矿数值模型的建立

为了研究河寨煤矿开采地表变形规律,采用UDEC数值模拟软件对其开采情况进行了数值模拟。

河寨煤矿的地质采矿条件特点:覆盖黄土层厚度较大(最厚达130 m),基岩由泥岩和粉砂岩构成。地表地形为平均坡度为20°的黄土坡体,在沟谷深处,可见基岩露头。为计算方便,根据岩性不同将模型(图4)简化为四层:黄土层、顶板泥岩和粉砂岩层、煤层以及底板砂岩层。岩层的物理力学参数,见表1。

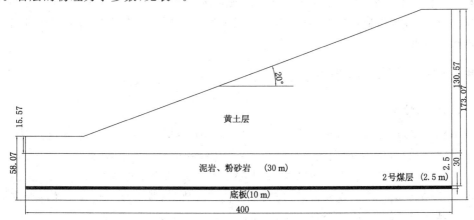

图4 河寨煤矿某工作面数值模拟简化模型

表1　河寨煤矿数值模拟物理力学参数

序号	岩性	厚度/m	重度/(kg/m³)	块体尺寸 a/m	块体尺寸 b/m	弹性模量/GPa	泊松比	抗拉强度/MPa	摩擦角/(°)	黏聚力/MPa
1	黄土层		1 800	10	10	0.01	0.3	0.002	15	0.3
2	粉砂岩、泥岩	30	2 530	10	11.675	15.6	0.19	1.9	39	7.59
3	煤	2.2	1 400	10	2.5	1.9	0.11	1.2	44	2.6
4	粗砂岩	10	2 612	15	10	15.9	0.202	4.53	43	11.23

以月开采进度作为时空尺度单位,将数值模拟开采分为4个阶段,1～4阶段分别开采36 m、30 m、20 m、50 m,按照开采顺序依次开挖。各阶段开采下沉云图如图5所示。

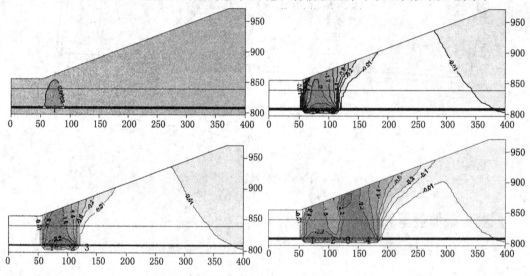

图5　河寨矿开采下沉云图[9]

分析上述各阶段开采下沉云图,山区地形厚黄土层薄基岩条件下开采,岩层及地表移动变形的主要规律有:① 推进距离小于起动距时,岩层及地表未受明显移动变形影响;② 推进过程中,初次顶板来压后,地表发生较为剧烈的移动变形;③ 顶板初次来压后,在后续的开采中,会周期性地形成悬臂梁结构,达到顶板承载的极限时,悬臂梁结构被破坏,地表发生较大的移动变形。

4　基于梁结构的基本顶破断原理

4.1　梁结构的分类

梁结构按支点属性不同,分为固支梁、简支梁和悬臂梁结构[10]。其中固支点是由实体煤壁支撑,煤体变形很小;而简支点是由小煤柱支撑,变形显著。忽略采煤工作面两侧上方基本顶的相互作用力影响,在开采初期,基本顶前后两端均为实体煤壁支撑,故此时简化为固支梁;当基本顶第一次出现塌陷后,随着工作面持续推进,基本顶一端为实体煤壁支撑,另一端处于悬空状态,此时应该简化成悬臂梁来讨论。按荷载分布不同,又可分为均布荷载和非均布荷载2种。

4.2 覆岩初次断裂的力学模型

根据梁结构的分类特点,覆岩初次断裂前的可看作两端固支、非均布载荷的梁结构模型。

根据梁结构理论,求解非均布载荷所处的应力状态是一个比较复杂的过程,故将其分解为一个受均布载q_1的梁结构力学模型和最大值为q_2的三角形载荷梁结构的力学模型[11][图6(a)]。q_1表示覆岩及其上覆一定高度黄土的载荷[图6(b)],q_2表示厚度按线性变化的三角形黄土载荷[图6(c)]。

$$q_1 = \rho_1 h_1 + \rho_2 h_2 \tag{1}$$

$$q_2 = \tan\theta \rho_2 l \tag{2}$$

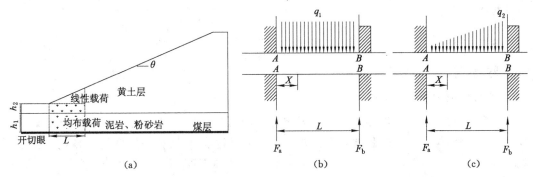

图 6 顶板初次断裂结构模型

弯矩分布[图7(a)]为:

$$M_{11}(x) = -\frac{1}{2}q_1 x^2 + \frac{1}{2}q_1 l x - \frac{1}{12}q_1 l^2 \tag{3}$$

弯矩分布[图7(b)]为:

$$M_{12}(x) = -\frac{1}{6}\frac{q_2 x^3}{l} + \frac{3}{20}q_2 l x - \frac{1}{30}q_2 l^2 \tag{4}$$

则该非均布载荷下的梁结构的弯矩分布[图7(c)]为:

$$M_1(x) = M_{11}(x) + M_{12}(x) \tag{5}$$

由图7(c)可知,最大弯矩发生在$x=l$处。

故

$$|M_{1\max}| = \frac{1}{12}q_1 l^2 + \frac{1}{20}q_2 l^2 \tag{6}$$

岩梁受到的拉应力:

$$\sigma_{\max} = \frac{|M_{1\max}|}{W} \tag{7}$$

式中,W为岩梁截面模量,$W = \frac{h_1^2}{6}$,h_1为坚硬顶板岩梁厚度。

由顶板断裂前端部拉开的力学条件[12]可得:

$$\sigma_{\max} = [\sigma] \tag{8}$$

$$\frac{\frac{1}{2}q_1 l^2 + \frac{3}{10}q_2 l^2}{h_1^2} = [\sigma] \tag{9}$$

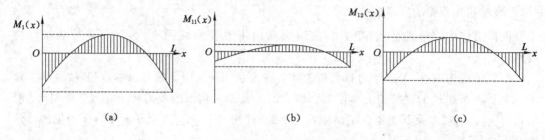

图7 固支梁弯矩分布

式中,$[\sigma]$为岩梁的许可拉应力。

由公式(9)得:

$$l=\sqrt{\frac{10h_1^2}{5q_1+3q_2}[\sigma]} \qquad (10)$$

即覆岩初次断裂的位置为距开切眼 l 处。

4.3 覆岩周期断裂的力学模型

随着工作面的推进,后方采空区顶板断裂,覆岩会呈现一端悬空、一端固支的悬臂梁结构,下面按照结构力学中的悬臂梁来分析讨论。为简化求解过程,依然将其分解为一个均布载荷和一个三角形载荷下的梁结构模型[图8(a)],均布载荷 q_3 的力学模型[图8(b)],最大值为 q_4 的三角形载荷的力学模型[图8(c)],q_4 表示顶板及其上覆一定高度黄土的载荷,三角形载荷表示厚度随线性变化的黄土的载荷。

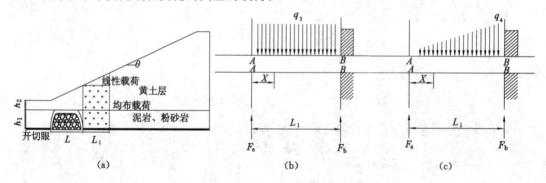

图8 受梯形载荷的悬臂梁结构力学模型

$$q_3 = \rho_1 h_1 + \rho_2 h_2 + \rho_2 l\tan\theta \qquad (11)$$

$$q_4 = \tan\theta \rho_2 l_1 \qquad (12)$$

受均布载荷 q_3 情况下,剪力弯矩分布[图9(a)]为:

$$M_{21}(x) = -\frac{1}{2}q_3 x^2 \qquad (13)$$

最大值为 q_4 的三角形载荷下,剪力弯矩分布[图9(b)]为:

$$M_{22}(x) = -\frac{1}{24}q_4 x^3 \qquad (14)$$

则该非均布载荷下的梁结构的弯矩分布[图9(c)]为:

$$M_2(x) = M_{21}(x) + M_{22}(x) \qquad (15)$$

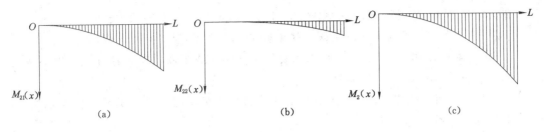

图 9 悬臂梁弯矩分布

由图 9(c)可知，最大弯矩发生在 $x=l_1$ 处：

$$|M_{2\max}| = \frac{1}{2}q_3 l_1^2 + \frac{1}{24}q_4 l_1^3 \qquad (16)$$

同理

$$\frac{3q_3 l_1^2 + \frac{1}{4}q_4 l_1^3}{h_1^2} = [\sigma] \qquad (17)$$

得出 l_1 的值，后续开采过程中相邻两次覆岩断裂间 l_n 即可采用公式(17)计算。

4.4 梁结构模型的正确性分析

根据基本顶的破断原理以及关键层理论[13]，其属于基本顶以上不存在关键层模型，由于基岩较薄，在厚黄土层的巨大荷载作用下，开采过程中有随采随冒的情况发生且极易传递至地表，形成了较大范围和较大幅度的地面裂缝及台阶。地表首次塌陷产生裂缝与覆岩初次破断同步，采用公式(10)得到覆岩初次断裂距开切眼距离为 $l=67$ m，实际调查数据为 63 m；工作面继续推进，地表裂缝间的距离可用公式(17)，得到裂缝间的距离为 $l_1=46$ m，$l_2=27$ m，$l_3=20$ m；随着黄土层厚度的增加，裂缝间的距离逐渐减小，实际调查数据中，裂缝间的距离为 47 m，29 m，22.6 m。

通过数据分析，最大相对误差为 5.9%，拟合效果较好，采用梁结构破断原理分析地表破坏是可行的。

5 结 论

(1) 上覆岩层受黄土层重力及自重产生变形，变形达到极限时，覆岩断裂，黄土层失去原有的支撑，产生剧烈变形，延伸到地表，地表出现不同程度的裂缝。

(2) 沿工作面推进方向，开采初期，覆岩两端受稳定的煤体支撑，黄土厚度不断增加，建立了非均布载荷下固支梁结构模型，根据模型，覆岩所受应力达到极限时断裂，地表产生首条裂缝。

(3) 覆岩首次断裂后，覆岩一端受稳定煤体的支撑，一端处于悬挂状态，黄土厚度逐渐增大，建立了非均布载荷下悬臂梁结构模型。达到极限拉应力时，覆岩再次断裂，并依次重复该过程，地表在覆岩断裂处产生台阶裂缝。

(4) 基岩较薄，且不存在关键层的情况下，覆岩断裂导致地表产生裂缝，采用覆岩断裂公式预测地表裂缝间距是可行的。

参 考 文 献

[1] 白中科，赵景逵，王治国，等.黄土高原大型露天采煤废弃地复垦与生态重建——以平朔

露天矿区为例[J].能源环境保护,2003,17(1):13-16.
[2] 张平.黄土沟壑区采动地表沉陷破坏规律研究[D].西安:西安科技大学,2010.
[3] 刘辉,何春桂,邓喀中,等.开采引起地表塌陷型裂缝的形成机理分析[J].采矿与安全工程学报,2013,30(3):380-384.
[4] 刘向峰,汪有刚,张志静.煤岩体裂隙集度演化理论模型[J].辽宁工程技术大学学报,2011,30(2):161-163.
[5] 汤伏全,张健.西部矿区巨厚黄土层开采裂缝机理[J].辽宁工程技术大学学报,2014,33(11):1466-1470.
[6] 陈俊杰,陈勇,郭文兵.厚松散层开采条件下地表移动规律研究[J].煤炭科学技术,2013,41(11):95-97+102.
[7] 吴侃,胡振琪,常江,等.开采引起的地表裂缝分布规律[J].中国矿业大学学报,1997,26(2):56-59.
[8] 冯军,谭志祥,邓喀中.黄土沟壑区沟谷坡度对采动裂缝发育规律的影响[J].煤矿安全,2015,46(5):216-219.
[9] 李涛.山区地形条件薄基岩开采岩层移动数值模拟研究[J].矿山测量,2014(5):85-88.
[10] 钱鸣高,石平五.矿山压力与岩层控制[M].徐州:中国矿业大学出版社,2003:45-46.
[11] 林贤根.材料力学[M].杭州:浙江大学出版社,2012:74-75.
[12] 钱鸣高.老顶初次断裂步距[J].矿山压力与顶板管理,1987(1):1-6.
[13] 王开,康天合,李海涛,等.坚硬顶板控制放顶方式及合理悬顶长度的研究[J].岩石力学与工程学报,2009,28(11):2320-2327.
[14] 许家林,钱鸣高.覆岩关键层位置的判别方法[J].中国矿业大学学报,2000,29(5):463-467.

基金项目:国家自然科学基金项目(51574132)。
作者简介:张文静(1991—),女,硕士研究生。

开采沉陷动态下沉模型及其参数研究

张劲满, 徐良骥, 李杰卫, 沈震, 余礼仁

（安徽理工大学, 安徽 淮南, 232000）

摘 要: 针对 Knothe 时间函数在描述动态下沉过程中下沉速度的不足, 本文采用改进的双参数 Knothe 时间函数建立动态下沉模型, 其中的覆岩岩性决定系数 c 及幂指数 k 值采用最小二乘法求解, 最大下沉值 W_0 通过地表移动观测站实测资料确定; 采用拟合决定系数 R^2 评定精度且以淮南某矿 1242(1) 工作面地表移动观测站实测资料进行模型精度验证, 最大下沉点 MS29 和 ML44 在各个观测时期的拟合决定系数分别 0.983 6 和 0.975 7, 工作面推进半时（328 d）倾向和走向观测线上各监测点观测值与预计值的拟合决定系数分别 0.995 3 和 0.958 2, 计算结果表明双参数 Knothe 时间函数模型动态预计 1242(1) 工作面开采沉陷全过程精度可靠。

关键词: 开采沉陷; 动态预计; 双参数 Knothe 时间函数; 模型参数; 最小二乘法

Study on Dynamic Subsidence Model of Mining Subsidence and its Parameters

Zhang Jinman, Xu Liangji, Li Jiewei, Shen Zhen, Yu Liren

（Anhui University of Science and Technology, Huainan 232000, China）

Abstract: According to the shortage of Knothe time function of the sinking speed in describing the dynamic subsidence process, this paper adopts double parameters improved Knothe time function to establish the dynamic subsidence model, overburden the decision coefficient c and exponent k value by using the least square method, the maximum subsidence of W_0 through the surface movement observation station by fitting the measured data to determine the decision; R^2 coefficient evaluation precision of a mine in Huainan and in 1242(1) working surface movement observation station data model to verify the accuracy of the maximum subsidence point, MS29 and ML44 in the fitting decision coefficient of each observation period were 0.983 6 and 0.975 7, advancing half (328 days) to the tendency and the observation point on line observation with the expected value of the fitting decision coefficients were 0.995 3 and 0.958 2. The calculation results show that the dynamic parameters of double Knothe time function model is expected to 1242(1) the whole process of mining subsidence Reliable accuracy

Keywords: mining subsidence; dynamic prediction; two parameter Knothe time function; model parameter; least square method

Knothe 时间函数是地表沉陷动态预计中应用最为广泛的时间函数, 国内外学者主要针对 Knothe 时间函数在动态预计时下沉速度的不足进行了深入的研究[1-8]。其中, 开尔文流模型与 Knothe 时间函数的结合解决了衰退期及其之后的动态预计问题[9], 以最大下沉速

度对应的时刻为界限对 Knothe 时间函数分段建模,分段 Knothe 时间函数能动态反映开采沉陷全过程,但函数值发散导致误差较大[10-11],而根据开采沉陷动态变化过程中下沉速度该有的曲线特征,在 Knothe 时间函数模型上加一个幂指数 k 得到的双参数 Knothe 时间函数模型能够动态反映开采沉陷全过程[12]。本文以双参数 Knothe 时间函数模型为基础,结合移动观测站实测资料及地表移动变形的一般规律,建立了适合淮南某矿 1242(1) 工作面的开采沉陷动态预计模型并进行模型精度验证。

1 动态下沉模型的建立

1.1 改进的 Knothe 时间函数

Knothe 时间函数模型[13]如下式所示:

$$W(t) = W_0(1 - e^{-ct}) \tag{1}$$

式中,c 为覆岩岩性决定系数,其值与上覆岩层的力学性质密切相关,1/d 或 1/y;W_0 为地表点稳定后的最终下沉值,m;$W(t)$ 为地表点在时刻 t 的瞬时下沉值,m。

针对 Knothe 时间函数的不足,本文采用双参数 Knothe 时间函数[14],其函数模型如下所示:

$$W(t) = W_0(1 - e^{-ct})^k \tag{2}$$

式中,k 为待拟合参数,其他各字母含义与式(1)相同。

当上式中函数模型中待拟合参数 $k \geqslant 3$ 时,下沉速度的变化过程符合地表下沉的一般律。

1.2 动态下沉模型参数的确定

动态下沉模型中的参数包括覆岩岩性决定系数 c、幂指数 k 和最大下沉值 W_0。

(1) 参数 c 的确定

参数 c 的求解采用概率积分求参法[15],其公式如下所示:

$$c = -\frac{v \ln 0.02}{2\left(\dfrac{H_0}{\tan \beta} + s\right)} \tag{3}$$

式中,H_0 为平均采深,m;s 为拐点偏距,m;$\tan \beta$ 为主要影响角正切。

(2) 参数 k 的确定

将式(3)求得的 c 值与幂指数 k 进行最小二乘拟合迭代求参可得到更为吻合的参数 c 以及 k 值,其中最小二乘模型为:

$$\boldsymbol{V}\boldsymbol{V}^{\mathrm{T}} = \sum_{k=1}^{n}[W_r - W(t,c,k)]^2 = \min \tag{4}$$

式中:W_r 为某时刻的真实下沉量,m;t 为下沉时间,d;n 为参与最小二乘拟合的监测点个数。

(3) 参数 W_0 的确定

某点的最大下沉值 W_0 通过实测值确定。

1.3 模型精度评定

采用拟合决定系数 R^2 评定模型精度[16],公式如下所示:

$$R^2 = \frac{SSR}{SSR + SSE} \tag{5}$$

式中,SSR 为拟合值的平方和,m;SSE 为残差值的平方和,m。

2 结果与分析

2.1 研究区域概况

采用淮南某矿 1242(1)工作面地表移动观测站实测资料进行模型精度评定。该工作面走向长 1 292 m,倾向长 220 m,煤层倾角 3°,平均采深 959 m,煤层开采厚度 1.8 m,拐点偏距 $s=0.11H_0=105.49$ m(H_0 为平均采深)。工作面布设走向和倾向两条观测线,共计 155 个地表移动观测站,从 2013 年到 2015 年对该工作面地表移动观测站共进行 11 次观测。

根据地质采矿条件及地表移动观测站实测资料采用概率积分法拟合求参后结果如表 1 所示。

表 1　　　　　　　　　　概率积分法预计参数

工作面名称	q	$\tan \beta$	S_1/m	S_2/m	S_3/m	S_4/m	θ_0	b
1242(1)	0.53	1.65	23	6	52	−41	87°	0.42

2.2 动态下沉模型的建立及精度评定

参数 c 的初始迭代值由式(3)并代入有关参数得到 $c=0.006\ 0/d$,由最小二乘拟合得到幂指数 $k=4.004\ 3$,符合本矿区的覆岩岩性决定系数 $c=0.001\ 0$,将求得的动态下沉模型参数代入式(2)可知 1242(1)工作面的动态下沉模型为:

$$W(t) = W_0 (1 - e^{-0.001\ 0 t})^{4.004\ 3} \tag{6}$$

用上式预计倾向线最大下沉点 MS29 和走向线最大下沉点 ML44 在各个观测时期的观测值与预测值及残差如表 2、表 3 所示。

表 2　　　　　　监测点 MS29 的实测值与预测值及残差

观测日期	观测值/m	预测值/m	残差/m
2013/6/18	0.000 0	0.000 0	0.000 0
2013/9/23	0.012 0	0.031 6	−0.019 6
2013/10/26	0.012 4	0.044 6	−0.032 2
2013/11/30	0.026 1	0.017 4	0.008 7
2013/12/30	0.037 5	0.019 6	0.017 9
2014/3/2	0.162 7	0.221 8	−0.059 1
2014/3/31	0.224 2	0.245 9	−0.021 7
2014/5/2	0.286 3	0.263 7	0.022 6
2014/9/11	0.294 8	0.301 1	−0.006 3
2014/10/4	0.338 7	0.306 3	0.032 4
2015/4/14	0.360 5	0.335 4	0.025 1

(1) 由表 2 可知,1242(1)工作面倾向线最大下沉点 MS29 在各个观测时期观测值和预计值的最大误差出现在 2014 年 3 月 2 日,为 5.91 cm;最小误差出现在 2014 年 9 月 11 日,为 6.3 mm,平均误差为 -3 mm。

(2) 由表 2 和式(5)可得倾向线最大下沉点 MS29 的拟合决定系数 R^2 为 0.983 6,拟合值与实测值吻合程度较好,说明该模型对 1242(1)工作面不同观测时期单点 MS29 的动态预计具有较好的精度可靠性。

表 3　　监测点 ML44 的实测值与预测值及残差

观测日期	观测值/m	预测值/m	残差/m
2013/6/18	0.000 0	0.000 0	0.000 0
2013/9/23	0.020 6	0.011 7	0.009 0
2013/10/26	0.036 3	0.014 7	0.021 5
2013/11/30	0.042 0	0.017 5	0.024 5
2013/12/30	0.077 2	0.019 7	0.057 5
2014/3/2	0.210 4	0.233 0	-0.022 6
2014/3/31	0.278 6	0.247 2	0.031 4
2014/5/2	0.277 7	0.265 0	0.012 7
2014/9/11	0.355 8	0.302 7	0.053 1
2014/10/4	0.358 3	0.307 9	0.050 4
2015/4/14	0.362 4	0.337 1	0.025 3

(1) 由表 3 可知,1242(1)工作面走向线最大下沉点 ML44 在各个观测时期观测值和预计值的最大误差出现在 2013 年 12 月 30 日,为 5.75 cm;最小误差出现在 2013 年 9 月 23 日,为 9 mm,平均误差为 2.4 cm。

(2) 由表 3 和式(5)可得走向线最大下沉点 ML44 的拟合决定系数 R^2 为 0.975 7,拟合值与实测值较为接近,说明该模型对 1242(1)工作面不同观测时期单点 ML44 的动态预计具有较高的精度可靠性。

用式(6)预计工作面推进过半时(328 d)倾向和走向观测线上各监测点观测值与预计值如图 1、图 2 所示。

(1) 由图 1 可知,1242(1)工作面推进工作面推进过半时(328 d)倾向观测线上各监测点观测值与预计值的最大误差出现在点 MS29 处,为 2.26 cm;最小误差出现在点 MS53 处,为 -0.5 mm,平均误差为 3.55 mm。

(2) 由图 1 和式(5)可得工作面推进过半时(328 d)倾向观测线上各监测点的拟合决定系数 R^2 为 0.995 3,拟合值与实测值非常接近,说明该模型对 1242(1)工作面同一观测时期倾向线上各监测点的动态预计具有很高的精度可靠性。

(1) 由图 2 可知 1242(1)工作面推进过半时(328 d)走向观测线上各监测点观测值与预计值的最大误差出现在点 ML32 处,为 5.53 cm,最小误差出现在点 ML03 处,为 -1.0 mm,平均误差为 1.78 cm。

(2) 由图 2 和式(5)可得工作面推进过半时(328 d)走向观测线上各监测点的拟合决定

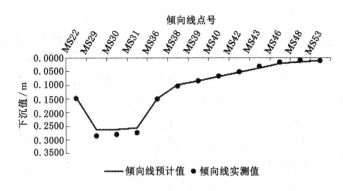

图 1 倾向观测线实测值和预计值对比图

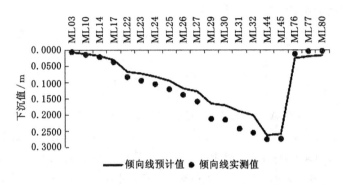

图 2 走向观测线实测值和预计值对比图

系数 R^2 为 0.958 2，拟合值与实测值的吻合程度一般，说明该模型对 1242(1)工作面同一观测时期走向线上各监测点的动态预计具有一定的精度可靠性。

3 结 论

(1) 采用双参数 Knothe 时间函数建立动态下沉模型，模型参数 c 的初始迭代值采用概率积分求参法确定，模型中准确的参数 c 和 k 的值采用最小二乘拟合法求解。

(2) 以淮南某矿 1242(1)工作面地表移动观测站实测资料进行模型精度评定，监测点 MS29 和 ML44 在各个观测时期的拟合决定系数分别 0.983 6 和 0.975 7，工作面推进过半时(328 天)倾向和走向观测线上各监测点的拟合决定系数分别 0.995 3 和 0.958 2，计算结果表明该模型对 1242(1)工作面的动态预计具有较好的精度可靠性。

参考文献

[1] 张兵,崔希民,胡青峰.开采沉陷动态预计的正态分布时间函数模型研究[J].煤炭科学技术,2016(4):140-145.

[2] 朱广轶,沈红霞,王立国.地表动态移动变形预测函数研究[J].岩石力学与工程学报,2011(9):1889-1895.

[3] 彭小沾,崔希民,臧永强,等.时间函数与地表动态移动变形规律[J].北京科技大学学报,2004(4):341-344.

[4] 李德海,许国胜,余华中.厚松散层煤层开采地表动态移动变形特征研究[J].煤炭科学

技术,2014(7):103-106.

[5] 郭增长,谢和平,王金庄.极不充分开采地表移动和变形预计的概率密度函数法[J].煤炭学报,2004(2):155-158.

[6] 王军保,刘新荣,刘小军.开采沉陷动态预测模型[J].煤炭学报,2015(3):516-521.

[7] 李德海.覆岩岩性对地表移动过程时间影响参数的影响[J].岩石力学与工程学报,2004,23(22):3780-3784.

[8] 何国清,杨伦,凌赓娣,等.矿山开采沉陷学[M].徐州:中国矿业大学出版社,1995.

[9] 张欣儒,刘玉婵.Knothe时间函数及其在地表动态下沉过程中的应用[J].地矿测绘,2012(3):14-16+20.

[10] 常占强,王金庄.关于地表点下沉时间函数的研究——改进的克诺特时间函数[J].岩石力学与工程学报,2003(9):1496-1499.

[11] 张兵,崔希民.开采沉陷动态预计的分段Knothe时间函数模型优化[J].岩土力学,2017(2):541-548.

[12] 刘玉成,曹树刚,刘延保.改进的Konthe地表沉陷时间函数模型[J].测绘科学,2009(5):16-17+31.

[13] GONZALEZ-NICIEZA C, ALVAREZ-FERNANDEZ M I, MENENDEZ-DIAZ A, etc. The influence of time on subsidence in the Central Asturian Coalfield[J]. Bulletin of Engineering Geology and the Environment,2007,66(3):319-329.

[14] KNOTHE S. Proynozowanie Wplywow Eksploatacji Girniczej [M]. Wyd Slask Katowice,Katowice Polska,1984:59-69.

[15] 胡青峰,崔希民,康新亮,等.Knothe时间函数参数影响分析及其求参模型研究[J].采矿与安全工程学报,2014(1):122-126.

[16] 沈震,徐良骥,刘哲,等.基于Matlab的概率积分法开采沉陷预计参数解算[J].金属矿山,2015(9):170-174.

建筑物下压煤开采地表变形预计及建筑物损害分析

蒯洋[1],刘辉[1,2],郑刘根[1],陈永春[3]

(1. 安徽大学资源与环境工程学院,矿山环境修复与湿地生态安全协同创新中心,安徽 合肥,30601;
2. 河北工程大学矿业与测绘学院,河北 邯郸,056038;
3. 平安煤炭开采工程技术研究院有限责任公司,安徽 淮南,232001)

摘　要:为了对建筑物下压煤进行开发利用,同时保护地面建筑物安全,以邯郸矿区某矿2103工作面工业广场下采煤为研究区域,采用概率积分法基本原理进行了地表变形预计,评定了主要建筑物损害等级,并给出了合理开采的建议。结果表明:工业广场主要建筑物均受到不同程度的变形影响,其中宿舍楼破坏等级为Ⅲ级,食堂、煤仓破坏等级为Ⅱ级,机修厂房破坏等级为Ⅰ级,结合地面监测结果可以看出整个工作面的开采地表变形预计结果比较符合实际情况。

关键词:建筑物下采煤;概率积分法;变形预计;倾斜监测

Surface Deformation Prediction and Building Damage Analysis of Coal Mining Under Buildings

KUAI Yang[1], LIU Hui[1,2] ZHENG Liugen[1], CHEN Yongchun[3]

(1. Mining Environmental Restoration and Wetland Ecological Security Collaborative Innovation Center,
School of Resource and Environment Engineering, Anhui University, Hefei 230601, China;
2. School of Mining and Geomatics, Hebei University of Engineering, Handan 056038, China;
3. Ping An Mining Engineering Technology Research Institute Co., Ltd., Huainan 232001, China)

Abstract: In order to carry on the development and utilization of coal under buildings, while protecting the safety of ground buildings, this paper taken the industrial square of Handan mining area 2103 working face as the study area, using the basic principle of the probability integration method predicted the surface deformation and evaluated the main building damage grade evaluation, and suggestions of the reasonable exploitation was given. The results showed that the main buildings of the industrial square are affected by the deformation effect in different levels, the damage grade of dormitory was three-level, canteen and bunker was second grade, machine repair shop reached to the first level. Combined with the monitoring results, the deformation prediction results of whole mining ground surface accorded with the actual situation.

Keywords: coal mining under buildings; probability integral method; Deformation prediction; Tilt monitoring

我国的煤炭资源储量十分丰富,然而"三下"(建筑物下、铁路下、水体下)压占了大量煤炭资源,其中建筑物下压煤所占比例最大[1][2]。随着几十年开采后,煤炭的开采条件越来越困难,因此开采"三下"的煤炭势在必行[3]。但在对建筑物下压煤进行开采前必须对开采所造成的地面变形进行预计评估[4][5]。

1 研究区概况

邯郸矿区某矿 2103 工作面位于工业广场南侧,工作面长度为 322 m,宽度为 144 m,煤层厚度 3.6 m,煤层倾角 21°,根据煤层底板等高线,上山方向底板高程 -80 m,下山方向底板高程 -135 m。工作面紧靠井筒保护煤柱,横穿工业广场保护煤柱。工作面东侧紧邻断层($\angle 85° H = 35$ m),工作面沿走向布置。

工作面正上方地表起伏较小,平均高程为 225 m,地表植被以花椒等经济作物为主,工作面南侧无建筑物,北边界距工业广场约 100 m,距主、副井筒 300 m,工业广场南侧主要建筑物有宿舍楼(4 层),职工食堂(2 层)、煤仓和机修厂房等,工作面开采将会对以上建筑物产生破坏。

2 已开采部分建筑物倾斜监测

2103 工作面现已开采约 80 m,为避免引起紧邻工作面东侧的断层活化,开切眼处限厚开采,局部采厚为 1.9 m,其余大部采厚为 3.6 m。在开采过程中对建筑物主体进行了倾斜监测。测量仪器采用 2″的免棱镜全站仪,按照《建筑物变形测量规程》二级变形测量等级要求,水平角观测 2 测回,竖直角 2 测回,测距 2 测回,每测回 4 个读数。

监测步骤如下[6]:

先测出建筑的高度 h,然后测出顶底反射片的水平夹角 a,最后测出基准点到建筑物的水平距离 s。则可根据公式计算得到建筑物主体倾斜量 $d = s * \tan(a)$、主体倾斜率 $l = d/h$、主体倾斜度 $v = \arctan(d/h)$。

具体的观测结果见表 1。

表 1　　　　　　　　主要建筑物倾斜观测结果

	观测点	倾斜角	偏向
煤仓	1 号	1′8″	西南
	2 号	1′5″	西南
宿舍楼	1 号	2′12″	东南
	2 号	2′9″	东南
	3 号	3′6″	东南

建筑物的倾斜角可按下式换算至地表倾斜值,如图 1 所示。

$$i = \tan \alpha = \frac{\Delta W}{L}$$

式中,i 为地表倾斜值;α 为倾斜角度;ΔW 为建筑物两拐角点下沉差;L 为建筑物宽度。

根据监测结果可知,因工作面开采造成的

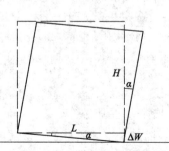

图 1　建筑物倾斜示意图

煤仓、宿舍楼在以上方向的倾斜值经换算分别为 0.3 mm/m、0.7 mm/m。

3 地表沉陷变形预计

3.1 地表沉陷预测模型及预测参数

3.1.1 本区地表沉陷预测模型

据《建筑物、水体、铁路及主要井巷煤柱留设与压煤开采规范》[7]（以下简称《规范》），本区地表移动规律基本符合概率积分模型[8]，因此本区的地表移动和变形预计采用概率积分法预测模型。同时概率积分法也是《规范》中规定的计算方法。

概率积分法的基本原理如下[9]：

在倾斜煤层中开采某单元 i，按概率积分法的基本原理，单元开采引起地表任意点 (x,y) 的下沉（最终值）为：

$$W_{eoi}(x,y) = (1/r^2) \cdot \exp[-\pi(x-x_i)^2/r^2] \cdot \exp[-\pi(y-y_i+l_i)^2/r^2]$$

式中，r 为主要影响半径，$r = H_0/\tan\beta$；H_0 为平均采深；$l_i = H_i \cdot \cot\theta$；$\theta$ 为最大下沉角；$\tan\beta$ 为主要影响角 β 之正切值；(x_i, y_i) 为 i 单元中心点的平面坐标；(x,y) 为地表任意一点的坐标。

设工作面范围为 $0 \sim p$、$0 \sim a$ 组成的矩形。

（1）地表任一点的下沉为：

$$W(X,Y) = W_0 \int_0^p \int_0^a W_{eoi}(X,Y) \mathrm{d}x \mathrm{d}y$$

式中，W_0 为该地质采矿条件下的最大下沉值，值为 $mq\cos\alpha$，其中 q 为下沉系数；p 为工作面走向长；a 为工作面沿倾斜方向的水平距离。

（2）沿 φ 方向的倾斜 $i(x,y,\varphi)$

设 φ 角为从 x 轴的正向沿逆时针方向与指定预计方向所夹的角度。

坐标为 (x,y) 的点沿 φ 方向的倾斜为下沉 $W(x,y)$ 在 φ 方向上单位距离的变化率，在数学上即为 φ 方向的方向导数，即为：

$$i(x,y,\varphi) = \frac{1}{W_0} \times [i°(x) \times W°(y) \times \cos\varphi + i°(y) \times W°(x) \times \sin\varphi]$$

（3）沿 φ 方向的曲率 $k(x,y,\varphi)$

坐标为 (x,y) 的点 φ 方向的曲率为倾斜 $i(x,y,\varphi)$ 在 φ 方向上单位距离的变化率，在数学上即为 φ 方向的方向导数，即为：

$$k(x,y,\varphi) = \frac{1}{W_0} \times [k°(x)W°(y) - k°(y)W°(x)]\sin^2\varphi + i°(x)i°(y)\sin 2\varphi]$$

（4）沿 φ 方向的水平移动 $U(x,y,\varphi)$

$$U(x,y,\varphi) = \frac{1}{W_0} \times [U°(x)W°(y)\cos\varphi + U°(y)W°(x)\sin\varphi]$$

（5）沿 φ 方向的水平变形 $\varepsilon(x,y,\varphi)$

$$\varepsilon(x,y,\varphi) = \frac{1}{W_0}\{\varepsilon°(x)W°(y)\cos^2\varphi + \varepsilon°(y)W°(x)\sin^2\varphi + [U°(x)i°(y) + i°(x)U°(y)]\sin\varphi\cos\varphi\}$$

（6）在地表达到充分采动时，各变形最大值可分别用下式计算[10]：

地表最大下沉值 $\quad W_0 = mq\cos\alpha$

最大倾斜值 $\quad i_0 = W_0/r$

最大曲率值 $\quad k_0 = \mp 1.52\dfrac{W_0}{r^2}$

最大水平移动 $\quad U_0 = bW_0$

最大水平变形值 $\quad \varepsilon_0 = \mp 1.52bW_0/r$

3.1.2 地表沉陷预测参数

根据《规范》中峰峰矿区的推荐参数,所获取的概率积分法预计参数为:

下沉系数 $\quad q = 0.72 \sim 0.88$

水平移动系数 $\quad b = 0.16 \sim 0.35$

主要影响角正切值 $\quad \tan\beta = 1.8 \sim 2.6$

影响传播角 $\quad \theta = 90° - 0.6\alpha$

拐点偏移距 $\quad s = (0 - 0.10)H$(有采空区一侧)

根据 2103 工作面的开采条件,工作面采宽 $L = 144$ m,平均采深 $H_0 = 325$ m,宽深比为 $0.44 < 0.8$(中硬岩层),可判定为非充分采动,需对预计参数进行修正。

根据《规范》,求得非充分采动与充分采动条件的参数比值 $\tan\beta/\tan\beta_充$、$S/S_充$、$q/q_充$ 与比值 L_0/H_0 的关系,从图 2 中查出修正系数,对预计参数进行修正。

根据峰峰、邯郸矿区近年来的地表移动实测结果,结合矿区具体地质条件,通过综合分析,确定对 2103 工作面已采部分的预计选用的开采预计参数为:

下沉系数 $\quad q = 0.62$

水平移动系数 $\quad b = 0.3$

主要影响角正切值 $\quad \tan\beta = 1.5$

3.2 地表变形预计

考虑到煤层倾角的影响,受 2103 开采影响的地表下沉盆地向煤层下山方向偏移,为保证预计结果的精度,本次预计以采空区北边界为中心,每隔 50 m 设置一个变形预计点,形成一矩阵状的预计点阵,为保证工业广场内的主要建筑物的变形预计精度,分别在矩形建筑物的四个拐角点、圆形建筑物的东西南北边界点处单独设置预计点,累计设置预计点 180 个。通过地表移动变形预计,可获得工作面开采引起地表移动变形数据,地表移动变形最大值如表 2 所示。

表 2   最大移动变形值

下沉/mm	倾斜/(mm/m)		曲率/(mm/m²)		水平移动/mm		水平变形/(mm/m)	
	南北	东西	拉伸	压缩	南北	东西	南北	东西
1 287	6.8	7.6	0.08	−0.07	492	582	4.8	7.2

4 工业广场主要建筑物变形预计及破坏等级

4.1 建筑物的变形预计

为了研究 2103 工作面开采对工业广场主要建筑物的影响,取工业广场内的宿舍、食堂、

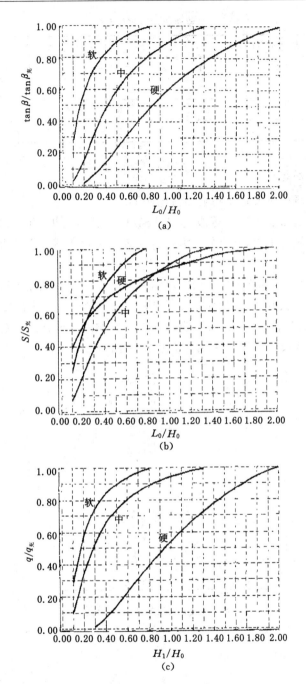

图 2 非充分采动与充分采动条件下参数比值关系图
(a) 非充分采动下 $\tan\beta/\tan\beta_充$ 与 L_0/H_0 的关系；
(b) 非充分采动下 $S/S_充$ 与 L_0/H_0 的关系；(c) 非充分采动下 $q/q_充$ 与 L_0/H_0 的关系图

煤仓三个主要建筑物,按照建筑物的长轴(宿舍楼为东西方向,食堂为南北走向)、短轴方向、圆形建筑物的煤层倾斜方向、煤层走向方向进行变形预计,分别得到了三个主要建筑物的倾斜、水平变形的变形数据,如表 3 所示。

表 3　　　　　　　　　　主要建筑物变形预计

建筑物	倾斜/(mm/m)		水平变形/(mm/m)		备注
	南北方向	东西方向	南北方向	东西方向	
宿舍楼	5.4	4.9	5.1	1.2	东西走向
食堂	3.4	5.8	3.6	2.4	南北走向
煤仓	3.0	3.1	2.0	1.8	圆形

4.2 主要建筑物破坏等级

经预计,工业广场内主要建筑物破坏情况如下。

对照表3,可认定为以下破坏等级:宿舍楼破坏等级为Ⅲ级,食堂、煤仓破坏等级为Ⅱ级,机修厂房破坏等级为Ⅰ级,万隆公司大院内三座平房距离宿舍楼较近,破坏等级参考宿舍楼,可认定为Ⅲ级。

由开采造成的地表建筑物破坏等级区域划分如图3所示。从图中可以看出,Ⅲ级破坏的主要建筑物有宿舍楼、万隆公司大院三座平房,Ⅱ级破坏的主要建筑物有食堂、煤仓,Ⅰ级破坏的主要建筑物有机修厂房,开采影响边界内受影响的主要建筑物有机修厂房、副井提升、主井出煤地面运输胶带设施、分矸室、净化水房等。

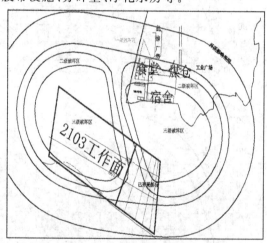

图 3　地表建筑物破坏等级图

5　结论与建议

5.1　结论

在分析邯郸矿区某矿2103工作面地质采矿条件基础上,选取了概率积分法预测参数,对2103工作面开采后地表移动变形进行了预测,分析了2103工作面开采对建筑物的影响,主要结论如下:

(1)分别对已开采部分和整个工作面的开采造成的地表变形进行了预计,从目前的地面调查结果可以看出,参数选取合理,预计结果比较符合实际情况。

(2)由于煤层倾角(21°)的影响,下沉盆地向下山方向倾斜,故对下山方向(工业广场)

拐点处的地表建筑物影响较大,工业广场南部的主要建筑物均受到不同程度的变形影响。

(3) 由于该工作面尺寸以及宽深比较小,未达到充分采动,参照《规范》,对预计参数进行了修正。

(4) 分别对工业广场内的宿舍楼、食堂、煤仓等重要建筑物进行了单独预计,经过预计,宿舍楼破坏等级为Ⅲ级,食堂、煤仓破坏等级为Ⅱ级,机修厂房破坏等级为Ⅰ级。

(5) 由于该矿区未有过地表移动实测资料,故本次预计采用峰峰矿区的预计参数,预计的结果难免存在误差。

5.2 建议

建筑物下压煤的主要方法有条带法、充填法、覆岩离层注浆法,特别是条带开采与充填开采二者的有机结合,既能在提高采出率的同时,又有效地保护地面重要建筑物,经济效益较高。针对2103工作面下一步的开采计划,特提出以下建议,仅供参考。

(1) 采用更为合理的开采技术

近年来由我国科研人员研制的超高水充填材料为"三下"采煤工作提供了一种新型的充填材料,采用超高水材料充填开采方法具有成本低廉、充填方式简单、经济效益高等优点[11,12],建议下一步在地表有重要建筑物或建筑物比较密集的时候,采用超高水材料充填开采。该方法已在邯郸陶一矿[13,14]等矿区成功实施,取得了较好的效益。

(2) 建筑结构措施

采用建筑结构措施的目的在于增强建筑物承受地表变形的能力,使建筑物能正常发挥作用。常用的建筑物加固措施有:常用的地基加固方法有注浆法、锚杆静压桩法及微型桩法[15]。

(3) 建立地表变形观测站

为能够实时获得地表移动情况以及主要建筑物的变形破坏情况,建议矿方在工作面上方以及工业广场内的主要建筑物上建立地表移动变形观测站,监测煤仓、职工宿舍等建筑物的安全,也为今后该矿区的开采沉陷预计、建筑物下采煤等工作提供可靠的地表移动变形参数。

参考文献

[1] 高庆潮.综合机械化密实充填开采建筑物下压煤技术[J].煤炭与化工,2015,38(1):12-14,36.

[2] 陈杰,李青松.建筑物、水体下采煤技术现状[J].煤炭技术,2010,29(12):76-78.

[3] 宋高峰,刘会臣,任志成."三下"压煤充填采煤技术发展现状及展望[J].煤矿安全,2014,45(10):191-193,197.

[4] 杨惠斌.连续建筑物下压煤条带开采技术[J].煤矿安全,2014,45(4):74-77.

[5] 赵富,安伯超,赵琦.建筑物下压煤开采方案技术经济评价模型研[J].煤炭科学技术,2012,40(11):24-27.

[6] 令紫娟,吴满意.塔形古建筑物的倾斜监测[J].矿山测量,2015(2):62-66.

[7] 国家煤炭工业局.建筑物、水体、铁路及主要井巷煤柱留设与压煤开采规程[M].煤炭工业出版社,2000.

[8] 刘宝琛,戴华阳.概率积分法的由来与研究进展[J].煤矿开采,2016,21(2):1-3.

[9] 翟树纯,刘辉,何春桂.基于概率积分法的非充分采动地表沉陷预计[J].煤矿安全.2012,43(6):29-31.

[10] 何国清,杨伦,凌赓娣等.矿山开采沉陷学[M].徐州:中国矿业大学出版社,1991:127-128.

[11] 王旭锋,孙春东,张东升,等.超高水材料充填胶结体工程特性试验研究[J].采矿与安全工程学报,2014,31(6):852-856.

[12] 张文涛,陆庆刚,张睿,等.超高水材料阻隔式充填开采技术[J].煤矿安全,2013,44(3):78-80,84.

[13] 王成真,冯光明.陶一矿超高水材料采空区充填减沉效果分析[J].能源与管理,2011(1):73-75,86.

[14] 冯光明,贾凯军,尚宝宝.超高水充填材料在采矿工程中的应用与展望[J].煤炭科学技术,2015,43(1):5-9.

[15] 肖俊华,孙剑平,祝健.双层地基上某建筑物不均匀沉降原因分析及加固措施[J].工业建筑,2013,43(7):139-144.

基金项目:国家社科基金重大项目(14ZDB145);安徽省科技攻关计划项目(1604a0802115);河北省高等学校青年拔尖人才计划项目(BJ201610);安徽省发改委科技项目(SZAH-2016-13);平安煤炭开采工程技术研究院有限责任公司科研项目(HNKY-PG-WT-2017-005)。

作者简介:蒯洋(1991—),男,安徽合肥人,硕士,从事矿山开采沉陷及生态环境治理等方面的研究工作。E-mail:kuaiy91@163.com。

矸石密实充填采煤地表沉陷预计模型

吕鑫,郭庆彪,王磊

(安徽理工大学测绘学院,安徽 淮南,232001)

摘　要:固体密实充填采煤是当前解放"三下"压煤的一种有效技术手段,其衍生的地表沉降规律与全部垮落法采煤有着本质区别。为实现对固体密实充填开采后地表沉降进行科学准确地预计,结合相似材料模拟试验和数值模拟试验总结了其上覆岩层的变形特征及基本顶上覆荷载的分布规律,试验结果表明以煤壁为分界点,荷载变化规律呈分段函数分布。在上述研究的基础上,借助 Winkler 和 Vlazov 两类弹性地基梁建立了基本顶力学模型,得到了基本顶弯曲下沉方程,并基于概率密度函数思想推导出固体密实充填采煤地表沉陷的计算公式。最后将研究成果应用于山东某矿,取得了较好的工程实践效果。

关键词:固体密实充填采煤;地表沉陷预计;弹性地基梁;概率密度函数

Prediction Model for Surface Subsidence of Dense Gangue Backfilling Mining

LV Xin, GUO Qingbiao, WANG Lei

(*Anhui University of Science and Technology*, *Huainan 232001*, *China*)

Abstract:Dense solid backfilling mining is an effective technique for mining the coal resources under buildings, railways and water bodies. The law of surface subsidence caused by dense solid backfilling mining is distinctly different from that caused by traditional caving mining. In order to predict the surface subsidence of dense solid backfilling mining scientifically and accurately, the strata movement characteristic and load distribution on the basic roof were analyzed by means of similar material simulation and numerical simulation, respectively. The results showed that the load distribution appeared as piecewise function with the dividing point of coal wall. On the basis of above researches, the Winkler model and Vlazov model of elastic foundation beams were employed to establish the mechanical model of basic roof, and the deflection formula was deduced. Finally the surface subsidence prediction model of dense solid backfilling mining was obtained based on the probability density function. The research results were applied to a mine in Shandong province, and the good practice effects were obtained. This work is of general interest to the professional public and it will contribute to a more objective knowledge of surface subsidence prediction model of dense solid backfilling mining.

Keywords:dense solid backfilling mining; surface subsidence prediction; elastic foundation beam; probability density function

固体密实充填开采技术作为绿色开采理念的重要组成部分,已成功应用于我国平顶山、新汶、淮北等多个矿区,提高了建(构)筑物下压占资源的采出率,改善了矿区生态环境,促进了区域的可持续发展[1-3]。通过回填矸石等固体废料,采空区内充填体分担覆岩部分荷载,改变了覆岩内部应力的传播途径,导致其覆岩及地表移动变形规律与垮落法开采不同。余伟健认为矸石充填采煤过程中,充填体、围岩和煤柱系统相互作用可分为三个阶段:煤柱支撑阶段、充填体与煤柱支撑阶段及系统协同作用阶段[4]。马文菁结合数值模拟实验结果分析得出密实充填开采时顶板的垂直应力与煤壁的水平应力显著高于垮落法开采,佐证了余伟健的上述结论[5]。缪协兴、张吉雄等指出矸石充填综采的基本顶垮落步距增大,覆岩变形空间减小,基本顶及关键层一般不会失稳破断,可采用连续介质力学分析岩层移动[6-7]。杨宝贵结合数值模拟实验,得出充填开采显著降低了地表的移动变形,地表趋近于均匀下沉和连续变形[8]。瞿群迪等指出充填开采的地表下沉主要是由顶板移近量、欠接顶量和充填体压缩量三方面组成的,提供充实率可减小地表下沉值[9-10]。

由此可知,采矿学者围绕着固体密实充填采煤的岩层移动变形这一课题,从变形特征到变形机理的研究已开展大量工作,取得成果颇丰。在此基础上,研究充填采煤的地表沉陷预计模型,准确地预估固体密实充填采煤后的地表移动变形值,将为采煤机选型、工作面布置及建(构)筑物运营维护等提供决策支持。现阶段,比较常用的是基于等价采高的概率积分法预计模型[11-12]。而该方法基于随机介质准则,是一种极限思想,对于其合理性与科学性无从考究。鉴于此,本文试图结合弹性力学及数理统计的相关理论,建立固体密实充填采煤的地表沉陷计算公式,为致力于该领域研究的科研人员提供一种新的思路。

1 覆岩变形特征

固体密实充填开采中,矸石等废弃固体废料充入采空区,经夯实机夯实后具有一定的承载力进而支撑上覆岩层,因此,其覆岩移动变形规律显然不同于垮落法开采。为揭示固体密实充填开采的覆岩结构特征,共铺设4台相似材料模型,模拟研究了4个不同矿区充填开采后的覆岩变形特征,如图1所示。由于篇幅限制,各相似材料模型的相似比及相似材料配比在此不予以具体给出,其中充填体的相似材料选用海绵与泡沫的混合材料[13-14]。

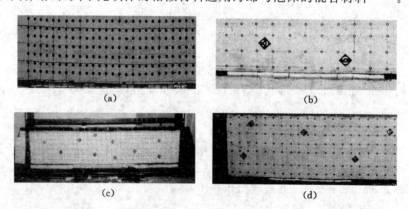

图1 固体密实充填开采覆岩结构形态特征
(a)邹城某矿(采厚3 m,埋深300 m);(b)阳泉某矿(采厚2.5 m,埋深160 m);
(c)鄂尔多斯某矿(采厚2.5 m,埋深400 m);(d)济宁某矿(采厚3.0 m,埋深550 m)

由图1可知,固体密实充填开采中,充填体填充于采空区,削弱顶板的下沉空间。与此同时,由于充填体的侧向限压,保证周边煤体的准三向受压条件,提高了煤体的稳固性。充填体联合周边煤柱共同承担覆岩荷载,控制覆岩的移动变形,覆岩仅发育一定高度的断裂带,其形态主要以完整层状结构的弯曲带为主,在上部荷载的作用下,直接顶内发育着竖向裂缝,而基本顶内仅产生连续地弯曲下沉。

2 岩层移动力学模型

2.1 基本顶上部荷载分布规律

固体密实充填开采中,复杂的采煤环境以及操作人员的熟练程度直接影响着充填体的充实率。在实际生产中,其充实率无法达到理想的100%,在顶板与充填体接触前,覆岩荷载由周边煤体支撑,导致煤壁处荷载 $q_2(x)$ 显著高于原岩荷载 q_0。随着覆岩的继续弯曲下沉,当顶板与充填体接触后,覆岩荷载传递方向发生转移,一部分转由充填体支撑。由于压力拱的存在,充填体承担的覆岩荷载 $q_1(x)$ 小于原岩荷载 q_0,因此,在充填体—煤层水平上方荷载分布 $q(x)$ 呈规律变化,而非定值。为获取基本顶上方荷载分布的一般规律,借助FLAC^{3D}数值软件,共建立了16个数值模型(表1)。其中倾向开采尺寸需满足下式,以避免非充分采动对试验结果的影响[15]。

$$\frac{D}{H_0} > 1.2 \tag{1}$$

式中,D 为倾向方向开采尺寸,m;H_0 为平均采深,m。

表1 数值模拟试验方案

模型编号	开采尺寸/m	开采深度/m	开采厚度/m	备注
1	700×500	500	1.5	
2	700×500	500	2.0	
3	700×500	500	2.5	变采厚
4	700×500	500	3.0	
5	700×500	500	3.5	
6	700×500	200	3.0	
7	700×500	300	3.0	
8	700×500	400	3.0	变采深
9	700×500	500	3.0	
10	700×500	600	3.0	
11	200×500	400	3.0	
12	300×500	400	3.0	
13	400×500	400	3.0	
14	500×500	400	3.0	变尺寸
15	600×500	400	3.0	
16	700×500	400	3.0	

覆岩力学参数来自唐山某矿岩样的室内力学试验结果,由于岩体内的自然裂隙与节理,导致其力学强度要低于室内岩样的力学强度,因此,需依据地表沉降实测值进行参数校准,

调整后力学参数见表2。由应力概念可知,当介质截面面积保持恒定时,应力的变化规律可直接映射介质所受荷载的变化规律,因此,可通过监测基本顶处垂直应力变化规律以代替其上部荷载 $q(x)$ 的分布规律,综合试验结果绘制出其一般规律如图2所示。

表 2 数值模型中覆岩力学参数

岩层	密度/(kg/m³)	体积模量/GPa	剪切模量/GPa	内摩擦角/(°)	内聚力/MPa	抗拉强度/MPa
表土层	1 800	0.008	0.004	20	0.02	0.01
泥岩	2 200	2.960	2.310	27	1.56	1.21
中粒砂岩	2 660	7.000	4.200	34	4.25	2.65
粗砂岩	2 680	6.060	4.540	32	3.27	1.71
细砂岩	2 630	7.000	4.000	32	3.47	1.80
砂质泥岩	2 200	2.960	2.310	32	3.47	1.80
9煤	1430	1.000	0.400	25	0.53	0.43
粉砂岩	1 970	6.000	3.600	27	1.56	1.21
充填体	1 700	0.010	0.007	30	1.00	1.00

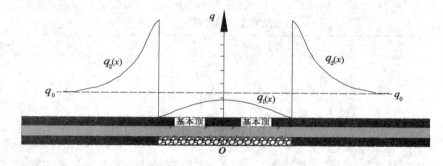

图 2 基本顶上覆荷载分布规律示意图

由图2知,$q(x)$在充填体和煤壁交界处发生急剧变化,以煤壁为分界点呈分段函数分布:煤壁上方呈指数函数变化;充填体上方呈抛物线函数变化。

$$q(x) = \begin{cases} a_1 x^2 + a_2 x + a_3 & (充填体) \\ \gamma H_0 e^{-\beta x} & (煤壁) \end{cases} \quad (2)$$

式中,γ 为覆岩平均重度,kN/m³;H_0 为基本顶平均埋深,m。

2.2 基本顶力学模型

在充填开采中,充填体与断裂的直接顶块体充填于采空区,连同周边煤壁共同承担上覆岩层荷载,限制了覆岩的移动变形,使得基本顶仅发生弯曲变形而不破断[16]。因此,可将基本顶视为上部承受覆岩荷载,下部由弹性地基支撑的梁。根据下部弹性地基的介质属性可将其分为两类:一类由矸石充填体和碎裂的基本顶块体组成,各块体间几乎无剪切作用,无法扩散应力和变形,可将其视为Winkler弹性地基;另一类为采区周边煤体,矸石的充填使其保持三向受力状态,受采动影响较小,几乎无片帮现象,在不考虑岩体内部节理的前提下,可将其视为连续介质,能够扩散应力和变形,因此,可将其视为 Vlazov 弹性地基[17-18]。鉴于梁的对称性,取梁的一半进行力学分析,其受力简图见图 3。

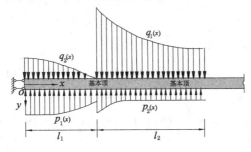

图 3 基本顶岩梁受力简图

其中 l_1 为工作面走向长度的一半,l_2 可由式(3)计算得出[15]:

$$l_2 = h' \cot \delta_0 \tag{3}$$

式中,h' 为基本顶至采空区的高度,m;δ_0 为地表盆地边界角,(°),各矿区经验值可参考《三下采煤规范》[19]。

周大伟研究认为覆岩移动边界接近"S"形曲线而非直线[20],因此覆岩移动边界角 δ'_0 需在地表盆地边界角 δ_0 基础上加以修正,得到:

$$l_2 = h' \cot \delta'_0 = h' \cot(\delta_0 - \Delta\delta) \tag{4}$$

式中,$\Delta\delta$ 为修正值,无经验值时可取 $10°$。

2.3 基本顶弯曲变形分析

2.3.1 Winkler 弹性地基梁

根据 Winkler 弹性地基梁假设[21]:地基表面任一点的压力与该点位移成正比,即:

$$p_1(x) = k_1 w_1(x) \quad (0 \leqslant x \leqslant l_1) \tag{5}$$

式中,k_1 为地基系数,主要由充填体变形特性确定;$p_1(x)$ 为基本顶受到的地基支撑力;$w_1(x)$ 为基本顶的弯曲下沉挠度。

由此可得充填体上方单位宽度的基本顶岩梁的挠曲微分方程为:

$$EI \frac{d^4 w_1(x)}{dx^4} + 4EI\lambda_1^4 w_1(x) = q_1(x) \quad (0 \leqslant x \leqslant l_1) \tag{6}$$

式中,EI 为基本顶的抗弯刚度;λ_1 为特征系数,可由下式计算得出:

$$\lambda_1 = \sqrt[4]{\frac{k_1}{4EI}} \tag{7}$$

考虑到研究对象为有限长梁,可利用初参数法求解式(6),得到:

$$w_1(x) = w_{g0} F_1(x) + \frac{\theta_{g0}}{\lambda_1} F_2(x) - \frac{M_{g0}}{\lambda_1^2 EI} F_3(x) - \frac{Q_{g0}}{\lambda_1^3 EI} F_4(x) + \frac{1}{\lambda_1^3 EI} \int_0^x q_1(\xi) F_4(x-\xi) d\xi \tag{8}$$

式中,w_{g0},θ_{g0},M_{g0},Q_{g0} 分别为基本顶端点($x=0$)的挠度、转角、弯矩和剪力。$F_1(x)$,$F_2(x)$,$F_3(x)$,$F_4(x)$ 的表达形式为:

$$\begin{cases} F_1(x) = \mathrm{ch}(\lambda_1 x)\cos(\lambda_1 x) \\ F_2(x) = \dfrac{1}{2}[\mathrm{ch}(\lambda_1 x)\sin(\lambda_1 x) + \mathrm{sh}(\lambda_1 x)\cos(\lambda_1 x)] \\ F_3(x) = \dfrac{1}{2}\mathrm{sh}(\lambda_1 x)\sin(\lambda_1 x) \\ F_4(x) = \dfrac{1}{4}[\mathrm{ch}(\lambda_1 x)\sin(\lambda_1 x) - \mathrm{sh}(\lambda_1 x)\cos(\lambda_1 x)] \end{cases} \quad (9)$$

2.3.2 Vlazov 弹性地基梁

根据 Vlazov 弹性地基梁假设[21],假想 Winkler 地基模型中各弹簧之间存在剪切作用,则外载荷与位移之间的关系为:

$$p_2(x) = k_2 w_2(x) - G_p \nabla^2 w_2(x) \quad (l_1 < x \leqslant l_2) \quad (10)$$

式中,∇ 为拉普拉斯算子;k_2 为地基系数,主要由煤体变形特性确定;$p_2(x)$ 为基本顶受到的地基支撑力;$w_2(x)$ 为基本顶的弯曲下沉挠度;G_p 为剪切模量。由此可得煤体上方单位宽度的基本顶岩梁的挠曲微分方程为:

$$EI\frac{\mathrm{d}^4 w_2(x)}{\mathrm{d}x^4} G_p b^* \frac{\mathrm{d}^2 w_2(x)}{\mathrm{d}x^2} + k_2 b^* w_2(x) = q_2(x) \quad (l_1 < x \leqslant l_2) \quad (11)$$

式中,$b^* = 1 + (G_p/k_2)^{1/2}$。

考虑到研究对象为有限长梁,利用初参数法求解式(11)得:

$$w_2(x) = w_d\left[\varphi_2(x - l_1) - \left(\frac{\alpha_2^2 - \alpha_1^2}{2\alpha_2\alpha_1}\right)\varphi_4(x - l_1)\right] + \frac{\theta_d}{2\lambda_2}\left(\frac{\varphi_1(x - l_1)}{\alpha_2} + \frac{\varphi_3(x - l_1)}{\alpha_1}\right) - \frac{M_d}{\lambda_2^2 EI}\left(\frac{\varphi_4(x - l_1)}{2\alpha_2\alpha_1}\right) + \frac{Q_d}{4\lambda_2^3 EI}\left(\frac{\varphi_1(x - l_1)}{\alpha_2} - \frac{\varphi_3(x - l_1)}{\alpha_1}\right) - \frac{1}{4\lambda_2^3 EI}\int_{l_1}^{x} q_2(\xi)\left[\frac{\varphi_1(x - \xi)}{\alpha_2} - \frac{\varphi_3(x - \xi)}{\alpha_1}\right]\mathrm{d}\xi \quad (12)$$

式中,w_d,θ_d,M_d,Q_d 为基本顶在 $x = l_1$ 位置的挠度、转角、弯矩和剪力;λ_2、α_1、α_2、φ_1、φ_2、φ_3、φ_4 的表达形式为:

$$\lambda_2 = [k_2 b^*/(4EI)]^{1/4};\ \alpha_1 = (1 - G_p\lambda_2^2/k_2)^{1/2};\ \alpha_2 = (1 + G_p\lambda_2^2/k_2)^{1/2}$$

$$\begin{cases} \varphi_1(x) = \cos(\alpha_1\lambda_2 x)\mathrm{sh}(\alpha_2\lambda_2 x) \\ \varphi_2(x) = \cos(\alpha_1\lambda_2 x)\mathrm{ch}(\alpha_2\lambda_2 x) \\ \varphi_3(x) = \sin(\alpha_1\lambda_2 x)\mathrm{ch}(\alpha_2\lambda_2 x) \\ \varphi_4(x) = \sin(\alpha_1\lambda_2 x)\mathrm{sh}(\alpha_2\lambda_2 x) \end{cases} \quad (13)$$

2.3.3 连续性及边界条件

式(8)和式(12)即为充填开采基本顶的弯曲下沉挠度计算公式,对于式中初始参数的求解需补充以下连续性及边界条件。

基本顶($x=0$)处边界条件:

$$\begin{cases} Q_1(x)_{x=0} = Q_{g0} = 0 \\ \theta_1(x)_{x=0} = \theta_{g0} = 0 \end{cases} \quad (14)$$

基本顶($x=l_1$)处的连续性条件:

$$\begin{cases} w_1(x)_{x=l_1} = w_d \\ \theta_1(x)_{x=l_1} = \theta_d \\ M_1(x)_{x=l_1} = M_d \\ Q_1(x)_{x=l_1} = Q_d \end{cases} \tag{15}$$

基本顶($x=l_2$)处的连续性条件：

$$\begin{cases} w_2(x)_{x=l_2} = 0 \\ Q_2(x)_{x=l_2} = 0 \end{cases} \tag{16}$$

联合式(2)、式(15)和式(16)可得：

$$\begin{cases} w_{g0}F_1(l_1) - \dfrac{M_{g0}}{\lambda_1^2 EI}F_3(l_1) + \dfrac{1}{\lambda_1^3 EI}\int_0^{l_1}(a_1\xi^2 + a_2\xi + a_3)F_4(l_1-\xi)\mathrm{d}\xi = w_d \\ -4\lambda_1 w_{g0}F_4(l_1) - \dfrac{M_{g0}}{\lambda_1 EI}F_2(l_1) + \dfrac{1}{\lambda_1^2 EI}\int_0^{l_1}(a_1\xi^2 + a_2\xi + a_3)F_3(l_1-\xi)\mathrm{d}\xi = \theta_d \\ \dfrac{k_1 w_{g0}F_3(l_1)}{\lambda_1^2} + M_{g0}F_1(l_1) - \dfrac{1}{\lambda_1}\int_0^{l_1}(a_1\xi^2 + a_2\xi + a_3)F_2(l_1-\xi)\mathrm{d}\xi = M_d \\ \dfrac{k_1 w_{g0}F_2(l_1)}{\lambda_1} - 4\lambda_1 M_{g0}F_4(l_1) - \int_0^{l_1}(a_1\xi^2 + a_2\xi + a_3)F_1(l_1-\xi)\mathrm{d}\xi = Q_d \\ w_d\left[\varphi_2(l_2-l_1) - \left(\dfrac{\alpha_2^2-\alpha_1^2}{2\alpha_2\alpha_1}\right)\varphi_4(l_2-l_1)\right] + \dfrac{\theta_d}{2\lambda_2}\left(\dfrac{\varphi_1(l_2-l_1)}{\alpha_2} + \dfrac{\varphi_3(l_2-l_1)}{\alpha_1}\right) - \\ \dfrac{M_d}{\lambda_2^2 EI}\left(\dfrac{\varphi_4(l_2-l_1)}{2\alpha_2\alpha_1}\right) + \dfrac{Q_d}{4\lambda_2^3 EI}\left(\dfrac{\varphi_1(l_2-l_1)}{\alpha_2} - \dfrac{\varphi_3(l_2-l_1)}{\alpha_1}\right) - \\ \dfrac{1}{4\lambda_2^3 EI}\int_{l_1}^{l_1+l_2}(\gamma H_0 \mathrm{e}^{-\beta x})\left[\dfrac{\varphi_1(l_2-\xi)}{\alpha_2} - \dfrac{\varphi_3(l_2-\xi)}{\alpha_1}\right]\mathrm{d}\xi = 0 \\ 2w_d\lambda_2^3 EI\left[\dfrac{(1+r^2)}{\alpha_2}\varphi_1(l_2-l_1) + \dfrac{(1-r^2)}{\alpha_1}\varphi_3(l_2-l_1)\right] + 2\theta_d\lambda_2^2 EI\left(\dfrac{\varphi_4(l_2-l_1)}{\alpha_2\alpha_1}\right) + \\ M_d\lambda_2\left(\dfrac{\varphi_1(l_2-l_1)}{\alpha_2} - \dfrac{\varphi_3(l_2-l_1)}{\alpha_1}\right) + Q_d\left[\varphi_2(l_2-l_1) - \dfrac{\alpha_2^2-\alpha_1^2}{2\alpha_2\alpha_1}\varphi_4(l_2-l_1)\right] - \\ \int_{l_1}^{l_1+l_2}(\gamma H_0 \mathrm{e}^{-\beta x})\left[\varphi_2(l_2-\xi) - \dfrac{\alpha_2^2-\alpha_1^2}{2\alpha_2\alpha_1}\varphi_4(l_2-\xi)\right]\mathrm{d}\xi = 0 \end{cases} \tag{17}$$

式中，$r^2 = 2G_p\lambda_2^2/k_2$。

求解方程方程组(14)和(17)，可得初始参数 $w_{g0}, \theta_{g0}, M_{g0}, Q_{g0}, w_d, \theta_d, M_d, Q_d$ 的解，将其代入式(8)和式(12)进而得到基本顶 $w(x)$ 的计算公式。由于初始参数的表达式过于复杂，本文不予以具体给出，实际应用中可借助 MATLAB 计算初始参数的数值解。

2.3 基本顶弯曲变形分析

结合上述相似材料模拟试验及现场钻孔观测结果(图4)[22]，可知基本顶上方覆岩紧密接触，层间无离层现象，因此，可以认为开采沉陷在基本顶上方覆岩内按等体积原则向上传递[式(18)]，即覆岩各层下沉总量为定值，只是曲线形态有所变化，与概率密度函数理论相似[23]。因此，引入正态分布函数描述地表下沉曲线，见式(19)。

$$\int_0^{l_1+l_2} w(x)\mathrm{d}x = \int_0^{l_1+H\cot\delta_0} w'(x)\mathrm{d}x \tag{18}$$

式中，H 为工作面平均埋深；$w'(x)$ 为固体密实充填采煤地表下沉曲线。

$$w'(x) = \frac{1}{\sigma\sqrt{2\pi}} e^{-\frac{x^2}{2\sigma^2}} \int_0^{l_1+l_2} w(x)\mathrm{d}x \tag{19}$$

式中，$w(x)$ 为基本顶弯曲下沉；σ 为地表移动盆地尺寸参数，根据正态分布函数的 3σ 原则[23]，其值可由下式计算求得

$$\sigma = \frac{l_1 + H\cot\delta_0}{3} \tag{20}$$

将式(20)代入式(19)，得到固体密实充填采煤地表沉降计算公式：

$$w'(x) = \frac{3}{(l_1 + H\cot\delta_0)\sqrt{2\pi}} e^{-\frac{9x^2}{2(l_1+H\cot\delta_0)^2}} \int_0^{l_1+l_2} w(x)\mathrm{d}x \tag{21}$$

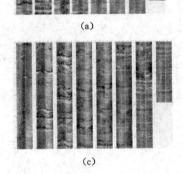
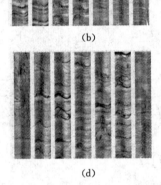

图 4 平顶山某矿钻孔观测结果

(a) 1#钻孔拍摄结果；(b) 2#钻孔拍摄结果；(c) 3#钻孔拍摄结果；(d) 4#钻孔拍摄结果

3 工程验证

山东某矿位于济宁市金乡县境内，北距济宁市区约 48 km，南距商丘 90 km。1316 工作面位于井田东翼，其上方属建筑物密集，为保护地面建筑物的正常使用，并提高资源采出率，矿方采用矸石密实充填开采工艺回采该部分煤炭资源。开采煤层属二叠系山西组，煤层平均采高为 3.0 m，平均埋深为 550 m，煤层平均倾角 12°，工作面走向长度为 220 m，倾向长度为 100 m，总体呈走向近东西的单斜构造。为揭示矸石密实充填开采后地表沉降规律，特在 1316 倾向主断面上方布设一条观测线，如图 5 所示。

结合研究区的地质采矿条件、现场实测、模拟研究及室内煤岩力学测试结果，得到相关计算参数：$l_1 = 50$ m，$\delta_0 = 52°$，基本顶厚度 $h_0 = 20$ m，弹性模量 $E = 5$ GPa，充填体地基系数 $k_1 = 1 \times 10^8$ N/m³，煤岩体地基系数 $k_2 = 1 \times 10^9$ N/m³，煤岩剪切模量 $G_p = 1.0$ GPa，覆岩平均重度 $\gamma = 23$ kN/m³，基本顶平均埋深 $H_0 = 500$ m，描述基本顶上方荷载变化规律的函数系数 $\alpha_1 = -456, \alpha_2 = 42\,844, \alpha_3 = 4\,000\,000, \beta = -0.059$。将上述参数代入上述预计模型，得到各点预测值与实测值对比图(图 6)。

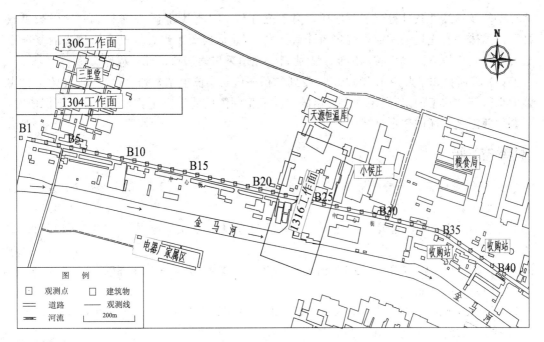

图 5　1316 工作面及地表观测线示意图

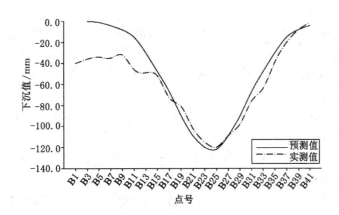

图 6　预测值与实测值对比图

从图 6 可知，在测点 B14～B41 区间，预测结果与实测数据基本吻合，预报误差均小于 10 mm，且该模型较好地解决了传统预计方法边界收敛快的问题；而在测点 B1～B13 区间，预测值与实测值相差较大，分析其原因为观测线 B1～B13 区间北侧毗邻 1304 和 1306 采空区，在老空区残余沉降的影响下，使得测点 B1～B13 下沉值明显增大。

4　结　论

（1）在固体密实充填采煤中，覆岩仅发育一定高度的断裂带，其形态主要以完整层状结构的弯曲带为主。基本顶上覆荷载分布以煤壁为分界点，呈分段函数变化：充填上方符合抛物线方程分布规律，而煤体上方符合指数函数分布规律。

（2）借助 Winkler 和 Vlazov 两类弹性地基梁建立了基本顶力学模型，并结合基本顶的边界条件及连续性条件得到了基本顶弯曲下沉方程。在此基础上,基于概率密度函数思想推导出固体密实充填采煤地表沉陷的计算公式,有效地避免了组合岩梁弯曲传递的复杂推导过程。利用 MATLAB 语言编制了固体密实充填采煤岩层移动计算程序。

(3) 将研究成果应用于山东某矿,得到的预测值与实测值基本吻合,取得较好的工程实践效果。值得注意的是,利用本文提出的计算模型预测固体密实充填开采后地表下沉值时,需叠加邻近老空区的残余沉降。

参 考 文 献

[1] 缪协兴,钱鸣高. 中国煤炭资源绿色开采研究现状与展望[J]. 采矿与安全工程学报, 2009, 26(1):1-14.

[2] 胡炳南. 我国煤矿充填开采技术及其发展趋势[J]. 煤炭科学技术, 2012, 40(11):1-5, 18.

[3] 缪协兴,张吉雄,郭广礼. 综合机械化固体充填采煤方法与技术研究[J]. 煤炭学报, 2010, 35(1):1-6.

[4] 余伟健,冯涛,王卫军,等. 充填开采的协作支撑系统及其力学特征[J]. 岩石力学与工程学报, 2012, 31(S1):2803-2813.

[5] 马文菁. 矸石充填开采条件下岩层与地表移动变形规律研究[D]. 太原:太原理工大学, 2010.

[6] 张吉雄,李剑,安泰龙,等. 矸石充填综采覆岩关键层变形特征研究[J]. 煤炭学报, 2010, 35(3):357-362.

[7] 缪协兴,黄艳利,巨峰,等. 密实充填采煤的岩层移动理论研究[J]. 中国矿业大学学报, 2012, 41(6):863-867.

[8] 杨宝贵,彭杨皓,李杨,等. 充填开采地表移动变形规律数值模拟分析[J]. 金属矿山, 2014(12):169-174.

[9] 瞿群迪,姚强岭,李学华,等. 充填开采控制地表沉陷的关键因素分析[J]. 采矿与安全工程学报, 2010, 27(4):458-462.

[10] 胡华斌. 矸石充填开采条件下地表变形监测及效果评价方法研究[D]. 太原:太原理工大学, 2013.

[11] GUO GUANG-LI, ZHU XIAO-JUN, ZHA JIAN-FENG, et al. Subsidence prediction method based on equivalent mining height theory for solid backfilling mining[J]. Transactions of Nonferrous Metals Society of China, 2014(24):3302-3308.

[12] 马占国,范金泉,朱发浩,等. 矸石充填巷采等价采高模型探讨[J]. 煤, 2010, 19(8):1-6.

[13] 王磊. 固体密实充填开采岩层移动机理及变形预测研究[D]. 徐州:中国矿业大学, 2012.

[14] 缪协兴,张吉雄,郭广礼. 综合机械化固体废物充填采煤方法与技术[M]. 徐州:中国矿业大学出版社, 2010.

[15] 何国清,杨伦,凌赓娣,等. 矿山开采沉陷学[M]. 徐州:中国矿业大学出版社, 1991.

[16] 李猛,张吉雄,姜海强,等. 固体密实充填采煤覆岩移动弹性地基薄板模型[J]. 煤炭学

报,2014,39(12):2369-2373.
[17] 黄义,何芳社. 弹性地基上的梁、板、壳[M]. 北京:科学出版社,2005.
[18] 王国体,施晋. 抛物线荷载下双参数弹性地基梁的计算[J]. 合肥工业大学学报(自然科学版),2006,29(7):905-907.
[19] 煤炭工业局. 建筑物、水体、铁路及主要井巷煤柱留设与压煤开采规程[M]. 北京:煤炭工业出版社,2017.
[20] 周大伟. 煤矿开采沉陷中岩土体的协同机理及预测[D]. 徐州:中国矿业大学,2014.
[21] 龙驭球. 弹性地基梁的计算[M]. 北京:人民教育出版社,1982.
[22] 中国矿业大学,济宁矿业集团有限公司,兖州煤业股份有限公司,平顶山天安煤业股份有限公司. 固体密实充填开采岩层控制理论与实践鉴定材料[R]. 徐州:中国矿业大学,2011.
[23] 周圣武,李金玉,周长新. 概率论与数理统计[M]. 北京:煤炭工业出版社,2007.
[24] 刘大杰,陶本藻. 实用测量数据处理方法[M]. 北京:测绘出版社,2000:79-81.

基金项目:国家自然科学基金青年基金项目(41602357)。
作者简介:吕鑫(1989—),女,助教,主要从事矿山开采沉陷及岩层控制研究。E-mail:15375015661@163.com。

带状充填开采地表沉陷预计方法研究

朱晓峻

(安徽大学资源与环境工程学院,安徽 合肥,230601)

摘 要:为了更加精确地预计带状充填开采地表移动变形值,本文在传统的概率积分法预计模型基础上,建立适合于带状充填开采地表沉陷特征的等效叠加预计模型,即将地表沉陷问题可以看成整个采区充填开采和条带开采对地表等效影响的叠加,其中充填开采的采厚为煤层等价采厚,而条带开采的采厚为煤层采厚与充填开采等价采高之差,再采用等价采高和条带开采沉陷预计方法分别预计地表沉陷,最后将其沉陷进行叠加获得带状充填开采地表沉陷值。同时,采用数值模拟和相似材料模拟方法对其正确性行了验证,结果证明该方法,能满足一般工程精度需要。

关键词:带状充填开采;地表沉陷;沉陷预计;等效叠加

Study on Surface Subsidence Prediction Method of Backfill-strip Mining

ZHU Xiaojun

(School of Resources and Environmental Engineering, Anhui University, Hefei 230601, China)

Abstract: In order to predict accurately surface movement and deformation of the back-filling strip mining, the equivalent superposition model of backfill-strip mining is established on the basis of the traditional probability integral method prediction model in this paper. The surface subsidence problem can be regarded as the superposition of the surface subsidence caused by the backfilling mining and strip mining. In the method, the mining height of backfilling mining is the equivalent mining height and the mining height of strip mining is the difference between the actual mining height and the equivalent mining height. Then, the prediction subsidence values are superimposed as the surface subsidence values of backfill-strip mining, which are predicted by the equivalent mining height and strip mining prediction method. Meanwhile, the correctness of this prediction is verified by the numerical simulation model and the similar material model. The results show that the precision of the prediction method can satisfy the precision requirements in actual engineering calculation.

Keywords: backfill-strip mining; surface subsidence; subsidence prediction; equivalent superposition

1 引 言

煤炭资源作为中国重要支撑能源,有效的支撑了经济持续稳定的发展[1]。高强度、大规模煤炭资源开采带来了一系列地质灾害及环境问题,如地表沉陷、地裂缝、山体滑坡、土地侵占、污染地下水等问题[2]。另外,中国"三下"压煤问题突出,我国"三下"压煤储量达187.9

亿t,甚至有些矿井位于建构筑物下,"三下"压煤问题日益严峻,已成为矿井采掘接续和行业长远发展的制约因素。我国常用的控制地表沉陷并且解放"三下"压煤问题的采煤方法有条带开采法和充填开采法。

条带开采一种部分开采方法,采用该方法可以减小地表沉陷,但存在煤炭永久损失率高等问题[3]。充填开采同样可以有效地控制了地表沉陷、提高了煤炭资源回收率,但是存在充填成本偏高、充填材料短缺、充填效率低等问题[4]。

为了既解决资源回收率低和充填成本高等问题,又达到地表沉陷灾害的目的,带状充填开采方法被学者提出[5,6]。带状充填开采是集条带开采与充填开采优势于一体的部分充填开采方法(图1)。首先开采条带并进行充填,在充填体具有一定承载能力或者压缩稳定之后,再回收部分条带煤,即条带开采—充填采空区,再回收剩余煤柱条带开采的开采方式,形成以带状充填体为主要承载体支撑上覆岩层的开采方法,最终达到岩层控制的目的。带状充填开采在最大限度回收地下煤炭资源的同时,既能满足地表变形控制需求、又能节约充填材料、降低充填采煤成本。尤其在目前我国东部矿区"三下"压煤严重、充填开采成本过高、条带开采资源回收率偏低、环境保护更加严格的背景及煤炭绿色开采政策的推动下,带状充填开采有着较广阔的应用前景。

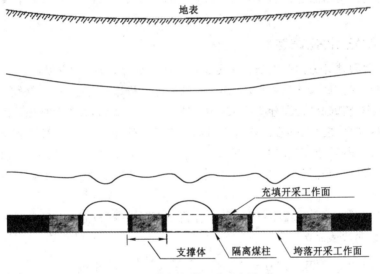

图1 带状充填开采示意图

由于带状充填开采可以有效地控制地表沉降,往往重要的建筑物下压煤采用该项采煤技术,但这类建筑物一般对地表变形较为敏感,较小的地表变形可能造成建筑物的损害,产生不良的社会影响。因此,如何准确地预计带状充填开采地表沉陷情况,对于合理地布置工作面、及时控制建筑物变形,减小采动损害等有着重要的意义。

建立一个新的适合带状充填开采地表沉陷预计的模型应该满足如下一些条件:① 模型形式简单,易于编程实现,可以实现多工作面、不同地质采矿条件及其他复杂情况下的地表沉陷预计,预计模型的参数应易选取,最好在一个国内外广泛应用的预计模型上进行修正,建立带状充填开采预计模型参数与该预计模型之间的联系关系;② 由于带状充填开采区域的地表往往是建筑物、铁路、道路等,这些建(构)筑物对地表移动变形较为敏感,这就需要在采煤设计的时候采用更为精确可靠的方法。所以,预计精度应该满足一般"三下"采煤设计的精度要求。根据以上两点条件,本文采用在概率积分法理论模型上进行修正的方法进行带状充填开采地表沉陷预计。

2 带状充填开采地表移动变形预计方法

2.1 带状充填开采地表移动变形预计思路

不同采矿方式引起的地表沉陷的差异,实际上是由于地下开采的有效下沉空间几何空间与位置不同引起的。带状充填开采最终地表下沉的有效下沉空间一部分由第一阶段充填开采充填体压缩变形释放出来的,另一部分由第二阶段垮落法开采释放出来的。从有效下沉空间几何空间角度来讲,全部充填开采充填体压缩变形空间和变采厚(原采厚减去充填开采等价采高)条件开采释放的下沉空间之和与实际带状充填开采的有效下沉空间相等。同时,带状充填开采第一阶段回采结束后,充填体的支承压力基本达到原岩应力,此状态下的充填体可以等效原岩应力下的煤柱。带状充填第二阶段开采过程中伪条带煤柱中充填体和留设煤柱的压缩变形可以等效于条带开采中煤柱的压缩变形。

因此,从理论上,带状充填开采引起的地表沉陷问题也可以看成两种采煤方法的叠加影响。

2.2 概率积分法预计方法简述

带状充填开采预计方法是在概率积分法的基础上建立而成的,所以,在详述带状充填开采预计方法之前,先简要叙述一下概率积分法的原理。概率积分法是我国学者刘宝琛、廖国华在随机介质理论基础上发展建立起来的[7],是"三下"采煤规程建议的开采沉陷预计方法之一,也是我国各矿区地表沉陷评估时应用最为广泛的预计方法。自 20 世纪 50 年代开始,我国各大矿区就开展了开采沉陷的实测工作,经过几十年的研究,积累了大量的实测资料。在实测资料的基础上,我国各大矿区基本上建立了适合本矿区地质采矿条件的概率积分法预计参数[8]。

考虑采煤问题是一个三维空间问题,对任意形开采空间 D 进行积分,开采引起的任意点(x,y)的下沉可以表示为

$$W(x,y) = Mq\cos\alpha \iint_D \frac{1}{r^2} e^{-\pi \frac{(\eta-x)^2+(\xi-y)^2}{r^2}} d\eta d\xi \tag{1}$$

式中,M 为煤层采厚;q 为下沉系数;α 为煤层倾角;r 为主要影响半径。

2.3 等效叠加概率积分法预计模型

带状充填开采最终采用残留煤柱和充填体复合支撑体共同支撑上覆岩层的载荷,同时复合支撑体起到间隔采空区的作用,形成多个不充分采动的区域,减小地下开采对地表的影响。

带状充填开采引起的地表沉陷问题也可以看成充填开采和条带开采对地表的影响的叠加,两种采煤方法计算原则为:

(1)整个采区都采用充填开采布置,充填开采计算采厚为煤层采厚 $M_f = M$,其引起的地表下沉值为 W_f。

充填开采地表移动变形计算可采用基于等价采高的概率积分法计算,但是预计过程中

计算采厚采用等价采高替代。所谓的等价采高就是充填工作面实际采高减去采空区固体充填材料压实后的高度(图2)。

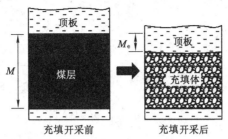

图 2　等价采高示意图

等价采高 M_e 按下列公式计算：

$$M_e = (M-\delta-\Delta)\eta + \delta + \Delta \tag{2}$$

式中　δ——充填前顶底板移近量，mm；

　　　Δ——充填体未接顶距，mm；

　　　η——充填体的压缩率；

　　　M_e——充填开采等价采高，mm。

充填开采地表下沉计算公式为：

$$W_f(x,y) = [(M-\delta-\Delta)\eta + \delta + \Delta]q_{充} \cos\alpha \iint_D \frac{1}{r_{充}^2} e^{-\pi\frac{(\eta-x)^2+(\xi-y)^2}{r_{充}^2}} d\eta d\xi \tag{3}$$

(2) 整个采区采用条带开采布置，条带开采煤层计算采厚为原煤层采厚减去充填开采稳定后顶板下沉量 $M_s = M - M_e = (M-\delta-\Delta)(1-\eta)$，即充填开采的"等价采高"$M_e$，条带开采留设煤柱的宽度为带状充填开采伪条带煤柱的宽度(带状充填开采留设煤柱和充填工作面宽度之和)，条带开采的采出条带宽度与带状充填开采采出条带宽度相同，计算范围为整个条带工作面开采区域(包括开采条带与留设条带)，其引起的地表下沉值为 W_s，则等效条带开采地表下沉计算公式为：

$$W_s(x,y) = (M-\delta-\Delta)(1-\eta)q_{条} \cos\alpha \iint_D \frac{1}{r_{条}^2} e^{-\pi\frac{(\eta-x)^2+(\xi-y)^2}{r_{条}^2}} d\eta d\xi \tag{4}$$

根据叠加原理，得到带状充填开采地表沉陷预计模型(图3)，本文将该预计模型称为"等效叠加概率积分法预计模型"，其地表下沉值包括两部分：

$$\begin{aligned}W &= W_f + W_s \\ &= [(M-\delta-\Delta)\eta + \delta + \Delta]q_{充} \cos\alpha \iint_D \frac{1}{r_{充}^2} e^{-\pi\frac{(\eta-x)^2+(\xi-y)^2}{r_{充}^2}} d\eta d\xi + \\ &\quad (M-\delta-\Delta)(1-\eta)q_{条} \cos\alpha \iint_D \frac{1}{r_{条}^2} e^{-\pi\frac{(\eta-x)^2+(\xi-y)^2}{r_{条}^2}} d\eta d\xi\end{aligned} \tag{5}$$

2.4　等效叠加概率积分法预计模型的参数选取

带状充填开采地表沉陷预计采用等效叠加概率积分法预计模型，实质是条带开采与充填开采方法的一种结合，所以其预计模型的参数选取也应参考条带开采[9,10]和充填开采的参数[11,12]选取原则。

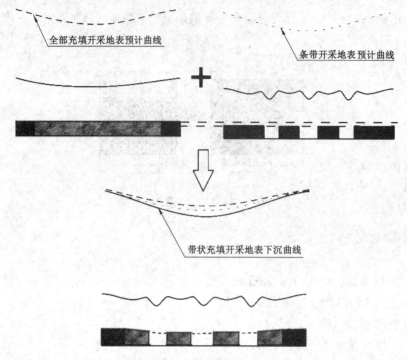

图 3 带状充填开采等效叠加预计模型示意图

3 数值模拟验证

由于带状充填开采尚未大范围推广应用,缺乏实际地表下沉监测数据,本文采用数值模拟和相似材料地表移动变形数据,进一步验证预计模型的准确性。假设某矿某一区域采用带状充填开采,数值模拟和相似材料模型模拟的地层参考实际地质采矿条件,煤层采厚为 2.7 m,采深平均为 410 m,布置 7 个工作面,其中 4 个充填工作面、3 个垮落开采工作面。各充填工作面面长为 60 m,长壁全部垮落法采煤工作面面长为 60 m 及各工作面之间隔离煤柱为 10 m。

采用数值模拟方法对等效叠加概率积分法预计模型的可行性进行验证,假设全部充填开采充实率为 80%,即等价采高为 0.54 m,根据等效叠加概率积分法预计模型的假设,采厚为 2.7 m 带状充填开采地表下沉等效于相同地质采矿条件下采厚为 2.7 m、等价采高为 0.54 m 的全部充填开采和采厚为 2.16 m 的条带开采引起地表下沉之和。

采用 FLAC 软件进行建模,分别对采厚为 2.7 m 带状充填开采、采厚为 2.7 m 全部充填开采和采厚为 2.16 m 的条带开采的地表下沉情况进行数值模拟。带状充填开采模拟示意图如图 4 所示。

如图 5 所示,带状充填开采引起地表下沉曲线与条带开采和全部充填开采等效叠加的结果基本近似,带状充填开采引起的地表最大下沉值为 675 mm,而等效叠加的地表最大下沉值为 683 mm,比带状充填开采引起的地表最大下沉值仅大 8 mm,相对误差为 1.2%,满足一般工程需要。

因此,从数值模拟结果看,带状充填开采引起的地表沉陷预计采用条带开采和全部充填开采两种采煤方法等效叠加的预计是可行的。

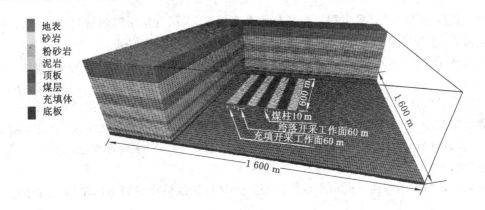

图 4　带状充填开采数值模拟模型

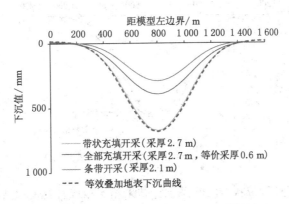

图 5　等效叠加模型的数值模拟对比分析图

4　相似材料模拟验证

采用相似材料地表移动变形数据,进一步验证预计模型的准确性。地质采矿条件与数值模拟的一致,布置 7 个工作面,其中 4 个充填工作面、3 个垮落开采工作面。各充填工作面面长为 60 m,长壁全部垮落法采煤工作面面长为 60 m 及各工作面之间隔离煤柱为 10 m。为了保证预计的情况与二维相似材料模拟情况基本相同,假设工作面走向为充分采动,各工作面的走向长为 500 m。相似材料模型如图 6 所示。

图 6　相似材料模型摄影测量监测点布设图

为了获取带状充填开采过程中岩层及地表变形值,采用近景摄影测量对相似材料的变形进行监测,其监测精度为 0.17 mm[13],获取了最终的地表沉陷数据。

沉陷预计过程中,充填开采预计参数参考矿区薄煤层长壁垮落法开采时的相应参数,分别为:下沉系数 $q=0.9$;水平移动系数 $b=0.35$;主要影响正切 $\tan\beta=1.8$;拐点偏移距取 0 m。

设计区域的开采条带数较少,可以采用多个小工作面叠加预计方法预计条带开采影响的地表沉陷情况,小工作面属于不充分采动,预计参数应根据采动程度系数进行相应的修正,预计参数分别为:下沉系数 $q=0.4$;水平移动系数 $b=0.35$;主要影响正切 $\tan\beta=1$;拐点偏移距取 0 m。

提取预计结果的倾向主断面下沉数据与相似材料模拟最终地表下沉结果进行对比,对比如图 6 所示。

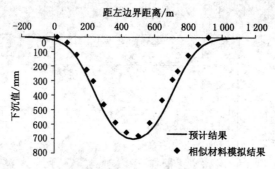

图 6 预计结果与相似材料模拟结果对比图

从对比结果可以分析,带状充填开采预计结果相比相似材料模拟结果偏大,预计最大下沉值为 700 mm,比相似材料模拟地表最大下沉值大 17 mm,相似材料模拟地表各监测点下沉值与预计结果相比,平均误差为 47 mm,相对误差为 6.7%,说明根据等效叠加概率积分法预计的结果偏安全,并能满足一般工程精度需要。同时,由于相似材料模型尺寸的限制,导致相似材料模拟结果在下沉盆地边缘收敛较快,而预计的下沉曲线边界收敛较慢,下沉盆地范围更广。

5 结 论

为了更加精确地预计带状充填开采地表移动变形值,在传统的概率积分法预计模型基础上,建立适合于带状充填开采地表沉陷特征的等效叠加预计模型。将带状充填开采引起的地表沉陷问题看成整个采区充填开采和条带开采对地表等效影响的叠加,其中充填开采的采厚为煤层等价采厚,而条带开采的采厚为煤层实际采厚与充填开采等价采高之差,再采用等价采高和条带开采沉陷预计方法分别预计地表沉陷,最后将其沉陷进行叠加获得带状充填开采地表沉陷值。同时,采用数值模拟和相似材料模拟方法对其正确性行了验证,结果证明该方法,能满足一般工程精度需要。

参考文献

[1] POMERANZ K. The great divergence: China, Europe, and the making of the modern world economy[M]. Princeton University Press, 2009.

[2] DECK O, VERDEL T, SALMON R. Vulnerability assessment of mining subsidence hazards[J]. Risk analysis, 2009, 29(10): 1381-1394.

[3] 郭文兵, 邓喀中, 邹友峰. 我国条带开采的研究现状与主要问题[J]. 煤炭科学技术, 2004(8): 7-11.

[4] XUAN D, XU J, ZHU W. Backfill mining practice in China coal mines[J]. Journal of Mines, Metals and Fuels, 2013, 61(7-8): 225-234.

[5] 许家林, 朱卫兵, 李兴尚, 等. 控制煤矿开采沉陷的部分充填开采技术研究[J]. 采矿与安全工程学报, 2006(1): 6-11.

[6] 张华兴. 宽条带充填全柱采煤新方法[C]//采矿工程学新论. 北京: 中国煤炭学会, 2005.

[7] 刘宝琛. 随机介质理论及其在开挖引起的地表下沉问题中的应用[J]. 中国有色金属学报, 1992(3): 8-14.

[8] 国家煤炭工业局. 建筑物、水体、铁路及主要井巷煤柱留设与压煤开采规范[M]. 北京: 煤炭工业出版社, 2017.

[9] 郭文兵, 邓喀中, 邹友峰. 条带开采地表移动参数研究[J]. 煤炭学报, 2005(2): 182-186.

[10] 耿德庸. 有限元法计算和分析条带开采的地表移动及煤柱稳定性规律[R]. 北京开采所开采论文集, 1985: 115-131.

[11] GUO G L, ZHU X J, ZHA J F. Subsidence prediction method based on equivalent mining height theory for solid backfilling mining[J]. Transactions of Nonferrous Metals Society of China, 2014, 24(10): 3302-3308.

[12] 王磊. 固体密实充填开采岩层移动机理及变形预测研究[D]. 徐州: 中国矿业大学, 2012.

[13] 谢艾伶. 基于工业测量的相似材料模型数据处理系统研究[D]. 徐州: 中国矿业大学, 2010.

基金项目: 安徽省高校自然科学研究重点项目(Y06061795); 矿山环境与湿地生态协同创新中心开放课题(Y01002477)。

作者简介: 朱晓峻(1989—), 男, 博士, 讲师, 从事开采沉陷及控制研究。E-mail: zhuxiaojunahu@126.com。

基岩裸露山区倾斜煤层开采地表沉陷规律研究

王启春[1]，郭广礼[2]

(1. 重庆工程职业技术学院，重庆，402260；
2. 中国矿业大学国土环境与灾害监测国家测绘地理信息局重点实验室，江苏 徐州，221116)

摘　要：为掌握松藻煤矿采动地表移动变形规律以及开采沉陷参数，该矿在2316工作面上方建立了地表移动观测站。通过系统分析观测站实测资料，研究得到了基岩裸露山区倾斜煤层开采地表移动变形规律及特点，并求取了相应的动态地表移动参数、岩移角参数以及概率积分法地表沉陷预计参数，为松藻煤矿适中街区建筑群下采煤的实施提供了科学依据，同时为类似地质采矿条件下"三下"采煤以及矿井安全生产提供了可靠的技术依据。

关键词：基岩裸露；山区采动；开采沉陷；倾斜煤层开采

Studyon Surface Subsidence Law of Inclined Seam Mining Under Base Rock Exposed Mountain Area

WANG Qichun[1], GUO Guangli[2]

(1. Chongqing Vocational Institute of Engineering, Chongqing 402260, China;
2. NASMG Key Laboratory for Land Environment and Disaster Monitoring,
China University of Mining and Technology, Xuzhou 221116, China)

Abstract: In order to grasp the ground surface movement law and subsidence parameters of Songzao Mine coal mining, the surface movement observation station was set up at 2316 working face in Songzao Mine. Through system analysis on the observed data of stations, the paper revealed the ground surface movement law of inclined seam mining under base rock exposed mountain area and obtained the dynamic parameters and angles & prediction parameters of surface movement. The results of the study provided scientific basis for coal mining under Shizhong block buildings in Songzao Mine, and provided technical basis for coal mining under buildings & railways and water-bodies and mine safety production in the similar geological and mining conditions.

Keywords: exposed bedrock; mountain mining; mining subsidence; inclined seam mining

　　松藻煤矿位于重庆松藻矿区东北部，井田处于四川盆地与贵州高原接壤地带，总的地势是由西南向东北呈逐渐升高的趋势[1]。松藻煤矿井田中部地表为适中街区，该街区为綦江区赶水镇政府所在地，街道呈南北走向，长约550 m左右，沿街建筑物密集。该区域留设保安煤柱，不仅压占该矿大量煤炭资源(+100 m和-300 m两个水平压煤工业储量778万吨)，而且使井田分成南北两部分，将给工作面接续布置和安全生产带来很大影响，所以该矿决定开展建筑群下采煤工作。在实施该矿区建筑群下采煤工作之前，需要掌握该矿区采动地表移动变形规律以及开采沉陷相关参数(岩移参数和沉陷预计参数)。

由于松藻煤矿地表属山岳分带的中、低山区,山地之间呈不连续槽地,地表几乎为基岩裸露,同时该煤矿煤层埋藏较深,并且煤层倾角较大,导致其采动地表沉陷与平原地区及有冲积层覆盖地区有很大差异[2-5]。本文以松藻煤矿2316工作面地表移动观测站实测资料为基础,研究该矿区基岩裸露山区倾斜煤层采动地表移动变形规律,为适中街区建筑群下采煤的实施提供了科学依据。

1 采区基本情况

1.1 地形地貌

采区附近地表最高标高为+724 m,最低为+613 m,相对高差111 m左右。除山间谷地外,地形坡度一般为10°～30°,属山岳分带的中、低山区,山地之间呈不连续槽地,同时采区地表几乎是基岩裸露,如图1所示。

图1 采区地表地形情况

1.2 地质采矿条件

2316工作面为松藻煤矿主采煤层,采用综采,走向长壁采煤法回采,全部垮落法管理顶板,工作面推进速度为70 m/月。采面距地表垂距500～600 m,平均采深550 m,倾斜长169 m,走向长1 680 m。工作面北为一～二采区隔离煤柱,南为2316采面中段(主石门～北2#石门),东为2314采煤北段(已回采完毕),西为+100水平～-300水平的水平隔离煤柱。煤层结构简单,层状构造,倾角23°～25°,平均倾角24°,煤厚0.20～2.80 m,平均2.16 m,平均采高2.20 m。2316工作面地层为单倾斜,构造较简单,直接顶为砂质泥岩,厚度1.30～1.90 m,基本顶为砂岩,厚度4.40～5.50 m。

2 地表观测站布设与观测

采区2316对应地表周围是高山地形,因此不具备走向主断面上布置观测线的条件。通过2316采面设计对应井上下对照图以及现场察看,在工作面上方布设一条倾斜主断面观测线,观测线总长约800 m,观测站32个,平均边长26 m,观测线距工作面开切处440 m,其中

JZ1 和 JZ2 为基准点,观测站平面布置如图 2 所示。

图 2 观测站平面布置图

由于该工作面地表大部分为基岩裸地山区,其观测站的埋设采用混凝土预制测桩和基岩面打钢钎两种,于 2316 工作面开采前埋设,观测站埋设实物如图 3 所示。

2316 采面于 2012 年 2 月施工完切割上山,4 月开始采煤。2011 年 10 月松藻煤电公司利用 GPS,以矿区猫背岩、虎口岩 5″基点为起算点作了首级控制,使用全站仪进行导线联测。2011 年 11 月进行首次全面观测,2012 年 4 月进行了第二次全面观测,取最两次全面观测数据取其平均值作为原始值。在 2316 工作面开始采动后,2012 年 6 月至 2015 年 10 月,连续对所设站点按要求进行了 18 次全面观测。

3 观测成果数据分析

3.1 动态地表移动参数

根据最后一次全面观测的结果可以看出,最大下沉点为 24 号点(对应采面偏下部的三分之一处),下沉 546 mm。根据 18 次全面观测资料绘制了最大下沉点(24 号点)下沉速度与下沉曲线关系图[6-7],如图 4 所示。

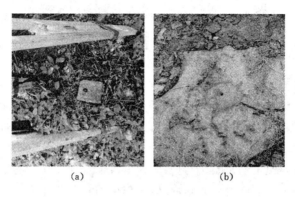

图 3 观测站埋设实物图

(a) 观测站测桩实物图；(b) 观测站打钢钎实物图

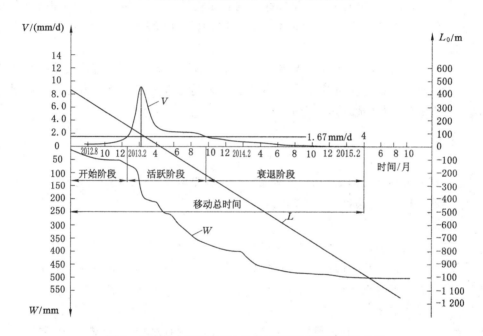

图 4 地表最大下沉点(24 号点)下沉速度及下沉曲线图

(1) 下沉速度

根据图 4 中下沉速度曲线(V)可得，地表动态移动变形较为平缓，下沉速度较慢，最大下沉速度为 9.8 mm/d。该矿区地层较为坚硬、开采煤层深厚比较大，从而减缓了煤层上覆岩层的移动与破坏的剧烈程度。

(2) 地表移动持续时间

根据图 4 中下沉速度曲线(V)和下沉曲线(W)可以看出，2316 工作面地表移动持续时间较长，为 34 个月。开始阶段时间为 6 个月，期间地表累计下沉量为 70 mm，占总沉降量的 12.8%；活跃阶段时间为 9 个月，期间地表累计下沉量为 360 mm，占总沉降量的 66%；衰退阶段时间较长，为 19 个月，期间地表累计下沉量为 116 mm，占总沉降量的 21.2%。

(3) 最大下沉速度滞后角

由图 4 中下沉速度曲线(V)和最大下沉点至工作面的水平距离直线(L)可以看出，最大下沉速度曲线点对应 L 直线值为 95 m,从而得到最大下沉速度滞后距为 95 m。由此得到最大下沉速度滞后角 $\varphi=\arctan\dfrac{H_0}{L}=\arctan\dfrac{550}{95}=80°$。

3.2 地表移动变形规律

根据最后一次全面观测结果绘制下沉 W、倾斜 i、曲率 K、水平移动 U、水平变形 ε 曲线如图 5 所示。根据图 5 得到以下基岩裸露山区倾斜煤层采动地表移动变形规律及特点：

(1) 下沉曲线、倾斜曲线、曲率曲线：下沉曲线失去对称性,最大下沉点向下山方向偏移,其主要原因受煤层倾角的影响;下山部分的下沉曲线比上山部分的下沉曲线要陡,范围要小,分析其原因受地表坡度滑移的影响,地表因应力作用产生向下坡方向的滑移,进而引起向下坡方向的下沉;随着下沉曲线的变化,倾斜曲线与曲率曲线也相应发生变化。

(2) 水平移动曲线：根据水平移动曲线与地表曲线可以看出,采空区下山方向下沉曲线与地表曲线倾向方向相反,此区间地表坡度为负坡,地表滑移表现为负增量,使得下山方向水平移动值减少。

(3) 水平变形曲线：最大拉伸变形和最大压缩变形均在下山方向,且最大压缩变形的绝对值比最大拉伸变形的绝对值要大,分析其主要原因是地表坡度自重应力与采动后引起的地表应力方向相反,导致地表压缩变形增大。

3.3 岩移角值

(1) 冲积层移动角 φ

因观测线所处地形为山区地形,很多地方基岩裸露地表,局部土层只有 0.5~1 m 的厚度,冲积层较薄可不予考虑冲积层移动角 φ。

(2) 下山边界角 β_0

在充分采动的条件下,根据最后一次高程测量结果,在地表移动盆地的主断面实测下沉曲线上,以下沉值为 10 mm 的点作为边界点,边界点至采空区边界的连线与水平线在煤柱一侧的夹角。此观测线的下山边界点为 8 号观测点,如图 5 所示,求得下山边界角 $\beta_0=55°$。

(3) 下山移动角 β

在充分采动的条件下,根据最后一次全面观测结果,利用地表移动盆地主断面上实测倾斜曲线、曲率曲线和水平变形曲线,分别按临界变形值 $i=3$ mm/m,$K=0.2$ mm/m²,$\varepsilon=2$ mm/m 的临界变形点,取其中最外一个临界变形点至采空区边界的连线与水平线在煤柱一侧的夹角。如图 5 所示,最外的临界变形点位于 19 和 20 号观测点之间,求得下山移动角 $\beta=84°$。

(4) 下山裂缝角 β'

在充分采动的条件下,在地表盆地主断面上发现盆地最外侧的地表裂缝处在观测点 22、23 号之间,距 23 号点 8.2 m 处。如图 5 所示,求得下山裂缝角 $\beta'=92°$。

(5) 最大下沉角 θ

在倾斜主断面上,由采区中点和地表移动盆地的最大下沉点的连线与水平线之间在煤层下山方向一侧的夹角,如图 5 所示,求得最大下沉角 $\theta=88°$。

(6) 充分采动角 ψ_1、ψ_2

由于该工作面倾向长 $D_1=170$ m,平均采深为 $H_0=550$ m,D_1/H_0 远小于 1.2,由此得

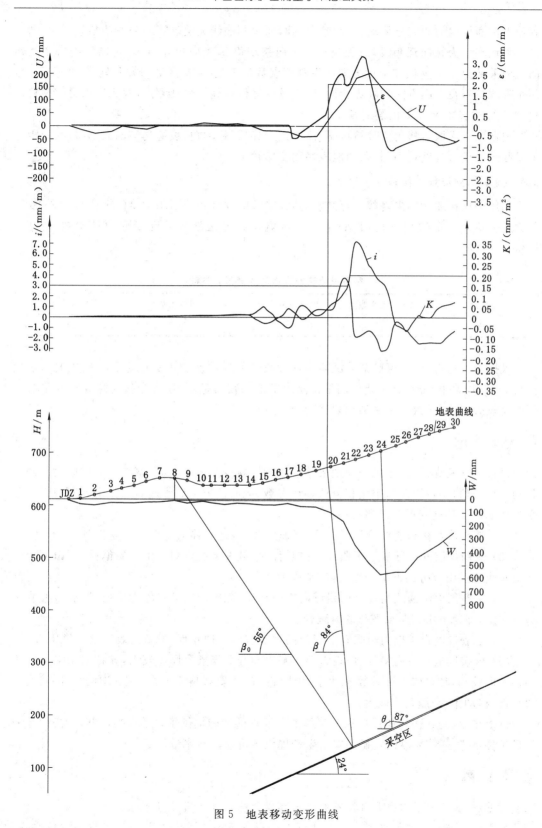

图 5 地表移动变形曲线

到该工作面倾向为非充分采动,由此倾向主断面观测曲线无法计算充分采动角 ψ_1、ψ_2。

因观测线为倾向观测线,故无法求的走向移动角 δ,走向边界角 δ_0、走向裂缝角 δ'' 及走向充分采动角 ψ_3。又因在上山方向所设观测点数量不足(采空区上山方向只有 29 号、30 号两个观测点),在上山方向的临界变形、边界及裂缝位置处缺少观测点,故无法求得上山移动角 γ,上山边界角 γ_0 及上山裂缝角 γ''。

根据以上求取岩移角值分析可得,该矿区边界角、移动角、裂缝角均偏大,分析其原因为该矿区采动剧烈程度较小,其采动地表移动变形较小。

3.4 概率积分法预计参数

利用中国矿业大学朱晓峻[8]等开发的"开采沉陷预计系统",采用遗传算法[9]对 2316 工作面地表移动变形数据分析,得到了该矿区概率积分法地表移动变形预计参数,如表 1 所示。

表 1 概率积分法地表移动变形预计参数

下沉系数 q	水平移动系数 b	主要影响角正切 $\tan\beta$	影响传播角 $\theta_0/(°)$	拐点偏移距 S_0/H
0.58	0.21	1.18	79.3	0.18

根据表 1 可得,松藻煤矿开采沉陷预计参数中下沉系数 q、水平移动系数 b、主要影响角正切 $\tan\beta$ 均偏小,分析其主要原因是松藻煤矿地层较为坚硬、地表为基岩裸露和开采煤层深厚比较大,从而导致初始采动地表移动变形较小。

4 结 论

通过对松藻煤矿 2316 工作面地表移动观测资料的分析和研究,获得了该矿区动态地表移动参数、岩移参数以及概率论积分法预计参数,同时研究得到了基岩裸露山区倾斜煤层开采条件下地表移动变形规律和特点:

(1)地表动态移动变形较为平缓,下沉速度较慢,地表移动持续时间较长。

(2)倾斜煤层开采导致下沉曲线失去对称性,最大下沉点向下山方向偏移,下山部分的下沉曲线比上山部分的下沉曲线要陡,范围要小。

(3)采空区下沉曲线与地表曲线倾向方向相反,此区间地表坡度为负坡,地表滑移表现为负增量,使得下山方向水平移动值减少。

(4)地表坡度自重应力与采动后引起的地表应力方向相反,导致地表压缩变形增大。

(5)该矿区地层较为坚硬、地表为裸露基岩和开采煤层深厚比较大,导致初始采动地表移动变形较小,其对应下沉系数 q、水平移动系数 b、主要影响角正切 $\tan\beta$ 均偏小,同时对应边界角、移动角、裂缝角均偏大。

以上结论,为松藻煤矿适中街区建筑群下采煤的实施提供了科学依据,同时为类似地质采矿条件下"三下"采煤以及矿井安全生产提供了可靠的技术依据。

参考文献

[1] 王关平.重庆地区矿山开采沉陷的生态环境影响及恢复研究[D].重庆:重庆大学,2005.
[2] 胡友健,吴北平,戴华阳,等.山区地下开采影响下地表移动规律[J].焦作工学院学报,

1999,18(4):242-247.

[3] 何万龙,康建荣. 山区地表移动与变形规律的研究[J]. 煤炭学报,1992,17(4):1-15.

[4] 马超,康建荣,何万龙. 山区典型地貌表土层采动滑移规律的数值模拟分析[J]. 太原理工大学学报,2001,32(3):222-226.

[5] 康建荣. 山区采动裂缝对地表移动变形的影响分析[J]. 岩石力学与工程学报,2008,27(1):59-64.

[6] 何国清,杨伦,凌赓娣,等. 矿山开采沉陷学[M]. 徐州:中国矿业大学出版社,1994.

[7] 邹友峰,邓喀中,马伟民. 矿山开采沉陷工程[M]. 徐州:中国矿业大学出版社,2003.

[8] 郭广礼,查剑锋. 矿山开采沉陷及其防治[M]. 徐州:中国矿业大学出版社,2012.

[9] 查剑锋,冯文凯,朱晓峻. 基于遗传算法的概率积分法预计参数反演[J]. 采矿与安全工程学报,2011,28(4):655-658.

基金项目:国家科技支撑计划课题(2012BAB13B03);重庆市煤矿安全生产科技项目(2015JK12)。

作者简介:王启春(1987—),男,重庆南川人,硕士,讲师/工程师,主要研究方向为开采沉陷与变形监测。E-mail:wqcls@cumt.edu.cn。

Research on Surface Subsidence of Solid Backfilling Mining by Numerical Simulation

CHAI Huabin, YAN Chao, ZHANG Ziyue

(School of Surveying and Land Information Engineering,
Henan Polytechnic University, Jiaozuo 454000, China)

Abstract: Waste backfilling fully-mechanized coal mining technology can control surface subsidence effectively, but it also damage the surface to different degrees, in order to protect the surface buildings, it is necessary to predict the surface subsidence after backfilling mining. With one mining coal face, the equivalent mining thickness with the nature of backfilling material and backfilling technology was calculated, the surface subsidence of solid backfilling mining were predicted by the 'equivalent mining thickness' method and FLAC^{3D} and Tecplot software. Based on the simulation results, precisions of the two methods were compared and analyzed, the study results shows that the 'equivalent mining thickness' method is a efficient and simple way to predict surface subsidence of solid backfilling mining.

Keywords: solid backfilling mining; surface subsidence; equivalent mining thickness; numerical simulation

With the rapid development of China's national economy, electricity, steel and other industries' demand for coal increased year by year, that lead to speedup of coal mining in recent years. Enterprises of coal mining had to face the 'three Under' (under the building, under the railway and underwater) mining problems[1-3], with the exploitation of cohesion and economic sustainable development, and at the same time, the coal mine discharged a huge number of waste coal gangue stacked on the surface that pollute the local environment seriously. According to statistics, the country's total accumulation of coal is about 4.5 billion ton, which had taken up 15000 hectare of land. And the amount of accumulation is increasing with the speed of 150 million ton to 200 million ton per year.

Solid backfilling coal mining, which is a method that use broken rocks and sands to backfill the mined-out section underground[2,3], can effectively control the strata movement and the surface subsidence, and make sure the safety and normal usage of the ground buildings. It can also recycle the coal under the buildings to its most, and efficiently mechanized. But the solid backfilling mining will inevitably damage the surface different to some degrees.

In order to avoid the damages to the buildings on the ground, it's necessary to predict the surface subsidence caused by the solid backfilling mining. FLAC^{3D} and Tecplot are used to simulate the surface subsidence by equivalent mining thickness method'.

1 Calculating model and parameters

1.1 FLAC3D and Tecplot

FLAC^{3D} (Fast Lagrangian Analysis of Continua in 3Dimensions) is an explicit finite difference program developed by the American company Itasca. This program can be well used to simulate the geological material's mechanical damage or plastic flow behavior when the material achieves its strength limit or reaches the yield limit. It can also be used to analyze the progressive damage and instability, especially for large deformation simulation. FLAC^{3D} uses the explicit algorithm to obtain the time step solution of all the equations of motion of the model. It can track the progressive failure and collapse of the material, which is very important for studying the time effect and spatial effect of mining. And FLAC^{3D} has a lot of constitutive model which allowing the entry of a variety of materials and local material parameter can also be changed in the calculation process which increased flexibility in program usage. It shows the caving process in mining area and filling process during mining. FLAC^{3D} can make interactive operation with other related software by using docking programs.

Tecplot is a powerful scientific drawing software from Amtec company. It can not only draw function curves, two-dimensional graphics, but also can make three-dimensional surface drawing and three-dimensional drawing, and provides a variety of graphics formats. And it has a friendly interface, easy to learn and use at the same time.

Many experts and scholars who work with FLAC^{3D} prepared a program interface for the Tecplot during their work[4-8]. By using this program interface and Tecplot the data provided by FLAC^{3D} can be read directly. Tecplot will make the result of FLAC^{3D} a more intuitional and better visualization, with its powerful function of drawing.

1.2 Geological and mining conditions

The mine's test mining face is located in a suburb of a city. Because of the large number of surface buildings, it's necessary to predict the surface subsidence after filling to ensure that the surface building can be used normally. The average burial depth of coal seam is 347 m.

The mining face which is trying to use the solid backfilling fully-mechanized coal mining has a 400 m strike length and a 140 m dip length. The mining thickness of coal seam is 4 m. The dip angle of the coal seam is 3~7 degrees, with an average of 5 degrees. It can be regarded as horizontal coal seam mining. The overlying strata are mainly sandstone and mudstone, the average thickness of the loose layer reaches 181 m, the geological condition is relatively simple, and there is no large fault.

1.3 Calculation model and parameter

The upper boundary of the model is taken to the surface, and the lower boundary is taken to 40 m below the coal seam, the whole model is 378 m high. In order to fully show the surface of the subsidence characteristics, 400 m on both side of coal pillar are extended in the trend direction, and 230 m on both side of coal pillar in the dip direction depending on the angle parameter of the past mining subsidence in this area under the consideration of the influence of the boundary. It means that the size of the model is 1 200 m×600 m×387 m, make sure that the grid size in the X and Y direction are 20 m, the vertical grid size varies from 0.7 m to 10 m depending on the thickness of each layer. The model is divided into 88200 units, 94550 nodes, the initial mechanics model of numerical simulation model shown in Figure 1.

In the calculation the constitutive relation of the material is Mohr-Coulomb model. The model's boundary conditions are as follows: horizontal displacement constraints are applied at both ends of the X and Y directions, and we apply the displacement constraint at the bottom edge of the Z direction, the top boundary of the Z direction is the free boundary. In the course of numerical simulation, the mechanical parameters of each stratum, seam, surface soil and filling body are optimized and fitted according to the mechanical characteristics of the rock mass in the simulated area and the observed data of surface subsidence, as shown in Table 1.

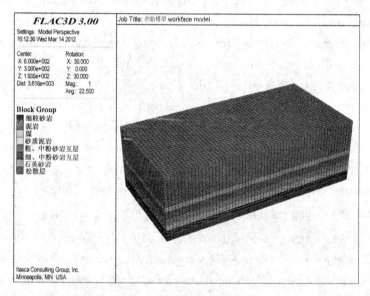

Fig. 1 Numerical simulation model

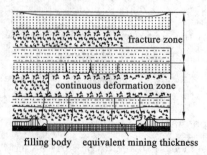

Fig. 2 Equivalent mining thickness method

Tab. 1   Mechanical property parameters of strata

Name of rock	Elasticity Modulus E /GPa	Poisson's ratio μ	Cohesive force /MPa	Internal friction Angle/(°)	Tensile strength /MPa	Thickness /m	Density /(kg/m³)
Topsoil	0.015	0.3	2.40	17	1.52	241	1900
Quartz sandstone	10	0.23	9.8	32	2.94	31	2630
Fine and middle siltstone interbred	1.6	0.24	10.2	31	1.83	65	2635
Coarse and medium siltstone interbred	1.9	0.23	11.2	33	2.75	49	2660
Sandy mudstone	0.9	0.29	5.5	30	1.25	40	2613
Middle and fine grained sandstone	1.2	0.25	6.8	28	2.18	30	2644
9# coal seam	1.0	0.33	1.0	25	0.30	4	1400
mudstone	7.1	0.27	2.65	27	0.9	10	2450
Fine sandstone	11.9	0.30	2.56	29	1.30	30	2660
Filling body	0.56	0.28	1.6	32	0.22	4	2000

2 Surface subsidence calculation

2.1 Equivalent mining thickness

Mining thickness is one of the main factors affecting the surface subsidence analysis in traditional mining, but the solid backfilling coal mining will fill the worked out section with waste rock, it's equivalent to lower the thickness of the mining. It is believed that the waste rock filling body will be compressed into the filling body showed in Figure 2, under the pressure of the overlying strata, after being full filled in the worked out section. In Figure 2, the height of the filling body to the upper strata can be defined as equivalent mining thickness. In other words: The equivalent mining thickness is the mining face thickness minus the height of the filler after it is compacted. Using the method of equivalent mining thickness is equal to transform the problem of fully mechanized mining with waste rock to the problem of thin coal seam mining. So the key of this method is the extraction of equivalent thickness.

The calculation of equivalent mining thickness can be implemented according to the compression ratio of the gangue and roof subsidence before filling. It can be calculated according to the following formula:

$$H_z = h_d + h_w + k * (H - h_d - h_w) \tag{1}$$

In the formula, H_z is equivalent mining thickness; h_d is the roof subsidence before filling, h_w is the height of the section unfilled, H is the mining thickness, k is the compaction rate of the filling body.

It is generally measured that the height of the section unfilled represented by h_w ranged from 0.05 to 0.1 m, the compaction rate of the filling body represented by k ranged from 8.3% to 15.5%, the subsidence of the roof represented by h_d ranged from 0.10 to 0.30 m. When the working face is 4 m high, the solid backfilling coal mining is equivalent to mining a 0.7 m thin seam.

2.2 Simulation by FLAC³ᴰ and Tecplot

The working face has been dug up a certain distance, before the filling began. So the filling will lag a certain distance from the working face. The filler cannot play its supporting role immediately. The roof will also deform more or less. The distance per step means a lot to the simulation. If it's too large, the roof subsidence before filling will become too big to be realistic. If it's too small, it will cost a long time to calculate and it's inefficient. Therefore, the reasonable choice of filling step can make the simulation more accurate and save time.

Combined with the actual excavation and filling, 20 m is selected as the step distance, it means that the first excavation is 20 m, and wait for model calculate to achieve balance, and then continue to dig forward 20 m, while filling the former 20 m when we use FLAC³ᴰ to simulate. And we do it 20 times like this. In the calculation of the simulation, not only the actual process of filling and mining performed, but also the supporting role to the overlying rock is well played by the filling body.

3 Analysis of the simulation

3.1 Result of the simulation

After the surface subsidence of backfilling mining calculations was completed, the maximum subsidence value of the equivalent mining thickness method was 351 mm and the maximum subsidence value of the filling mining by FLAC³ᴰ and Tecplot method was 353 mm, the horizontal displacements of the two methods are both 157 mm.

3.2 Visualization of the calculations

After using FLAC³ᴰ and Tecplot to simulate the surface subsidence, and then run the special program interface for the Tecplot, produce the Tecplot data file. And then do the query and processing operation, make the subsidence and the horizontal movement contour in the strike and dip directions of the results visualized, shown in Figure 3~Figure 8.

3.3 Analysis and comparisons

Analyzing the simulation result, it shows that the results of the two methods are almost the same. The difference of the maximum value of subsidence is 2 mm, and the maximum horizontal displacements are both 157 mm. The results of simulation are visualized with Tecplot. And we found that the surface subsidence and displacement contours of two kinds of calculation results are almost the same. Therefore, the results of the equivalent mining thickness and FLAC3D and Tecplot methods which are used to

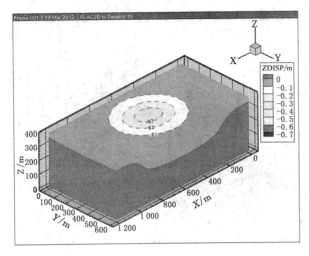

Fig. 3 Subsidence contours of equivalent mining

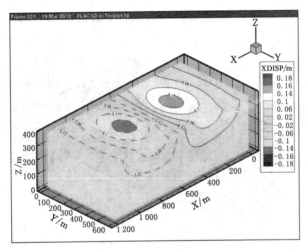

Fig. 4 Trend movement contours of equivalent mining

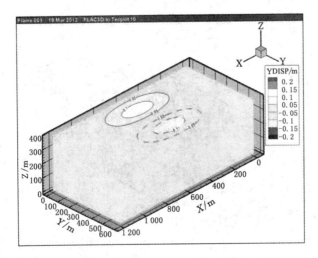

Fig. 5 Dipmovement contours of equivalent mining

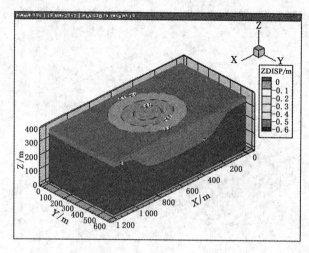

Fig. 6　Subsidence contours of FLAC³ᴰ and Tecplot

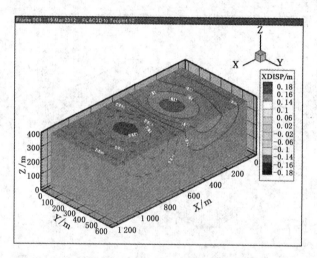

Fig. 7　Trend movement contours of FLAC³ᴰ and Tecplot

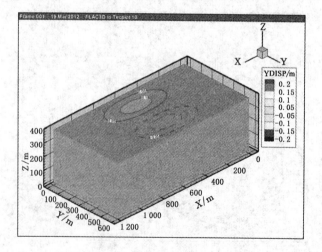

Fig. 8　Dip displacement contours of FLAC³ᴰ and Tecplot

predict the subsidence of surface of the solid backfilling mining are almost the same.

4 Conclusions

(1) The FLAC3D and Tecplot simulation of backfilling mining method has fully showed the process of the solid backfilling mining. It cost a long time to do simulate calculations for 20 times. The method of equivalent thickness means to put a 4 m coal seam as a 0.7 m seam.

(2) The results of the two methods are basically the same. It means that the surface subsidence of the solid backfilling mining can be predicted by means of both methods. But the method of backfilling mining takes 20 times long time than the others. Therefore the equivalent thickness method, which is to predict the surface subsidence of the solid backfilling mining method is more convenient.

References

[1] GUO WEN-BING, CHAI HUABIN. Damage and protection of coal mining[M]. Beijing: Coal Industry Press, 2008.

[2] ZHANG JI-XIONG, MIAO XIE-XING, GUO GUANG-LI. Development Status of Backfilling Technology UsingRaw Waste in Coal Mining[J]. Journal of Mining and Safety Engineering, 2009(12):395-401.

[3] GUO GUANG-LI, MIAO XIE-XING, ZHA JIAN-FENG, etc. Development Status of Backfilling Technology UsingRaw Waste in Coal Mining[J]. Chinese Scientific Papers Online, 2008(11):806-809.

[4] XIE HE-PING, ZHOU HONG-WEI, WANG JING-AN, etc. Application of FLAC to predict ground surface displacements due to coal extraction and its comparative analysis[J]. Chinese Journal of Rock Mechanics and Engineering, 1998(8):397-401.

[5] WU LONG-FEI, ZHOU HUA-QIANG, LI FENG, etc. Discussion on Influence Factors of surface subsidence caused by filling mining[J]. Energy Technology and Management, 2008(1):21-26.

[6] SUN XIAO-GUANG, ZHOU HUA-QIANG, WANG GUANG-WEI. Digital Simulation Researchon Strata Controlof Solid Waste Paste Filling[J]. China Mining Magazine, 2007, 16(3):81-83.

[7] HU BING-NAN, LI HONG-YAN. Numerical Simulation Study and Mechanism Analysis onBackfill Material in Coal Mine[J]. Coal Science and Technology, 2010, 38(4):13-16.

[8] GAO TONG-WEN. Analysis on Feasibility of Strip-filling Coal Mining in Zhucun Mine[J]. Zhongzhou Coal, 2011(4):24-28.

基金项目: 国家自然科学基金重点项目(U1261206);河南理工大学杰出青年基金项目(J2014-01)。

作者简介：柴华彬(1977—)，博士，教授，主要从事测绘与开采沉陷方面研究工作。E-mail：chaihb@126.com。

基于动态预报模型的充填开采地表沉陷反演研究

林怡恺[1],郭广礼[2,3],郭庆彪[2,3]

(1.中国矿业大学环境与测绘学院,江苏 徐州,221116;
2.国土环境与灾害监测国家测绘局重点实验室(中国矿业大学),江苏 徐州,221116;
3.资源环境信息工程江苏省重点实验室(中国矿业大学),江苏 徐州,221116)

摘 要:以济宁花园煤矿1316工作面中央的B24点为例,运用时间序列、灰色系统理论及卡尔曼滤波三种模型分别对该点地表沉降值进行模拟及预报,并对三种数学模型的自适应性及模拟预报结果进行分析,探讨研究模型的模拟及预报的最大偏差表象是否可以反演矸石充填后特殊的地表沉降过程。对于完善充填开采引起的地表移动规律意义重大,对安全开采设计和地面建(构)筑物保护具有实用价值。

关键词:时间序列;灰色系统;卡尔曼滤波;开采沉陷

Inversion Study of Surface Subsidence Caused by Backfill Mining Based on Dynamic Forecast Models

LIN Yikai[1], GUO Guangli[2,3], GUO Qingbiao[2,3]

(1. School of Environment Science and Spatial Informatics,
China University of Mining and Technology, Xuzhou 221116, China;
2. Key Laboratory for Land and Disaster Monitoring of SBSM, Xuzhou 221116, China;
3. The Main Laboratory of Resource Environment of Jiangsu, Xuzhou 221116, China)

Abstract: This paper is illustrated by the case of the B24 point which located in the center of 1316 working face of the Garden coal mine, and the time series, the gray system theory and the Kalman filter model are used to simulate and predict the B24 point respectively, then the results are analyzed and the relationship between the surface subsidence inversion and the results is discussed. It is of great significance for the surface movement law caused by the filling mining, which is valuable to the mining design and the buildings protection.

Keywords: time series; gray system theory; Kalman filtering; mining subsidence

国内外学者对充填开采引起的覆岩及地表移动静态预计做了大量的研究并取得了可喜的成果[1,2,3],但充填后地表特殊的沉降过程及其动态预计方面的研究则相对较少[4,5]。对已有的实测资料进行地表移动反演,发现地表只会发生两个阶段的较大沉降:一是由于充填体欠接顶引起的顶板移近;二是由于后期充填体级配优化引起的再次压缩。两次较大的沉降量均在可接受范围内,所以本文选用时间序列、灰色系统理论和卡尔曼滤波模型动态模拟和预报了充填后的地表沉降过程,探讨其结果中的最大偏差表象是否可以反演充填后特殊的地表沉降过程。

1 时间序列分析

数据经平稳化、零均值化[6,7,8]后,计算序列的自相关系数 $\hat{\rho}(l)$ 和偏相关系数 $\varphi_{K+1,K+1}$。初步判定模型为 AR(1),再利用 BIC 准则确定模型阶数为 2,故采用 AR(2) 模型对沉陷进行预测,模型表达见式(1):

$$X_t = \varphi_1 X_{t-1} + \varphi_2 X_{t-2} + \varepsilon_t \tag{1}$$

式中 X_t——第 t 期的观测值,m;

φ_i——第 i 项自回归系数;

ε_t——随机干扰误差项。

由 Yule-Wolker 方程解得 $\varphi_1=0.676, \varphi_2=-0.354$,确定模型为:

$$X_t = 0.676 X_{t-1} - 0.354 X_{t-2} + \varepsilon_t \tag{2}$$

数据的模拟及预报结果见表1、表2。

表 1 　　　　AR(2)模型模拟结果

期数	实测值/m	模拟值/m	绝对误差/mm
4	38.677	38.670	7
5	38.667	38.668	1
6	38.648	38.649	1
7	38.633	38.631	2
8	38.614	38.623	9
9	38.604	38.600	4
10	38.593	38.594	1
11	38.585	38.584	1
12	38.582	38.575	7

表 2 　　　　AR(2)模型预报结果

期数	实测值/m	预报值/m	绝对误差/mm
13	38.580	38.570	10
14	38.578	38.563	15
15	38.576	38.573	3

2 灰色系统理论

所用的高程数据经光滑性和准指数律检验后,认为该数据为平稳变化可以建立 GM(1,1) 模型[9,10,11]。对数据作紧邻均值序列 B,利用最小二乘理论求取模型参数。

用 9 期观测数据建立时间响应序列:

$$\hat{x}(k+1) = -129\,007.644\exp(0.003k) + 12\,946.333 \tag{3}$$

模拟结果见表3。对模型进行可靠性分析,精度一级,模型可靠,预报结果见表4。

表 3　　　　　　　　　灰色系统模拟结果

期数	实测值/m	模拟值/m	绝对误差/mm
1	38.689	38.689	0
2	38.686	38.696	10
3	38.680	38.685	5
4	38.677	38.674	3
5	38.667	38.661	6
6	38.648	38.650	2
7	38.633	38.639	6
8	38.614	38.627	13
9	38.604	38.615	11

表 4　　　　　　　　　灰色系统预报结果

期数	实测值/m	预报值/m	绝对误差/mm
10	38.593	38.604	11
11	38.585	38.592	7
12	38.582	38.581	1
13	38.580	38.569	11
14	38.578	38.557	21
15	38.576	38.546	30

3　卡尔曼滤波

所用数据是离散数据[12,13,14]，其基本方程为：

$$X_k = \phi_{k,k-1} X_{k-1} + \tau_{k-1} W_{k-1} \tag{4}$$

$$Z_k = H_k X_k + V_k \tag{5}$$

式中　$\phi_{k,k-1}$——一步转移矩阵；

X_k——状态向量；

τ_k——系统噪声驱动阵；

W_k——系统激励噪声序列；

H_k——量测阵；

V_k——量测噪声序列；

Z_k——量测量。

选取初值 $X_0 = [38.698\ \ 0.003]$，一步转移矩阵 $\varphi = \begin{bmatrix} 1 & \Delta T \\ 0 & 1 \end{bmatrix}$，观测期采样间隔 $\Delta T = 1$ 个月，观测方程系数 $H = \begin{bmatrix} 1 & 0 \\ 0 & 1 \end{bmatrix}$，观测误差的协方差阵及预测误差协方差阵的确定方法详见文献[15]。模拟和预报结果见表5、表6。

表 5　　　　　　　　　　　　卡尔曼滤波模拟结果

期数	实测值/m	模拟值/m	绝对误差/mm
2	38.686	38.689	3
3	38.680	38.684	4
4	38.677	38.680	3
5	38.667	38.672	5
6	38.648	38.656	8
7	38.633	38.637	4
8	38.614	38.617	3
9	38.604	38.603	1
10	38.593	38.593	0
11	38.585	38.586	1
12	38.582	38.583	1
13	38.580	38.581	1
14	38.578	38.580	2
15	38.576	38.579	3

表 6　　　　　　　　　　　　卡尔曼滤波预报结果

期数	实测值/m	预报值/m	绝对误差/mm
2	38.686	38.686	0
3	38.680	38.686	6
4	38.677	38.683	6
5	38.667	38.676	9
6	38.648	38.672	24
7	38.633	38.661	28
8	38.614	38.636	22
9	38.604	38.615	11
10	38.593	38.595	2
11	38.585	38.586	1
12	38.582	38.580	2
13	38.580	38.576	4
14	38.578	38.576	2
15	38.576	38.577	1

4　模型模拟结果分析

利用模拟结果及模拟偏差值作图 1、图 2。分析两图可知,灰色系统理论模型个别模拟值与真值偏差大于 10 mm,不能很好地适应数据的突变,当数据变化比较均匀的时候,又不能很快的收敛于真值。时间序列与灰色系统模型的模拟值从第 6 期开始模拟偏差有增大的趋势,在第 8 期达到最大。卡尔曼滤波模型由于适应性较好,收敛于真值速度较快,仅在第 6 期模拟偏差达到最大,该现象与矸石充填开采特有的顶板移近、矸石级配自行优化两个过程时间同步,之后随着矸石的逐渐压密,强度增大,恢复承载作用,上覆岩层地表移动速度均匀,模拟偏差逐渐减小,在第 12 期开始模拟偏差值又有增大的趋势,这是由于地表移动程度刚开始进入衰退期或稳定期所致,故通过时间序列、卡尔曼滤波模型模拟效果的最大偏差表象反演矸石充填开采引起的地表沉降机理是可行的。

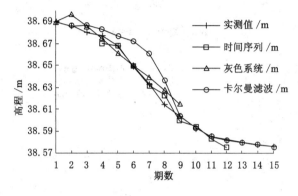

图 1 模型模拟效果图

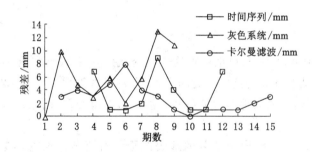

图 2 模型模拟结果残差图

5 模型预报结果分析

利用预报结果及预报残差值作图 3、图 4。经比较分析可知,时间序列建模所需数据较多,但可用来预报的数据仅有 3 期,鉴于其适时修正的特点,即使在模型在对第 12 期数据模拟时模拟偏差有增大的现象,其预报偏差值有逐渐减小并向真值靠拢的趋势,但收敛速度较慢;灰色系统模型预测的地表沉降量有逐渐增大的趋势,与实际地表沉降量有逐渐减小的趋势不吻合,说明利用该 GM(1,1) 模型拟合可以获得比较满意的结果,但不适宜对未来值进行预报;卡尔曼滤波模型预报偏差有两个峰值,第一个峰值是由于顶板移近、矸石级配自行优化过程所致,第二个峰值是由于地表移动刚进入衰退或地表稳定阶段所致,在地表下沉较缓期间,预报结果均在 10 mm 以内,预报结果趋势与实测值趋势相同,有适时修正的特点,收敛于真值的速度较快。

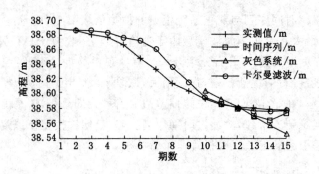

图 3 模型预报效果图

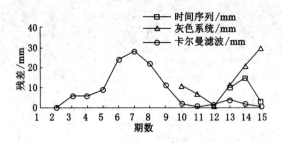

图 4 模型预报结果残差图

6 结 论

(1) 本文采用时间序列、灰色系统理论、卡尔曼滤波三种模型完成充填工作面上方监测点下沉值的模拟及动态沉降的预报。时间序列、卡尔曼滤波模型模拟 B24 监测点下沉数据效果较好,通过模拟偏差值局部增大的趋势反演矸石充填开采特有的顶板移近、矸石级配优化过程是可行的。

(2) 灰色系统 GM(1,1)模型预测的地表沉降量有逐渐增大的趋势,与实际趋势不吻合,不适宜进行地表沉降的预报。时间序列、卡尔曼滤波模型具有自适应性,预报值均有向真值逐渐收敛的趋势,但时间序列模型收敛速度较慢,且建模需要数据较多;卡尔曼滤波模型存在建立卡尔曼状态方程和测量方程较困难的不足,今后可以考虑将两种方法融合完成地表点的动态沉降预报。

参考文献

[1] 郭广礼,朱晓峻,查剑锋,等.基于等价采高理论的固体充填采煤沉陷预计方法[J].中国有色金属学报(英文版),2014(10):3302-3308.

[2] 王磊,张鲜妮,郭广礼,等.固体密实充填开采地表沉陷预计模型研究[J].岩土力学,2014(7):1973-1978.

[3] 缪协兴,黄艳利,巨峰,等.密实充填采煤的岩层移动理论研究[J].中国矿业大学学报,2012(6):863-867.

[4] 何国清,杨伦,凌赓娣,等.矿山开采沉陷学[M].徐州:中国矿业大学出版社,1991.

[5] 缪协兴,钱鸣高.中国煤炭资源绿色开采研究现状与展望[J].采矿与安全工程学报,

2009,26(1):1-14.
[6] 郭松.基于时间序列分析的基坑沉降监测数据分析研究[D].抚州:东华理工大学,2015.
[7] 吴侃,靳建明.时序分析在开采沉陷动态参数预计中的应用[J].中国矿业大学学报,2000,29(4):413-415.
[8] 张兆江.不同时间尺度下沉陷变形动态特征研究[D].徐州:中国矿业大学,2010.
[9] 刘思峰,谢乃明,等.灰色系统理论及其应用[M].4版.北京:科学出版社,2008.
[10] 万虹麟.基于灰色模型的贫信息变形监测预报分析与研究[D].西安:长安大学,2015.
[11] 肖文,范志平,蔡仁澜,等.灰色系统GM(1,1)模型在建筑物变形监测中的应用[J].地理空间信息,2010(2):148-150.
[12] 吕伟才,秦永洋,孙兴平,等.Kalman滤波在地表移动观测站沉降监测中的应用研究[J].合肥工业大学学报(自然科学版),2011,34(9):1370-1374.
[13] 戴佳琪.矿山开采地表移动变形预测预报技术研究[D].淮南:安徽理工大学,2014.
[14] 杨培红,光辉.抗差卡尔曼滤波在矿山建筑物变形监测数据处理中的应用[J].煤炭技术,2013(10):107-108.
[15] 刘大杰,于正林,陶本藻.形变测量动态数据的处理方法[C]//平差模型误差理论及其应用论文集,北京:测绘出版社,1992.

作者简介:林怡恺(1993—),海南屯昌人,黎族,硕士研究生,主要从事开采沉陷研究工作。E-mail:linyikai93@163.com。

基于物联网的煤矿实时监测的拓扑可靠性设计与优化分析

田立勤,马亚楠

(华北科技学院计算机系,北京,101601)

摘　要:物联网技术很适合对煤矿进行实时监测,但其可靠性需进一步探究和完善。本文根据煤矿巷道窄长且干扰因素多等特点,提出了一种适合煤矿安全监测的三维均匀物联网节点部署方法。在保障监测数据准确的基础上,本文进一步研究了提高物联网拓扑可靠性的相关机制,如节点之间的距离冗余、簇头节点的非等量备份冗余,并对相关的参数进行量化分析。从理论分析和仿真的结果看,本文所提出的方法具有监测区域覆盖程度高、能耗均衡和灵活可扩展等特点,对提高煤矿安全监测的拓扑可靠性具有显著效果。

关键词:物联网;煤矿;监测;拓扑;可靠性;优化

Topological Reliability Design and Optimal Analysis to Remote Real-time Monitoring of Coal Mine Hazards with IoT

TIAN Li-Qin, Ma Ya-Nan

(North China Institute of Science and Technology, Beijing 101601, China)

Abstract: Internet of Things(IoT) is very suitable for remote real-time monitoring of coal mine major hazards, nevertheless, its reliability needs to be further studied and improved. Based on the characters of coal mine tunnel, such as long and narrow and severe interference, a 3D uniform IoT sensor deployment method suitable for the major hazards monitoring is proposed in this paper. Furthermore, mechanisms to improve the topological reliability of IoT are further studied on the basis of accurate monitoring data, such as the distance redundancy between nodes and the unequal redundancy of cluster head. At the same time, several relevant parameters are quantitative analyzed. From theoretical analysis and simulation results, methods proposed in this paper have characters of high coverage degree, balanced energy , flexible and extensible, which have significant effect on improving the topological reliability of coal mine major hazards remote monitoring with IoT.

Keywords: internet of things; remote monitoring; topological reliability; optimal design and analysis

1　引　言

　　煤炭工业是国民经济的重要基础产业,对煤矿安全进行实时、可靠的监测是安全生产的基础。传统基于有线通信方式的煤矿安全生产监控系统存在拓扑复杂、可扩展程度差[1]、劳动强度高、系统智能化程度低、易出现盲区、通信线路维护成本高[2]、时间和空间灵活性低[3]

等缺点。最近几年,随着物联网技术的不断发展与成熟,将物联网应用于煤矿监测能够满足传输的实时性、人员的安全性和布网的灵活性等需求[4]。

煤矿巷道的物理结构决定了无线传感器网络必须采用长带状结构[5]。文献[6]首次提出了链式地下煤矿无线传感器网络的概念,并提出一种最低密度非均匀簇头节点部署与动态轮换算法;文献[7]从延长无线传感器网络寿命的角度对线性无线传感器网络的节点密度进行了理论分析,并根据得到的节点密度公式对无线传感器网络进行节点部署。以上两种节点部署方式均是二面平面节点部署,但煤矿巷道是一种三维结构。及时、准确、可靠地探测异常情况,对煤矿安全生产监测有着重要的意义[8]。文献[9]针对煤矿巷道狭长的特点提出了一种3维均匀网络部署方法和一种由能耗均衡策略和簇头选举策略组成的分区机制。在煤矿安全监测过程中,可信的监测数据和可靠通信资源对应急情况的响应是至关重要的[10]。鉴于以上基本情况,本文提出了一种细粒度的三维均匀节点部署方法(3DUND),并采取了一种非等量簇头节点冗余策略来均衡网络能耗,提高网络的生存时间。

2 监测中基于多路径三维立体的拓扑结构设计与量化分析

2.1 三维均匀节点部署方法(3DUND)

在3DUND中信息监测和数据处理的最小单元是基本监测面,每个基本监测面中的节点构成一个簇,簇由簇头和普通节点组成,普通节点将感知到的信息发送给本簇中的簇头节点,簇头节点将数据交付给前驱监测面的簇头节点或者sink节点。

定义1:基本监测面:如图1(a)所示,基本监测面由9个传感器节点组成,分成3排按照正方形排列在巷道墙面上,中心一个带路由功能的传感器充当簇头节点,簇头节点周围8个普通节点。

定义2:基本监测体:每个基本监测体是由左右两个基本监测面和顶板处的一个传感器组成的立体监测结构,如图1(b)所示。

将多个基本监测体进行连接后得到整个巷道的监测网络,如图1(c)画出了四块基本监测体相连的情况。

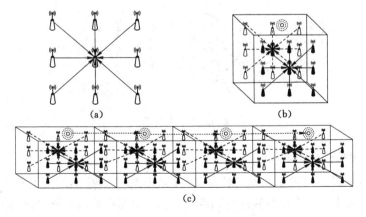

图1 监测网拓扑结构图

2.2 监测区域全覆盖性的计算与分析

在利用物联网对煤矿进行监测时,监测数据的准确性与传感器节点部署的方式与密度有关。在覆盖问题上,六边形部署策略是一种最优化部署策略[11,12]。然而,在煤矿安全监测中,由于巷道的高度有限,无法使得任何6个节点都成六边形,而仅能沿着巷道进行连续部署多个六边形监测模块时,就会出现如图2所示的监测盲区。而采取由9个节点组成的正方形结构,当连续部署多个基本监测面后能保证监测区域的均匀覆盖,如图3(b)所示。

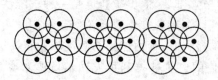

图 2　六边形部署

图1(c)所示的基本监测面为如图3(a)和图3(b)所示的覆盖区域,假设每个传感器节点的感知半径为 r_s,将全部区域恰好全覆盖的情况如图3(a)所示,此时每个监测组可监测的距离为 $2(1+\sqrt{2})r_s$,将传感器间的距离继续拉近,一种特殊情况是一个传感器节点恰好部署在另一个传感器节点感知范围的极限点上[9],如图3(b)所示,此时每个监测组可监测的距离为 $4r_s$。在图3(c),图3(d)中分别画出了图3(a)和图3(b)中的两个基本监测面,从图3(c)可以看出,当中间一排监测节点中某些普通节点失效,则会出现部分监测盲区,图3(d)所示的情况可以有效弥补上述缺陷,即使最上排和最下排有节点失效,仍能最大限度地减小监测盲区。

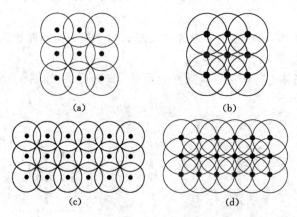

图 3　正方形节点部署

2.3 拓扑结构相关参数的量化分析

因为煤矿安全监测对可靠性要求较高,因此采用图3(b)所示的情况作为基本监测面。图3(d)中,两个基本监测面可监测的距离为 $7r_s$,当 i 个基本监测面依次排列好后,部署 i 个基本监测面可监测的距离为:

$$l=(3i+1)r_s \tag{1}$$

因此,监测距离 l 与路由节点个数的关系为:

$$l = 3(3i+1)r_s \tag{2}$$

已知传感器感知的半径为 r_s,则由 i 个簇形成的监测区域的面积 S_i 为:

$$S_i = \frac{(12+3\sqrt{3})i-(4-\sqrt{3})}{2}r_s^2 + \frac{2i+4}{3}\pi r_s^2 \tag{3}$$

在中间一排,两个簇头节点间的任何一个普通节点均为自由节点,将它们中的任何一个去掉,对整个监测网的覆盖来说没有影响。但是如果将两个普通节点全部去掉,则便会出现一小块的覆盖盲区,如图 4 所示。

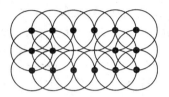

图 4 两个节点都去掉情形

2.4 簇头节点的可靠性优化分析

在煤矿安全实时监测过程中,如果簇头节点失效,将导致簇中感知节点采集的所有数据丢失,这将对系统的可靠性造成严重的影响[13]。解决这种情况的一个简单而有效的方法是采取簇头节点的备份冗余,如图 5 所示,此时每个簇头不再是单个的故障体,而是一个簇头节点组,每个组中包含两个簇头节点。采用这种机制后,当个别节点失效依然可以保证通信链路的连通性。

图 5 簇头节点备份冗余

假设一条沿墙壁的链路上共 m 个簇,每个簇中的簇头节点的可靠性为 R,假设第 i 个监测面中的簇头节点组采取 n_j 备份,则可靠性为 $1 - \prod_{j=1}^{n_j} \bar{R}_j$,$m$ 个簇头节点组的可靠性为:

$$\left(1 - \prod_{j=1}^{n_j} \bar{R}_j\right)^m.$$

由于带状无线传感器网络的能耗分布不均匀,靠近 sink 节点的簇头容易过早死亡,因此对簇头节点的备份应该采取非等量备份。根据文献[14]中的能量模型,3DUND 中,每个簇头节点备份的个数为:

$$\begin{cases} n_i - n_{i-1} = E_{Tx}(k,d) + E_{Rx}(k,d) \\ n_1 = 2 \end{cases} \tag{4}$$

其中,n_1 为离 sink 节点最远的簇头节点备份个数(最优个数由模拟仿真确定)。

解得:

$$m_i = [2+(i-1)\times(2E_{elec}\times k + \varepsilon_{amp}\times k \times d^a)] \tag{5}$$

由于在无线传感器网络中,数据分组的下一跳节点由路由协议决定,根据公式(5)获得的不均等冗余可以在很大程度上延长网络的生存时间。

3 模拟仿真

现假设簇头节点的可靠性 $R=0.9$,每个簇头节点组采取的冗余备份个数 $k=1,2,3,\cdots,10$。如图6所示为采取等量备份后簇头可靠性的曲线。从图中可以看出,簇的个数分别为8、15、30时簇头节点的可靠性随冗余度的增大而增大。当有一个簇头节点时可靠性为0.9,30个簇头节点串联时,可靠性低于0.1。采取2个节点冗余即可使可靠性得到明显改善,但是并非冗余的个数越多越好。从图6可以看到,簇头节点冗余度为2或3就可以达到理想的效果。

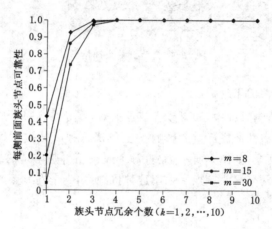

图6 簇头节点可靠性与冗余度关系

对于带状无线传感器网络,能力消耗存在不均衡性[15,16],离sink节点近的簇头承担的任务较重,因此能耗较高,相对于离sink节点较远的簇头更容易因能量消耗完而失效。

图7对簇头节点的冗余优化进行了模拟仿真,分别采取以下三种不同的措施:(1) 无冗余;(2) 从第4层开始采取等量2冗余;(3) 按照相对能耗比进行非等量冗余。从图中可以看出,采取非等量冗余后各个簇头的生存时间达到了比较好的均衡性,对于带状无线传感器网络,当拓扑层数较大时,等量冗余并不能获得理想的效果。

采取非等量冗余后网络中的簇头节点严格意义上属于一种非均匀部署的模式,但若将簇头节点与普通节点结合考虑,则整个监测区域可以认为是一种均匀部署,而这样既能保证节点感知数据的准确性,又在很大程度上延迟了网络的生存时间。

4 结 论

本文结合煤矿矿井的真实环境从三个层面对基于物联网的煤矿安全实时监测的拓扑可靠性进行了分析和优化:(1) 监测区域的拓扑结构,分析了矿井下的真实环境及常发生的灾害,提出了节点均匀分布的三维立体拓扑结构;(2) 保障监测区域信息的可靠,在保障监测区域全覆盖的基础上,提出了优化方案,使节点失效对信息可靠度影响降到很低;(3) 提高传感器网络传输链路的可靠性,结合拓扑结构,对负担较重的簇头节点采取了非等量备份冗

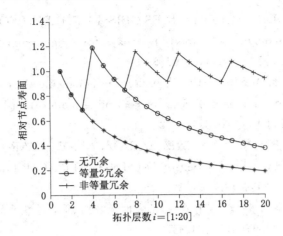

图 7 采取不同冗余措施的相对簇头节点寿命

余,很大程度上提高了簇头节点的可靠性,延迟了网络的生存时间,为信息的可靠交付提供了基础保障。

参 考 文 献

[1] MO LI, YUNHAO LIU. Underground Coal Mine Monitoring with Wireless Sensor Networks[J]. ACM Transactions on Sensor Networks, 2009, 5(2):10:1-29.

[2] 王珂. 矿井无线传感器网络节点部署关键技术的研究[D]. 徐州:中国矿业大学, 2011.

[3] ZHEN-CAI ZHU, GONG-BO ZHOU, GUANG-ZHU CHEN. Chain-type wireless underground mine sensor networks for gas monitoring[J]. Journal of Computational & Theoretical Nanoscienc, 2011, 4(2):391-399.

[4] 贺耀宜. 煤矿本质安全支撑体系平台研究[J]. 工矿自动化, 2012(11):5-8.

[5] 张申,常飞,乔欣. 井下无线传感器网络能量空洞问题研究[J]. 工矿自动化, 2013, 39(7):26-29.

[6] GUANG-ZHU CHEN, ZHEN-CAI ZHU, GONG-BO ZHOU, et al. Sensor deployment strategy for chain-type wireless underground mine sensor network[J]. Journal of China University of Mining and Technology, 2008, 18(4):561-566

[7] 陆克中,刘应玲. 一种线型无线传感器网络的节点布置方案[J]. 计算机应用, 2007, 27(7):1566-1568.

[8] XIAO DONG WANG, XIAO GUANG ZHAO, ZI ZE LIANG, et al. Deploying a Wireless Sensor Network on the Coal Mines[J]. 2007 IEEE International Conference on Networking, Sensing and Control, London, UK, 15-17, April, 2007:324-328.

[9] GONG-BO ZHOU, LING-HUA HUANG, ZHEN-CAI ZHU, WEI LI. A Zoning Strategy for Uniform Deployed Chain-Type Wireless Sensor Network in Underground Coal Mine Tunnel [J]. IEEE International Conference on High Performance Computing & Communications & IEEE International Conference on Embedded & Ubiquitous Computing, 2013:1135-1138.

[10] MICHAEL R SOURYAL,JOHANNES GEISSBUEHLER,LEONARD E MILLER,et al. Real-time deployment of multihop relays for range extension[J]. International Conference on Mobile Systems,2007:85-98.

[11] SUBIR HALDER,DASBIT SIPRA. A lifetime enhancing node deployment strategy using heterogeneous nodes in WSNs for coal mine monitoring[J]. Acm International Conference on Modeling,2012:117-124

[12] MATTHEW P JOHNSON,DENIZ SARIÖZ,AMOTZ BAR-NOY,et al. More is More:The Benefits of Denser Sensor Deployment[J]. ACM Transactions on Sensor Networks,2012,8(3):1-19.

[13] 冯冬芹,李光辉,全剑敏,等.基于簇头冗余的无线传感器网络可靠性研究[J].浙江大学学报(工学版),2009,43(5):849-854.

[14] HEINZELMAN W B. Application-specific protocol architectures for wireless networks[D]. Massachusetts Institute of Technology,2000.

[15] 向敏,石为人,罗志勇,等.基于混合能耗机制的无线传感器网络分簇算法[J].仪器仪表学报,2009,30(4):673-978.

[16] 孟中楼,王殊,王骐等.大规模无线传感器网络节点部署研究[J].小型微型计算机系统,2010,31(1):13-16.

基金项目:国家自然科学基金项目(61472137);河北省物联网数据采集与处理工程中心、中央高校基本科研业务项目(3142015146);河北省重点研发计划项目(16273904D)。

作者简介:田立勤(1970—),男,博士,教授,博士生导师,研究方向为计算机网络和物联网。E-mail:tianliqin@tsinghua.org.cn。

高速公路穿越煤矿老采空区
安全性评价程序、内容与方法

杨锋[1]，郭广礼[2]，郭庆彪[3]，吕鑫[3]

(1. 河南省交通规划设计研究院股份有限公司，河南 郑州，451450；
2. 中国矿业大学环境与测绘学院，江苏 徐州，221008；3. 安徽理工大学测绘学院，安徽 淮南，232001)

摘　要：为了保障老采空区上建设高速公路的安全，规范化老采空区上高速公路建设安全性评价的作业流程，本文提出了一套适用于高速公路穿越煤矿老采空区安全性评价的一般程序，并对目前常用的评价老采空区上高速公路建设的方法作出详细的总结和分析，为不同采空区高速公路安全性评价方法的选择提供了理论依据。分析我国目前采空区上方高速公路治理对策，指出了注浆充填未必是煤矿老采空区治理的最佳方案，应结合老采空区稳定性的判定结果，选取恰当的老采空区治理方案及高速公路路基路面设计对策。研究成果为穿越煤矿老采空区的高速公路安全性评价提供了技术参考。

关键词：高速公路；老采空区；安全性评价；治理对策

Safety Evaluation Procedure, Content and Method for the Expressway Passing Through the Old Goaf

YANG Feng[1], GUO Guangli[2], GUO Qingbiao[3], LV Xin[3]

(1. Henan Provincial Communications Planning & Design Institute Co., Ltd., Zhengzhou 451450, China；
2. China University of Mining and Technology, Xuzhou 221008, China；
3. Anhui University of Science and Technology, Huainan 232001, China)

Abstract: In order to ensure the safety of the expressway on the old goaf and to standardize the operation process of the safety evaluation of the expressway construction on the old goaf, this paper puts forward a general procedure for the safety evaluation of the expressway on the old goaf of coal mine. And the paper also gives a detailed summary and analysis of the commonly used methods for evaluating the construction of expressway on the the old goaf of coal mine, which provides a theoretical basis for the selection of safety evaluation methods. After analyzing the governance countermeasures of the expressway on the old goaf, the paper points out that the grouting filling is not necessarily the best way to control the old goaf in the coal mine. The appropriate old goaf management program and highway pavement design countermeasures should be selected by combining with the results of the determination of the stability of the old goaf. The research results provide a technical reference for the safety evaluation of freeway through the old goaf of coal mine.

Keywords: expressway; old golf; safety evaluation; countermeasures

　　随着高速公路的快速发展，近年来，高速公路穿越煤矿老采空区建设的案例逐渐增多，可以预见，在未来一段时间内，穿越煤矿老采空区将成为拟建高速公路设计的首选方案。而对于这一课题的研究宗旨是保障高速公路车辆的运行安全,那么,煤矿老采空区上方能否建立高速公路?怎样建立?怎么保障车辆的行驶安全?等等一系列问题接踵而至,使得这一课题的研究变得多元化、复杂化。如何条理清晰地研究这一问题是所有致力于此的研究人员所关心的[1-2]。为此,文章给出一套适用于高速公路穿越煤矿老采空区安全性评价的一般程序,规范化煤矿老采空区上方高速公路建设安全性评价研究的作业流程,研究成果将为相关单位及人员提供技术参考。

1 老采空区上方高速公路安全性评价一般流程

为了使老采空区上方高速公路安全性评价规范化,笔者在查阅大量文献资料后,整理了一套适用于高速公路穿越煤矿老采空区安全性评价的一般程序,基本步骤如下:

① 可行性论证:可行性论证阶段的主要任务是从工程技术、经济投入及社会发展等多个角度论证老采空区上方拟建高速公路工程的必要性和可行性。主要工作包括掌握高速公路路基的设计要求,调查研究区域人文环境,搜集研究区域采空区相关资料,明确拟建高速公路功能。在此基础上对老采空区上方高速公路的安全性进行初步评价,并初步制定采空区上方高速公路建设的多个方案,为后续研究阶段提供基础数据。

② 现场调研:现场调研阶段的主要工作是在可行性论证的基础上,对研究区域实施详细的工程地质测绘、勘探及实地调研等。主要工作是进行现场调研及相关资料的进一步搜集,监测建设场地的移动变形,开展研究区域的地球物理勘探及工程钻探、取样及岩样测试等内容。目的是查清高速公路建设场地及周围区域下方的水文地质条件,精准掌握采空区的分布形态、采动覆岩破坏情况以及采空区内空洞、空隙的分布特征,分析建设场地的残余变形特征等。在此基础上,分析建设场地的残余变形与采空区形态、地质构造及空洞、空隙分布的关系,为后续建设场地稳定性评价及移动变形预测提供基础数据。

③ 安全性评价:在上述两阶段工作的基础上,本阶段主要对采空区上方拟建高速公路的安全性进行评价,其研究内容是整个课题的核心内容。通过综合分析上述研究内容,分析动静荷载对采空区不良地基的扰动影响,预测建设场地的移动变形,评价建设场地的稳定性。在此基础上,综合评价老采空区上方拟建高速公路的安全性,并提出相应的采空区治理对策及高速公路的抗变形措施,具体流程如图1所示

④ 设计施工:对项目进行充分的论证和安全评估后,综合分析上述研究成果、环评结果及可持续发展等多方面因素,通过比选最终确定采空区上方拟建高速公路的路线及方案。制定项目施工计划进度表,定期培训相关员工,严格执行安全性评价阶段提出的采空区治理对策及高速公路抗变形措施,保障工程质量。

⑤ 工后定期巡视:高速公路建成通车后,考虑到煤矿采空区残余变形的复杂性和隐蔽性,需对采空区上方高速公路工程的质量进行检测。应配备专门队伍,综合采用物探和测量的手段,定期巡视监测异常情况,发现问题及时上报处理。

基于上述思想,提出了老采空区上方高速公路安全性评价一般流程,具体流程如图2所示。

2 老采空区上方高速公路安全性评价工作内容与方法

安全性评价是文章的核心内容,为了正确地对老采空区上方高速公路安全性进行评价,

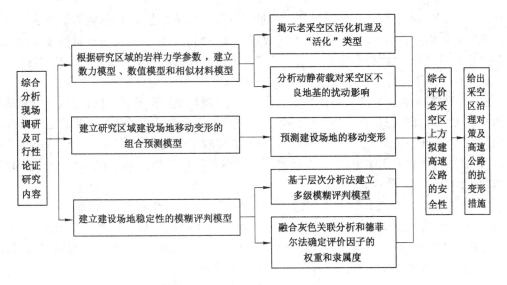

图 1　安全性评价阶段的工作内容

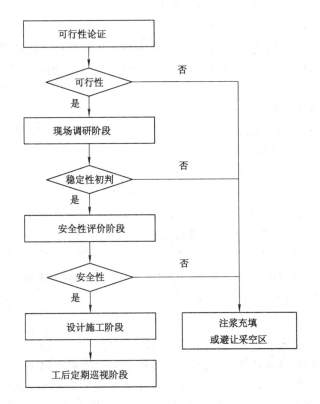

图 2　老采空区上方高速公路安全性评价一般流程

笔者选择了以下两种安全性评价方法。

2.1　搜集研究区域资料

搜集煤矿采空区相关资料是评价采空区上方高速公路安全性的重要方法，能够获取采空区形态、范围及覆岩破坏等重要信息。通过对所搜集资料的整理分析,将为采空区上方高速公路安全性的评价提供准确可靠的参考数据。而不同类型矿井采空区资料的搜集方法及搜集内容有所区别,笔者将分别介绍生产矿井和闭坑矿井这两类矿井资料的搜集方法。

(1) 生产矿井资料的收集

生产矿井指仍在正常产出的矿井。一般情况下,现代生产矿井的产能正规,历史开采及未来接续的生产资料都被较好地存档保管。搜集时需先按照具体矿井的规章制度签署保密协议,而后去地测科或生产技术科等科室收集研究区域采空区的相关资料,建议清单如下所示。有条件时,可到井下实地勘测,查明采空区顶底板的破坏情况及采空区积水情况,并对岩样和水样进行试验分析。

① 自然地理资料:地形地貌图、气象资料、交通资料、地震资料等;

② 地质资料:地质勘探报告(岩性组合、节理产状及构造分布等)、水文勘探报告、采空区附近抽排水情况、矿井曾发生的水害情况、矿井曾发生的地质灾害、综合柱状图、地质剖面图、矿井已有的岩样及水文测试报告、物探或钻探报告等;

③ 采矿资料:开采历史、采空区生产资料(开采技术、顶板管理方法、采空区埋深、留设煤柱的尺寸、采出率、开采时间等)、采掘工程平面图、井上下对照图、煤层底板等高线图、采动覆岩破坏情况、矿井未来生产接续计划等;

④ 测绘资料:矿区所用坐标系统、岩层及地表移动观测资料、采动地裂缝及地表建(构)筑物破坏程度及范围调查、研究区域已发生的采动变形、矿区已有的开采沉陷及岩层控制的研究成果。

(2) 闭坑矿井资料的搜集

闭坑矿井指开采已经结束的矿井。闭坑矿井又可分为现代矿井和早期小窑,其中现代矿井的闭坑程序规范,资料移交齐全,保存完整,资料收集也相对容易。可到当地国土资源局申请研究区域的采空区相关资料,或到当地地质博物馆签署保密协议后购买获得。资料清单除闭坑报告外,与生产矿井相同。而早期小窑的闭坑尚未形成完整的制度体系,矿井闭坑后,矿井完整的历史生产资料随之丢失。由于小窑开采通常较随意,见煤就挖、无煤就撤,无规律可循,使得小窑采空区的分布形态及特征难以掌握,因此,对于早期小窑的闭坑矿井主要采用调查回访的方法,主要向当时的矿工、技术员及当地居民进行调查,尽量掌握高速公路沿线及其附近区域内的采空区范围、形态、支护方式、开采时间、巷道位置以及曾发生过的工农争议事件等。

2.2 室内外勘测

室内外勘测是评价采空区上方高速公路安全性的另一重要方法,其与现场调研、资料搜集相互配合,可以精确掌握研究区域采空区的范围、形态、采空区内部空洞、空隙的分布特征及破碎岩体的力学参数等,为后续的采空区建设场地稳定性及高速公路的安全性评价提供可靠的基础数据。目前常用的室内外勘测技术主要有以下 5 种:

(1) 地球物理勘探方法

对于采空区资料较匮乏的研究区域,应进行地球物理勘探。现阶段地球物理勘探的主要方法有电法勘探、电磁勘探、地震勘探及射气勘探等。各勘探方法的技术原理可参阅相关资料,在此不再累述。本节主要将几种勘探方法的适用条件总结归纳,如表 1 所示。实际应用时,可根据勘探需求,选取一种或多种组合佐证的勘探方法。

表 1　　　　　　　　　　　　　常用地球物理勘探的适用条件

序号	勘探方法	适用条件
1	高密度电法	采空区与围岩有明显电性差异、采空区埋深较浅(小于 100 m)、地面分布有高压线
2	瞬变电磁法	采空区与围岩有明显电性差异、埋深较大(小于 500 m)、充水采空区
3	地震折射波勘探	埋深较浅(小于 100 m)、采空区空洞尺寸与折射波波长相近、充气采空区
4	地震反射波勘探	采空区与围岩有明显波速差异、勘探深度与震源能量有关
5	地质雷达勘探	埋深较浅(小于 60 m)、采空区空洞、充气采空区
6	放射性勘探	地表有土层覆盖、采空区覆岩垮落、充水采空区

(2) 钻探与取样

工程钻探是揭露采空区地层及覆岩破坏情况最直接有效的勘探方法。结合工程钻探结果分析勘探点处下方采空区的岩性组合、覆岩破坏、空洞分布及裂隙发育等特征,修正现场调研、资料收集及地球物理勘探的分析结果,提高研究结果的可靠性。除此之外,通过采集岩、土样,并测试其物理力学性质,并与地质勘探报告中的数据对比分析,推测采空区覆岩力学性质的演变过程,为后续建模分析提供所需数据。主要工作内容如下所述:

① 查明地层结构,建立综合柱状图;
② 记录采空区的分布范围、埋深及顶底板高程;
③ 观测采空区垮落带、裂隙带及弯曲带的发育高度、密实程度、破坏情况;
④ 查明采空区中有害气体的赋存形态、地下水的赋存状况、水力联系、水化学类型对混凝土的腐蚀性等;
⑤ 进行必要的原位测试,测试岩体的风化程度;
⑥ 进行必要的钻孔测斜工作,提高钻孔资料的准确性;
⑦ 采集岩、土样,及时蜡封处理,详细记录岩样的特征及裂隙发育情况;
⑧ 实施必要的测井工作,为地球物理勘探结果解译提供依据。

(3) 变形监测方法

变形监测是获取采空区上方高速公路建设场地移动变形的有效方法。随着现代测量技术的不断发展,变形监测的方法较多[3-6],针对老采空区上方高速公路安全性评价不同阶段的监测需求,可选取恰当的监测方法,各监测方法的技术原理可参阅相关资料,在此不再累述。在查阅大量文献的基础上,本节将几种常用的变形监测方法进行综合评述,如表 2 所示。实际应用时,可根据监测需求,选取一种或多种监测手段融合的测量方法以提高作业效率。值得注意的是,对于地面测量技术而言,测站的稳定性直接影响测量成果的准确性,为此可采用统计检验的方法分析控制点的稳定性[7],具体步骤如下所示:

表 2　　　　　　　　　　　　　常用变形监测方法综合评述

序号	监测方法	监测精度	监测范围及特点	监测周期	所需物资及经济成本
1	D-InSAR	几毫米到数厘米	全天候、非接触大范围区域性监测	固有运行周期,无法实现连续变形监测	角反射器、影像数据成本
2	三维激光扫描	几毫米到数厘米	智能化、非接触小范围面域三维测量	人为设定	三维激光扫描仪配套设备、工作人员劳务费

续表 2

序号	监测方法	监测精度	监测范围及特点	监测周期	所需物资及经济成本
3	测量机器人	亚毫米级	智能化、半接触散点式小范围测量	可实现连续变形监测	测量机器人配套设备、工作人员劳务费
4	GPS 静态	毫米级	全天候、非接触较大范围散点式监测	可实现连续变形监测	永久固定测点、GPS 静态测量配套设备
5	GPS 动态	厘米级	测量时间短、小范围散点式监测	人为设定	GPS 动态测量配套设备、工作人员劳务费
6	摄影测量法	厘米级	相片信息丰富小范围区域性监测	人为设定	近景摄影测量配套设备或航空摄影测量配套设备、工作人员劳务费
7	光纤测量	亚毫米级	全天候、自动化、非接触、大范围、似连续分布式监测	可实现连续变形监测	变形监测传感器、光纤及其配套系统
8	液体静力水准	亚毫米级	自动化、非接触、小范围、散点式监测	可实现连续变形监测	加注液体、液体静力水准仪配套设备、网络传输模块、手机卡、配电箱
9	传统监测方法	毫米级	操作简单、机动性强、测站监测	人为设定	全站仪、水准仪、棱镜、三脚架、水准尺、记录本、工作人员劳务费

① 通过每期观测数据的平差改正数计算单位权方差 σ_1^2 和 σ_2^2，假设相邻两期观测为等精度观测，则计算统计量：

$$F_0 = \frac{\sigma_1^2}{\sigma_2^2} \leqslant F(\alpha, f_1, f_2) \tag{1}$$

式中，α 为显著水平（一般取 0.05）；f 为自由度。

② 若上式成立，则接受原假设，即相邻两期的观测为等精度观测，否则拒绝原假设，不能将相邻两期的观测数据进行比较。而后通过计算两周期观测的综合单位权方差 σ_0^2［式(2)］和间隙 d 的单位权方差 σ_{0d}^2［式(3)］，作统计量进行整体检验：

$$\sigma_0^2 = \frac{(\boldsymbol{V}^T\boldsymbol{P}\boldsymbol{V})^2 + (\boldsymbol{V}^T\boldsymbol{P}\boldsymbol{V})^2}{f_1 + f_2} \tag{2}$$

式中，$\boldsymbol{V}$ 为方差改正数；$\boldsymbol{P}$ 为权重。

$$\sigma_{0d}^2 = \frac{\boldsymbol{d}^T \boldsymbol{P}_d \boldsymbol{d}}{h} \tag{3}$$

式中，d 为相邻两次的测量值之差；$\boldsymbol{P}_d$ 为权重；h 为 d 的协因数矩阵秩。

$$F_0 = \frac{\sigma_{0d}^2}{\sigma_0^2} \leqslant F(\alpha, h, f_1 + f_2) \tag{4}$$

③ 若式(4)成立，则认为所有检验点都是稳定的；否则存在动点，可采用 t 检验法进行单点位移的显著性检验，构造如下统计量：

$$t_i = \frac{d_i}{\sigma_0 \sqrt{\boldsymbol{Q}_1 + \boldsymbol{Q}_2}} \leqslant T\left(\frac{\alpha}{2}, f\right) \tag{5}$$

式中，Q_1 和 Q_2 为协因数矩阵。

④ 若式(5)成立，则该点稳定，再进行下一点重复步骤 3；若式(5)不成立，则拒绝原假设，即该点为动点。

(4) 水文勘探方法

地下水将对采空区内的破碎岩体或残留煤柱产生软化、崩解和腐蚀等系列物理化学作用，降低采空区的稳定性。因此，在进行采空区岩土勘探时应查明采空区及周围区域的水文条件，具体工作如下所述：

① 查清采空区地表附近的河流、湖泊等水源与研究区域的相对位置关系；

② 查明地下水类型、补给及赋存条件、动态变化、含水层和隔水层的层位与埋藏条件等；

③ 查明采空区积水空间、积水程度、充水源、充水方式、导水通道及排水情况等；

④ 查明地下水的水质、污染程度及腐蚀性等。

(5) 岩样测试

岩(土)样测试是获取采空区覆岩力学参数的直接方法。岩(土)样测试的结果将为数力模型、数值模型及相似材料模型的建立提供必要参数，为高速公路安全性评价的可靠性提供科学依据。具体工作如下所述：

① 开展岩(土)样的压缩固结试验、动力性质试验及渗透试验；

② 测试岩(土)样的密度、孔隙率、碎胀系数、软化系数、吸水率、抗压强度、抗拉强度、变形模量、泊松比、内摩擦角、黏聚力、颗粒级配等；

③ 进行必要的原位测试分析破碎岩体的破碎程度及风化程度等。

3 高速公路下伏老采空区治理对策

老采空区的潜在变形威胁高速公路的运营安全。如何科学合理地治理老采空区将是保障老采空区上方高速公路安全性的关键。为此，本节在总结分析我国目前采空区上方高速公路治理对策的基础上(表 3)，结合前文的研究成果，提出老采空区治理对策的工作建议，以供相关单位及人员参考。

表 3　　　　　　　　　　国内公路下伏采空区治理情况

工程名称	采空区规模		治理方法	材料选择
	采深/m	采厚/m		
潭邵高速公路	10～18	1.4～3.0	片石充填、注浆充填、路面连续配筋砼板跨越补强处理	片石、水泥浆液与连续配筋砼板
晋焦高速公路	20～100	2.0～6.0	注浆充填	水泥粉煤灰浆液
太旧高速公路	60～140	4～8	干砌或浆砌注浆充填	水泥黏土浆液或水泥粉煤灰浆液
包西神木至延安公路	20～30	0.7～1.5	注浆充填	水泥黄土砂浆液
乌奎高速公路	30～50	0.7～3.0	注浆充填	水泥黄土浆液
山西太古公路	2～76	2～2.4	铺筑土工格栅	专用土工格栅

续表 3

工程名称	采空区规模		治理方法	材料选择
	采深/m	采厚/m		
太长高速公路	170~190	5~6	注浆充填	水泥粉煤灰浆液
常吉高速公路	2~8	3~7.8	强夯置换	块石
锦阜高速公路	9~64	2.3~3.5	注浆充填	砂、粉煤灰、水泥
河北保阜公路	25~48	3.8	注浆充填	水泥粉煤灰浆液
京福高速公路	33~89	1.0~2.0	注浆充填	水泥粉煤灰浆液
禹登高速公路	11~67.8	4~8	全充填压力注浆法	水泥粉煤灰浆液
郑少高速公路	50~180	3~4.4	全充填压力注浆法	水泥粉煤灰浆液

从表 3 可以看出，注浆充填治理高速公路下伏采空区是我国应用最为广泛的方法。通过注浆加固和强化采空区围岩结构，填充采空区内的空洞、空隙，使之形成一个刚度大、整体性好的岩板结构，抑制老采空区残余变形的发展，进而彻底消除老采空区地基移动变形的隐患。该方法虽然可靠，但工程成本较高，对于某些情况的煤矿老采空区，注浆充填未必是最佳的处理方案。因此，对于实际工程问题，应遵循"技术可行、经济合理、确保高速公路安全"的原则，并结合老采空区的赋存条件、"活化"类型及稳定程度等具体情况，多方案比选后选取恰当的治理措施，如图 3 所示。

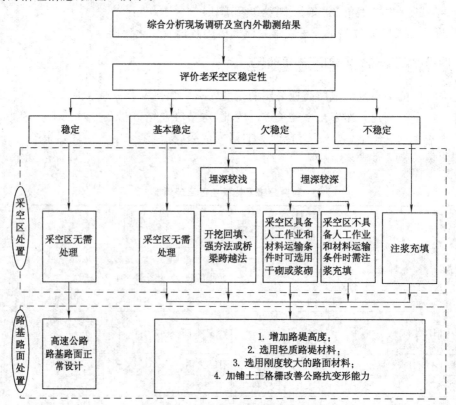

图 3　高速公路下伏老采空区的治理对策

4 结　论

① 老采空区上方高速公路安全性研究的工作流程依先后顺序可分为可行性论证、现场调研、稳定性评价、设计施工及工后定期巡视五个阶段，其中可行性论证和现场调研两个阶段将为课题研究提供基础数据；安全性评价是整个课题研究的核心；设计施工和工后定期巡视阶段是保障老采空区上方高速公路安全的关键。

② 给出了老采空区资料搜集的方法及内容，其中在资料搜集方法上，生产矿井和闭坑矿井有所不同，生产矿井可到相关科室搜集或到井下实地勘探，而闭坑矿井主要采用调查回访并辅以资料购买的方式搜集。

③ 阐明了野外勘测与室内测试的技术方法与内容，其中地球物理勘探和变形监测方法种类较多，总结分析了地球物理勘探和变形监测常用技术的特点及适用条件，为今后相关人员的使用提供参考。

④ 指出了注浆充填未必是煤矿老采空区治理的最佳方案，应结合老采空区稳定性的判定结果，选取恰当的老采空区治理方案及高速公路路基路面设计对策。

参 考 文 献

[1] 郭庆彪.煤矿老采空区上方高速公路建设安全性评价及其关键技术研究[D].徐州：中国矿业大学，2017.

[2] 郭广礼.老采空区上方建筑地基变形机理及其控制[M].徐州：中国矿业大学出版社，2001.

[3] 黄其欢，岳建平.地基 InSAR 新技术及水利工程变形监测应用[J].辽宁工程技术大学学报，2015(3)：386-389.

[4] 芮勇勤，陈佳艺，丁晓利.基于 InSAR 与 GPS 技术的公路采空区变形监测[J].东北大学学报(自然科学版)，2010，31(12)：1773-1776.

[5] 卫建东.现代变形监测技术的发展现状与展望[J].测绘科学，2007，32(6)：10-13.

[6] 刘云广.基于地面三维激光扫描的变形监测点分析[J].北京建筑工程学院学报，2013，29(2)：43-48.

[7] 郭庆彪，郭广礼，王金涛.寒区充填开采地表变形监测数据稳定性分析[J].金属矿山，2015，44(4)：220-223.

基金项目：国家十二五科技支撑计划项目(2012BAB13B03)；国家自然科学基金青年基金项目(41104011)；江苏省高效优势学科建设工程项目(SZBF2011-6-B35)。

作者简介：杨锋(1974—)，教授级高级工程师。

联系方式：河南省郑州市郑东新区清正路3号。

Innovational Methods of Geomonitoring—the Most Effective Way of Providing Industrial Safety in Mines

M. Nurpeisaova, G. Kyrgizbaeva, S. Soltabaeva, A. Bek

(Kazakh national research technical university named after K. I. Satpaev, Almaty 050013, Republic of Kazakhstan)

Abstract: The article describes the results of the long term research by scientists of the Kazakh National Research Technical University (KazNRTU) for the study of geo-mechanical processes. The article shows that the problem of control of the geo-mechanical processes can be solved on the basis of the described procedure of the rock massif condition geo-monitoring, providing a comprehensive recognition and analysis all natural and man-made factors, as well as the use of the control means developed by the authors of this article.

The characteristic features of the ore deposits used in the process of development of the geo-mechanical techniques have been analyzed. The necessity of use of the satellite geodetic methods, electronic total stations and laser scanning for open pit monitoring is detected and proved. For the installation of the high precision electronic and laser devices while geo-monitoring the ground surface, the authors have developed the permanent ground benchmark, which allows to provide the fast and accurate alignment and eliminate the use of tripods.

Particular attention is drawn to the underground strain and fracture of rock mass. The experience of mining works detects the main cause of mass faulting is cleavage which is probabilistic in nature. In addition, the rock blasting operations conducted during execution of the intervening pillars (IVP) are sources of additional technological rocks fracturing, that also reduces the load bearing capacity and stability of the pillars and the roof.

In order to successful address the problem of the mass fracturing, firstly, the acoustic method is developed, which provides obtaining the rapid and reliable information of the stressed condition of pillars.

Secondly, during the mining operations room-and-pillar system in the abandoned chambers, the increased front abutment pressure moves between support pillars or pairing mining which threatens a sudden roof collapse with attendant serious consequences. Therefore, to monitor the displacement of the roof rocks while conducting sewage treatment works, the method of distance determining of the mine roof displacement and IVP, enabling operational control of the underground workings stability and increase the safety of the mining operations.

The basis of the method is to create means, allowing continuously record the roof displacement for the purpose of early warning of an impending roof collapse and take the necessary measures.

Thirdly, as the ultimate goal for all geo-mechanical studies is to ensure the industrial safety, so in order to prevent further progressive pillar destruction, the hardening formula for fractured rock massifs is designed.

The formula is intended for hardening of the fractured rocks in the pit and for strengthening of the broken intervening pillars and the arch pillars in the underground workings. The technical result-disposal of the mining waste: tailings of the processing plants, achievement of the high yield of solution, the adhesion to the rocks and strength of the resulting composition.

Ongoing monitoring of the massif fracturing condition and its strengthening may significantly prolong the pillars life, increase the stability of the waste area and thus ensure the safety and efficiency of mining operations.

Keywords: Ore deposits; rocks fracturing; geo-mechanical monitoring; innovational methods

1 Introduction

One of the current problems in conducting the large scale mining operations, especially in rock massifs, is induced seismicity, entailing not only catastrophic technical and economic consequences (induced earthquakes, mine bumps, landslides, etc.), but also causing human victims. All this is direct consequence of the geo-dynamic regime changes in the geological environment under the influence of the large scale mining operations, that is clearly proved by the results of the research on example of Jezkazgan, Akbakay, Maykain and Maleyev fields located in various regions of the Republic of Kazakhstan.

All these fields are powerful agents of the human impact on the environment, given a great opportunity to study a wide range of the man-made disasters and to reduce its risk.

The problem of the man-made disasters remains relevant at the present time in all countries with the developed mining industry, that once again is confirmed by the materials of the latest 6th International Symposium on the mining impacts and mine seismicity(V. John Simmons,2012). Management throughout various risks received much attention as evidenced by the increased number of publications on this topic(V. John Simmons 2012, K. N. Trubetskoy, I. V. Miletenko, 2012). For deposits of the solid minerals, the geo-mechanical provision of the mining operations safety is normally based on an engineering approach, adapted to the specific geological conditions of the mining. Such approach does not take into account the structural features of the local strata undermined, the variability of physical and mechanical properties of rocks and geo-mechanical characteristics of the geological environment and all this, of course, affects the reliability of the geo-mechanical evaluation of real mining situation.

Consideration of the abovementioned physical and geological factors in the geo-mechanical calculations appears by conducting and recording the results of the geodetic monitoring.

In recent years, the monitoring of industrial processes includes satellite radar interferometric data of the Earth space sensing. A significant contribution in the implementation of the radar interferometric method for monitoring the earth surface displacements in area of Jezkazgan field conducted by the experts of the Geotechnical management corporation "Kazakhmys", headed by (V. A. Mansurov. V. A. Mansurov, M. Z. Satov, Y. I. Kantemirov, 2012).

The main advantage of this method is the ability to cover large areas. According to the instructions, the terrestrial observations are carried out twice a year at intervals of 6 months. During this time period, it is impossible to forecast a potential collapse.

Data of the Earth surface displacement by the space radar surveys are available on a monthly basis.

In general, a radar interferometric monitoring technique is highly effective, its application is fully justified.

Analysis of the surveying monitoring procedure and interpretation of the attained data are primarily connected to the absence of effective methods of determination of the soil surface subsidence (SSS), which specifies necessity to improve the methods of the geodetic and surveying monitoring of the rocks strains using modern electronic equipment to increase confidence, efficiency in determining the SSS parameters for the safe development of the mineral resources and adoption of the developed objects protection measures (M. B. Nurpeisova, K. B. Rysbekov, G. M. Kyrgizbaeva, 2015).

Therefore, to solve a number of mining problems, the calculation methods should be adjusted to the specific conditions, and it is necessary to take into account the impact of natural and mining factors, as well as the variability of the strength properties of the rocks in space, time and others. Despite the large number of research works, the issue of risk management and forecasting of the technogenic catastrophes is not fully resolved, because of the great diversity of the geological features of the field.

KazNRTU, including the department of "Mine surveying and geodesy" has a focus on the industrial safety in mines. This is due to the fact that the majority of the negative developments leading to the various types of incidents during mining operations related to the management of rock pressure. The implementation of the modern technologies and means of control and monitoring of rock, mass plays the major role. The evidence of this fact is our ongoing project "Reduction of number of man-made disasters by developing of innovational methods of geo-mechanical monitoring".

2 Results

In general, the geodetic observations using devices of the new generation make it possible to identify the massif strains, which is essential for assessment of the geo-dynamic situation in the field development area. But they do not provide a complete picture of the strain processes in time. It can be realized only with the use of comprehensive procedure of studying of the natural and technical system, based on the geo-monitoring. Figure 1 shows the structure of the studying and forecasting of geo-mechanical condition of NTS.

Based on the analysis of the area geology and tectonics (the first block), experimental evaluations of the stress state (the second block) and surveying monitoring (the third

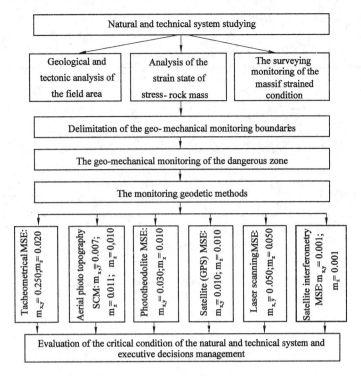

Fig. 1 Procedure of the NTS hazards forecast studying

block), there are "energy-saturated" areas, which determine the limits of the geo-dynamic monitoring area. Then, the hazard area monitoring is arranged, consisting of the strain control and the level of structural massif fracturing (M. B. Nurpeisova, K. B. Rysbekov, G. M. Kyrgizbaeva, 2015).

By the results of the satellite radar observations, number of local sources of the soil surface immersion above the underground mining sites. The ground based monitoring is conducted currently on this site area.

In the future, all information about the patterns of the system displacement process and the parameters of its critical condition enters into expert system, which is based on the databaseand knowledge integration and produces the NTS condition evaluation and justifies the corresponding decisions to protect the mineral resources and the soil surface.

On the basis of the GPS-measurements, the surveying service and monitoring station of the Akbakay field were provided with high precisionreference points (Table. 1).

Observations of the absolute strains of the boards of the prototype systems were conducted on the profile section lines of the monitoring station using the devices of the new generation. Repeated geodetic measurements were carried out by the electronic total station Leika TS110 and TS1206 in combination with the reflectors and 3D scanners, installed on a permanent basis.

The lists of the vertical and horizontal offsets of the benchmarks and the displacement graphs have been drawn. Fig. 2 shows the graphs of the benchmarks sediments in the profile line 1 of the Akbakay field.

Table 1   List of the point coordinates

Points	Coordinates		
	X	Y	H
Section 1	4 993 455.446	323 687.609	534.698
Section 2	4 998 214.446	314 456.909	534.212
Section 3	4 991 708.246	302 559.769	424.008
Section 4	4 985 882.546	310 687.379	399.503
Section 5	4 989 490.346	317 564.379	475.288

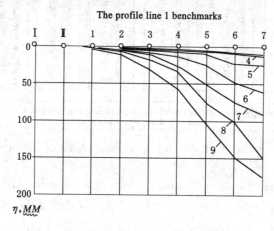

Fig. 2 The benchmarks sedimentary graphs on the profile line

1—observations: 4—th autumn, 2012; 5—th, spring, 2013; 6—th, autumn, 2013;
7—th, spring, 2014; 8—th, autumn, 2014; 9—th, autumn, 2015

Long term surveying observations have shown the complexity of the instrumental field work, especially the transfer from one point to another the set of devices (the device itself, the tripod, the rods, etc.). In this context, for the devices installation and measuring efficiency, we have developed a permanent benchmark, mounted in the reference point (Fig. 3) in geo-mechanical monitoring conducting. (M. B. Nurpeisova, G. M. Kyrgizbaeva, D. M. Bek, A. A. Bek, 2016.)

The scheme is shown in the Fig. 3, where the upper part of the center is equipped with the forced centering table.

Measuring methods of the rocks fracture are summarized mainly to the direct measurements in outcrops on the surface, on the slopes of the pits, on the trial pit walls and underground mine openings, observations by the earth bore cores. On the open cast mining, the rocks fracture was studied using the circumferentor, that is, the crack dip angles and the crack strikes had been measured by the circumferentor.

Using the 3D scanners in the surveying and geodetic practice during recent years

Fig. 3　Permanent benchmark
(a) incision; (b) removal of the metal cap; (c) installation of the device and supervision
1—the foot piece of the concrete bottom; 2—metal plate; 3—center; 4—metal frame;
5—hole in the frame; 6—threaded attachment screw 7 and the butt; 8, 9—metal cap

allows to study in detail the elements of the cracks and faulting formation (Fig. 4). The accuracy of acquisition parameters is determined by the distance between the device an d the subject.

Using the survey results of a laser scanning to obtain the elements of the cracks formation and the size of the structural units is possible in the distance between the device and the board massif of up to 800 m. At the same time, there is a unique opportunity to obtain information about the board massif position without direct contact. In processing of the laser scanning results, software package "MaptekI-SiteStudio" was used to calculate the values of the cracks formation elements: the strike azimuth, the dip angles and size of rock blocks.

The geodetic observations on the fields are carried out twice a year (in spring and autumn) and seismic measurements are conducted in addition. In order to achieve reliable data, it is necessary to perform, simultaneously with the geodetic observations, conduct in the monitoring mode space radar interferometric survey of the deposits areas, allowing receiving the survey of the soil surface immersion with high accuracy.

According to the results of the space radar observations on the Jezkazgan copper ore zone, a number of local sources of the soil surface immersion above the underground mining sites. The ground based monitoring is conducted currently on this site area. The ground based geodetic monitoring shows that subsidence (collapse) of the soil surface occurs with the underground minerals mining. Therefore, we have enhanced the underground monitoring of the strains and fracture of these sections of the rock mass.

Unfortunately, there is no any procedure to reliably to predict the immersion of the

Fig. 4 The board mass of the Akzhal field surveying by the laser scanner Leica HDS4400, installed on a constant point

soil surface. There are criteria for the onset of collapse, some of which (the speed of the soil surface displacement, the offset acceleration) may be estimated according to the space radar surveys.

Experience in the mining shows that the adopted design parameters of the room and pillar system design (dimensions of pillars, room spans) for the specific geological conditions, mainly, provide long term stability of the waste areas.

Prognosis and geocontrol of the rock mass condition will be positively solved through the introduction of innovative methods and control means. When mining operations are performed on the room and pillar system in the wasted rooms, often the front abutment pressure moves to the intersection or junctions of the mines, which threatens a sudden collapse of the roof rocks with attendant serious consequences. Therefore, the study of the behavior of the roof rocks at the intersections of the developments is highly relevant.

For example, to monitor the displacement of the roof rocks conducting the sewage treatment, the method of the roof rocks displacement registration (Fig. 5) for early warning of a potential roof collapse and acceptance of essential measures (M. B. Nurpeisova, G. M. Kyrgizbaeva, A. A. Bek, 2015).

Strength and stability of the intervening pillars, as well as stability of the board mass are determined by degree of its cleavage. The technology of the fractured massif hardening should ensure complete filling of the cracks with a different composition and secure the individual structural blocks into a single unit(M. B. Nurpeisova, G. M. Kyrgizbaeva, K. Kopzhasaruly, A. A. Bek, 2016).

Kazakh national research technical university has a focus on the industrial safety in mines. So, the effective methods of the slopes stability control, associated with hardening of the rock mass and dusting surfaces. The solution to strengthen the fractured rock mass is created. The solution has a low cost, sufficient fluidity to fill the small cracks and adhesion to rocks, high strength.

The solution contains cement, filler and water. The tails of the processing plants of

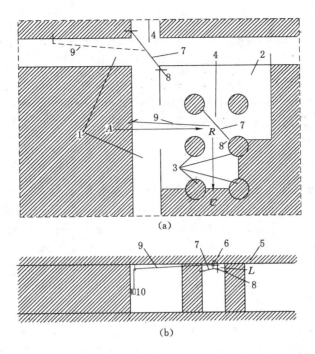

Fig. 5 (a) a plan of site of measuring the roof rocks displacements, located between support pillars; (b) a vertical section along the line A—B—C:
1—mine workings; 2—room; 3—pillars; 4—area between the pillars; 6—unit; 7— flexible or rigid device; 8—roof bolting; 9—conductor; 10—metering device; 5—the roof rocks

mining and metallurgical complexes are used in the capacity of the filler. In parallel, a new composition to strengthen the reinforcement on the control monitoring stations in wells was researched and produced. It also disposes the mining waste and increases durability and frost resistance of the attained material.

The technical novelty of the created solutions is confirmed by the RK invention patents.

3 Conclusions

(1) A method of comprehensive assessment of rocks condition allows to consider the features of the geological structure of the undermined strata and thus to enhance the quality of geometrical maintenance of mining operations. In turn, the results of geo-mechanical forecasts give the possibility to determine the most dangerous sites, calling for regime geo-physical and geodetic surveying observations to localize the anthropogenic impacted areas.

(2) The method of geodetic observation on the monitoring station profile lines using new generation modern devices and tools, developed by the author to improve the accuracy and productivity of the field measurements.

(3) The method for measuring the mines roof sag allowing the operational control of

the underground workings stability and to increase the safety of the mining operations.

(4) To ensure the industrial safety and to prevent further progressive fracture of pillars, the composition, produced of the mining waste.

Application of the methods to strengthen the slope ledges and dump surfaces has improved the geo-mechanical situation in the board areas and to ensure the environmental safety of the mineral resources development.

References

[1] Rock burst and seismicity in mines proceedings. -Australia: Australian Centre for Geo-mechanics, 2005.

[2] V. John Simmons (2012). Geotechnical risk management in open pit coal mines. Australian Center for Geo-mechanics, Newsletter, 2004.-V№22. pp. 1-4.

[3] K. N. Trubetskoy, I. V. Miletenko, (2012). Analytical estimation of anthropogenic fracture of protective pillar. M. :RICEMR RAS,pp 20-25.

[4] V. A. Mansurov, M. Z. Satov, Y. I. Kantemirov. (2012) The space radar observations of the soil surface and facilities immersion on the Zhezkazgan copper ore zone (Republic of Kazakhstan) /Geomatics, No1,pp77-84.

[5] M. B. Nurpeisova, K. B. Rysbekov, G. M. Kyrgizbaeva. (2015) Innovational methods of monitoring on the geo-dynamic field test sites. -Almaty, KazNTU, p. 324.

[6] Innovative patent of RK, No 0-2963 'Permanent ground benchmark, used in geo-monitoring the Earth surface"/ M. B. Nurpeisova, G. M. Kyrgizbaeva, D. M. Bek, A. A. Bek. Published, March, 16, 2016.

[7] Utility model RK No 10-2982 "The measuring of the roof displacement in mines/ M. B. Nurpeisova, G. M. Kyrgizbaeva,A. A. Bek. Published, March, 31, 2015.

[8] Utility model RK No10-20781. "Composition for strengthening of the fractured rocks"/ M. B. Nurpeisova, G. M. Kyrgizbaeva, K. Kopzhasaruly, A. A. Bek. Published, January, 02, 2016.

M. Nurpeisaova: E-mail: marzhan-nurpeisova@rambler. ru.

Monitoring of the Engineering Structures Stability Conditions

M. Nurpeissova, A. Ormambekova, A. Bek, Y. Zhakypbek

(Kazakh National Research Technical University Named After K. I. Satpaev, Almaty 050013, Republic of Kazakhstan)

Abstract: The article considers the determination of the deformation of the engineering structures and other facilities located in area of mining operations and evaluation of their technical condition.

The authors conducted the geodetic monitoring of the facilities located in the industrial area of the Akbakai mine in Kazakhstan. The monitoring was conducted using modern surveying instruments: satellite technologies, electronic total stations and laser levels. On the research basis, the authors suggest the methods of determination of the facilities settlement and faulting. The geodetic methods, suggested by the authors, provide information about the current deformations with the high degree of accuracy. The ultimate goal of the work is to ensure the safety of the engineering constructions.

Keywords: mining operations; industrial sites; engineering structures; deformations; monitoring; geodetic instruments; evaluation of the technical condition

1 Introduction

The modern mining industry is characterized by the steady growth of the plant capacity, intensification of industrial process, increasing of the depth and life service of the open-casts. In these conditions, maintenance of stability has particular importance as of the open-cast high walls and well as the civil engineering and communications in the mining operations affected area. The industrial site should be understood as the complex of buildings (processing plants, mini plants, electrical substations) and facilities, which provide the mining production with energy and transport.

In this regard, there is a need to develop new integrated programs of geo-monitoring and reliable calculation methods to ensure

the long term stability of theopen-cast high walls and serviceability of the industrial site facilities. For that purpose, the researches of the mass stability were conducted in open-casts with the assessment of the technical condition of the industrial site facilities, located in the mining operations area, where the strata movement and the mass deformations are possible, to ensure reliability, safety and functional fitness of the operated facilities.

The need toaddress the stability of the open-cast high walls with the assessment of the technical condition of the industrial site facilities and communications, located in the on the industrial site in the mining operations affected area, occurs at all stages of the mineral deposit development. Therefore, the industrial site buildings and facilities, as well as any major geotechnical system, is a result of blending technological factors. Timely forecast of these factors is necessary to ensure the stability and safety operation of not only of the engineering structures, but also of the mining plant in the whole. According to this position, the aim is set, the idea is proved and the research tasks are formulated.

The work idea is to develop the methods of the high precision survey geodetic measurements using the modern equipment to conduct an integrated monitoring of the mass to determine the actual parameters of the engineering structures.

The practical significanceof the work is to develop the recommendations for stability management of the open-casts high walls, providing their long-term stability, as well as civil engineering.

An integratedmethod of the instrumental observation based on a common system of the reference points, which eliminates the initial errors of the closure and orientation and to establish a direct connection between the mass displacement and the deformations of the engineering structures, was developed in this article for the first time.

The review of the published references, patent searches and the results of the implementation lead to conclusion that the level of the performed work corresponds to the modern scientific and technical level in this field.

2 Literature review

The stability of the high walls and pits is affected by the following factors:
a) geology and hydrogeology of the mine;
b) physical and mechanical properties of the rocks;
c) structural and tectonic features of the rock mass;
d) the effect of the mass explosions on the stability of the slopes and sides.

Based on the above-mentioned main factors, affecting the stability of the benches, sides and on the structures in the industrial site, the references review is given below summarizing the experience of the leading companies and foreign practice of the studied subject.

Issues of the rock masses stability have more than two centuries history and originate from the research of prominent French scientists C. A. de Coulomb and C. Colomb, who proposed in 1773 a method to calculate the stability of retaining walls and soil slopes. Important milestones in the development of this research should be considered the works of (W. Rankine et al., 1972; A. Nadai et al., 1954; K. Terzaghi et al., 1961; V. V. Sokolovsky et al.,1960; S. S. Golushkevich et al., 1968; D. Sh. Mikhelev et al.,1991; B. N. Zhukov et al.,2003) and other authors(S. Maier et al., 1971; K. Egger et al., 1980). M. E. Pevzner et al., 1978).

Researches on the stability of the pit slopes are associated with intensive development of opencast mining in the twentieth century and increasing of the depth of the pits. In the Soviet Union, the most important results and achievements in this branch are related with the activities of the research and design institutes, the institutes of mining and the leading universities. To address this urgent and applied problem, the specialized departments were created, laboratories, sectors and groups, involving many prominent scientists. In this time, the foundation of the national school of the stability of the pits and slopes research was laid, with the large contribution of the works of N. N. Melnikov, V. V. Rzhevsky, K. N. Trubetskoy, G. L. Fisenko, I. I. Popov, M. E. Pevzner, G. G. Poklad, V. A. Gordeev, F. K. Nizametdinov, M. B. Nurpeisova and many others(M. E. Pevzner et al., 1978; G. L. Fisenko et al., 1975).

Despite the achieved progress of many researches, the problem of stability of the pit slopes in area of the industrial sites buildings and facilities is far from being studied fully and requires further development and improvement. This is evidenced by the results of the researches in 2010-2015 of the actual condition of the slopes of the Akbakal mine, executed with participation of the author.

There are facilities on the industrial siteon the sides of the pit with a view to ensure a number of technological processes. Under the influence of the industrial and human made factors, the buildings and facilities during operation may change their position in the vertical and horizontal planes, which is evident in the form of cracks, bulges, sags and roll. If these events are not detected in a timely manner and the steps for their elimination are not taken, the building may be destroyed. Therefore, the buildings and facilities should be observed during operation and the survey and geodetic measurements should be conducted(M. B. Nurpeissova, G. M. Kyrgizbayev et al., 2015; M. B. Nurpeissova, A. Ormambekova, A. Bek et al., 2015).

Upon agradual settlement, building, facility move vertically the same in all parts and do not affect significantly on their durability and stability. In cases when the soil compressibility or the load on the soil under the foundation varies, sediment is uneven and this may lead to significant deformations of the building or facility, cracks and even splits occurrence. Deformations in the foundations of buildings and facilities cause not only roll in the framings but also the cracks, which are divided into active, when there is expansion process and inactive, when this process is stopped.

Irregular settlements occur primarily as a result of a various compression of the different parts of the structure and anunequal soil compressibility under the foundations, which in turn causes non-uniform displacements in over foundational constructions and facilities.

In fact, there is almost nogradual settlement on the compressible soils, because the geological structure of the foundation is not similar in the vertical and horizontal planes.

Gradual settlements itself do not reduce the strength and stability of structures, but significant settlements may lead to changes in the physical and mechanical properties of the foundation soil, which in turn can cause foundation failures. In addition, gradual settlement can cause disturbance of the utility communications of the structure. In the impact on the structures, the foundation failures are more dangerous. This danger is greater when the difference between the parts settlement is greater and the greater is the sensitivity of the construction and technological elements.

3 Results

(1) The purpose of monitoring of the industrial site facilities is to ensure reliability, safety and functional fitness of the operated facilities; analysis of the stress condition, deformations and displacements of the structures; monitor the overall deformations and cracks of the operated constructions by systematic observation and instrumental control.

The following tasks are solved to achieve this purpose:

① The geo-monitoring techniques are developed using modern high precision geodetic measurements for providing the stability of the mass near sides and the engineering structures on the industrial sites of Kazakhstan mines

② The evaluation of the facilities on the industrial site in example of the Akbakai mine.

③ The researches of the geo-mechanical condition of the rock masses near the sides in the Akbakai mine.

Therefore, the purpose of the geodetic monitoring of the industrial site facilities is to ensure reliability, safety and functional fitness of the operated facilities; analysis of the stress condition, deformations and displacements of the structures; monitor the overall deformations and cracks of the operated constructions by systematic observation and instrumental control.

In solving the monitoring tasks, all engineering, geological and mining factors, types, characteristics and requirements of the protected facilities.

Recommendations formaking the observation stations and observation methods are set out in VNIMI Instructions.

(2) The scientific novelty of this work is to develop a integrated method of monitoring of the industrial site facilities and geo-monitoring of the rock mass using high precision surveying instruments, allowing to establish a direct connection between mass displacements and deformations of the bearing and enclosing structures of the engineering facilities.

The selection of the observation stationsfor the condition of slopes ledges and the sides stability of the Akbakai mine location in the form of the profile lines is performed on the basis of the mining conditions of the field development, the current state of the rock masses and dumping sites and prospects for development of mining operations.

Results of research and analysis of the mining and geological documentation show the following strained areas in the open-cast are identified:

—there is a caving of the upper ledges in the south western side of the open−cast (Fig. 1);

—there are a caving and a crack in the south side (Fig. 2);

Fig. 1 The southwestern side of the open-cast. The deformations on the upper ledges.

Fig. 2 The southwestern side of the open-cast. Cracks with wide opening up to 1.5 m

—the deformations on the ground surface and on the engineering structures (Fig. 3). The system of geo-mechanical monitoring of the stability condition of the side masses and the engineering constructions is developed in the project. The benchmarks, monitoring

(a)   (b)

Fig. 3 The deformations on the ground surface and on the engineering structures

prisms and sedimentary marks are secured on the protected objects for further monitoring of the buildings and facilities deformations, providing the required accuracy.

To perform monitoring andintegrated evaluation of the industrial site facilities, the modern high precision electronic equipment produced by Leica Geosystems (Switzerland): high precision electronic total station TCR 1201series (Fig. 4, a) and digital high precision laser level DNA03 (Fig. 4, b), a laser scanner Scanstation and specialized software, which allows to produce data computer processing.

The facilities displacements in the vertical plane (immersion) are determined by geometric leveling using the digital laser level DNA 03 and the digital invar-surveying rod.

(a)   (b)

Fig. 4 Electronic total stationLeica TCR 1201(a); Laser level DNA 03(b)

Digital laser level DNA 03 automatically corrects any displacement of the laser beam within setting and warns about changing of its position by turning on and off the laser.

While monitoring the settlement of the industrial site facilities by geometric leveling using digital laser level DNA 03 and digital surveying rod, the need to address the issue of the performed work accuracy occurs.

The mistake of a viewpoint is the main in the geometric leveling. It means a set of elementary errors caused by the influence of instrumentation (a level and a rod), construction of the benchmarks and the link points, external environment, instability of the object being measured, the measurement processing procedure and personal errors that surely shall enter into the equalized ratio.

(3) Discussions:

According to the schedule of the research, the following works have been conducted in 2013-2016:

① Based on the analysis of theside and dump rock masses of the open－cast, according to the developed projects in 2013, the profiles benchmarks of the geo－mechanic monitoring stations of the pit slopes stability, were laid:

There is oneconstructed monitoring station on the pit, consisting of three profile lines.

② Two series of surveying geodetic observations by the laid benchmarks of the profile lines have been performed.

The first series of the surveying geodetic observations were conducted in the period fromOctober 30, 2014 until November, 8, 2014. The second series of the surveying geodetic observations of the side masses condition were conducted in the period from April 11, 2015 until April, 19, 2015. Monitoring results are presented in the tables and figures, the results of monitoring of the industrial site buildings and facilities are presented in the tables 1-3.

③ To evaluate the technical condition of the facilities, the complex of high precision surveying geodetic measurements of the bearing and enclosing structures of the industrial site facilities using developed surveying observations, is united in a single system of side mass condition and structural elements of the buildings and civil engineering of the industrial site.

According to the results of the industrial site facilities monitoring, the following is detected:

a) in the upper horizons of the southwestern side of the open-cast there are the power pylons which are in area of dangerous deformations. Upon the results of the deformation control benchmarks, it can be concluded that the ETL supports are vertically displacement up to (－) 36 mm, 4 benchmarks are in the caving area. The maximum displacement of the ETL supports in direction of the open-cast is 58mm and the results are presented in the table 2;

b) the definition of the columns roll of the processing plant was performed by the procedure of the non-reflective coordinates method using TSR 1201 electronic total station. According to the obtained values and coordinates increment of the points in the same vertical plane, the linear value of the roll (Fig. 5, a) by the formula:

$$L = \sqrt{(X_1 - X_2)^2 + (Y_1 - Y_2)^2} \qquad (1)$$

Where, X_1, X_2, Y_1, Y_2 —coordinates of the facility feature points respectively in the lower and upper sections. The results are shown in the table 1;

c) determination of the COG displacement alignment of the overpass round support from the points of the industrial site geodetic network with reference to the surveying network was performed by a similar method and the results are presented in the table 3;

d) determination of the beams sag of the processing plant cover (PP) was performed using digital high precision level DNA 03 (Fig. 5, b) and a digital invar rod. To solve this task, the invar rod was installed in the points of the beginning, middle and end of each beam span. The results are presented in the table 4.

To determine the sag of span f_{abs} and the deflection f_{def} the formulas were used:

$$f_{abs} = \frac{2Z_2 - (Z_1 + Z_3)}{2} \tag{2}$$

$$f_{def} = \frac{f_{abs}}{L} \tag{3}$$

Where, Z_1 and Z_3 —elevations of extreme points of the structure in this section of the straight line.

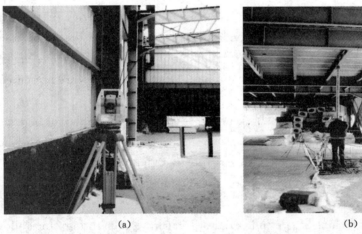

Fig. 5 determination of the deformations of the ETL substation (a); determination of the beams sag of the PP building covering (b)

To determine the sag of span f_{abs} and the deflection f_{def} the formulas were used:

$$f_{abs} = \frac{2Z_2 - (Z_1 + Z_3)}{2} \tag{4}$$

$$f_{def} = \frac{f_{abs}}{L} \tag{5}$$

Where, Z_1 and Z_3 —elevations of extreme points of the structure in this section of the straight line.

The obtained results of the industrial site facilities technical condition evaluation by the method described above were compared with the permissible values in SNiP SN RK 1.04.04—2002 - "Examination and evaluation of technical condition of buildings and structur4es" [112], SNiP RK 5.04-18-2002 "Metal constructions" [2,6,32,33].

The permissible beams sag is 1/300 L, where L, m-length of the beam (Fig. 6).

Permissibledisplacement value of the processing plant is 15mm, if the height is up to 4 m [34]. Diagrams of the vertical displacements of the engineering structures are shown in the Fig. 7.

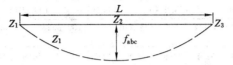

Fig. 6 The geometric layout of the beams sag

Table 1   The surveying results of the obage fabric substation building columns

Marking	Coordinates of the alignment feature points		The columnsdisplacement from the vertical plane along the axis		The absolute value of the roll
Axis, Column #	Y/m	X/m	ΔY/mm	ΔX/mm	L/mm
К-5/1с, Д/1с	97.381	100.134	8	−3	8.54
	97.373	100.137			
К-5/1с, Г/1с	96.22	104.477	−14	−2	14.14
	96.234	104.479			
К-3/1с, Г/1с	101.686	105.293	7	3	7.62
	101.679	105.29			
К-3/1с, Д/1с	101.787	101.314	−15	−9	17.49
	101.802	101.323			
К-1/1с, Д/1с	106.632	101.625	−5	−4	6.40
	106.637	101.629			
К-3/2с, Г/2с	104.156	100.444	0	10	10.00
	104.156	100.434			
К-3/2с, Д/2с	101.083	97.855	1	9	9.06
	101.082	97.846			
К-5/2с, Г/2с	100.916	104.249	−3	−14	14.32

4 Conclusions

(1) The integrated geo-monitoring program of the stability condition of the side rock masses and the industrial site facilities is developed.

(2) The monitoring results of the side masses displacements and the industrial site facilities deformations:

—analyzing the data of the table 2 of the obage fabric substation columns, it may be concluded that the column К-3/1с, Д/1с has an axis displacement of 17.49 mm. The

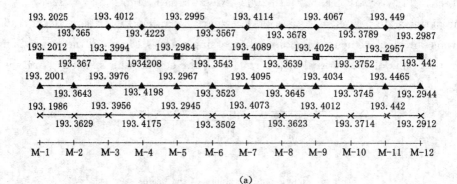

(a)

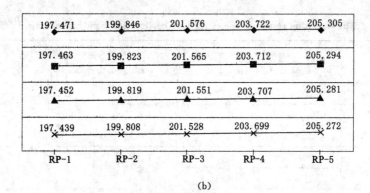

(b)

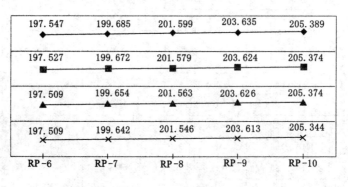

(c)

♦— Geodetic measurements-October 10. 2012
■— Geodetic measurements-September 12. 2013
▲— Geodetic measurements-August 03. 2014
×— Geodetic measurements-November 04. 2015
⊢— Geodetic datum-Rp

a — Results by the settlement marks of the industrial building
b,c— Results of the observations by the ill up facility benchmarks

Fig. 7 The vertical displacements diagrams
(a) Results by the settlement marks of the industrial building;
(b),(c) Results of the observations by the fill up facility benchmarks

obtained value exceeds the permissible value by the SNiP RK 5.04-18-02, table 26 p. 4 (permissible value is 12 mm).

— analyzing other results facilities deformation control benchmarks, it may be concluded that the ETL supports have the vertical displacement is up to (—) 36 mm, the maximum horizontal displacement of the ETL in direction of the open-cast is 58 mm.

— analyzing the data of the geodetic surveying of the COG displacement alignment of the overpass round support, it may be concluded that the maximum value of the absolute roll is 86 mm. The obtained value exceeds the permissible value by the 2.0107-85*, table 22 p. 6 (permissible value is 40 mm).

— analyzing the data of the beams of the ETL substation building a covering, it may be concluded, that the beams B-208-8, B-207-8 have a sag of 0.01965 mm, 0.02185 mm respectively. The obtained results do not exceed the values from the SNiP 2.0107-85*, table 19, p. 2 (permissible value is 37mm).

— the developed integrated monitoring program of the stability condition of the side rock masses and the industrial site facilities allows to establish a direct link between the mass displacements and the facilities displacements, excluding the errors of the binding and orientation, allowing to identify on the early stage the stressed and strained condition of the mass and the most dangerous areas of the industrial site engineering structures.

(3) According to the SNiP high requirements to the buildings and facilities to ensure their functional fitness, the obtained results upon the monitoring may be used to forecast the process of the side rock masses displacement.

(4) The results of investigations in this article and the monitoring of the side rock mass and evaluation of the facilities technical condition have been introduced at the mining plants in Kazakhstan and unique facilities of the construction corporations in Almaty.

(5) The level of the performed work is in line with the best achievements in this field. The algorithm and corresponding software for the applicable surveying tasks using modern and computer technologies has been developed.

Thus, theintegrated procedure of the surveying monitoring is developed for the first time, based on a common system of the reference points, that eliminates the initial errors of binding and orientation, and establish the direct link between the mass displacement and the engineering constructions.

References

[1] W. J. M. Rankine, A manual applied mechanics. -6 ed. -London: Charles Griffin and company, 1872. -XVI + 648 p.

[2] A. Nadai. Plasticity and destruction of the solids. M.: PH "Inostrannaya Literatura", 1954. -647 p.

[3] K. Tertsagi. The theory of soil mechanics. -M., 1961.

[4] V. V. Sokolowsky. The flowing medium statics. -M.: Fizmatgiz, 1960. -244p.

[5] S. S. Golushkevich. Plane problem of the limit equilibrium of the flowing medium. -M.: Gostekhizdat, 1968.

[6] The geodetic methods of thefacilities deformations /A. K. Zaitsev, S. V. Marfenko, D. Sh. Mikhelev and others. -M., Nedra, 1991. -272 p.

[7] B. N. Zhukov, A. P. Karpik. Geodetic control of the industrial engineering objects and civil facilities. -Novosibirsk: SSAG, 2003. -356 p.

[8] Maier S. Schatzung des punktabstandes furgeodetische Verschibungsmessungen "Vermessungstechnik", 1971.

[9] Egger K. Staumauer Zeuzer-GeodatisceDeformations-messungen. "Wasser, Luft" №7-8, 1980.

[10] M. E. Pevzner. The deformation control of rocks in the open-casts. M., Nedra, 1978, 255p.

[11] G. L. Fisenko. The stability of pit walls and dumps. M., Nedra, 1965, 378 p.

[12] M. B. Nurpeissova, G. M. Kyrgizbayeva. Innovative methods of integrated monitoring of the geodynamic polygons (monograph). -Almaty: Kaz NTU, 2016. -300 p.

[13] M. B. Nurpeissova, A. E. Ormambekova A. ,A. A. Beck. Evaluation of the technical condition of the engineering structures (monograph). LAR LAMBERT Academic Publishing. -Germany, 2015. -117 p.

M. Nurpeisaova: E-mail: marzhan-nurpeisova@rambler.ru.

基于 LiDAR DEM 不确定性分析的矿区沉陷信息提取

于海洋[1,2]，杨礼[1]，牛峰明[2]，吴建鹏[1]

(1. 河南理工大学矿山空间信息技术国家测绘地理信息局重点实验室，河南 焦作，454000；
2. 黄河勘测规划设计有限公司，河南 郑州，450045)

摘 要：机载 LiDAR 系统能够快速获取大面积地表高分辨率、高精度的三维点云数据，可用于矿区沉陷信息提取，但 LiDAR 数据本身的误差、地表覆被和数据处理等会导致生成 DEM 中存在一定的不确定性。基于研究区 2009 年、2012 年两期机载 LiDAR 点云数据，在 LiDAR DEM 精度与不确定性分析的基础上，利用模糊推理方法建立了基于坡度、点云密度和地表粗糙度的误差相关表面，用于差值 DEM 不确定性的量化与 DEM 最小变化阈值的探测，采用基于权重滤波窗口的贝叶斯估计判定与修正，较精确地获取了研究区地表形变信息；针对地表侵蚀等导致的地形变化信息，在坡度相关性分析的基础上，通过掩膜去除了非开采沉陷导致的地形变化信息，获取了较为精确的沉陷盆地信息。实验表明，该方法适用于大面积开采沉陷监测，能够快速确定沉陷区位置，较准确获取沉陷区的分布范围、面积及体积等信息，为开采沉陷监测提供了一种新的技术手段。

关键词：LiDAR；沉陷；DEM；不确定性分析

Mining Subsidence Information Extraction Based on Uncertainty Analysis of LiDAR DEM

Yu Haiyang[1,2], Yang Li[1], Niu Fengming[2], Wu Jiangpeng[1]

(1. Key Laboratory of Mine Spatial Information Technologies of NASG,
Henan Polytechnic University, Jiaozuo 454000, China;
2. Yellow River Engineering Consulting Co., Ltd., Zhengzhou 450045, China)

Abstract: Airborne LiDAR system can quickly obtain large-scale surface high-resolution, high-precision 3D point cloud data and can be used for mine subsidence extraction, but the error of LiDAR data, surface cover and data processing method will lead to the uncertainty of DEM. Based on the analysis of LiDAR DEM accuracy and uncertainty of the two airborne LiDAR point cloud data in 2009 and 2012 in the study area, an error-related surface based on slope, point cloud density and surface roughness was established by using fuzzy reasoning method. The surface can be used to detect the minimum change threshold of DEM and measure the uncertainty of DEM. With the Bayesian estimation determination and correction based on weight window, the surface deformation information of the study area was obtained. Based on the analysis of the slope correlation, the terrain change information caused by the non-mining subsidence was removed by the mask, the more accurate subsidence basin information was extracted. Experiments show that this method is suitable for large area mining subsidence monitoring, which can quickly determine the location of subsidence area, obtain the information such as the distribution range, area and volume of subsidence area accurately, and provide a new technical means for mining subsidence monitoring.

Keywords：LiDAR；subsidence；DEM；uncertainty analysis

矿区沉陷监测对于保障矿产资源安全开采、保护矿区安全具有重要意义[1-5]，已有的地面监测方法劳动强度大、效率低下、覆盖范围有限[6-7]。机载 LiDAR 系统能够快速获取大面积地表高分辨率、高精度的三维点云数据[8-9]。使用机载 LiDAR 技术对开采塌陷引起的地表形变进行监测，可以较快地获得整个区域的空间地形变化信息，从而确定矿区的沉陷分布与地表移动下沉情况[10]。论文基于 2009 年、2012 年两期机载 LiDAR 点云数据，构建了研究区沉陷信息提取的技术流程。在对两期 DEM 差值信息不确定性分析的基础上，去除了非开采沉陷导致的地形变化信息，提取研究区沉陷盆地的空间分布与沉陷深度。

1 研究区概况与数据预处理

研究区位于河南省鹤壁市鹤煤三矿，鹤壁煤矿井田的建设使得周边形成了较大面积的沉陷甚至塌陷区。研究区处于河南北部太行山东麓向华北平原过渡的地带，地形复杂，主要以低山丘陵为主。机载 LiDAR 数据分别于 2009 年 4 月 21 日（以下简称 LiDAR 2009）和 2012 年 5 月 27 日（以下简称 LiDAR 2012）采用 Leica ALS50 传感器获取。在点云数据粗差点去除的基础上，采用基于渐进三角网的滤波算法分类地面点和非地面点，利用反距离权重插值法构建 1 m 分辨率 DEM。

表 1　　　　　　　　　　机载 LiDAR 点云数据集

点云数据集	采集日期	传感设备	精度		平均落点密度
			垂直方向	水平方向	
LiDAR 2009	2009-04-21	Leica ALS50	0.15 m	<0.60 m	0.65/m²
LiDAR 2012	2012-05-27	Leica ALS50	0.15 m	<0.60 m	0.62/m²

2 空间点位高程不确定性的量化过程

2.1 多时相 DEM 高程差 Z 的不确定性量化过程

基于机载 LiDAR 点云数据构建的 DEM，其精度不仅与源数据质量（点云精度和分布等）及 DEM 建模方法密切相关，也受到地形特征和地物覆盖度的影响[11-13]。基于地面特征（如坡度等）和地物特征（如粗糙度等）等地形参量拟合 DEM 相关表面，能够对每个栅格高程的不确定性进行全面量化评估。将多时相 DEM 高程差 Z 的量化过程分为三个步骤：

(1) 量化每期 DEM 数据（高程上）曲面表征的不确定性；
(2) 确定多时相 DEM 高程差 Z 中的不确定性传播；
(3) 评估不确定性传播在 Z 探测中的意义。

2.2 基于不确定性分析的地形变化信息提取步骤

根据以上分析，结合已获取的多时相 DEM 数据，进行地形变化信息提取的具体步骤如下。

(1) 通过基于点云构建的 2012、2009 两期 DEM 的作差计算，得到差值 DEM，即高程差

值集合 Z。

$$Z = Z_{DEM_{new}} - Z_{DEM_{old}} \quad (1)$$

式中,$Z_{DEM_{new}}$ 和 $Z_{DEM_{old}}$ 为独立变量。

(2) 用自助抽样法[14],结合基于坡度、点云密度及地表粗糙度等参量构建的误差相关表面,得到 δ_{new}、δ_{old},进而计算 δ_z,即确定两期 DEM 高程变化的最小可探测阈值。基于 δ_z,初步对 2012、2009 DEM 高程差值集合 Z 进行遴选,低于该阈值的栅格单元不做处理,不参与沉陷高差、面积以及体积统计;反之,得到筛选的沉陷栅格单元集合。

$$\delta_Z = \sqrt{\left(\frac{\partial f}{\partial Z_{DEM_{new}}}\right)\delta_{new}^2 + \left(\frac{\partial f}{\partial Z_{DEM_{old}}}\right)\delta_{old}^2} \quad (2)$$

即:

$$\delta_Z = \sqrt{\delta_{new}^2 + \delta_{old}^2} = \min D_z \quad (3)$$

其中,δ_z 表示 DEM 高程差的不确定度;δ_{new} 表示 2012 DEM 的不确定度;δ_{old} 表示 2009 DEM 的不确定度。因此,只需要对每期 DEM 高程的不确定度 $\delta(Z_{DEM})$ 作参数估计,通过计算确定 $\min D_z$,即 δ_z。

(3) 根据 δ_z 之 t 统计量计算分位数,转换得到累积分布函数值(概率),作为栅格单元先验概率。

$$t = \frac{|Z_{DEM_{new}} - Z_{DEM_{old}}|}{\delta_Z} \quad (4)$$

(4) 计算栅格单元沉陷和非沉陷的条件概率。

(5) 在(3)和(4)先验概率和条件概率的基础上,根据统计决策的贝叶斯估计法[15],计算栅格单元沉陷和非沉陷的后验概率,并依据 δ_z 的置信度,检验 DEM 高程差值结果的稳健性。

(6) 据(5)中的后验概率和置信度,修正先前的 DEM 差值集合 Z。

具体操作流程如图 1 所示。

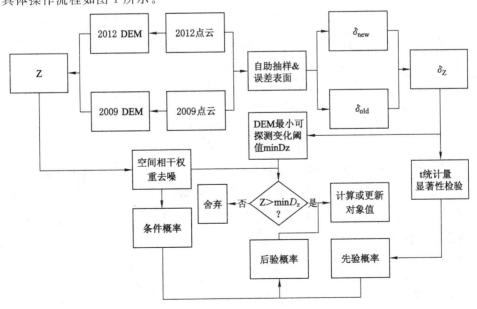

图 1 基于 DEM 不确定性的地表形变提取流程图

3 不确定性分析误差相关表面的建立

地表较为粗糙(例如砂石地表或高植被覆盖度)、坡度较大和具有较低密度点云覆盖的区域,基于机载 LiDAR 构建的 DEM 误差较大。因此论文选取点云密度、坡度和地表粗糙度等建立一个模糊推理系统,进而实现空间点位高程不确定性的量化。

3.1 坡度

坡度计算公式为:

$$S = \frac{a_{i+1} - a_i}{R} \tag{5}$$

其中,$i=0,1,2,\cdots,n$;S 表示坡度;a_i,a_{i+1} 表示 DEM 栅格高程值;R 表示 DEM 栅格分辨率。

坡度计算结果如图 2 所示。

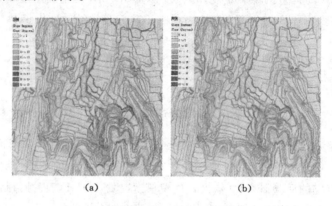

图 2　DEM 坡度计算结果
(a) 2012 年 DEM 坡度;(b) 2009 年 DEM 坡度

由坡度计算结果可以看出,两期数据坡度变化不明显,即侵蚀或者人为因素造成的坡度变化不甚明显,但不可忽略。

3.2 点云密度

点云密度计算公式为:

$$P_D = \frac{n}{R \times R} \tag{6}$$

式中,P_D 表示点云密度;R 表示 DEM 栅格分辨率;n 表示栅格分辨率范围内的点云个数。

点云密度计算结果如图 3 所示。由点云密度计算结果可知,因航带叠加等原因造成部分区域点云密度较高,这对 DEM 数据精度会产生一定影响。

3.3 地表粗糙度

以海伦公式计算地表曲面单元的表面积,称 $S_表$;对规则格网,取 $\Delta X \times \Delta Y = S_投$ 作为投影面积,则粗糙度计算式为:

$$C = \frac{S_表}{S_投} \tag{7}$$

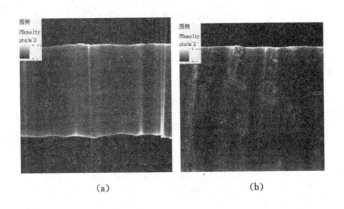

图 3 点云密度计算结果

(a) 2012 年点云密度；(b) 2009 年点云密度

其中，C 表示粗糙度；$\Delta X,\Delta Y$ 表示格网顶点坐标增量（取绝对值，不同于 DEM 栅格分辨率）。其中包含植被覆盖信息，实际使用 $C(1+DSM-DEM)$ 计算。

粗糙度计算结果如图 4 所示。由地表粗糙度计算结果可知，植被类型和覆盖度对同一区域粗糙度影响较大，高粗糙度区域点云构建的 DEM 精度会降低，其不确定度会增大。

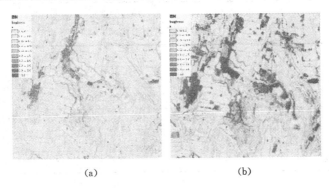

图 4 地表粗糙度计算结果

(a) 2012 年地表粗糙度图；(b) 2009 年地表粗糙度图

4 模糊推理规则的建立

依据公式计算的坡度、点云密度及粗糙度是数值型的。如表 2 所列，将 DEM 坡度、点云密度和地表粗糙度划分等级，量化不确定度 $\delta(Z_{DEM})$ 时，可以减小计算量。依据点云分布和地表特征等参量进行点位高程模糊推理和不确定性的量化，使获取的沉陷区域高程变化结果更为可靠。

模糊推理系统是借助已知信息的输入，应用对应法则，进而输出相应结果的系统。模糊推理系统需要一套行之有效的规则来完成模糊信息数值化。本文建立了一组较简单的规则，如表 2 所示。

三种参量（坡度、点云密度、地表粗糙度）各分为三个等级（大/急、中、小/缓）的排列，其对应输出结果 $\delta(Z_{DEM})$ 的等级数组如表 3 所示。

表 2　　模糊推理规则

规则编号	输入			输出
阿拉伯数字	坡度/%	点云密度/m^{-2}	地表粗糙度/m	$\delta(Z_{DEM})$/m
1	缓	小	小	
2	缓	中	小	
3	缓	大	小	
4	中	小	小	
5	中	中	小	
6	中	大	小	
7	陡	小	小	
8	陡	中	小	
9	陡	大	小	
…	…	…	…	
25	陡	小	大	
26	陡	中	大	
27	陡	大	大	

表 3　　模糊推理输出数组

等　级	结果 $\delta(Z_{DEM})$
"Very Low"	[0.00　0.02　0.04　0.06]
"Low"	[0.04　0.06　0.08　0.10]
"Average"	[0.10　0.12　0.14　0.16]
"High"	[0.16　0.18　0.20　0.22]
"Very High"	[0.20　0.22　0.24　0.26]

5　基于贝叶斯估计的沉陷区空间相干单元分析

一般情况下,矿区地表沉陷会呈现在一个大范围且空间连续的区域上。那么,除了边界区域,表现为非沉陷或非连续沉陷的单元可以认定为噪声。直接将沉陷单元和噪声作二值化阈值处理,虽然算法简单,但是二值化处理所传递出的信息不能反映更优的、空间数值连续的判定结果。

为了实现理想化的判定,还原矿区地表沉陷的真实情况,首先选择一个合适的邻域窗口,通过滤波平滑窗口内的噪声,或者减小噪声所占的权重。为此,需要重新计算沉陷区的空间相干单元所代表的值。如果中心单元据阈值 δ_2 被判定为沉陷单元,且其周围的所有单元都是沉陷的,该中心单元被判定为沉陷单元的概率会很大。经各单元所赋权重计算中心单元的沉陷条件概率,作为各网格单元最终判定为沉陷单元的基础,进一步利用贝叶斯推理法,对先验概率进行更新。根据实验对比不同窗口大小的滤波算子,确定采用一个 7×7 权重因子滤波算子 W,如表 4 所示。

表 4　　　　　　　　　　　7×7 权重因子滤波窗口

1/144	1/144	1/144	1/144	1/144	1/144	1/144
1/144	1/48	1/48	1/48	1/48	1/48	1/144
1/144	1/48	1/16	1/16	1/16	1/48	1/144
1/144	1/48	1/16		1/16	1/48	1/144
1/144	1/48	1/16	1/16	1/16	1/48	1/144
1/144	1/48	1/48	1/48	1/48	1/48	1/144
1/144	1/144	1/144	1/144	1/144	1/144	1/144

对于条件概率，定义：

$$\omega_{ij} = if(x_{ij}) \tag{8}$$

式中，x_{ij} 表示依阈值判定中心单元周围的单元，是沉陷或非沉陷单元，$i,j \in N^*$；判断函数 if：若沉陷，值取 1，非沉陷，值取 0。

定义：事件 $\Lambda=$"中心单元沉陷"，$E_m=$"依 t 分布判定中心单元为沉陷"，$E_n=$"依 t 分布判定中心单元为非沉陷"。根据上节的权重因子滤波窗口，结合 ω_{ij} 进行矩阵乘积运算。那么，条件概率 $P(\Lambda|E_m)$：

$$P(\Lambda | E_m) = \sum_{i=1, j=1}^{49} \omega_{ij} \times W_{ij} \tag{9}$$

其中，中心单元不参与计算。

那么，后验概率：

$$P(E_m | \Lambda) = \frac{P(\Lambda | E_m) \cdot P(E_m)}{P(\Lambda)} \tag{10}$$

全概率：

$$P(\Lambda) = P(\Lambda | E_m) \cdot P(E_m) + P(\Lambda | E_n) \cdot P(E_n) \tag{11}$$

采用公式(11)可以完成贝叶斯方法对先验概率的修正。

6　实验结果分析

6.1　基于模糊推理系统的差值 DEM 构建

经过上述准备，可以开展量化空间点位高程不确定性的工作。将计算的得到的误差表面用于差值 DEM 计算，基于不确定性传播定律，得到的差值 DEM 如图 5 所示。可以看出，经基于 DEM 坡度、点云密度（分布）和地表粗糙度等参与定义的模糊推理系统的处理，DEM 各处最小可探测阈值以下的变化被去除，并赋为空值（白色部分），有效增加了可信度。

6.2　基于贝叶斯估计的沉陷提取

贝叶斯法修正前后沉陷区对比图（局部）如图 6 所示，对比图 5 可以看出，基于贝叶斯估计的统计决策方法的应用，恢复了研究区地表一些低幅度的高程变化，同时舍弃了某些突变。以 t 分位数分布对基于误差相关表面进行模糊推理得到的 δ_z 作显著性评价，在 95% 的置信水平下，δ_z 处于接受域内。贝叶斯估计法基于后验概率做出判定，修正估算值，更新初始数据，可以更好地恢复和呈现沉陷信息，为沉陷盆地信息提取打下基础。

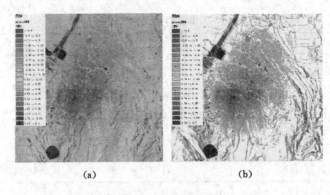

图 5 模糊推理处理前后的差值 DEM
(a) 不考虑 $minD_2$ 的差值 DEM；(b) 基于模糊推理系统的差值 DEM（白色为无值区域）

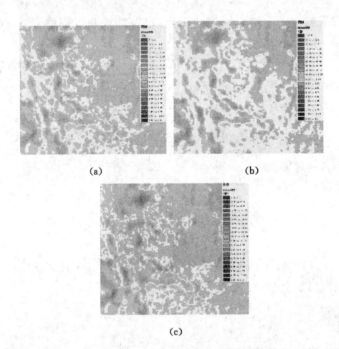

图 6 差值 DEM 贝叶斯法修正前后对比（局部）
(a) 基于模糊推理系统的差值 DEM；(b) 5×5 贝叶斯法差值 DEM；(c) 7×7 贝叶斯法差值 DEM

至于权重因子滤波窗口大小的选择，需要根据 DEM 分辨率和高程的变化情况综合考虑。本文采用 5×5 大小的窗口进行操作，结果如图 7 所示。

6.3 研究区沉陷盆地信息提取结果

研究区沉陷盆地如图 8 所示。沉陷盆地相关统计数据如表 5 所示。因开采时间、空间、开采方案及上覆岩层性质等的不同，沉陷盆地形态不是十分规则，但保持着由内至外的延伸性特征，与井田掘进情况基本吻合。研究区最大沉陷盆地 V 号盆地最大沉陷量为 2.62 m，面积 74.79 万 m²。

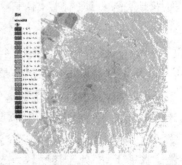

图 7 基于贝叶斯估计的研究区沉陷盆地提取

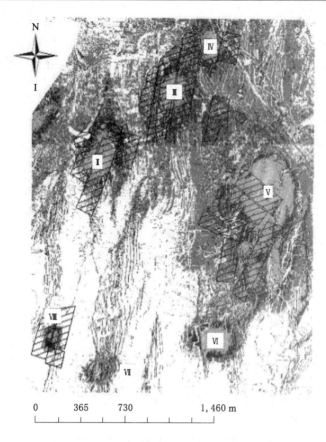

图 8　沉陷盆地分布与采掘区对比

表 5　　　　　　　　　　　　研究区沉陷统计数据

沉陷区编号	最大沉陷量/m	沉陷面积/m²	沉陷体积/m³
Ⅰ	1.72	71 500	27 200
Ⅱ	2.27	201 700	104 500
Ⅲ	2.12	180 900	82 300
Ⅳ	2.09	139 600	67 500
Ⅴ	2.62	747 900	440 900
Ⅵ	2.30	188 300	89 400
Ⅶ	1.47	54 800	20 000
Ⅷ	1.31	25 600	11 600

7　结　　论

论文以 DEM 变化的最小可探测阈值为主线,首先选定统计抽样方法并创建误差相关表面,基于模糊推理方法,探讨空间点位高程不确定性的量化问题。基于开采沉陷的空间相干性,以统计决策的贝叶斯估计法修正和更新所提取的沉陷参数统计值,并基于坡度和高程去除非开采沉陷导致的地表形变信息,实验结果表明了论文提出方法的有效性。

论文采用的贝叶斯估计法是一种很好的基于后验概率的统计决策方法。对本文来说，能够恢复一些低幅度的变化,舍弃突变。但矿区沉陷是一个空间和时间上复杂的过程,某些微小的变化可能更值得研究,作平滑或滤波处理就会丢失掉一些信息,可结合其他高精度空间数据获取设备(如地面三维激光扫描)作综合研究。

参考文献

[1] 代家乐,陈其明,于军,等.常用金矿采空区地面沉陷监测方法分析[J].世界有色金属,2016(12):132-133.

[2] 龙四春,唐涛.DInSAR集成GPS的矿山地表形变监测研究[J].测绘通报,2014(11):6-10.

[3] 张洪胜,刘浩.矿山开采地表沉陷监测方法探讨[J].测绘与空间地理信息,2014(8):200-202.

[4] 夏开宗,刘秀敏,陈从新,等.程潮铁矿西区地下开采引起的地表变形规律初探[J].岩石力学与工程学报,2014(8):1572-1588.

[5] 刘贺春,郭秋.综合GPS技术与灰色模型的西郝庄铁矿开采沉陷预计[J].金属矿山,2016(10):116-119.

[6] 杨晓玉.测量机器人在矿区地表动态变形监测中的应用[J].煤矿安全,2016(5):137-140.

[7] 刘冬,刘星年,陈超,等.基于CR-InSAR的煤矿区地表沉陷监测研究[J].现代测绘,2015(4):26-29,33.

[8] 陈洁,杜磊,李京,等.地面控制点对机载LiDAR航带平差结果影响分析[J].测绘通报,2015(S1):1-4.

[9] 于海洋,卢小平,程钢,等.基于LiDAR数据的流域水系网络提取方法研究[J].地理与地理信息科学,2013(1):17-21.

[10] JONES D K, BAKER M E, MILLER A J, et al. Tracking geomorphic signatures of watershed suburbanization with multitemporal LiDAR[J]. Geomorphology, 2014(219):42-52.

[11] RAPINEL S, HUBERT-MOY L, CLEMENT B, et al. Ditch network extraction and hydrogeomorphological characterization using LiDAR-derived DTM in wetlands[J]. HYDROLOGY RESEARCH, 2015, 46(2):276-290.

[12] WECHSLER S P, KROLL C N. Quantifying DEM uncertainty and its effect on topographic parameters[J]. PHOTOGRAMMETRIC ENGINEERING AND REMOTE SENSING, 2006, 72(9):1081-1090.

[13] 于海洋,余鹏磊,谢秋平,等.机载LiDAR数据建筑物顶面点云分割方法研究[J].测绘通报,2014(6):20-23.

[14] 琚春华,殷贤君,许翀寰.结合自助抽样的动态数据流贝叶斯分类算法[J].计算机工程与应用,2011,47(8):118-121,142.

[15] 王培军,庄连英.基于贝叶斯估计的目标特征识别扩散参数挖掘模型[J].科技通报,2015,31(8):165-167.

基金项目：国家自然科学基金资助项目（U1304402）；国家重点研发计划项目（2016YFC08033103）；河南理工大学青年骨干教师项目（672105/216）。

作者简介：于海洋，副教授，研究方向为摄影测量与遥感。E-mail：yuhaiyang@hpu.edu.cn。

基于 D-InSAR 的矿区地表沉陷监测方法

李楠,王磊,池深深,魏涛,吕挑

(安徽理工大学测绘学院,安徽 淮南,232001)

摘 要:基于两景 ALOS PALSAR 影像,利用 D-InSAR 技术,获取了 20071210～20080125 时段某矿区的地表沉降形变场。然后采用 D-InSAR 监测值,提取该回采时期矿区工作面超前影响角,并与实测数据求取值进行对比,结果表明,利用 D-InSAR 技术求取工作面超前影响角是可行的。利用基于模拟退火算法(SA)的概率积分参数反演方法,求取了矿区工作面非充分采动下的概率积分参数,求参结果表明,利用基于 SA 的概率积分参数求取方法进行矿区概率积分参数求取是可行的。研究成果对矿山开采沉陷 D-InSAR 监测具有重要参考价值。

关键词:D-InSAR;超前影响角;模拟退火;概率积分法;参数反演

Monitoring Method of Surface Subsidence in Mining Area Based on D-InSAR

Li Nan, Wang Lei, Chi Shenshen, Wei Tao, Lv Tiao

(1. *School of Geomatics, Anhui University of Science and Technology, Huainan 232001, China*)

Abstract: Based on two scenes ALOS PALSAR data, the subsidence monitoring of mining area is carried out by using D-InSAR technology. Then, the D-InSAR monitoring value is used to extract the advance influence angle of the mining working face in the mining period and compare with the measured data. The experimental result shows that it is feasible to obtain the advance influence angle of the mining working face by using D-InSAR technology. The probabilistic integral parameter inversion method which based on simulated annealing algorithm (SA) is used to obtain the probability integral parameters of the mining working face under the incomplete mining. The result shows that it is feasible to calculate the probability integral parameters of mining working face by using Parameter extraction method of probability integral parameter based on SA. The research results have important value for movement and deformation monitoring in mine areas by D-InSAR technology.

Keywords: differential synthetic aperture radar Interferometry; advance angle of influence; simulated annealing; probability integral method; parameter inversion

煤炭作为我国的主要能源,占能源消费总量的 70%左右,是国民经济和社会发展不可缺少的物质基础。煤炭资源高强度、大面积的开采,带给我们巨大经济效益和社会效益的同时,也给矿区生态环境带来了一系列损害[1-2]。因此掌握矿区开采造成的地表沉陷规律对于调整生产计划、控制开采引起的灾害、保护环境具有深刻的意义[3-4]。常规监测矿区地表沉陷的方法(水准测量、GPS 等)无法满足矿区大空间尺度下的微小形变监测需求,且存在观测成本高、周期长、离散点较少等问题。D-InSAR 技术通过监测雷达视线方向厘米级或更微小的地球表面形变,揭示出许多地球物理现象,如地震形变、火山运动、矿区地表形变、地面沉降以及山体滑坡[5-8]等方面取得成功的应用,并成为监测地面沉降的有力工具。当前,矿区工作面超前影响角的求取基本来自实地观测数据,耗时耗力,而 D-InSAR 技术可以改善这一缺点。D-InSAR 技术对垂直方向上的微小形变很敏感,鉴于此可以通过高分辨率的影像来定量求取矿区开采沉陷造成的下沉盆地超前影响角。概率积分法广泛应用于我国矿山开采沉陷预计中,准确求取概率积分法参数是提高沉陷预计精度的关键[9]。在传统的求参方法中,采用曲线拟合法、空间拟合法以及模矢法进行求参时,对参数的初值比较敏感,其求取的概率积分参数易发散且难以获得最优解[10-12]。针对传统求参方法存在的不足,本文将模拟退火算法(SA)应用到概率积分参数反演中,结合 D-InSAR 技术,求取工作面概率积分参数。模拟退火算法是一种具有全局搜索能力的算法,与其他搜索算法(如最速下降法、牛顿法和梯度法等)相比,模拟退火法具有使用灵活、运用广泛、运行效率高和较少受到初始条件约束等优点[13]。利用 D-InSAR 监测结果,选取工作面停采线一侧下沉盆地走向边缘相关系数较高的 17 个监测点,利用基于模拟退火法与概率积分参数反演方法,求取了工作面非充分采动下的概率积分参数。求参结果表明,利用基于 SA 的概率积分参数求取方法进行矿区工作面概率积分参数求取是可行的。研究成果对 D-InSAR 矿区沉陷监测具有重要参考价值。

1 D-InSAR 原理

合成孔径雷达差分干涉测量技术(D-InSAR)是以合成孔径雷达复数图像的相位信息获取地表形变信息的技术[14]。在重复轨道干涉测量情况下,假定地物的后散射特性不变,忽略大气因素的影响,在获取两幅影像干涉图,干涉相位主要由以下几部分组成[15]:

$$\varphi = \varphi_{topo} + \varphi_{def} + \varphi_{atmo} + \varphi_{flat} + \varphi_{noise} + k \cdot 2\pi \tag{1}$$

式中,φ_{topo} 为地形相位,可借助外部 DEM 模拟进行去除;φ_{def} 为卫星视线方向的地表形变相位;φ_{atmo} 为大气延迟相位,可利用相位累加法、GPS 监测网内插法、永久散射体技术等减弱其误差;φ_{flat} 是由地球曲率产生的平地相位,可通过对基线进行精确估算去除;φ_{noise} 是由噪声引起的相位,可选择适当干涉对,采用滤波的方法去除;k 为整周模糊度,需要通过相位解缠获得。

2 实验研究

2.1 实验区概况

实验矿区有 A 和 B 两个工作面,其煤层均为近水平(平均约为 5°),工作面均采用单一走向长壁、区内后退式自动化综合机械化采煤方法,全部跨落法管理顶板。A 工作面,平均采高 3.5 m,采深约 648 m,采长约 1 630 m,采宽约 250 m,回采时间为 2007 年 12 月 28 日至 2008 年 10 月 7 日,东邻 B 工作面(相距 55 m)。B 工作面,平均采高 3.9 m,采深约 780 m,采长约 2 420 m,采宽约 240 m,回采时间为 2007 年 10 月 16 日至 2008 年 9 月 7 日。A、B 工作面观测站位置如图 1 所示。

选取实验数据为 ALOS PALSAR 获取的单视复数雷达影像,分辨率为 30 m,影像大小为 9 344×18 432 像素,实验数据覆盖整个矿区。由于雷达传感器成像几何模型的限制,在差分干涉测量过程中,基线长度和观测视线角度选择不当会造成空间失相关,实验遵循干涉对的时间基线及空间基线都尽量小的原则,选取了 2 景 SAR 影像组成的 1 对影像对进行实

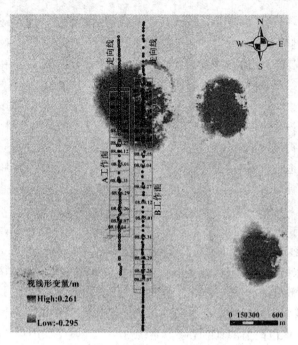

图 1　20071210～20080125 时段视线向地表移动变形量

验,干涉雷达影像对及参数如表 1 所示。为消除干涉相位中的地形影响,需要研究区的数字高程模型数据(DEM)模拟地形相位。本实验采用美国 SRTM DEM 分辨率为 30 m 的地形数据,覆盖整个矿区。利用 GAMMA 软件,采用"二轨法"对影像数据进行差分干涉处理,并将得到的研究区雷达视线向沉降形变图与工作面进行叠加,结果如图 1 所示。

表 1　　干涉影像对及参数

影像对	20071210(主影像) 20080125(辅影像)
升降轨	升轨
时间基线/d	46
垂直基线/m	373.539
主影像入射角/(°)	38.744 1
方位向/(°)	90

2.2　移动盆超前影响角提取

根据"三下"采煤规程,在工作面推进过程中,工作面前方地表开始移动(下沉 10 mm)的点与当时工作面边界的连线与水平线在煤柱一侧的夹角称为超前影响角,用 ω 表示。开始移动的点到工作面的水平距离 l 称为超前影响距。我们一般用超前影响距 l 和超前影响角 ω 衡量超前影响程度。如图 2 所示,已知超前影响距和开采深度 H_0,超前影响角的计算公式为:

$$\omega = \text{arccot}(l/H_0) \tag{2}$$

式中 l——超前影响距；

　　　H_0——平均开采深度。

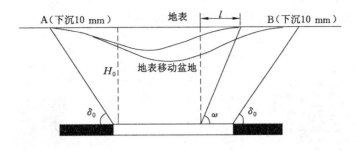

图 2　地表移动盆地边界角与超前影响角确定方法

根据 A、B 工作面回采进度资料，提取超前影响距，得到不同开采阶段的实测超前影响角，见表 2 所列。其中，在 2008 年 1 月 24 日，通过实测资料提取 A、B 工作面超前影响距分别为 325.9 m、456.9 m，求取 A、B 工作面超前影响角分别为 63.30°、59.64°；通过 D-InSAR 监测结果提取 A、B 工作面超前影响距分别为 361.6 m、499.8 m，相对误差分别为 10.95%、9.38%，求取 A、B 工作面超前影响角分别为 60.84°、57.35°，相对误差分别为 3.89%、3.84%。产生差异的主要因素有：通过 D-InSAR 监测结果提取的是 2008 年 1 月 25 日的超前影响距，而工作面实测数据是 2008 年 1 月 24 日获得，并不能完全对应；雷达影像本身的噪声和 D-InSAR 在处理数据过程中产生的一些误差包括配准误差、相位解缠误差和大气相位的干扰等因素，影响了监测的精度。综上研究表明，利用 D-InSAR 技术进行矿区超前影响角的求取是可行的。

根据表 2 的结果，通过实测数据对比，分析 A、B 工作面超前影响角规律：在非充分采动时，随着开采进度的推进、开采面积的增大，ω 随之逐渐减小；当达到充分采动后，ω 基本趋于稳定。

表 2　A、B 工作面不同阶段的超前影响角

A 工作面日期	平均采深/m	超前影响距/m	超前影响角/(°)	B 工作面日期	平均采深/m	超前影响距/m	超前影响角/(°)
2008/01/10	648	293.5	65.63	2007/10/16	780	387.7	63.57
2008/01/24	648	325.9 (361.6)	63.30 (60.84)	2007/11/17	780	412.3	62.14
2008/02/15	648	342.1	62.17	2007/12/08	780	440.4	60.55
2008/03/04	648	357.6	61.11	2008/01/24	780	456.9 (499.8)	59.64 (57.35)
2008/04/12	648	389.5	58.99	2008/02/15	780	471.6	58.84
2008/06/29	648	391.7	58.85	2008/03/27	780	472.4	58.80
2008/07/26	648	394.5	58.67	2008/05/31	780	473.7	58.73
2008/09/07	648	410.0	57.68	2008/07/26	780	497.7	57.46
2008/10/04	648	413.6	57.45	2008/09/07	780	508.3	56.91

2.3 基于 SA 的概率积分法预计参数求取

2.3.1 基于 SA 的概率积分参数反演方法

根据概率积分法原理,由矿山开采引起的地表移动盆地任意一点 (x,y) 的下沉值可表示为[16]:

$$w(x,y) = \frac{1}{w^0} w^0(x) w^0(y) \tag{3}$$

$$w^0(x) = w(x) - w(x - l_3) \tag{4}$$

$$w^0(y) = w(y) - w(x - l_1) \tag{5}$$

$$l_1 = D_3 - s_3 - s_4 \tag{6}$$

$$l_3 = (D_1 - s_1 - s_2) \frac{\sin(\theta_0 + \alpha)}{\sin \theta_0} \tag{7}$$

其中,$w_0 = mq\cos\alpha$;m 为煤层厚度;q 为下沉系数;α 为煤层倾角;θ_0 为开采影响传播角;D_1、D_3 分别为工作面倾向和走向长;s_1、s_2、s_3、s_4 分别为拐点偏距。

依据 D-InSAR 一维 LOS 投影原理,在矿山开采引起地表移动盆地内(以工作面形状矩形为例)任意像元 i 视线向(LOS)预计移动变形值与其下沉值、南北、东西方向水平移动值关系为:

$$r'_{i\text{LOS}} = -U_{i\text{SN}} \sin\theta_i \cos\left(\alpha_i - \frac{3}{2}\pi\right) - U_{i\text{EW}} \sin\theta_i \sin\left(\alpha_i - \frac{3}{2}\pi\right) + W_i \cos\theta_i \tag{8}$$

式中,W_i 为下沉值;$U_{i\text{SN}}$、$U_{i\text{EW}}$ 分别为南北、东西方向水平移动值;θ_i 为入射角;α_i 为卫星飞行方向方位角。

模拟退火法(SA)是 Kirkpatrickz 等[17]于 1982 年提出的一种求解大规模组合优化问题的算法,是一种用来求解大规模组合优化问题的算法。SA 在解空间内进行概率式搜索模式,采用 Metropolis 接受准则,寻找使目标函数值达到最优的解。由于在初始给定解和参数的基础上进行解空间内的概率随机搜索,使算法跳出局部最优解,从而达到全局最优解。

概率积分参数反演问题本质是几个最优参数(q、$\tan\beta$、θ_0、s 等)组合求得函数最小值问题,模拟退火法作为一种求解组合到最优解组合优化问题的算法,能够快速有效地搜索到最优解,并且较少受到初始条件的约束。

模拟退火法求参的本质即为寻求一组概率积分参数 X,使得参与求参的所有像元视线向移动预计值与实测值之差绝对值和最小,即:

$$F(X) = \sum_{i=1}^{n}(r'_{i\text{LOS}} - r_{i\text{LOS}}) = \min \tag{9}$$

式中,$r_{i\text{LOS}}$ 和 $r'_{i\text{LOS}}$ 分别为移动盆地内任意像元 i 的视线向变形真值和预计变形值。

模拟退火法与 D-InSAR 技术的概率积分法参数反演步骤如下:

(1) 准备工作。选择代价函数 $F(X)$,设置执行退火算法参数(初始温度 $T=400$、终止温度 $T'=5$、降温系数 $\alpha=0.95$、邻域因子 $s=1\,000$、自适应系数 $b=0.95$);然后收集工作面地质采矿条件、地表 D-InSAR 实测视线向移动变形值,随机选择概率积分参数初始值 X,计算函数的初始解 F_0。

(2) 判断是否 $T<T'$,若是,则输出 X,否则执行(3)到(6)。

(3) 若达到内循环次数,则 $T=T*\alpha$,返回(2);若未达到内循环次数,则进入(4)。

(4) 生成相邻方案 $X'=(X'_0,X'_1,\cdots,X'_7)^T$，$X'=X+S*rnd$；其中 rnd 为 $0\sim1$ 之间的随机数，式中 S 变化规则为：$S'=b*S$，b 取 $0\sim1$ 之间的实数。

(5) 根据生成的相邻方案计算目标函数或适应度值 F，并计算出改变量 ΔF。若 $\Delta F \leqslant 0$ 或 $\exp(-\Delta F/T) \geqslant rnd$ 则接受新解，即令 $X=X'$；否则保持原来的解继续迭代，即拒绝新解，返回(3)。

(6) 判断是否满足外循环准则（准则为是否达到最低温度），若满足，则此时输出概率积分参数 $X=(X_0,X_1,\cdots,X_7)$ 即为全局最优解。否则利用降温方程 $T_{k+1}=\alpha*T_k$ 降温（α 为降温系数，取值为 $0\sim1$ 之间的实数），返回执行(5)。

以上求参步骤如图 3 所示。

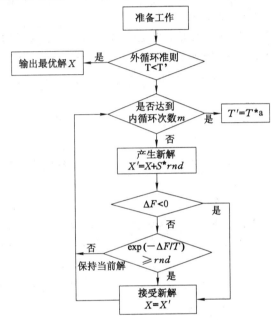

图 3 融合 SA 和 D-InSAR 的概率积分参数反演流程图

2.3.2 概率积分参数求取实验

在停采线一侧选取 A 工作面下沉盆地走向边缘相关系数较高的 17 个监测点，并假设后期的开采对 A 工作面不产生影响。利用融合模拟退火法和 D-InSAR 技术的概率积分法所编制的开采沉陷软件（MSAPS）进行预计参数，求得 A 工作面的开采到 2008 年 1 月 25 日时的下沉系数为 $q=0.710$，主要影响角正切 $\tan\beta=2.00$，水平移动系数 $b=0.20$，最大下沉角 $\theta=84°$，拐点偏移距 $S_左=10$ m、$S_右=5$ m、$S_下=20$ m、$S_上=10$ m，拟合中误差 $m=\pm 4.302$ mm，求参拟合效果如图 4 所示。

从求参结果看，虽然参与求参的监测点个数并不是很充足，但采用本文建立的求参方法所得到的实际下沉值与拟合值较为相符，可见利用基于 SA 的概率积分参数求取方法进行矿区概率积分参数求取是可行的。

3 结 论

(1) 利用两景 ALOS PALSAR 影像，获取 20071210－20080125 时段某矿区的地表沉

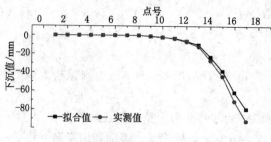

图4 求参拟合效果图

降场,并提取工作面超前影响角,与实测数据求取值进行对比,结果表明利用 D-InSAR 技术求取工作面超前影响角是可行的。

(2) 选取 A 工作面停采线一侧下沉盆地走向边缘相关系数较高的 17 个监测点,利用基于 SA 的概率积分参数反演方法,求取了 A 工作面非充分采动下的概率积分参数。求参结果表明,利用基于 SA 的概率积分参数求取方法进行矿区工作面概率积分参数求取是可行的。

参 考 文 献

[1] 刘书贤,魏晓刚,张弛,等.煤矿采动与地震耦合作用下建筑物灾变分析[J].中国矿业大学学报,2013,42(4):526-534.

[2] 阎跃观,戴华阳,王忠武,等.急倾斜多煤层开采地表沉陷分区与围岩破坏机理——以木城涧煤矿大台井为例[J].中国矿业大学学报,2013,42(4):547-553.

[3] 范洪冬,邓喀中,承达瑜.InSAR 拓展和融合技术在矿山开采监测中的应用[J].金属矿山,2008,38(4):7-10.

[4] 邓喀中,姚宁,卢正,等.D-InSAR 监测开采沉陷的实验研究[J].金属矿山,2009(12):25-27.

[5] MASSONNET B D, ROSSI M, CARMONA C, et al. "The displacement field of the Landers earthquake mapped by radar interferometry [C]// Nature,1992.

[6] ZHONG L, TIMOTHY M, DANIEL D. Interferometric synthetic aperture radar (InSAR) study of Okmok Volcano, Alaska, 1992-2003: Magma supply dynamics and postemplacement lava flow deformation [J]. Journal of Geophysical Research Atmospheres,2005,110(B2):161-162.

[7] 孙建宝,梁芳,沈正康,等.汶川 M_S8.0 地震 InSAR 形变观测及初步分析[J].地震地质,2008,30(3):789-795.

[8] 周建民,李震,李新武.基于 ALOS/PALSAR 雷达干涉数据的中国西部山谷冰川冰流运动规律研究[J].测绘学报,2009,38(4):341-347.

[9] 苏军明,朱建军,伍雅晴,等.模拟退火算法在概率积分法参数反演中的应用[J].工程勘察,2015,43(12):76-79.

[10] 查剑锋,贾新果,郭广礼.概率积分法求参初值选取的均匀设计方法[J].金属矿山,2006(11):27-29.

[11] 胡青峰,崔希民,李春意,等.基于 Broyden 算法的概率积分法预计参数求取方法研究

[J].湖南科技大学学报(自然科学版),2009,24(1):5-8.
[12] 许小勇,张海芳,钟太勇.求解非线性方程及方程组的模拟退火算法[J].航空计算技术,2007,37(1):44-46.
[13] 庞峰.模拟退火算法的原理及算法在优化问题上的应用[D].长春:吉林大学,2006.
[14] 朱建军,邢学敏,胡俊,等.利用InSAR技术监测矿区地表形变[J].中国有色金属学报,2011,21(10):2564-2576.
[15] 邵芸,谢酬,岳中琦,等.青海玉树地震差分干涉雷达同震形变测量[J].遥感学报,2010,14(5):1029-1037.
[16] 何国清,杨伦,凌赓娣,等.矿山开采沉陷学[M].徐州:中国矿业大学出版社,1991.
[17] WANG KAIYONG, GAO XIAOLU, CHEN TIAN. Influencing Factors for Formation of Urban and Rural Spatial Structure in Metropolis Fringe Area-Taking Shuangliu County of Chengdu in China as a Case[J]. Chin. Geogra. Sci. ,2008,18(3):224-234.

基金项目:国家自然科学基金项目(41602357,41474026);安徽省博士后基金项目(2014B019);安徽高校自然科学研究项目(KJ2016A190)。
作者简介:李楠(1990—),女,硕士研究生;austlinan@163.com。

利用 InSAR 和修正概率积分法预计不同采动程度下的矿区地表变形

杨泽发[1,2], 李志伟[1], 朱建军[1], Preusse Axel[2], 汪云甲[3], Papst Markus[2]

(1. 中南大学地球科学与信息物理学院,湖南 长沙,410083;
2. 亚琛工业大学矿山测量、开采沉陷工程与矿山地球科学学院,德国 亚琛,52062;
3. 中国矿业大学环境与测绘学院,江苏 徐州,221116)

摘 要:本文提出了一种融合 InSAR(Interferometric Synthetic Aperture Radar)和修正概率积分法预计不同采动条件下的矿区地表形变的方法。该方法旨在克服之前的 InSAR 概率积分法无法准确预计非充分采动导致的地表形变的局限。在该方法中,简化 Boltzmann 函数用于修正传统概率积分法,从而使其具备不同采动程度下的矿区地表形变预计。之后,基于 InSAR 获取的矿区地表雷达视线向形变估计了修正概率积分法模型参数。本文选用安徽钱营孜矿区验证了该方法的可行性和可靠性。

关键词:InSAR;概率积分法;Boltzmann 函数;形变预计;开采沉陷

Predicting Mining-Induced Deformation Under Different Extraction Conditions Using InSAR and Modified Probability Integral Method

YANG Zefa[1,2], LI Zhiwei[1], ZHU Jianjun[1],
PREUSSE Axel[2], WANG Yunjia[3], PAPST Markus[2]

(1. School of Geosciences and Info-Physics, Central South University,
Changsha 410083, China; 2. Institute of Mine Surveying, Mining Subsidence Engineering
and Geophysics in Mining, RWTH Aachen University, Aachen 52062, Germany;
3. School of Environment Science and Spatial Informatics, China University
of Mining and Technology, Xuzhou 221116, China)

Abstract: This paper presents a method that integrates a modified Probability integral method (PIM) with interferometric synthetic aperture radar (InSAR) for predicting mining-induced surface deformation under different extraction conditions. The method aims to overcome the poor performance of the previous InSAR-PIM in predicting surface deformation caused by subcritical extraction. In the proposed method, the modified PIM is developed by modifying the traditional PIM with a simplified Boltzmann function, thereby enabling the modified PIM to predict mining-induced deformation under different extraction conditions. Afterwards, the model parameters of the modified PIM are estimated based on the InSAR-derived deformation measurements. The Qianyingzi coal mining area, China, was selected to test the feasibility of the proposed method in this paper.

Keywords: InSAR; probability integral method; boltzmann function; deformation prediction;

mining subsidence

矿区地表形变监测和预计对于研究矿区沉降机理和评估潜在地质灾害起着重要作用。合成孔径雷达干涉测量技术(interferometric synthetic aperture radar,InSAR)以其大范围、低成本、高精度和高时空分辨率等优势而被广泛应用于矿区地表形变监测[1-2]。然而,InSAR 仅能监测已经发生的地表形变,而不能预计潜在开采导致的地表形变。

概率积分法(probability integral method,PIM)因其理论基础坚实、易于计算机实现等优势而被广泛用于矿区地表形变预计[3-4]。2016 年,杨泽发等基于雷达成像几何条件建立了概率积分法模型参数与 InSAR 监测雷达视线向(line-of-sight,LOS)形变之间的函数模型,从而发展了"InSAR-概率积分法"(简称 InSAR-PIM)[5]。该方法提供了一种大范围、低成本的矿区地表形变(包括下沉、倾斜、曲率、水平移动和水平变形等)预计方法,大大减小了基于传统大地测量手段估计概率积分法模型参数成本高且效率低的局限。

然而,由于概率积分法是基于充分采动和等影响叠加原理建立,因此,其预计的非充分开采导致的地表变形通常高于真实值[6-7]。如果基于高估的地表形变评估建(构)筑物潜在破坏,则容易高估其风险等级,从而造成资源的浪费、增加额外的建(构)筑物保护费用。鉴于此,本文提出利用简化 Boltzmann 函数修正概率积分法,并建立修正概率积分法模型参数与 InSAR 监测的 LOS 形变之间的函数关系,之后,基于 InSAR LOS 向形变观测值估计修正概率积分法模型参数。最后,利用修正概率积分法及其估计的模型参数即可预计潜在开采(比如非充分、充分或超充分开采)导致的矿区地表形变。以下简称本文提出的方法为"InSAR-修正概率积分法"。

1 InSAR-修正概率积分法

1.1 InSAR-PIM 概述

概率积分法是基于随机介质理论发展而来的矿区地表形变预计数学模型。根据概率积分法,地下矩形工作面开采导致的地表任一点(x,y)在任意方向φ的下沉$W(x,y)$和水平移动$U(x,y,\varphi)$可用以下两式预计:

$$W(x,y)=\frac{W_0(x)W_0(y)}{W_0} \tag{1}$$

$$U(x,y,\varphi)=\frac{U_0(x)W_0(y)\cos\varphi+U_0(y)W_0(x)\sin\varphi}{W_0} \tag{2}$$

式中,$W_0(x),W_0(y),U_0(x),U_0(y)$分别为走向和倾向半无限开采是导致的下沉和水平移动,其具体形式见参考文献[3]。

$$W_0 = m \cdot q \cdot \cos\alpha \tag{3}$$

表示充分开采条件下地表最大沉降值,其中 m 为开采厚度,q 为下沉系数,α 为煤层倾角。

在利用式(1)和式(2)预计矿区地表变形时,概率积分法模型参数 $P_M=[q,b,\tan\beta,\theta_0,s_3,s_1,s_2]$则需被首先估计。其中,$b$ 为水平移动系数,$\tan\beta$ 为主要影响角正切,θ_0 为开采影响传播角,s_3,s_1 和 s_2 为走向、倾向下山和倾向上山的拐点偏移距。由于当前 SAR 传感器斜视成像的特点,InSAR 监测的地表 LOS 形变 d_{LOS} 为垂直、东西和南北三个方向的形变分量在 LOS 方向的投影[8-9],即:

$$d_{LOS}(x,y) = \begin{bmatrix} \cos\theta \\ -\sin\theta\cos(\alpha_h - 3\pi/2) \\ -\sin\theta\sin(\alpha_h - 3\pi/2) \end{bmatrix}^T \begin{bmatrix} W(x,y,P_M) \\ U(x,y,\varphi_N,P_M) \\ U(x,y,\varphi_E,P_M) \end{bmatrix} \quad (4)$$

式中，$W(x,y,P_M)$，$U(x,y,\varphi_E,P_M)$ 和 $U(x,y,\varphi_N,P_M)$ 为矿区地表在垂直、东西和南北三个方向的三维形变，其可用式(1)和式(2)表示。θ 和 α_h 分别为雷达传感器的入射角和飞行方位角。

式(4)即为概率积分法模型参数 P_M 与 InSAR 监测的 LOS 向形变之间的函数关系。基于该函数关系和大量的 InSAR 形变监测值，杨泽发等利用附加粗差剔除的遗传算法估计了概率积分法模型参数 P_M。最后，利用估计的模型参数以及式(1)和式(2)即可预计潜在开采导致的矿区地表沉降和水平移动。关于 InSAR-PIM 的详细描述见文献[5]。

1.2 修正概率积分法

式(1)和式(2)是基于充分开采假设，利用等影响叠加原理推导而来。然而，非充分开采导致的上覆岩层变形(或破裂)不及充分开采导致的大。因此，相对于充分开采，非充分开采条件下上覆岩层对于地表的支撑更大。这是概率积分法高估非充分开采导致的地表形变的主要原因[10-11]。

修正概率积分法模型中的下沉系数 q 是目前最为常用的减少非充分开采情况下的形变高估问题的常用手段[10]。然而，由于其仅为几个离散的经验数值，所以其预计结果精度在不同的矿区表现不一致。戴华阳等通过对实测资料和理论分析后发现，非充分开采下的下沉率与地下开采宽深比变化符合 Boltzmann 函数[6]，因此，使用 Boltzmann 函数能够较好地描述下沉率 q' 与下沉系数 q 之间的变化关系。

$$q' = f_B(D/H, P_B) \cdot q = \left\{ A_2 + \frac{A_1 - A_2}{1 + \exp[(D/H - A_3)/A_4]} \right\} \cdot q \quad (5)$$

式中，$f_B(D/H, P_B)$ 为玻尔兹曼函数；D/H 为开采宽深比；$P_B = [A_1, A_2, A_3, A_4]$ 是 Boltzmann 函数的参数。

图 1 为 Boltzmann 样例曲线。很明显，Boltzmann 曲线是一条很典型的 S 型增长曲线，其最大值为 A_2，最小值为 A_1。理论上来讲，在地下开采之前，地表未产生由于开采导致的沉降，所以其下沉率 $q'=0$，即 $A_1=0$。当地下开采达到充分开采时，下沉率 $q'=q$，即 $A_2=1$。该结论从文献[6]的实测数据拟合中也可以得到证实。因此，为了减少反演未知数的个数，本文令式(5)中 $A_1=0$ 和 $A_2=1$，从而获得了简化 Boltzmann 函数。将简化后的式(5)带入式(3)，可得：

$$W'_0 = m \cdot q' \cdot \cos\alpha = m \cdot f_B(D/H, P_B) \cdot q \cdot \cos\alpha \quad (6)$$

其中，$P_B = [A_1=0, A_2=1, A_3, A_4]$。

利用式(6)替换式(1)和式(2)中的 W_0，从而获得了适合于不同采动程度的矿区地表形变预计的修正概率积分法模型。修正概率积分法中有 9 个未知模型参数，即 $[q, b, \tan\beta, \theta_0, s_3, s_1, s_2, A_3, A_4]$。与 InSAR-PIM 相似，InSAR-修正概率积分法首先用修正概率积分法表示矿区地表三维形变。之后，将其带入式(4)建立了修正概率积分法模型参数与 InSAR 监测的 LOS 向形变之间的关系，并利用附加粗差剔除的遗传算法估计其模型参数。最后，潜在开采导致的地表形变可由估计的模型参数和修正概率积分法预计。

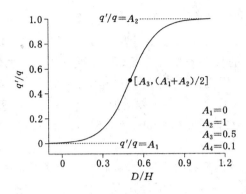

图 1 Boltzmann 样例曲线

2 实验与结果

2.1 研究区域与 SAR 数据

本文选用安徽淮北钱营孜矿区[见图 2(a)方框]验证 InSAR-修正概率积分法的可行性和可靠性。该矿区首采工作面为 3212 工作面[如图 2(b)所示],其走向长 2 200 m,倾向长约 200 m,平均采深 620 m,采厚约 3 m,煤层倾角 14°,采用全部垮落法管理顶板。

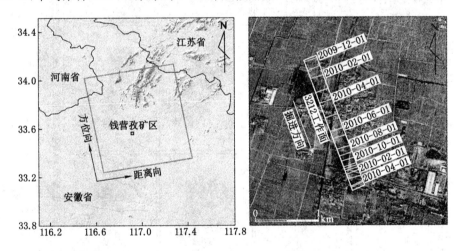

图 2 钱营孜矿区地理位置(a)以及 3212 工作面分布和采掘进度(b)

本文选用三景覆盖钱营孜矿区的 ALOS PALSAR,获取时间分别为 2009 年 10 月 13 日、2010 年 1 月 13 日和 2010 年 2 月 28 日,SAR 数据监测该矿区地表 LOS 向形变。SAR 影像的覆盖范围如图 2(a)中矩形框所示。本文首先分别利用三景影像中时间相邻的两景 SAR 影像组成两个 InSAR 干涉对,之后使用传统的二轨法差分干涉测量处理这两对 InSAR 干涉对,从而生成了 2009 年 10 月 13 日与 2010 年 1 月 13 日、2010 年 1 月 13 日与 2 月 28 日之间的矿区地表形变。累加两景生成的 LOS 向形变获取了 2009 年 10 月 13 日与 2010 年 2 月 28 日期间的 LOS 向形变。

2.2 修正概率积分法参数估计及形变预计

首先根据3212工作面的开采进度估计出2009年10月13日、2010年1月13日和2010年2月28日工作面的掘进长度。之后，本文利用基于附加粗差剔除的遗传算法和InSAR获取的三幅LOS向形变估计修正概率积分法模型参数。其中，设置遗传算法种群大小为300，交叉概率为0.75，最大迭代数量为1 000，遗传算法重复搜索次数为150。其估计的模型参数为$q=0.721, b=0.252, \tan\beta=1.510, \theta_0=82.1°, s_3=7.7$ m，$s_1=-73.4$ m，$s_2=9.6$ m，$A_3=0.244, A_4=0.083$。

在获取了修正概率积分模型参数之后，即可利用基于修正概率积分法模型预计该矿区地下开采导致的地表形变。图3为利用修正概率积分法模型预计的3212采掘工作面在2010年2月1日、6月1日、10月1日和2011年2月1日导致的地表在垂直（a～d）、东西（e～h）和南北方向（j～i）的三维形变。

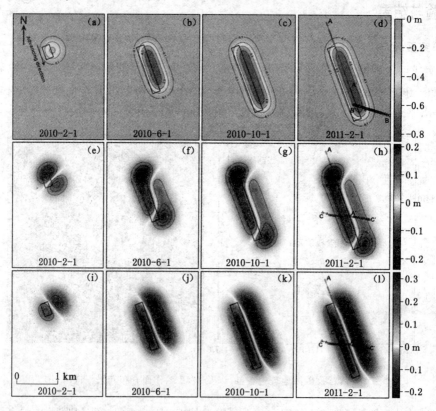

图3 修正概率积分法预计的3212工作面开采在2010年2月1日、6月1日、10月1日和2011年2月1日导致的地表在垂直（a～d）、东西（e～h）和南北方向（j～i）的三维形变

2.3 精度评估

为了验证InSAR-修正概率积分法的可靠性，本文对比了3212工作面上方布设的两条观测线AA′和BB′（如图3粉红色星号和黑色圆圈所示）的实测下沉值（红色圆圈）以及修正概率积分法预计的同步的下沉值，其结果如图4所示。其结果表明：本文方法预计的下沉值（蓝色线条）与实测值吻合较好，其平均均方根误差为0.050 m。

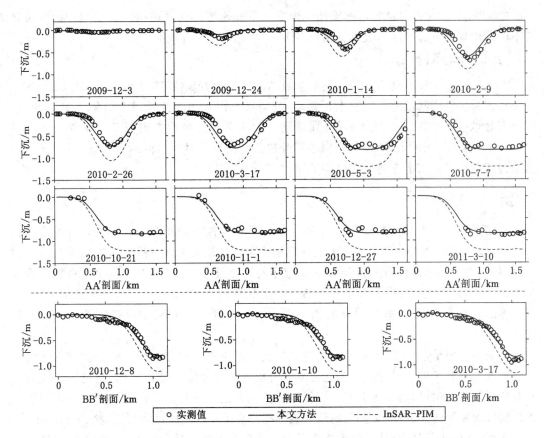

图 4 矿区实测不同时间段的下沉值与修正概率积分法预计的同步下沉值对比

此外,本文还比较了 AA′和 CC′(如图 3 中蓝色三角形)两个剖面的实测水平移动与修正概率积分法预计的同步水平移动(如图 5 所示)。结果表明:本文方法预计的水平移动与实测值吻合较好,其平均均方根误差为 0.032 m。

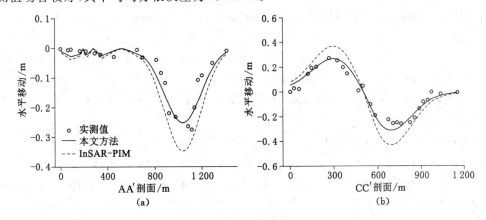

图 5 矿区实测水平移动与本文方法预计的同步水平移动对比图

如前所述,3212 工作面倾向长 200 m,采深 620 m,所以其倾向一直为非充分开采。但是其走向却经历了极不充分、非充分、充分以及超充分开采的四个阶段。然而,从图 4 和图

5可以看出,本文方法均能准确地预计出地表下沉和水平移动。该结果表明本文的方法具备不同采动程度下的矿区地表形变预计能力。

2.4 与 InSAR-PIM 对比

本文还基于估计的概率积分法模型参数利用之前的 InSAR-PIM 预计了 AA′、BB′、CC′剖面与实测变形值同步的下沉和水平移动,其结果如图 4 和图 5 所示。结果表明,InSAR-PIM 预计的变形均高于实测变形值,其在垂直和水平方向的均方根误差分别为 0.122 和 0.082 m。本文提出的 InSAR-修正概率积分法预计精度相对于之前的 InSAR-PIM 预计的结果精度在垂直和水平方向分别提高了 59.0% 和 60.9%。

3 结 论

本文提出了一个基于 InSAR 的适用于不同采动条件下的矿区地表形变预计方法。其旨在克服之前的 InSAR-PIM 方法无法准确预计非充分开采条件下的矿区地表形变这一局限,拓展了开采沉陷预计理论和 InSAR 的应用前景。通过在钱营孜矿区的真实数据实验可以发现,本文方法预计的垂直和水平移动的精度分别为 0.05 m 和 0.032 m。该结果表明:本文提出的 InSAR-修正概率积分法能够较为准确地预计不同采动程度的矿区地表形变预计。

需要指出的是,本文提出的修正概率积分法是基于概率积分法修正而来。该方法虽然一定程度上克服了概率积分法在非充分采动时预计形变精度较低的问题,但仍需服从概率积分法中的其他假设,比如将上覆岩层假定为随机介质。因此,和概率积分法一样,对于上覆岩层较为坚硬的矿区,本文提出的修正概率积分法的预计精度可能会受到一定的限制。

此外,和概率积分法相同,修正概率积分法并未考虑地下开采导致的上覆岩层采动滑移(尤其在山区)[13]。因此,本文方法预计的山区地表形变精度可能有所降低。

参考文献

[1] FAN H,GAO X,YANG J,et al. Monitoring mining subsidence using a combination of phase-stacking and offset-tracking methods [J]. Remote Sensing, 2015, 7 (7): 9166-9183.

[2] YANG Z,LI Z,ZHU J,et al. Deriving dynamic subsidence of coal mining areas using InSAR and logistic model[J]. Remote Sensing,2017,9(2):125.

[3] 刘宝琛,廖国华.煤矿地表移动的基本规律[M].北京:中国工业出版社,1965.

[4] 何国清,杨伦,凌赓娣.矿山开采沉陷学[M].徐州:中国矿业大学出版社,1991.

[5] YANG Z F, LI Z W, ZHU J J, et al. InSAR-based model parameter estimation of probability integral method and its application for predicting mining-induced horizontal and vertical displacements[J]. IEEE Transactions on Geoscience and Remote Sensing, 2016,54(8):4818-4832.

[6] 戴华阳,王金庄.非充分开采地表移动预计模型[J].煤炭学报,2003,28(6):583-587.

[7] 郭增长,谢和平,王金庄.极不充分开采地表移动和变形预计的概率密度函数法[J].煤炭学报,2004,29(2):155-158.

[8] LI Z W,YANG Z F,ZHU J J,et al. Retrieving three-dimensional displacement fields of

mining areas from a single InSAR pair[J]. Journal of Geodesy,2015,89(1):17-32.
[9] HANSSEN R F. Radar interferometry: data interpretation and error analysis[M]. Springer Science & Business Media,2001.
[10] REDDISH D J,WHITTAKER B N. Subsidence:occurrence,prediction and control [M]. Elsevier,2012.
[11] YANG Z F,LI Z W,ZHU J J,et al. An extension of the InSAR-based probability integral method and its application for predicting 3-D mining-induced displacements under different extraction conditions[J]. IEEE Transactions on Geoscience and Remote Sensing,2017,55(7):3835-3845.
[12] 国家安全监管总局,国家煤矿安监局,国家能源局,国家铁路局.建筑物、水体、铁路及主要井巷煤柱留设与压煤开采规范[S].2017.
[13] 何万龙,孔熙璧.山区地表移动及变形预计[J].矿山测量,1986,2(1):26-31.

基金项目:国家自然科学基金项目(41474008,41474007,41404013);国家留学基金委项目(201506370139)。

作者简介:杨泽发(1988—),男,博士研究生,主要从事 InSAR 矿区地表三维形变监测和预计研究。

联系方式:湖南省长沙市中南大学校本部物理楼。E-mail:yangzf@csu.edu.cn。

土地复垦与环境保护篇

不同低分子量有机酸对煤矸石养分释放的影响作用

汪梦甜[1,2]，余健[1,2]，房莉[1,2]，周光[1,2]，朱凯群[1,2]，徐占军[3]

(1. 安徽师范大学国土资源与旅游学院，安徽 芜湖，241003；
2. 安徽省自然灾害过程与防控省级实验室，安徽 芜湖，241003；
3. 山西农业大学资源环境学院，山西 太谷，030801)

摘　要：为弄清低分子量有机酸在煤矸石风化物养分释放中的作用，通过在煤矸石风化物中添加不同种类、不同浓度的低分子量有机酸（苹果酸、柠檬酸、草酸），分析培养7 d、30 d及60 d后测试煤矸石pH值、碱解氮、速效磷、速效钾含量的变化及差异。结果表明：与对照相比：柠檬酸和苹果酸处理后的煤矸石pH值降低，而添加草酸对煤矸石的pH值具有提升的作用；苹果酸和柠檬酸对煤矸石碱解氮具有一定的释放作用，而草酸具有抑制作用；苹果酸和柠檬酸处理后的煤矸石速效钾含量呈现出下降趋势，草酸与之相反；在速效磷方面，供试有机酸均提高了煤矸石的速效磷含量。随着低分子量有机酸浓度的提高和培养时间的延长，柠檬酸和苹果酸处理后的煤矸石pH值基本表现为下降趋势，草酸则相反。随着实验周期的增加，煤矸石的碱解氮和速效磷含量都呈现出上升的规律，仅有速效钾呈现出下降的趋势。伴随浓度的升高，施入柠檬酸和苹果酸的煤矸石碱解氮组分基本保持下降的态势，草酸与之相反；三类酸处理后的煤矸石速效钾和速效磷含量并未随着有机酸浓度的升高表现出明显的规律性，说明有机酸浓度对煤矸石速效钾和速效磷组分的固定和释放影响不大。

关键词：低分子量有机酸；煤矸石；速效养分；生态修复

Effects of Different Low Molecular Weight Organic Acids on Nutrient Release from Coal Gangue

WANG Mengtian[1,2], YU Jian[1,2], FANG Li[1,2], ZHOU Guang[1,2], ZHU Kaiqun[1,2], XU Zhanjun[3]

(1. College of Territorial Resources and Tourism, Anhui Normal University, Wuhu 241003, China; 2. Key Laboratory of Natural Disaster Process and Prevention Research of Anhui Province, Anhui Normal University, Wuhu 24100, China; 3. Shanxi Agricultural University, College of Resource and Environment, Taigu 030801, China)

Abstract: In order to understand the regularity of low molecular weight organic acids on coal gangue nutrient, the different kinds and different concentrations of low molecular weight organic acid (malic acid, citric acid, oxalic acid) is added to the unweathered coal gangue, to analyze the changes and difference of pH, available nitrogen, available phosphorus and available potassium after 7 days, 30 days, 60 days. The result shows: Compared with the control: adding citric acid and malic acid can reduce pH value of coal gangue, while adding oxalic acid can enhance the pH value of coal gangue; malic acid and citric acid have a certain release effect on the available nitrogen of coal gangue, but oxalic acid has inhibitory effect; After the treatment of malic acid and citric acid, the content of available K of gangue decreased, oxalic acid was opposite. In the aspect of available phosphorus, organic acids all increased the content of available phosphorus in coal gangue. With the increase of the concentration of low molecular weight organic acids and the prolongation of culture time, the pH value of the coal gangue treated with citric acid and malic acid basically decreased, while oxalic acid was opposite. With the increase of experimental period, the content of available nitrogen and available phosphorus of coal gangue showed an upward trend, but only the available potassium showed a downward trend. Along with the increasing concentration of low molecular weight organic acids, application of citric acid and malic acid makes the available nitrogen content of coal gangue is basically a downward trend. Adding citric acid and malic acid makes the available nitrogen content of coal gangue is basically in decline, oxalic acid showed an opposite trend. Coal gangue available potassium and available phosphorus content of organic acid concentration increased with no obvious regularity, it shows little effect of fixation and release of organic acid concentration on coal gangue available potassium and phosphorus fractions.

Keywords: low molecular weight organic acids; coal gangue; available nutrient; ecological restoration

煤矸石是在煤炭开采、洗选加工过程中所产生的固体废弃物,约占煤炭产量的10%,是采煤过程中排放量最大的固体废弃物。煤矸石堆积不仅占用了大量土地,形成的煤矸石山裸露于地表,既影响观感,其风化产生的煤灰及释放的一些有毒重金属也污染大气和水土资源[1]。加强煤矸石山植被和生态恢复具有重要意义。低分子量有机酸主要来源于植物根系的分泌,它对改变土壤的理化性质、促进养分释放、降低土壤污染具有重要作用。目前,国内外学者对于低分子量有机酸的研究内容主要集中在低分子量有机酸对土壤难溶性养分(如磷)[2-4]的释放;对土壤中重金属污染[5-7]和有机污染物污染[8,9]的修复与治理方面等。研究对象主要是农业土壤、林业土壤和城市区染污土壤,针对其他介质研究不多。

煤矸石山作为煤矿区煤炭开采过程中的特殊产物,具有结构性差,保水保肥能力弱,有效养分不高的特点。但研究[10-12]表明,许多地区的煤矸石全量养分较高,在风化过程可以释放养分供植物生长需要。作者通过对淮南煤矿区调研,发现矸石山上局部地区分布着一些自然植被。因此,本文从低分子量有机酸释放煤矸石养分的角度,探讨煤矸石山上植物适应环境的机制,可为加快煤矸石山生态环境治理及植物恢复提供理论依据。

1 材料与方法

1.1 培养实验

供试煤矸石样品取自淮南市潘集矿区多处未覆土的煤矸石山,煤矸石 pH 值为 6.72,电导率为 416.67 $\mu s/cm$,全氮 1.7 g/kg,全钾 101.84 g/kg,全磷 0.3 g/kg,碱解氮 4.90 mg/kg,速效钾 175.07 mg/kg,速效磷 0.66 mg/kg。将多处煤矸石样品混合,从中挑取大块矸石(防止颗粒细小的矸石颗粒中存在其他土壤的成分),经人工破碎后过 2 mm 尼龙筛煤矸石颗粒作为供试样品。实验所用的低分子量有机酸选取植物普遍分泌的苹果酸、柠檬酸、草酸,均采用分析纯试剂配制。有机酸浓度设置 0(对照)、2、5、10、15、20 mmol/L 6 种。

培养实验,称取 200 g 的煤矸石样品放于 500 mL 的烧杯中,以取样矸石山附近的壤质土的田间持水量为参照,分别加入供试低分子量有机酸溶液至煤矸石湿度为参照田间持水量的 80%,对照(CK)用等量的去离子水来代替。采用保鲜膜封口,防止水分过度蒸发,保证培养期间介质湿度,在 25 ℃恒温箱中培养。每一个水平设置 3 次重复。培养时间分为三个阶段:7 d、30 d、60 d。每个培养阶段后,取样并按国家标准方法测定样品的 pH、碱解氮(AN)、速效钾(AK)和速效磷(AP)等的含量。

1.2 数据处理与分析

所得实验数据采用 SPSS 22.0 软件和 Oringe 8.5 软件进行数据处理及绘图。

2 结果与分析

2.1 低分子量有机酸作用下的煤矸石 pH 值的变化

不同低分子量有机酸对煤矸石 pH 值的影响差异较大,总体表现为柠檬酸和苹果酸处理的煤矸石 pH 值降低,而草酸处理的煤矸石 pH 值上升的特征。去离子水(对照,CK)和添加柠檬酸、苹果酸、草酸处理下的煤矸石的平均 pH 值分别为:7.10、6.67、5.76、7.68。与供试煤矸石初始 pH 值相比,在供试浓度范围内,对照及草酸处理的煤矸石的 pH 值依次提高了 0.38 个单位和 0.96 个单位,而添加柠檬酸和苹果酸处理的 pH 值分别降低了 0.05 个单位和 0.96 个单位(图1)。

在培养的三个阶段过程中,三种低分子量有机酸及对照处理的煤矸石的 pH 值均表现出"V"变化特征,即第一阶段(7 d)高,第二阶段(30 d)有一定降低,第三阶段(60 d)再适当回升(图1)。从浓度影响的角度来看,不同浓度的三种低分子量有机酸处理的煤矸石 pH 值变化表现为柠檬酸处理后的煤矸石 pH 值表现的特征差异较大。其中,柠檬酸处理在三个阶段均表现为酸浓度越大,处理后的煤矸石 pH 值越低;而苹果酸处理的煤矸石 pH 值则表现第一阶段随酸浓度的增大而升高,而后期 pH 值下降后,各浓度处理间差异不大;草酸处理在培养期的第二个阶段 pH 值表现一定的随酸浓度增大而升高的特征,而第一和第三阶段增多未表现明显规律性特征(图1)。

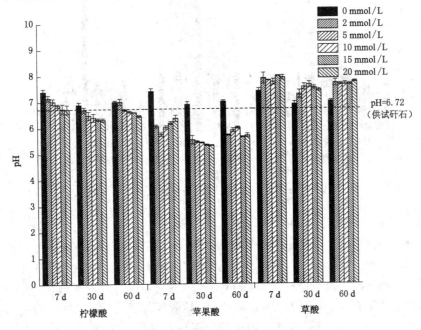

图1 低分子量有机酸对煤矸石 pH 值的影响

2.2 低分子量有机酸作用下的煤矸石速效养分释放差异及变化

(1) 煤矸石碱解氮释放量差异及变化

供试煤矸石的初始碱解氮含量为 4.90 mg/kg。在湿润条件下，煤矸石的碱解氮释放量均呈现不同程度的增加，且随着培养时间的延长，碱解氮释放量增加，尤其在培养的第三阶段(30～60 d)增加迅速。设定的低分子量有机酸浓度分别对煤矸石碱解氮释放的影响差异不大。在培养周期内，空白对照在培养 7 d、30 d、60 d 时，矸石碱解氮含量分别为 14.70±0.70 mg/kg、15.05±2.86 mg/kg 和 43.93±1.23 mg/kg，分别是供试矸石初始碱解氮含量的 3 倍、3.1 倍、9 倍。柠檬酸和苹果酸处理矸石碱解氮 7 d 释放量基本都低于空白，30 d 释放量均值分别为 16.01 mg/kg 和 23.50 mg/kg，前者与空白对照基本持平，并在后续的培养期(30～60 d)与空白同步增长，两者未达到显著差异，后者则逐渐超过空白对照，在后续的培养期内始终显著高于对照。培养 60 d，柠檬酸和苹果酸处理的煤矸石碱解氮释放量基本都达到培养 30 d 的释放量的 2 倍以上。草酸处理在三个阶段的释放量分别为 5.35±0.97 mg/kg、10.07±3.00 mg/kg 和 11.66±3.96 mg/kg，虽然表现为随培养时间的延长，碱解氮有所增加，但 30 d 和 60 d 的释放量差异不大，且总体均显著低于相应阶段的对照(图2)。

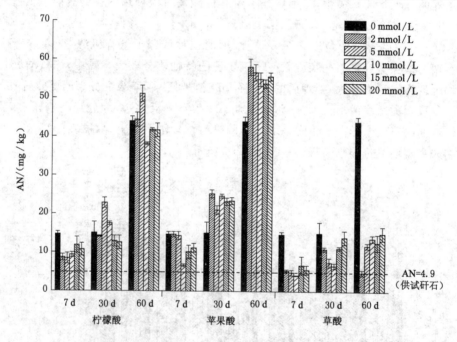

图 2 低分子量有机酸对煤矸石碱解氮含量的影响

(2) 低分子量有机酸对煤矸石速效钾含量的影响

由图 3 可以看出，供试煤矸石的速效钾含量为 175.07±4.18 mg/kg，去离子水及各浓度的三种低分子量有机酸加入后，其速效钾含量明显下降，并且培养的时间越长，速效钾含量下降越大。但低分子量有机酸处理的煤矸石速效钾含量下降的梯度较去离子水处理(对照，CK)小。在培养的 7 d、30 d 和 60 d，对照处理速效钾含量分别为 163.22 mg/kg、141.64 mg/kg 和 102.77 mg/kg，柠檬酸处理的速效钾平均含量为 143.90 mg/kg、139.05 mg/kg 和 107.73 mg/kg，苹果酸处理分别为 134.82 mg/kg、114.24 mg/kg 及 113.26 mg/kg，草酸处理分别为 163.22 mg/kg、148.29 mg/kg、132.31 mg/kg。在培养 30 d 或 60 d 时,有机酸处理的速效钾含量开始高于或显著高于相应阶段对照处理。随着添加的低分子量有机酸浓度的增加,柠檬酸处理的速效钾含量未表现明显规律性变化,苹果酸处理的速效钾含量大致表现为下降的特征,草酸处理的速效钾含量则表现为逐渐增加。

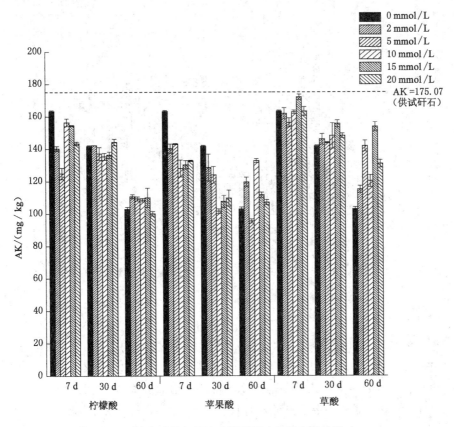

图 3 低分子量有机酸对煤矸石速效钾含量的影响

(3) 低分子量有机酸对煤矸石速效磷含量的影响

供试煤矸石的初始速效磷养分较低,仅有 0.66 mg/kg。由图 4 可以看出,在培养期间,与煤矸石的初始速效磷相比,对照的速效磷含量始终低于初始速效磷含量,分别为 0.43 mg/kg、0.31 mg/kg、0.36 mg/kg。各浓度的柠檬酸处理和苹果酸处理在培养 7 d 和 30 d,速效磷含量均低于初始速效磷含量,且与相应培养时间的对照差异不大,而培养到 60 d,速效磷含量出现较大程度的提高,并超过相应培养时间的对照和初始速效磷含量,前者最低值为 0.25 mg/kg,最高为 0.99 mg/kg,平均值为 0.52 mg/kg,培养结束后相较于初始速效磷含量,提高了 0.33 mg/kg,后者最低值为 0.29 mg/kg,最高值为 1.22 mg/kg,平均含量为 0.60 mg/kg,培养结束后相较于初始速效磷含量,提高了 0.56 mg/kg。而各浓度的草酸处理在培养期内,速效磷含量始终高于对照和初始速效磷含量,而且差异显著;三个时段,草酸处理的速效磷含量分别为 0.84 mg/kg、0.99 mg/kg、0.84 mg/kg,未表现明显差异。不同浓度的低分子量有机酸处理期间,速效磷含量没有明显差异,而且未表现随浓度增加的规律性变化特征。

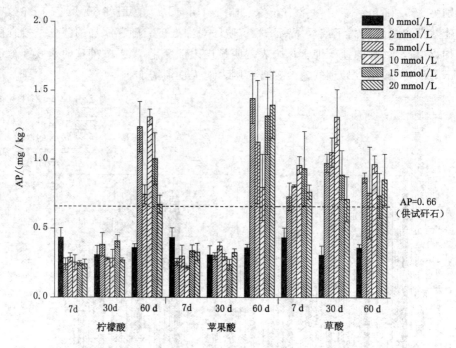

图 4 低分子量有机酸对煤矸石速效磷含量的影响

3 讨 论

(1) 低分子量有机酸作用下煤矸石 pH 值差异产生原因分析

低分子量有机酸的施入增加了煤矸石中 H^+ 的浓度,酸化了煤矸石,从而使得其 pH 值降低[13]。本研究表明,去离子水或蒸馏水(空白)处理培养的煤矸石 pH 值均高于供试矸石的初始 pH 值,低浓度低分子量苹果酸和柠檬酸处理的煤矸石的 pH 值在培养初期均表现出高于供试矸石的初始 pH 值而低于空白处理的 pH 值的特征,而且随着有机酸浓度的增大和培养时间的延长基本表现为 pH 值逐渐下降至初始 pH 值以下,酸化作用总体表现为苹果酸大于柠檬酸(图 1),这与前人在土壤和生物质炭中的实验结果[14,15]一致。而草酸处理的煤矸石的 pH 值表现总体高于空白及初始 pH 值,并远高于柠檬酸和苹果酸处理,这一研究结果与前人在土壤上研究的结果不尽一致。培养过程中,煤矸石的 pH 值的差异及变化,主要有三个方面的原因:其一,低分子量有机酸解离出 H^+ 造成培养后的煤矸石 pH 值降低,不同的低分子量有机酸,其化学结构不完全相同,羧基和羟基的数量不同,解离出 H^+ 的难度也有差异[16];其二,供试煤矸石的主要成分是碳质泥岩,处理细化后煤矸石风化物与土壤一样,也具有一定的缓冲性能,而且缓冲性能主要表现在处理的初期(或前期),从而导致培养初始阶段 pH 值较高;其三,煤矸石毕竟不是土壤,也不完全具有土壤的性质,其结构组成及元素组成可能是造成草酸处理的 pH 值远高于苹果酸和柠檬酸处理的原因。另本研究结果与宋发仁等[17]的研究结果一致,认为草酸作为二元酸,相对来说配位基团减少,所以致酸作用没有苹果酸和柠檬酸强;或者也可能与微生物的活动有关。

(2) 低分子量有机酸对煤矸石碱解氮释放的影响

低分子量有机酸作为一种碳源,在养分较缺乏的煤矸石中为微生物的生存和活动提供了营养物质,微生物的活动增强,可能会通过自身的代谢对煤矸石中无法被自身利用的氮素成分不断转换为有效形态,同时,微生物的繁殖与死亡也会将体内的有效氮组分释放到煤矸石中,所以在一定时间内,煤矸石中的碱解氮含量明显增加。低分子量有机酸可能对煤矸石具有一定的颗粒破碎作用,从而加快煤矸石的风化成土过程,加快氮素的释放,有关研究工作本课题组尚在开展。本研究结果表明,湿润条件可以促进煤矸石碱解氮的释放,而湿润条件保持的时间越长,促进作用越明显。在煤矸石处于湿润的条件下,苹果酸和柠檬酸的添加可以进一步促进煤矸石碱解氮的释放,且表现前者强于后者;而草酸表现有一定抑制煤矸石碱解氮释放的作用。本研究的部分结果与张根柱[18]研究柠檬酸对黄土高原塿土的结果不完全一致,这可能与煤矸石的自身养分不高、矿物组成不同有关,也可能是实验设置的浓度范围不同和培养的时间不同导致研究结果的差异。从研究的定量化结果来看,上述表现也可能是由于苹果酸和柠檬酸处理的煤矸石处于微酸性,有利用煤矸石释放出的碱解氮养分在介质中稳定,而草酸处理的煤矸石显微碱性不利于碱解氮的稳定存在,在培养过程中以氨气的形式散失导致测定结果偏小,这需要进一步研究来确定。

(3) 低分子量有机酸对煤矸石速效钾释放的影响

长期水分浸润对煤矸石速效钾释放具有抑制作用,低分子量有机酸的存在,短时间内会进一步抑制煤矸石速效钾释放,长时间的存在可以缓解水分对煤矸石速效钾释放的抑制作用,其中以草酸的效果最好(图3)。丛日环[19]在红壤中添加柠檬酸、苹果酸、草酸后,草酸和苹果酸高于对照水平,而柠檬酸低于对照水平,此研究结果和本实验的结果不完全一致,可能的原因是丛日环研究的对象是土壤,而本实验研究的对象是煤矸石,理化性质上两者具有明显的差异。原因分析为低分子量有机酸可通过酸化作用、配位交换作用和还原作用溶解转化土壤中的矿物钾,促进钾释放,提高生物有效性[20];有机酸的加入增强了煤矸石的抑制能力,这可能是因为有机酸与煤矸石表面带有的铁铝氧化物进行螯合作用,从而减弱了其释放部分钾素的能力。三类低分子量有机酸中柠檬酸和苹果酸为三元酸,草酸为二元酸,柠檬酸含有2个羟基,螯合能力最强[19],从而释放能力最弱。低分子量有机酸的加入可能改变了煤矸石表面的电荷平衡,从而起到了抑制速效钾释放的作用。

(4) 低分子量有机酸对煤矸石速效磷释放的影响

低分子量有机酸对煤矸石中的速效磷成分具有活化作用:添加柠檬酸、苹果酸和草酸都在一定程度上增加了煤矸石的速效磷含量。低分子量有机酸活化磷素的机制主要包括:酸溶解作用;和土壤中的铁铝氧化物,水化物之间发生络合反应,改变这些吸附剂表面的电荷,从而降低土壤对磷酸根的吸附固定;与磷酸根之间竞争络合位点,从而降低土壤对磷酸根的吸附;除土壤 P 吸附位点;阴离子与 Fe、Al 和 Ca 等金属离子间的络合反应,造成含 P 化合物的溶解,从而活化土壤中的 P[21]。草酸、苹果酸和柠檬酸在不同的试验周期活化能力各不相同,就是因为不同种类的低分子量有机酸的酸解能力和络合能力存在差异。本研究中的速效磷的含量增加可能是由于酸溶解作用使得难溶性磷素向易溶性磷素转化的过程;也可能是由于煤矸石中的 Fe、Al 成分与低分子量有机酸发生络合效应,从而造成速效磷含量的增加。刘丽[22]等人的研究结果表明,低分子量有机酸对土壤磷素的活化效果与有机酸的浓度呈现显著的正相关关系,这与本文的研究结果不同,这可能与实验对象不同及浓度范围不同有关:矸石作为一种特殊的矿区废弃物,和一般土壤的矿物组分和结构状况存在一定的差异;同时,低分子量有机酸对土壤速效磷的活化作用可能受到浓度范围的限制[23]。

4 结 论

(1) 低分子量有机酸加入后对煤矸石 pH 值的变化具有一定促进作用。草酸和对照处理后的煤矸石 pH 值要明显高于苹果酸和柠檬酸的处理。随着低分子量有机酸浓度的提高和培养时间的延长,柠檬酸和苹果酸处理后的煤矸石 pH 值基本表现为下降趋势,草酸则相反。

(2) 与供试煤矸石相比,四种处理水平都提高了碱解氮的含量;与对照相比,苹果酸、柠檬酸对碱解氮具有释放作用(高于对照),草酸则具有抑制作用(低于对照)。随着实验周期的增加,四种处理后的煤矸石碱解氮含量呈现出上升规律,尤其在最后 30 d 内迅速上升(除草酸外)。苹果酸和柠檬酸处理下的煤矸石碱解氮含量随着浓度的上升基本表现出下降趋势,而草酸表现为上升趋势。

(3) 添加蒸馏水和三类低分子量有机酸与原始煤矸石速效钾含量相比都有所下降。与对照相比,苹果酸和柠檬酸呈现出下降趋势,草酸与之相反,对煤矸石速效钾影响能力的大小排序为:草酸>苹果酸>柠檬酸。随着时间的增长,三类酸基本表现为下降趋势;随着浓度的上升,三类酸未体现出规律性。

(4) 随着时间的增长,与供试煤矸石相比,实验中除草酸处理外,其他处理后的煤矸石速效磷含量的平均值均有所降低;与对照相比,三种有机酸添加后,都释放了煤矸石中的速效磷组分。随着培养周期的延长,供试低分子量有机酸处理后的煤矸石速效磷含量处于上升的趋势;而随着浓度的升高,也未表现出明显的规律性。

参 考 文 献

[1] 王丽艳,韩有志,张成梁,等.不同植被恢复模式下煤矸石山复垦土壤性质及煤矸石风化物的变化特征[J].生态学报,2011,31(21):6429-6441.

[2] WANG Y, WHALEN J K, CHEN X, et al. Mechanisms for altering phosphorus sorption characteristics induced by[J]. Canadian Journal of Soil Science, 2016, 96(3).

[3] 孔涛,伏虹旭,吕刚,等.低分子量有机酸对滨海盐碱土壤磷的活化作用[J].环境化学,2016,35(7):1526-1531.

[4] 张大庚,栗杰,刘慧,等.外源低分子量有机酸和磷肥与土壤钙素的相互作用研究[J].北方园艺,2015(15):161-165.

[5] VÍTKOVÁ M, KOMÁREK M, TEJNECKÝ V, et al. Interactions of nano-oxides with low-molecular-weight organic acids in a contaminated soil[J]. Journal of Hazardous Materials, 2015(293):7-14.

[6] ROCHA A C S, ALMEIDA C M R, BASTO M C P, et al. Marsh plant response to metals: Exudation of aliphatic low molecular weight organic acids (ALMWOAs)[J]. Estuarine Coastal & Shelf Science, 2016(171):77-84.

[7] 何沅洁,刘江,江韬,等.模拟三峡库区消落带优势植物根系低分子量有机酸对土壤中铅的解吸动力学[J].环境科学,2017,38(2):600-607.

[8] JIA H, CHEN H, NULAJI G, et al. Effect of low-molecular-weight organic acids on photo-degradation of phenanthrene catalyzed by Fe(Ⅲ)-smectite under visible light

[J]. Chemosphere,2015,138(11):266-271.

[9] 潘声旺,袁馨,刘灿,等.苯并[α]芘对不同修复潜力羊茅属植物的根系分泌物中几种低分子量有机物的影响[J].植物生态学报,2016,40(6):604-614.

[10] 张静雯,张洪江,张成梁,等.煤矸石山坡面土壤营养元素状况分析[J].东北农业科学,2013,38(2):57-67.

[11] 蔡毅,严家平,陈孝杨,等.表生作用下煤矸石风化特征研究——以淮南矿区为例[J].中国矿业大学学报,2015,44(5):937-943.

[12] 郑彬.煤矸石自然风化进程中风化物理化性质变化研究——以阜新矿区为例[D].呼和浩特:内蒙古农业大学,2009.

[13] 黄建凤,吴昊.植物根系分泌的有机酸及其作用[J].现代农业科技,2008(20):323-324.

[14] ONIRETI O O, LIN C, QIN J. Combined effects of low-molecular-weight organic acids on mobilization of arsenic and lead from multi-contaminated soils[J]. Chemosphere,2017(170):161-168.

[15] LIU G, CHEN L, JIANG Z, et al. Aging impacts of low molecular weight organic acids (LMWOAs) on furfural production residue-derived biochars: Porosity, functional properties, and inorganic minerals[J]. Science of the Total Environment, 2017:607-608,1428.

[16] 余健,俞元春,房莉,等.有机酸对森林土壤pH及铝形态变化的影响[J].福建林学院学报,2005,25(3):243-246.

[17] 宋发仁,尹文波,兰李梅.不同浓度草酸对土壤中Cu、Cd形态的影响[J].资源节约与环保,2016(11):182-182.

[18] 张根柱.外源柠檬酸对娄土养分、酶活性及微生物活性的影响[D].杨凌:西北农林科技大学,2011.

[19] 丛日环.水分状况及低分子量有机酸对红壤和黄褐土钾素形态转化的影响[D].武汉:华中农业大学,2008.

[20] 陈凯,马敬,曹一平,等.磷亏缺下不同植物根系有机酸的分泌[J].中国农业大学学报,1999,4(3):58-62.

[21] 房福力,李玉中,李巧珍,等.柠檬酸与土壤磷相互作用的研究进展[J].中国农学通报,2012,28(18):26-30.

[22] 刘丽,梁成华,王琦,等.低分子量有机酸对土壤磷活化影响的研究[J].植物营养与肥料学报,2009,15(3):593-600.

[23] 杨绍琼,党廷辉,戚瑞生,等.低分子量有机酸对石灰性土壤有机磷组成及有效性的影响[J].水土保持学报,2012,26(4):167-171.

基金项目:国家自然科学基金项目(41101529,51304130);安徽高校自然科学研究项目(KJ2017A308);安徽师范大学博士启动基金项目(2016XJJ107)。

作者简介:汪梦甜(1992—),女,在读硕士研究生,主要研究方向为土地生态修复。E-mail:ahwmt0822@163.com。

挤压和含水量对采煤塌陷地不同秸秆还田复垦土壤碳转化的影响

周光[1,2]，余健[1,2]，房莉[1,2]，汪梦甜[1,2]，刘燕妮[1,2]，吴天航[1,2]

(1. 安徽师范大学国土资源与旅游学院，安徽 芜湖，241003；
2. 安徽省自然灾害过程与防控省级实验室，安徽 芜湖，241003)

摘 要：以江苏省徐州市铜山区柳新乡煤矿区采煤塌陷复垦土壤为供试样品，通过室内培养实验设置不同处理方式来研究采煤塌陷地复垦土壤碳转化的动态变化。结果表明：(1) 总碳(TC)含量的变化：在土壤紧实度适中时，有利于TC含量的累积；TC与土壤含水量呈负相关关系；添加秸秆后TC含量明显增加，小麦秆比水稻秆更有利于TC的积累。(2) 有机碳(TOC)含量的变化：当土壤紧实度适中时，有利于TOC含量的增加；土壤水分含量达到田间最大持水力(60%~70%)时，有利于促进土壤呼吸，所以TOC含量最少；秸秆有利于增加TOC含量，小麦秆更有利于TOC的累积。可见：对采煤塌陷地土壤进行复垦时，可综合考虑土壤含水量、土壤紧实度、适当添加秸秆对土壤碳含量动态变化的影响，为矿区塌陷地土壤复垦提供一定的指导作用。

关键词：土壤碳含量；有机碳；秸秆还田；采煤塌陷地；方差分析

Effects of Extrusion and Water Content on Soil Carbon Transformation of Different Straw Returning to Soil in Coal Mining Subsidence Area

ZHOU Guang[1,2], YU Jian[1,2], FANG Li[1,2],
WANG MengTian[1,2], LIU YanNi[1,2], WU TianHang[1,2]

(1. *College of Territorial Resources and Tourism, Anhui Normal University, Wuhu 241003, China;*
2. *Anhui Key Laboratory of Natural Disaster Process and Prevention, Wuhu 241003, China*)

Abstract: In Copper Mt. Coal Mining District of Jiangsu city of Xuzhou Province Liu Xinxiang coal mine subsidence area reclamation soil samples, through the indoor culture experiment set different processing methods to study the dynamic changes of soil carbon conversion in coal mining subsidence reclamation. The results showed that: (1) the total carbon (TC) content changes: the most conducive to the accumulation of TC content in the soil compaction is moderate; TC and soil water content was negatively correlated; the content of TC increased significantly after addition of straw, wheat straw ratio of rice straw is more conducive to the accumulation of TC. (2) organic carbon (TOC) content changes: when the soil compaction is moderate, is conducive to the increase of TOC content; soil moisture containing Amount of field maximum water holding capacity (60%~70%), is conducive to the promotion of soil respiration, so TOC was the least; straw is conducive to the increase of the TOC content of wheat straw is more conducive to the accumulation of TOC. Visible: in the coal mining subsidence of soil reclamation, can consider soil moisture content, soil compaction, add the appropriate effect the dynamic changes of straw on soil carbon content, provide some guidance for the mining subsidence of soil reclamation.

Keywords: soil carbon content; organic carbon; straw returning; coal mining subsidence; analysis of variance

　　土壤圈是陆地生态系统中最大的碳库,土壤圈碳库是大气碳库的2倍,是陆地植物碳库的2~3倍[1-2]。由于土壤碳储量巨大,其较小幅度变化即可明显影响到土壤碳向大气的排放,影响全球气候变化过程、陆地生态系统的结构和功能,因而在全球碳循环过程中至关重要。土壤碳一方面直接影响全球碳平衡;另一方面,土壤碳可以改善土壤结构,提高土壤肥力,是植物和各种微生物的重要可利用碳源,对其生长和活动具有重要影响[3]。目前,国内外学者[4]主要关注农业[5-8]、林业[9]和牧业[10]土壤碳库的变化及有机碳的研究,对采煤塌陷地的复垦土壤总碳、有机碳的研究较少。

　　煤炭作为我国主要的能源,它在推动国民经济发展的同时,其开采也带来一系列严重的问题[11-12]。我国煤炭开采主要以井工开采为主,所以我国煤矿区破坏土地的类型仍以塌陷地为主。程静霞[13]等,通过对比分析沉陷坡与裂缝区两种破坏地表的土壤有机碳空间变化特征,研究发现矿区土壤有机碳的空间变化与土壤侵蚀、土地利用、裂隙渗漏及低生物量输入有关。史娜娜[14]等采用因子分析、相关分析等方法揭示大柳塔矿区采煤塌陷前后土壤碳氮储量的变化及其影响因素。渠俊峰[15]等通过对采煤沉陷区不同地带土壤有机碳密度取样对比分析发现,坡面有机碳库明显流失,而积水区碳汇功能显著。国内外对采煤塌陷地复垦土壤碳[16-18]研究成果较少,因此研究采煤塌陷地复垦土壤碳的特征很有必要。我国华东、华北平原的高潜水位区是我国重要的煤矿分布区,其中多数为井工开采型煤矿,而该区又是我国重要的粮食产区,该区地下采煤引起土地塌陷造成耕地严重破坏,对粮食生产影响很大。研究采煤塌陷地的复垦土壤碳变化对土壤复垦和耕地修复很重要,可为优化土地利用管理,改进复垦技术,提高复垦土壤固碳能力,加速恢复塌陷地复垦土壤质量提供理论依据。本文以江苏省徐州市铜山区柳新乡煤矿区采煤塌陷复垦地为例,分析采煤塌陷地复垦土壤碳储量的变化,以期为采煤塌陷区土壤改良和土地资源利用提供理论参考。

1 材料与方法

1.1 供试土壤

　　供试土壤于2013年9月28日取自江苏省徐州市铜山区柳新乡煤矿区采煤塌陷复垦地(N34°25′15″,E117°07′58″),为新复垦土地,该地区属于暖温带半湿润季风气候区,是海洋性气候向大陆性气候过渡的地带,又是南北气候的交汇地区,四季分明,日照充足[19]。境内以东南风为主导风向,年均降水量800~930 mm,年平均降水天数为83 d。年平均气温为13.8 ℃,年平均日照时数为2 284~2 495 h,无霜期为200~220 d。土壤为棕壤,主要为下层翻起来的新土。土壤采集带入实验室后,除去其中的动植物残体、石砾等杂物,放于室内自然风干,并在风干过程中将大土块敲碎成小于1 cm结构体。秸秆包括小麦秆和水稻秆两种,均采自土壤采样区。秸秆采用植物粉碎机磨碎成长度小于5 mm的碎屑备用。

表 1　　　　　　　　　　　　　　　供试土壤基本理化性质

土壤类型	pH	总碳 TC /(g/kg)	总氮 TN /(g/kg)	速效磷 AP /(mg/kg)	速效钾 AK /(mg/kg)	有机质 OM
复垦土壤	7.67	27.6±0.29	1.83±0.13	27.12±6.78	285.24±53.21	2.46±0.23

1.2 试验设计

本试验设置 6 个密度水平参数标准：1.1,1.2,1.4,1.5,1.6,1.7(g/cm³)，根据所测紧实度按正相关增长的规律(图1)，依次用 C1,C2,C3,C4,C5,C6 来表示；设置 3 个土壤含水量水平标准：W1(33%),W2(66%),W3(99%)。其中含水量水平标准用 W 表示，计算方法为：

$$W = M_水/M_土 \tag{1}$$

式中，W 为含水量比例，％；$M_水$ 为培养样品中所含水的质量，g；$M_土$ 为培养样品中土壤的干土重，g。小麦秸秆和水稻秸秆按照 4 t/ha 的量均匀混合添加，分别用 R1,R2 来表示，并以不加秸秆处理作为对照。为确保实验的科学性，每一个水平处理均设置 3 次重复，温度始终控制在 25 ℃。

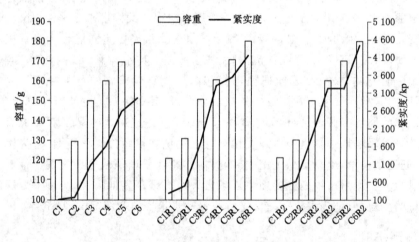

图 1　土壤紧实度随容重的变化趋势

W1——水分含量为 33%；R1——小麦秸秆；R2——水稻秸秆；C1～C6——密度

1.3 测定方法

土壤 pH 值采用 pH 计测定；土壤全氮(TN)采用半微量开氏消煮法测定；土壤速效磷(AP)采用碳酸氢钠-锑抗比色法测定；土壤速效钾(AK)采用火焰光度计比色法测定；土壤密度采用环刀法测定。将所有获得的样品自然风干，研磨过 200 目筛(0.075 mm)，再用锡纸称取一定量的土样，放入德国 Elementar 元素分析仪中，测定土样中的全碳及总有机碳含量。

1.4 数据分析

为了分析不同处理方式下 TC 与 TOC 含量变化情况，采用 Excel 对实验获取的数据进行整理、分析和图表绘制；并采用 SPSS 22.0 软件进行数据统计分析($P<0.05$)，文中各图

表示多次重复实验的平均值。

2 结果与分析

2.1 挤压与含水量对复垦土壤总碳含量变化的影响

(1) 挤压对复垦土壤总碳含量的影响

土壤总碳的变化是不同利用方向下土壤质量演变的主要标志,矿区 TC 受地形、不同经营管理措施、复垦方向、耕作制度等多种因素影响。其中,土地利用方向强烈影响 TC 的输入和输出,从而影响了 TC。因此,不同处理方式的 TC 含量有所差异。

土壤紧实度是反映土壤物理性状的重要指标。与对照土壤(CK)对比发现(图2),未添加秸秆时,土壤 TC(27.42 g/kg)含量低于对照土壤(CK:27.6 g/kg);而添加秸秆后,TC 含量高于对照土壤,小麦秆(30.28 g/kg)比水稻秆(29.42 g/kg)更有利于增加土壤 TC 含量。

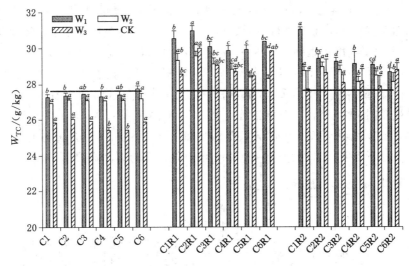

图 2 不同处理对土壤总碳含量的影响

(注:不同小写字母表明差异显著($P<0.05$);TC:总碳含量(Total carbon);C:密度;R1:小麦秸秆;R2:水稻秸秆;W1:水分含量33%;W2:水分含量66%;W3:水分含量99%)

① 未添加秸秆时(图2),TC 含量随土壤紧实度增大而呈现:先上升,后下降,再略有上升的波动变化趋势(W1:27.27 g/kg、27.37 g/kg、27.43 g/kg、27.3 g/kg、27.4 g/kg、27.73 g/kg)。其中,在 W2 情况下,紧实度的变化对土壤 TC 含量没有显著差异;在 W1 和 W3 情况下,在中等紧实度下,对土壤 TC 含量产生显著差异;因此,紧实度适中情况下,有利于土壤 TC 含量的累积。

② 添加秸秆后(图2),TC 含量随土壤紧实度变化明显增加。添加小麦秸秆后,土壤 TC 含量高于水稻秸秆。其中,添加小麦秸秆后,土壤紧实度与 TC 含量有显著差异;添加水稻秸秆后,在水分含量 99% 时,紧实度与土壤 TC 含量没有显著差异,其他水分含量下,存在显著差异。

(2) 含水量对复垦土壤总碳含量的影响

土壤含水量是影响土壤 TC 含量的重要影响因素。与对照土壤(CK)对比发现(图2),

土壤 TC 含量在含水量 33% 时更接近此研究区实际土壤 TC 含量;随水分含量的增加,与 CK 差值增大。① 未添加秸秆时,土壤 TC 含量随土壤水分含量增加而显著减少:W1(27.42 g/kg)>W2(27.08 g/kg)>W3(25.75 g/kg);其中,水分含量 W1 和 W3 与土壤 TC 含量差异明显,水分含量 W2 与土壤 TC 含量无显著差异。② 添加秸秆后,土壤 TC 含量随含水量增加而减少;其中,添加小麦秸秆比水稻秸秆 TC 含量变化更明显。以上分析说明,最优的水分状况通常是接近最大田间持水力。

2.2 挤压与含水量对复垦土壤有机碳含量变化的影响

(1) 挤压对复垦土壤有机碳含量的影响

土壤有机碳的变化是不同利用方向下土壤质量演变的主要标志,矿区 TOC 受地形、不同经营管理措施、复垦方向、耕作制度等多种因素影响。其中,土地利用方向强烈影响 TOC 的输入和输出,从而影响了 TOC。因此,不同处理方式的 TOC 含量有所差异。

由图 3 可得,与对照土壤(CK)对比发现,土壤 TOC 含量高于对照土壤(CK:3.76 g/kg),说明对采煤塌陷地土壤进行不同处理后,土壤 TOC 含量明显增加。未添加秸秆时,TOC 含量随土壤紧实度增大而波动变化:先升高,后降低,再略有上升的变化趋势。其中,当水分含量达到 W2(66%) 时,TOC 含量与土壤紧实度没有显著差异。结果说明,土壤紧实度适中的情况,最有利于土壤 TOC 的累积。添加秸秆后,TOC 含量有所增加,变化趋势与未添加秸秆相同;小麦秸秆比水稻秸秆更利于 TOC 含量的增加,但小麦秸秆变化趋势更明显。其中,添加水稻秸秆后,当水分含量达到 99% 时,土壤 TOC 含量与土壤紧实度无显著差异。以上分析表明,土壤紧实度大小对土壤有机碳含量多少有显著影响。

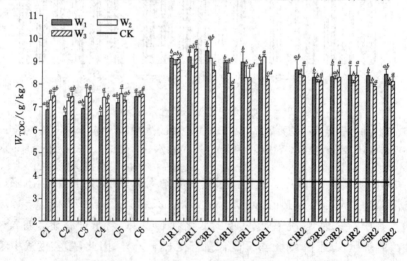

图 3 不同处理对土壤有机碳含量的影响

(注:不同小写字母表明差异显著($P<0.05$);TOC:有机碳含量;C:密度;R1:小麦秸秆;R2:水稻秸秆;W1:水分含量 33%;W2:水分含量 66%;W3:水分含量 99%)

(2) 含水量对复垦土壤有机碳含量的影响

TOC 含量随着土壤水分的变化而变化(图 3),未添加秸秆时,TOC 含量随土壤含水量增加而增加:W1(6.94 g/kg)<W2(7.42 g/kg)<W3(7.43 g/kg);其中,在含水量 66% 时,TOC 与含水量无显著差异。添加小麦秸秆后,TOC 含量随土壤含水量增加而减少:W1

(9.12 g/kg)＞W2(8.795 g/kg)＞W3(8.62 g/kg)，TOC 与含水量存在明显差异；添加水稻秸秆后，TOC 含量变化趋势：W1(8.46 g/kg)＞W3(8.24 g/kg)＞W2(8.19 g/kg)，说明土壤含水量太少或太多都不利于 TOC 含量的累积，只有达到土壤田间最大持水力时，最有利于土壤呼吸，释放土壤 CO_2，增加 TOC 含量。以上分析表明，土壤含水量多少对土壤有机碳含量多少有显著影响。

3 讨 论

3.1 挤压与含水量对复垦土壤总碳含量变化的影响

（1）挤压对复垦土壤总碳含量的影响

土壤紧实度是反映土壤物理性状的重要指标之一，土壤密度是反映土壤紧实度最直接的指标[20]，影响土壤养分的转化与利用及农作物根系的生长和发育。对采煤塌陷地进行大规模复垦时，大型机械对土壤进行压实，导致土壤密度显著增加，孔隙率显著下降，根系与地上部产量显著减少[21]。实验结果发现：在复垦土壤中添加秸秆后，TC 含量高于对照土壤(CK)。说明在采煤塌陷地复垦土壤中添加秸秆，增加了土壤孔隙率，提高了土壤的通透性，土壤中 C，O，N 含量都有所增加，H 含量有所下降，所以土壤 TC 含量有所增加。总之，随土壤紧实度的增大，TC 含量都呈：先上升，后下降，再略有上升的变化趋势。说明当土壤紧实度适中时，有利于 TC 的累积；添加秸秆后，TC 含量随土壤紧实度显著变化，明显高于对照土壤 TC 含量，但不同秸秆对 TC 含量的影响不一样，小麦秸秆比水稻秸秆更利于此研究区复垦土壤 TC 的积累，说明不同秸秆的碳氮比不同。这是因为小麦秸秆和水稻秸秆的组织结构不同，从而导致腐解速率不同[22]。秸秆还田对土壤和农作物产量产生很大的影响，可以显著提高土壤肥力、改善土壤结构、提高微生物活性等，长期秸秆还田能显著提高土壤 TC 含量[23]。随着秸秆还田量的增加，稻田土壤固碳减缓全球变暖的贡献相应增加[24]，有机物料在土壤中的分解率增加，腐殖化系数降低，土壤活性有机碳、非活性有机碳、总有机碳含量和碳库活度均增加，与秸秆添加量呈极显著线性正相关关系[25]。

（2）含水量对复垦土壤总碳含量的影响

土壤含水量与 TC 含量呈极显著相关，这主要由于地上生物量随土壤水分的增加而增加，同时根系和枯落物分解速度随着水分的增加而增加[26]。在采煤塌陷区复垦地土壤中，设置不同土壤水分含量可以发现随水分含量的增多，土壤 TC 含量随之减少，且变化明显。其中，在水分含量 99％时，土壤 TC 含量最少。说明当土壤处于淹水条件时，不利于土壤 TC 的积累。土壤水分是土壤有机碳矿化的主要影响因素[27]。在全球气候变化背景下，土壤频繁经历长时间的干旱和迅速的降水再湿润过程，对土壤 TC 含量的变化产生剧烈影响。当长时间干旱后的强降雨会使土壤微生物量和土壤呼吸产生明显的激发效应，土壤碳排放在短时间内突然升高，这种激发效应可能会引起潜在的土壤碳流失，影响土壤碳储量和碳循环，进而对全球气候变化产生潜在影响。

3.2 挤压与含水量对复垦土壤有机碳含量变化的影响

土壤有机碳(TOC)是农田土壤质量和肥力的重要指标，直接关系到农田的可持续利用，在一定程度上决定着粮食安全，同时也是固碳减排的重要决策依据[28]。

（1）挤压对复垦土壤有机碳含量的影响

通过实验研究发现,对采煤塌陷地复垦土壤进行不同方式处理后,土壤 TOC 含量明显增加。未添加秸秆时,土壤 TOC 含量比较低;添加秸秆后,土壤 TOC 含量明显上升,其中,小麦秸秆＞水稻秸秆,这是由于秸秆本身就是有机质,而土壤 TOC 是土壤有机质的主要组成部分,因此在土壤中添加秸秆后,明显增加了土壤 TOC 含量。当土壤紧实度适中时,有利于土壤 TOC 含量的增加。刘占峰[29]发现:土壤密度与土壤 TOC 含量呈显著负相关,土壤密度是土壤物理性质的重要指标,表示土壤的疏松程度,影响土壤的渗水性、入渗性、通气性以及持水能力,主要由于随着土层深度增加,土壤密度变大,同时表明土壤紧实程度变大,通气性变差,不利于植物根系的生长。

(2) 含水量对复垦土壤有机碳含量的影响

通过实验研究发现,未添加秸秆时,土壤含水量与土壤 TOC 含量呈正相关关系。说明在此研究区,当土壤含水量越多,土壤 TOC 含量越多。大量研究表明:60%~70%含水量最利于土壤呼吸作用的进行,土壤水分过低或过高会抑制土壤 CO_2 的释放,降低土壤的空隙和氧气含量,从而抑制土壤微生物呼吸与气体交换过程;此外,含水量过低时土壤微生物和酶的活性会降低,不利于土壤呼吸[30-32]。添加秸秆后,土壤 TOC 含量明显高于未添加秸秆的含量,说明在土壤中添加秸秆增加了土壤的孔隙率,同时给土壤提供了丰富的有机物料,有利于土壤有机碳的积累。其中,添加小麦秸秆比水稻秸秆效果更明显,说明不同秸秆组织结构不一样,总体腐解速率不同。农作物秸秆富含有机碳和作物必需的营养元素,作为有机肥施用能促进土壤有机质积累,改善土壤理化性质,提高土壤肥力,并促进作物高产稳产[33]。

4 结 论

本研究通过室内培养模拟实验,探讨了不同土壤紧实度、土壤含水量和秸秆类型对塌陷地复垦土壤总碳(TC)、有机碳(TOC)含量变化的影响,结论如下:

(1) 土壤紧实度:土壤 TC 含量随紧实度的变化而变化:先升高,再下降,再略有上升;土壤 TOC 含量随紧实度的变化而变化:先下降,再上升,再略有下降。在采煤塌陷地对土壤进行复垦时,大型机械操作时会对土壤进行压实,影响土壤紧实程度,所以考虑土壤紧实度对土壤碳的影响有必要。土壤紧实有利于固定植物根系,增强了植物的抗倒伏能力;同时,向土壤中添加秸秆,降低了土壤蒸发强度。

(2) 土壤含水量:土壤 TC 含量与土壤含水量呈反比关系,土壤 TOC 含量与土壤含水量呈正比关系。土壤含水量对土壤碳含量的变化有重要影响。

(3) 添加秸秆与否:添加秸秆后,土壤 TC 和 TOC 含量明显增加,而小麦秸秆比水稻秸秆更有利于土壤 TC 和 TOC 含量的积累。说明秸秆对塌陷地复垦土壤 TC 含量和 TOC 含量的积累起着重要作用。

因此,在煤炭开采的塌陷地对其进行土壤复垦时,可以考虑设置不同密度水平,添加不同秸秆,采用不同灌溉方式,为矿区塌陷地复垦土壤固碳研究提供良好的借鉴意义。

本研究存在一些不足:在测定有机碳含量时,存在一些人为误差。此实验还有部分指标未测定,将继续探讨不同处理方式下的土壤理化性质、土壤颗粒态碳及矿物态碳的动态变化特征。

参考文献

[1] BELLAMY P H, LOVELAND P J, BRADLEY R I, et al. Carbon losses from all soils across England and Wales 1978—2003[J]. Nature, 2005(437): 245-248.

[2] WANG L, OKIN G S, CAYLOR K K, et al. Spatial heterogeneity and sources of soil carbon in southern African savannas[J]. Geoderma, 2009, 149(3): 402-408.

[3] 余健. 高潜水位区采煤塌陷地复垦土壤碳库特征[D]. 北京: 中国矿业大学, 2014.

[4] 刘留辉, 邢世和, 高承芳, 等. 国内外土壤碳储量研究进展和存在问题及展望[J]. 土壤通报, 2009(03): 697-701.

[5] 方华军, 杨学明, 张晓平, 等. 坡耕地黑土活性有机碳空间分布及生物有效性[J]. 水土保持学报, 2006(02): 59-63.

[6] 梁爱珍, 张晓平, 杨学明, 等. 黑土颗粒态有机碳与矿物结合态有机碳的变化研究[J]. 土壤学报, 2010(01): 153-158.

[7] 袁颖红, 李辉信, 黄欠如, 等. 长期施肥对水稻土颗粒有机碳和矿物结合态有机碳的影响[J]. 生态学报, 2008, 28(01): 353-360.

[8] 韩晓日, 苏俊峰, 谢芳, 等. 长期施肥对棕壤有机碳及各组分的影响[J]. 土壤通报, 2008(04): 730-733.

[9] 王肖楠, 耿玉清, 余新晓. 栓皮栎林与油松林土壤有机碳及其组分的研究[J]. 土壤通报, 2012(03): 604-609.

[10] 张林, 孙向阳, 曹吉鑫, 等. 荒漠草原碳酸盐岩土壤有机碳向无机碳酸盐的转移[J]. 干旱区地理, 2010, (05): 732-739.

[11] 唐紫晗, 李妍均. 西南山区采煤塌陷地生态服务价值分析: 以重庆市松藻矿区为例[J]. 水土保持研究, 2014, 21(02): 172-178.

[12] 谢元贵, 车家骧, 孙文博, 等. 煤矿矿区不同采煤塌陷年限土壤物理性质对比研究[J]. 水土保持研究, 2012, 19(04): 26-29.

[13] 程静霞, 聂小军, 刘昌华. 煤炭开采沉陷区土壤有机碳空间变化[J]. 煤炭学报, 2014, 39(12): 2495-2500.

[14] 史娜娜, 韩煜, 王琦, 等. 采煤塌陷区土壤碳储量变化及其影响因分析[J]. 水土保持研究, 2015, 22(06): 144-149.

[15] 渠俊峰, 张绍良, 李钢, 等. 高潜水位采煤沉陷区有机碳库演替特征研究[J]. 金属矿山, 2013(11): 150-153.

[16] 梁利宝, 洪坚平, 谢英荷, 等. 不同培肥处理对采煤塌陷地复垦不同年限土壤熟化的影响[J]. 水土保持学报, 2010(03): 140-144.

[17] 王丽萍, 张弘, 钱奎梅, 等. 丛枝菌根真菌对矿区修复系统固碳的作用[J]. 中国矿业大学学报, 2012(04): 635-640.

[18] 刘伟红, 王金满, 白中科, 等. 露天煤矿排土场复垦土地土壤有机碳的动态变化[J]. 金属矿山, 2014, 453(03): 141-146.

[19] 余健, 房莉, 李涵韬, 等. 采煤塌陷地及其复垦土壤颗粒分布与分形特征[J]. 中国矿业大学学报, 2014(06): 1019-1025.

[20] Vepraskas M J. Plant response mechanisms to soil compaction. Wilkinson R E. Plant-environment interaction[M]. New York:Marcel Dekker Inc,1994:263-287.

[21] 杨世琦,吴会军,韩瑞芸,等.农田土壤紧实度研究进展[J].土壤通报,2016,47(01):226-232.

[22] 戴志刚,鲁剑巍,李小坤,等.不同作物还田秸秆的养分释放特征试验[J].农业工程学报,2010,26(06):272-276.

[23] 刘书田,窦森,侯彦林,等.中国秸秆还田面积与土壤有机碳含量的关系[J].吉林农业大学学报,2016,38(06):723-732,738.

[24] NAKAI A,ISHIKAWA T. Cell cycle transition under stress conditions controlled by vertebrate heat shock factors[J]. EMBO J. ,2001,20(11):2885-2895.

[25] SONNA L A,FUJITA J,GAFFIN S L,et al. Invited review:Effects of heat and cold stress on mammalian gene expression[J]. J. Appl. Physiol,2002,92(04):1725-1742.

[26] 刘伟,程积民,高阳,等.黄土高原草地土壤有机碳分布及其影响因素[J].土壤学报,2012,49(01):68-76.

[27] 王苑,宋新山,王君,等.干湿交替对土壤碳库和有机碳矿化的影响[J].土壤学报,2014,51(02):342-350.

[28] FOLLETT R F. Soil management concepts and carbon sequestration in cropland soils [J]. Soil and Tillage Research,2001(61):77-92.

[29] 刘占锋,傅伯杰,刘国华,等.土壤质量与土壤质量指标及其评价[J].生态学报,2006,26(03):901-910,912.

[30] 王丹,吕瑜良,徐丽,等.水分和温度对若尔盖湿地和草甸土壤碳矿化的影响[J].生态学报,2013,33(20):6436-6443.

[31] WANG Y S,LIU F L,ANDERSEN M N,JENSEN C R. Carbon retention in the soil-plant system under different irrigation regimes[J]. Agricultural Water Management,2010(98):419-424.

[32] 齐玉春,郭树芳,董云社,等.灌溉对农田温室效应贡献及土壤碳储量影响研究进展[J].中国农业科学,2014,47(09):1764-1773.

[33] 叶文培,王凯荣,Johnson S E,等.添加玉米和水稻秸秆对淹水土壤pH、二氧化碳及交换态铵的影响[J].应用生态学报,2008,19(02):345-350.

基金项目:国家自然科学基金项目(41101529);安徽高校自然科学研究项目(KJ2017A308);安徽师范大学博士启动基金项目(2016XJJ107)。

作者简介:周光(1992—),女,硕士研究生,研究方向为土地生态修复。E-mail:1508211449@qq.com。

煤矸石充填复垦地修复效果研究
——以淮南市大通矿区为例

刘曙光,徐良骥

(安徽理工大学测绘学院,安徽 淮南,232001)

摘　要：为研究废弃矿区煤矸石充填复垦地复垦效果,选取淮南市大通废弃矿区复垦地为研究试验区,对大通矿区复垦地及周边未塌陷地土壤理化性征开展研究,同时分析两地自然生长的一年蓬、藎草、藜、苘麻4种苗木叶片中叶绿素总量、可溶性蛋白质、脯氨酸、过氧化氢酶含量的差异,运用主成分分析法对各植物生长状况进行综合、定量评价。结果表明,大通矿区复垦地区和未塌陷地土壤重度、含水量、微量、中量元素差异较大;大通复垦区与未塌陷地土壤有机质皆处于6级水平;大通复垦区速效氮、速效磷含量处于6级水平,速效钾含量处于5级水平;未塌陷地速效氮含量处于5级水平,速效磷、速效钾处于4级水平;由植物生长主成分得分可知,未塌陷地区藎草、藜、苘麻生长状况皆好于复垦区,未塌陷地一年蓬生长位次低于复垦区一年蓬生长位次。

关键词：煤矸石充填复垦;土壤理化性征;生理指标;主成分分析

Study on the Remediation Effect of Coal Gangue Filling Reclamation—Case Study of Huainan Datong Mining Area

Liu Shuguang, Xu Liangji

(*School of Geomatics, Anhui University of Science and Technology, Huainan 232001, China*)

Abstract: In order to study the reclamation effect of coal gangue filling and reclamation land in abandoned mining area, the reclamation land of Datong abandoned mining area in Huainan City was selected as the research test area, and the soil physical and chemical characteristics of the reclaimed land and the surrounding unconventional land in Datong mining area were studied. The contents of total chlorophyll, soluble protein, proline and catalase in leaves of four kinds of seedlings were studied, and the growth status of each plant was analyzed by principal component analysis (MA), Quantitative evaluation. The results showed that soil bulk density, water content, trace and medium elements were different in the reclaimed and non-subsided areas of Datong mining area, and the soil organic matter in Datong reclamation area and non-subsidence land were all at 6 levels. The available nitrogen and available phosphorus in Datong reclamation area, the available nitrogen content is at level 5; the available nitrogen content of the unconsolidated level is at the level of 5, the available phosphorus and available potassium are at the level of 4; the growth condition of Humulus, Tribulus terrestris and Abutilon in the undegraded area is better than that of the available Reclamation area, no collapse of the annual growth rate of Peng Peng lower than the reclamation area of a year Peng growth position.

Keywords: coal gangue filling reclamation, soil physical and chemical characteristics, physiological index, principal component analysis

煤矸石是煤炭开采和加工利用过程中排放的固体废弃物,其排放量约占原煤产量的10%~20%。目前淮南矿区存在煤矸石山34座,占地面积约6.21 km²,占淮南固体废弃物总面积的46.7%[1-2]。煤矸石的大量堆存在占用土地资源的同时,也危害着矿区的生态环境和人体健康。利用煤矸石作为基质充填塌陷区,可以消化处理煤矸石,节约利用了大量土地资源,同时实现塌陷区土地的重新利用。

我国在煤矿废弃地复垦效果的研究上,即主要集中于复垦地重构土壤理化性征和环境效应[3-5]、土壤质量评价标准指标选取和方法选择[6-8]、充填复垦土地生产力评价[9]等方面,而缺乏对复垦地耕作物或自然生长植物的生长状况分析研究,因此本文以淮南市大通废弃矿区复垦地为研究试验区,对大通矿区复垦地及周边未塌陷地土壤理化性征开展研究,同时分析了两地自然生长的一年蓬、莩草、蒺藜、苘麻4种苗木叶片中叶绿素总量、可溶性蛋白质、脯氨酸、过氧化氢酶含量的差异,运用主成分分析法对各植物生长状况进行综合、定量评价。

1 研究区概况

淮南的大通矿区包括大通和九龙岗两个井工开采煤矿,开采始于20世纪20年代,80年代初闭坑。大通验证示范基地原为1911~1979年开采的大通煤矿采煤沉陷区。2005年以来,淮南矿业集团实施了矿山地质环境治理工程,结合大通塌陷区内原有的山坡林地、煤矸石堆和化工垃圾堆对该区域的修复采用大范围保持现状,在局部调整的基础上进行生态环境修复[10]。本次实验选取大通采煤沉陷煤矸石充填复垦区,充填的煤矸石的岩石类型主要为粉砂岩、泥岩、细砂岩,pH值通常在6.5~8[11]。

2 研究方法

2.1 样品采集

2016年6月,在大通矿区塌陷复垦修复区域内及周边未塌陷地分别设置4个采样点,采集草本植物和植物根区土壤。采集4种常见植物叶片:一年蓬、莩草、蒺藜、苘麻,如图1所示。植物样品采集约0.5 kg,并记录植物样品的长势情况;植物根区土壤(0~20 cm)用环刀采集约1 kg。用手持式GPS记录采样点坐标。

图1 研究区植物样本采集

2.2 测定方法

各指标具体检测方法如表1所示[12-15]。

2.3 数据统计分析

主成分分析方法的测算步骤比较规范,大部分过程可通过计算机处理,各原始指标的比重不受人为影响,分析结果相对客观科学,有利于提高测算结果的准确性与可靠性[16]。本

表 1 样品检测指标及检测方法

检测指标		检测方法/仪器
土壤物理指标	土壤含水量	105 ℃烘干法
	土壤重度	环刀法、105 ℃烘干法
土壤化学(养分)指标	土壤有机质含量	重铬酸钾—硫酸消化法
	土壤速效氮含量	靛酚蓝比色法
	土壤速效磷含量	碳酸氢钠浸提—钼锑抗比色法
	土壤速效钾含量	乙酸铵浸提—火焰光度法
土壤微量、中量元素	Fe	邻菲啰啉光度法
	Mn	高锰酸钾比色法
	Ca、Mg	氢氟酸—高氯酸消解法
植物生理指标	叶绿素	分光光度法
	可溶性蛋白质	考马斯亮蓝 C—250 染色法
	脯氨酸	酸性茚三酮法
	过氧化氢酶	愈创木酚法

文在采用主成分分析法来计算植物生长主成分得分,运用 SPSS 统计分析软件对数据进行处理。

3 结果与分析

3.1 研究区土壤理化性质对比分析

(1) 由表 2 可知:大通矿区复垦地区和未塌陷地土壤含水量差异较小;复垦区与未塌陷地土壤的重度均在 $1.2\sim1.4$ g/cm³,在自然土壤重度范围之内;复垦区土壤重度变异系数为 7.91%,高于未塌陷地的 5.74%,说明复垦土壤容重比起未塌陷地土壤容重还不够均匀。

(2) 由表 3、表 5 可知:大通复垦区与未塌陷地土壤有机质皆处于 6 级水平,有机质极缺;大通复垦区速效氮、速效磷含量处于 6 级水平,速效钾含量处于 5 级水平;未塌陷地速效氮含量处于 5 级水平,速效磷、速效钾处于 4 级水平;复垦区养分含量变异系数范围为 5.98%~31.1%,未塌陷地养分含量变异系数为 5.76%~29.17%。

(3) 由表 4 可知:大通复垦区土壤微量、中量元素含量皆低于未塌陷地含量,未塌陷地土壤中 Fe、Mn、Ca、Mg 含量比其在复垦区土壤中含量分别高出 56.52%、17.78%、26.03%、30.23%;复垦区土壤微量、中量元素变异系数范围为 3.39%~26.11%,未塌陷地的则为 2.88%~27.83%。

表 2 研究区土壤含水量、重度对比

试验地块	含水量			土壤重度		
	平均值/%	标准差	变异系数/%	平均值/(g/cm³)	标准差	变异系数/%
CP	19.37	1.43	7.38	1.22	0.07	5.74
DT	20.54	1.55	7.55	1.39	0.11	7.91

注:CP 为未塌陷地,DT 为大通复垦区,下同。

表3　研究区土壤主要营养物质对比

试验地块	有机质			速效氮			速效磷			速效钾		
	平均值/(g/kg)	标准差	变异系数/%	平均值/(mg/kg)	标准差	变异系数/%	平均值/(mg/kg)	标准差	变异系数/%	平均值/(mg/kg)	标准差	变异系数/%
CP	4.08	1.19	29.17	33.5	1.93	5.76	6	1.18	19.67	88.5	10.74	12.14
DT	1.19	0.37	31.1	9.7	0.58	5.98	2.15	0.24	11.16	32	8.29	25.91

表4　研究区土壤微量、中量元素含量对比

试验地块	Fe			Mn			Ca			Mg		
	平均值/%	标准差	变异系数/%	平均值/%	标准差	变异系数/%	平均值/%	标准差	变异系数/%	平均值/%	标准差	变异系数/%
CP	3.6	0.94	26.11	0.053	0.008	15.09	0.92	0.053	5.76	0.56	0.019	3.39
DT	2.3	0.64	27.83	0.045	0.006	13.33	0.73	0.021	2.88	0.43	0.071	16.51

表5　全国第二次土壤普查推荐的土壤肥力分级[17]

级别	丰缺度	有机质质量分数/(g/kg)	速效氮质量分数/(mg/kg)	速效磷质量分数/(mg/kg)	速效钾质量分数/(mg/kg)
1	丰	>40	>150	>40	>200
2	稍丰	30～40	120～150	20～40	150～200
3	中等	20～30	90～120	10～40	100～150
4	稍缺	10～20	60～90	5～10	50～100
5	缺	6～10	30～60	3～5	30～50
6	极缺	<6	<30	<3	<30

3.2 研究区植物生长状况对比分析

本试验采用主成分分析法,选择出影响植物生长的主要生理指标(表6),全面、系统地分析问题,对4种苗木的生长进行综合评价。对苗木生理指标的主成分分析表明(表7):主成分1、2的累计贡献率达到75.48%。第1主成分中过氧化氢酶系数最大,可溶性蛋白质和叶绿素次之;第2主成分中脯氨酸系数最大。因此,过氧化氢酶是反映试验植物生长的最重要指标,其次是可溶性蛋白质、叶绿素、脯氨酸。

根据各种植物各生理指标的值与主成分1、2的特征向量的乘积累加,并用贡献率与累加之和相乘进行加权,将同一种植物的各个生理指标加权值求和,就可得出各植物的主成分综合得分,得分高的植物生长状况最好[18]。由图2可知,未塌陷地区荏草、蒺藜、苘麻生长状况皆好于复垦区,未塌陷地一年蓬生长位次低于复垦区一年蓬生长位次,但两者主成分得分相差较小。

表 6　研究区植物生长生理状况

植物	研究区	平均株高/cm	平均叶片面积/cm²	叶绿素总量/SPAD	可溶性蛋白质/(mg/g)	脯氨酸/(ug/g)	过氧化氢酶/[mgH₂O₂/(min·g)]
一年蓬	CP	96.22+2.95	28.47	28.67	17.32	62.7	76.41
	DT	95.79+3.4	29.83	22.34	15.38	63.38	105.76
荩草	CP	/	44.74	19.95	11.14	113.38	10.65
	DT	/	43.39	18.7	11.36	189.24	18.98
蒺藜	CP	/	10.85	25.8	0.58	105.22	22.84
	DT	/	12.20	19.98	0.64	246.4	53.45
苘麻	CP	134.46+1.7	138.30	26.13	14.34	168.33	77.49
	DT	131.2+0.3	136.94	23.84	15.06	287.34	87.71

表 7　植物生理指标的主成分分析

测定指标	主成分	
	Prin1	Prin2
叶绿素总量	0.754	−0.261
可溶性蛋白质	0.769	0.248
脯氨酸	−0.451	0.828
过氧化氢酶	0.778	0.487
贡献率	0.491 9	0.262 9
累积贡献率	0.491 9	0.754 8

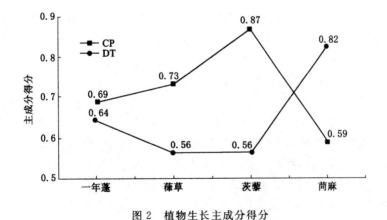

图 2　植物生长主成分得分

4　讨论与结论

以大通矿区为研究对象,对煤矸石充填复垦土壤及周边未塌陷区土壤的理化性质、四种植物的生理状况进行分析,评价复垦地生态修复的效果,得出结论:

(1)大通矿区复垦地区和未塌陷地土壤容重、含水量、微量、中量元素差异较小,而主要营养元素均存在较大差异，复垦地肥力贫瘠，各指标变异系数相对较大。

(2) 由主成分分析法对煤矸石充填复垦区及周边未塌陷区四种植物的生长状况进行分析，可知未塌陷地区葎草、蒺藜、苘麻生长状况皆好于复垦区，未塌陷地一年蓬生长位次低于复垦区一年蓬生长位次，但两者主成分得分相差较小。总体而言，经过多年自然及人工修复，煤矸石充填复垦区生态修复效果较好。

参考文献

[1] 徐良骥,黄璨,章如芹,等.煤矸石充填复垦地理化特性与重金属分布特征[J].农业工程学报,2014(5):211-219.

[2] 陈永春,李守勤,周春财.淮南矿区煤矸石的物质组成特征及资源化评价[J].中国煤炭地质,2011(11):20-23.

[3] 陈孝杨,周育智,严家平,等.覆土厚度对煤矸石充填重构土壤活性有机碳分布的影响[J].煤炭学报,2016,41(5):1236-1243.

[4] 郑永红,张治国,姚多喜,等.煤矿复垦区土壤重金属含量时空分布及富集特征研究[J].煤炭学报,2013,38(08):1476-1483.

[5] 徐良骥,黄璨,李青青,等.煤矸石粒径结构对充填复垦重构土壤理化性质及农作物生理生态性质的影响[J].生态环境学报,2016,25(1):141-148.

[6] 骆东奇,白洁,谢德体.论土壤肥力评价指标和方法[J].土壤与环境,2002,11(2):202-205.

[7] 孙海运,李新举,胡振琪,等.马家塔露天矿区复垦土壤质量变化[J].农业工程学报,2008,24(12):205-209.

[8] 陈龙乾,邓喀中,徐黎华,等.矿区复垦土壤质量评价方法[J].中国矿业大学学报,1999,28(5):38-41.

[9] RODIONOV A, NII-ANNANG S, BENS O, et al. Impacts of soil additives on cropyield and c-sequestration in post mine substrates of Lusatia, Germany [J]. Pedosphere, 2012,22(3):343-350.

[10] 王珍.泉大资源枯竭矿区塌陷区土壤修复效果研究[D].合肥:安徽大学,2014.

[11] 严家平,徐良骥,阮淑娴,等.中德矿山环境修复条件比较研究——以德国奥斯那不吕克Piesberg和中国淮南大通矿为例[J].中国煤炭地质,2015(11):22-26.

[12] 乔胜英.土壤理化性质实验指导书[M].北京:中国地质大学出版社,2012.

[13] 张甘霖,龚子同.土壤调查实验室分析方法[M].北京:科学出版社,2012.

[14] 邵明安.土壤物理学[M].北京:高等教育出版社,2006.

[15] DENNIS SCHLÖMER, KEVIN NIX. Wheat Yield, Plant Nutrients and Physical Properties of Soil Deposits on Fly Ash and Coal Gangue Used for Land Reclamation in the Coal Mining Area of Huainan, China[D]. Germany:Osnabrueck University of Applied Science,2011.

[16] 黄婷,岳西杰,葛玺祖,等.基于主成分分析的黄土沟壑区土壤肥力质量评价——以长武县耕地土壤为例[J].干旱地区农业研究,2010(3):141-147+187.

[17] 黎炜.煤矿充填复垦区土壤肥力质量变化与地下水重金属污染研究[D].徐州:中国矿

业大学,2011.
[18] 潘昕,邱权,李吉跃,等.干旱胁迫对青藏高原6种植物生理指标的影响[J].生态学报,2014(13):3558-3567.

基金项目:国家自然科学基金(41472323);安徽省国土资源科技项目(2012-k-23);安徽省自然科学基金(1208085QE91)。

作者简介:刘曙光(1993—),男,硕士研究生,主要研究方向为矿区土地复垦及生态修复。E-mail:L246468@163.com。

联系地址:安徽省淮南市泰丰大街168号,安徽理工大学测绘学院(232001)。

泊江海子流域 30 a(1987—2016)生态演替与气候响应

刘玮玮[1]，劳从坤[1]，刘畅[1]，马超[1,2]

(1. 河南理工大学测绘与国土信息工程学院，河南 焦作，454003；
2. 河南理工大学矿山空间信息国家测绘与地理信息局重点实验室，河南 焦作，454003)

摘　要：泊江海子湿地是鄂尔多斯遗鸥自然保护区的核心区，位列国际重要湿地名录第1148号，是世界珍稀鸟类遗鸥的栖息地，研究泊江海子湿地的生态演替，认识中国北方干旱—半干旱区高原(Ordos plateau)湿地演替(Habitat succession)对全球变化的响应具有重要学术价值。研究利用 Landsat 卫星系列光学成像传感器 TM/ETM+/OLI 数据(1987~2016)、SRTM/ASTER DEM 和鄂尔多斯市东胜区气象站1981~2012年的年均气温和降水数据，对泊江海子的水域面积、人类活动典型环境要素(居民地、耕地和林地面积)以及该流域归一化植被指数(NDVI)进行了解析及定量化表达，并分析了1987年来流域变化与气候变化以及人类活动的相关性。研究表明：(1) 1987 年以来该流域的水域面积从 10 km^2 衰减至不足 3 km^2；居民地面积增加了约3.6倍；耕地面积顶峰达到 60 km^2；全流域的植被覆盖度增加了约1.8倍。(2) 水域面积变化 1987~2000 年与全球气候变化显著相关，2001年以后人类活动正成为湖泊湿地退化的主导因素。

关键词：泊江海子湿地；归一化植被指数(NDVI)；净初级生产力(NPP)；遗鸥(Larus Relictus)；国际重要湿地名录；人地关系

30 a(1987-2016) Habitat Succession and the Response to Climate in Bojianghai Wetland

LIU Weiwei[1], LAO Congkun[1], LIU Chang[1], MA Chao[1,2]

(1. *School of Surveying & Land Information Engineering，Henan Polytechnic University，Jiaozuo 454000，China*；2. *Key Laboratory of Mine Spatial Information Technologies of SBSM，Henan Polytechnic University，Jiaozuo 454000，China*)

Abstract：Bojianghaizi Lake wetland is the core area of Ordos relictus nature reserve, who ranks 1148th in the list of international importance wetlands, also is the world's rare birds Larus relictus habitat. Researching the ecological succession of Bojianghaizi Lake wetland, understanding the northern arid semi arid region-Chinese plateau (Ordos plateau) (Habitat succession) have an important academic value on wetland response to global change. using Landsat satellite TM/ETM+/OLI data(1987-2016), SRTM/ASTER DEM and annual temperature and rainfall data(1981-2012) from Ordos District of Dongsheng City, to precipitate area data of Bojianghaizi Lake, the typical environmental elements of human activities(i.e., the area of the inhabitants, the cultivated land and the pasture) and the vegetation coverage derived from normalized difference vegetation index(NDVI) of the main watershed are interpreted and quantified. More over, since 1987 the correlation of river basin change with climate change and human activities were analyzed. Research shows that: (1) since 1987, water area of the basin from 10 km-to 3 km-lack of decay; the residential area increased by about 3.6 times; cultivated area reached 60km peak-the whole basin;

vegetation coverage increased by about 1.8 times. (2) the change of water area is 1987~2000 years, which is closely related to global climate change. After 2001, human activities are becoming the dominant factor of Lake Wetland degradation.

Keywords:Bojianghai wetland; normalized differential vegetation index(NDVI); net primary productivity (NPP); the Relict Gull(Larus Relictus); list of important wetlands in the world; man-land relationship

1 引 言

随着全球生态环境亮起红灯,湿地萎缩导致湿地生态功能发生退化,逐渐成为当前生态学研究的热点之一[1-3]。湿地生态系统是非线性的、复杂的、脆弱的,易受水文和人为影响发生结构性、整体性、自然性的改变,进而导致生产力降低,危及湿地生物的生存发展[1-5]。

国际自然保护联盟(IUCN)认为全球的生态系统主要包括湿地、森林、农田三大生态系统,湿地生态系统有"地球之肾"之称,全球约有 $8.6×10^6$ km^2 湿地,占全球陆地面积的 6.4%,发挥着调节气候和维持生态平衡的巨大作用[1,6-8]。湖泊是湿地的重要类型,位于内蒙古自治区西部的鄂尔多斯遗鸥自然保护区,为全球第 1148 号国际重要湿地,东部为黄土丘陵沟壑区,西部为风积沙地貌,整体位于毛乌素沙漠与库布齐沙漠交汇地带,属封闭性高原内陆湖[9-12]。湿地的水量平衡受降水量、蒸发量以及地下水的影响,而作为干旱区内陆湖泊的泊江海子主要靠降水和两条入湖径流补给,近几年一些学者研究发现降水量小、蒸发量大、地下水供给不足加上暖干化的气候特征导致湖泊逐年萎缩[4,5,13,14]。泊江海子是遗鸥集中的繁殖和栖息的地方,近年来随着人类活动和气候等干扰强烈,泊江海子流域湖泊日益干涸,鄂尔多斯遗鸥国家自然保护区正在逐渐消失[9,11,15-19]。因此,对泊江海子流域的生态环境进行监测,并进行时空变化特征的研究,对减缓湿地萎缩、改善泊江海子周边荒漠化土地以及合理利用当地的资源,具有现实意义。

相对于传统的监测技术,遥感监测技术具有分辨率高、时序长、成本相对低等优势,能获取更丰富的信息量,因而更适用于大范围、长时序湿地演替的监测[18]。生态环境状况在一定程度上表现为和归一化植被指数 NDVI 呈正相关,和湖泊面积呈负相关,利用 NDVI 和水域面积可以对生态环境状况进行定量分析。

但是,目前针对泊江海子湿地的研究结果并未形成统一认识:① 研究目标不统一。有的学者只针对桃力庙—阿拉善湾海子进行湖泊的生态环境研究,有些学者只针对东胜区的矿产资源开发利用进行研究,另有一些学者把鄂尔多斯的气候变化作为研究对象。② 研究区域时空尺度不统一。大多数学者采用遗鸥自然保护区边界作为泊江海子流域的边界,然而该流域是湖泊、草地、盐碱地、疏林地等的总集成者,保护区边界并非生态边界;20 a 的时间跨度时序较短,不能产生统计意义上的显著变化,不足以准确表达气候的变化。③ 人类活动的影响未考虑在内。现有研究都是对遥感影像的湖泊面积进行提取,人类活动要素未得到重视,遥感研究所能提供人地关系的科学证据不足。

本文选用 30 a 泊江海子流域 Landsat 系列卫星 MSS/TM/ETM/OLI 遥感影像数据,提取该研究区域 7 期 NDVI 影像,采用阈值法精确提取 30 a 湖泊边界,从当地气象站获取该流域的 32 a 的气候数据,目视解译出人类活动证据。从人类活动和气候变化两方面分析泊江海子流域的生态环境演变特征,揭示湖泊湿地变化驱动因子的作用机制和相互关系,得出其相关性可以作为人类保护湿地资源的决策前提和理论依据。

2 研究区概况

如图 1 所示,泊江海子流域(109°5′—109°36′E,39°41′—39°57′N)地处鄂尔多斯高原腹地,东部为水蚀黄土丘陵沟壑区,西部为风蚀沙化地貌,地势由西北向南和缓倾斜,于高原中部凹成盆地,形成封闭性 667 km² 的集水区域。泊江海子流域主要包括桃—阿海子(桃力庙—阿拉善湾海子)、侯家海子、苏家圪卜海子三个主要湖泊,其中桃—阿海子是呈驼形的盐碱湖,东西跨度大约 6 km,南北最宽 2.5 km,面积最大时可达 10 km²,注入桃—阿海子的径流有 5 个,均属季节性河流,最主要的两条河流鸡沟河(又称扎日格沟)和乌尔图河分别由东西方向注入,是桃—阿海子水的主要补给来源之一[9]。桃—阿海子水质 pH 值 8.5~9,沿岸边为宽 25 m 左右泥质和砂质浅滩,随着湖泊萎缩,易形成盐碱地[17]。毛乌素沙地和库布齐沙漠一南一北包裹着湿地,随着逐年沙移水退,湿地萎缩,大有吞并这一荒漠型咸水湖湿地之势。

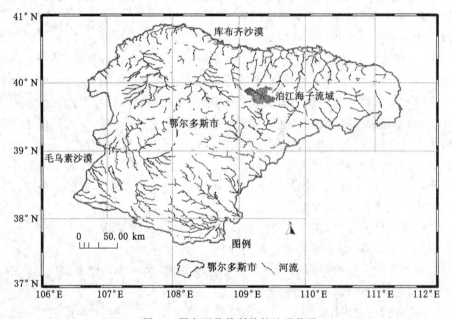

图 1 研究区及其所处的地理位置

3 数据源和处理方法

3.1 数据源

本文采用的遥感影像数据,源自美国地质调查局网站(http://www.usgs.gov)1987~2016 年间的 Landsat 系列卫星 MSS/TM/ETM/OLI 影像;气象数据源于 1981~2012 年的中国气象数据库(http://cdc.nmic.cn/home.do)东胜区站点数据;高程数据采用美国太空总署(NASA)和国防部国家测绘局(NIMA)联合测量的 90 m 水平分辨率,10 m 垂直分辨率数字高程模型(SRTM3 DEM,v4.0)(ftp://e0mss21u.ecs.nasa.gov/srtm/);成图边界选用中国 1∶25 万基础地理信息数据。

综合考虑遥感数据获取的时相、成图的质量、影像的云覆盖百分比、当地植被生长的季节特征等因素,筛选出植被生长旺季的7～10月份的遥感影像,大气校正后进行植被归一化指数(NDVI)的提取,并利用 NDVI 阈值法提取湖泊边界。本文以5～6年为周期,进行了NDVI、湖泊面积、人类活动典型要素等信息提取(表1)。

表1　　　　　　　　　　研究所用数据源及用途分类

数据类型 (时间)	Landsat 系列 (1987—2016)	气象数据 (1981—2012)	Landsat 5 (1987/1992 /1997/2008)	Landsat 7 (2002)	Landsat 8 (2013,2016)	SRTM DEM (2001)
流域分析						√
NDVI 计算	√					
湖面面积提取	√					
气候分析		√				
耕地/草场/居民地			√	√	√	

3.2　数据处理

(1) 流域的生成和分析

地处鄂尔多斯高原的泊江海子流域平均海拔 1 450 m 以上,采用地理高程数据 SRTM/ASTER DEM 进行流域分析,分别获得该流域的分水岭、汇水线,并结合当地地物地貌,勾勒出一个封闭的高原集水区——泊江海子流域,这种研究区的确定方法克服了以往只以行政单元为边界进行流域研究的局限。汇水线显示鸡沟河流经泊江海子镇,由西北方向注入—桃阿海子,乌尔图河由东北方向注入。至此,区外四周高、中间低,区内西高东低的高原盆地湿地景观格局得以形成(图2)。

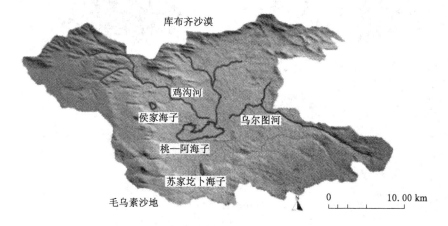

图 2　泊江海子流域范围及其地势

流域分析得出的闭流盆地区域面积达到了 677 km², 这和学者梁康得到的闭合流域范围大致一致。但 ASTER DEM 表达出更加丰富的地形地貌细节,该流域的海拔范围为 1 360～1 590 m,区内最高处是泊江海子流域西侧的山脉,最低处桃—阿海子的海拔 1 360 m。

(2) 提取计算 NDVI

数据的选用充分考虑了植被生长规律、云量覆盖、影像的可获取性及质量,由于篇幅所限,选取 1987/8/28、1992/8/25、1997/8/23、2002/8/29、2008/10/8、2013/8/13、2016/7/26 七期多光谱数据,依次进行了辐射定标、大气校正、NDVI 波段运算、密度分割等,最终获得研究区 30 a NDVI 时间序列(图 3)。

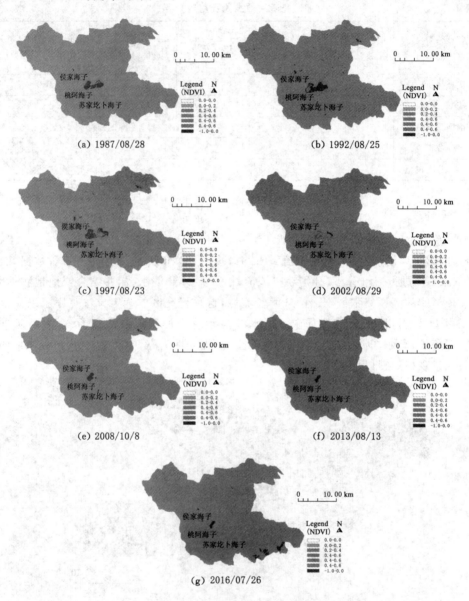

图 3 研究区时间序列 NDVI 密度分割结果

泊江海子流域属于荒漠—半荒漠型高原湿地,NDVI 受时间和降水的影响较大。研究表明,19 世纪 60 年代以来年降水量波动较大[9],由于不具备严格的同时相影像数据,气候数据无法同步,因而不能根据结果进行植被覆盖度的定量比较,易见 1987~2016 年,当地的植被覆盖度呈现增长趋势,这是当地为了减缓湿地萎缩,保护湿地生态环境采取的补救措施。遗憾的是仍然不能逆转桃—阿海子的逐年萎缩,苏家圪卜海子更是消失殆尽,湖区内植被衍生,这说明人类采取的植树造林的生态修复措施虽然提高了当地的植被覆盖度,但并未真正解决当地湿地退化的生态危机。

(3)林地、耕地、居民地的目视解译

选择多光谱数据的742波段进行波段合成,并与全色波段融合,得到空间分辨率为15～30 m的更适合目视解译的假彩色图像。参考地方志及退耕还林政策等相关资料,对耕地、林地、居民地实施遥感解译,获得1987～2016年间的人类活动相关要素的时间序列专题图,见图4。

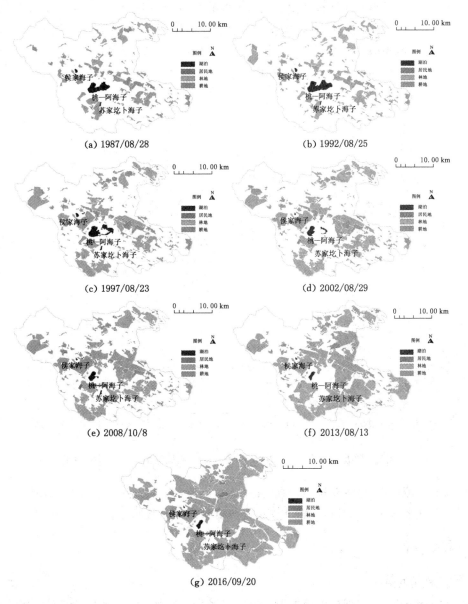

图4 研究区时间序列湖泊、耕地、草场和居民地遥感解译结果需调整

专题图显示：1987年以来分散的居民地呈缓慢的增加、聚拢趋势；1987～2002年间耕地面积快速增加，2003～2016年受"退耕还林"政策的影响，一些耕地被林木取代，林地面积急剧扩张。截至2016年，该流域形成了除了沙地边界的疏林和灌木，桃一阿海子的盐碱地带，几乎全为人工林地覆盖的景观格局，植被演替态势由于人为介入而得到快速发展[19]。这对于当地环境的保护，遏制湿地荒漠化起到一定积极作用，这也是当地植被指数逐年增长的重要原因。

（4）湖泊面积的边缘提取

在既能保证小的湖泊泡子也能提取到，又不过多圈取非湖泊面积的前提下，进行多次尝试之后，确定以0.02作为ArcGIS中NDVI阈值法提取湖泊边界的参数。遥感图像的选择遵循云量＜10％、成像时间选择当地降水量较多的第180～240天（7～9月份）、成像质量较好这三个原则，对1987～2016年的湖泊边界进行提取（图5）。图中仅叠加显示了每期间隔1年，共计15 a的湖泊边界变化趋势。

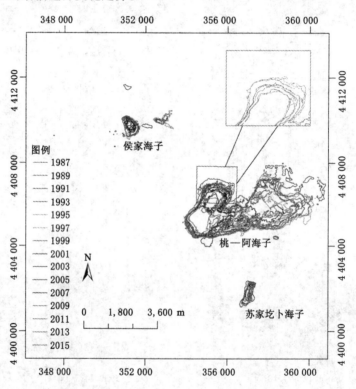

图5　最近30 a(1987～2016年)泊江海子流域湖泊边界遥感解译

可以看出，湖泊边界波动剧烈，湖区整体萎缩严重，有急剧消亡的趋势。说明对于泊江海子流域平均水深不到1.5 m的浅水湖受外界因素影响非常明显。

4　结果与分析

4.1　气候变化分析

由于距离较近，研究直接引用中国气象数据网站东胜站32 a(1981—2012)气候数据，获得 1981 年以来的气温和降水的变化趋势图。分析可知：

(1) 1981～2012 年间降水量波动幅度较大,线性拟合线和均值线基本重合,整体稳中有降。

鄂尔多斯高原地处东亚内陆干旱区,其降水受季风等影响波动较大,32 a 间的平均降水量为 374 mm,降水量较少(<250 mm)的极端干旱年份有 2000(181 mm)、2005(220 mm),降水量较多(>500 mm)的年份有 1988(514 mm)、1992(522 mm)、2003(513 mm)、2012(673 mm)。多雨的 2012 年和少雨的 2000 年降水量相差 3.5 倍。20 世纪 80 年代年均降水量 378 mm/a,20 世纪 90 年代年均降水量 367 mm/a,21 世纪以来年均降水量为 359 mm/a,12 年来有 8 年的降水量低于均值,说明干旱少雨的年份出现的概率在增加,这和许彦慧的研究结论相一致[20]。近 32 a 来降水量减少了 21 mm,可以看出相邻年份的降水量波动幅度较大,32 a 来总体趋势变化并不明显,这一结论和鄂尔多斯总降水趋势一致[21]。

(2) 32 a(1981—2012)间的温度呈现出明显的升高趋势。

研究区气温在波动中上升,32 a 的平均温度为 6.73 ℃,年均温度较高的(>8 ℃)年份有 1998 年(8.1 ℃)、1999 年(8 ℃),温度低于 5 ℃ 的年份有 1984 年(4.9 ℃)。20 世纪 80 年代年均温度为 5.93 ℃,20 世纪 90 年代年均温度为 6.86 ℃,21 世纪以来年均温为 7.28 ℃,泊江海子流域均略低于鄂尔多斯市总的年代际均温[20,21]。从温度变化斜率可知,1981～2012 年来,升温速率为 0.62 ℃/10 a,高于鄂尔多斯市其他地区的升温速率[21,22]。

气候变化的驱动因子较多,IPCC RA5 归因人类活动是气候变化的主要影响因素之一,而且气候的区域性变化并不均匀,仅仅进行线性分析得出的结果,其意义具有局限性[23-25]。泊江海子地处鄂尔多斯高原,属温带内陆干旱—半干旱大陆性气候,毗邻沙漠,系统内部额外增加热量大,且地势为盆地,热量易聚拢不易散发,雨水波动较大,暖干化趋势明显。20 世纪 80 年代以来,泊江海子局地的升温速率为 0.06 ℃/a,超过了大空间尺度统计的温度升温率：全球的升温速率为 0.012 ℃/a[26],北半球的升温速率为 0.03 ℃/a[27],中国的升温速率为 0.022 ℃/a[28],华北地区的升温速率为 0.03 ℃/a[29]。

4.2 人类活动的证据

泊江海子流域属于鄂尔多斯高原盆地,开始形成于中更新世,于晚更新世冰期"盛干燥期"得到发展,中全新世基本固定[30]。东胜地区人文历史悠久,资料显示,东胜是草原文化和黄河文化的结合地,秦直道、秦长城、北魏等各时期历史遗址遗迹保存最完整。

该流域煤炭资源丰富,根据盆地中煤沉积模式[31],中生代晚期早白垩世存在一次构造热事件[32],东胜煤炭资源于晚石炭世形成[33]。随着国家能源基地战略西移,泊江海子所处的东胜煤田,成为矿业开发热点地区,尤其是近十年,为了促进煤炭产业的发展,当地的交通、电力、供水、通信等基础设施逐步完善。另据报道,当地为了发展农业,灌溉田地,2006 年鸡沟河上游修建了 16 座淤地坝,截断了保护区的水源,人为减少水量至少 150 万 m³ (http://roll.sohu.com/20120820/n351047446.shtml)。

此外,本文统计了 1987～2016 年间直接反映人类活动的耕地、居民地、林地的面积信息,每 5～6 年统计一次。1987～2016 年,居民地的面积从 3.1 km² 持续增加到 14.4 km²,扩大了 3 倍;耕地的面积波动曲折,1997 年之前持续增长,2002 年和 1997 年的耕地面积基本持平,受退耕还林政策和风蚀沙化土地加剧影响,耕地面积开始下降;鄂尔多斯是我国西北的重要生态屏障,退耕还林不仅改善环境恶化的状态,对当地经济的持续发展和社会全面进步也有裨益[34],林地面积从 1987 年的 49.7 km² 增长到 2016 年的 339.7 km²,尤其是 2007 年之后,10 年的时间林地面积翻倍,退耕还林颇见效益,林地面积几乎覆盖整个区域(图 4)。

4.3 植被指数变化

遥感数据可以实现研究区连续的时效性强的大面积同步观测,NDVI 的变化反映出植被覆盖度改变[35]。遥感植被指数 NDVI 是最重要的生态环境变化的指示因子之一,与植被的生物总量(GPP)或植被净第一性生产力(NPP)呈正相关[36,37]。选用 NDVI 作为反映陆地表层生态系统的指标,通过对气候人类活动引起的 NDVI 变化与流域生态改变之间关系研究,进行气候变化和人类活动在沙漠化过程中相对作用的评价。

从时间序列 NDVI 均值可以看出:① NDVI 呈波动增加趋势:30 a NDVI 距平为 0.28, 2005 年以后,除 2008/10/8(0.27)外,均高于均值;② NDVI 与植被生长季有关:NDVI 处于波谷的有 1990/9/10(0.13)、1993/8/29、1998/9/11(0.19)、2004/6/23(0.23)、2008/10/8(0.27),每年的 180~240 天的 NDVI 值相对较高;③ NDVI 与降水量无相关性,东胜地区 30 a 降水量略有下降,而 NDVI 则呈上升趋势。

表 2　　　　　　　　　　　NDVI 密度分割百分比统计

统计级别 \ 统计时间	1987/08/28	1992/08/25	1997/08/23	2002/08/29	2008/10/8	2013/08/13	2016/07/26	类别
[−1.0,0.0]	1.08%	1.91%	1.73%	0.4%	0.7%	1.33%	0.45%	水域
[0.0,0.2]	64.43%	40.13%*	33.65%	16.2%	15.47%	3.89%	2.37%	裸地及沙地
[0.2,0.4]	31.5%	41.89%	43.69%	63.83%	76.13%	28.22%	24.02%	疏草地及草地
[0.4,0.6]	2.88%	13.75%	15.27%	16.69%	7.57%	47.86%	49.71%	灌木及疏林
[0.6,1.0]	0.11%	2.27%	5.6%	2.86%	0.11%	18.67%	23.41%	成熟林地

从 NDVI 的密度分割获得的植被类型百分比变化得出:① 1987~2012 年水域面积不断下降,2013 年的强降水的增加对水域面积有影响;② 裸地及沙地(0<NDVI<0.2)的面积从 1987/08/28(64.43%)下降到 2016/07/26(2.37%)只用了 30 a;③ 随着草地(0.2<NDVI<0.4)的逐渐减少,疏林及灌木丛(0.4<NDVI<0.6)占比增加,已经发育完全的成熟林地(0.6<NDVI)几乎遍布了整个景观范围。

但是,植被指数的影响因子不仅包括植被覆盖率,植被生长周期、气候条件、土壤状况也不可忽略。Huenneke 认为植被指数不一定会随着草地被灌木入侵而下降,而事实上生态系统结构却已经发生了变化[39]。沙漠化地区生态系统也有类似特征,大面积的植被覆盖率虽然提高了 NDVI,但其在景观结构上却已表现出了退化特征[40,41]。因此,采用 NDVI 单一指标作为沙漠化过程的评价指标,不能完全反映生态系统结构、景观格局以及土地利用方式的变化。

4.4 湖泊面积变化趋势

湖泊面积的计算精度与图像的空间分辨率及 NDVI 阈值的选取有关[42]。阈值的不同将影响水体像元的个数,从而导致统计的面积出现差异,阈值的确定需要结合实际水体范围,使之满足全部 3 个合成波段的水体条件。经过多次调整 NDVI 阈值设定为 0.02,获得了 1987～2016 年的湖泊面积变化,并和 1987～2012 年的降水数据进行叠加分析。

可以看出,1987～2016 年间湖泊面积呈波动下降趋势。其中,1987～2000 年降水量和湖泊面积虽然波动幅度不同,但同起同落,说明此间降水量与水域面积相关性较高;1998 年水域面积达到最大为 16 km^2,这与遗鸥自然保护区管理局 2007 年的报告吻合;2000 年之后湖泊面积大幅度下降,几近干涸,水域面积的波动与降水量不再一致,此时气候对湖泊的影响已经不占主导,人类活动似乎成为水域面积的主要影响因素,这与许端阳的研究结论不同[43],而与一些学者的研究观点相同[44,45]。

5 结 论

(1)泊江海子自然保护区地处沙漠边缘,生态环境极其脆弱。随着全球暖干化的气候趋势,2016 年泊江海子水域面积缩小至不足 3 km^2,盐碱地面积增加,湖底碱蓬群落发育,已不足以为遗鸥的生存繁衍提供场所,遗鸥繁殖群于 2004 年放弃该地点而迁居他地,2005 年当地水鸟群落彻底消失。

(2)人类活动特征明显。居民地面积显著增加,耕地面积经历了先增加后减少的过程,为了防风固沙进行生态建设,积极造林,林地面积直线上升,整个流域除盐碱地和边缘沙漠地区,几乎植被全覆盖。另外,自 2008 年煤矿被发掘,自然保护区北部 3 km 处东胜煤矿工业园区渐成规模,发展繁盛。交通网络四通八达,铁路和公路穿东胜而过。

(3)受降水量减少、人类修坝筑井拦截补给水、地下水位下降以及土壤基质特性的影响,泊江海子的三个湖泊:侯家海子、桃—阿海子、苏家圪卜海子已经消失殆尽。苏家圪卜海子已经完全消失,桃—阿海子平均水深不足 1 m,面积不足 2 km^2,东半部分已经演变为盐碱地。

泊江海子流域综合地貌及生态景观多元化,这里不仅是遗鸥繁盛时期的天堂,也是多达 47 种珍惜水鸟秋天的南迁停经之处,作为国家级湿地自然保护区,过去这里的生态承载量令人惊叹。如今,高速公路、铁路、煤矿及一大批煤制油、煤制气工程汇集于此,以人类的福祉为先的政策已经成了泊江海子衰落的首要因素。

泊江海子湿地的生态悲剧是发人深省的,虽然林地面积的增加给环境改善带来希望,但流沙对土地和村庄的侵袭从未停息,水域减少、盐碱地增加的状况仍在持续,如若仍不能采取有效措施,这一繁盛的水草天地,只能在遥感影像上永久定格,沉淀在人们的记忆里。

参考文献

[1] 廖玉静,宋长春.湿地生态系统退化研究综述[J].土壤通报,2009(5):1199-1203.

[2] 岳力.辽河三角洲湿地环境动态变化调查及生态影响分析[J].辽宁城乡环境科技,2004,24(4):51-53.

[3] 任宪友,杜耘,王学雷.南洞庭湖湿地生态退化研究[J].华中师范大学学报(自然科学版),2006(1):128-131.

[4] MITSCH W J,GOSSELINK J G. Wetlands[M]. Second edition. Van Nostrand Reinhold,1993.

[5] 刘国华,傅伯杰,陈利顶,等.中国生态退化的主要类型、特征及分布[J].生态学报,2000(1):14-20.

[6] 陈宜瑜,吕宪国.湿地功能与湿地科学的研究方向[J].湿地科学,2003,1(1):7-11.

[7] GOSSELINK J G. Wetland losses and gains[C]//Wetlands: A Threatened Landscape(Edited by Michael Williams), Blackwell, Oxford UK & Cambridge USA, 1993: 296-392.

[8] MILTON G R, PRENTICE R C, FINLAYSON C M. Wetlands of the World[J]. Geographic Magazine, 2016(55):12-17.

[9] 梁康,娄华君,程传周.鄂尔多斯泊江海子流域地下水流特征[J].资源科学,2011(6):1089-1098.

[10] 张武文,成格尔,高永.内蒙古沙漠湖泊的特征及保护[J].内蒙古农业大学学报,2006,27(4):11-14.

[11] 苏亚拉,何春花,尉赟,等.浅析鄂尔多斯市湿地资源保护[J].内蒙古林业,2011(12):13.

[12] 王玉华,布仁图雅,孙静萍,等.遗鸥国家级自然保护区近十五年来生态环境变化特征[J].环境与发展,2017(1):78-83.

[13] 鲁瑞洁,夏虹,强明瑞,等.近130 a来毛乌素沙漠北部泊江海子湖泊沉积记录的气候环境变化[J].中国沙漠,2008(1):44-49.

[14] 邓伟,潘响亮,栾兆擎.湿地水文学研究进展[J].水科学进展,2003,14(4):521-527.

[15] 赵宁,马超,杨亚莉.1973—2013年红碱淖水域水质变化及驱动力分析[J].湖泊科学,2016,28(5):982-993.

[16] 邢小军,于向芝,白兆勇,等.鄂尔多斯遗鸥自然保护区湿地水量平衡分析[J].干旱区资源与环境,2009(6):100-103.

[17] 何芬奇,张荫荪,叶恩琦,等.鄂尔多斯桃力庙—阿拉善湾海子湿地鸟类群落研究与湿地生境评估[J].生物多样性,1996(4):3-9.

[18] 李增慧,刘惠清.基于遥感的鄂尔多斯农牧交错区生态环境变化研究[J].农业与技术,2005(5):71-73.

[19] 张益源.内蒙古鄂尔多斯退耕还林地植被演替过程研究[D].北京:中国林业大学,2011.

[20] 许彦慧,郑玉峰,刘新兰,等.鄂尔多斯市近48年气候变化分析[J].内蒙古气象,2009,4(5):10-12.

[21] 姚雪茹.鄂尔多斯高原植被变化及其与气候、人类活动的关系[D].呼和浩特:内蒙古大学,2012.

[22] 任健美,莉尤,高建峰,等.鄂尔多斯高原近40 a气候变化研究[J].中国沙漠,2005,25(6):874-879.

[23] 秦大河,陈振林,罗勇,等.气候变化科学的最新认知[J].气候变化研究进展,2007,3(2):63-73.

[24] 秦大河,STOCKER THOMAS. IPCC第五次评估报告第一工作组报告的亮点结论[J].气候变化研究进展,2014,10(1):1-6.

[25] 石广玉,王喜红,张立盛,等.人类活动对气候影响的研究Ⅱ.对东亚和中国气候变化的影响[J].气候与环境研究,2002,7(2):255-266.

[26] 秦大河.气候变化科学与人类可持续发展[J].地理科学进展,2014,33(7):874-883.
[27] 马晓波.50年来蒙古国与北半球的气温变化[J].高原气象,1995,V14(3):348-358.
[28] 丁一汇,任国玉,石广玉,等.气候变化国家评估报告(Ⅰ):中国气候变化的历史和未来趋势[J].气候变化研究进展,2007,3(s1):1-5.
[29] 李庆祥,刘小宁,李小泉.近半世纪华北干旱化趋势研究[J].自然灾害学报,2002,11(3):50-56.
[30] 韩秀珍.历史时期鄂尔多斯沙化的气候因素作用分析[J].干旱区资源与环境,1999(s1):99-103.
[31] WANLESS H R,WELLER J M. Correlation and Extent of Pennsylvanian Cyclothems[J]. Geological Society of America Bulletin,1932,43(4):1003-1016.
[32] 任战利,张盛,高胜利,等.鄂尔多斯盆地构造热演化史及其成藏成矿意义[J].中国科学:地球科学,2007(S1):23-32.
[33] 魏晓超.东胜泊江海子勘探区主要可采煤层聚煤规律研究[D].邯郸:河北工程大学,2012.
[34] 乔丽环,李坚.全力推进鄂尔多斯市退耕还林工程建设[J].现代农业,2003(11):39-40.
[35] 王晓江,胡尔查,李爱平,等.基于MODIS NDVI的内蒙古大青山自然保护区植被覆盖度的动态变化特征[J].干旱区资源与环境,2014,28(8):61-65.
[36] MYNENI R B,DONG J,TUCKER C J,et al. A large carbon sink in the woody biomass of Northern forests[J]. Proceedings of the National Academy of Sciences of the United States of America,2001,98(26):14784-14789.
[37] 朴世龙,方精云,贺金生,等.中国草地植被生物量及其空间分布格局[J].植物生态学报,2004,28(4):491-498.
[38] HUENNEKE L F,ANDERSON J P,REMMENGA M,et al. Desertification alters patterns of aboveground net primary production in Chihuahuan ecosystems[J]. Global Change Biology,2002,8(3):247-264.
[39] 蒙吉军,朱利凯,毛熙彦.近30年来毛乌素沙地土地利用变化驱动力的多尺度研究——以内蒙古乌审旗为例[J].应用基础与工程科学学报,2012,20(s1):54-66.
[40] 胡永宁.毛乌素沙地乌审旗境内NDVI与环境因子的尺度响应[D].呼和浩特:内蒙古农业大学,2012.
[41] 徐萌,李亚春,曾燕,等.苏北大型湖泊水域的EOS/MODIS遥感监测[J].气象科技,2007(4):579-582.
[42] 许端阳,康相武,刘志丽,等.气候变化和人类活动在鄂尔多斯地区沙漠化过程中的相对作用研究[J].中国科学:地球科学,2009(4):516-528.
[43] DAVIS J A,FROEND R. Loss and degradation of wetlands in southwestern Australia:underlying causes,consequences and solutions[M]. Belknap Press,2005.
[44] 王昌海,崔丽娟,毛旭锋.湿地退化的人为影响因素分析——基于时间序列数据和截面数据的实证分析[J].自然资源学报,2012(10):1677-1687.
[45] 孙燕英,李元杰,康艾,等.鄂尔多斯盆地(内蒙古地区)资源环境综合承载力评价研究

[J].干旱区资源与环境,2017(2):56-62.
[46] 任战利,张盛,高胜利,等.伊盟隆起东胜地区热演化史与多种能源矿产的关系[J].石油与天然气地质,2006,27(2):187-193.
[47] 白力军.世界最大的遗鸥繁殖群[J].内蒙古林业,1992(5).
[48] 潘爱芳.鄂尔多斯盆地与能源矿产有关的一些地球化学研究[D].西安:西北大学,2005.
[49] 张翼超.近年来内蒙古鄂尔多斯市气候变化对地下水位与生态环境的影响及解决途径[J].河南农业,2016(2):42.
[50] 杨阳,张亦.我国湿地研究现状与进展[J].环境工程,2014(7):43-48.
[51] 安娜,高乃云,刘长娥.中国湿地的退化原因、评价及保护[J].生态学杂志,2008(05):821-828.
[52] 何芬奇,任永奇,郭玉民.内蒙古桃—阿海子的生境演替与水鸟群落的兴衰[J].湿地科学与管理,2015,11(2):54-58.
[53] 群力.内蒙古鄂尔多斯遗鸥国家级自然保护区[J].内蒙古林业,2001(10):32.

基金项目:国家自然科学基金委员会与神华集团有限责任公司联合资助项目(重点项目U1261206,培育项目U1261106)。
作者简介:刘玮玮(1990—),女,河南平舆人,硕士研究生在读,研究方向为矿区地质灾害遥感、生态环境遥感。
联系方式:河南焦作高新区世纪路2001号河南理工大学。E-mail:1459945762@qq.com。

基于高分辨率遥感影像的大通废弃煤矿区生态修复林淹水胁迫灾情信息提取

王楠,汪桂生,张震

(安徽理工大学测绘学院,安徽 淮南,232001)

摘　要:植被恢复是废弃矿区生态恢复最有效的方法之一。由于地表沉陷导致的淹水胁迫会对修复区域内的植被正常生长产生重要影响,进而会影响整个矿区的生态恢复效果。本研究基于面向对象的图像分类方法,利用 Worldview-3 高分辨率影像、GPS 数据和实地调查数据,提取大通废弃矿区内地表渗水面积和生态修复林地受淹水胁迫的灾情信息。根据灾情信息提取结果,矿区内受灾植被总面积为 31 570 m^2。其中,受淹水胁迫影响最大的树种是响叶杨,其受灾面积为 11 930 m^2,占受灾总面积的 37.8%。研究成果可为废弃煤矿生态环境监测及生态恢复效果评估工作提供参考。

关键词:灾情监测;淹水胁迫;生态修复林;WorldView-3;地表渗水

Monitoring of Waterlogging Stress Disaster of Ecological Restoration Forest Using High Resolution Remote Sensing Data in the Datong Abandoned Coal Mine

WANG Nan, WANG Guisheng, ZHANG Zhen

(Faculty of Surveying and Mapping, Anhui University of Science and Technology, Huainan 232001, China)

Abstract: Restoration is one of the most effective methods for ecological restoration in abandoned mining area. The flooding stress caused by surface subsidence will have an important impact on the normal growth of vegetation in the mining area, and then will affect the ecological restoration effect of the whole mining area. In order to obtain the information of waterlogging region and ecological restoration forest which have been affected by the waterlogging stress in the Datong abandoned mining area, the waterlogging area, and the tree species of restoration forest as well as the area were extracted by using Worldview-3 combining with field surveying data. The results indicated that the total affected area is 31 570 m^2. The affected area of the Populus adenopoda is 11 930 m^2, accounting for 37.8% of the total affected area. According to the field verification, all the Populus adenopoda were damaged by flooding stress in the surface seepage area. The research result could provide reference for the eco-environment monitoring work in the abandoned coal mine.

Keywords: disaster monitoring; waterlogging stress; ecological restoration forest; WorldView-3; surface seepage

1　引　言

　　煤炭是世界上最重要的资源之一,然而煤矿的开采和利用为全球社会文明做出巨大贡献的同时,对土地和生态环境也造成严重破坏[1]。煤矿开采后废弃煤矿的产生带来诸多生态环境问题,主要表现为:地表植被剥离、地表沉陷、矿区土壤污染、矿区地表水体和地下水污染等[2]。面对废弃煤矿产生的生态环境问题,如何消除矿业生产造成的环境污染和破坏、修复当地的生态环境、废弃煤矿资源再利用与生态修复已迫在眉睫,也是生态文明建设的必然要求。植被恢复是改善矿区生态环境最常用也是最有效的方法之一[3],通过植被恢复,建立稳定、高效的矿区废弃地人工植被生态系统,为动植物的生存提供良好的生态环境条件[4]。植被恢复不仅可以充分利用土壤与植物复合系统的功能改善废弃矿区生态环境,促进生物物种的多样性,而对林地本身,其周围环境的生态效应造成一定影响,进而对区域和全球的生态平衡产生作用[5]。2004~2010年,国家投入了大量的资源,采用以自然修复为主、人工修复为辅的方法,集成湿地构建技术、固废覆绿景观再造技术、生物垫护坡加固技术、植被组合搭配技术和高污染渗沥液生态降解等技术对大通废弃煤矿矿区进行生态修复[5]。2010年,在大通废弃煤矿原址基础上进行生态恢复后的大通湿地生态区(以下简称大通湿地)获国土资源部正式批准,成为国家级矿山公园。目前,国内外植物水淹胁迫研究主要集中在造林树种、草本植物、作物以及果树等方面[7-11],从植物生理角度分析淹水引起的植物形态、生理和代谢的变化,理解水淹对植物的影响及植物对水淹的响应。由于森林生态系统是一个庞大而复杂的动态变化系统,森林分布的立地条件复杂,野外研究难度大,灾情信息获取困难。森林淹水胁迫灾情空间信息获取的研究还相对较少。

废弃矿区中开展的生态恢复中生态系统的演化趋势如何,是否需要做出调整和人为干预?这些问题均需以生态恢复过程监测的反馈结果为基础进行回答。然而,由于传统调查方法工作量大且费时,对于采矿密集区逐一大规模进行调查难度较大。利用遥感技术可以获取矿产资源开发及矿山环境动态宏观观测数据,并且遥感获取的数据量大、更新快,能够有效地对所需的矿山环境相关数据进行更新和提取,以便进行实时监测。另一方面,生态恢复与重建评估多属于定性评估[12-14],随着遥感技术的发展,利用高分辨率遥感影像,可以准确估算森林各种因子(树高、树冠、材积和生物量等),进而建立数学模型进行定量分析。

本研究利用世界上空间分辨率最高的卫星影像 WorldView-3 为数据源,并结合全球定位系统(GPS)定位数据以及实测数据,提取大通湿地内受灾生态恢复林的受灾面积、受灾树种等森林资源信息,为建立森林生物量反演模型、森林生态恢复与重建生态效益评价提供数据支持。研究成果可为废弃煤矿生态环境监测及生态恢复效果评估工作提供参考。

2 研究区域概况

大通废弃矿位于安徽省淮南市东部的大通区(图1),面积约为 $4\,500 \times 10^4$ m^2,属于淮河冲积平原和江淮丘陵交界地带,局部地形为山前坡地,南侧为舜耕山,北侧为平原。矿区内地貌类型为丘陵,地形南高北低,相对高差约 200 m。气候类型为暖温带半湿润季风型气候,年降雨量近年来为 950 mm 左右;大通废弃矿区土壤有效含水量在 6%~9%,且四季温差小,利于植物生长发育[15]。自采空后矿区内塌陷呈凹槽形状,地下水位不断升高,开采沉陷区出现不同深度的地表水域(图2)。2010年,在大通废弃煤矿原址基础上进行生态恢复后的大通湿地生态区获国土资源部正式批准,成为国家级矿山公园。大通湿地内植被类型简单,主要以人工林植物和草本植物为主[16]。大通湿地内主植被可明显分为沉降坑植物、煤矸石环境植物、人工林植物等。主要森林群落有水杉(Metasequoia glyptostroboides)林、刺槐(Robinia pseudoacacia)林、响叶杨(Populus adenopoda)林、麻栎(Quercus acutissima)和枹栎(Quercus aliena)混交林等[16]。

图 1 大通湿地地理位置

图 2 大通湿地生态修复林淹水胁迫

3 数据源与方法

3.1 WorldView-3 数据

WorldView-3 是美国 DigitalGlobe 公司于 2014 年 8 月发射的第四代高解析度光学卫星,是目前世界上分辨率最高的光学卫星。WorldView-3 卫星提供 0.3 m 全色分辨率\1.24 m 多光谱分辨率和 3.7 m 红外短波分辨率数据[17]。本研究使用的 WorldView-3 数据拍摄于 2015 年 4 月 1 日,光谱波段为红、蓝、绿和近红外波段,空间分辨率为 1.2 m,使用的坐标系统为 WGS-84,覆盖研究区全境。

3.2 实测数据

在森林成分混杂的大面积地区,根据森林条件、树种、地形和可测量性,设立森林成分均匀的、具有代表性的小面积样地,有助于提高森林资源监测的精度。在本研究中选择整个大通湿地,面积约为 4.5 km² 作为研究区域。为了检验生态恢复林的树种分类精度,2016 年 4 月和 5 月在大通湿地内设立了 9 个 20 m×20 m 的样地,并将样地划分为针叶林、阔叶林和混交林三种林分类型。测量了胸径大于 5 cm 的树的树种,以及平均胸径和树高、林木密度,并标注了树的存活状态(表 1)。另外,在 2017 年 4 月使用手持 GPS(Garmin MAP 62cs;精度:±3 m)测量了样地的中心点位置和地表渗水区边界(图 3)。

表 1　　　　　　　　　　　样地的森林资源概况

编号	林木密度/(株/ha)	平均胸径/cm	平均高度/m	森林类型
1	1 400	17.1	15.4	针叶林
2	1 475	15.2	9.8	混交林
3	1 425	21.2	13.1	阔叶林
4	1 289	12.4	9.5	针叶林
5	1 650	13.6	10.4	阔叶林
6	1 375	14.0	10.0	阔叶林
7	1 244	13.2	9.4	针叶林
8	1 333	13.0	9.2	混交林
9	1 125	13.4	9.3	阔叶林

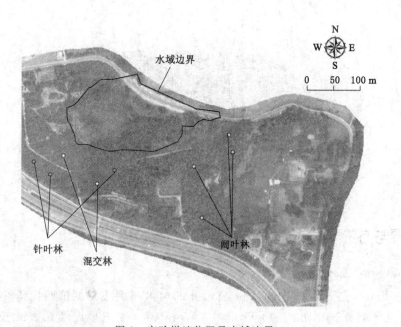

图 3　实验样地位置及水域边界

3.3 研究路线

以遥感图像处理的基本过程为基础，本文设计了图 4 所示的技术路线。利用 WorldView-3 数据结合实地测量数据，获取大通湿地内植被分布信息；利用 GPS 数据提取地表渗水区，与遥感影像和实测数据结合，提取大通湿地内的生态恢复林的受灾面积、受灾树种等森林资源信息，并验证提取精度，最终获得淹水胁迫灾情信息。

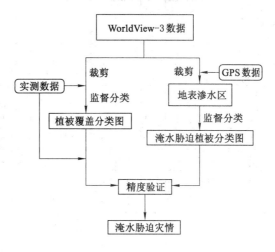

图 4　研究流程

4 结　果

4.1 面向对象的监督分类

基于文献资料并结合实地测量数据将地物划分为 14 个分类类别，每个分类类别选取不小于 10 个训练样本，并以实测数据、谷歌地球、现有的专题地图和照片等其他信息作为分类参考，使用最大似然法对影像进行监督分类(图 5)。基于树种的监督分类精度的混淆矩阵如表 2 所示。

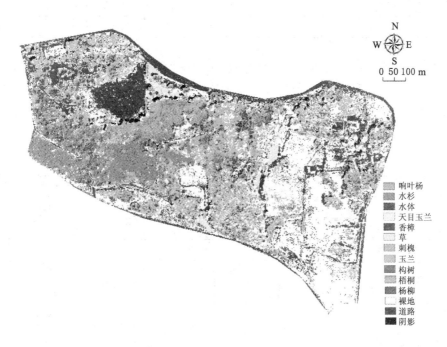

图 5　大通湿地植被覆盖分类图

从分类结果与精度评价的数据来看，湿地内植被信息提取效果较好，总体分类精度达到了 88.5%，Kappa 系数为 0.866。在提取的植被信息当中，水杉的分类效果最好，其用户精度与生产者精度分别为 98.4% 和 90.8%。但响叶杨的用户精度较低，仅为 50.5%。造成

表2　　　　　　　　　　　　　　面向对象植被分类混淆矩阵

分类类型	分类编号	1	2	3	4	5	6	7	8	9	10	11	12	13	14	样本总数	生产者精度/%
响叶杨	1	110	9	2	0	4	0	13	0	0	0	0	0	0	0	138	79.7
水杉	2	75	1 138	5	9	5	4	9	3	1	0	0	4	0	0	1 253	90.8
天目玉兰	3	0	0	78	0	1	19	0	1	0	0	0	1	0	1	101	77.2
香樟	4	3	8	8	123	3	1	12	1	6	0	0	0	0	0	165	74.5
刺槐	5	4	0	0	0	31	1	1	0	0	0	0	0	0	2	41	75.6
玉兰	6	0	0	3	0	1	62	0	0	0	0	0	2	0	0	68	91.2
构树	7	26	1	0	0	7	0	72	0	0	0	0	0	0	0	106	67.9
梧桐	8	0	0	1	0	3	1	0	86	1	4	0	3	0	0	99	86.9
杨柳	9	0	0	0	0	0	0	0	1	26	0	0	0	0	0	27	96.3
草地	10	0	0	1	0	0	3	0	3	0	103	0	4	0	0	114	90.4
水体	11	0	0	1	0	0	2	0	0	0	0	996	32	0	0	1 031	96.6
裸地	12	0	0	7	1	5	2	0	39	3	30	10	1 774	89	0	1 979	90.5
公路	13	0	0	0	0	0	0	0	0	0	0	0	7	455	0	462	98.5
阴影	14	0	0	0	0	4	0	0	0	0	0	2	0	0	74	80	92.5
合计		218	1 156	106	150	59	93	106	137	42	137	1 008	1 827	544	77	5 796	
用户精度/%		50.5	98.4	73.6	57.7	52.5	66.7	67.9	62.8	61.9	75.2	98.8	97.1	83.6	96.1		

这两种树用户精度较低的主要原因是部分水杉、构树被错分为响叶杨。WorldView-3数据虽然具有高空间分辨率的特征，但近红外波段波长仅为770～1 040 nm，不具备阔叶树分类需要的光谱分辨率[17]。根据WorldView-3数据提取地表植被信息的结果，湿地内植被资源信息如表3所示。

表3　　　　　　　　　　　　　　大通湿地植被资源

植被类型	面积/m²	占植被总面积比/%
响叶杨	15 290	11.0
水杉	24 260	17.5
天目玉兰	7 900	5.7
香樟	10 980	7.9
刺槐	34 850	25.1
玉兰	7 230	5.2
构树	6 040	4.4
梧桐	8 430	13.3
杨柳	5 130	3.7
草地	8 520	6.1
合计	138 630	

根据上述分类和统计结果,植被覆盖面积为 13.9×10^4 m²,占湿地总面积的 33.8%。水杉是大通湿地内价值最高的树种,同时也是大通湿地生态修复林的优势树种,主要分布在湿地的东南部,其覆盖面积为 24 260 m²。响叶杨覆盖面积为 15 290 m²,主要分布在湿地的北部。草地面积为 8 520 m²,主要分布在湿地内空旷的区域和生态林的林窗。杨柳为湿生植物,覆盖面积为 5 130 m²,其根有强大的护岸能力,被种植在靠近水的岸边。

4.2 植被淹水胁迫灾情

利用 WorldView-3 数据,结合手持 GPS 测量的地表渗水区域边界数据,提取大通湿地内地表渗水区的遥感影像,并对其进行监督分类(图6)。渗水区内基于树种的监督分类精度的混淆矩阵如表4所示。

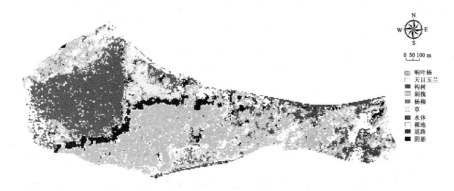

图 6 大通湿地渗水区内淹水胁迫植被分类

表 4 渗水区内植被分类混淆矩阵

分类类型	分类编号	1	2	3	4	5	6	7	8	9	10	样本总数	生产者精度/%
响叶杨	1	404	0	4	1	0	0	0	0	0	0	409	98.8
天目玉兰	2	0	16	0	1	0	0	0	0	0	0	17	94.1
刺槐	3	0	0	88	46	0	11	0	0	0	0	145	60.7
构树	4	1	0	17	52	2	3	0	0	0	0	74	70.2
杨柳	5	1	0	0	0	31	1	0	0	0	0		96.9
草地	6	0	3	27	6	0	235	2	1	0	0	274	85.8
水体	7	0	0	4	10	0	2	1 412	32	11	4	1 511	93.4
裸地	8	0	0	0	0	0	2	7	112	1	0	122	91.8
公路	9	0	0	0	0	0	0	1	1	32	0	34	94.1
阴影	10	0	0	0	1	0	0	0	0	0	96	97	98.9
合计		406	19	140	117	0	253	1 422	146	44	100	2 548	
用户精度/%		99.7	96	62.9	44.4	93.9	92.9	99.3	76.7	72.7	96		

根据分类结果与精度评价的数据来看,地表渗水区内植被信息提取效果较好,总体分类精度达到了 91.6%,Kappa 系数为 0.87。根据监督分类精度的混淆矩阵,响叶杨的提取效果较好,其分类的生产者精度和用户精度为 98.8% 和 99.7%,较湿地整体分类结果有了很大的提升。响叶杨的分类精度大幅提升的主要原因是响叶杨在渗水区内分布相对集中,属

于优势树种,并且与其他树种有明显的界线。构树的用户精度比较差,只有 44.4%。构树用户精度较低的主要原因是部分刺槐被错分为构树。刺槐和构树是大通湿地内阔叶林的主要构成树种,二者边界不明显,在光谱信息等特征上有些比较接近。

灾情结果表明,从 2015～2017 年地表渗水区的面积由 $3.1×10^4 \ m^2$ 扩大到 $9.9×10^4 \ m^2$,占目前湿地总面积的 19.3%。受灾植被种类分别是响叶杨、天目玉兰、刺槐、构树、杨柳和草,各植被受灾灾情信息如表 5 所示。

表 5   大通湿地内植被淹水胁迫灾情统计

植被类型	湿地内总面积 /m²	受灾面积 /m²	占受灾总面积比例 /%	占同植被类型比例 /%
响叶杨	15 290	11 930	37.8	78.0
天目玉兰	7 230	380	1.2	5.3
构树	6 040	4 740	15	78.5
刺槐	34 850	6 850	21.7	19.7
杨柳	5 130	2 640	8.4	51.5
草地	8 520	5 030	15.9	59.0
合计	77 060	31 570		

根据灾情统计,大通湿地内受淹水胁迫影响的植被类型为 6 种,受灾总面积为 31 570 m^2。受淹水胁迫影响最大的树种是响叶杨,其受灾面积为 11 930 m^2,占受灾总面积的 37.8%。天目玉兰受灾面积为 380 m^2,占受灾总面积的 1.2%;构树受灾面积为 4 740 m^2,占受灾总面积的 15%;刺槐受灾面积为 6 850 m^2,占受灾总面积的 21.7%;杨柳受灾面积为 2 640 m^2,占受灾总面积的 8.4%;草地受灾面积达到 5 930 m^2,占受灾总面积的 15.9%。

5 结 论

本文以淮南市大通湿地为例,利用 WorldView-3 和 GPS 数据,实现了植被淹水胁迫的定位观测,有效提取大通湿地内淹水胁迫灾情。研究结果表明:(1) 水杉是大通湿地内价值最高的树种,也是大通湿地生态修复林的优势树种,主要分布在湿地的东南部,未受到淹水胁迫的影响;(2) 78% 的响叶杨分布在地表渗水区内,是受淹水胁迫影响最大的树种;(3) 草地受灾情况也比较严重,面积为 5 030 m^2,占湿地内草地总面积的 61%。随着煤矿塌陷区面积的不断扩大,大通湿地内地表渗水区面积也逐渐扩大,积水逐步绵延到湿地内生态恢复林区,使大通湿地内植物的形态结构发生变化,甚至死亡,对湿地内的生态系统及环境质量等方面都造成了潜在的威胁。

当然,在对于具体精确的植被目标如阔叶林和混交林检测时,需结合更高分辨率遥感数据源,加强对地表光谱信息的探测;对于水域边界的测量,需结合更高分辨率的定位仪器。在后续研究中,从不同尺度上有效评价灾害的影响程度及影响范围,提高对灾情的全面监测能力。

参 考 文 献

[1] BLINKER. Mining and the natural environment:an overviewf[R]. UNCTAD 6,1999:

6-8.
- [2] 刘明,李树志.废弃煤矿资源再利用及生态修复现状问题及对策探讨[J].矿山测量,2016,44(3):70-73.
- [3] FINKELMAN R B,GROSS P M K. The types of data needed for assessing the environmental and human impacts of coal[J]. International Journal of Coal Geology,1999,40(3):91-101.
- [4] 李清芳,马成仓,周秀杰,等.煤矿塌陷区不同复垦方法及年限的土壤修复效果研究[J].淮北煤炭师范学院学报,2005,26(1):49-51.
- [5] 张光灿,刘霞,王燕.煤矿区生态重建过程中矸石山植被生长及土壤水文效应[J].水土保持学报,2003,16(5):20-23.
- [6] 张雨曲.安徽淮南大通煤矿废弃矿区生态修复研究[D],北京:首都师范大学,2009.
- [7] 潘澜,薛晔,薛立.植物淹水胁迫形态学研究进展[J].中国农学通报,2011,27(7):62-64.
- [8] 刘金祥,王铭铭.淹水胁迫对香根草生长及光合生理的影响[J].草业科学,2005,22(7):71-73.
- [9] 王海锋,曾波,李娅,等.长期完全淹水对4种三峡库区岸生植物存活及恢复生长的影响[J].植物生态学报,2008,32(5):977-984.
- [10] 王海锋,曾波,乔普,等.长期淹水条件下香根草(Vetiveriazizanioides)、菖蒲(Acoruscalamus)和空心莲子草(Alternantheraphiloxeroides)的存活及生长响应[J].生态学报,2008,28(6):2571-2580.
- [11] 高健,侯成林,吴泽民.淹水胁迫对I-69/55杨蒸腾作用的影响[J].应用生态学报,2000,1(4):518-522.
- [12] 桑晓靖.西部地区生态恢复与重建的生态经济评价[J].干旱地区农业研究,2003,21(3):171-174.
- [13] 周红,张晓珊,缪杰.贵州省退耕还林工程生态效益监测与评价初探[J].绿色中国,2005(3):48-49.
- [14] 李亮光.广西贫困地区生态环境恢复措施及效益分析[J].贵州环保科技,1995(1):22-27.
- [15] 严家平,徐良骥,阮淑娴,等.中德矿山环境修复条件比较研究——以德国奥斯那不吕克Piesberg和中国淮南大通矿为例[J].中国煤炭地质,2015,27(11):22-26.
- [16] 张雨曲,胡东,杜鹏志.淮南市植物区系特征与大通煤矿废弃矿区植被状况的比较分析[J].首都师范大学学报,2009,30(5):47-53.
- [17] 李国元,胡芬,张重阳,等.WorldView-3卫星成像模式介绍及数据质量初步评价[J].测绘通报,2015(s2):11-16.

基金项目:安徽省留学择优计划项目(1X030)。
作者简介:王楠(1981—),男,博士研究生,讲师。主要从事遥感在植被、生态中的应用方面的研究工作。E-mail:wnbadinine@163.com。

基于 MODIS NDVI 的淮南矿区植被覆盖度动态监测

汪桂生,仇凯健

(安徽理工大学测绘学院,安徽 淮南,232001)

摘 要:为了分析 2005~2014 年的 10 年间淮南矿区的植被覆盖演化并为矿区生态恢复提供科学参考,基于像元二分模型并利用每 16 天周期的 MODIS NDVI 时间序列产品提取了 2005 年、2008 年、2011 年、2014 年淮南矿区植被覆盖度,并从时序演化、数量转移和空间演化三个方面分析了植被覆盖的时空演化特征。结果表明:监测时段内年际 NDVI 均值由 2005 年到 2008 年呈下降趋势,2008~2015 年呈现稳步上升趋势;监测时间内区域平均植被覆盖度分别为 0.722 3、0.701 7、0.718 1 和 0.702 8,平均减幅为 2.7%;较高植被覆盖的面积是区域内主导植被覆盖,占整个研究区面积的 50%,中、低和无植被覆盖面积在监测时间内保持稳定且面积均不足 200 km^2,表明植被覆盖状况总体良好;植被覆盖等级转化主要以高覆盖和较高覆盖之间的转化为主,稳定是植被覆盖的主要演化状态,而植被的轻度退化与交替演变趋势明显。

关键词:淮南矿区;植被覆盖度;时空演化;遥感监测

Dynamic Monitoring of Vegetation Coverage in Huainan Mining Area Based on MODIS NDVI

WANG Guisheng, QIU Kaijian

(*School of Geomatics, Anhui University of Science and Technology, Huainan 232001, China*)

Abstract: The aim of this research is to analyze the evolution of vegetation cover in the Huainan mining area during the period of 2005~2014 and provide scientific references for the ecological restoration of the mining area. Based on the dimidiate pixel model and the MODIS NDVI time series products obtained every 16 days, the vegetation coverage of 2005, 2008, 2011 and 2014 in Huainan mining area was extracted. The temporal and spatial evolution characteristics of vegetation cover were analyzed from three aspects: temporal evolution, quantity transfer and spatial evolution. The results show that the average NDVI of the NDVI in the monitoring period decreased from 2005 to 2008 and increased from 2008 to 2015. The average vegetation coverage in the monitoring period is 0.722 3, 0.701 7, 0.718 1 and 0.702 8, respectively, with the average decrease rate of 2.7%; the area covered by the higher vegetation is the dominant vegetation cover in the study area, accounting for 50% of the total area of the study area, while the medium, low and no vegetation cover area is stable in the monitoring time, with their areas less than 200 km^2, indicating the vegetation cover is generally in good condition. The transformation of vegetation cover is mainly dominated by the transformation between the relatively high coverage and high coverage. The stability condition is the main evolution direction of vegetation cover, while the alternation between mild degradation and mild improvement of vegetation are obvious.

Keywords: Huainan mining area; vegetation cover; spatiotemporal revolution; remote sensing monitoring

1 引言

矿产资源对我国的经济建设起到了重要的积极推动作用,其保证程度和健康程度关系到国民经济长期稳定和国家战略安全。然而,矿产资源开发在促进工业经济发展的同时,也造成地表变形、沉陷甚至坍塌,造成了大量的土地资源浪费,同时改变了原有生态环境结构或状态,使植被等地表覆盖衰退甚至枯死、物种多样性衰落、土地退化,生态系统遭到破坏[1-3]。这些由开采引起的生态环境问题影响矿区人民的生活水平,威胁区域可持续发展。传统的矿区环境监测采用实地调查、采样等方式开展,不仅效率低下,还仅仅停留在离散点状监测,无法形成对环境变化的综合分析。为此,许多学者利用遥感技术在一些典型矿区开展了生态环境扰动监测,利用目视解译、计算机图像分类等方法提取植被覆盖、土壤属性、土地利用类型、景观指数等表征参数[4-6]。植被是地表最为显著且易于受人类活动扰动的景观。目前,植被监测是矿区最为重要的环境监测工作之一并已经广泛开展了基于遥感的监测[7-10]。

淮南矿区是我国重要的能源基地之一。矿业的开发已经给区域生态环境造成了显著的影响,形成了大面积的地表沉陷,煤矸石和粉煤灰堆,致使大气和水质质量下降[11-12]。目前,针对淮南矿区已经开展了土壤侵蚀、土地利用等有关研究[13-15]。利用遥感技术,对近十年淮南矿区植被覆盖度的变化进行动态监测,对矿区复垦效果评估,可以为淮南市及淮南矿区今后的可持续化发展方案的制定提供参考,对矿区环境治理、生态修复与重建具有积极的实践意义。

2 研究区概况

淮南矿区位于我国华东地区淮南市的北部,安徽省中部,地跨淮河中游,距离省会合肥95 km,地理位置介于 $116°21'21''E\sim117°11'59''E$, $32°32'45''E\sim 33°0'24''N$ 之间(如图1所示),属于亚热带季风气候区。该地区是以煤炭开采、火力发电及其相关产业为主导的工矿区,为华东地区的工业发展打下了坚实基础。

3 数据源与方法

3.1 数据源

本研究使用 MODIS 卫星产品中的 MOD13Q1 数据,主要用于检测地表植被覆盖的状况。数据来源于美国 LPDAAC(Land Process Distributed Active Archive Center)网站,下载的数据共有12个图层,空间分辨率为250 m,维度为4 800行4 800列,数据格式为HDF,所采用的投影为正弦投影。这里使用的为其中归一化植被指数(NDVI)数据并在此基础上反演植被覆盖度以进行淮南矿区植被覆盖的时空演变分析。

此外,因开展研究需要要素制图、范围界定、图像裁剪等,还收集了研究区基础矢量数据。矿区界线矢量数据来源于文献[16]。为了对结果进行验证,研究中还选择了部分样本进行了实地调查,获得了不同土地利用下植被覆盖的直观信息。

3.2 研究方法与流程

(1)像元二分模型

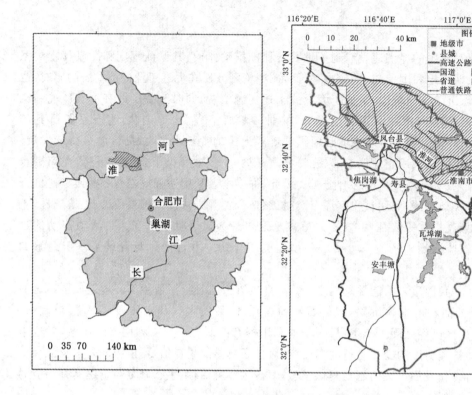

图 1 淮南矿区位置图

像元二分模型是目前常用的一种用于估算植被覆盖度的一种模型[17]。该模型的思想是把地表看作有植被覆盖和无植被覆盖两类,实际采用遥感方式计算时,其计算方式如式(1):

$$VFC = \frac{NDVI - NDVI_{soil}}{NDVI_{veg} - NDVI_{soil}} \tag{1}$$

其中,$NDVI_{soil}$ 表示的是无植被覆盖区域或者裸土的 NDVI 值;$NDVI_{veg}$ 则表示为纯净植被像元的 NDVI 值,可以用来作为 NDVI 的最大值,其计算公式分别为式(2)和式(3):

$$NDVI_{soil} = \frac{VFC_{max} * NDVI_{min} - VFC_{min} * NDVI_{max}}{VFC_{max} - VFC_{min}} \tag{2}$$

$$NDVI_{veg} = \frac{(1-VFC_{min}) * NDVI_{max} - (1-VFC_{max}) * NDVI_{min}}{VFC_{max} - VFC_{min}} \tag{3}$$

利用这个模型计算植被覆盖度的关键是计算 $NDVI_{soil}$ 和 $NDVI_{veg}$。当区域内可以近似取 $VFC_{max}=100\%$,$VFC_{min}=0\%$,式(1)可变为:

$$VFC = \frac{NDVI - NDVI_{min}}{NDVI_{max} - NDVI_{min}} \tag{4}$$

$NDVI_{max}$ 和 $NDVI_{min}$ 分别为区域内最大和最小的 NDVI 值。由于不可避免存在噪声,$NDVI_{max}$ 和 $NDVI_{min}$ 一般取一定置信度范围内的最大值与最小值,置信度的取值主要根据图像实际情况来定。实际估算时,需要视影像分辨率加以确定,在低分辨率影像上,近似取最大和最小值,而在较高分辨率影像上需要依据土地类型分地表覆盖类型加以确定。

(2)研究流程

在收集研究区 2005、2008、2011、2014 年植被生长周期 MODIS NDVI 数据的基础上，对其进行预处理并生成覆盖研究区的 MODIS NDVI 数据集。进而利用生长周期的年均 NDVI 数据并结合像元二分模型估算植被覆盖度，在此基础上采用统计分析、重分类等地理信息系统(GIS)空间分析方法进行植被的时序演化、覆盖转移和空间演变分析，所设计的技术路线如图 2 所示。

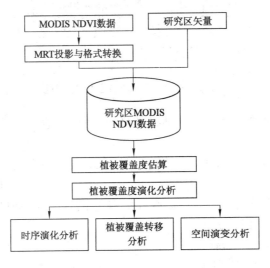

图 2 研究技术路线

4 研究结果

4.1 MODIS-NDVI 时序变化

植被作为地表覆盖类型的一种，其变化也随着时间的变化呈现出一定的趋势。在其生长的不同时间段内，其 NDVI 值将产生时序变化。江淮地区植被一般在 3 月中下旬开始生长，到了 4~6 月这个时段，由于不断灌溉、雨水和阳光都比较充足，这时候植被长势较快，到了 7~9 月份，植被覆盖达到鼎盛时期，这时候的值比较大，但到了 10 月份以后，植被渐渐成熟，叶黄素含量增多，叶落生根，NDVI 值就会降低。一些特殊地区，比如西北干旱戈壁地区，植被一年四季都只是接近于 0，变化不显著。以 2005、2008、2011、2014 年这四个监测节点，从时间角度分析淮南矿区近十年年内植被覆盖演变情况。2005~2014 年年均 NDVI 情况如图 3 所示。

通过 2005 年年内 NDVI 变化折线图可以看出，4~5 月份，NDVI 值由 0.28 上升到 0.3 左右，这是植被增长时期的正常状况，但是到 5~6 月时，NDVI 值则呈现下降趋势，5~6 月，数值由 0.3 几乎沿直线下降到 0.17，6~7 月间，有着增长的趋势，7~8 月份涨幅较大，这也符合植被增长的规律，到了 9~10 月，由于植被进入成熟期，故 NDVI 值下降。但是中间的 NDVI 值在 5~6 月这个植被本应该增长的时候却下降了。通过土地利用数据并结合实地考察发现淮南矿区有着大量的耕地，到了六七月份，农作物到了收割的季节，因此，引起了 NDVI 值的急剧下降。类似地统计出 2008 年、2011 年、2014 年的状况，亦得到类似结果。通过对 2008~2014 年的年内 NDVI 值进行分析，发现这三个时期的走势和 2005 年类似，

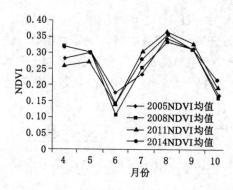

图 3 2005~2014 年年内月平均 NDVI 变化

都是在六月份达到波谷,然后在八月份达到波峰,表明植被的 NDVI 值变化具体受研究区内耕种收割活动影响。

通过使用 2005 年到 2014 年每隔三年一景的遥感影像,对淮南矿区年际 NDVI 值的走势进行分析(图 4),可以看出,年 NDVI 值均在 0.3 以下,平均 NDVI 从 2005 年到 2008 年有大幅度下降,植被生长状况降低,2008 年到 2014 年的 NDVI 均值呈现上升的趋势,这说明该地的植被覆盖情况有所改善。

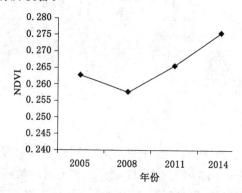

图 4 2005~2014 年植被生长周期内年均 NDVI 变化

4.2 植被覆盖度反演结果

为了更好地体现不同年间植被的演变趋势,利用植被像元二分模型对植被覆盖度进行反演,先计算每年的 NDVI 均值,得到每年的 NDVI 值遥感影像。由于 MODIS 数据分辨率为 250 m,故 $NDVI_{max}$ 和 $NDVI_{min}$ 分别以每景影像中统计结果的 NDVI 最大最小值进行计算。根据前人的研究[18-19],将植被覆盖度定义为 5 个等级:(1) 无覆盖(裸露地表或水体),$0<FC<0.1$;(2) 低覆盖,$0.1<FC<0.3$;(3) 中覆盖,$0.3<FC<0.5$;(4) 较高覆盖,$0.5<FC<0.8$;(5) 高覆盖,$0.8<FC<1.0$。根据各等级的阈值,并根据上述等级对植被覆盖度图进行分类分级,所得 2005 年、2008 年、2011 年、2014 年植被覆盖度图如图 5 所示。

根据结果统计,监测时间内区域平均植被覆盖度分别为 0.722 3、0.701 7、0.718 1、0.702 8,平均减幅为 2.7%。对上述植被覆盖度等级的分级结果,在重分类的基础上统计不同植被覆盖度的面积,如图 6 所示。可见较高植被覆盖和高植被覆盖规模较大,表明淮南矿区植被总体覆盖度状况良好,其中,中、低和无植被覆盖面积在监测时间内保持稳定,其规

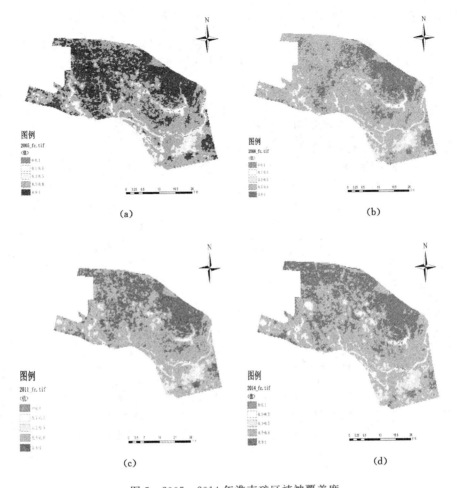

图 5 2005~2014 年淮南矿区植被覆盖度

(a) 2005 年植被覆盖度图；(b) 2008 年植被覆盖度图；(c) 2011 年植被覆盖度图；(d) 2014 年植被覆盖度图

模较小,面积均不足 200 km²,较高覆盖和高覆盖面积广大,占全区域面积的 90%。较高覆盖区域规模呈现先增加后减少的趋势,而高覆盖区域规模呈现先减少后增加的态势,表明植被覆盖在监测时期内呈现先减少后增加的态势,这与 NDVI 的演化趋势是一致的。

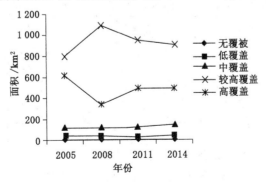

图 6 2005~2014 年植被覆盖度图

4.3 植被覆盖等级的面积转移分析

为了得到不同时相植被覆盖度的转移矩阵,需要对不同等级的栅格数据进行编码,这里规定无覆盖的情况编码为1,较低覆盖编码为2,中等覆盖情况编码为3,较高覆盖编码为4,高覆盖编码为5,并利用栅格重分类工具完成编码工作。完成编码以后,为了能求出不同等级植被覆盖转移情况,需要将较早年份的栅格编码值乘以10再加上较晚年份的编码值。假如2005年的编码值为1,2008年同样地方的编码为2,进行运算后的结果就变成12,12就代表该地方由无覆盖变成了较低覆盖,其中栅格计算功能可以由地图代数中的栅格计算进行实现。2005～2008年、2008～2011年、2011～2014年面积转移矩阵如表1、表2和表3所示。

表1　　　　2005～2008年不同植被覆盖程度面积转移矩阵　　　　km²

2005\2008	无覆盖	较低覆盖	中覆盖	较高覆盖	高覆盖
无覆盖	1.75	6.625	0.375	0	0.062 5
较低覆盖	0.875	24.437 5	18.75	1.75	0
中覆盖	0.062 5	8.375	74.5	37.437 5	0
较高覆盖	0	1.687 5	26.937 5	717.937 5	51.187 5
高覆盖	0.062 5	0.125	1	332.75	286

表2　　　　2008～2011年不同植被覆盖程度面积转移矩阵　　　　km²

2008\2011	无覆盖	较低覆盖	中覆盖	较高覆盖	高覆盖
无覆盖	0.375	2.312 5	0.062 5	0	0
较低覆盖	0.312 5	18.187 5	22.187 5	0.562 5	0
中覆盖	0	4.687 5	74.687 5	42.187 5	0
较高覆盖	0	2.437 5	30	830.687 5	226.75
高覆盖	0.062 5	0	0.5	73.875	262.812 5

表3　　　　2011～2014年不同植被覆盖程度面积转移矩阵　　　　km²

2011\2014	无覆盖	较低覆盖	中覆盖	较高覆盖	高覆盖
无覆盖	0.562 5	0	0.062 5	0.062 5	0.062 5
较低覆盖	2.437 5	19	5.187 5	1	0
中覆盖	0.875	22	88.812 5	15.75	0
较高覆盖	0.125	3.062 5	49.812 5	769.312 5	125
高覆盖	0	0	0.062 5	122.062 5	367.437 5

上述表中对角线元素表示没发生面积转移植被覆盖,可以对比对角线元素和矩阵其他位置的元素值,发现没有发生转变的植被覆盖比例最大,其中较高覆盖共有700～800 km²没有发生转变,占整个研究区面积的50%,是未发生转变的主要植被覆盖类型。从每行来看,淮南矿区无覆盖、较低覆盖、中覆盖的分布面积较少,而较高覆盖和高覆盖面积合计达

1 000多平方千米,占据淮南矿区的大部分范围。

从表1可以看出,2005年的无覆盖等级大多转化为较低覆盖,约6.625 km²;较低覆盖大都转化为中等覆盖,约18.75 km²;中等覆盖大都转化为较高覆盖,约为37.437 5 km²;较高覆盖也转化为高覆盖,面积为51.187 5 km²;高覆盖的向较高覆盖转化规模最大,达332.75 km²。总体来说,2008年的植被覆盖较2005年有所降低,高覆盖向较高覆盖转化是主要方向。

从表2可以看出,相对于2005～2008年,2008～2011年间的较高植被覆盖转化为高覆盖的规模增加,达226.75 km²,而高覆盖转化为较高覆盖的减少了,这说明由2008年到2011年期间植被覆盖情况有所好转。但是无覆盖区和较低覆盖以及中覆盖区的均没有向高覆盖进行转化,而且像较高植被转化也比较低,说明较低覆盖区域的植被覆盖情况并没有发生明显好转。

从表3可以看出,2011～2014年间,较高覆盖与高覆盖之间的转化基本持平了,这说明到了2014年年底,淮南矿区植被覆盖已经达到了一个平衡,而且相对于2008～2011年来说,较低覆盖的面积有减少的趋势,高覆盖没有转变的面积也由200多平方千米提升到360多平方千米。而且,大部分分布情况也集中在较高和高植被覆盖区域,且高覆盖类型向无植被覆盖的和低植被覆盖的面积也已经变成0值,大部分覆盖区域都保持自己的覆盖程度不变。不过,对于低覆盖和无覆盖区域,虽说面积相对以前年份有所减少,但是向较高植被覆盖类型转换还是相对较少。

4.4 植被演化特征分析

为了进一步分析植被的时空演化特征,利用植被生长周期内年均植被覆盖数据进行差值处理,获得监测时间内植被覆盖演变时空分布。结合文献分级标准[20-21],根据新的属性值进行动态演变分类,将演变趋势划分为7个动态演变类型监测类型,即重度退化($D \leqslant -0.3$)、一般退化($-0.3 \leqslant D < -0.15$)、轻度退化($-0.15 \leqslant D < -0.05$)、稳定($-0.05 \leqslant D < 0.05$)、轻微改善($0.05 \leqslant D < 0.15$)、一般改善($0.15 \leqslant D < 0.3$)和明显改善($D \geqslant 0.3$)7个等级,如图7所示。

结果表明,淮南矿区植被的覆盖度从2005年到2008年减少显著,最大减少值达0.724,表明区域内植被退化明显,植被退化区域主要位于矿区西北部的潘集、谢家集矿一带。2008～2001年间以及2011～2014年间,轻度退化在之一阶段表现显著,其空间上主要分布在矿区中南部,在西部潘集矿等少量地区,植被退化依旧严重,其退化程度处于较高水平,表明矿山开采对地表植被覆盖具有显著的扰动特性和持续性。

将上述结果加以统计,获得监测时间内植被覆盖演化的分级规模如图8所示。从中可见,监测时间内研究区植被覆盖以稳定为主,其面积保持在900 km²,表明研究区主体植被覆盖稳定。2005～2008年间,植被轻度退化比较显著,其规模超过450 km²,表明植被在此期间变化以轻度退化为主。2008～2011年以及2011～2014年,除稳定区域外,轻微改善的面积分别为350余平方千米和250余平方千米,而轻度退化的面积分别为150余平方千米和350余平方千米,植被的轻度退化与轻度改善现象交替演变趋势明显,重度退化面积虽然较小,但是在监测期内改变不明显,这些地区位于矿区的核心区,是矿区环境监测和修复需要重点关注的区域。

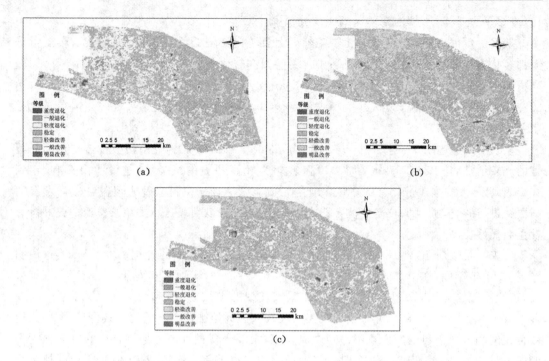

图 7 淮南矿区 2005～2014 年植被覆盖时空变化分级

(a) 2008 年与 2005 年植被覆盖度变化；(b) 2011 年与 2008 年植被覆盖度变化；(c) 2014 年与 2011 年植被覆盖度变化

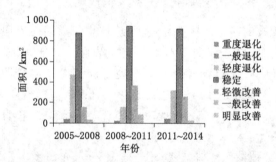

图 8 2005～2011 年淮南矿区植被覆盖演化规模统计

5 结 论

本文采用 MODIS NDVI 时间序列产品，结合像元二分模型分析淮南矿区 2005～2014 年近十年植被时空演变情况，得出以下结论：

（1）淮南矿区植被年内 NDVI 均值从 5～6 月份呈现下降趋势，并在 6 月份达到波谷，在 6～8 月份呈现上升趋势，在 8 月份达到波峰，接着在 9～11 月份由于植被成熟，NDVI 月均值呈现下降趋势。

（2）淮南矿区植被年际 NDVI 均值 2005～2008 年呈下降趋势，2008～2015 年呈现稳步上升趋势。监测时间内区域平均植被覆盖度分别为 0.722 3、0.701 7、0.718 1、0.702 8，平均减幅为 2.7%。

（3）淮南矿区较高覆盖和高覆盖面积广大，占全区域面积的 90%，较高覆盖与高覆盖区域转换是区域植被覆盖等级转换的主要方向。

（4）淮南矿区植被覆盖演化以稳定为主，轻度退化和轻微改善交替发生，是区域植被覆盖演化的主要方向。重度退化不足 10 km²，主要分布于矿区核心地带潘集和谢家集矿一带。

参考文献

[1] Yudovich Y E, Ketris M P. Mercury in coal：a review Part 2. Coal use and environmental problems[J]. International Journal of Coal Geology, 2005, 62(3)：135-165.

[2] Bian Z F, Dong J H, Lei S G, et al. The impact of disposal and treatment of coal mining wastes on environment and farmland[J]. Environmental Geology, 2009, 58(3)：625-634.

[3] Bian Z, Inyang H I, Daniels J L, et al. Environmental issues from coal mining and their solutions[J]. Mining Science & Technology, 2010, 20(2)：215-223.

[4] 陈华丽,陈刚,李敬兰,等.湖北大冶矿区生态环境动态遥感监测[J].资源科学,2004,26(5)：132-138.

[5] 周春兰,张秋劲,徐亮,等.遥感技术在攀枝花矿区生态环境监测中的应用[J].四川环境,2012,31(增)：23-27.

[6] 李学渊,赵博,陈时磊,等.基于遥感与GIS的矿山地质环境时空演变分析——以东胜矿区为例[J].国土资源遥感,2015,27(2)：167-173.

[7] Monjezi M, Shahriar K, Dehghani H, et al. Environmental impact assessment of open pit mining in Iran[J]. Environmental Geology, 2009, 58(1)：205-216.

[8] Charou E, Stefouli M, Dimitrakopoulos D, et al. Using remote sensing to assess impact of mining activities on land and water resources[J]. Mine Water and the Environment, 2009, 29(1)：45-52.

[9] Erener A. Remote sensing of vegetation health for reclaimed areas of Seyitömer open cast coal mine[J]. International Journal of Coal Geology, 2011, 86(1)：20-26.

[10] 姚峰,古丽·力帕尔,包安明,等.基于遥感技术的干旱荒漠区露天煤矿植被群落受损评估[J].中国环境科学,2013,33(4)：707-713.

[11] 崔龙鹏.对淮南矿区采煤沉陷地生态环境修复的思考[J].中国矿业,2007,16(6)：46-48,52.

[12] 葛沭锋,王晓辉,耿宜佳.淮南矿区沉陷地生态治理研究[J].安徽农业科学,2015,43(4)：271-274.

[13] 范忻,汪云甲,张书建.淮南矿区土地利用变化遥感监测及驱动力分析[J].矿业研究与开发,2012,32(4)：81-84.

[14] 汪炜,汪云甲,张业,等.基于GIS和RS的矿区土壤侵蚀动态研究[J].煤炭工程,2011,(11)：120-122.

[15] 黄家政,赵萍,郑刘根,等.淮南矿区土地利用/覆盖时空变化特征及预测[J].合肥工业大学学报(自然科学版),2014,37(8)：981-986.

[16] 王晓辉,耿佳怡.淮南煤矿区土地利用变化分析[J].安徽农业科学,2015,43(36):295-298.
[17] 李苗苗.植被覆盖度的遥感估算方法研究[D].北京:中国科学院研究生院遥感应用研究所,2003.
[18] 丁美青,陈松岭,郭云开.基于遥感的土地复垦植被覆盖度评价[J].中国土地科学,2009,23(11):72-75.
[19] 彭道黎,滑永春.北京延庆县植被恢复动态遥感监测研究[J].中南林业科技大学学报,2008,28(4):159-164.
[20] 李琳.北京郊区植被覆盖度变化动态遥感监测[D].北京:北京林业大学,2008.
[21] 贾嫒.河保偏矿区植被覆盖度演变趋势与驱动力分析[D].太原:山西大学,2012.

基金项目:2016年度安徽理工大学青年教师科学研究基金项目(QN201639)。

作者简介:汪桂生(1986—),男,博士,讲师,主要从事土地利用变化与地理信息系统应用研究。E-mail:wangguishengip@163.com。

矿业城市景观格局时空演变分析
——以淮南市潘集区为例

于伟宣[1],毛亚[2],刘樾[1],林萌[1],肖锐[1]

(1.武汉大学遥感信息工程学院,湖北 武汉,430079;2.中国矿业大学环境与测绘学院,江苏 徐州,2211162)

摘 要:以淮南市潘集区 2005,2009 和 2013 年 3 期遥感影像为数据源,以景观生态学理论为基础,结合遥感与地理信息系统技术,定量分析了潘集区近 10 年来土地利用动态变化和景观格局时空演变特征。结果表明,2005~2013 年间潘集区建设用地面积大幅度增加,景观多样性随时间推移整体呈下降趋势。研究区内由于煤炭资源开发等人类活动的影响,出现了大量采空区积水,使得区域内景观格局变化十分复杂。本文试图探讨矿业城市人类活动影响下景观格局变化的一般规律,为相关政府部门城市规划及科学决策提供参考。

关键词:景观指数;景观格局演变;潘集区

Spatiotemporal Evolution of Landscape Pattern in Mining Cities
—A Case Study in Panji District

YU Weixuan[1], MAO Ya[2], LIU Yue[1], LIN Meng[1], XIAO Rui[1]

(1. School of Remote Sensing and Information Engineering, Wuhan University, Wuhan 430079, China;
2. School of Environment Science and Spatial Informatics,
China University of Mining and Technology, Xuzhou 221008, China)

Abstract: Based on the theory of landscape ecology and combining the RS and GIS, this paper analyzes the dynamic changes of land use and the spatiotemporal evolution characters of landscape pattern in Panji District in recent 10 years, through the remote sensing images in 2005, 2009 and 2013. The results show that the area of construction land in Panji District has increased significantly from 2005 to 2013, and the landscape diversity has a decreasing trend over time, Due to the influence of human activities such as coal resources exploitation in the study area, a large amount of goaf water has appeared, which makes the landscape pattern change very complicated. This paper attempts to explore the general pattern of the change of landscape pattern under the influence of human activities in mining cities, and provide reference for urban planning and scientific decision-making in relevant government departments.

Keywords: landscape index; landscape pattern change; Panji district

人类进行煤炭资源开发利用过程中会对区域生态和景观产生干扰和破坏[1]。伴随着矿产资源的大量开采,产生了大面积的地下采空区,引发土地沉陷,极大影响着区域地表景观格局[2]。采空区沉陷导致整个区域景观类型的组成和结构发生相应的变化,使得矿业城市成为资源、环境与人口矛盾相对集中显现的区域之一,同时各矿区为实现可持续发展相继开展了土地复垦等修复性工作,使得区域景观格局变得更为复杂。景观格局分析是景观生态学基本理论研究的重要组成部分,也是景观生态评价、规划、管理及建设等应用方向的基础[3]。通过对景观格局指数的变化分析可以将区域景观的空间特征与时间过程联系起来,进一步挖掘人类活动强度与景观结构演变的潜在规律,从区域尺度上探究两者之间的关系。近年来,如何定量探究人类采矿活动下区域景观格局演变成为国内外学者关注的研究热点[4,5]。

淮南市作为我国重要的能源基地,是一座以煤炭开采利用为主的资源型城市,区域发展与环境保护之间矛盾较为突出,生态问题日益凸显[6]。潘集区作为淮南市重要的煤炭开采区域,辖区内原煤储量丰富,煤炭资源开发是潘集区主要的经济支柱,研究其区域内景观格局时空变化规律,揭示人类采矿活动与其景观内在变化的关系,对潘集区生态经济系统的可持续发展具有重要意义。本文试图通过对研究区内土地利用动态变化及景观格局指数的时空变化分析,探讨矿业城市人类活动影响下景观格局变化的一般规律,为相关研究提供一种新的思考方式,为该地区生态环境评估以及景观格局优化提供理论和技术支持。

1 研究区域及数据来源

1.1 研究区概况

潘集区位于安徽省淮南市北部,北纬 32°39′07″~32°58′58″,东经 116°39′43″~117°5′35″之间,东与怀远县相邻,西与凤台县毗邻,濒临淮河,总面积 600 km²,是淮南国土面积最大的区,下辖 1 个街道、9 个镇、1 个民族乡。研究区属于淮北平原,全区地势呈现西北高东南低的地势,平均海拔 22 m。属暖温带季风气候,四季分明,雨量充沛。同时,由于季风气候的影响,使研究区降雨和高温均出现在同一季节,区域内土壤含水丰富,并具有较丰富的古地理沉积资源。境内原煤探明储量 37 亿 t,有七大煤矿、三大电厂,被誉为"华东第一煤电大区"(http://www.panji.gov.cn/)。研究区地理位置见图 1。

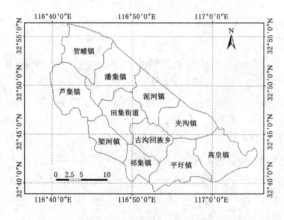

图 1 研究区地理位置及范围

1.2 数据来源与预处理

以 2 期(2005/05/02、2009/05/03)Landsat TM 影像、1 期(2013/05/13)Landsat8 OLI 影像(分辨率 30 m×30 m)共 3 期 Landsat 卫星系列遥感影像(http://www.gscloud.cn/)和 ASTER GDEM V2 数字高程模(http://reverbecho.nasa.gov/reverb)为基础数据,参

考淮南市统计年鉴,结合野外调查成果为辅助数据进行景观类型划分。利用 ENVI5.1 及 ArcGIS10.1 软件对影像数据进行预处理及裁剪,将景观类型划分为耕地、建设用地、林地、水体四大类,利用最大似然分类器进行分类(图 2)。并利用 Google Earth 进行精度评估,结果显示,2005、2009 和 2013 年景观分类图的总体分类精度分别为 95.69%、88.06% 和 91.24%,Kappa 系数分别为 0.93、0.82、0.86,符合分类精度要求。

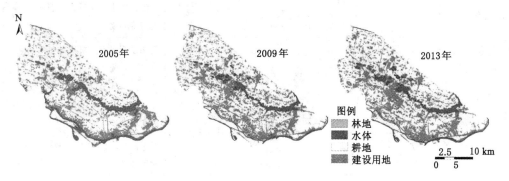

图 2　2005 年、2009 年、2013 年潘集区景观类型图

2　研究方法

景观格局(Landscape pattern)一般指景观的空间格局,反映景观斑块在空间上的分布和排列情况[7]。景观格局与生态过程是景观生态学研究的重要内容,在景观生态学中,常采用景观指数法来定量研究景观格局的异质性[8-10]。景观指数高度概括景观格局信息,通过单个或者多个指数组合,将格局与过程联系起来,具体的数值通过其表征的生态学意义来描述区域景观格局及其变化。景观格局指数分为斑块水平指数(patch-level index)、斑块类型水平指数(class-level index)以及景观水平指数(landscape-level index)[11]。本文根据景观指数的相关性,结合潘集矿区的特点,从斑块类型水平指数和景观水平指数入手,分析研究区在不同尺度上的景观格局变化,具体指标体系见表 1。

表 1　景观格局指标体系

指标	公式	单位	表征含义
NP(斑块数)	$NP = n$	个	在类型级别上等于景观中某一斑块类型的斑块总个数,在景观级别上等于景观中所有的斑块总数
PD(斑块密度)	$PD = NP/CA$	个/hm^2	为单位面积上的斑块数目,表征景观的完整性和破碎化程度
PLAND(斑块类型所占百分比)	$PLAND = CA_i/CA$	%	为某一斑块类型的总面积占整个景观面积的百分比,表征景观优势度
IJI(散布与并列指数)	$IJI = \dfrac{-\sum\limits_{k=1}^{m}\left[\left(\dfrac{e_{ik}}{\sum\limits_{k=1}^{m} e_{ik}}\right)\ln\left(\dfrac{e_{ik}}{\sum\limits_{k=1}^{m} e_{ik}}\right)\right]}{\ln(m-1)} \times 100$	%	描述景观空间格局最重要的指标之一。其值小时表明某种斑块类型仅与少数几种其他类型相邻接,反之表征各斑块之间的比邻概率越均等

续表 1

指标	公式	单位	表征含义
LPI(最大斑块指数)	$LPI = \max_{j=1}^{n}(a_{ij})/CA \times 100$	%	同一类型斑块中面积最大的斑块与该类型斑块总面积的比例,反映人类活动的方向和强弱
AI(聚合度指数)	$AI = \left[\sum_{i=1}^{m}\left(\frac{g_{ij}}{\max - g_{ij}}\right)P_i\right] \times 100$	%	反映景观中不同斑块类型的非随机性或聚集程度
CONTAG(蔓延度指数)	$CONTAG = \left[1 + \frac{\sum_{i=1}^{m}\sum_{j=1}^{m}P_{(i,j)}\ln P_{(ij)}}{2\ln m}\right] \times 100$	%	反映景观里不同拼块类型的团聚程度或延展趋势
SPLIT(分离度指数)	$SPLIT = \frac{A^2}{\sum_{i=1}^{m}\sum_{j=1}^{n}a_{ij}^2} \cdot 100$	%	表征不同斑块个数个体分布的分离度,分离度愈大,景观分布愈复杂,破碎化程度高
SHDI(香农多样性指数)	$SHDI = -\sum_{i=1}^{m}[P_i\ln(P_i)]$	—	基于信息理论的测量指数,反映景观异质性
SHEI(香农均匀度指数)	$SHEI = \frac{-\sum_{i=1}^{m}[P_i\ln(P_i)]}{\ln m}$	—	反映景观是否受一种或少数几种优势斑块类型所支配

3 结果分析

3.1 潘集区土地利用变化分析

耕地是研究区内景观基质,而建设用地、水体和林地则以斑块或廊道的形式镶嵌其中(图 2、图 3)。从图 3 可以看出,研究期内潘集区耕地、水体和林地面积以相近的速率减少,而建设用地所占比重急剧增加,已由 2005 年的 22.3%增长到 2013 年的 32.2%。为了更加清晰地分析 2005~2013 年潘集区各景观类型变化的特征及方向,计算出研究区内景观类型转移矩阵(表 2)。由表 2 可知,2005~2013 近 10 年内潘集区耕地转出面积总量达 3 577.32 hm²,为转出量最多的景观类型。其中,耕地转化为建设用地的面积最大,为 3 168.81 hm²,占耕地转出总面积的 88.6%。同时发现研究期内潘集区水体在持续减少,这与矿区土地复垦有着密切的关系,将在下文中继续讨论。

表 2　　2005~2013 年潘集区景观类型转移矩阵

类型	水体/hm²	耕地/hm²	建设用地/hm²	林地/hm²	2013 年面积/hm²	面积比/%
水体/hm²	3 038.13	292.23	329.13	27.99	3 687.48	6.17
耕地/hm²	680.94	32 746.32	3 168.81	66.87	36 662.94	61.34
建设用地/hm²	1 757.52	7 076.07	9 813.96	601.2	19 248.75	32.21
林地/hm²	6.66	125.64	34.38	3.33	170.01	0.28
2005 年面积/hm²	5 483.25	40 240.26	13 346.28	699.39	59 769.18	100
面积比/%	9.17	67.33	22.33	1.17	100	/

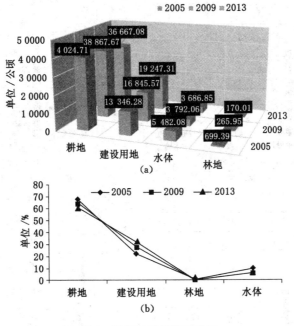

图 3　潘集区景观类型特征

3.2 潘集区景观格局时空演变分析

(1) 斑块类型水平指数变化分析

在本研究中,选取斑块个数(NP)、斑块密度(PD)、斑块所占景观面积的比例(PLAND)、散布与并列指数(IJI)、最大斑块所占景观面积的比例(LPI)、聚合度指数(AI)等6个景观斑块类型指标进行计算与分析。由图4可以看出,2005～2013年间,区域内耕地、建设用地及林地斑块数量整体呈先增后降的趋势,且建设用地的斑块个数较其他景观类型占主导优势。PD 的变化与 NP 变化趋势总体相似,但林地的边界密度在逐渐下降。从 PLAND 的变化可以看出,2005～2013年各景观类型所占面积比例均有一定的变化,研究区内耕地占主导地位,但随着时间推移面积在持续减少,建设用地面积大幅增加。在研究期内各景观类型的 IJI 整体呈下降趋势且 AI 总体无明显变化,表明各景观类型变得较为集中。LPI 反映出 2005～2009 年耕地是潘集区的绝对优势景观,随着城镇化的扩张和人类采矿活动的影响,建设用地最大斑块所占景观面积的比例在 2013 年最为突出,为 24.2%,成为潘集区的优势景观。

(2) 景观水平指数变化分析

表 3 为研究区 2005、2009 和 2013 年 3 个年份的景观水平特征指数变化情况。可以看出,该区的景观斑块总数 NP 呈先增后减的趋势,表明破碎化程度变化不具备传统城市的规律性[12-14],主要由于矿区的土地利用变化情况较为复杂,采矿活动所导致的采空区沉陷及人类主动进行的土地复垦等修复性工作影响着区域景观斑块总数变化。LPI 呈下降趋势,由 2005 年的 53.46% 降为 2013 年的 24.28%,最大斑块在区域内逐渐弱化,反映了人类的活动对各种土地类型利用方式的影响在逐渐深入。CONTAG 与 SPLIT 指数呈上升趋势,表明区域内景观均匀性增大,且景观呈聚集式发展。SHDI 和 SHEI 略有下降,主要由于研究时段内建设用地面积比例上升,且受到城镇化及矿业生产的影响,使得总体的景观类别所

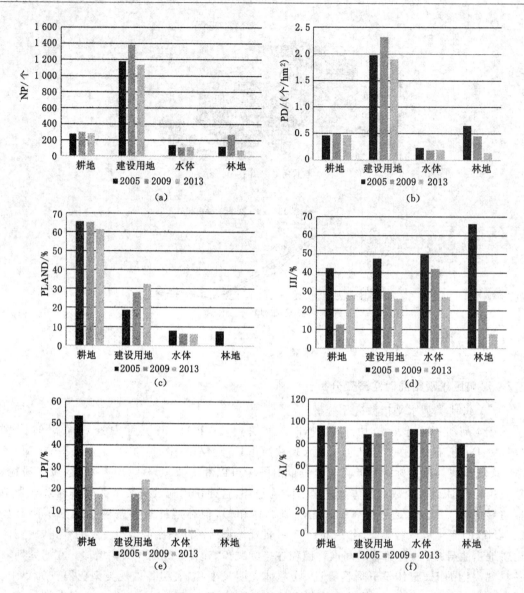

图 4 景观斑块类型水平指数变化

占比例差异大，受人为影响显著。

表 3 2005～2013 年潘集区景观尺度指数变化

	NP	LPI	CONTAG	SPLIT	SHDI	SHEI
2005	2111	53.46	64.20	3.43	0.99	0.55
2009	2392	38.78	69.33	5.21	0.84	0.46
2013	1947	24.28	69.43	9.08	0.82	0.45

3.3 讨论

矿业城市是城市的特殊类型，由于产业结构单一，矿产资源分布的刚性约束，自身发展类型有别于传统城市[15]。由于地下煤层采空,地面沉降成为矿业城市发展中不可避免的问题,采煤塌陷区的产生带来了地表耕地、建筑设施、水体的破坏,使得区域景观格局发生改变,区域生态系统随之发生变化。本研究所涉及的淮南市潘集区正是"因煤而兴"的典型区域,辖区内共有七大煤矿厂,原煤探明储量达 37 亿 t,长期面临着煤层采空区塌陷与生态环境不断恶化的问题。结合遥感影像及相关调研资料(图5),可以看出潘集区处在塌陷与复垦交织的复杂过程,造成了区域景观格局的演变较为复杂。随着区域内采矿业的迅猛发展,矿产资源的大量开采,使得土地资源结构被破坏,生态系统退化、景观破碎化日趋凸显,而政府引导的土地复垦可以改善矿区土地利用结构,提高土地利用效益,改善人居环境,促进区域生态环境可持续发展,两者的共同作用使得区域内景观格局演变较为复杂,同时研究区内水体除正常流经辖区的河流外,还包含采煤塌陷积水区(图6),使得研究区景观异质性更加凸显。近年来,随着当地区政府的重视,持续推进煤矿采空区塌陷土地复垦工作,使得辖区内采空区得到一定的治理,进一步使得区域景观格局发生微妙的转变,生态系统的结构和功能也随着改变。经济效益驱使下的矿业城市,如何实现生态环境保护与区域经济协调发展是区域政府部门关注的重点,关于矿业城市的景观格局时空演变研究仍处在探索阶段,应结合当地实际情况,进行深入的实地调研,为相关部门的合理规划提供科学依据。

图 5　矿区沉陷与复垦示意图

图 6　潘集区水体变化

4　结　语

本研究依据矿业城市的生态特征,结合遥感解译、野外调研及年鉴统计等多源数据,以景观生态学为理论基础,通过景观格局分析,构建矿业城市景观格局演变指标体系,对淮南市潘集区近10年来土地利用及景观格局变化进行分析。研究表明:耕地是研究区内景观基质,而建设用地、水体和林地则以斑块或廊道的形式镶嵌其中,且随着时间推移建设用地所占比重急剧增加。通过对区域景观格局的时空分析,得出研究区在时间尺度上景观格局变化较小,景观多样性随时间推移整体呈下降趋势,景观类型呈聚集式发展。本文讨论了煤矿采空区塌陷及土地复垦对矿业城市景观格局的影响,认为经济效益驱使下的矿业城市,应着力实现生态环境保护与区域经济协调发展。关于矿业城市的景观格局演变研究仍处在探索阶段,在评价指标等基本问题上尚未达成共识[16]。总的来说,矿业城市景观格局时空演变研究应结合当地实际情况,进行深入的实地调研,使得规律结果更有说服力,进而为相关政府部门生态规划及区域经济协调发展提供科学有益的帮助。

参考文献

[1] Mao Z. Features of Coal Resources and Their Prospects of Exploitation and Utilization in Bijie Coal Field[J]. Guizhou Geology,1992.

[2] Zhou L,Zhang D,Wang J,et al. Mapping Land Subsidence Related to Underground Coal Fires in the Wuda Coalfield (Northern China) Using a Small Stack of ALOS PALSAR Differential Interferograms[J]. Remote Sensing,2013,5(3):1152-1176.

[3] 李雪梅,邓小文.基于景观指数的滨海新区景观格局变化分析[J].环境保护与循环经济,2011,31(7):38-40.

[4] López-Merino L,Cortizas A M,Reher G S,et al. Reconstructing the impact of human activities in a NW Iberian Roman mining landscape for the last 2500 years[J]. Journal of Archaeological Science,2014,50(1):208-218.

[5] 李雪,李钢,徐嘉兴.采矿扰动下徐州地区土地利用与景观格局演变[J].江苏农业科学,2013,41(10):313-317.

[6] Zheng L,Tang Q,Fan J,et al. Distribution and health risk assessment of mercury in urban street dust from coal energy dominant Huainan City,China[J]. Environmental Science and Pollution Research,2015,22(12):9316.

[7] Fan Q,Ding S. Landscape pattern changes at a county scale:A case study in Fengqiu, Henan Province,China from 1990 to 2013[J]. Catena,2016(137):152-160.

[8] Liu X,Li Y,Shen J,et al. Landscape pattern changes at a catchment scale:a case study in the upper Jinjing river catchment in subtropical central China from 1933 to 2005[J]. Landscape and Ecological Engineering,2014,10(2):263-276.

[9] Ahlqvist O,Shortridge A. Spatial and semantic dimensions of landscape heterogeneity[J]. Landscape Ecology,2010,25(4):573-590.

[10] 傅伯杰,陈利顶.景观多样性的类型及其生态意义[J].地理学报,1996(5):454-462.

[11] Forman R T. Landscape Ecology[M]. Cambridge:Cambridge University Press,1986, 599-600.

[12] 吕建华,朱坦,白宏涛,等.天津滨海新区土地利用及景观格局变化分析[J].环境污染与防治,2011,33(2):94-98.

[13] Deng J S,Wang K,Hong Y,et al. Spatio-temporal dynamics and evolution of land use change and landscape pattern in response to rapid urbanization[J]. Landscape &

UrbanPlanning,2009,92(3-4):187-198.
[14] Yin J, Yin Z, Zhong H, et al. Monitoring urban expansion and land use/land cover changes of Shanghai metropolitan area during the transitional economy (1979-2009) in China[J]. Environmental Monitoring & Assessment,2011,177(1-4):609-621.
[15] Yu J, Yao S, Chen R, et al. A quantitative integrated evaluation of sustainable development of mineral resources of a mining city: a case study of Huangshi, Eastern China[J]. Resources Policy,2005,30(1):7-19.
[16] Cao Y, Bai Z, Zhou W, et al. Characteristic analysis and pattern evolution on landscape types in typicalcompound area of mine agriculture urban in Shanxi Province, China[J]. Environmental Earth Sciences,2016,75(7):585.

作者简介：于伟宣（1995—），男，硕士研究生，主要从事遥感数据挖掘及景观生态学研究。E-mail：wxyu@whu.edu.cn。

通讯作者：肖锐。E-mail：rxiao@whu.edu.cn。

联系方式：湖北省武汉市洪山区武汉大学信息学部遥感信息工程学院3号楼；E-mail：wxyu@whu.edu.cn。

城区重度污染水体遥感识别研究

李佳琦[1,2],戴华阳[1],李家国[2],朱利[3]

(1. 中国矿业大学(北京)地球科学与测绘工程学院,北京,100083;
2. 中国科学院遥感与数字地球研究所,北京,100101;
3. 环境保护部卫星环境应用中心,北京,100094)

摘 要:城市污染水体整治对城市良好水环境具有重大意义。本文基于污染水体形成机理,构建污染水体遥感识别模型,实现了城市污染水体快速、高效、大范围的提取。本文以银川市为研究区,开展银川市污染水体遥感识别,并进行实地验证。验证结果表明污染水体遥感识别精度可达62.96%,共确定银川市污染水体12条,为银川市污染水体整治工作提供参考。此外,本文还分析了影响识别精度的原因,以提高后续污染水体遥感识别精度。由于遥感识别污染水体尚属首次,因此识别精度一般。在之后研究工作中,将会继续研究加入其他指标,以提高精度。

关键词:遥感识别;污染水体;污染形成机理

Remote Sensing Identification of Black and Odorous Water Inurban Areas

LI Jiaqi[1,2], DAI Huayang[1], LI Jiaguo[2,*], ZHU Li[3]

(1. College of Geoscience and Surveying Engineering, China University of Mining & Technology(Beijing), Beijing 100083, China; 2. Institute of Remote Sensing Application and Digital Earth, Chinese Academy of Sciences, Beijing 100101, China;
3. Satellite Environment Center, Ministry of Environmental Protection, Beijing 100094, China)

Abstract: The remediation of urban black and odorous water is of great significance to the good water environment of the city. Based on the formation mechanism of black and odorous water bodies, the remote sensing identification model of black and odorous water bodies is constructed, and the rapid and efficient extraction of urban black and odorous water bodies is realized. In this paper, we take Yinchuan city as the study area to carry out the remote sensing identification of Yinchuan black smelly water and field validation. The verification results show that the remote sensing identification accuracy of black and odorous water can reach 62.96%, which can be used to identify twelve black and odorous water in Yinchuan City, which will provide references for the remediation of black and odorous water in Yinchuan. In order to improve the remote sensing accuracy of black odor water recognition, we also analyze the reasons that affect the accuracy in this paper. Since it is the first time for the remote sensing to identify black and odorous water, the identification accuracy is not high. After the research work, we will continue to study other indicators to improve the accuracy.

Keywords: remote sensing identification; black and odorous water; formation mechanism of black odor water

城市污染水体，顾名思义指的是在城市建成区内，视觉上呈令人不悦的颜色和（或）嗅觉上散发令人不适气味的水体的统称。随着我国城镇化快速发展，城市污染水体已经成为我国许多城市共同存在的污染问题，污染水体不仅影响城市景观，破坏河流生态系统，更影响到城市居民的生活和危害人体健康。因此，控制和治理城市河道水体污染、整治河道污染已经刻不容缓。2015年4月2日国务院颁发了《水污染防治行动计划》指出[1-2]：到2015年年底前，地级及以上城市建成区应完成水体排查，公布污染水体名称、责任人及达标期限。到2017年年底前，地级及以上城市建成区应实现河面无大面积漂浮物，河岸无垃圾，无违法排污口；直辖市、省会城市、计划单列市建成区基本消除污染水体。到2020年地级及以上城市建成区污染水体均控制在10%以内。到2030年，城市建成区污染水体总体得到消除。

城市污染水体分布广泛，传统依靠人力开展地面调查和实测水质的方法来监管污染水体整治费时费力，难以短时间内开展大范围动态监管。遥感具有监测范围广、成本低、速度快等优势，已经在水生态保护、水体污染控制与治理、水环境灾害监测和预警等方面提供重要技术支撑，得到广泛应用。随着高空间、高光谱分辨率卫星传感器的不断涌现和完善，针对城市复杂水体的动态遥感监测已具备条件。利用高分遥感数据监测城市污染水体，可以用于筛查遗漏污染水体名单，动态监测污染水体严重程度变化，定量评价污染水体治理成效，全面支撑城市污染水体监管，在环境保护方面具有十分重要的现实意义[3]。因此，本文选取国产高分辨率卫星GF1数据进行银川市污染水体遥感监测。

1 研究数据及影像预处理

1.1 研究区概况

银川市，宁夏回族自治区省会。东与盐池县接壤；西依贺兰山，与内蒙古自治区阿拉善盟为邻；南与同心县、吴忠市利通区、青铜峡市相连；北接平罗县与内蒙古自治区鄂托克旗相邻（以明长城为界）。其地域范围在北纬37°29′～38°53′，东经105°49′～106°53′之间，总面积9 491.0 km²。根据不透水面聚集密度得到银川市建成区面积为495.044 km²。银川地表水水源充足，水质良好。黄河是银川的主要河流，流经银川80多千米，南北贯穿，银川平原引用黄河水自流灌溉已有两千多年的历史。历史上由于黄河不断改道，银川境内沟渠成网，湖泊湿地众多。结果如图1所示。

1.2 数据预处理过程

高分一号（GF-1）卫星是中国高分辨率对地观测系统的第一颗卫星，发射于2013年4月26日，同年12月30日正式投入使用。GF-1卫星搭载了两台2 m分辨率全色/8 m分辨率多光谱相机，四台16 m分辨率多光谱相机。本文根据覆盖区域无云，成像效果较好、能覆盖银川市建成区等原则选取影像，最终选取四景2015年10月26日的GF-1 PMS1和PMS2影像。并对影像数据进行几何校正、辐射定标、大气校正、影像拼接与裁剪等预处理，具体如下所示。

（1）几何校正

几何校正是为了消除遥感成像的时候，由于飞行器的姿态、高度、速度以及地球自转等因素的影响，造成图像相对于地面目标发生几何畸变。

（2）辐射定标

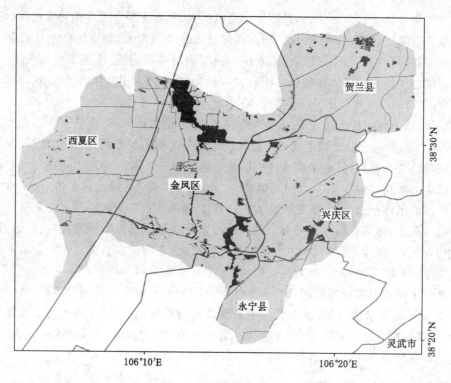

图 1 银川市水系分布图

辐射定标就是将影像数字量化输出(DN)值转化为地物辐射亮度的过程。辐射定标公式为：

$$L_e(\lambda_e) = Gain \cdot DN + Offset$$

其中，$L_e(\lambda_e)$ 为转换后辐亮度，单位为 $W/(m^2 \cdot sr \cdot \mu m)$；$DN$ 为卫星影像输出值；$Gain$ 为定标斜率，单位为 $W/(m^2 \cdot sr \cdot \mu m)$；$Offset$ 为绝对定标系数偏移量，单位为 $W/(m^2 \cdot sr \cdot \mu m)$。定标参数 $Gain$ 和 $Offset$ 可从中国资源卫星应用中心网站上获取。如表 1 所示。

表 1　GF1 PMS 定标参数

传感器	波段	Gain	Offset
GF-1 PMS1	Pan	0.195 6	0
	Band1	0.211	0
	Band2	0.180 2	0
	Band3	0.180 6	0
	Band4	0.187	0
GF-1 PMS2	Pan	0.201 8	0
	Band1	0.224 2	0
	Band2	0.188 7	0
	Band3	0.188 2	0
	Band4	0.196 3	0

(3) 大气校正

大气校正的目的是为了消除大气和光照等因素对地物反射的影响,获取地物真实反射率数据。在水色遥感中,卫星传感器接受的总辐射量中 90% 以上来自于大气瑞利散射、气溶胶散射以及太阳反射,而包含水体信息的水体离水辐射信号甚微[4]。因此,为了更精确地进行污染识别,需对影像进行大气校正处理。

(4) 图像融合

图像融合是将低分辨率的多光谱影像与高分辨率的单波段影像重采样生成一副高分辨率多光谱影像遥感影像的过程。因此,为了更好地识别污染水体,需对影像进行图像融合以提高影像空间分辨率。结果如图 2 所示。

图 2 影像融合前后对比

(5) 图像拼接与裁剪

由于一景 GF1 影像难以覆盖银川市整个建成区范围,因此本文使用四景 GF1 影像进行拼接处理,并根据银川市建成区矢量进行裁剪,得到银川市建成区影像,图 3 为银川市建成区标准假彩色影像。

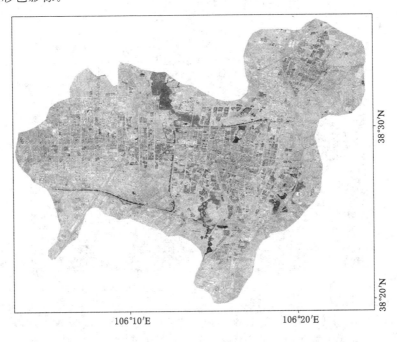

图 3 银川市建成区影像

2 银川市污染水体遥感识别

2.1 污染水体形成机理

从形成机理上来说,水体发黑发臭主要是在缺氧或厌氧状况下,水体内有机污染物发生系列物理、化学、生物作用的结果。水体中的有机物在氧化分解过程中耗氧速率大于复氧速率,造成缺氧环境,厌氧微生物分解有机质产生大量的恶臭气体(NH_3、H_2S 和 CH_4)逸出水面进入大气,致使水体发黑发臭[5]。由此可知,水体发黑发臭是污染水体的显著特征。因此,可以从水体颜色方面判断水体是否发生污染。

水体发生黑臭主要有以下几方面原因[6-9]:

(1)有机物和氨氮消耗水中氧气。有机物主要来源于生活污水、工业废水以及城市径流污水。这些污水含有大量的氨氮元素,使水体富营养化,造成藻类等水生植物疯狂生长,形成次生环境问题,过度消耗水中营养盐,加速其死亡。然后被有氧细菌氧化分解,过度消耗水中氧气,形成黑臭。这表明,次生环境是反映黑臭问题的一项重要指标[10-11]。

(2)水动力学条件不足,水循环不畅也是引起河道水体黑臭的原因之一。当河道淤塞、岸边存放大量垃圾,造成河道堵塞,水流动性差,从而引起黑臭。因此河道淤塞、岸边垃圾堆发也是反映黑臭问题的重要指标。

2.2 污染水体遥感识别指标

基于污染水体形成机理,可构建污染水体遥感识别模型。主要从以下几个指标进行污染水体遥感识别:

(1)水体颜色。由黑臭形成机理可知,水体颜色发黑,气味发臭是污染水体最显著特征。气味无法通过遥感监测,但是黑臭水体颜色发黑、发灰可通过遥感影像监测获得[12]。图4为一般水体与黑臭水体颜色对比,一般水体常呈蓝色、绿色,而黑臭水体则呈黑色、灰色、墨绿色等颜色。

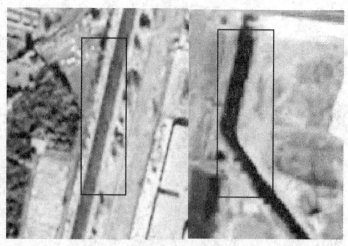

图4 一般水体(左)与黑臭水体(右)颜色对比

(2)次生环境。当含有大量氮、磷元素的污水排入水体中,会使水体富营养化,造成次生环境问题[13-14],从而引发黑臭。次生环境常常变现为水华、浮萍泛滥、水葫芦疯长等,有大量挺水植被出现。图 5 所示框内为浮萍泛滥导致的黑臭水体。

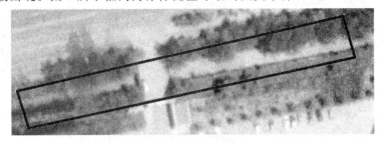

图 5　污染水体发生次生环境

（3）河道淤塞。当河面狭窄、排水不畅，或者河道被封堵，水动力不足，从而水体自净能力不足，易引发黑臭。图 6 框内为河道淤塞导致的黑臭水体。

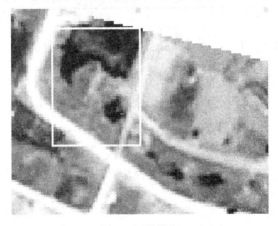

图 6　河道淤塞

（4）岸边垃圾堆放。当河道两岸存放大量生活垃圾和建筑垃圾，不仅会造成河道淤堵，经发酵后的垃圾还会散发异味，是造成河流黑臭的主要来源之一。如图 7 所示，左边框内为建筑垃圾，右边框内为黑臭水体。

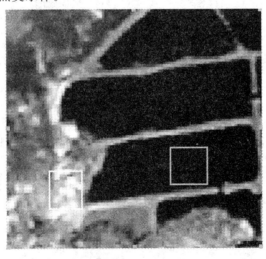

图 7　岸边建筑垃圾堆放

2.3 银川市污染水体遥感识别

根据以上建立的污染水体遥感识别指标,利用 GF 影像和 Google Earth 开展银川市建成区污染水体遥感识别。在银川市建成区共提取 399 条河段,面积达 25.587 2 km²。在这些河流中,根据黑臭水体遥感识别指标共识别污染水体 15 条,主要分布在西夏区、贺兰县、兴庆区、永宁县和金凤区。其空间分布如图 8 所示。

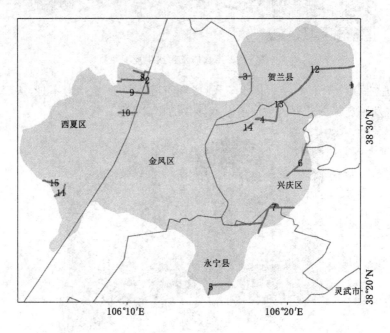

图 8 银川市遥感识别污染水体

3 精度验证

为了验证黑臭水体遥感识别精度,2016 年 6 月开展了银川市黑臭水体实地验证试验。根据遥感识别疑似黑臭水体的具体分布确定试验点位置,按照点位分布均匀、车辆可通行原则设计点位,试验前共设计了 33 个试验点,由于道路限制等原因,实际到达 27 个试验点,地理分布如图 9 所示,绿色点位为设计点位,黑色点位为实际到达点位。试验现场测量并记录了试验点经纬度、河宽、污染程度、岸边状况、水深、透明度、氧化还原电位、溶解氧等,并采取水样送至实验室化验氨氮含量等,根据各项指标测量值,确定水体污染程度。

根据城市黑臭水体整治工作指南给出的黑臭水体判别准则可知:城市黑臭水体分级的评价指标包括透明度、溶解氧(DO)、氧化还原电位(ORP)和氨氮(NH_3-N)。黑臭水体污染程度分级标准见表 2。

根据黑臭水体分级指标,共确定 17 个黑臭点位,根据这些点位分布,可确定黑臭河段 12 条,面积达 315 319.95 m²。其中重度黑臭河段 5 条,轻度黑臭河段 7 条。黑臭河段空间分布如图 10 所示,详细河段信息如表 3 所示。

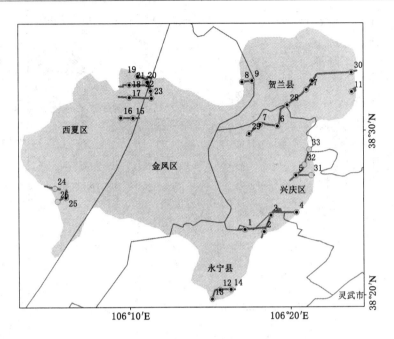

图 9 银川市污染水体试验点位设计

表 2 城市污染水体污染分级标准

特征指标	轻度黑臭	重度黑臭
透明度/cm	25～10	<10
溶解氧/(mg/L)	0.2～2.0	<0.2
氧化还原电位/mV	－200～50	<－200
氨氮/(mg/L)	8.0～15	>15

表 3 银川市遥感识别污染水体实地验证结果

河流编号	河流名称	黑臭程度	经度/(°)	纬度/(°)	河流面积/m²
YCS-01	通山路李家西团庄附近河段	重度黑臭河段	106.400 3	38.541 3	42 741.20
YCS-02	西夏区交警一大队附近河段	轻度黑臭河段	106.169 8	38.513 0	11 183.00
YCS-03	西岗街庆家湖附近河段	重度黑臭河段	106.361 6	38.550 2	85 523.90
YCS-04	锦泰鸿业商砼有限公司河段	轻度黑臭河段	106.328 4	38.522 0	24 248.50
YCS-05	庆丰苑附近河段	轻度黑臭河段	106.292 1	38.498 6	6 377.56
YCS-06	兴庆区飞犇奶牛养殖场附近河段	轻度黑臭河段	106.317 7	38.412 4	64 170.30
YCS-07	丽景街派出所河段	重度黑臭河段	106.303 2	38.506 7	1 315.34
YCS-08	宁夏万顺鑫商贸有限公司附近河段	轻度黑臭河段	106.292 4	38.550 3	7 487.23
YCS-09	阅海天鹅湖生态园河段	轻度黑臭河段	106.183 0	38.533 2	14 088.50
YCS-10	芦花集贸市场附近河段	重度黑臭河段	106.178 9	38.554 1	6 832.72
YCS-11	宁夏步云天餐饮管理有限公司附近河段	轻度黑臭河段	106.314 0	38.505 5	23 697.20
YCS-12	挡浸沟河段	轻度黑臭河段	106.187 0	38.546 3	27 654.50

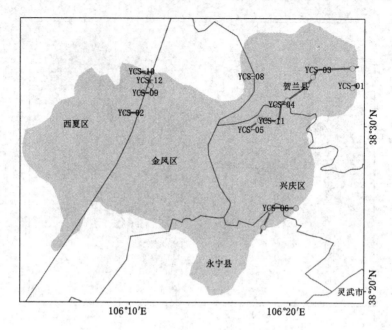

图 10　银川市遥感识别污染水体实地验证结果

在本次试验中,共实地验证点位 27 个,其中黑臭点位 17 个,一般水体 10 个,遥感识别精度达 62.96%。经分析,影响遥感识别精度的主要原因有以下几方面:

(1)遥感影像成像时间与调研时间的差异。由于采用的影像成像时间与实地验证时间存在一定时间差,部分河流由于受降雨等原因,通过水体自净能力,由微黑臭状态自净为一般水体。

(2)水深影响。部分河流水深较深,在影像上水体颜色有时会呈现暗深色,导致水体误判为黑臭水体。

(3)河道植被覆盖影响。由于部分河流受河道两岸植被覆盖的影响,其阴影会造成对水体的误判。

4　结　论

(1)根据污染水体形成机理,构建了污染水体遥感识别模型,监测识别了银川市重度污染的黑臭水体,确定银川市 12 条污染河段,面积可达 315 319.95 m^2,其中,重度黑臭河段 5 条,轻度黑臭河段 7 条。通过实地验证试验,识别精度可达 62.96%。

(2)分析得出了影像精度的主要原因是影像成像时间与调研时间的差异,以及水深、植被覆盖率等因素。

(3)遥感识别成果为银川市政府黑臭水体整治工作提供了参考,以全面消除银川市污染水体。通过遥感手段识别城市黑臭水体的精度还有待提高,以后需增加其他识别指标进一步进行研究,以提高遥感识别精度。

参考文献

[1] 中华人民共和国住房和城乡建设部. 城市黑臭水体整治工作指南[EB/OL]. http://

www.mohurd.gov.cn/wjfb/201509/t20150911_224828.html.
[2] 林培.《城市黑臭工作指南》解读[J].建设科技,2015(8):14-15.
[3] 中国科学院遥感与数字地球研究所.遥感技术首次辅助城市黑臭水体整治工作取得进展[EB/OL].http://www.radi.ac.cn/dtxw/kjyw/201704/t20170420_4777980.html.
[4] 张兵,李俊生,王桥,等.内陆水体高光谱遥感[M].北京:科学出版社,2012:130-131.
[5] 谢飞,吴俊锋.城市黑臭河流成因及治理技术研究[J].污染防治技术.2016,29(1):1-3.
[6] 王旭,王永刚,孙长虹.城市黑臭水体形成机理与评价方法研究进展[J].应用生态学报,2016,27(4):1331-1340.
[7] 黑臭水体是怎么形成的?[J].环境经济,2015(Z3):38.
[8] 王逢武,封勇.我国黑臭水体形成机理及治理技术研究进展[C]//环境科学与资源利用.加强城市水系综合治理 共同维护河湖生态健康——2016第四届中国水生态大会论文集,2016:460-470.
[9] 李学萌.黑臭水体的产生原因及综合治理研究[J].当代化工研究,2016(8):85-86.
[10] DUAN HONGTAO,MA RONGHUA,LOISELLE S A,et al. Optical characterization of black water blooms in eutrophic waters[J]Science of the Total Environment,2014,482(483):174-183.
[11] WANG GUOFANG,LI XIANNING,FANG YANG,et al. Analysis on the formation condition of the algae-induced odorous black water agglomerate[J]. Saudi Journal of Biological Sciences,2014(21):594-607.
[12] CANFIELD D E,LINDA S B,HODGSON L M,et al. Relations between color and some limnological characteristics of Flodia lakes[J]. Journal of the American Water Resources Association,1984(20):323-329.
[13] 马荣华,段洪涛,唐军武,等.湖泊水环境遥感[M].北京:科学出版社,2010:374-438.
[14] 孙淑云,古小治,张启超,等.水草腐烂引发的黑臭水体应急处置技术研究[J].湖泊科学,2016,28(3):485-493.
[15] SUGIURA N,UTSUMI M,WEI B,et al. Assessment for the complicated occurrence of nuisance odours from phytoplankton and environmental factors in a eutrophic lake[J]. Lakes & Reservoirs:Research and Management,2004(9):195-201.

基金项目:国家自然科学基金项目(41301388)。
作者简介:李佳琦(1994—),女,硕士研究生,研究方向为水色遥感。E-mail:lijiaqi_wrs@163.com。

3S 技术进展及应用篇

GPS 三频信号仿真电离层误差补偿模型研究及精度分析

陈少鑫,徐良骥

(安徽理工大学,安徽 淮南,232001)

摘　要:为了有效提高 GPS 定位精度,本文在 GPS 双频信号仿真电离层误差补偿模型的基础上,融合 GPS 电离层折射误差三频二阶改正方法,构建了 GPS 三频信号仿真电离层误差补偿模型,并采用 GPS 三频观测数据,对模型精度进行了验证。实验结果表明:在 GPS 三频信号仿真电离层误差补偿模型中,电离层路径延迟补偿值在 −3~19 m 范围之内;路径延迟经补偿处理后,电离层路径延迟改正精度提高了 66%,电离层路径延迟得到了处理,验证了该模型的可行性。

关键词:GPS;电离层路径延迟;三频信号仿真;电离层误差补偿模型

Research on Accuracy Compensation Model of GPS Tri-band Signal Simulation Ionospheric and Its Accuracy Analysis

Chen Shaoxin, Xu Liangji

(Anhui University of Science and Technology, Huainan 232001, China)

Abstract: In order to improve the accuracy of GPS positioning, this paper builds up the GPS three-frequency signal simulation ionospheric error compensation model based on the GPS dual-frequency signal simulation ionospheric error compensation model and the fusion of GPS ionospheric refraction error three-frequency second-order correction method. The accuracy of the model is verified by using GPS three-frequency observation data. The experimental results showed that the delay value of the ionospheric path is within the range of −3~19 m in the GPS triac signal simulation ionospheric error compensation model. After the path delay is compensated, the accuracy of the ionospheric path delay correction is improved by 66% The ionospheric path delay is processed to verify the feasibility of the model.

Keywords: GPS; ionospheric path delay; three-frequency signal simulation; ionospheric error compensation model

　　电离层延迟误差是 GPS 信号处理过程中常见的误差之一,在传统的 GPS 单频电离层延迟误差改正方法中,常见的电离层改正方法有 klobuchar 模型和全球参考电离层模型即 IRI 模型。其中利用 klobuchar 模型对电离层延迟误差进行改正,改正效果一般在 60%~70%[1-3];IRI 模型适用于全球的任何地方,但不足之处是由于较少或没有采用中国区域的资料,根据插值求得的一些主要参数,在中国地区产生不同程度的偏差[4-6]。此外,在 GPS 双频电离层延迟误差改正方法中,该方法可将电离层延迟误差改正到厘米级,使电离层延迟引入的距离误差改正至 90%左右[7-11]。

基于GPS现代化,在GPS三频观测数据下,采用无电离层的三频组合方法来削弱电离层对信号传播的影响[12-15],通过对电离层折射误差进行二阶项改正,可使电离层延迟误差改正到毫米级[16-22]。但采用GPS三频无电离层组合,不能完全削弱GPS信号传播过程中,由于电离层折射产生的路径延迟误差。为了有效提高GPS定位精度,本文在GPS双频信号仿真电离层误差补偿模型的基础上[23],融合GPS电离层折射误差三频二阶改正方法,提出了GPS三频信号仿真电离层误差补偿方法,并采用GPS三频观测数据进行了实验,验证了该模型精度的可靠性。

1 双频信号仿真电离层误差补偿模型

假设只考虑电离层延时误差,卫星与接收机的真实距离为 ρ_0,产生的仿真信号 L_1 和 L_2 上的伪距分别为:$\rho_{L1}=\rho_0+\Delta\rho_{L1}$ 和 $\rho_{L2}=\rho_0+\Delta\rho_{L2}$。双频接收机的伪距差为 $\sigma\rho$,由电离层码延时与信号频率的关系可得:

$$\rho(f_1)=\rho_{00}-40.28\frac{N_\Sigma}{f_1^2}=\rho_{00}-\sigma\rho(f_1) \tag{1}$$

$$\rho(f_2)=\rho_{00}-40.28\frac{N_\Sigma}{f_2^2}=\rho_{00}-\sigma\rho(f_2) \tag{2}$$

因此:

$$\sigma\rho=\sigma\rho(f_2)-\sigma\rho(f_2)=\left(1-\frac{f_1^2}{f_2^2}\right)\sigma\rho(f_2) \tag{3}$$

即:

$$\sigma\rho(f_2)=\sigma\rho\cdot\left(\frac{f_2^2}{f_2^2-f_1^2}\right) \tag{4}$$

所以卫星与接收机之间的真实距离为:

$$\rho_{00}=\rho(f_2)-\sigma\rho(f_1)=\rho(f_1)-\sigma\rho\cdot\left(\frac{f_2^2}{f_2^2-f_1^2}\right) \tag{5}$$

将上述仿真信号代入式(12)计算得:

$$\rho_{00}=\rho_0+\Delta\rho_{L1}-(\Delta\rho_{L1}-\Delta\rho_{L2})\cdot\left(\frac{f_2^2}{f_2^2-f_1^2}\right) \tag{6}$$

$$=\rho_0+\frac{\Delta\rho_{L1}}{0.6}-(1-\gamma)\frac{\Delta\rho_{L2}}{0.6}\left(\frac{f_2^2}{f_2^2-f_1^2}\right)$$

$$=\rho_0 \tag{7}$$

由上述证明可得,双频 Klobuchar 模型实现了电离层延时的理想补偿,实现了改进的 Klobuchar 模型对双频 GPS 卫星信号仿真的要求。

2 三频信号仿真电离层误差补偿模型

为提高仿真精度,较简便的方法是利用接收机的电离层误差补偿模型对电离层延时进行仿真计算出 L_1 上的电离层延时为 $\Delta\rho'_{L1}$,L_2 上的延时 $\Delta\rho'_{L2}=\gamma\Delta\rho'_{L1}$,$L_5$ 上的延时 $\Delta\rho'_{L5}=\mu\Delta\rho'_{L2}$。根据 Klobuchar 模型对卫星信号的修正精度(约 60%)[1-3],对 $\Delta\rho'_{L1}$ 作补偿处理 $\Delta\rho_{L1}=\frac{\Delta\rho'_{L1}}{0.6}$,同理 L_2、L_5 频段上的补偿处理分别为 $\Delta\rho_{L2}=\frac{\Delta\rho'_{L2}}{0.6}$、$\Delta\rho_{L5}=\frac{\Delta\rho'_{L5}}{0.6}$。该方法可以

满足单频接收机对电离层误差部分补偿的要求,但是对三频接收机是否能够符合实际情况,下面给出证明[24]:

$$\sigma\rho_p(f_i)=\frac{A_1}{f_i^2}+\frac{A_2}{f_i^3} \ (i=1,2,3) \tag{8}$$

$$A_1=\frac{\rho_{12}f_1^3(f_3^3-f_2^3)-\rho_{25}f_3^3(f_2^3-f_1^3)}{f_1^3(f_2-f_3)+f_2^3(f_3-f_1)+f_3^3(f_1-f_2)} \tag{9}$$

$$A_2=-\frac{\rho_{12}f_1^3f_2f_3(f_3^2-f_2^2)-\rho_{25}f_1f_2(f_2^2-f_1^2)}{f_1^3(f_1-f_3)+f_2^3(f_3-f_1)+f_3^3(f_1-f_2)} \tag{10}$$

假设只考虑电离层延时误差,卫星与接收机的真实距离为 ρ_0,产生的仿真信号 L_1、L_2、L_5 上的伪距分别为 $\rho_{L1}=\rho_0+\Delta\rho_{L1}$、$\rho_{L2}=\rho_0+\Delta\rho_{L2}$、$\rho_{L5}=\rho_0+\Delta\rho_{L5}$。三频接收机的伪距差为 $\sigma\rho$,由电离层码延时与信号频率的关系可得:

$$\rho_p(f_i)=\rho_{00}(f_i)+\sigma\rho_p(f_i)=\rho_{00}(f_i)+\frac{A_1}{f_i^2}+\frac{A_2}{f_i^3} \ (i=1,2,3) \tag{11}$$

则有:

$$\rho_{00}(f_i)=\rho_p(f_i)-\sigma\rho_p(f_i)=\rho_p(f_i)-\frac{A_1}{f_i^2}-\frac{A_2}{f_i^3} \tag{12}$$

可分别得到:

$$\sigma\rho_p(f_1)=\frac{A_1}{f_1^2}+\frac{A_2}{f_1^3} \tag{13}$$

$$\sigma\rho_p(f_2)=\frac{A_1}{f_2^2}+\frac{A_2}{f_2^3} \tag{14}$$

$$\sigma\rho_p(f_3)=\frac{A_1}{f_3^2}+\frac{A_2}{f_3^3} \tag{15}$$

上式两两相比,则有:

$$\frac{\sigma\rho_p(f_1)}{\sigma\rho_p(f_2)}=\frac{\frac{A_1}{f_1^2}+\frac{A_2}{f_1^3}}{\frac{A_1}{f_2^2}+\frac{A_2}{f_2^3}},\frac{\sigma\rho_p(f_2)}{\sigma\rho_p(f_3)}=\frac{\frac{A_1}{f_2^2}+\frac{A_2}{f_2^3}}{\frac{A_2}{f_3^2}+\frac{A_2}{f_3^3}}$$

其中,令:

$$Q_1=\frac{\frac{A_1}{f_1^2}+\frac{A_2}{f_1^3}}{\frac{A_1}{f_2^2}+\frac{A_2}{f_2^3}},Q_2=\frac{\frac{A_1}{f_2^2}+\frac{A_2}{f_2^3}}{\frac{A_1}{f_3^2}+\frac{A_2}{f_3^3}}$$

此外,根据 L_1、L_2、L_5 频率下的电离层码延时表达式:

$$\rho_p(f_1)=\rho_{00}(f_1)+\sigma\rho_p(f_1) \tag{16}$$

$$\rho_p(f_2)=\rho_{00}(f_2)+\sigma\rho_p(f_2) \tag{17}$$

$$\rho_p(f_3)=\rho_{00}(f_3)+\sigma\rho_p(f_3) \tag{18}$$

则有:

$$\sigma\rho_{12}=\sigma\rho_p(f_1)-\sigma\rho_p(f_2)=\sigma\rho_p(f_2)(Q_1-1) \tag{19}$$

$$\sigma\rho_{25}=\sigma\rho_p(f_2)-\sigma\rho_p(f_3)=\sigma\rho_p(f_2)\left(\frac{1}{Q_2}\right) \tag{20}$$

即:

$$\sigma\rho_p(f_2) = \sigma\rho_{12}\frac{1}{(Q_1-1)} = \sigma\rho_{25}\frac{Q_2}{(Q_2-1)} \tag{21}$$

则卫星与接收机之间的真实距离为：

$$\rho_{00} = \rho_p(f_2) - \sigma\rho_p(f_2) = \rho_p(f_2) - \sigma\rho_{12}\frac{1}{(Q_1-1)} \tag{22}$$

$$\rho_{00} = \rho_p(f_2) - \sigma\rho_p(f_5) = \rho_p(f_2) - \sigma\rho_{25}\frac{Q_2}{(Q_2-1)} \tag{23}$$

将上述仿真信号代入式(22)、式(23)计算得：

$$\rho_{00} = \rho_p(f_2) - \sigma\rho_p(f_2) = \rho_0 + \Delta\rho_{L2} - (\Delta\rho_{L1} - \Delta\rho_{L2})\frac{1}{(Q_1-1)} \tag{24}$$

$$\rho_{00} = \rho_p(f_2) - \sigma\rho_p(f_5) = \rho_0 + \Delta\rho_{L2} - (\Delta\rho_{L1} - \Delta\rho_{L5})\frac{Q_2}{(Q_2-1)} \tag{25}$$

由上述证明可得，改进后的三频 Klobuchar 模型实现了电离层延时的理想补偿，虽然真实情况下，三频卫星信号不可能实现电离层误差的完全补偿，但是剩余的电离层误差已很小，可以忽略不计。因此，上述改进的 Klobuchar 模型能满足三频 GPS 卫星信号仿真的要求。

3 结果与分析

采用 GNSS 网站(ftp://ftp.cddis.eosdis.nasa.gov/pub/gnss/data/campaign/mgex/daily)提供的 2017-03-22 的 GPS 三频观测数据，对电离层折射误差改正模型进行验证，选取 G17 卫星、G05 卫星、G09 卫星、G12 卫星的三频观测数据如表 1 所示。

表 1　　GPS 三频观测数据

卫星	伪距	m	载波相位	m	频率	MHz
G17	ρ_1	23 104 659.443	ρ'_1	121 415 796.913 06	f_1	1 575.42
	ρ_2	23 104 661.058	ρ'_2	94 609 705.874 04	f_2	1 227.60
	ρ_3	23 104 660.160	ρ'_3	94 609 705.842 06	f_3	1 176.45
G05	ρ_1	20 864 892.214	ρ'_1	109 645 749.680 07	f_1	1 575.42
	ρ_2	20 864 891.895	ρ'_2	85 438 248.313 06	f_2	1 227.60
	ρ_3	20 864 892.095	ρ'_3	85 438 250.294 07	f_3	1 176.45
G09	ρ_1	23 509 517.762	ρ'_1	123 543 344.313 06	f_1	1 575.42
	ρ_2	23 509 519.854	ρ'_2	96 267 554.247 03	f_2	1 227.60
	ρ_3	23 509 518.874	ρ'_3	96 267 542.216 06	f_3	1 176.45
G12	ρ_1	23 497 848.572	ρ'_1	123 482 013.153 06	f_1	1 575.42
	ρ_2	23 497 849.378	ρ'_2	96 219 743.358 03	f_2	1 227.60
	ρ_3	23 497 849.084	ρ'_3	96 219 733.320 05	f_3	1 176.45

依据表 1 所示数据，由改进后的三频 Klobuchar 模型进行电离层路径延迟补偿，所得计算结果如表 2 所示：在 GPS 三频信号仿真电离层误差补偿模型中，电离层路径延迟补偿值在 $-3\sim19$ m 范围之内，路径延迟改正精度提高了 66%。

表 2　　　　　　　　　　　　电离层路径延迟分析

卫星	频率	$L_1/L_2/L_5$组合	$L_1/L_2/L_5$组合（误差补偿）	路径补偿值/m	精度对比
G17	f_1	27.824 831 37	46.374 718 94	18.549 887 58	
	f_2	29.439 831 36	49.066 385 61	19.626 554 24	
	f_3	28.541 831 37	47.569 718 94	19.027 887 58	
G05	f_1	−4.733 542 579	−7.889 237 631	−3.155 695 052	
	f_2	−4.852 542 581	−8.087 570 969	−3.235 028 388	
	f_3	−4.652 542 582	−7.754 237 637	−3.101 695 055	66%
G09	f_1	32.369 350 25	53.948 917 09	21.579 566 83	
	f_2	34.461 350 25	57.435 583 75	22.974 233 5	
	f_3	33.481 350 25	55.802 250 42	22.320 900 17	
G12	f_1	10.795 581 09	17.992 635 14	7.197 054 057	
	f_2	11.601 581 08	19.335 968 47	7.734 387 389	
	f_3	11.307 581 08	18.845 968 47	7.538 387 389	

4 结　论

（1）本文在 GPS 双频信号仿真电离层误差补偿模型的基础上，融合 GPS 电离层折射误差三频二阶改正方法，构建了 GPS 三频信号仿真电离层误差补偿模型，并对该方法进行了推理论证，证明了改进后的三频 Klobuchar 模型实现电离层路径延迟补偿的可行性。

（2）本文采用 2017-03-22 的 GPS 三频观测数据，经过改进后的三频 Klobuchar 模型实现电离层路径延迟补偿，解得电离层路径延迟补偿值在−3～19 m 范围之内，路径延迟改正精度提高了 66%，削弱了 GPS 精确定位中电离层延迟误差带来的问题。此外，采用改进后的三频 Klobuchar 模型实现电离层路径延迟补偿，三频卫星信号不可能实现电离层误差的完全补偿，但是剩余的电离层误差已很小，可以忽略不计。

参 考 文 献

[1] BI T, AN J, YANG J, et al. A modified Klobuchar model for single-frequency GNSS users over the polar region[J]. Advances in Space Research, 2016(57):1555-1569.

[2] WANG N, YUAN Y, LI Z, et al. Improvement of Klobuchar model for GNSS single-frequency ionospheric delay corrections[J]. Advances in Space Research, 2016, 57(7): 1555-1569.

[3] 王斐,吴晓莉,周田,等. 不同 Klobuchar 模型参数的性能比较[J]. 测绘学报, 2014, 43(11):1151-1157.

[4] BIDAINE B, LONCHAY M, WARNANT R. Galileo single frequency ionospheric correction:performances in terms of position[J]. GPS solutions, 2013, 17(1):63-73.

[5] WICHAIPANICH N, HOZUMI K, SUPNITHI P, et al. A comparison of neural network-based predictions of foF2 with the IRI-2012 model at conjugate points in Southeast Asia[J]. Advances in Space Research, 2017.

[6] PATEL N C,KARIA S P,PATHAK K N. Comparison of GPS-derived TEC with IRI-2012 and IRI-2007 TEC predictions at Surat, a location around the EIA crest in the Indian sector, during the ascending phase of solar cycle 24[J]. Advances in Space Research,2016.

[7] MARQUES H A, et al. Second and third order ionospheric effects on GNSS positioning: a case study in Brazil[J]. Int Assoc Geodesy Symp,2012,136(1):619-625.

[8] WANG K,ROTHACHER M. GNSS triple-frequency geometry-free and ionosphere-free track-to-track ambiguities [J]. Advances in Space Research, 2015, 55 (11): 2668-2677.

[9] SPITS J,WARNANT R. Total electron content monitoring using triple frequency GNSS:Results with Giove-A/-B data[J]. Advances in Space Research,2011,47(2): 296-303.

[10] ZHAO L, YE S, SONG J. Handling the satellite inter-frequency biases in triple-frequency observations[J]. Advances in Space Research,2017,59(8):2048-2057.

[11] XU Y,JI S,CHEN W,et al. A new ionosphere-free ambiguity resolution method for long-range baseline with GNSS triple-frequency signals [J]. Advances in Space Research,2015,56(8):1600-1612.

[12] ELSOBEIEY M,EL-RABBANY A. Impact of second-order ionospheric delay on GPS precise point positioning[J]. J. Appl. Geodesy,2011,5(1):37-45.

[13] DENG LIANSHENG, JIANG WEIPING, LI ZHAO, PENG LIFENG. Analysis of higher-order ionospheric effects on reference frame realization and coordinate variations[J]. Geomat. Inf. Sci. Wuhan Univ. ,2015,40(2):193-198.

[14] ZHANG XIAOHONG, REN XIAODONG, GUO FEI. Influence of higher-order ionospheric delay correction on static precise point positioning[J]. Geomat. Inf. Sci. Wuhan Univ. , 2013,38(8):883-887.

[15] WU WEI. Modelling of higher-order ionospheric terms for precise point positioning by dual frequency GPS observation method[J]. J. Nanjing Tech. Univ. ,2015,37(1): 94-98.

[16] 黄令勇,吕志平,刘毅锟,等. 三频 BDS 电离层延迟改正分析[J]. 测绘科学,2015,40(3):12-15.

[17] 黄张裕,赵义春,秦滔. 电离层折射误差的多频改正方法及精度分析[J]. 海洋测绘,2010,30(2):7-10.

[18] LI ZHENGHANG,QU XIAOCHUAN. New development in GPS (the sixth lecture) ddwide area real time precise positioning system and triple-frequency ionospheric correction method[J]. J. Geomat. ,2012,37(6):68-72.

[19] GONG X,LOU Y,LIU W,et al. Rapid ambiguity resolution over medium-to-long baselines based on GPS/BDS multi-frequency observables[J]. Advances in Space Research,2017,59(3):794-803.

[20] LIU Z,LI Y,GUO J,et al. Influence of higher-order ionospheric delay correction on

GPS precise orbit determination and precise positioning[J]. Geodesy and Geodynamics,2016,7(5):369-376.

[21] EL-MOWAFY A. Advanced receiver autonomous integrity monitoring using triple frequency data with a focus on treatment of biases[J]. Advances in Space Research,2017,59(8):2148-2157.

[22] FAN L,LI M,WANG C,et al. BeiDou satellite's differential code biases estimation based on uncombined precise point positioning with triple-frequency observable[J]. Advances in Space Research,2017,59(3):804-814.

[23] 谢杰,姚志成,刘鑫昌,等.双频 GPS 信号仿真的电离层误差补偿模型研究[J].微计算机信息,2012(5):133-135.

[24] 伍岳,孟泱,王泽民,等.GPS 现代化后电离层折射误差高阶项的三频改正方法[J].武汉大学学报(信息科学版),2005,30(7):601-603.

基金项目:安徽省对外科技合作计划项目(1503062020)。

作者简介:陈少鑫(1994—),男,大地测量与测量工程专业研究生。E-mail:1337406344@qq.com。

煤炭资源空间分布的分形特征和厚度变化规律的分形滤波方法研究

刘星

(安徽理工大学,安徽 淮南,232001)

摘 要:利用全球煤炭资源量分布图和中国煤炭资源量数据,证实了煤炭资源空间分布的分形特征;基于煤炭形成的自相似性原理,利用淮北某煤田 M10 的 168 个钻孔煤层厚度数据,通过正态变换和克里格插值,利用 S-A 方法进行多重分形滤波,将煤层厚度等值线图分解为背景图和异常图,背景图代表煤层分布的趋势,其厚度分布规律能够很好地与下伏砂体和沉积相的空间分布对应,符合沉积学规律,异常图显示的煤层厚度次级变化特征也与沉积环境的填平补齐相对应,相比趋势面分析得到的趋势图和残差图,表达的煤层厚度分布规律更加清晰和精细,表明煤层厚度的空间分布符合多重分形分布规律,该方法对这类地质数据的处理和分析是十分有效的。

关键词:煤层厚度;空间分布规律;分形与多重分形;S-A 滤波;自相似性

The Fractal Character of Coal Resources Distribution and the Spatial Distribution Law of Coal Thickness Based on S-A Method

Liu Xing

(Anhui University of Science and Technology, Huainan 232001, China)

Abstract: This paper proves that the coal resources and coal thickness distribution follows fractal-multifractal model based on the principle of coal depositing, and demonstrates the fractal characters of global coal resources and China coal resources by the statistical data. Further more, this study utilizes 168 coal thickness of M10 from Huaibei coal field through drills to separate the background and abnormity map by S-A method with some necessary pre-processing, the result background map can be looked as a trend map from trend surface analysis and the abnormity map is as residual map according to the mathematical model, the contour map of background shows the deposition rule that the coal thickness distributes around the underlying sand with shallow water and the thin coals are on the thick sand and split bay with stronger spatial corresponding relationship, while the abnormity map shows the secondary coal thickness changing is related to the process of filling and level up, the spatial location is also coincident with the underlying deposit environment. The result by S-A method reveals the coal thickness distribution more clearly and precisely and close to the deposition rule contrasted with the result by trend surface analysis, which is concluded that the coal thickness follows the multi-fractal distribution and the S-A is effective for those geological data processing.

Keywords: coal thickness; spatial distribution; multi-fractal; S-A filter; self-similarity

矿床(储量)分布的空间特征,可以利用品位-吨位模型和多重分形方法进行定量描述和评价[1,2]。目前,煤炭资源时空分布规律的研究很少,煤炭资源在我国国民经济建设中占有重要的地位,对其时空分布研究具有重要意义。在煤矿生产阶段,煤层厚度的变化规律是煤矿设计与开采必不可少的数据,煤层厚度的变化直接影响采掘部署、造成采掘失调、降低回采率。加强煤厚空间变化规律研究,准确地预测煤层厚度,不仅能给煤矿提供有力的地质保障,而且还能给煤矿带来巨大的经济效益,同时,了解并掌握煤层厚度及其变化规律问题是合理确定开采方法、正确估算煤炭储量的重要理论基础[3-5]。目前,国内外学者对煤层厚度变化规律研究采用的主要有数学地质方法和探测法[6-9]。数学地质法是在现有数据基础上寻找煤厚的空间变化规律,具有明显的优势,当前,趋势面分析方法在煤层厚度变化分析中应用较广。

煤炭资源聚集过程无论是宏观还是微观方面,具有典型的自组织临界性和时-空奇异性[1],所谓自组织是在没有外界特定的干预下,系统自发形成的空间的、时间的或功能的有序结构[10],煤炭资源的聚集过程符合这一特性。和其他成矿作用的地质过程一样,煤炭资源及煤层厚度的聚集均受到地球内部非线性动力学机制的制约和外部沉积环境的影响,这些过程都具有在较短的时间或空间间隔内产生巨量能量释放或物质的超常富集和堆积的特点[11],这些能量释放和物质富集的异常性可称之为奇异性[12]。因此,奇异性可能是异常地质事件导致的各种非线性和复杂性地质过程的基本属性,这些过程所产生的结果具有奇异性、自相似性、自组织临界性并可采用分形与多重分形模型进行度量和研究[13-16]。

本研究以全球煤炭资源分布的资源量分布、中国煤炭资源量分布为数据源,分析其分形分布特征。利用三角洲环境下的某煤田煤层厚度为研究对象,论证其空间多重分形分布特征,利用S-A方法进行成矿过程分解,与成煤前后古地理环境进行对比,寻找煤炭聚集过程厚度变化的定量特征,并将分解结果与趋势面分析结果进行对比。

1 煤炭资源空间分布的分形特征

1.1 沉积过程和沉积物的空间分布模型

研究表明,无论是现代沉积物,还是地质历史上的沉积过程及其对应沉积物,其颗粒变化和沉积幅度、形态、物性分布特征在时间和空间上服从多重分形分布[19]。文献[17]从水动力变化对岩土颗粒搬运及运动方式的差异造成的沉积规律,得到颗粒数量(质量)与粒径之间的多重分形关系,应用于岩土力学性质的分类;在沉积过程记录方面,文献[18]通过沉积柱样层序数据系列和重复沉积界面测量序列,利用分形理论进行沉积过程及冲淤幅度的分析,得出沉积过程和沉积厚度存在自相似结构,两者之间在无特征尺度区存在着初始值以及分数维的传递,是了解沉积地层序列、分析沉积界面分布规律的途径之一。

煤炭资源的聚集本质类似于其他沉积或成矿过程,受到地壳不均匀沉降、古地形、物源供给、气候变化的影响,直接控制因素表现为海平面变化、河道变迁和区域沉降造成的局部洼地的演化[19,20],其累积的空间形态和厚度变化是多重叠加过程(multiplicative cascade processes),该模型被许多学者用于解释和说明可产生连续型多重分形的简单物理过程[20]。如果将煤炭沉积的叠加聚集采用该模型来描述,那么首先假设在一个有限区域中,称为聚集单元,进一步假设在该聚集单元曾发生过一系列沉积事件和煤炭聚集阶段,不同期次的沉积事件在沉积物形态和累积厚度上往往具有空间自相似性,如在已经聚煤基础上继续聚集,表现为成煤的继承性,并导致该单元域内小煤炭聚集的厚度和范围扩大,而部分单元内聚集效应降低或者被冲刷或者没有变化,如果在局部区域煤层厚度达到一定厚度便可成为可采煤层。如果将垂向聚集强度和聚集范围的乘积当作常数,多次聚集过程的结果能够采用多重叠加 multiplicative cascade 过程来描述。将煤炭聚集的厚度记为 $h(\varepsilon,X)$,X 代表空间位置,ε 代表 X 位置上邻域半径,在煤炭聚集过程中,局部地区煤层厚度将随着地壳不均衡沉降继续加厚,平面范围也相应发生变化,而在其他范围可能被冲刷或者不变,这样的厚度空间变化规律可用以下方程描述:$h(\varepsilon_n,X)=\lambda(X)h(\varepsilon_{n-1},X)$,$\varepsilon_n=\beta(X)\varepsilon_{n-1}$,其中,$h(\varepsilon_{n-1},X)$ 为沉积继承前的厚度分布,$\lambda(X)$ 是本次聚集的成煤强度系数,$\beta(X)$ 为本次聚集中心范围变化率。联立两方程:

$$\frac{h(\varepsilon_n,X)}{\varepsilon_n}\times\frac{\varepsilon_{n-1}}{h(\varepsilon_{n-1},X)}=\frac{\lambda(X)}{\beta(X)} \tag{1}$$

$$\frac{\ln\lambda(X)}{\ln\beta(X)}=\frac{\ln h(\varepsilon_n,X)-\ln h(\varepsilon_{n-1},X)}{\ln\varepsilon_n-\ln\varepsilon_{n-1}}=\frac{\partial\ln h}{\partial\ln\varepsilon} \tag{2}$$

$$\frac{\ln\lambda(X)}{\ln\beta(X)}\times\frac{h}{\varepsilon}=\frac{\partial h}{\partial\varepsilon} \tag{3}$$

其中,系数 $\ln\lambda(X)/\ln\beta(X)$ 被认为是 X 位置上的聚集强度系数,多次沉积事件的煤炭聚集将会造成单位区域内煤炭厚度分布的不均匀,进一步,对式(2)积分:

$$\int\frac{\partial\ln h}{\partial\ln\varepsilon}\mathrm{d}\ln\varepsilon=\int\frac{\ln\lambda}{\ln\beta}\mathrm{d}\ln\varepsilon \tag{4}$$

$$\ln h=\ln\varepsilon\times\frac{\ln\lambda}{\ln\beta}=\ln\varepsilon^{\frac{\ln\lambda}{\ln\beta}} \tag{5}$$

$$h=\varepsilon^{\frac{\ln\lambda}{\ln\beta}} \tag{6}$$

$$h=k\varepsilon^{\alpha}+c \tag{7}$$

从而,某个单元内煤炭聚集的平均厚度与该单元的大小尺度呈幂率关系,如果有多次差别显著的聚集过程,该指数将有多个,表现为厚度变化的多重叠加和多重分形关系。

另外,成秋明[21]得出分形和多重分性关系存在于原始数据的"基因图"中,例如傅立叶谱、特征值谱,在这些谱系空间,基于自相似性原理,混合的空间模式可以分解为背景和异常部分[30]。

1.2 煤炭矿床资源量分布的分形特征

收集了全球煤炭资源分布图,将煤炭资源的分布范围矢量化,利用 GIS 生成具有拓扑关系的面文件,由于难以估算每个煤田的具体资源量,利用面积大小代表其资源量,这在大范围内是合理的,由于煤炭矿床是层状体,资源量大的煤田分布范围通常较大。面积的坐标单位是相对的,具有标度意义,矢量化后的面积最大值为 824.335,最小值为 1.407,图上可分辨煤田分布个数为 156。将面积大小排序,分别按照 $N(\geqslant A)$,$A=0,10,50,100,500$,统计数量,数量与面积满足以下公式:

$$N(\geqslant A)\propto A^{-D}\rightarrow\ln N(\geqslant A)=C-D\ln A \tag{8}$$

在直角坐标系下,利用最小二乘法拟合散点并计算相关系数,数据和结果图见表1和图1,图2。

表1　　　　　　　　　　　　世界范围内煤田面积统计

≥area(relative)	number
1	93
10	47
50	9
100	6
500	1

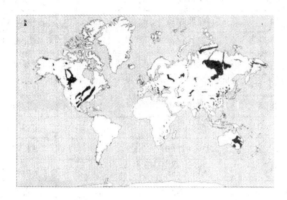

图1　全球煤炭分布图

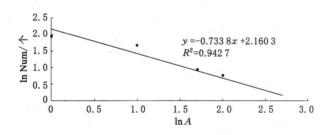

图2　全球煤田面积与数量双对数图

对全国煤炭资源量进行统计,数据来源于公开的统计年鉴,统计时间截止年份为2011年。按照资源量分布特征,分别统计资源量大于10,50,100,500,1 000亿t的煤田个数,同样,资源量数值与煤田个数满足$N(\geq=Q)\propto Q^{-D}$,如图3和表2所示。表明资源量对数值与煤田个数对数值存在良好的线性关系,分形维数为$D=0.934\ 7$,相关系数为0.940 4,拟合程度较好。

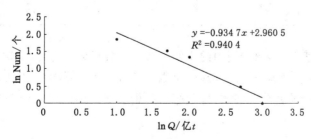

图3　中国煤炭资源量与数量双对数图

表 2　　全国主要煤田资源量统计表

煤田名称	资源量/亿 t	煤田名称	资源量/亿 t	煤田名称	资源量/亿 t
大同煤田	373	滕州煤田	37	宝清煤田	65
宁武煤田	412	兖州煤田	33	鹤岗煤田	20
西山煤田	193	济宁煤田	32	大雁煤田	36
霍西煤田	309	巨野煤田	55	宝日希勒煤田	41
沁水煤田	843	黄河北煤田	25	呼山煤田	23
河东煤田	515	龙口煤田	27	伊敏煤田	48
焦作煤田	24	邯邢煤田	57	伊敏五牧场	53
新密煤田	27	蔚县煤田	14	红花尔基煤田	27
禹州煤田	17	开滦煤田	43	呼和诺尔煤田	104
平顶山煤田	50	京西煤田	20	扎赉诺尔煤田	104
永夏煤田	25	铁法煤田	19	霍林河煤田	131
淮南煤田	153	鸡西煤田	23	乌尼特煤田	69
淮北煤田	67	七台河煤田	17	白音华煤田	140
徐州煤田	34	双鸭山煤田	25	胜利煤田	214
白音乌拉煤田	30	贺兰山煤田	25	古叙煤田	37
平庄元宝山煤田	16	宁东煤田	269	黔北煤田	151
桌子山煤田	29	木里煤田	33	织纳煤田	172
准格尔煤田	253	吐哈煤田	441	六盘水煤田	147
神府东胜煤田	2236	塔北煤田	16	兴义煤田	17
陕北石炭二叠纪	54	准东煤田	138	昭通煤田	80
陕北三叠纪煤田	54	淮南煤田	259	老厂煤田	38
渭北煤田	62	伊犁煤田	22	恩洪煤田	24
华亭煤田	33	筠连煤田	28		

大于资源量 Q 的煤田个数

≥Q	Number
10	70
50	33
100	22
500	3
1 000	1

以上数据和图表表明，煤炭资源的空间分布符合分形分布特征，资源量的分布也符合分形分布，世界范围内的资源量空间分布分维数 0.733 8 小于全国的维数 0.934 7，可能是在全球煤炭资源量用面积替代存在线性简化关系，也表明中国的煤炭资源分布不均匀性要强于全球的分布。

2 煤层厚度变化的多重分形滤波研究

2.1 研究数据来源

数据来源于淮北煤田芦岭煤矿的 168 个钻孔,提取了 M10 厚度数据和对应上下砂体厚度。芦岭井田地处淮北煤田的东南部,全井田南北长约 9 km,东西宽约 5 km,煤炭储量丰富,M10 形成于河控三角洲平原环境,煤层厚度的空间变化规律尤其是与上下砂体之间的对应关系一直是研究的重点,但难以得到合理结果。煤层厚度数据来自钻孔实测,经过测斜校正为垂直厚度,本区也不存在大的构造带,故构造改造对煤层变形影响不大,由于煤层埋深变化不大,沉积压实造成的煤层厚度变化同样具有均一性,同一层煤厚来自分叉煤层总厚,该区域未见岩浆侵入对煤层的改造。

2.2 数据统计特征及预处理

168 个钻孔中 M10 厚度数据的基本统计分析结果见表 3,煤层厚度变异系数 55.8%,表明研究区存在较大的变异性,$Q-Q$ 图[图 4(a)]数据明显偏离正态分布参考线。对原始数据进行的 K-S 正态检验的显著性指标(sig)小于 0.01,显示原始数据不符合正态分布。

表 3　　　　　　　　　　　M10 厚度基本统计

M10 厚度	平均值	中位数	最小值	最大值	标准方差	变异系数
	2.5	2.46	0	12.6	1.45	55.8%
m	原始数据			变换后数据		
	偏度	峰度	Sig	偏度	峰度	Sig
	2.474	14.168	0	0.001	−0.153	1.0

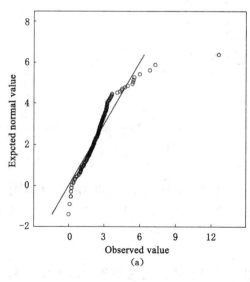 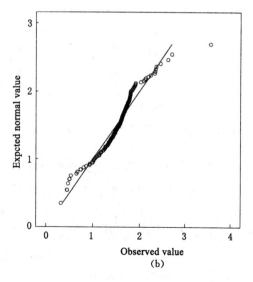

图 4
(a) 原始煤层 M10 厚度的 $Q-Q$ 图;(b) M10 厚度变换后的 $Q-Q$ 图

由于分形滤波技术首先需要将离散数据插值为规则网格,研究表明,首先需将不符合正态分布的原始数据进行正态变换,以满足克立格插值模型的二阶平稳假设要求[30],而分形滤波本身对数据分布特征没有要求,相反具有处理特异数据的优势。本研究对原始数据进行了 Box-Cox 正态变换,变换后的数据除仍然存在较高的异常值之外,总体基本服从正态分布(异常值实际上服从分形分布)[图 4(b)],然后完成克立格插值,得到原始 M10 厚度的分布图[图 5(a)]。

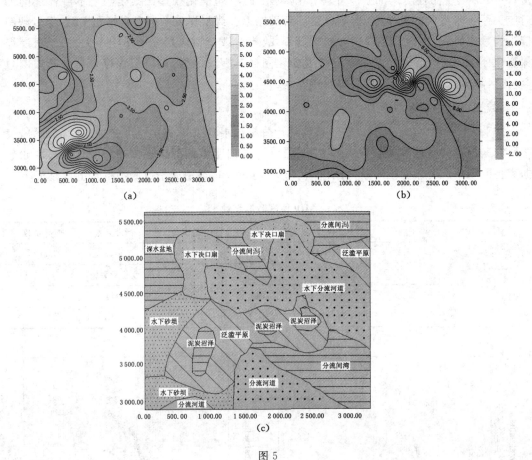

图 5

(a) M10 厚度分布等值线图;(b) M10 下伏砂体厚度等值线图;(c) 根据 M10 下伏砂体厚度恢复的沉积前沉积环境图

2.3 S-A 分形滤波与煤层厚度分布分解

本文利用 S-A 模型进行煤层沉积的符合模式,该模型成功地应用于地球化学数据异常信息的提取,包括水系沉积物和岩石采样的地球化学数据[23,31]。它是基于频率域空间的尺度不变原理,刻画能谱和密度面积之间的联系,其数学公式为:

$$A(\geqslant s) \propto s^{-d} \tag{9}$$

其中,s 为能谱密度;$A(\geqslant s)$ 为大于某一个能谱密度的面积值;d 是相关椭球的维数,具有各向同性特征;符号 $\propto$ 表明了一种正比关系。S-A 实施的步骤为:(1) 将网格化数据转化为傅立叶谱;(2) 计算其能谱密度;(3) 计算分别大于某个阈值 S 的能谱面积 A;(4) 在双对数图上绘制 S-A 的散点,利用最小二乘法拟合这些数据点;(5) 选择双对数图上的拐点,构建滤波器;(6)利用傅立叶反变换将滤波结果变换回空间域。在第(5)步,存在多种滤波器,通常,选择合适的拐点来构建低通和高通滤波器,从而得到两个结果图,一个为异常图,另外一个为背景图,本文利用 IDL 语言实现该过程。

2.4 结果对比与分析

在诸多地质过程的实际物理、化学时空信号中,广泛存在着自相似性[22],煤层厚度的空间分布是多种因素联合控制的结果。从沉积过程角度分析,气候变化导致的物源供给变化,古地形起伏,河道变迁,地壳不均衡沉降和后期保存状态及构造变形,都是煤层厚度变化的原因,它们在空间叠加,可能导致多重分形的分布模式[23],图 6 是 M10 厚度等值线图的面积-厚度双对数图,显示出其空间分布的多重分形特征。

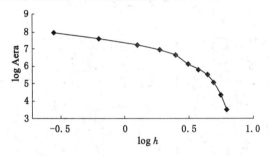

图 6　面积-厚度双对数图[Area(m^2)>h(m)]

基于广义自相似性理论原理,利用 S-A 对 M10 的厚度空间分布在频率域进行分解,得到频率域的多重分形模型(图 7),图中存在三条直线,每一条直线代表一种聚集过程,事实上,煤层厚度的观测值往往包着下面三种变化:

$$Z_i = B_i + A_i + R_i \tag{10}$$

其中,Z_i 为点 i 的观测值,此处为某钻孔中见煤的厚度;B_i 为区域性因素造成的背景变化,可以看作沉积背景形成的 A/S(可容空间/供应物)变化,与上一期沉积相的分布有关;A_i 通常认为是局部因素产生的异常值,在煤炭沉积过程中,由于受到构造和沉积条件的影响(如构造活动、物源供应、水动力条件变化等),其局部形态、厚度和内部结构都将发生变化,其整体形态包括厚度在演化过程中表现出较好的自相似性[2],R_i 是信号的随机性因素。当然,煤层形成以后,后期的河道冲刷、构造挤压、岩浆侵入也能对其进行改造,按照趋势面分析的原理,可以纳入 A_i 范畴。上述三部分分别对应于图 7 中 ae,ba,oa,而事实上,公式(1)也是趋势面分析的基本原理,而趋势面分析已广泛应用于煤层厚度的空间变化特征研究[6,29]。

在图 7 中,ae 段代表煤层沉积前的背景,与煤层前一期的沉积古地理环境有密切联系,ba 段则是后期随机事件产生的煤厚堆积,ob 段通常是一种随机噪声。它们是不同含义的无标度空间,具有完全不同的自相似性,通过这种差异构建滤波器,将图 5(a)分解为背景图和异常图[图 8(a),(b)],该滤波器的形状是不规则的,能够保留原始煤层分布的各向异性和内部结构。

对比图 5(a)和图 5(b),前者是 M10 厚度分布图,厚煤层呈南北条带状,右下角有一个富煤单元,而下伏砂体厚度呈南东—北西向分布的分流河道,周围为分流间湾和局部的泛滥盆地,两者的厚度分布在空间上基本不存在对应联系,而经过 S-A 分离出的背景图

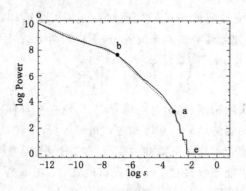

图 7　煤厚—面积双对数图

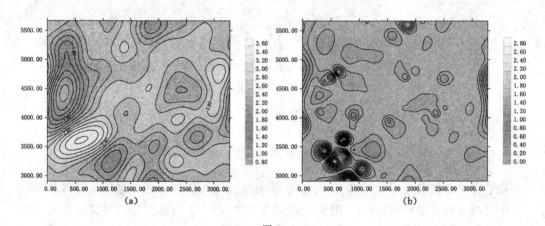

图 8
(a)通过 S-A 获得的 M10 沉积背景图；(b)通过 S-A 获取的 M10 厚度异常图

[图 8(a)]，与下伏砂体图[图 5(c)]显示的古地理环境存在良好的对应关系：左下角的厚煤层与图 5(c)的左下角的局部泥炭沼泽是煤层发育的主要场所，如图 8(a)上部的两条对应，主要厚煤层呈同心环状分布于砂体周围，对应于决口扇和河道边缘，砂体厚的地方煤层相对变薄，砂体之间的浅水分流间湾厚煤带与图 5(c)上部砂体之间的分流位置一致，下部东西展布的厚煤带与图 5(c)的分流间湾在位置上也是一致的。而薄煤层分布区主要是砂体比较厚的地区，以及水深比较大的分流间湾内部，如图 5(c)右上角及中部，而且逐渐向深水盆地尖灭。

对于图 8(b)显示的异常图，可以认为是后期煤层聚集的累积过程，反映了煤层厚度的次级变化，具有趋势面分析的残差图的功能，该图显示的煤层厚度次级变化主要呈北西—南东和南西—北东方向展布，对应于沉积环境前的低洼而靠近砂体的湿地，与煤炭沉积的规律是一致的。

图 9(a)是利用趋势面分析得到的 M10 厚度趋势分布图，趋势分布图反映了两个聚煤中心，大体呈东西向展布，与沉积前的古地理格局[图 5(b)]对比也基本一致，但没有图 8(a)显示的规律清晰，对应更加精细。残差图图 9(b)显示的煤层厚度次级变化基本是在南部和北部东西向分布，与实际情况存在较大的差别。

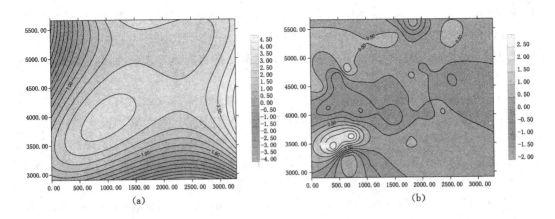

图 9
(a) M10 厚度分布的趋势面图;(b) M10 厚度分布的残差图

3 结论与讨论

本文从煤炭资源形成的原理出发,证明了无论是煤炭资源量还是煤层厚度分布,均服从分形-多重分形分布规律,采用全世界和全国的公开煤炭资源量数据,证实了其空间分布的分形特征。基于多重分形自相似性原理,利用淮北某煤田数据,采用 S-A 滤波方法,对 M10 厚度数据进行分解,得到背景和异常图,以 M10 沉积前的古地理环境为参照,分析了该煤层厚度空间分布的规律,发现经过 S-A 处理,煤层厚度分布背景图与沉积前砂体展布有密切的联系,符合煤炭形成的基本规律,残差图也能够合理反映次级煤层厚度变化的原因。与趋势面分析的趋势图和残差图对比,在煤层厚度空间变化规律更加清楚精细,更加符合于沉积古地理背景。

究其原因,是由于煤层厚度分布的数据不符合正态分布,趋势面分析的本质数学模型是多元回归,特异值会造成数据离差变大从而难以拟合。而对于成矿复杂系统,West and Schlesinger[27]研究结果表明,其系统随着复杂性增加,数据分布由正态分布趋于对数正态分布,然后趋于帕托累分布,后者代表了最复杂的系统,显示出强烈的分形和多重分形特征,由于不满足平稳性,传统方法的使用受到限制[21,24]。因此,由于煤层聚集过程的非线性动力过程及其产生的自相似性结果,多重分形处理方法更适合该类数据的处理和分析。

参考文献

[1] 成秋明.成矿过程奇异性与矿床多重分形分布[J].矿物岩石地球化学通报,2008,27(3):298-305.

[2] RENGUANG ZUO, QIUMING CHENG, FREDERIK P, et al. Evaluation of the uncertainty in estimation of metal resources of skarn tin in Southern China[J]. Ore Geology Reviews,2009:415-422.

[3] 杜文凤,彭苏萍.利用地质统计学预测煤层厚度[J].岩石力学与工程学报,2010,29(a01):2762-2767.

[4] 李增学,魏久传,刘莹.煤地质学[M].北京:地质出版社,2005.

[5] 贺清,董康乾,杨军,等.神府煤田沙沟岔煤矿综采适应性评价[J].西安科技大学学报,2013,33(6):662-668.
[6] 曹代勇,刘钦甫,彭苏萍,等.超化井田二$_1$煤层厚度变化规律定量研究[J].煤田地质与勘探,1998,26(5):28-32.
[7] 王峰.邯郸地区云陶扩大勘探区煤赋存规律研究[D].邯郸:河北工程大学,2011.
[8] 郭鹏程.邢台矿区南部构造及煤层厚度变化规律研究[D].西安:西安科技大学,2010.
[9] 康永尚,沈金松,谌卓恒.现代数学地质[M].北京:石油工业出版社,2005.
[10] 田堪良,张慧莉,张伯平,等.天然沉积砂卵石粒度分布的分形结构研究[J].西北农林科技大学学报(自然科学版),2002,30(5):85-89.
[11] CHENG Q M. Mapping singularities with stream sediment geochemical data for predication of undiscovered mineral deposits in Gejiu,Yunnan province,China[J]. Ore geology review,2007,32(1-2):314-324.
[12] CHENG Q M. Multifractality and spatial statistics[J]. Computer and geosciences,1999,25(10):949-961.
[13] CHENG Q M. Multifractal imaging filtering and decomposition methods in space, fourier grequency, and eigen domiaion[J]. Nonlinear processes in geophysics,2007,14(3):293-303.
[14] CHENG Q M,AGTERBERG F P. Singularity analysis of ore mineral and toxic trace element in stream sediments[J]. Computer & geosciences,2009,35(2):234-244.
[15] CHENG Q M,ZHAO P D. Singularity theories and methods for characterizing mineralization processes and mapping geoanomalies for mineral deposit predication [J]. Geoscience Frontiers,2011,doi:10.1016/gsf.2010.12.003.
[16] 成秋明.地质异常的奇异性度量与隐伏源致矿异常识别[J].地球科学—中国地质大学学报,2011,36(2):307-316.
[17] 刘晓明,赵明华,苏永华.沉积岩土粒度分布分形模型改进及应用[J].岩石力学与工程学报,2006,25(8):1691-1697.
[18] 李炎,陈锡土,夏小明,等.沉积过程分形表达及其冲淤幅度分析应用[J].海洋与湖沼,2000,31(1):84-92.
[19] 周江羽,刘常青.扇形沉积体生长的分形几何特征分析[J].沉积学报,2000,18(1):95-99.
[20] 周江羽,吴冲龙.扇形沉积体生长过程的动力学机制及分形模拟[J].地球科学—中国地质大学学报,2000,25(1):33-38.
[21] 成秋明.非线性成矿预测理论:多重分形奇异性—广义自相似性—分形谱系模型与方法[J].地球科学,2006,31(3):337-348.
[22] 李庆谋.多维分形克里格方法[J].地球科学进展,2005,20(2):248-256.
[23] XIE S,CHENG Q,CHEN G,et al. Application of local singularity in prospecting potential oil/gas Targets[J]. Nonlinear Processes in Geophysics, 2007, 14(3):1641-1647.
[24] LIU Y,CHENG Q,XIA Q,et al. Identification of REE mineralization-related

geochemical anomalies using fractal/multifractal methods in the Nanling belt, South China[J]. Environ. Earth Sci. ,2014(72):5159-5169.

[25] 杨孟达.煤矿地质学[M].北京:煤炭工业出版社,2003.

[26] 赵鹏大.试论地质体的数学特征[J].地球科学,1982(1):147-157.

[27] WEST B J, SCHLESINGER M. The noise in natural phenomena[J]. AmSci. ,1990(78):40-50

[28] 刘衡秋,刘钦甫,彭苏萍,等.淮南煤田第四含煤段砂体的演化特征及对煤层厚度的控制[J].煤田地质与勘探,2005,33(1):7-10.

[29] 徐德金,胡宝林,汪宏志.趋势面分析在岩浆岩体对煤层影响研究中的应用[J].煤炭科学技术,2009(2):113-115.

[30] 李晓晖,袁峰,贾蔡,等.基于反距离加权和克里格插值的S-A多重分形滤波对比研究[J].测绘科学,2012,37(3):87-89.

[31] ALIREZA ALMASI, ALIREZA JAFARIRAD, PEYMAN AFZAL. Prospecting of gold, mineralization in Saqez area (NW Iran) using geochemical, geophysical and geological studies based on multifractal modelling and principal component analysis Mana Rahimi[J]. Arab. J. Geosci. ,2015(8):5935-5947.

基于 H∞ 滤波的 SINS/GPS 组合无人机定位

王昆仑[1]，陶庭叶[1]，黄祚继[2]，王春林[2]

(1. 合肥工业大学土木与水利工程学院，安徽 合肥，230009；
2. 安徽省(水利部淮河水利委员会)水利科学研究院，安徽 合肥，230088)

摘 要：高动态复杂环境下的无人机移动定位中，捷联式惯性导航(SINS)系统存在误差漂移，全球定位系统(GPS)可能发生信号失锁等问题。本文针对无人机定位方法进行研究，基于其速度信息和位置信息，给出了一套无人机测算目标物精准位置信息的方法。该方法结合 GPS 定位技术与 SINS 定位技术，采用 H∞ 滤波算法对量测数据进行融合，使两定位技术优势互补，进一步降低了定位误差，特别适合于长时间导航定位。基于实验结果表明：将 H∞ 滤波引入组合式导航定位时，既能提高滤波的收敛性，又可以较高保持定位的精度。

关键词：无人机；定位；H∞ 滤波；误差；仿真

Based on H∞ Filter Extended SINS/GPS Positioning Modular UAV

WANG Kunlun[1], TAO Tingye[1], Huang Zuoji[2], Wang Chunlin[2]

(1. School of Civil and Hydraulic Engineering, Hefei University of Technology, Hefei 230009, China;
2. Anhui& Huaihe River Institute of Hydraulic Research, Hefei 230088, China)

Abstract: In the high dynamic complex environments of UAV mobile positioning, the SINS system may have error drift and the GPS signal may interrupted. Study on rotorcraft UAV positioning, a method for measuring precise position information of target by UAV based on the velocity and position information is given. Using H∞ Filter algorithm for fusion of measurement data, the method has the merits of GPS and SINS positioning technology and further reduces the positioning error, especially suitable for long time navigation. Based on results show that: When H∞ filtering is introduced into the combined navigation and positioning, that can improve the convergence of the filter, but also to maintain high accuracy of positioning.

Keywords: UAV; Positioning; H∞ filter; Error; Simulation

近年来，低成本、微小型无人机定位技术在军用和民用领域广泛使用。其中导航定位技术是无人机应用的关键[1-2]。惯性导航作为一种主要的导航方式，具有自主性强、隐蔽性高、短期输出的导航参数(位置、速度、姿态)精度较高等优点，缺点为长期精度较低，并且误差随时间而累积。GPS 是一种高精度的导航方式，它具有定位精度高，同时输出速度信号和姿态信号等优点，但存在更新率较低、信号易受干扰等不足，无法满足实时定位的要求[3]。将惯性导航和 GPS 组合起来，用 GPS 信息对惯导信息进行修正，取长补短，既提升了单独使用惯性导航的长期定位精度,又降低使用高精度惯性元件的成本,从而提高定位的精度,以及系统的稳定性。

本文设计一种运用于 SINS/GPS 组合式定位系统的 H^∞ 滤波技术,将 H^∞ 范数引入滤波问题,使得干扰信号输入到滤波误差输出的 H^∞ 范数最小[4]。该方法相较于 Kalman 滤波器在处理系统过程噪声中的不确定性具有很好的鲁棒性,可以保证组合导航定位的精度、提高系统的可靠性。

1 组合式导航定位设计

根据 H^∞ 滤波原理,惯性元件的各类误差作为系统的不确定性误差,需要得到组合系统的系统噪声、量测噪声和初始误差估计的先验信息[5-6]。设计中首先建立组合式导航系统的状态方程,其次在系统误差方程的基础上建立量测方程,然后进行定位误差修正,从而减小误差,进一步提高定位精度的可靠性。

SINS/GPS 组合导航方式可以根据组合深度的不同分为紧密组合和松散组合两种[7]。松散组合是一种在实际应用中较为常见的组合,组合中 GPS 和惯导各自发挥自己的作用,互不干扰,用 GPS 信息辅助惯导,校正惯导累积误差[8-9]。本文根据实际情况选择了工程上易于实现,组合效果较为明显的位置、速度组合的松散组合方式。将 SINS 和 GPS 所有的量测量作为滤波器的量测量,这样一方面可以实现长时间内精度较高的 GPS 信息对 SINS 进行校正,另一方面防止一旦惯导失效,GPS 信息可以实现补充。组合导航原理设计如图 1 所示。

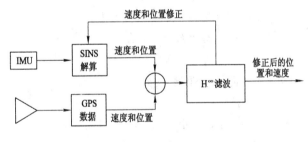

图 1 组合系统输出校正原理图

2 组合导航模型方程的建立

2.1 SINS/GPS 组合导航系统的状态方程

导航中误差量都表现为非线性,但具有一定精度的导航系统的误差量均可看做小量[10-11],非线性方程中子误差量的高阶项都可看做高阶小量而忽略不计,所以误差方程可以描述为线性的[12-15]。组合导航系统的状态仅取系统导航参数误差,此时系统的阶次为 9 阶。导航坐标系选取为 $E-N-U$ 坐标系,其误差方程为:

$$\dot{X} = FX + GW \tag{1}$$

式中:

$$X = [\varphi_E \varphi_N \varphi_U \delta V_E \delta V_N \delta V_U \delta L \delta \lambda \delta H]^T \tag{2}$$

$$W = [\omega_{gx} \omega_{gy} \omega_{gz} \omega_{ax} \omega_{ay} \omega_{az}]^T \tag{3}$$

式中，X 为系统的状态变量；W 为系统的过程噪声；F 为系统的传递矩阵；G 为噪声的加权矩阵；$[\varphi_E \varphi_N \varphi_U]$ 为平台误差角矩阵；$[\delta L \delta \lambda \delta H]$ 为位置误差矩阵；$[\omega_{gx} \omega_{gy} \omega_{gz}]$ 为陀螺仪漂移矩阵；$[\omega_{ax} \omega_{ay} \omega_{az}]$ 为加速度误差矩阵。

2.2 SINS/GPS 组合式导航量测方程

SINS/GPS 组合方式有很多种，本文使用的是 H^∞ 滤波进行位置、速度的组合，将 GPS 输出的位置和速度信息与 SINS 输出的相应信息相减得到量测方程为：

$$Z = \begin{Bmatrix} L_S - L_G \\ \lambda_S - \lambda_G \\ H_S - H_G \\ V_{ES} - V_{EG} \\ V_{NSINS} - V_N \\ V_U - V_U \end{Bmatrix} = \begin{Bmatrix} \delta L + V_1 \\ \delta \lambda + V_2 \\ \delta H + V_3 \\ \delta V_E + V_4 \\ \delta V_N + V_5 \\ \delta V_U + V_6 \end{Bmatrix} \quad (4)$$

$$Z = [H_1 \, H_{GPS}] \begin{bmatrix} X_{SINS} \\ X_{GPS} \end{bmatrix} + V_{GPS} \quad (5)$$

式中，λ_S, L_S 为 SINS 输出的经度和纬度信息；λ_G, L_G 为 GPS 输出的经度和纬度信息；$\delta\lambda$ 表示经度中误差；δL 表示纬度中误差；H_1 为量测矩阵；V_{GPS} 为 GPS 的量测白噪声。

2.3 离散型 H^∞ 滤波算法

将系统方程(1)以及量测方程(5)进行离散化处理，可得：

$$\begin{cases} X_{k+1} = \Phi_{k+1,k} X_k + W_k \\ Z_k = H_k X_k + V_k \\ y_k = T_k X_k \end{cases} \quad (6)$$

使用 H^∞ 滤波算法对式(6)进行处理，表达式为：

$$\begin{cases} \tilde{S}_k = T_k^T S_k T_k \\ \hat{X}_{k+1} = \Phi_{k+1,k} \hat{X}_k + \Phi_{k+1,k} K_k (Z_k - H_k \hat{X}_k) \\ K_k = P_k (I - \theta \tilde{S}_k P_k + H_k P_k)^{-1} H_k^T R_k^{-1} \\ P_{k+1} = \Phi_{k+1,k} P_k (I - \theta \tilde{S}_k P_k + H_k P_k)^{-1} \Phi_{k+1,k} + Q_k \end{cases} \quad (7)$$

式中，$k = 0, 1, 2 \cdots$。

其中 θ 需满足：

$$\begin{cases} P_k^{-1} - \theta \tilde{S}_k + H_k^T R_k^{-1} H_k > 0 \\ H_k P_k (I - \theta \tilde{S}_k P_k + H_k^T R_k^{-1} H_k)^{-1} H_k^T - R_k > 0 \end{cases} \quad (8)$$

式中，y_k 是被估计量；$\hat{X}_{k+1}$ 为系统状态预计值；$\tilde{S}_k$ 为向量协方差阵的增广阵；T_k 为满秩阵；R_k 为测量噪声方差阵；P_k 为均方差估计值；K_k 为增益滤波；$\hat{X}_{k+1}$ 为系统状态预计值；θ 表示 H^∞ 滤波中性能上界参数，由设计者自己选定。

3 SINS/GPS 组合导航系统 H^∞ 滤波仿真实验

3.1 飞行轨迹的设计

仿真需要对飞行轨迹进行设计，首先建立 Simulink 仿真环境。使用 Aerosim 工具箱中的飞行器模块编写轨迹发生器,生成飞机轨迹参数,再以该参数作为基础,通过仿真子系统仿真产生 SINS 系统所需要的比力、角速率惯导数据,获取飞机的飞行航迹信息[16-18]。

本文载体飞行状态包括快速拉升、8 字形、S 形、转弯、巡航等过程。飞行时间设置为 300 s,初始位置为[31.82°,117.17°]。根据 SINS 算法中加速度、速度、位置、姿态角的变化规律及耦合关系所设计的飞行轨迹仿真如图 2 至图 6 所示。

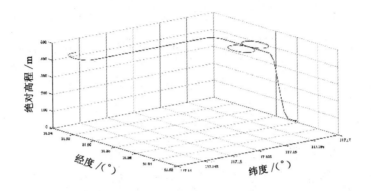

图 2　无人机轨迹仿真图

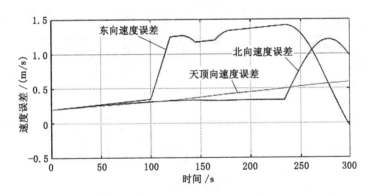

图 3　速度误差曲线

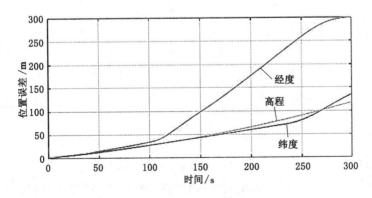

图 4　位置误差曲线图

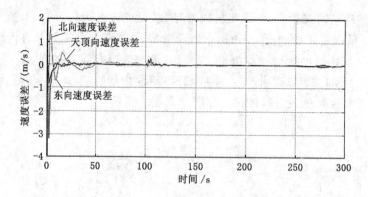

图 5 速度误差曲线

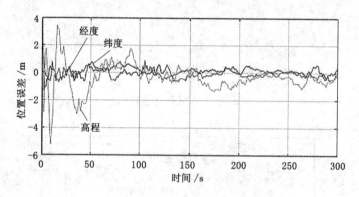

图 6 位置误差曲线图

3.2 仿真实验

针对文中 SINS/GPS 组合导航系统性能进行研究,设计了仿真环境,参数如表 1 所示。

表 1 仿真参数设置

		零偏噪声	白噪声	马尔可夫驱动噪声
SINS	陀螺仪	1°/h	10^{-3}°/h	0.1°/h
	加速度计	10^{-4}g/h	10^{-4}g	0
		初始误差		系统噪声
GPS	速度	0.2 m/s		1 m/s
	位置	4 m		10 m

3.3 实验分析

根据设计,进行多次无人机实验验证,得出如表 2 统计结果。

(1)根据图 3 和图 4 可以看出在 300 s 时间内,纯 SINS 各项误差随时间的累积不断增大,可得出纯 SINS 各项参数随时间的累积而快速发散,因此无法满足高精度导航要求。

(2)根据图 5 和图 6 仿真结果可以看出,当 GPS 的位置和速度信息被引入以后,再经过 H∞ 滤波进行修正,相比于纯 SINS 惯性导航,随时间的增加,其位置和速度误差得到了明

表 2　　　　　　　　　H∞ 滤波 SINS/GPS 组合导航系统导航误差

	分类均值	标准差
速度/(m/s)	北向 0.01	0.04
	东向 0.01	0.02
	天顶向 0.04	0.02
位置/m	纬度 0.64	0.74
	经度 0.71	0.56
	绝对高 0.98	0.53

显的收敛。表明 H∞ 滤波可以有效地克服纯 SINS 随时间发散的现象。

（3）根据表 2 实验统计结果可以得出，水平速度误差均值达到 0.01 m/s，位置误差均值优于 1 m。表明采用 H∞ 滤波设计组合导航定位方式能够明显提高动态飞行时的精度。

4 结　论

本文分析了 SINS 和 GPS 各自的优缺点，研究了 SINS/GPS 组合式惯性导航系统，建立了无人机高精度目标定位的仿真平台，通过引入 GPS 信息进行修正了系统的速度和位置信息，并使用 H∞ 滤波算法对设计进行仿真测试，降低了系统累积误差，提高了定位的精度和可靠性，满足一般低成本无人机定位精度要求。经过仿真模拟验证了该方法有效性，是一种无人机项目中可以实现的设计方法。

参 考 文 献

[1] 秦永元.惯性导航[M].北京：北京科技出版社，2006：99-107.

[2] 朱家海.惯性导航[M].北京：国防工业出版社，2008：35-38.

[3] 魏二虎，柴华，刘经南.关于 GPS 现代化进展及关键技术探讨[J].测绘通报，2005(12)：5-7.

[4] 严恭敏，翁浚.捷联惯导算法与组合导航原理[M].西安：西北工业大学出版社，2016：6-7.

[5] 付梦印，邓志红，闫莉萍.Kalman 滤波理论及其在导航系统中的应用[M].北京：科学出版社，2010：96-99.

[6] 程向红，郑梅.捷联惯性系统初始对准中 Kalman 参数优化方法[J].中国惯性技术学报，2006，14(4)：12-17.

[7] 张宝成，欧吉坤，袁运斌.基于 GPS 双频原始观测值的精密单点定位算法及应用[J].测绘学报，2010，39(5)：478-483.

[8] 张小红，刘经南，FORSBERG R.基于精密单点定位技术的航空测量应用实践[J].武汉大学学报：信息科学版，2006，31(1)：19-22，46.

[9] Xiong Zhi, Leng Xuefei, Liu Jianye. Research of SAR/INS integrated navigation system aided by Bei Dou double star position[J]. Journal of Astronautics 2007, 28(1)：88-93.

[10] Beser J, Alexander S, Crana R, et al. A low-Cost Guidance/Navigation Unit Integrating A SAASM Based GPS And In A Deeply coupled Mechanizatin[A]. In：Proceedings of ION GNSS 2004[C]. Fairfax VA：Institute of Navigation, Inc.,

2002,545-560.

[11] Li Wang J. Effective Adaptive Kalman Filter For MEMS-IMU/Mangetometers Integrated Attitude and Heading Reference Systems[J]. Journal of Navigation. 2012,1(1):1-15.

[12] 钱华明,雷艳敏,谢常锁.组合导航系统几种滤波方法的分析比较及其性能评价[J].中国惯性技术学报,2006,14(6):95-99.

[13] Xue Mei, Ling HaiBin. Robust visual tracking and vehicle classification via sparse representation[J]. IEEE Transactions on Pattern Analysis and MachineIntelligence,2011,33(11):2259-2272.

[14] Wang Dong, Lu Huchuan, Yang Minghsuan. Online object tracking with sparse prototypes[J]. IEEE Transactions on Image Processing,2013,22(9):314-326.

[15] BabuR, Wang J. Ultra-Tight GPS/INS/PL Integration:a System Concept and Performance Analysis[J]. GPS solutions,2009,13(1):75-82.

[16] 陈敏,安艳辉,李晓华.捷联惯导系统仿真器的设计与实现[J].现代测绘,2012,35(1):10-11.

[17] 王新龙,李亚峰.SINS/GPS组合导航技术[M].北京:北京航空航天大学出版社,2014:2-3.

[18] 秦永元,张洪钺,汪叔华.卡尔曼滤波与组合导航原理[M].西安:西北工业大学出版社,2015:288-292.

作者简介:王昆仑,合肥工业大学研究生,研究方向为大地测量与全球导航定位。
联系方式:安徽省合肥市包河区屯溪路193号合肥工业大学老土木楼(230000);E-mail:330240440@qq.com。

利用 NMF 算法确定 ZTD 格网产品空间分辨率

刘志平,朱丹彤,王潜心,王坚

(中国矿业大学环境与测绘学院,江苏 徐州,221116)

摘 要:GGOS Atmosphere 发布的 ZTD 格网产品得到了广泛应用,然而该产品空间分辨率的确定缺乏足够依据。分析了 GGOS ZWD、ZHD 产品与 ECMWF 发布的 PWV、SP 产品之间的强相关性,计算了不同空间分辨率格网产品的经纬向梯度分组概率,同时利用所提出的基于随机学习速率矩阵的改进 NMF 算法提取了不同空间分辨率格网产品的特征维数,进而确定了 ZTD 格网产品的最佳空间分辨率、固有特征维数并提供了一种数据压缩发布方案。

关键词:天顶对流层延迟;ECMWF;非负矩阵分解;固有特征维数;空间分辨率

Spatial Resolution Determination for Grid Zenith Tropospheric Delay Using Non-negative Matrix Factorization Algorithm

LIU Zhiping, ZHU Dantong, WANG Qianxin, WANG Jian

(School of Environment Science and Spatial Informatics,
China University of Mining and Technology, Xuzhou 221116, China)

Abstract:Zenith Tropospheric delay (ZTD) is one important error in high precise GNSS positioning, which is generally removed using GGOS Atmosphere grid ZTD products (spatial resolution is $2°\times2.5°$). At present, the spatial resolution of grid ZTD products was determined according to experience. However, it is insufficient data demonstration. This paper studied spatial resolution determination for grid ZTD products using dataset including GGOS ZWD, ZHD and ECMWF ($0.125°\times0.125°$) Precipitable Water Vapor (PWV), Surface Pressure (SP). Then, the probability statistics of absolute ZTD gradient value was calculated along latitude and longitude respectively, and spatial feature dimension of grid ZTD was extracted by the improved NMF algorithm based on random learning rate matrix. So, the reasonable spatial resolution of the grid ZTD products is determined, and a data compression product scheme is provided.

Keywords:zenith troposphere delay; ECMWF; non-negative matrix factorization; intrinsic feature dimension; spatial resolution

天顶对流层延迟(Zenith Troposphere Delay,ZTD)包括对流层静力延迟(Zenith Hydrostatic Delay,ZHD)和对流层湿延迟(Zenith Wet Delay,ZWD),是 GNSS 高精度导航定位中的主要误差源[1]。从 2005 年开始,全球大地测量观测系统(Global Geodetic Observing System,GGOS)Atmosphere 分析中心发布天顶对流层格网产品 ZWD、ZHD[2,3](纬差 2°×经差 2.5°)。很多学者利用 GGOS 对流层格网产品开展了大量研究与应用,包括对流层变化特征[4,5]、全球 ZTD 模型[6,7]、快速精密定位[8,9]、气象研究[10]等。同时,也有文献[11]研究指出,利用0.5°分辨率的ECMWF气象数据所计算出的ZTD结果更加接近真实情况。由此可知,高空间分辨率的对流层格网产品自然有利于提高后续应用与研究成果精度水平。然而,在实际应用中也会加大数据存储传输难度、降低计算实时性。因此,应综合考虑产品精度、空间特征及数据量要求,定量探讨对流层格网产品的最佳或合理空间分辨率。

综上,为确定ZTD格网产品发布的空间分辨率,本文对GGOS天顶对流层和ECMWF气象格网产品进行研究。首先,顾及非负矩阵分解算法(Non-megative Matrix Factorization,NMF)在数据压缩[14]、特征提取[15,16]等方面的成功应用,引入NMF算法提取对流层格网产品特征维数并针对该算法迭代效率低[17]等不足提出一种基于随机学习速率矩阵的NMF算法。其次,结合欧洲中尺度天气预报中心(European Center for Medium Range Weather Forecasts,简称ECMWF)再分析资料(0.125°×0.125°)分析大气可降水量数据(Precipitable Water Vapor,PWV)、地表大气压数据(Surface Pressure,SP)与ZWD、ZHD相关系数,并通过ZTD经纬向梯度值分组概率初步确定格网产品发布的空间分辨率。再次,利用所提出的改进NMF算法提取不同空间分辨率PWV和SP产品的特征维数,并最终确定ZTD格网产品空间分辨率。最后,建议对ZTD格网产品进行NMF分解并直接发布分解后的基矩阵W和系数矩阵H,并分析了NMF发布方法的ZTD格网产品压缩效果。

1 改进的非负矩阵分解算法

非负矩阵分解是在矩阵中所有元素均为非负数约束条件之下的矩阵降维分解算法。基本原理可以描述为[14,18]:对于任意一个非负矩阵$A\in R_+^{m\times n}$,寻找两个矩阵$W\in R_+^{m\times r}$、$H\in R_+^{r\times n}$,在保证其元素均为非负的前提下尽量满足$A\approx WH$。由该式可知,待分解矩阵A中的列向量是对W中所有列向量的加权和,而权重系数为H中相应列中的元素,故W称为基矩阵,H称为系数矩阵。

假设噪声矩阵为$E\in R_+^{m\times n}$,则NMF算法的数学模型可以表示为:

$$E = A - WH \tag{1}$$

由于NMF算法是对待分解矩阵A的优化逼近,故该算法需要在特定目标函数的约束下进行迭代,从而不断逼近待分解矩阵A。目前应用最广泛的目标函数是假设噪声服从正态分布的欧几里得距离[14,16]:

$$J(W,H) = \frac{1}{2}\sum_{i,j}[A_{ij}-(WH)_{ij}]^2 \tag{2}$$

式(2)分别对W_{ik}、H_{kj}两端求导,可得目标函数在W_{ik}、H_{kj}两方向上的梯度:

$$\begin{cases}\dfrac{\partial J(W,H)}{\partial W_{ik}}=(AH^T)_{ik}-(WHH^T)_{ik}\\[2mm]\dfrac{\partial J(W,H)}{\partial H_{kj}}=(W^TA)_{kj}-(W^TWH)_{kj}\end{cases} \tag{3}$$

根据梯度下降法原理,设学习速率矩阵分别为λ_W、λ_H,则基矩阵W和系数矩阵H的迭代式可表示如下:

$$\begin{cases} \boldsymbol{W}_{ik} = \boldsymbol{W}_{ik} + \lambda_W \dfrac{\partial J(\boldsymbol{W},\boldsymbol{H})}{\partial \boldsymbol{W}_{ik}} \\ \boldsymbol{H}_{kj} = \boldsymbol{H}_{kj} + \lambda_H \dfrac{\partial J(\boldsymbol{W},\boldsymbol{H})}{\partial \boldsymbol{H}_{kj}} \end{cases} \tag{4}$$

在常规学习速率矩阵的基础上,本文提出随机学习速率矩阵:

$$\begin{cases} (\boldsymbol{\lambda}_W)_{ik} = \alpha \dfrac{\boldsymbol{W}_{ik}}{(\boldsymbol{WHH}^\mathrm{T})_{ik}} \\ (\boldsymbol{\lambda}_H)_{kj} = \alpha \dfrac{\boldsymbol{H}_{kj}}{(\boldsymbol{W}^\mathrm{T}\boldsymbol{WH})_{kj}} \end{cases} \tag{5}$$

式中,α 为随机加速因子,$\alpha \in [0,1]$。

将式(5)代入式(4),可得 $\boldsymbol{W}$、$\boldsymbol{H}$ 最终迭代估计式:

$$\begin{cases} \boldsymbol{W}_{ik} = \boldsymbol{W}_{ik}\left[(1-\alpha) + \alpha \dfrac{(\boldsymbol{AH}^\mathrm{T})_{ik}}{(\boldsymbol{WHH}^\mathrm{T})_{ik}}\right] \\ \boldsymbol{H}_{kj} = \boldsymbol{H}_{kj}\left[(1-\alpha) + \alpha \dfrac{(\boldsymbol{W}^\mathrm{T}\boldsymbol{A})_{kj}}{(\boldsymbol{W}^\mathrm{T}\boldsymbol{WH})_{kj}}\right] \end{cases} \tag{6}$$

本文将式(6)称为基于随机学习速率阵的 NMF 分解算法。其中,$\boldsymbol{W}$、$\boldsymbol{H}$ 迭代初值一般取 0-1 均匀分布矩阵,随机加速因子 α 为[0,1]均匀分布的随机数,且在每次迭代计算过程中独立生成。显见,当随机加速因子取恒定值 $\alpha \equiv 1$ 时,式(6)即为标准的 NMF 分解算法[14,16]。

此外,本文利用均方根误差和误差下降率作为迭代终止条件。首先,为避免迭代计算进入死循环,设定算法最大迭代次数。计算过程中,当第 k 次迭代的均方根误差 $\sigma^{(k)}$ 小于阈值 σ_{thr},或者误差下降率 $\varepsilon^{(k)}$ 小于阈值 ε_{thr} 时,终止循环迭代。换言之,当第 k 次迭代满足 $\sigma^{(k)} < \sigma_{thr}$ 时,说明迭代收敛到均方根误差阈值而停止迭代;当第 k 次迭代满足 $\varepsilon^{(k)} < \varepsilon_{thr}$ 时,说明迭代收敛到误差下降率阈值而迭代停止;或者同时满足 $\sigma^{(k)} < \sigma_{thr}$ 与 $\varepsilon^{(k)} < \varepsilon_{thr}$,表明迭代同时收敛到均方根误差与误差下降率阈值。$\sigma^{(k)}$ 和 $\varepsilon^{(k)}$ 计算式分别如下:

$$\sigma^{(k)} = \sqrt{\dfrac{\|\boldsymbol{A} - \boldsymbol{W}^{(k)}\boldsymbol{H}^{(k)}\|^2}{m \times n}} \tag{7}$$

$$\varepsilon^{(k)} = \dfrac{|\sigma^{(k-1)} - \sigma^{(k)}|}{\sigma_{thr}} \tag{8}$$

2 ZTD 格网产品空间分辨率的确定

2.1 天顶对流层与气象产品相关性

目前,GGOS Atmosphere 天顶对流层格网产品的空间分辨率固定为 2°×2.5°(纬差×经差)。研究表明,对流层延迟 ZWD 和 ZHD 可以分别利用大气可降水量 PWV 和地表大气压 SP(ECMWF 分析中心提供下载,空间分辨率高达 0.125°×0.125°)进行计算[19,20]。为分析对流层延迟和气象数据之间的相关性,采用 2015 年年积日 1 天 UTC0 时 ECMWF 分析中心发布的气象格网数据 PWV、SP(稀疏为纬差 2°×经差 2.5°)和 GGOS Atmosphere 的对流层 ZWD、ZHD,基于 3 阶滑动窗口分别计算 PWV 与 ZWD、SP 与 ZHD 的相关系数。计算方案为:① 计算大气可降水量 PWV 与对流层湿延迟 ZWD 的相关系数;② 计算表面大气压 SP 与对流层静力延迟 ZHD 的相关系数。计算结果见图 1 所示。

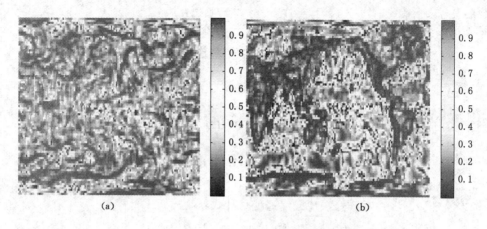

图 1 气象数据与天顶对流层延迟的相关系数
(a) PWV 与 ZWD 之间的相关系数；(b) SP 与 ZHD 之间的相关系数

由图 1 看出，PWV 与 ZWD 在全球范围内除个别区域以外均有较高的相关系数，其相关系数均值为 0.82，且相关系数 0.6、0.8 以上占比分别达 86.8%、70.4%。SP 与 ZHD 之间相关性受大陆和海洋地域影响，在陆地区域相关性略强于海洋区域相关性，相关系数均值为 0.74，且相关系数 0.6、0.8 以上占比分别达 73.2%、59.1%。由此可知，PWV 与 ZWD、SP 与 ZHD 之间存在较高的相关性。需要特别指出的是，对于某一特定的数据集，数据内部隐藏的空间分布特征是一定的[21]，经过不同程度稀疏后（增大格网间距、降低分辨率）会导致其空间分布特征信息损失。换言之，若有格网间距更合理或密集的 GGOS 对流层产品，则相关系数可能更高。目前，GGOS 对流层产品格网间距未见确切说明，故对流层格网产品纬差 2°×经差 2.5°的格网间距是否合理有待研究。

综上，PWV 与 ZWD、SP 与 ZHD 具有高度相关性，且没有更高空间分辨率的 PWV、ZHD 全球格网产品（纬差 2°×经差 2.5°）可供利用。同时，基于 ECMWF 提供的 PWV 和 SP 高分辨率格网数据（0.125°×0.125°）可计算得到等效天顶湿延迟（简称 EZWD）和等效天顶静力延迟（简称 EZHD），从而求得等效天顶对流层（简称 EZTD）格网数据。因此，下节结合 GGOS ZTD 和 ECMWF 气象产品获得的 EZTD 探讨对流层格网产品的空间分辨率。

2.2 ZTD 经纬向梯度值概率统计

为初步研究天顶对流层数据的空间分布特征，本文对 GGOS Atmosphere 天顶对流层格网产品（纬差 2°×经差 2.5°）和 ECMWF 气象资料（纬差 0.125°×经差 0.125°）计算等效天顶对流层数据随纬度和经度方向的梯度（纬向和经向差分），从而研究不同空间分辨率 ZTD 梯度绝对值的概率统计特征，以初步确定 ZTD 空间分辨率。实验数据选用 2015 年年纪日 1、UTC0 时的 GGOS Atmosphere 天顶对流层格网数据和 ECMWF 提供的气象格网数据 PWV、SP，对上述不同分辨率的 EZTD 和 GGOS 提供的 ZTD 格网数据进行梯度计算（方案①：EZTD 纬向稀疏后计算梯度，3°×0.125°、2°×0.125°、1°×0.125°、0.5°×0.125°、0.25°×0.125°；方案②：EZTD 经向稀疏后计算梯度，0.125°×4°、0.125°×3°、0.125°×2°、0.125°×1°、0.125°×0.5°），并统计梯度绝对值分组概率，所得结果见表 1 所示。

表 1　　　　　　　　　　梯度绝对值分组概率统计　　　　　　　　　　　　%

	数据源	分辨率	[0,3)	[3,6)	[6,10)	[10,15)	[15,20)	[20,30)	[30,+∞)
方案①	GGOS	2°×2.5°	76.46	12.95	5.07	2.72	1.35	1.07	0.39
		3°×0.125°	81.95	10.51	3.91	2.15	1.03	0.37	0.08
		2°×0.125°	80.34	11.22	4.29	2.21	1.09	0.66	0.20
	EZTD	1°×0.125°	78.85	11.82	4.57	2.29	1.10	1.00	0.38
		0.5°×0.125°	78.29	11.90	4.89	2.27	1.12	0.98	0.55
		0.25°×0.125°	78.16	11.93	4.88	2.29	1.14	0.97	0.63
方案②	GGOS	2°×2.5°	87.71	7.06	2.90	1.37	0.41	0.37	0.18
		0.125°×4°	92.20	4.98	1.88	0.60	0.14	0.20	0.00
		0.125°×3°	91.10	5.56	2.09	0.71	0.27	0.22	0.06
	EZTD	0.125°×2°	90.40	5.63	2.36	0.89	0.33	0.25	0.13
		0.125°×1°	89.67	5.91	2.42	1.06	0.41	0.33	0.20
		0.125°×0.5°	89.50	5.96	2.43	1.04	0.45	0.37	0.25

从表 1 方案①的结果看,不同空间分辨率的 EZTD 格网产品的概率统计特征存在差异,各空间分辨率下小于 3 cm 的概率统计值分别为 81.95%、80.34%、78.85%、78.29%、78.16%,可知纬差 1°×经差 0.125°是纬向梯度绝对值概率统计特征的空间分辨率拐点。从方案②结果看,各空间分辨率下小于 3 cm 的概率统计值分别为 92.20%、91.10%、90.40%、89.67%、89.50%,可得经差 0.125°×经差 2°是经向梯度绝对值概率统计特征的空间分辨率拐点。同时,对比方案①和方案②可知,纬向梯度比径向梯度复杂得多,这与文献[7]中的结论一致。因此,初步确定纬差 1°×经差 2°是保留天顶对流层格网产品特征信息的合理空间分辨率。此外,EZTD 与 GGOS Atmosphere 提供的 ZTD 格网产品的分组概率统计值及变化趋势比较吻合,进一步验证了结合 EZTD 数据研究 ZTD 格网产品空间分辨率的合理性。

2.3　NMF 分解与空间分辨率确定

为比较原 NMF 分解算法和本文所提出的基于随机学习速率矩阵的 NMF 分解算法的优劣,采用 2015 年年积日 1、UTC0 时的大气可降水量格网产品 PWV(纬差 2°×经差 2.5°,数据矩阵维数为 91×145)进行 NMF 分解算法改进前后的效果对比分析。其中,特征维数设置为 9~91,步长取 2,均方根误差和误差下降率阈值分别为 0.5 cm、1×10^{-7}。此外,鉴于 NMF 分解结果的不唯一性,为使对比结果具有统计意义,每个特征维数进行 100 次重复 NMF 分解计算。设计方案:① 利用原 NMF 算法进行迭代分解,统计迭代终止时的迭代次数和均方根误差;② 利用改进的 NMF 算法进行迭代分解,统计迭代终止时的迭代次数和均方根误差。计算结果见图 2 所示。

从图 2 可以看出,改进后 NMF 算法迭代次数得到了极大减少、迭代终止时的均方根误差也得到了降低,表明基于随机学习速率矩阵的 NMF 算法优于原 NMF 算法。其次,原 NMF 算法在特征维数范围内无法保证迭代收敛,说明该方法不能成功提取 PWV 的空间特征;而改进的 NMF 算法在特征维数大于某一值后,能够保证迭代收敛。而特征维数是空间

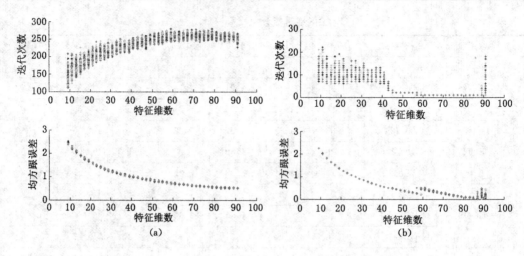

图 2 两种方法迭代次数和均方根误差
(a) 方案①原 NMF 算法；(b) 方案②改进的 NMF 算法

分布特征的直观表达，通过对比不同空间分辨率下的特征维数，能够完整表达 PWV 空间特征的最佳空间分辨率。因此，下文采用改进的 NMF 算法进行对流层延迟特征维数的计算分析。

为对比不同分辨率对流层延迟的特征维数，选择 2015 年四个年积日（冬季 DOY1、春季 DOY90、夏季 DOY182 和秋季 DOY274）、每日 UTC0 与 UTC12 时共八个时刻的可降水量产品 PWV、地表大气压产品 SP（纬差 0.125°×经差 0.125°），进而对 PWV 和 SP 数据进行稀疏化得到纬差×经差分别为 2.5°×5°、2°×2.5°、2°×2°、1°×2°、1°×1°、0.5°×1°、0.5°×0.5°共七种空间分辨率的全球格网产品，分别对 PWV、SP 数据进行 NMF 分解（均方根误差和误差下降率阈值分别为 0.5 cm、$1×10^{-7}$）并研究特征维数与空间分辨率的关系。需说明的是，PWV 与 SP 数据已转换为等效 ZWD 与等效 ZHD（单位：厘米）。图 3 表示为大气可降水量 PWV 八个时刻七种空间多分辨率的 NMF 结果，表 2 为相应的 PWV 固有特征维数统计结果。图 4 表示地表大气压 SP 八个时刻七种空间多分辨率的 NMF 结果，表 3 为相应的 PWV 固有特征维数统计结果。

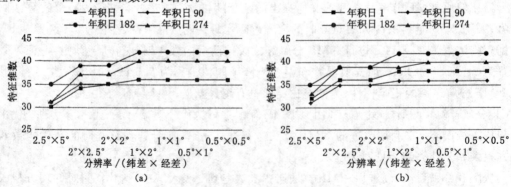

图 3 大气可降水量 PWV 的 NMF 结果
(a) UTC 0 h 的 NMF 结果；(b) UTC 12 h 的 NMF 结果

表 2　PWV 固有特征维数统计

UTC	年积日	空间分辨率（纬差×经差）						
		2.5°×5°	2°×2.5°	2°×2°	1°×2°	1°×1°	0.5°×1°	0.5°×0.5°
UTC=0	1	30	34	35	36	36	36	36
	90	31	35	35	36	36	36	36
	182	35	39	39	42	42	42	42
	274	31	37	37	40	40	40	40
UTC=12	1	32	36	36	38	38	38	38
	90	31	35	35	36	36	36	36
	182	35	39	39	42	42	42	42
	274	33	39	39	39	40	40	40

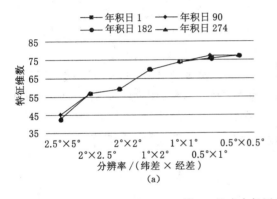
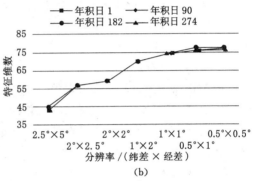

图 4　地表大气压 SP 的 NMF 结果

(a) UTC 0 h 的 NMF 结果；(b) UTC 12 h 的 NMF 结果

表 3　SP 固有特征维数统计

UTC	年积日	分辨率（纬差×经差）						
		2.5°×5°	2°×2.5°	2°×2°	1°×2°	1°×1°	0.5°×1°	0.5°×0.5°
UTC=0	1	43	57	59	70	74	76	77
	90	45	57	59	70	74	77	77
	182	43	57	59	70	74	76	77
	274	43	57	59	70	74	76	77
UTC=12	1	43	57	59	70	74	76	77
	90	43	57	59	70	74	77	77
	182	45	57	59	70	74	77	77
	274	43	57	59	70	74	76	76

表 2 统计了不同时刻、不同分辨率 PWV 固有特征维数。对比同一年积日不同 UTC 下的特征维数，可以发现不同 UTC 的空间特征基本保持不变，表现为全球范围内大气可降水量的短时稳定性。同时，对比同一 UTC 不同年积日下的空间特征，不同季节的特征维数存

在细小差异：夏季的空间特征最为复杂，其固有特征维数为42，春季、冬季的固有特征维数为36，空间特征最简单，说明不同季节大气可降水量的空间分布特征存在差异，从侧面反映了全球范围的季节性差异。

从图3不难看出，不同空间分辨率下的PWV特征维数有所不同。分辨率较小时，空间特征损失较为严重，导致特征维数较低；随着分辨率的提高，空间特征损失减少，特征维数不断增加，当分辨率提升至$1°×2°$时，除年积日274，UTC 12 h以外，其余数据的特征维数不再随分辨率的提高而改变，固定为42。换言之，采用$1°×2°$以下的分辨率时，PWV原有的空间特征会受到较大损失，只有空间分辨率取$1°×2°$以上时，才能较好地表达大气可降水量PWV空间分布特征。故PWV格网产品的分辨率应采用$1°×2°$，并将在该分辨率下获得的特征维数（夏季为42）称为固有特征维数。

从图4可以看出，特征维数与分辨率之间存在更为显著的正相关性。分辨率较小时，特征维数随分辨率的提高而快速提高，达到$1°×2°$后，特征维数随分辨率变化的速度降低。也就是说，表面大气压SP的空间分辨率取$1°×2°$以上时，可以较好地反映原有的空间特征。同时，分辨率提高会导致数据量过大，不利于数据传输和实时计算，且考虑到对流层格网产品分辨率统一的要求，SP数据的最佳分辨率取$1°×2°$，此时固有特征维数为70。

为了分析SP特征维数稳定性与格网间距的关系，表3统计了不同时刻、不同空间分辨率SP固有特征维数。从该表可以得出，SP特征维数稳定性高于PWV，不同UTC、不同季节的特征维数基本保持不变，而且随着格网间距降至$1°$以后特征维数基本稳定。此外，同一空间分辨率下、不同时刻之间的特征维数变现出较高的一致性，这也侧面说明了地表大气压在全球范围内具有较高的稳定性。

综合上述分析，PWV和SP数据的最佳分辨率均为$1°×2°$，固有特征维数分别为42、70。根据2.1分析可知，ZWD与PWV、ZHD与SP之间相关性较强，由此推定GGOS Atmosphere发布的对流层湿延迟ZWD和静力延迟ZHD建议为$1°×2°$。需指出的是，产品发布若采用原有的发布形式会导致数据量增大（数据矩阵由$91×145$增大为$181×181$，后者为前者的2.48倍），而数据量激增不利于存储效率和传输速度。顾及ZWD固有特征维数为42、ZHD固有特征维数为70，故经NMF分解后的基矩阵与系数矩阵可获得较好数据压缩效果（详细分析见表4）。因此，本文建议GGOS Atmosphere对流层格网产品的空间分辨率应采用$1°×2°$，发布数据内容为格网产品经NMF算法分解后的基矩阵和系数矩阵。

表4 原数据与NMF发布方法比较

指标	分辨率 $2°×2.5°$	$1°×2°$ ZWD	$1°×2°$ ZHD
原数据量	13 195	32 861	32 761
NMF数据量	—	14 480	25 340
原压缩比	—	2.5	2.5
NMF压缩比	—	1.1	1.9

为评价NMF的数据压缩效果，表4统计了原发布方法和NMF发布新方法的数据量以及数据压缩比。其中，原压缩比为分辨率为$1°×2°$与$2°×2.5°$原发布方法数据量的比值，

NMF 压缩比为 1°×2°分辨率 NMF 发布方法与 2°×2.5°分辨率原发布方法数据量的比值。不难看出,对流层格网产品采用 1°×2°分辨率会导致数据量变为原来的 2.5 倍,而采用 NMF 发布形式的 NMF 压缩比分别为 1.1、1.9,NMF 发布方法数据压缩效率达到 56%、24%。

3 结　论

(1) 针对常规非负矩阵分解算法计算效率低、难以提取固有特征维数的问题,基于随机学习速率矩阵提出了一种改进的非负矩阵分解算法。计算结果表明所提出的改进算法迭代效率高、迭代收敛误差小。

(2) 分析了 ECMWF PWV、SP 与 GGOS ZWD、ZHD 产品之间的强相关性,结合 GGOS ZTD 和 ECMWF EZTD 计算了经向、纬向梯度值分组概率并初步确定了 ZTD 格网产品的空间分辨率,在此基础上利用 NMF 算法提取了七种空间分辨率、八个时刻 PWV、SP 的特征维数,从而确定了 ZWD 和 ZHD 格网产品的固有特征维数和最佳空间分辨率。

(3) 建议 ZTD 格网产品发布的空间分辨率调整为 1°×2°,以更好地描述 ZTD 空间分布特征。同时,针对空间分辨率提高导致的数据量增大问题,推荐对产品进行 NMF 分解并直接发布分解后的基矩阵 W 和系数矩阵 H,可使 ZWD 和 ZHD 压缩效率分别达到 56%、24%。

参考文献

[1] LI W,YUAN Y,OU J,et al. New versions of the BDS/GNSS zenith tropospheric delay model IGGtrop[J]. Journal of Geodesy,2015,89(1):73-80.

[2] CHEN JUNYONG, DANG YAMIN. Advances in Geodetic Coordinate Frame Determination and Earth Gravity Field Time Variation Monitoring—Notes on IAG 2005 Scientific Assembly[J]. Bulletin of Surveying and Mapping,2005(12):1-4.
陈俊勇,党亚民. 完善大地坐标框架和地球重力场时变测量的进展——2005 年国际大地测量协会(IAG)科学大会札记[J]. 测绘通报,2005(12):1-4.

[3] CHEN Q,SONG S,HEISE S,et al. Assessment of ZTD derived from ECMWF/NCEP data with GPS ZTD over China[J]. GPS Solutions,2011,15(4):415-425.

[4] ZHANG J Y,WANG L,YANG S,et al. Decadal changes of the wintertime tropical tropospheric temperature and their influences on the extratropical climate[J]. Science Bulletin,2016,61(9):737-744.

[5] YUCHECHEN A E, LAKKIS S G, LAVORATO M B. On the stability of the troposphere/lower stratosphere and its relationships with cirrus clouds and three mandatory levels over Buenos Aires[J]. International Journal of Remote Sensing, 2016,37(7):1541-1552.

[6] 姚宜斌,何畅勇,张豹,等. 一种新的全球对流层天顶延迟模型 GZTD[J]. 地球物理学报,2013,56(7):2218-2227.

[7] 姚宜斌,胡羽丰,张豹. 利用多源数据构建全球天顶对流层延迟模型[J]. 科学通报,2016(24):2730-2741.

[8] 高旺,高成发,潘树国,等.北斗三频宽巷组合网络RTK单历元定位方法[J].测绘学报,2015,44(6):641-648.

[9] AHMED F,VÁCLAVOVIC P,TEFERLE F N,et al. Comparative analysis of real-time precise point positioning zenith total delay estimates[J]. GPS Solutions,2016,20(2):187-199.

[10] DOUSA J,VACLAVOVIC P. Real-time zenith tropospheric delays in support of numerical weather prediction applications[J]. Advances in Space Research,2014,53(53):1347-1358.

[11] JIN S,LUO O F,GLEASONS. Characterization of diurnal cycles in ZTD from a decade of global GPS observations[J]. Journal of Geodesy,2009,83(6):537-545.

[12] JIN S,LUO O F,GLEASONS. Characterization of diurnal cycles in ZTD from a decade of global GPS observations[J]. Journal of Geodesy,2009,83(6):537-545.

[13] 陈钦明,宋淑丽,朱文耀.亚洲地区ECMWF/NCEP资料计算ZTD的精度分析[J].地球物理学报,2012,55(5):1541-1548.

[14] LEE D D,SEUNG H S. Learning the parts of objects by non-negative matrix factorization[J]. Nature,1999,401(6755):788-91.

[15] 杜海顺,张旭东,等.图嵌入正则化投影非负矩阵分解人脸图像特征提取[J].中国图象图形学报,2014,19(8):1176-1184.

[16] 施蓓琦,刘春,孙伟伟,等.应用稀疏非负矩阵分解聚类实现高光谱影像波段的优化选择[J].测绘学报,2013,42(3):351-358.

[17] 李乐,章毓晋.非负矩阵分解算法综述[J].电子学报,2008,36(4):737-743.

[18] ZHAN C,LI W,Ogunbona P. Local representation of faces through extended NMF[J]. Electronics Letters,2012,48(7):373-375.

[19] YAO Y,XU C,ZHANG B,et al. GTm-Ⅲ: a new global empirical model for mapping zenith wet delays onto precipitable water vapour[J]. Geophysical Journal International,2014,197(1):202-212.

[20] ZHANG D,GUO J,CHEN M,et al. Quantitative assessment of meteorological and tropospheric Zenith Hydrostatic Delay models[J]. Advances in Space Research,2016,58(6):1033-1043.

[21] 苗启广,王宝树.图像融合的非负矩阵分解算法[J].计算机辅助设计与图形学学报,2005,17(9):2029-2032.

基金项目:国家自然科学基金项目(41204011,41504032);国家重点研发计划资助项目(2016YFC0803103)。

作者简介:刘志平(1982—),江西都昌人,博士,副教授,主要从事混合误差理论与反演、全源定位导航与应用研究。

联系方式:江苏省徐州市大学路1号中国矿业大学南湖校区环测楼32号信箱(221116);E-mail:zhpliu@cumt.edu.cn,zhpnliu@163.com。

百度地图坐标解密方法精度分析

杨丁亮,刘志平

(中国矿业大学环境与测绘学院,江苏 徐州,221116)

摘 要:介绍了三种百度坐标解密的方法——等量偏移法、格网法和BP神经网络,并改进了等量偏移法,得到了n阶差分通用公式。选取了乌鲁木齐、拉萨、兰州、北京、上海和三沙6座城市,以城市中心点建立0.1°方格的研究区域,对比了百度地图坐标解密得到的WGS84预测值与参考值的经纬度差离散图和点位误差分布频率表。实验结果表明,等量偏移二阶差分法的坐标解密精度在10 m左右,等量偏移一阶差分法在20 m左右,BP神经网络在50 m左右和格网法在100 m左右。同时,利用百度提供的距离和面积在线量算工具对等量偏移一阶差分和二阶差分方法进行了验证研究。

关键词:百度地图坐标;等量偏移通用公式;BP神经网络;格网法;精度评价

Accuracy Analysis of Baidu Map's Coordinates Decryption Methods

YANG Dingliang, LIU Zhiping

(*School of Environment Science and Spatial Informatics, China University of Mining and Technology, Xuzhou 221116, China*)

Abstract: This paper introduces three Baidu decryption methods including equivalent offset coordinate method, grid method and BP neural network. In addition, the general difference formula is obtained based on equivalent offset method. The cities of Urumqi, Lhasa, Lanzhou, Beijing, Shanghai and Sansha are selected to build the 0.1 degree square research area with each city center. The predicted WGS84 coordinates translated by those methods are compared with the references to analysis the difference of the latitude and longitude and the positional error distribution. And the experimental results show that the coordinate decryption accuracy are about 10 m, 20 m, 50 m, and 100 m respectively. Simultaneously, it also researches the differences of calculating distance and area by Baidu online tools and the first-order and two-order equivalent offset difference method respectively.

Keywords: Baidu coordinate; general formula of equal offset; BP neural network; grid method; accuracy evaluation

  百度地图是一款具有导航、定位和量距等功能的可视化电子地图[1]。与此产生的LBS服务有路径导航[2]、本地搜索和地址解析等。文献[3]和文献[4]基于百度地图坐标的量测工具分别实现了野外使用手机终端实地测距和多边形面积测量和通过服务端在室内对农用地测距和测面积。但由于百度地图采用的是BD09坐标,所测量得到的距离和面积与实际测得有较大误差,只能适合于小区域范围的量测。文献[5]和文献[6]利用高精度GPS定位实时获取 WGS84 坐标,将有轨电车和采棉机路径在百度地图上可视化,有利于对交通的实时监控。文献[7]和文献[8]提出室内提取百度地图坐标和百度地图兴趣点属性建立地理国情普查数据库的方法,极大提高了工作效率。

文献[5]和文献[6]涉及将 WGS84 坐标转换到 BD09 坐标问题,可通过百度地图开发平台提供的坐标转换 API 实现。而文献[7]和文献[8]涉及将 BD09 坐标转换到 WGS84 坐标问题,目前还存存转换精度偏低问题和转换方法适用范围不明确问题。鉴此,本文选取乌鲁木齐、拉萨、兰州、北京、上海和三沙 6 座城市,利用等量偏移法[9]、BP 神经网络[10]和格网法对百度地图坐标解密到 WGS84 坐标,并对选取的城市进行实例验证,分析比较三种解密方法的精度及适用范围。最后,通过距离和面积计算对本文方法进行了实际应用验证。

1 百度坐标获取

百度地图坐标(BD09)是基于国家测绘地理信息局规定使用 GCJ02 标准基础上,再次进行了加密。即 BD09 坐标是由 WGS84 坐标经非线性变换而得并且不同区域坐标加密变换不一样。所以百度地图上获取的坐标点与实际采用的 WGS84 坐标点位置存在偏差,其中纬度差值在 $10^{-3°}$ 量级,经度差值在 $10^{-2°}$ 量级。

百度地图 API(Application Programming Interface ,API)是指可调用百度地图库的应用编程接口。由 WGS84 坐标转换到 BD09 坐标就需要使用坐标转换 API(http://lbsyun.baidu.com/),但坐标转换 API 只允许将 WGS84 坐标转换为百度坐标,不能将 BD09 坐标转换成 WGS84 坐标。本文利用坐标转换 API 开发了百度坐标获取程序,该程序涉及的转换代码如下:

```
CoordinateConverter converter = new CoordinateConverter();
converter.from(CoordType.GPS);       //将 GPS 设备采集的原始 GPS 坐标转换成百
                                      度坐标
converter.coord(sourceLatLng);       //sourceLatLng 待转换坐标
LatLng desLatLng = converter.convert();
```

2 百度坐标解密方法

2.1 等量偏移法及其改进

为了保持地图上各种地物地貌相对位置关系,近距离点的坐标经过百度坐标变换后的偏移量也是非常接近的[9]。假定 L_{wgs} 和 B_{wgs} 是 WGS84 坐标,经百度坐标 API 转换后得到 BD09 坐标 L_{BD1} 和 B_{BD1},对 L_{BD1} 和 B_{BD1} 再次进行百度坐标 API 转换得到 L_{BD2} 和 B_{BD2}。根据近距离点偏移量近似原则,可近似表示为:

$$\begin{cases} L_{BD1} - L_{wgs} = L_{BD2} - L_{BD1} \\ B_{BD1} - B_{wgs} = B_{BD2} - B_{BD1} \end{cases} \tag{1}$$

通过变换得到:

$$\begin{cases} L_{wgs} = 2L_{BD1} - L_{BD2} \\ B_{wgs} = 2B_{BD1} - B_{BD2} \end{cases} \tag{2}$$

由式(1)和式(2)可知,等量偏移法基本思想是差分思想,且式(2)本质上属于一阶差分方法。若记 n 阶差分算子为 $[\alpha_1,\alpha_2,\cdots,\alpha_n]$，本文在此基础上推导出 n 阶差分的等量偏差法通用表达式：

$$\begin{cases} L_{ugs} = \left(1-\dfrac{\alpha_2}{\alpha_1}\right)L_{BD_1} + \sum\limits_{i=2}^{n-1}\dfrac{\alpha_i-\alpha_{i+1}}{\alpha_1}L_{BD_i} + \dfrac{\alpha_n}{\alpha_1}L_{BD_n} \\ B_{ugs} = \left(1-\dfrac{\alpha_2}{\alpha_1}\right)B_{BD_1} + \sum\limits_{i=2}^{n-1}\dfrac{\alpha_i-\alpha_{i+1}}{\alpha_1}B_{BD_i} + \dfrac{\alpha_n}{\alpha_1}B_{BD_n} \end{cases} \quad (3)$$

式中，L_{BDi}，B_{BDi} 是由 $L_{BD_{i-1}}$，$B_{BD_{i-1}}$ 经百度坐标 API 依次转换得到。

当 $n=2$ 时，一阶差分算子为 $[\alpha_1,\alpha_2]=[1,-1]$，当 $n=3$ 时，二阶差分算子为 $[\alpha_1,\alpha_2,\alpha_3]=[1,-2,1]$，当 $n=4$ 时，三阶差分算子为 $[\alpha_1,\alpha_2,\alpha_3,\alpha_4]=[1,-3,3,-1]$。文中选择二阶差分方法，作为与一阶差分的对比方法，可得其表达式为：

$$\begin{cases} L_{ugs} = 3L_{BD1} - 3L_{BD2} + L_{BD3} \\ B_{ugs} = 3B_{BD1} - 3B_{BD2} + B_{BD3} \end{cases} \quad (4)$$

2.2 BP 神经网络

BP(back propagation)神经网络是非线性不确定性数学模型，使用误差反向传播算法，并以均方误差最小化为目标不断修改网络的权值和阈值，最终能高精度地拟合数据[11]。该模型可分为输入层、中间层和输出层，其中输入和输出都只有一层，中间层可有一层或多层，能够以任意精度逼近任何非线性映射，具有一定的容错性[11]。本文选用 MATLAB 软件建立 BP 神经网络，使用双隐层结构，每一层包含 10 个神经元，设定训练误差目标为 10^{-8}，最大迭代次数为 4 000，学习速率为 0.05。其基本步骤如下：

① 获取训练数据。根据研究区域的经纬度范围利用百度 API 随机生成 1 000 组 WGS84 坐标和对应的 BD09 坐标。

② 建立及训练 BP 网络。将①中 BD09 坐标作为训练输入数据以及 WGS84 坐标作为训练输出数据训练 BP 网络，建立 BP 网络，从而拟合 BD09 变换 WGS84 的转换函数。

③ 预测待定点的坐标。根据②中转换函数，预测新的 BD09 点对应的 WGS84 坐标。

2.3 格网法

将研究区域划分到若干固定间隔的采样网格内，计算每个采样网格角点的 WGS84 坐标与百度坐标的差值，根据最邻近原则，选取最近格网角点的差值作为坐标偏移修正值。在中国地图范围内，如果以 0.1°为修正间隔，将有 95 605 个修正点。

设采用 WGS84 点坐标为 L_{ugs} 和 B_{ugs}，对应 BD09 的坐标为 L_{BD} 和 B_{BD}，则经纬度偏移量分别为 ΔL，ΔB，见式(5)。坐标偏移量会随坐标点的改变而变化，如图 1 中落在格网内的 P1 和 P2 点，按最邻近原则，P1 点坐标修正值为 ΔL_1，ΔB_1，P2 点坐标修正值为 ΔL_4，ΔB_4。

$$\begin{cases} \Delta L = L_{BD} - L_{ugs} \\ \Delta B = B_{BD} - B_{ugs} \end{cases} \quad (5)$$

3 实验结果与分析

3.1 不同方案结果精度与分析

根据选取的 6 个城市的中心位置，分别以中心位置建立 0.1°方格研究区域，并利用百度坐标 API 分别随机生成 1 000 对样本数据——WGS84 坐标数据作为参考值，BD09 坐标数

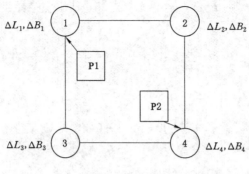

图 1 格网法

据作为输入值。为验证上述 3 种方法的百度坐标解密精度,设计了如下 4 种方案:

方案 1:等量偏移一阶差分法,将样本 BD09 坐标利用百度坐标 API 再次转换,根据式(2)预测对应的 WGS84 坐标。

方案 2:等量偏移二阶差分法,将样本 BD09 坐标利用百度坐标 API 连续两次转换,根据式(4)预测对应的 WGS84 坐标。

方案 3:BP 神经网络法,根据研究区域利用百度坐标 API 再次随机生成 1 000 组 WGS84' 坐标和对应的 BD09' 坐标,以 BD09' 坐标做输入训练,WGS84' 坐标做输出训练,拟合 BD09 到 WGS84 的转换函数,从而预测样本中 BD09 坐标对应的 WGS84 坐标。

方案 4:格网法,将研究区域的经纬度范围按 0.001°等分为 100 行 * 100 列的格网,利用百度坐标 API 计算每个格网角点坐标的偏移量,根据式(5)以及最邻近点原则,预测样本 BD09 坐标对应的 WGS84 坐标。

根据上述 4 种方案,以乌鲁木齐和三沙为例,绘制了 WGS84 坐标预测值与参考值的差值分布(见图 2 和图 3)和点位误差分布(见图 4 和图 5)。图 4 和图 5 横坐标区间值分别代表[0,10 m),[10,20 m),[20,30 m),[30,40 m),[40,50 m),[50,60 m),[60,70 m),

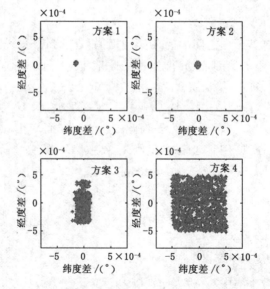

图 2 乌鲁木齐四种方案经纬度差分布

[70,80 m)，RMS、mean 分别代表点位误差的均方根值和平均值。

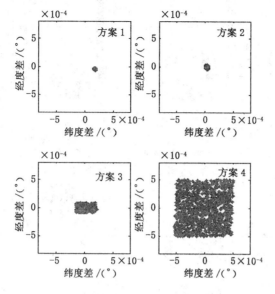

图 3　三沙四种方案经纬度差分布

观察图 2 和图 3 可得，四种方案 WGS84 坐标预测值与参考值的经纬度差值均达到 10^{-4} 量级，其中方案 1 和方案 2 甚至达到 10^{-5} 量级。此外，方案 1 和方案 2 呈现高度集中并汇聚成实点，方案 3 沿零点(0,0)朝纵轴或横轴方向呈矩形发散，方案 4 沿零点(0,0)向四周呈正方形发散。

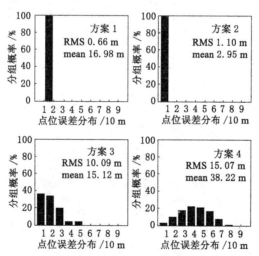

图 4　乌鲁木齐四种方案点位误差分布

观察图 4 和图 5 可得，方案 1 和方案 2 点位误差分布以单一条状为主，方案 1 的点位误差集中在[10,20 m)，方案 2 的点位误差集中在[0,10 m)。方案 3 和方案 4 的点位误差分布分别呈现偏态分布和正态分布。方案 3 点位误差集中分布在 10～30 m。方案 4 点位误差集中分布在 30～60 m。按照 RMS 值大小排序，可知方案 1＜方案 2＜方案 3＜方案 4。按

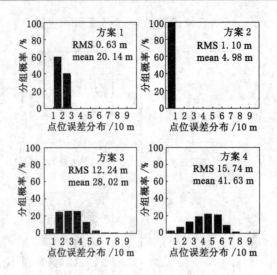

图 5　三沙四种方案点位误差分布

照 mean 值大小排序,可知方案 2＜方案 1＜方案 3＜方案 4。综合 RMS 值和 mean 值以及点位误差分布形态,百度坐标解密方法精度由高到低依次是方案 2＞方案 1＞方案 3＞方案 4。其他城市的解密精度分析均可得出相同结论,限于篇幅,不予逐一显示,见表 1。

表 1　各城市四种解密方案 WGS84 预测值与参考值点位误差占比

方案	点位误差区间	城市名称					
		拉萨	乌鲁木齐	兰州	北京	上海	三沙
方案 1	0～10 m	99.6	0	0.6	0	100	0
	10～20 m	0.4	100	99.4	100	0	59.5
	20～40 m	0	0	0	0	0	40.5
	＞40 m	0	0	0	0	0	0
方案 2	0～10 m	100	100	100	100	0.4	100
	10～20 m	0	0	0	0	99.6	0
	20～40 m	0	0	0	0	0	0
	＞40 m	0	0	0	0	0	0
方案 3	0～10 m	44.7	37.2	34.8	33.1	61.8	5.1
	10～20 m	24.2	34.3	45.7	41.7	37.8	25.1
	20～40 m	31.1	24	19.5	25.2	0.4	52.9
	＞40 m	0	4.5	0	0	0	16.9
方案 4	0～10 m	2.7	2.7	3.3	4.2	2.6	2.9
	10～20 m	7.6	10.5	8.7	10.3	9.2	7.4
	20～40 m	32	40.5	37.2	38.3	37.3	33.4
	＞40 m	57.7	46.3	50.8	47.2	50.9	56.3

观察表 1 可得,方案 1 最大的点位误差区间是[20,40 m),分布在三沙,集中分布在

[10,20 m)。方案 2 最大的点位误差区间是[10,20 m),分布在上海,集中分布在[0,10 m)。方案 3 点位误差区间分布不均匀,点位误差集中分布在 10～40 m。方案 4 点位误差分布较广,约有 50%的点位误差大于 40 m。上述结果表明,方案 1 和方案 2 在地理位置上具有较强的适用性以及较高的坐标解密精度。

3.2 应用结果精度与分析

选择两点欧式距离和以两点为对角线构成的矩形面积作为百度坐标解密的实际应用验证。在谷歌地球选取 3 组 WGS84 坐标点(见表 2),经高斯投影计算真实距离和面积。应用方案 1 和方案 2 两点距离和面积则通过坐标解密后投影成高斯平面直角坐标计算得到;百度地图量距和面积则通过百度地图开发 API 提供空间计算函数得到。表 3 列了方案 1、方案 2 和百度地图获取的距离、面积与真实距离和面积的相对误差。

表 2　　　　　　　　　　各点 WGS84 坐标　　　　　　　　　　　　(°)

	1	2	3	4	5	6
纬度	34.205 72	34.209 21	24.453 27	24.404 97	22.453 65	22.966 17
经度	117.309 86	117.304 62	113.678 25	113.665 49	117.575 33	117.677 49

表 3　　　　　　　不同方案的几何测量与真实值对比

点号	实际距离/km	与真实距离相对误差			实际面积/km²	与真实面积相对误差		
		百度地图/%	方案1/%	方案2/%		百度地图/%	方案1/%	方案2/%
1—2	0.618	−0.840	0.441	0.384	0.187	−2.215	1.030	1.151
3—4	5.522	−0.377	−0.170	0.048	6.933	−0.203	−0.047	0.051
5—6	57.945	−0.012	−0.010	0.008	598.331	0.173	−0.143	−0.007

观察表 3 可得,在获取实际距离和面积时,百度地图直接量测的方法相对误差最大,方案 2 相对误差最小。随着距离和面积的增加,表中 3 种方案的相对误差均呈现递减趋势,且在距离计算中 3 种方案的精度接近,但在面积计算中方案 3 精度仍有优势。故百度地图上直接量取的距离和面积代替真实值是不严谨的。而经方案 1 和方案 2 解密后的距离和面积更加接近真实值。建议在数百千米内计算面积,选用方案 2;在 1～10 km 内的距离,选用方案 2。其余情况,可以选用方案 1 或方案 2。

4　结　束　语

本文提出了等量偏移法、格网法和 BP 神经网络三种百度坐标解密方法,并引申出 n 阶等量偏移法通用公式。选择拉萨、乌鲁木齐、兰州、北京、上海、三沙六座城市作为研究区域采用上述方法统计比较了解密精度,计算结果表明,等量偏移二阶差分法、一阶差分法、BP 神经网络法和格网法误差水平分别可至 10 m、20 m、50 m 和 100 m。同时利用百度提供的距离和面积在线量算工具对等量偏移一阶差分法、二阶差分法进行了验证研究。值得注意的是,等量偏移法的解密精度不随研究区域发生改变,高于二阶的等量偏移差分解密精度与二阶差分相比没有明显改善。BP 神经网络会因训练样本的分布是否均匀而使坐标解密精度发生变化。而格网法坐标解密精度只与格网间距相关,间距越小解密精度越高,但坐标偏移修正数据库将呈数量级增加。

参考文献

[1] 杨洪泉.大众电子地图的应用现状及发展趋势[J].测绘通报,2014(11):36-41.

[2] 周浩.基于百度地图API地震应急避难场所信息地图化动态显示的实现[J].地震工程学报,2015,36(S1):114-118.

[3] 李乐林,宋炜杰,郭程方.基于Android手机的移动测量软件设计与开发[J].测绘地理信息,2015,40(4):35-37.

[4] 张根虎,潘盼,李妍微.基于百度地图的农用地测量系统设计[J].农业网络信息,2015(6):15-18.

[5] 陈荣超,陈光武.基于BDS/GPS和百度地图的现代有轨电车监控系统的设计[J].计算机测量与控制,2015,23(10):3412-3414.

[6] 李丹阳,李彬,李江全.基于北斗导航、百度地图的采棉机监控系统设计[J].江苏农业科学,2015,43(9):455-457.

[7] 肖琨,李盼盼,张雪,等.百度地图服务在武汉市地理国情普查数据采集中的应用[J].测绘与空间地理信息,2016,39(2):158-160.

[8] 尹言军,叶琳,刘玉春,等.基于百度地图API的专题数据处理技术在地理国情普查中的应用[J].城市勘测,2015(4):47-49.

[9] 陈大业,刘佳,卢凤晖,等.基于Web的坐标数据解析方法[J].邮电设计技术,2015(5):43-46.

[10] 潘伟洲,陈振洲,李兴民.基于人工神经网络的百度地图坐标解密方法[J].计算机工程与应用,2014,50(16):110-113.

[11] 高玉明,张仁津.基于遗传算法和BP神经网络的房价预测分析[J].计算机工程,2014,40(4):187-191.

基金项目:国家自然科学基金项目(41204011,41504032);大地测量与地球动力学国家重点实验室开放基金项目(SKLGED2014-3-2-E);江苏高校优势学科建设工程资助项目(SZBF2011-6-B35)。

作者简介:杨丁亮(1993—),男,江苏盐城人,硕士研究生,研究方向为导航位置服务。E-mail:18361278603@163.com。

多卫星导航系统钟差解算效率分析

毛亚[1],王潜心[1],于伟宣[2],胡超[1],张铭彬[1]

(1. 中国矿业大学环境与测绘学院,江苏 徐州,22111621;
2. 武汉大学遥感信息工程学院,湖北 武汉,430079)

摘 要:随着卫星数量和地面监测站数量的不断增多,为分析不同的测站数量对产品解算的精度和解算效率的影响,以及解算的钟差产品对定位精度的影响,本文将采用具有四系统接收能力的 mgex 监测站的观测数据,使用中国矿业大学北斗数据分析与处理中心的钟差解算软件进行钟差产品的解算工作,根据解算结果分析使用不同数量的测站进行解算时的精度并采用精密单点定位进行验证。结果表明,钟差的解算精度随着测站数目的增加呈单反比例函数的形式提高,而耗时则呈现指数的形式在递增。当测站数目增加到 50 个时,耗时最高增加 39%,而相应钟差精度最高仅提升了 10.5%,定位精度最高仅提升了 12.94%。

关键词:卫星钟差;PANDA;精密定位;测站数目

Efficiency Analysis of Clock Resolution in Multi Satellite Navigation System

MAO Ya[1], WANG Qianxin[1], YU Weixuan[2], HU Chao[1], ZHANG Mingbin[1]

(1. *School of Environment Science and Spatial Informatics,*
China University of Mining and Technology, Xuzhou 221008, China;
2. *School of Remote Sensing and Information Engineering, Wuhan University, Wuhan 430079, China*)

Abstract: As the number of satellite ground stations and increasing the number of the number of product solution accuracy and computation efficiency of stations was analyzed for different effects, and the solution of clock products on the positioning accuracy; the system has four reception capability MGEX monitoring station observation data, calculation software the solution work clock product difference China University of Mining and Technology Beidou data analysis and processing center of the clock, according to the calculation results using different number of stations were calculated. The accuracy and precision of single point positioning verification. The results show that the accuracy of the clock difference increases with the increase of the number of stations, and increases exponentially with the time consuming. When the number of stations increased to 50, the time consumption increased by 39%, while the corresponding clock difference was the highest, only improved by 10.5%, and the positioning accuracy was the highest, only increased by 12.94%.

Keywords: satellite clock error; PANDA; PPP; number of stations

利用 GNSS 监测站的观测数据可以解算精密卫星轨道、钟差以及地球自转参数、对流层和电离层改正参数等一系列的精密定位中必要的数据产品。随着 GNSS 监测系统的趋于完善，GNSS 监测站的数量明显增多，目前全球已经建立了 500 余座 GNSS 连续运行监测站[1]。基于如此多的监测站，在进行各种科研以及应用中并不能对所有的观测数据进行处理而只能进行选择性的处理。理论上来说，用所有监测站进行精密钟差解算的精度最高，但是其耗时较长；考虑到精密钟差解算的时效性问题，务必选择合适的方法在不影响解算精度的情况下降低解算时间。Dvorkin[12]、Wang[10]、Malkin[13]等做了许多相关的研究，取得了较好的成果。由他们研究可见，采用所有的测站进行产品的解算的结果并不是最优的；通过选择合理的测站数目以及测站分布能够快速解算出与使用所有站解算精度相当的钟差、轨道、地球自转参数等产品。本文主要研究针对不同数目的测站解算出卫星钟差的精度，并分析不同精度的卫星钟差对定位精度的影响。首先分析随着测站数目的增加钟差产品精度以及耗时的变化情况，分析耗时与精度之间的关系；然后再使用所解算的不同精度的卫星钟差产品进行精密单点定位，从而分析不同精度卫星钟差产品对定位产生的影响。

1 实验设计

1.1 解算方案

为了分析钟差解算精度与测站数目的关系，以及对定位精度的影响，文中使用高精度 GNSS 数据处理软件 PANDA 软件进行钟差产品的解算；并利用解出的钟差产品使用该软件进行精密单点定位解。鉴于测站数量较大，如何快速解算出高精度的钟差产品是亟须解决的一个重要问题。产品运算速度与测站的数目以及计算机的硬件情况存在着必然的联系。胡超等从理论上推导了轨道钟差计算精度与测站数目的关系[14]如下：

$$GDOP = \min(\operatorname{tr}(\boldsymbol{A}^\mathrm{T}\boldsymbol{A})^{-1}) = \frac{4n}{\sqrt{m}} \times s \tag{1}$$

式中，$\boldsymbol{A}$（测站到卫星伪距对卫星坐标和钟差参数的偏导数）为系数阵；n 为卫星数；m 为测站数；s 为一天历元数。通过他们的研究发现当解算精度随测站数目增加到一定程度时变化率为零（图 1）。

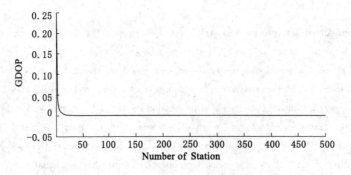

图 1 GDOP 变化率与测站数目关系

另外，解算策略的不同以及算法的优劣也会对钟差、轨道等产品的解算速度产生很大的影响。本文仅讨论计算机的硬件性能和测站数目对耗时和精度的影响；并找出在对精度影响不大的情况下最少的测站数目。表 1、表 2 给出了本文计算钟差产品所采用的系统参数以及计算机的硬件设备。

表 1　　计算参数的配置情况说明

Parameter NAME	Configuration	Parameter NAME	Configuration
Observation data type	LC+PC	Solid earth tide	SUN MOON
Observation mode	Undifferent	Ocean tide	YES
Observation weight	Elevation	Point	SUN MOON MERC VENU MARS JUPI SATU URAN NEPT
Observation interval	300s	Solar radiation	Kd_BERN Ky_BERN Kb_BERN Kbc1_BERN Kbs1_BERN
Estimator	LSQ	Atmosphere drag	NONE
Receiver ISB/IFB	Auto+CON	Relativity	YES
Receiver and satellite PCV	A_E_E	Variation	YES
Remove bias	YES	Tide displacement	SOLID_FREQ_POLE_OCEAN！SOLID_FREQ_OCEAN
Orbit reference frame	CRS	Estimate ERP	XPOLE_YPOLE_DXPOLE_DYPOLE_UT1_DUT1
Ambiguity fixing mode	ROUND	ERP constraint	0.300 0.030 0.0001 0.002
Baseline length limit	3500	Parameter to be estimated	PXSAT PYSAT PZSAT VXSAT VYSAT VZSAT+
Minimum common time	900s		Kd_BERN Ky_BERN Kb_BERN Kbc1_BERN Kbs1_BERN
Estimate satellite orbit	YES	Orbit ParameterConstraint	10m(X/Y/Z) 0.1m(V_X/V_Y/V_Z) 0.1m(F1~F9)
ZTD model	PWC:120	Sat. clock error Constraint	5 000 m
ZTD gradients	PWC:1440	Rec. clock error Constraint	9 000 m
Gravity model	EGM 8	Sat. coordinates Constraint	Using Solution precision from SINEX file

表 2　　计算机硬件情况

	Series	CPU	RAM	Disk	OS
Machine A	Dell Precision T5810	Intel Xeon E5-1620v3 Speed:3.7HZ 4 Cores	64 GB DDR3	300 GB SSD	Centos 6.5
Machine B	Dell Optiplex 3020 MT PC	Intel Core i5-4590 Speed:3.2HZ 4 Cores	4 GB DDR3	500 GB HDD	SUSE Linux 11.4 x86_64
Machine C	Dell T310 Blade Server	Intel Xeon E7-4809v2 Speed:2.39HZ 12 Cores	8GB DDR3	500GB HDD	SUSE Linux 11.4 x86_64

1.2　ppp 计算测站坐标实验

本文主要采用 PANDA 软件 ppp 模块进行测站坐标的解算验证工作,其双频静态 PPP 的定位精度优于 2 cm,动态定位精度优于 10 cm。具备联合处理 BDS/GPS/GLONASS/

GALILEO 卫星导航系统数据能力；能够处理 30 个以上北斗跟踪站 1 s 采样实时数据和 500 个以上的联合跟踪站。本文主要采用双频静态 ppp 定位模式进行分析由不同数目的测站生成的钟差产品对定位精度产生的影响。图 2 给出定位过程的流程图。

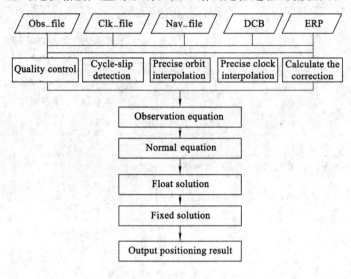

图 2 定位过程的流程图

1.3 精密钟差精度

本文在进行钟差精度评定时，以 igs 最终的钟差产品作为真值采用二次差的方法进行卫星钟差的产品解算精度分析。首先选择一颗较为稳定的卫星钟作为参考钟，然后将其他卫星与参考钟作一次差消除因基准不同而引入的系统误差：

$$\delta_j = t_j - t_i \quad (2)$$

最后将作差后的解算钟差与 igs 相应的钟差作二次差：

$$\Delta_j = \delta_j - \delta'_i \quad (3)$$

统计四系统各颗卫星二次差后时间序列标准差 STD，然后分析各颗卫星钟差的解算精度：

$$STD = \sqrt{\frac{[(\Delta_j - \Delta)(\Delta_j - \Delta)]}{n}} \quad (4)$$

2 实验分析

2.1 精密钟差精度分析

本文所进行的主要研究是探讨如何在不影响钟差产品精度的前提下提高产品的解算速度。采用 MGEX 四系统观测数据，从最开始的 15 个测站按每次增加 5 个测站的步长逐渐增加测站的数目，观察所解算的钟差的精度变化以及耗时的变化。图 3 给出了北斗卫星钟差随着测站数目增加其精度变化情况，从图中可以看出，钟差精度随着测站数目的增加呈单反比例函数的形式提升，且当测站增加到 50 个时，精度提升的不太明显。

图 4 给出了 dell T5810 图形工作站、刀片式服务器和普通的台式电脑解算相同测站的解算速度和相应的钟差精度，三款计算机所消耗的时间与测站数目的增加都呈现出指数形

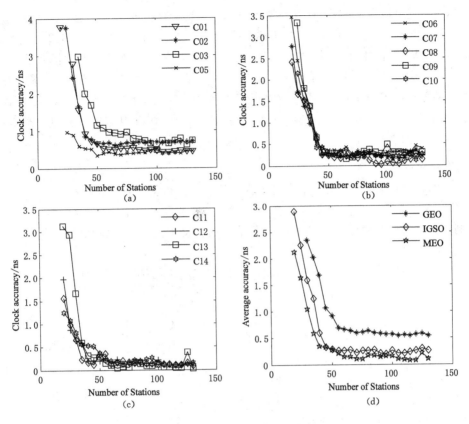

图 3 DBS 钟差精度随测站变化情况

式增长,且随着测站数目的逐渐增加图形工作站的优势表现得越为突出。主要是因为该软件在进行解算时采用的是串行计算的工作模式,而图形工作站较其他两款计算机有着非常强的硬件设备,所以图形工作站的计算效率较高。

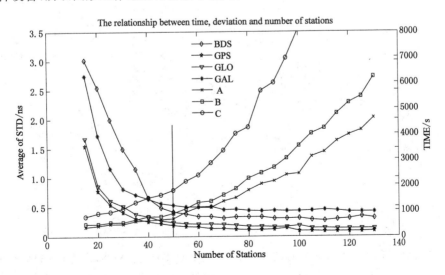

图 4 钟差精度和耗时与测站数目的关系

从以上叙述可以得出,当测站数目为50个时,三款计算机的耗时分别为:960 s、1 080 s、2 160 s,GPS、BDS、GLONASS、GALILEO钟差精度分别为:0.19 ns、0.42 ns、0.24 ns、0.53 ns,当再增加五个测站时,耗时分别增加:39％、20％、20％,而相应的钟差精度仅提升了:10.5％、9.5％、8.3％、5.6％。即当测站为50个时已经能够解算出精度相对较高的卫星钟差产品。

对于钟差产品的解算精度,GPS的钟差精度最高,与igs钟差精度相当,GLONASS卫星次之,然后是BDS钟差。其中,MEO的钟差精度最高,GEO卫星钟差精度最低,这也与相关研究结果相同。

2.2 ppp 精度分析

本文所进行的研究主要是为了满足精密定位用户对精密卫星钟差产品时效性和精度的需求。为了分析上文中解算出的不同精度的精密卫星钟差对精密定位的影响,以GPS卫星为例,利用计算出的精密钟差解算IGS部分站点的精度情况。部分跟踪站的站点分布如图5所示。

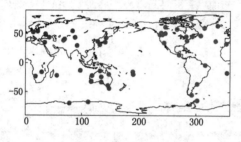

图5 站点分布

由于篇幅限制,本文只给出了25个测站、50个测站和75个测站对应的钟差产品的定位精度。igs跟踪站数据采样间隔为30 s,连续一天的观测数据;得到收敛后的坐标值,与igs官网公布的最终坐标值作差对比,得到X、Y、Z三个方向的偏差值如图6至图8所示,并统计RMS值,得到统计结果如图9所示。

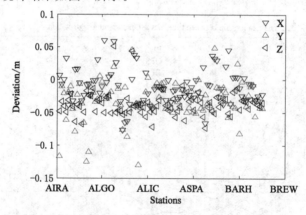

图6 25个测站解钟差对应的测站残差

根据以上分析,25、50、75个测站解算的钟差文件对应的X、Y、Z方向的精度分别为:2.8 cm、4.3 cm、4.1 cm;1.1 cm、2.2 cm、0.9 cm;1.1 cm、1.9 cm、0.9 cm。25个测站到50个和50到75个测站精度分别提升了:59.57％、49.88％、77.46％;2.93％、12.94、1.88。

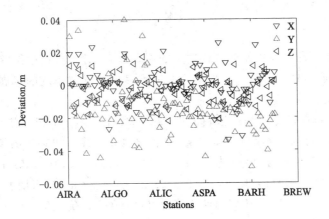

图 7　50 个测站解钟差对应的测站残差

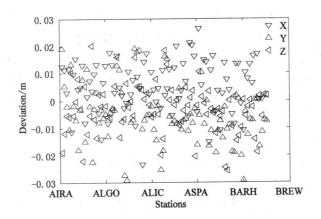

图 8　75 个测站解钟差对应的测站残差

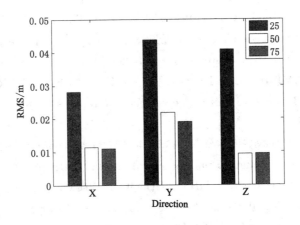

图 9　定位精度统计

当测站数目增加到 50 时,其生成的钟差产品对定位精度的影响不再明显。

3 结论与展望

随着人们对于产品精度以及时效性要求的逐渐提高,对提高精度钟差等产品的时效性和精度将非常有利,且在一定程度上促进了 GNSS 多卫星导航系统的发展。本文通过实验分析得出以下结论:

(1)钟差的解算精度随着测站数目的增加呈单反比例函数的形式增加,而耗时则呈现指数的形式在递增,且随着测站数目的不断增加,图形工作站所表现出的优势越明显。当测站数目为 50 个时,耗时已经分别为:960 s、1 080 s、2 160 s,而 GPS、BDS、GLONASS、GALILEO 钟差精度分别为:0.19 ns、0.42 ns、0.24 ns、0.53 ns,当再增加五个测站时,耗时分别增加:39%、20%、20%,而相应的钟差精度仅提升了:10.5%、9.5%、8.3%、5.6%。

(2)针对 25 个测站、50 和 75 个测站生成的三个钟差文件对应的 X、Y、Z 方向的精度分别为:2.8 cm、4.3 cm、4.1 cm;1.1 cm、2.2 cm、0.9 cm;1.1 cm、1.9 cm、0.9 cm;25 个测站到 50 个和 50 个到 75 个精度分别提升了:59.57%、49.88%、77.46%;2.93%、12.94、18.84。当测站数目增加到 50 时,其生成的钟差产品对定位精度的影响不再明显。

本文还存在明显的不足之处,针对相同的测站数目不同分布对钟差精度也会产生影响,进一步分析定位精度产生的影响,希望能够找到一种关系表示不同测站分布时钟差的精度变化情况以及定位精度的变化情况,这将是下一步的研究内容。

参 考 文 献

[1] 周佩元,杜兰,方善传.北斗系统精密卫星钟差精度评价[J].测绘科学,2015,40(12):86-90.

[2] OLIVER MONTENBRUCK, PETER STEIGENBERGER, ROBERT KHACHIKYAN, et al. IGS-MGEX preparing the ground for multi-constellation GNSS science[J]. Inside GNSS, 2014,9(1):42-49.

[3] RIZOS C, MONTENBRUCK O, WEBER R, et al. The IGS MGEX experiment as a milestone for a comprehensive multi-GNSS service[C]//Proceedings of ION PNT, Institute of Navigation, Honolulu, HI, 2013:289-295.

[4] ZUHEIR ALTAMIMI, CLAUDE BOUCHER, PATRICK SILLARD. New Trends for the realization of the international terrestrial reference system[J]. Adv. Space Res., 2002,30(2):175-184.

[5] ABDEL-MONEM S MOHAMED, ALI M RADWAN, MOHAMED SHARF, et al. Evaluation of the deformation parameters of the northern part of Egypt using global navigation satellite system (GNSS)[EB/OL]. NRIAG Journal of Astronomy and Geophysics, http://dx.doi.org/10.1016/j.nrjag.2016.01.001.

[6] YUANXI YANG, HAIRONG GUO. A new approach of geocenter motion by using synthetic weight[C]//Yaozhong Zhu, Heping Sun (eds.) Progress in Geodesy and Geodynamics. Hubei Science and Technology Press, 2004.

[7] 楼益栋,施闯,周小青,等.GPS 精密卫星钟差估计与分析[J].武汉大学学报(信息科学版),2009,34(1):88-91.

[8] 黄观文. GNSS 星载原子钟质量评价及精密钟差算法研究[D]. 西安:长安大学,2012.

[9] 楼益栋. 导航卫星实时精密轨道与钟差确定[D]. 武汉:武汉大学,2008.

[10] WANG Q,DANG Y,XU T. The method of Earth rotation parameter determination using GNSS observations and precision analysis[J]. Lecture Notes in Electrical Engineering,2013(243):247-256.

[11] COULOT D,POLLET A,COLLILIEUX X,et al. Global optimization of core station networks for space geodesy: application to the referencing of the SLR EOP with respect to ITRF[J]. J. Geod. ,2010(84):31-50.

[12] DVORKIN V V,KARUTIN S N. Optimization of the global network of tracking stations to provide GLONASS users with precision navigation and timing service [EB/OL]. Gyroscopy and Navigation 4:181-187. doi:10. 1134/S2075108713040056。

[13] MALKIN Z. On comparison of the Earth orientation parameters obtained from different VLBI networks and observing programs[J]. J. Geod. ,2009(83):547-556.

[14] 胡超,等. 一种基于观测方程 GDOP 值的优化选站模型[J]. 武汉大学学报(信息科学版),2016.

作者简介:毛亚(1994—),男,硕士研究生,研究方向为精密卫星钟差解算。E-mail:maoya0428@foxmail. com。

北斗 IGSO/GEO/MEO 卫星三频单历元变形解算中随机模型的比较研究

严超,余学祥,徐炜,杜文选,刘扬,王涛,张广汉

(安徽理工大学测绘学院,安徽 淮南,232001)

摘 要:北斗 MEO、IGSO 和 GEO 三种卫星联合高精度定位时,会对定位模型的结构产生影响,通过采用正弦高度角模型、正切高度角模型、高度角与卫地距组合模型以及高度角、卫地距与信噪比组合模型等 4 类随机模型对不同长度不同高差的短基线进行解算,对比和分析不同随机模型对于不同长度不同高差的短基线的模糊度解算成功率及定位精度的影响。结果表明:短距离、小高差的基线,采用正弦高度角模型模糊度成功率和定位精度最高;长距离、大高差的基线,采用正切高度角模型模糊度成功率最高,而采用高度角、卫地距与信噪比组合模型定位精度最高。

关键词:北斗三频;单历元;短基线;随机模型

Comparison of the Stochastic Model for Single-epoch Baseline Resolution of IGSO/GEO/MEO Triple-frequency

YAN Chao, YU Xuexiang, XU Wei, DU Wenxuan,
LIU Yang, WANG Tao, ZHANG Guanghan

(School of Geomatics, Anhui University of Science and Technology, Huainan 232001, China)

Abstract: When Beidou MEO, IGSO and GEO participate in high-precision positioning, the positioning model will have an impact on the structure. By using the sinusoidal elevation angle model, the tangent elevation angle model, the combination model of the elevation angle and the distance from the satellite to the ground station and the combination of the elevation angle, the distance from the satellite to the ground station and the signal-to-noise ratio. These four stochastic models solve the short baseline with different length difference and different elevation difference. And compare and analyze the influence of different stochastic models on the ambiguity success rate and the result of high-precision positioning of short baseline with different length difference and different elevation difference. The result shows the ambiguity success rate and the positioning accuracy of the baseline with short distance and small elevation difference by using of sinusoidal elevation angle model are the highest; for short baseline with long distance and large elevation difference, the ambiguity success rate is the highest by using of sinusoidal elevation angle model and the positioning accuracy is the highest by using of he combination of the elevation angle, the distance from the satellite to the ground station and the signal-to-noise ratio.

Keywords: BDS triple-frequency; single-epoch; short baseline; the stochastic model

北斗卫星导航系统(BDS)是中国着眼于国家安全和经济社会发展需要,自主建设、独立

运行的卫星导航系统,是为全球用户提供全天候、全天时、高精度的定位、导航和授时服务的国家重要空间基础设施[1]。BDS 的空间星座由静止轨道卫星(GEO)、倾斜地球同步轨道卫星(IGSO)和中高轨道卫星(MEO)三类卫星组成,且全部发射三频信号[2],与 GPS、GLONASS 和 GALILEO 相比,BDS 增加了轨道高度较高、运动角速度较慢的 GEO 和 IGSO 卫星。截至 2017 年 5 月,BDS 的在轨情况如表 1 所示。

表 1　　BDS 在轨情况统计

类型	PRN 号	轨道高度/km	发射日期
GEO	C01	35 786	2010.01.17
	C02		2012.10.25
	C03		2010.06.02
	C04		2010.11.01
	C05		2012.02.25
	C17		2016.06.12
IGSO	C06	35 786	2010.08.01
	C07		2010.12.18
	C08		2011.04.10
	C09		2011.07.27
	C10		2011.12.02
	C13		2016.03.03
MEO	C11	21 528	2012.04.30
	C12		2012.04.30
	C14		2012.09.19

随着 BDS 技术的不断发展,对 BDS 成果的实时性、动态性、高效性和可靠性要求越来越高,各种有效的、实用的函数模型不断涌现。然而,随着研究的不断深入,发现想要更大程度地提高 BDS 的精度,须确定合理的随机模型[3-6]。BDS 不同轨道卫星具有不同的性质,且不同频点信号质量之间具有差异,这是 BDS 单历元基线解算中不可忽略的问题。基于卫星高度角的随机模型和基于信噪比的随机模型在一定程度上能较为准确地反映观测值的观测质量,针对 BDS 不同轨道卫星的高度不同的特点,考虑卫地距的影响,所以本文利用正弦高度角模型、正切高度角模型、高度角与卫地距组合模型以及高度角、卫地距与信噪比组合模型等 4 类随机模型,不考虑观测卫星间的任何相关性,对不同长度不同高差的短基线进行 BDS 三频单历元基线解算和分析,得出一些有益的结论。

1　BDS 三频单历元基线解算数学模型

三频情况下,频率的多样性可以提高无几何模糊度解算方法的可靠性。BDS 三频观测时,对载波观测值进行组合可以得到超宽巷(EWL)组合,根据文献[7-8],选择先固定(0,-1,1)超宽巷组合,EWL 载波观测值与 3 个伪距观测值 P_{B1},P_{B2} 以及 P_{B3} 组成的基于几何模型的双差观测方程可表示为:

$$\begin{bmatrix} V_{ijk} \\ V_{P_{B1}} \\ V_{P_{B2}} \\ V_{P_{B3}} \end{bmatrix} = \begin{bmatrix} A & I\lambda_{ijk} \\ A & 0 \\ A & 0 \\ A & 0 \end{bmatrix} \begin{bmatrix} X \\ \nabla \Delta N_{ijk} \end{bmatrix} + \begin{bmatrix} L_{ijk} \\ L_{P_{B1}} \\ L_{P_{B2}} \\ L_{P_{B3}} \end{bmatrix} \quad (1)$$

式中,V_{ijk}、V_{P_B}表示EWL载波观测值和伪距观测值减掉OMC(observed minus computed)后的残余向量;I为单位阵;i、j、k表示BDS三频载波对应的3个组合系数,$f_1=1\,561.098$ MHz,$f_2=1\,207.140$ MHz,$f_3=1\,268.520$ MHz,f_1、f_2、f_3分别为B1、B2、B3的相应频率;A为坐标改正向量的系数矩阵;λ_{ijk}为EWL波长,$\lambda_{ijk}=\dfrac{\lambda_1\lambda_2\lambda_3}{i\lambda_2\lambda_3+j\lambda_1\lambda_3+k\lambda_1\lambda_2}$,$\lambda_1$、$\lambda_2$、$\lambda_3$分别为B1、B2、B3的相应波长;$X$为待求坐标改正量$[\mathrm{d}x\quad \mathrm{d}y\quad \mathrm{d}z]^\mathrm{T}$;$\nabla\Delta N_{ijk}$为双差EWL模糊度参数,$\nabla\Delta N_{ijk}=i\nabla\Delta N_1+j\nabla\Delta N_2+k\nabla\Delta N_3$;$L_{ijk}$为EWL载波观测值双差与几何距离双差之差;$L_{P_B}$为伪距双差与几何距离双差之差。

采用经典最小二乘估计得到参数$\nabla\Delta N_{ijk}$的浮点解,即:

$$Y=-(B^\mathrm{T}PB)^{-1}(B^\mathrm{T}PL) \quad (2)$$

其中,$Y=[X\quad \nabla\Delta N_{ijk}]^\mathrm{T}$;$P$为权阵,$P=\begin{bmatrix}P_1 & 0 \\ 0 & P_2\end{bmatrix}$,$P_1$为EWL载波双差的权阵,$P_2$为伪距双差的权阵;$B=\begin{bmatrix}A & I\lambda_{ijk} \\ A & 0 \\ A & 0 \\ A & 0\end{bmatrix}$;$L=\begin{bmatrix}L_{ijk} \\ L_{P_{B1}} \\ L_{P_{B2}} \\ L_{P_{B3}}\end{bmatrix}$。

将式(2)得到的$\nabla\Delta N_{ijk}$浮点解进行四舍五入直接固定[7]。固定$(0,-1,1)$后,即可将其作为一个精度较高的观测量,与$(1,4,-5)$超宽巷观测值组成无几何模型:

$$\begin{bmatrix} V_{(0,-1,1)} \\ V_{(1,4,-5)} \end{bmatrix} = \begin{bmatrix} A & 0 \\ A & I\lambda_{(1,4,-5)} \end{bmatrix} \begin{bmatrix} X \\ \nabla\Delta N_{(1,4,-5)} \end{bmatrix} + \begin{bmatrix} L_{(0,-1,1)}+\lambda_{(0,-1,1)}\nabla\Delta N_{(0,-1,1)} \\ L_{(1,4,-5)} \end{bmatrix} \quad (3)$$

采用经典最小二乘估计得到参数$\nabla\Delta N_{(1,4,-5)}$的浮点解,即:

$$Y_1=-(B_1^\mathrm{T}P_1B_1)^{-1}(B_1^\mathrm{T}P_1L_1) \quad (4)$$

式中,$Y_1=[X\quad \nabla\Delta N_{(1,4,-5)}]^\mathrm{T}$;$B_1=\begin{bmatrix}A & 0 \\ A & I\lambda_{(1,4,-5)}\end{bmatrix}$;$L_1=\begin{bmatrix}L_{(0,-1,1)}+\lambda_{(0,-1,1)}\nabla\Delta N_{(0,-1,1)} \\ L_{(1,4,-5)}\end{bmatrix}$。

采用直接取整的方法对$\nabla\Delta N_{(1,4,-5)}$浮点解进行固定。将成功固定$(0,-1,1)$和$(1,4,-5)$这两个WEL的$\nabla\Delta N_{(0,-1,1)}^B$和$\nabla\Delta N_{(1,4,-5)}^B$参数看成高精度的距离观测值。由于短基线双差大气延迟误差较小,可以采用无电离层观测值消除电离层残差,因此可采用下式来求解BDS的基础模糊度:

$$\begin{bmatrix} 0 & -1 & 1 \\ 1 & 4 & -5 \\ \dfrac{f_1^2}{f_1^2-f_2^2} & -\dfrac{f_1f_2}{f_1^2-f_2^2} & 0 \\ \dfrac{f_1^2}{f_1^2-f_3^2} & 0 & -\dfrac{f_1f_3}{f_1^2-f_3^2} \end{bmatrix} \begin{bmatrix} \nabla\Delta N_1 \\ \nabla\Delta N_2 \\ \nabla\Delta N_3 \end{bmatrix} = \begin{bmatrix} \nabla\Delta N_{(0,-1,1)} \\ \nabla\Delta N_{(1,4,-5)} \\ \nabla\Delta\varphi_{IF(1,2)}-\nabla\Delta\rho \\ \nabla\Delta\varphi_{IF(1,3)}-\nabla\Delta\rho \end{bmatrix} \quad (5)$$

式中，$\nabla\Delta\varphi_{IF(1,2)}$ 和 $\nabla\Delta\varphi_{IF(1,3)}$ 分别表示 BDS 的 B1、B2 频点以及 B1、B3 频点载波观测值组合成的无电离层观测值。

采用经典最小二乘估计得到参数 $\nabla\Delta N_1$、$\nabla\Delta N_2$ 和 $\nabla\Delta N_3$：

$$Y_2 = (B_2^T P_3 B_2)^{-1}(B_2^T P_3 L_2) \tag{6}$$

式中，$Y_2 = [\nabla\Delta N_1 \quad \nabla\Delta N_2 \quad \nabla\Delta N_3]^T$；$B_2 = \begin{bmatrix} 0 & -1 & 1 \\ 1 & 4 & -5 \\ \dfrac{f_1^2}{f_1^2 - f_2^2} & -\dfrac{f_1 f_2}{f_1^2 - f_2^2} & 0 \\ \dfrac{f_1^2}{f_1^2 - f_3^2} & 0 & -\dfrac{f_1 f_3}{f_1^2 - f_3^2} \end{bmatrix}$；$P_3$ 为权阵，可认为 $\nabla\Delta N_{(0,-1,1)}^B$ 和 $\nabla\Delta N_{(1,4,-5)}^B$ 参数精度无限高，因此将 2 个宽巷约束方程和无电离层方程之间的权值定为 10∶1[8]。

使用式(6)可以单历元解得 BDS 双差基础模糊度浮点解，采用四舍五入的方法对浮点解进行固定，即可求到固定的 BDS 双差基础模糊度。利用固定的 BDS 双差基础模糊度，求解参数 X，即：

$$V_{B1} = AX + (L_{B1} + \lambda_1 \nabla\Delta N_1) \tag{7}$$

采用经典最小二乘估计得到参数 X：

$$X = -(A^T P_1 A)^{-1}(A^T P_1 L_3) \tag{8}$$

式中，$L_3 = L_{B1} + \lambda_1 \nabla\Delta N_1$。

2 随机模型

2.1 高度角模型

高度角模型就是利用高度角表示载波相位观测值的方差—协方差；因为不同卫星因高度角不同，它所受到的与传播路径有关的误差也不相同。基于高度角的随机模型中，卫星高度角越小，各项误差对于观测值的影响也就越大，测量精度越低。通常采用正弦高度角方式定权，即：

$$P = \sin^2 e \tag{9}$$

式中，e 为卫星高度角。

文献[9]认为高度角越大，权值应该越大，为使高度角的影响更大，可采用正切高度角方式定权，即：

$$P = \tan^2 e \tag{10}$$

2.2 高度角与卫地距组合模型

GEO 卫星的轨道高度为 35 786 km，测距精度最高，在高度角相同情况下传播路径最长；IGSO 卫星的轨道高度为 35 786 km，轨道精度最高，在高度角相同情况下传播路径与 GEO 相当；MEO 卫星的轨道高度为 21 528 km，测距精度与 IGSO 相当，在高度角相同情况下传播路径最短。考虑卫星高度角与卫地距影响，采用高度角与卫地距组合模型进行定权，即：

$$P = \frac{\sin^2 e}{\rho^2} \tag{11}$$

式中,ρ 表示卫地距。

2.3 高度角、卫地距与信噪比组合模型

信噪比(signal to noise ratio,SNR)可以用来衡量测距信号质量的优劣,并间接反映了载波相位的测距精度[10]。BDS 的各轨道卫星之间关系复杂,且全部可以发射三频信号,综合使用卫地距、高度角与不同频点信噪比可以很好地区分不同频点、不同类型卫星的信号差异。所以可采用高度角、卫地距与信噪比组合模型进行定权[6],即:

$$P = S \frac{\sin^2 e}{\rho^2} \quad (12)$$

式中,S 为缩放因子,$S = \begin{cases} 1, & |SNR_{B1}-SNR_{B2}| \leqslant 4, \\ & |SNR_{B1}-SNR_{B3}| \leqslant 3; \\ \dfrac{4}{|SNR_{B1}-SNR_{B2}|}, & |SNR_{B1}-SNR_{B2}| > 4; \\ \dfrac{3}{|SNR_{B1}-SNR_{B3}|}, & |SNR_{B1}-SNR_{B3}| > 3. \end{cases}$,SNR_1、SNR_2、SNR_3 分别表示 B1、B2、B3 频点的信噪比值。

3 实验分析

本文数据选用一条 4.2 m 基线和一条 1.47 km 基线,其中 4.2 m 基线来源于澳大利亚科廷大学 GNSS 研究中心实测数据,两站之间高差较小,采样开始日期为 GPS 时 2016 年 1 月 1 日零时整,观测时长 24 h,采样间隔 30 s,共计 2 880 个历元;1.47 km 基线来源于安徽省淮南市的朱集东煤矿开采沉陷自动化监测系统数据,两站之间高差为 22.97 m,采样开始日期为 GPS 时 2017 年 5 月 12 日 10 时 0 分,观测时长 14 h,采样间隔 1 s,取 19 000 个历元(数据传输过程中存在丢包)。卫星截止高度角均设置为 15°。

3.1 信噪比与高度角分析

对于信噪比与高度角分析实验,选取 4.2 m 基线的流动站 CUTB 和 1.47 km 基线的流动站 COMS01 的观测数据,主要分析 3 种轨道卫星的卫星高度角与 B1、B2 以及 B3 之间的关系。考虑到实测数据中不同卫星被观测到时间的长短,CUTB 站选取 C03(GEO 卫星)、C07(IGSO 卫星)和 C12(MEO 卫星),COMS01 站选取 C03、C06(IGSO 卫星)和 C14(MEO 卫星),实验结果如图 1、图 2 所示。

由图 1、图 2 可知,GEO 卫星高度角变化较小,大约 3°,这主要是因为 GEO 卫星为静止轨道卫星,所受到的摄动力较小;GEO 卫星 B1、B2 与 B3 的信噪比与高度角均未呈现出明显规律性。IGSO 卫星高度角变化大约 70°,因为 IGSO 为区域服务卫星,其运动轨迹投影相对于地球赤道呈南北"8"字形;IGSO 卫星 B1、B2 与 B3 的信噪比与高度角呈一致性,即卫星高度角越大,信噪比越大。MEO 卫星与 GEO、IGSO 相比,被观测到的时间最短,卫星高度角变化大约 30°,MEO 卫星 B1、B2 与 B3 的信噪比与高度角的关系与 IGSO 卫星相同。当高度角大于 40°时,B1、B2 与 B3 的信噪比趋于稳定。

3.2 模糊度解算结果分析

对 4.2 m 基线和 1.47 km 基线采用上述 BDS 三频单历元基线解算的数学模型进行单历元模糊度解算,解算结果的有效性检验可以用成功率进行衡量[11-12]。4.2 m 基线以澳大

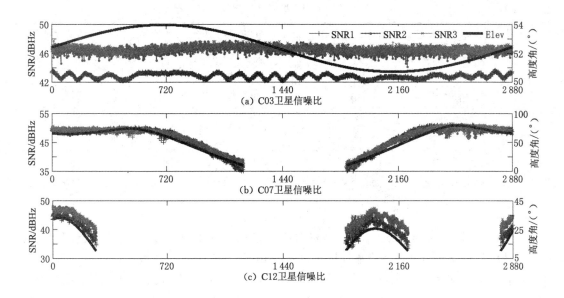

图 1 CUTB 站 GEO、IGSO 与 MEO 卫星信噪比随高度角的变化(采样间隔 30 s)

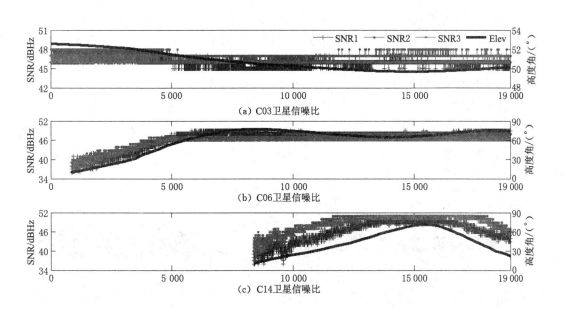

图 2 COMS01 站 GEO、IGSO 与 MEO 卫星信噪比随高度角的变化(采样间隔 1 s)

利亚科廷大学 GNSS 研究中心提供的坐标值作为参考值,1.47 km 以安徽省淮南市的朱集东煤矿开采沉陷自动化监测站 GNSS 网数据处理结果作为参考值。分别将各历元固定解与参考值进行比较,相同则认为是正确的。

$$成功率 = 正确固定历元数/总历元数$$

两条基线采用不同随机模型解算的成功率如表 2 所示。

表 2　　　　　　　　　　　不同随机模型下模糊度固定成功率

基线	模式	正弦高度角模型	正切高度角模型	高卫组合模型	高卫信组合模型
4.2 m	正确固定历元数	2 880	2 870	2 880	2 880
	成功率/%	100	99.7	100	100
1.47 km	正确固定历元数	16 556	17 219	16 669	16 659
	成功率/%	87.1	90.7	87.7	87.7

注：高卫组合模型为高度角与卫地距组合模型的缩写，高卫信组合模型为高度角、卫地距与信噪比组合模型的缩写，下表同。

由表 2 可知，4.2 m 基线中，采用正弦高度角模型、高度角与卫地距组合模型以及高度角、卫地距与信噪比组合模型模糊度固定成功率相同，均高于正切高度角模型；1.47 km 基线中情况相反，采用正切高度角模型模糊度固定成功率最高，高度角与卫地距组合模型次之，正弦高度角模型和高度角、卫地距与信噪比组合模型最低。出现上述现象的主要原因是 4.2 m 基线中两站高差较小，1.47 km 基线中两站高差近 23 m，长距离以及大高差会使得双差方程中残余的对流层误差较大，而 $\tan()$ 函数相对 $\sin()$ 函数，使高度角对权值的影响更大，更加有利于消除残余大气延迟误差的影响，使得模糊度固定成功率最高。正弦高度角模型、高度角与卫地距组合模型以及高度角、卫地距与信噪比组合模型模糊度固定成功率相当，这是因为三者均与 $\sin^2()$ 呈正比。

3.3　定位精度分析

本文在进行精度分析时，仅从定位结果角度出发，判断模糊度正确固定的历元的解算结果，与参考值作差，得到两条基线北（N）、东（E）、高程（U）三方向的定位结果，并利用内符合精度（STD）进行精度分析，如图 3、图 4 和表 3 所示。

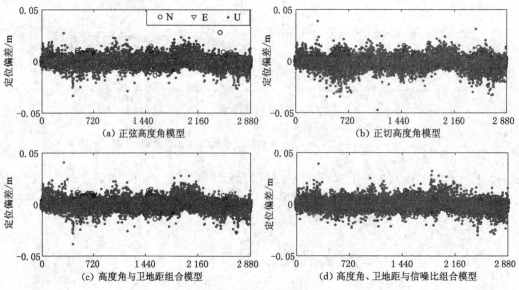

图 3　4.2 m 基线在 N、E、U 方向上的定位偏差（采样间隔 30 s）

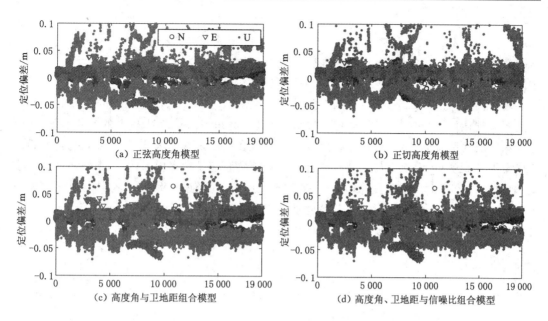

图 4　1.47 km 基线在 N、E、U 方向上的定位偏差（采样间隔 1 s）

表 3　　　　　　　　　　　　　不同随机模型下 STD 值统计　　　　　　　　　　　　　mm

基线	方向	正弦高度角模型	正切高度角模型	高卫组合模型	高卫信组合模型
4.2 m	N	3.4	3.9	3.4	3.5
	E	2.3	2.9	2.3	2.8
	U	7.7	8.8	8.1	8.3
1.47 km	N	8.1	7.9	7.9	7.8
	E	9.2	7.6	9.1	9.1
	U	30.0	30.7	29.7	29.4

　　由图 3、图 4 和表 3 可知，4.2 m 基线中，采用正弦高度角模型在 N、E、U 方向上的 STD 值最小，高度角与卫地距组合模型低于正切高度角模型和高度角、卫地距与信噪比组合模型，正切高度角模型最大，即采用正弦高度角模型精度最高；1.47 km 基线中，采用高度角、卫地距与信噪比组合模型在 N、E、U 方向上的定位精度最高，高度角与卫地距组合模型次之，正切高度角模型优于正弦高度角模型。结合表 2，可知 1.47 km 基线采用正切高度角模型模糊度固定成功率最高，而表 3 显示其定位精度要低于高度角与卫地距组合模型和高度角、卫地距与信噪比组合模型，这主要原因是模型的内符合精度虽然从根本上取决于模型本身的正确性，但还与数据样本量的多寡相关，一般认为，当观测值不存在粗差时，数据样本量（观测值）越多，精度越高，从图 4 可以看出采用正切高度角模型在 N、U 方向上的波动相比高度角与卫地距组合模型和高度角、卫地距与信噪比组合模型较大。总之，仅从定位精度上分析，在短距离和小高差的基线中，建议采用正切高度角模型；在长距离和大高差的基线中，采用高度角、卫地距与信噪比组合模型。

4 结论

通过采用正弦高度角模型、正切高度角模型、高度角与卫地距组合模型以及高度角、卫地距与信噪比组合模型等 4 类随机模型对不同长度不同高差的短基线进行解算,比较分析每种随机模型的定位结果,可以得到以下结论:① GEO 卫星 B1、B2 与 B3 的信噪比与高度角无明显规律性;IGSO 和 MEO 卫星呈现出卫星高度角越大信噪比越大的规律。② 从模糊度固定成功率方面考虑,对于短距离、小高差的基线,正弦高度角模型、高度角与卫地距组合模型以及高度角、卫地距与信噪比组合模型模糊度固定成功率相当,均高于正切高度角模型;而对于长距离、大高差的基线,正切高度角模型高于其他三者。③ 从定位精度方面考虑,对于短距离、小高差的基线,正弦高度角模型定位精度最高;而长距离、大高差的基线,高度角、卫地距与信噪比组合模型定位精度最高。

参考文献

[1] 北斗卫星导航系统.北斗卫星导航系统介绍[EB/OL].(2010-01)[2017-05-23].http://www.beidou.gov.cn/xtjs.html.

[2] 杨元喜.北斗卫星导航系统的进展、贡献与挑战[J].测绘学报,2010,39(1):1-6.

[3] 王胜利,王庆,杨祥,等.北斗 IGSO/GEO/MEO 卫星联合高精度定位方法[J].中国惯性技术学报,2013(6):792-796.

[4] 张小红,丁乐乐.北斗二代观测值质量分析及随机模型精化[J].武汉大学学报(信息科学版),2013,38(7):832-836.

[5] 肖国锐,隋立芬,刘长建,等.北斗导航定位系统单点定位中的一种定权方法[J].测绘学报,2014,43(9):902-907.

[6] 刘乾坤,隋立芬,肖国锐,等.北斗系统差分码偏差解算中一种新的定权方法[J].测绘科学技术学报,2015,32(5):473-478.

[7] 谢建涛,郝金明,韩聪,等.BDS 单历元 TCAR 算法优化研究[J].测绘科学技术学报,2016,33(1):6-10.

[8] 吕伟才,高井祥,王坚,等.北斗三频约束的短基线模糊度单历元算法[J].中国矿业大学学报,2015,44(6):1090-1096.

[9] 邱卫宁,齐公玉,邹进贵,等.不同随机模型在 GPS 单历元变形解算中的应用研究[J].测绘通报,2011(10):5-7.

[10] Bilich A,Larson K M. Mapping the GPS multipath environment using the signal-to-noise[J]. Radio Science,2007,42:RS6003,doi:10.1029/2007RS003652.

[11] 刘经南,邓辰龙,唐卫明.GNSS 整周模糊度确认理论方法研究进展[J].武汉大学学报(信息科学版),2014,39(9):1009-1015.

[12] Deng C L,Tang W M. Reliable Sing-epoch ambiguity resolution for short baselines using GPS/BeiDou system[J]. GPS Solutions,2014,3(18):375-386.

基金项目:国家自然科学基金项目(41474026);淮南矿业(集团)有限责任公司项目(HNKY-JTJS(2013)-28);安徽理工大学 2017 年研究生创新基金项目(2017CX2056)。

作者简介：严超(1993—)，男，安徽凤阳人，硕士研究生，主要研究方向为 GNSS 测量与数据处理、开采沉陷监测与数据处理。

联系方式：安徽省淮南市谢家集区泰丰大街 168 号安徽理工大学山南新区。E-mail：757261684@qq.com。

基于JavaScript的3D GIS中的八叉树索引研究

汪玲玲

(安徽理工大学测绘学院,安徽 淮南,232001)

摘 要:针对传统的二维GIS的索引机制不能满足三维空间数据索引的问题,特研究三维空间数据索引的方法,详细介绍八叉树空间索引的算法。通过对比各类三维空间索引技术,指出八叉树空间索引比较适合建立在三维空间数据库中。并描述了基于JavaScript语言,运用Microsoft Visual Studio 2008软件,可在浏览器端查看利用八叉树结构建立的空间索引。最后,通过具体实例表明:利用八叉树建立三维空间索引是可行、高效的。

关键词:空间索引;三维GIS;八叉树;JavaScript

Research on Octree Index in 3D GIS Based on JavaScript

WANG Lingling

(School of Geomatics, Anhui University of Science and Technology, Huainan 232001, China)

Abstract: Aiming at the problem that the index mechanism of the traditional two-dimensional GIS can not satisfy the three-dimensional spatial data index, the method of three-dimensional spatial data index is studied, and the algorithm of octree spatial index is introduced in detail. By comparing various types of three-dimensional spatial indexing technology, it is pointed out that the octree spatial index is suitable for building in three-dimensional spatial database. And describes the use of Microsoft Visual Studio 2008 software based on the JavaScript language, you can view the use of octree tree structure to establish the spatial index. Finally, through the concrete example, it is feasible and efficient to use the octree to establish the three-dimensional spatial index.

Keywords: spatial index; 3D GIS; Octree; JavaScript

近年来,地理信息产业发展迅速。随之而来的是,空间数据库中更多的三维空间数据需要检索、查询等操作。但是,常用的索引机制是基于一维索引,不能满足目前应用要求[1]。因而,为处理三维空间数据库的空间实体,必须研究三维空间索引。本文主要介绍八叉树空间索引方法,详细论述了基于JavaScript语言实现搜索地物的具体过程。建立有效的三维空间索引方法,能够在数据库中快速找到目标,大大节约了查找时间,很大程度上提高了工作效率。

1 二、三维空间索引介绍

所谓空间索引就是空间数据查询,它可以大大提高获取数据的效率。从本质上讲,空间索引是一种有一定规律的数据结构,该规律的排列由空间对象的形状特征、所在的空间位置,以及空间对象之间的关系所确定[1]。一个好的空间索引机制可以降低空间数据的访问以及磁盘读写的次数。从而,加快地理实体显示的速度[2]。

二维 GIS 处理的空间对象是"点、线、面",国内外许多学者已经研究出了比较成熟且应用效率较高的二维空间索引算法,比如四叉树索引等。但它们仅仅是适应于低维数据,而如果简单地将其扩展为高维数据,它的利用效率就明显降低。因此,针对三维空间数据的索引技术必须要进一步研究。

三维 GIS 处理的空间对象是"点、线、面、体"。相对于二维 GIS 来说,三维 GIS 增加了体元素,更加复杂的三维空间实体间的关系成为三维空间数据索引的主要挑战。

2 三维空间索引方法

空间索引的基本方法是将整个大的空间分割成几个小区域,然后按照某种设定好的顺序,依次搜索相应的实体。八叉树空间索引与 3D-R 树空间索引是较常见的索引方法。这里介绍 3D-R 树索引,而八叉树索引的内容放在后文。

3D-R 树是将三维空间对象划分为平行于一个基准面的几层,用 R 树组织每层的空间目标[3-4]。3D-R 树是平衡树,它以动态形式划分空间区域。因而,对随时间变化的动态三维空间数据库索引效果比较突出[5-6]。但 3D-R 树完全受节点容量影响,而地理实体分布不均匀,由数据量导致的合并与分裂操作会使重叠度增大,因而查询效率不高[7]。3D-R 树空间索引的缺点[4]主要是:

(1) 最小外包盒可能重叠。出现该现象的后果甚至是为搜索某一空间对象,查找了整个树,则降低了查询效率。

(2) 插入的空间对象可能存在于多个节点中。该情况使得为搜索某一空间对象,要去查找多个节点。这不仅使得搜索速度较慢,而且浪费了一定的存储空间。

3 八叉树空间索引的设计

3.1 八叉树基本思想

八叉树是由 Hunter 在 1978 年提出的。八叉树的原理与数据结构中的二叉树和四叉树类似。二叉树能表示一维序列,四叉树能表示二维对象索引。而八叉树拥有较快的收敛速度,且能很快地分割三维空间。其基本思想是:将一个三维区域递归地划分为 8 个同样大小的子区域,将属性相同的小区域合并成一个大区域。从而降低数据冗余、减少存储空间浪费、提高运行效率[8]。图 1 展示了八叉树的逻辑结构[9]。

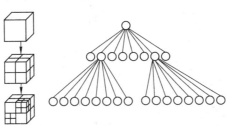

图 1 八叉树逻辑结构

3.2 八叉树结构

八叉树结构又称为分层树结构,它是一种非叶子节点的树形结构,其最多有 8 个分支[10]。建立八叉树的关键部分是:确定最小外包盒、防止无限分割、计算最小边长。

(1) 确定最小外包盒

最小外包盒是能够包含空间数据库中所有地理实体的最小立方体。它通过遍历所有地理实体的 X、Y、Z 坐标,得出 X、Y、Z 的最小与最大坐标值,分别为:Xmin、Xmax、Ymin、Ymax、Zmin、Zmax。取最小的点 Amin(Xmin、Ymin、Zmin) 与最大的点 Amax(Xmax、Ymax、Zmax)确定最小外包盒的大小。

(2) 防止无限分割

本次研究以递归方式创建八叉树,为防止无限分割区域,必须先确定停止分割的条件。在分割过程中通常要考虑两个因素。

① 阈值的大小。在建立八叉树空间索引之前,需要先确定阈值的大小,即区域中空间对象的个数。当某一区域中的空间对象个数大于阈值时,则继续分割该区域。反之,则停止分割。

② 分辨率问题。在建立八叉树之前,除了要确定阈值的大小,还要确定分割的最小子区域的大小,即分辨率问题。当某一区域大于最小子区域时,则进一步分割。反之,则停止分割[11]。

(3) 计算最小边长

在创建八叉树空间索引时,要确定最小分割长度,为查找地理实体做准备。X、Y、Z 三个方向上最小边长的大小由其坐标的最大值与最小值以及递归次数决定。

以 JavaScript 为例,计算最小分割长度的算法如下。其中,maxdepth 为最大递归次数值,txm、tym、tzm 分别为 X、Y、Z 方向上的分割长度。

```
function cal(num) {
var result = 1;
    if (1 == num)
        result = 1;
    else {
        for (var i = 1; i < num; i++)
        result = 2 * result; }
        return result; }
tmaxdepth = cal(maxdepth);
txm = (xmax. value − xmin. value) / tmaxdepth;
tym = (ymax. value − ymin. value) / tmaxdepth;
tzm = (zmax. value − zmin. value) / tmaxdepth;
```

3.3 八叉树索引面临的困难

八叉树索引是针对三维空间数据且基于规则格网的,随着递归次数的增加,它的时间复杂度和空间复杂度也增大[12]。

八叉树空间索引算法相对容易理解,查询地物速度较快,但它不适合所有情景。如文献

[13]指出对于综合地球物理数据并不适合运用八叉树空间索引。八叉树结构是将三维空间递归分割成八个子区域,方便管理好真三维的空间数据,并能够索引不规则三维空间实体的信息。但索引的效率还是很大程度上受真三维空间实体复杂性的影响[14]。

4 具体实例

八叉树空间索引的应用已经较为成熟。如文献[15]指出利用八叉树模型,建立了真三维地质建模系统,该系统已经应用于北京奥运场馆地下三维属性建模中。

本次研究是用 JavaScript 语言编写程序,并将该程序连接到三维空间数据库中,读取数据库中的地理实体信息,经过遍历找到要搜寻的地理实体,流程图如图 2 所示。

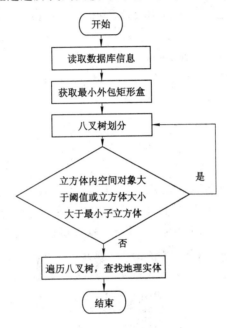

图 2　八叉树索引流程图

实现八叉树空间索引的代码主要由四部分组成:定义八叉树节点、创建八叉树、遍历八叉树、查找三维地理实体。

4.1 定义八叉树节点

构造函数 OctreeNode(),用来定义八叉树的节点类,为创建八叉树做准备。其中包含:节点数据 data,最小外包盒坐标的最大与最小值,以及八叉树的八个子节点(top_left_front、top_left_back、top_right_front、top_right_back、bottom_left_front、bottom_left_back、bottom_right_front、bottom_right_back)等内容。

4.2 创建八叉树

本次研究是以递归方式创建八叉树,并将数据库中地理实体的索引编号放在八叉树对应的节点上,每个节点都对应于一个特定的立方体内[15]。这里只列出了 top_left_front 位置创建八叉树的代码,其他位置与此类似。

OctreeNode. prototype. createOctree ＝ function(maxdepth, xmin, xmax, ymin,

ymax, zmin, zmax) {
    var mdep = maxdepth − 1;   //递归深度
    if (mdep >= 0) {
        this.data = data;   //节点信息
    //计算节点各维度上的半边长
        var xm = (xmax − xmin) / 2;
        var ym = (ymax − ymin) / 2;
        var zm = (zmax − zmin) / 2;
    //递归创建八叉树
        if (mdep > 0 && xmax > xmin && ymax > ymin && zmax > zmin && xmin > 0 && ymin > 0 && zmin > 0) {
            this.top_left_front = new OctreeNode();
            this.top_left_front.createOctree(mdep, xmin, xmax − xm, ymax − ym, ymax, zmax − zm, zmax); }
    }
}

4.3 遍历八叉树

构造一个函数，递归遍历八叉树的八个子节点，用 alert 语句输出遍历结果。其中遍历结果主要包含：索引编号，当前节点值，以及每个区域的外包盒的 X、Y、Z 的最值等。在 Microsoft Visual Studio 2008 软件中，运行代码，遍历到某一子区域的结果如图 3 所示。

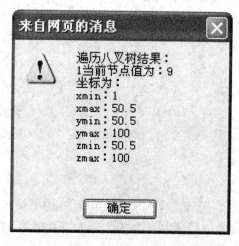

图 3 某一子区域的遍历结果图

4.4 查找地理实体

构造一个查找物体的函数，实现通过输入要查找地物的坐标值，搜索该地物，输出有关该地物的信息。如果要输入的坐标大于建立的包含所有地物的最小外包盒的范围，则输出该地物不在该场景中。否则，则进一步搜索，直到找到该物体，并输出所查找的地物所在的子区域的坐标范围、递归次数等。现查找某一地物，输出的运行结果如图 4 所示。

图 4　搜索某一地物输出结果图

5　结　束　语

本次研究基于 JavaScript 语言,利用八叉树算法完成索引,可在浏览器端直观地查看三维空间索引的结果。三维空间索引技术是快速查询三维空间数据的基础,是三维 GIS 基础软件需要解决的关键技术。与其他三维空间数据索引方法相比较,八叉树算法逻辑结构简单的特点比较突出。但还存在占用存储空间较大等缺点。所以,具体选用何种方法还要结合具体应用。

参 考 文 献

[1] 王学全.三维 GIS 数据库的空间索引技术研究与探索[D].重庆:西南大学,2011.

[2] 沈永增,徐均,刘东岳.嵌入式三维电子地图空间数据索引研究[J].计算机应用与软件,2012,29(7):94-97.

[3] GUTTMAN A. R trees:A dynamic index structure for spatial searching[C]//ACM SIGMOD Conference,Boston,USA,1984.

[4] 左小清,李清泉.一种面向道路网 3 维数据的空间索引方法[J].测绘学报,2006,35(1):57-63.

[5] 张亚军,华一新.一种支持多版本空间数据的索引方法[J].测绘通报,2012,(S1):582-584+592.

[6] 杨建思.一种利用面元拟合的地面点云数据三维 R 树索引方法[J].武汉大学学报(信息科学版),2013,38(11):1313-1316.

[7] 吴明光.一种空间分布模式驱动的空间索引[J].测绘学报,2015,44(1):108-115.

[8] 惠文华,郭新成.3 维 GIS 中的八叉树空间索引研究[J].测绘通报,2003(1):25-27.

[9] 姚顽强,郑俊良,陈鹏.八叉树索引的三维点云数据压缩算法[J].测绘科学,2016,41(7):18-22.

[10] 赵芳芳,张军.多尺度空间数据索引方法研究[J].测绘工程,2008,17(2):26-29.

[11] 王力.三维扫描数据处理中数据结构的设计与比较[J].测绘通报,2010(9):63-65.

[12] 唐国民,王国钧,蒋云良,等.数据结构(C 语言版)[M].北京:清华大学出版社,2009:7-8.

[13] 花杰,邢廷炎,芮小平.一种适合多源地球物理数据三维可视化的快速空间索引技术[J].地球物理学进展,2013,28(3):1626-1636.

[14] DENG H,ZHANG L Q,MAO X C,et al. Fast and dynamic generating linear octrees for geologic bodies under hardware acceleration[J]. Science in China Series D:Earth Sciences,2010,53(S1):113-119.

[15] 吕广宪,潘懋,吴焕萍,等.面向真三维地学建模的海量虚拟八叉树模型研究[J].北京大学学报(自然科学版),2007,43(04):496-501.

作者简介:汪玲玲(1994—),女,硕士研究生,主要研究方向为GIS软件开发。

联系方式:安徽省淮南市泰丰大街168号安徽理工大学山南新区。E-mail:1843059910@qq.com。

基于 ANUDEM 的县南沟流域坡长尺度效应研究

樊宇,郭伟玲

(安徽理工大学,安徽 淮南,232001)

摘　要:坡长是区域水土保持定量评价研究中重要的地形因子之一,本文以黄土高原地区县南沟流域为研究区,通过 ANUDEM 软件基于县南沟流域1∶1万比例尺数字地形图,建立5～100 m分辨率的 DEM 数据,利用 LS_TOOL 工具提取其上的坡长表面,分析坡长随分辨率变化的规律。研究表明,随着 DEM 分辨率的降低,地形特征点的坡长值变化表现出一定的规律性。不同坡长分级区的坡长均值变化呈现出差异性,面积比率在100 m以内的坡长呈下降趋势,其余坡长类型区均呈增加趋势。流域坡长均值随分辨率的变粗整体发生扩张,短坡长逐渐减少,长坡长范围扩大,坡长均值随分辨率变化呈线性递增。

关键词:DEM 分辨率;坡长;地形特征点;坡长类型区

Study on the Scale Effect of Slope Length in Xiannangou Catchment Based on ANUDEM

FAN Yu,GUO Weiling

(AnHui University of Science and Technology,Huainan 232001,China)

Abstract:Slop length is one of the most important terrain factors in the quantitative assessment research of regional soil and water conservation. Taking Xiannangou Catchment area as example, the research established 5～100 m resolution DEMs based on 1∶10 000 digital topographic maps using ANUDEM software and extracted slop length by LS_TOOL, to analyze the changing regularity of slope length with DEM resolution. The results indicates that the slop length values of these terrain feature points are changing regularity with DEM resolution reduction. The changing regularity of mean slop length in different classifying areas appears difference, area ratio are increasing in all classifying areas except the 100 m are decreasing. The mean slop length of Xiannangou Catchment are expansion with DEM resolution reduction, short slope length are decreasing and long slope length are increasing, mean value appears linear step with DEM resolution variation.

Keywords:DEM resolution; slope length; terrain feature point; slope length classifying area

　　数字高程模型(Digital Elevation Model,DEM)是诸多数字地形分析研究中常用的基础资料,DEM 及其地形分析具有强烈的尺度依赖特性[1]。汤国安基于陕北黄土高原高分辨率 DEM 数据研究了栅格尺寸和地形粗糙度对 DEM 提取地面平均坡度精度的影响[2]。郝振纯等应用信息熵来度量空间参数,随着分辨率的变大,信息熵逐渐减小,这说明随着 DEM 分辨率变大,包含的信息量逐渐减少[3]。在区域水土保持相关研究中,基于 DEM 生产的地形因子中,坡度和坡长是两个最重要的地形指标。其中,坡长定义为从坡面径流的起点到径流被拦截点或流路中断点的水平距离[4],在土壤侵蚀评价中,其他指标不变的情况下,坡长越长累积径流量越大,侵蚀力表现越强,研究表明较低分辨率提取的坡长会发生明显扩张,进而影响土壤侵蚀评价结果[5]。已有研究表明影响坡长提取的因素有三:一是受提取算法的影响[6],二是受到DEM产品质量和类型的影响[7],三是受DEM分辨率的影响[5]。

DEM的分辨率,即与作为基础插值DEM的地形图信息量相适应,能较好地反映该区域地形特征的DEM栅格尺寸。

本文基于县南沟流域1∶1万数字地形图,利用ANUDEM专业化插值软件生成5～100 m的20个不同栅格尺寸的水文地貌关系正确的DEM数据[8],对地形特征点坡长、坡长类型区、流域坡长与DEM分辨率的关系进行了探讨。以求探索坡长随DEM分辨率的变化情况,为今后的坡长与DEM分辨率之间的量化分析打下基础,进而为土壤侵蚀研究中关于DEM上提取地形因子的尺度效应问题提供理论支持。

1 研究方法

1.1 研究区域

县南沟流域(图1)位于陕西省北部,黄土高原中部的安塞县境内,流域总面积约45 km^2,海拔1 000～1 435 m,地面平均坡度约28°,是典型的黄土丘陵沟壑区。其地表形态较为复杂,沟壑纵横,是受人类活动影响的典型水土流失严重区域。

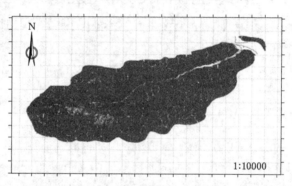

图1 县南沟流域研究区示意图

1.2 DEM建立与坡长提取

本研究的基础数据来源于国家测绘部门出版的1∶1万比例尺的县南沟流域的数字地形图,等高距为5 m。经过必要的查错与编辑后,在ANUDEM专业化插值软件的支持下,根据已有研究率定的有关参数[9]建立县南沟流域5～100 m(间隔5 m)具有相同空间投影、不同栅格尺寸的水文地貌关系正确的DEM[10],如图2所示。

本文采用基于多流向算法和矩阵计算的地形因子提取工具LS_TOOL[11]分别对上述不同栅格尺寸的DEM提取坡长,以得到相应分辨率的坡长表面,如图3所示。

1.3 坡长信息提取

(1)样点坡长信息提取。基于生成的5 m栅格尺寸的DEM提取部分山顶点[12]和山谷点(各取10个样本点)。通过Arc map软件中Zonal Statistics命令分别提取这些样本点所

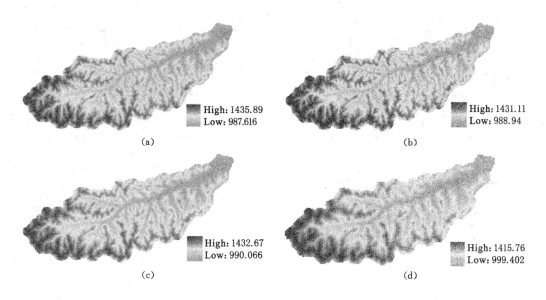

图 2　县南沟流域不同分辨率 DEM 示意图

(a) 5 m；(b) 25 m；(c) 50 m；(d) 100 m

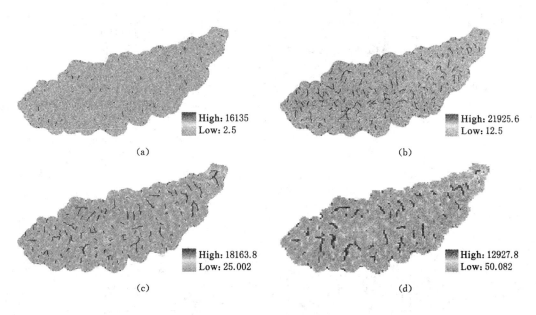

图 3　县南沟不同流域分辨率 DEM 提取的坡长示意图

(a) 5 m；(b) 25 m；(c) 50 m；(d) 100 m

对应的各个分辨率上的样点坡长值。

（2）流域坡长信息提取。利用 LS_TOOL 工具分别对各栅格尺寸 DEM 进行坡长值信息提取。

（3）坡长分级区域信息提取。对各栅格尺寸的 DEM 坡长表面按表 1 所示进行分级，将每一级视为一个坡长类型区域，并统计该坡长分级所占面积和坡长特征值信息。

表 1　坡长类型区分分级表

分级	分级范围/m	分级	分级范围/m
1	<60	5	200~300
2	60~100	6	300~400
3	100~150	7	400~500
4	150~200	8	≥500

2　结果与分析

2.1　样点坡长与DEM分辨率关系分析

在研究区范围内基于 5 m 分辨率的 DEM 上所提取的山顶点和山谷点中，各选取 10 个点为样本点，通过 Arc map 软件提取各个点在基于不同分辨率坡长图上对应的坡长信息进行分析可知（图4）：各点的坡长值均在长坡长范围内。以山顶点为样点提取的坡长值在分辨率 40 m 之前缓慢下降，之后开始发生波动，但总体呈平缓下降趋势。而以山谷点为样点提取的坡长值在分辨率 30 m 之前平稳增长，之后也同样发生波动，总体呈平缓上升趋势。

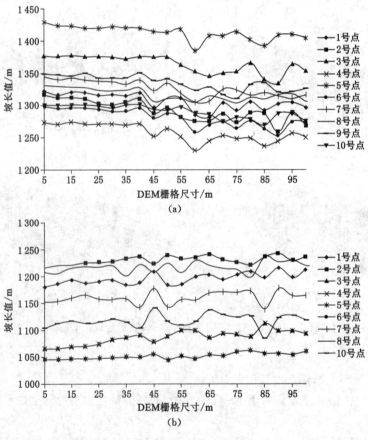

图 4　地形特征点坡长与分辨率的关系
(a) 山顶点；(b) 山谷点

2.2 坡长类型区坡长与DEM分辨率关系分析

采用同一级坡长分级区所有栅格的坡长平均值进行计算,如图5表明:坡长分级<60 m、60~100 m、100~150 m 的坡长类型区,坡长均值随着分辨率变粗呈递增趋势,但60~100 m 坡长范围内当分辨率达到80 m 之后出现下降趋势,但小于150 m 的坡长均值总体以发生扩张为主。150~200 m、200~300 m、300~400 m、400~500 m 分级区的坡长均值基本趋于平稳,无明显变化。坡长值大于500 m 的分级区坡长均值呈明显的下降趋势。

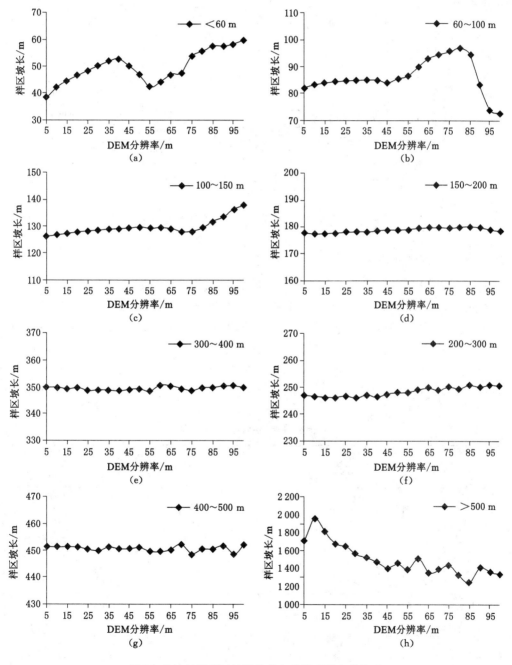

图 5　各坡长类型区坡长均值与分辨率的变化关系

采用同一级坡长分级区所占栅格总面积的百分比进行计算,如图6表明:随着分辨率的降低,坡长<60 m和60～100 m的坡长分级区面积比例呈现出明显下降趋势,与该坡长类型区坡长均值扩张相对应,即小于100 m的坡长发生扩张,面积比例下降。100～150 m坡长类型区随分辨率下降所占面积比例先是增加,在分辨率下降到30 m之后趋于平稳,之后在75 m处开始下降。其他坡长类型区都呈现出面积比例随DEM分辨率下降而增加的现象。这说明小于100 m的坡长逐渐扩张到长坡长范围内,而导致大于100 m的坡长分布范围逐渐增多。

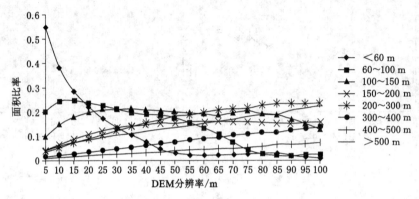

图6 各坡长类型区坡长面积比率与分辨率的变化关系

2.3 县南沟流域坡长与DEM分辨率关系分析

从各个分辨率DEM上提取的坡长统计值(表2)、县南沟流域坡长均值统计(图7)、坡长累积频率曲线(图8)来看,随着分辨率的降低,坡长值发生扩张,表现为:坡长平均值、标准差逐渐增大,坡长累积频率曲线向右下方移动,即坡长越来越向较长的坡长值集中。对于本文的研究区而言,分辨率从5 m到50 m平均坡长增加了209.935 9 m,从50 m到100 m平均坡长增加了131.670 9 m,结合图4来看,坡长的扩张随着分辨率的变粗逐渐增大,平均坡长与分辨率之间呈现出线性递增关系,关系式为:$y=3.097x+189.3$,$R^2=0.959\,8$。

表2 不同分辨率DEM坡长统计值 m

Name	Min	Max	Mean	Std
Len_5	2.50	16 135.00	145.69	500.42
Len_10	5.00	15 329.60	214.44	674.46
Len_15	7.50	17 692.90	242.19	652.20
Len_20	10.01	13 689.80	258.67	623.36
Len_25	12.50	21 925.60	281.06	682.97
Len_30	15.00	17 723.00	296.30	637.43
Len_35	17.50	16 143.50	310.61	630.97
Len_40	20.00	14 307.30	325.00	630.89
Len_45	22.65	16 587.70	332.45	634.35
Len_50	25.00	18 163.80	355.63	670.01

续表 2

Name	Min	Max	Mean	Std
Len_55	27.50	12 206.40	360.56	624.82
Len_60	30.08	28 318.10	397.95	805.04
Len_65	32.51	15 563.60	387.83	681.62
Len_70	35.09	14 796.70	408.38	732.56
Len_75	37.64	13 811.40	434.54	727.97
Len_80	40.23	8 446.31	427.42	652.47
Len_85	43.15	10 577.80	418.38	591.69
Len_90	45.46	11 658.80	476.11	781.82
Len_95	47.52	12 206.30	477.10	739.67
Len_100	50.08	12 927.80	487.30	730.47

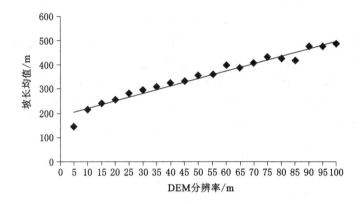

图 7 县南沟流域坡长均值统计图

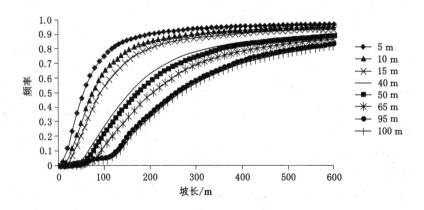

图 8 不同分辨率坡长累积频率曲线

3 讨 论

3.1 研究结论

本文以县南沟流域为研究区,基于 AUNDEM 软件建立不同分辨率 DEM 作为基础数据研究坡长尺度效应规律。研究表明,在研究区平均坡长和 DEM 分辨率的关系上,呈现出线性相关关系 $y=3.097x+189.3, R^2=0.9598$。在地形特征点坡长研究中,山顶点和山谷点坡长值分别随 DEM 分辨率的降低呈平缓下降和平缓增长趋势,且当分辨率增大到一定数值时,山顶点和山谷点的样点坡长开始发生不规律的波动。对于坡长分级区的研究,当坡长分级<60 m、60~100 m、100~150 m 的坡长类型区,坡长均值随着分辨率变粗而呈递增趋势,坡长以扩张为主;150~500 m 之间的分级区的坡长均值基本趋于平稳,无明显变化;坡长值大于 500 m 的分级区坡长均值呈明显的下降趋势。对于坡长分级区面积比例研究的结果与坡长分级区的研究结果相对应,表现为坡长扩张,对应的面积比例下降。

3.2 问题与讨论

在坡长分级区的研究中,对于 60~100 m 分级区,该区的坡长均值随着分辨率变粗而呈递增趋势,但当分辨率达到 80 m 之后出现明显下降趋势。这种反常的变化情况在分辨率 100 m 之后是否得到体现,还有待进一步探索其变化规律。

本文对于坡长与分辨率的研究未区分采样间距和数据平滑这两种分辨率的表现形式对坡长提取的影响,也未对坡长变化值进行进一步的量化研究。因此,在今后的研究中将着重区分采样间距和数据平滑对坡长提取的影响,并对坡长的空间格局和统计分布特征的变化进行量化分析。

参 考 文 献

[1] 刘学军,卢华兴,仁政,等.论 DEM 地形分析中的尺度问题[J].地理研究,2007,26(3):433-442.

[2] 汤国安,赵牡丹,李天文,等. DEM 提取黄土高原地面坡度的不确定性[J].地理学报,2003,58(6):824-830.

[3] 郝振纯,池宸星,王玲,等. DEM 空间分辨率的初步分析[J].地球科学进展,2005,20(5):499-504.

[4] WISCHMEIER W H, SMITH D D. Predicting rainfall erosion losses—a guide to conservation planning[J]. United States. dept. of Agriculture. Agriculture Handbook, 1978:537.

[5] 郭伟玲,杨勤科,程琳,等.区域土壤侵蚀定量评价中的坡长因子尺度变换方法[J].中国水土保持科学,2010,8(4):73-78.

[6] 秦伟,朱清科,张岩.通用土壤流失方程中的坡长因子研究进展[J].中国水土保持科学,2010,8(2):117-124.

[7] 陈楠. DEM 分辨率变化对坡度误差的影响[J].武汉大学学报(信息科学版),2013,38(5):594-598.

[8] 杨勤科,R MCVICAR T,李领涛,等. ANUDEM——专业化数字高程模型插值算法及

其特点[J].干旱地区农业研究,2006,24(3):36-41.

[9] 张彩霞,杨勤科,段建军.高分辨率数字高程模型的构建方法[J].水利学报,2006,37(8):1009-1014.

[10] 杨勤科,MCVICAR,NIEL,等.用 ANUDEM 建立水文地貌关系正确 DEM 的方法研究[J].测绘科学,2006,31(6):155-157.

[11] 张宏鸣,杨勤科,李锐,等.基于 GIS 和多流向算法的流域坡度与坡长估算[J].农业工程学报,2012,28(10):159-164.

[12] 陈楠.DEM 分辨率与平均坡度的关系分析[J].地球信息科学学报,2014,16(4):524-530.

基金项目:国家自然科学基金青年基金资助项目(41501294)。

作者简介:樊宇(1993—),男,硕士研究生,主要从事数字高程模型地形属性分析研究。E-mail:yyfanyu@qq.com。

GPS 高程拟合方法研究

方懿

(中国电建集团华东勘测设计研究院有限公司,浙江 宁波,311122)

摘 要:当前工程测量中采用的高程是正常高,而 GPS 测量获得的高程是大地高,两者之间存在高程异常。为了求解高程异常值,文章基于 MATLAB 所具有强大的数据处理功能,结合工程实例对 GPS 高程拟合的方法进行研究,并利用 MATLAB 编程实现 GPS 高程异常拟合。结果表明:(1) 对于测区点为面状分布时,采用曲面拟合法更能反映测区的似大地水准面状况,其精度高于基于曲线的曲线拟合法。(2) BP 神经网络拟合法的拟合效果较好,并且组合拟合法的拟合精度高于单一拟合法的精度。(3) 依据内、外符合精度,文章采用的四种高程拟合方法均满足四等几何水准的要求。可见,运用 MATLAB 编程功能进行 GPS 高程拟合是可行和有效的,具有一定的应用参考价值。

关键词:MATLAB;GPS;BP 神经网络;高程异常

Research on GPS Elevation Abnormal Fitting Method

Fang Yi

(PowerChina Huadong Engineering Corporation Limited, Ningbo 311122, China)

Abstract: The elevation used in the current engineering survey is normal height, while the elevation obtained by GPS surveying is geodetic height, and there is elevation anomaly between them. In order to solve the height anomaly value, this paper studies the method of GPS height fitting based on the powerful data processing function of MATLAB, combines with the engineering example, and uses MATLAB programming to realize the GPS height anomaly fitting. The results showed that: (1) in the test area for planar distribution, using surface fitting, to better reflect the areas of the geoid, and its accuracy is higher than that based on curve fitting. (2) BP neural network to fit better legal and quasi legal, combination fitting accuracy is higher than that of single fitting precision. (3) according to the internal and external accuracy, the four height fitting methods used in this paper meet the requirements of four geometric level. Therefore, it is feasible and effective to apply MATLAB programming function to GPS height fitting, and has certain application reference value.

Keywords: MATLAB; GPS; BP neural network; elevation abnormal

GPS 定位系统以定位精度高、测站之间无须通视、仪器操作简单、人工干预少、应用广等优点被应用在工程建设的各个领域[1]。GPS 坐标是以地球质心为坐标原点的参心坐标,测量获得的高程是以 WGS—84 椭球面为基准面的大地高[2],而在我国工程中采用的高程通常是以似大地水准面为基准面的正常高,大地高与正常高之差称为高程异常 ξ。然而,要精确求取高程异常需要点位的精确重力数据,实际操作比较困难。通常求取高程异常的方法[3]是通过某种数学模型根据已知的 GPS 三维点位模拟求出未知点的高程异常。常规方法求解高程异常需要编写大量循环语句,耗时耗力。MATLAB软件可以运用高级编程语言,突破了这一思想,特别是在对矩阵或数组的运算中,只需通过一个或几个简单的命令就可以完成[4],这使得MATLAB软件在测量数据处理中有一定的实际应用价值,实现了数据的自动处理。文章结合实例利用MATLAB进行对测区的高程异常进行GPS高程拟合,实现数据的自动化处理。

1 GPS高程拟合原理

通过使用GPS定位技术,可以测定地面点的精确三维位置,唯一不足的是所测量出来的高程却是以参考椭球面为基准的大地高,而不能直接在实际应用中进行使用。而在实际工程的应用中,传统水准测量获取的是基于似大地水准面的正常高,我国高程系统普遍采用正常高系统。大地高与正常高之的差值称为高程异常 ξ ,大地高、正常高、高程异常之间关系[5]如图1所示。

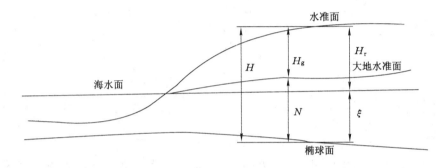

图1 各个参考基准之间的关系

$$H = H_g + N = H_r + \xi$$

式中,H 为大地高;H_g 为正高;N 为大地水准面差距;H_r 为正常高;ξ 为高程异常,是大地水准面到 WGS—84 参考椭球面的距离。

GPS高程拟合实质就是在GPS网中联测一些水准点,然后利用这些点上的正常高和大地高求出它们的高程异常值,再根据这些点上的高程异常值与坐标的关系,用最小二乘的方法拟合出测区的似大地水准面,利用拟合出的似大地水准面,内插出其他GPS点的高程异常,从而求出各个未知点的正常高。

2 GPS高程拟合方法研究

目前在实际应用中的GPS高程拟合方法有很多,其中最常用的有等值线图示法、多项式曲线拟合、多面函数拟合法、多项式曲面拟合、神经网络法等。这些拟合方法都要根据测区地形、数据收集等情况从中选择一种拟合结果最适合的方法。只有选择合适的拟合方法,才能得到最佳的拟合结果。

2.1 多项式曲线拟合法

当GPS点呈线状分布时,将坐标系换成 x 与测线方向重合,y 方向与测区方向垂直,则设点的 ζ 与 x_i(或 y_i 或拟合坐标)存在的函数关系($i=0,1,2,\cdots,n$)可以用下列 $m(m \leqslant n)$ 次多项式来进行拟合[6]:

$$\xi_m(x_i)_0 = a_0 + a_1 x_i + a_2 x_i^2 + \cdots + a_m x_i^m \tag{1}$$

其中,$x_i = X_i - \overline{X}_i$;$\overline{X}_i = \sum\limits_{I=1}^{m} X_i/m$。

在已知点处的高差 $R_i = \xi_i(x_i) - \xi_i$ 的平方和最小,即:

$$\sum_{i=1}^{m}[\xi_i(x_i) - \xi_i]^2 = \min \tag{2}$$

在这样的条件下求解 a_i,接着求出各点的 ζ,从而获得正常高。

2.2 多项式曲面拟合法

当测区内 GPS 点呈面状分布时常用的拟合方法是多项式曲面拟合法。设点的 ζ 与平面坐标 x、y 有下列函数关系[7]:

$$\xi = f(x,y) + \varepsilon \tag{3}$$

其中,$f(x,y)$ 为 ξ 中趋势值;ε 为误差。

设 $$f(x,y) = a_0 + a_1 x + a_2 y + a_3 x^2 + a_4 y^2 + a_5 xy + \cdots \tag{4}$$

写成矩阵的形式为:

$$\boldsymbol{\xi} = \boldsymbol{XB} + \boldsymbol{\varepsilon} \tag{5}$$

其中,$\boldsymbol{\xi} = \begin{bmatrix} \xi_1 \\ \xi_2 \\ \vdots \\ \xi_n \end{bmatrix}$,$\boldsymbol{B} = \begin{bmatrix} a_1 \\ a_2 \\ \vdots \\ a_n \end{bmatrix}$,$\boldsymbol{\varepsilon} = \begin{bmatrix} \varepsilon_1 \\ \varepsilon_2 \\ \vdots \\ \varepsilon_n \end{bmatrix}$,$\boldsymbol{X} = \begin{bmatrix} 1 & x_1 & y_1 & x_1^2 & \cdots \\ 1 & x_2 & y_2 & x_2^2 & \cdots \\ \vdots & \vdots & \vdots & \vdots & \\ 1 & x_n & y_n & x_n^2 & \cdots \end{bmatrix}$。

对于每个已知点,都可以列出以上方程,在 $\sum \varepsilon^2 = \min$ 的条件约束下,求解出各个 a_i,然后按照式(5)求待求点的高程异常 ζ,从而求出正常高。

2.3 BP 神经网络结构

BP(Back Propagation)神经网络是一种误差反向传播的多层前馈神经网络[8],以层状方式排列,其网络结构如图 2 所示。

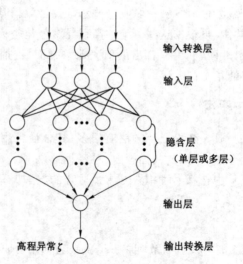

图 2 BP 神经网络结构图

输入信号从输入层经中间(隐含)层处理,在输出层得到输出。每一层的神经元只接受来自前一层神经元的输入,对前面层没有信号反馈。如果输出层得不到期望输出,则转向反向传播,通过改正神经元的权值,使得误差信号最小,从而使 BP 神经网络预测输出不断逼近期望输出。基于 BP 神经网络的 GPS 高程拟合数据处理主要分为以下六个流程:

(1) 确定输入数据(已知 GPS 点平面坐标或大地坐标)和目标输出数据(正常高或高程异常),注意输出向量和输入向量的列数必须相同。

(2) 对输入输出数据进行归一化处理。

(2) 设计神经网络层数,并设定各层神经元个数、传递函数、训练样本。

(3) 利用函数(newff 或 newfftd)创建神经网络。

(4) 网络初始化与训练。此步骤主要是对权函数进行设置。

(5) 进行网络仿真与复原。基于 sim 函数对输入数据进行网络仿真与复原。

(6) 将待求点数据输入网络,并经反归一处理求出正常高或高程异常。

3 案例解算及分析

3.1 实验测区

文章以安徽省某城市地下管线探测工程图根控制网数据为高程拟合实验数据。该测区地形以平原为主,控制网涵盖面积约 760 km²,控制点数为 350 个,点位分布并不均匀。测区内共有 30 个 GPS 水准联测点,其中几何水准测量用的是四等水准测量。为了客观地进行高程拟合实验,从中选取了点位分布均匀的 25 个点(包括最高点 D2 和最低点 D12)作为实验点和检核点。点位分布如图 3 所示,点位信息如表 1 所示。

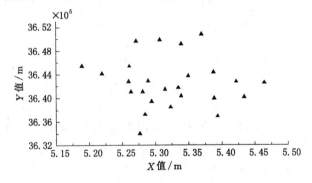

图 3 点位分布图

表 1 点位具体信息

点名	水准高程/m	GPS 高程/m	高程异常 ζ/m
D1	33.160 6	45.462 7	12.302 1
D2	42.527 5	54.794 9	12.267 4
D3	18.335 5	30.618 9	12.283 4
D4	34.639 1	46.926 7	12.287 6
D5	25.311 3	37.609 7	12.298 4
D6	25.670 6	37.983 9	12.313 3

续表 1

点名	水准高程/m	GPS 高程/m	高程异常 ζ/m
D7	23.218 8	35.523 3	12.304 5
D8	28.864 5	41.137 8	12.273 3
D9	22.889 8	35.196	12.306 2
D10	26.408 7	38.684 3	12.275 6
D11	23.939 7	36.239 6	12.299 9
D12	17.927 9	30.217 2	12.289 3
D13	19.720 4	32.032 7	12.312 3
D14	17.999 6	30.275 1	12.275 5
D15	31.985 4	44.293 2	12.307 8
D16	24.440 8	36.293 2	12.294 3
D17	20.996 6	33.281 8	12.285 2
D18	22.131 6	34.430 1	12.298 5
D19	23.607 7	35.89	12.282 3
D20	27.511	39.799 6	12.288 6
D21	21.049 1	33.352 4	12.303 3
D22	36.762 7	49.056 1	12.293 4
D23	34.076 5	46.380 8	12.304 3
D24	33.316	45.630 5	12.314 5
D25	39.435 4	51.719 7	12.284 3

3.2 拟合方法的选择及实施

研究区域内的 25 个监测点既有大地高,又有正常高。选取 D1、D2、D3、D5、D7、D9、D10、D12、D13、D14、D15、D18、D20、D22、D25 共 15 个点作为拟合实验点,其余 10 个点作为拟合检核点。采用二次多项式曲线拟合法、二次曲面拟合法、BP 神经网络拟合法、二次曲面拟合与 BP 神经网络组合拟合法,这四种拟合方法,利用 MATLAB 软件进行相关编程,进而解算出高程模型。然后,将检核点坐标带入进行检验,求出 10 个检核点的高程异常值,算出残差,各方法计算结果如表 2、表 3、表 4、表 5 所示,各拟合方法检核点残差对比图如图 4 所示。

表 2　　　　　　　　二次多项式曲线拟合结果

点号	高程异常值/m	拟合高程异常值/m	拟合残差值/mm
D4	12.287 6	12.234 3	0.053 3
D6	12.313 3	12.340 0	−0.026 7
D8	12.273 3	12.418 8	−0.145 5
D11	12.299 9	12.342 3	−0.042 4
D16	12.294 3	12.397 8	−0.103 5

续表 2

点号	高程异常值/m	拟合高程异常值/m	拟合残差值/mm
D17	12.285 2	12.329 0	−0.043 8
D19	12.282 3	12.382 2	−0.099 9
D21	12.303 3	12.336 2	−0.032 9
D23	12.304 3	12.195 0	0.109 3
D24	12.314 5	12.279 0	0.035 5

表3　二次多项式曲面拟合结果

点号	高程异常值/m	拟合高程异常值/m	拟合残差值/mm
D4	12.287 6	12.281 1	0.006 5
D6	12.313 3	12.309 8	0.003 5
D8	12.273 3	12.280 0	−0.006 7
D11	12.299 9	12.283 5	0.016 4
D16	12.294 3	12.437 3	−0.143
D17	12.285 2	12.298 4	−0.013 2
D19	12.282 3	12.284 4	−0.002 1
D21	12.303 3	12.289 0	0.014 3
D23	12.304 3	12.281 2	0.023 1
D24	12.314 5	12.301 3	0.013 2

表4　BP神经网络拟合结果

点号	高程异常值/m	拟合高程异常值/m	拟合残差值/mm
D4	12.287 6	12.289 0	−0.001 4
D6	12.313 3	12.312 6	0.000 7
D8	12.273 3	12.272 1	0.001 2
D11	12.299 9	12.301 2	−0.001 3
D16	12.294 3	12.293 1	0.001 2
D17	12.285 2	12.284 3	0.000 9
D19	12.282 3	12.282 6	−0.000 3
D21	12.303 3	12.304 5	−0.001 2
D23	12.304 3	12.304 0	0.000 3
D24	12.314 5	12.313 3	0.001 2

表 5　二次曲面拟合与 BP 神经网络组合拟合结果

点号	高程异常值/m	拟合高程异常值/m	拟合残差值/mm
D4	12.287 6	12.288 0	−0.000 4
D6	12.313 3	12.314 1	−0.000 8
D8	12.273 3	12.273 9	−0.000 6
D11	12.299 9	12.299 2	0.000 7
D16	12.294 3	12.294 1	0.000 2
D17	12.285 2	12.283 7	0.001 5
D19	12.282 3	12.282 6	−0.000 3
D21	12.303 3	12.302 8	0.000 5
D23	12.304 3	12.303 8	0.000 5
D24	12.314 5	12.315 4	−0.000 9

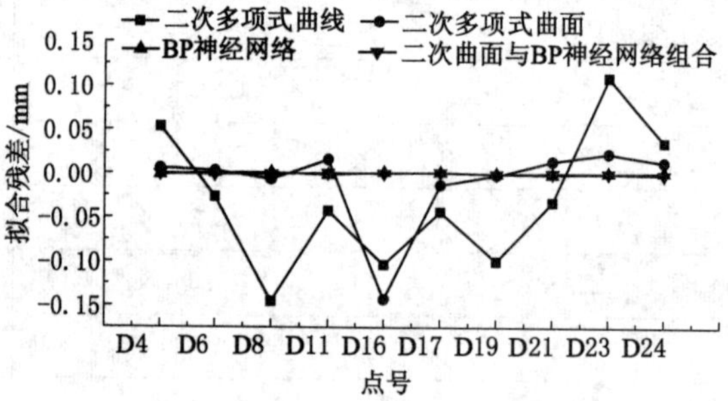

图 4　各拟合方法检核点残差对比图

由表 1～表 4 及图 4 可以看出：

(1) 二次多项式曲线拟合检核点最大残差为 −0.145 5 mm，二次多项式曲面拟合检核点最大残差为 −0.143 mm，BP 神经网络拟合检核点最大残差为 −0.001 4 mm，二次曲面与 BP 神经网络组合拟合检核点最大残差为 0.001 5 mm。

(2) 通过表 1 与表 2 进行比较可以看出，对于测区点为面状分布时，采用曲面拟合法，更能反映测区的似大地水准面状况，其精度高于基于曲线的曲线拟合法。

(3) 表 3 与表 1、表 2 进行比较可以看出，由于 BP 神经网络拟合法不需要构造模型，相对地减少了人为误差。在本次实验测区（平原区域），且选点较均匀的条件约束下，BP 神经网络拟合法的拟合效果优于曲线、曲面拟合法的拟合效果。

(4) 从图 4 可以看出，BP 神经网络拟合法和二次曲面拟合与 BP 神经网络组合拟合法拟合效果明显优于另外两种拟合方法的拟合效果。

3.3　精度分析

在进行 GPS 水准测量时应适当多联测几个 GPS 点，其点位也应该均匀分布在全网，以作为外部检核使用，这样可以客观地评定 GPS 水准计算的精度。GPS 水准计算的精度一般利用内、外符合精度进行评定。根据参与拟合计算已知点或检核点的值 ξ'_i 与拟合值 ξ_i，用 $v_i = \xi'_i - \xi_i$ 求拟合残差，按下式计算 GPS 高程拟合计算其内符合精度和外符合精度：

$$\sigma = \pm \sqrt{[v_i v_i]/(n-1)} \tag{6}$$

式中，n 为相应已知点或检核点样本集的点数；v_i 为个点输出高程异常 ξ_i 和已知高程异常 ξ'_i 的差值。经过计算，各拟合方法的精度指标如表6所示。

表6　　　　　　　　　　各拟合方法精度比较

拟合方法	内符合精度/mm	外符合精度/mm
二次多项式曲线	±0.118 8	±0.083 9
二次多项式曲面	±0.023 1	±0.049 3
BP 神经网络	±0.001 2	±0.001 1
二次曲面与 BP 神经网络组合拟合	±0.000 7	±0.000 7

依据内、外符合精度值可以看出，这几种高程拟合方法均满足四等几何水准的要求；其中 BP 神经网络拟合法和二次曲面与 BP 神经网络组合拟合法可以达到较高的精度，并且明显高于另外两种拟合方法的拟合精度；在本次实验测区为平原区域，且选点较均匀的条件约束下，二次曲面拟合与 BP 神经网络组合拟合法的拟合精度高于单一拟合法的精度。

4　结　　论

MATLAB 软件本身所具有的数据处理分析功能，可以解决 GPS 高程异常的数据处理问题，大大提高计算效率。文章主要针对二次多项式曲线拟合法、二次多项式曲面拟合法、BP 神经网络拟合法、二次曲面拟合与 BP 神经网络组合拟合法进行了研究，结果表明：① 对于测区点为面状分布时，采用曲面拟合法，更能反映测区的似大地水准面状况，其精度高于基于曲线的曲线拟合法。② BP 神经网络拟合法不需要构造模型，所以相对地减少了人为误差。在本次实验测区（平原区域），且选点较均匀的条件约束下，BP 神经网络拟合法的拟合效果优于曲线、曲面拟合法的拟合效果，二次曲面拟合与 BP 神经网络组合拟合法的拟合精度高于单一拟合法的精度。③ 根据内、外符合精度值可以看出，文章采用的几种高程拟合方法均满足四等几何水准的要求。可见，运用 MATLAB 编程功能进行 GPS 高程拟合具有较好的运算能力，完全可以满足大多数工程的要求。

参考文献

[1] 赵亚红,潘洪浩,牛芩涛.Matlab 在 GPS 高程拟合中的应用[J].华北科技学院学报, 2013(4):65-67.

[2] 温康锋,胡剑.GPS 水准拟合的原理与方法探讨[J].国土资源导刊,2013(3):95-96.

[3] 骆丽华,覃辉.Matlab 程序设计在 GPS 高程拟合中的应用[J].地理空间信息,2015(1): 99-101.

[4] 陈本富,王贵武,沈慧,等.基于 Matlab 的数据处理方法在 GPS 高程拟合中的应用[J].昆明理工大学学报(自然科学版),2009,34(5):1-4.

[5] 黄声享,郭英起,易庆林.GPS 在测量工程中的应用[M].北京:测绘出版社,2012.

[6] 简程航.GPS 高程拟合方法研究及其工程应用[D].北京:中国地质大学,2014:3-24.

[7] 史俊莉.GPS 高程拟合与精度分析[D].合肥:合肥工业大学,2011:5-66.

[8] 强明,郭春喜,周红宇.基于神经网络的GPS高程拟合方法优选及精度分析[J].重庆交通大学学报(自然科学版),2012,31(4):815-818.

作者简介:方懿(1983—),男,中国电建集团华东勘测设计研究院有限公司,工程师。E-mail:734936578@qq.com。

基于RBF神经网络的GPS对流层延迟插值算法

马健武[1]，陶庭叶[1]，尹为松[2]

（1.合肥工业大学，安徽 合肥，230009；2.安徽继远软件有限公司，安徽 合肥，230088）

摘 要：目前，RBF神经网络已经应用在很多领域，它能够以任意精度逼近任意函数，学习速度快。为了提高对流层延迟内插精度，建立了一种基于RBF神经网络对GPS对流层延迟内插的模型。安徽省电力系统6个CORS基站的坐标和对流层延迟作为建模数据，4个CORS站作为测试数据，验证该模型的可靠性。实验结果表明，测试数据的对流层插值精度达到毫米级别。

关键词：RBF神经网络；对流层延迟；插值

Interpolation Alogrithm of GPS Tropospheric Delay Based on RBF Neural Network

MA Jianwu[1], TAO Tingye[1], YI Weisong[2]

(1. *School of Civil and Hydraulic Engineering, Hefei University of Technology, Hefei 230009, China*;
2. *Anhui Jiyuan Software Co. Ltd, Hefei 2300088, China*)

Abstract: At present, RBF neural network has been applied in many fields, it can be arbitrary precision approximation of any function, learning fast. In order to improve the accuracy of tropospheric delay interpolation, a model of delay tropospheric delay interpolation based on RBF neural network is established. the coordinate and tropospheric delay of 6 CORS base stations in Anhui Province as the modeling data, the other 4 CORS stations are used as test data to verify the reliability of the model. The experimental results show that the tropospheric interpolation accuracy of the test data reaches the mm level.

Keywords: RBF(Radial Basis Function) neural net work; tropospheric delay; interpolation

1 引 言

在高精度变形监测数据处理中，GPS信号在对流层传播中的延迟是影响其精度的主要误差源之一，与信号传播路径的高度角有着密切关系，当高度角为90°时误差达到2～3 m，但当高度角为5°时其误差最大时可以达到25 m，而且由于对流层延迟极易受大气中水汽和天气的影响，所以对流层延迟所造成的误差是不能忽视的，必须建立相应的模型削弱或剔除这些误差。双差法可以有效地消除对流层延迟，这种方法适合短基线测量，但是当基线两端高差、气象因素较大时效果不理想[1]。目前常用的方法主要是采用模型改正法，Hopfield模型是通过分析全球18个气象站台的平均气象资料得到经验公式。Black模型则在Hopfield模型基础上加入了路径弯曲改正。Saastamoinen模型利用标准大气的密度温度廓线模型，将天顶延迟表述成地面气象元素的函数。这几种模型都需要测站处的气象元素。Black 模型则在 Hopfield 模型基础上加入了路径弯曲改正。UNB3 模型是由 Saastamoinen 模型精化而来的,通过气象参数格网值内插得到改正值。以上模型在小范围局部区域存在着明显的系统误差[2-4]。参数估计法,将对流层延迟作为未知参数参与平差解算,但是在参数选取之前需要通过其他方法获得天顶延迟的先验值。插值改正法主要有反距离加权插值法和 Kriging 插值法。当地形起伏比较大时,插值精度不能很好地得到满足[5-7]。

为了提高精度,在不需要气象参数只提供测站坐标就能计算出测站天顶对流层延迟误差,需要建立精确的对流层延迟内插模型。本文利用 RBF 神经网络内插对流层延迟,通过试验验证该方法有较高的精度。

2　RBF 神经网络插值算法

RBF 神经网络是一种前馈式神经网络,能以任意精度逼近连续目标函数,具有最佳逼近和全局最优的性能。如图 1 所示,RBF 神经网络是一种三层网络,由输入层、隐含层和输出层组成,输入层为网络输入矢量,隐含层包含有此隐节点的激活函数,输出层采用线性组合方法输出目标值。RBF 网络工作的基本思想是:用 RBF 作为隐层单元的基构成隐含层空间。当径向基函数的中心确定后,这种映射关系就确定了。而隐层空间与输出空间的映射是线性的,即网络的输出是隐层节点的线性加权和。由此可见,从整体上看,网络由输入到隐层的映射是非线性的,而隐层到输出的映射是线性的[8,9]。

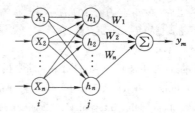

图 1　RBF 神经网络结构

RBF 神经网络的性能很大程度上受自身拓扑结构的影响,主要因素有:径向基函数、隐层中心点、隐层数目、隐层宽度和权值。

径向基函数一般采取高斯函数,公式如下:

$$\varphi(x,c_i) = \exp\left(-\frac{\|x-c_i\|^2}{\sigma^2}\right) i = 1,2,\cdots,k \quad (1)$$

式中,x 为输入向量;c 为隐层中心点;k 样本数量。其中 σ 为隐层中心点宽度,$\|x-c_i\|$ 为输入向量与隐层中心的欧式几何距离[10]。

隐含层数目一般大于样本输入的维度,小于样本数量。通过试验结果,确定合适的个数。

隐层中心点的位置最为关键。隐含层中心点采用 k-mean 聚类方法。从训练数据中挑选 k 个作为 RBF 的初始中心 c,其他训练数据分配到与之距离最近的类中,然后重新计算各类训练数据的平均值作为 RBF 的中心。

隐含层宽度的选择尽可能覆盖输入向量空间,这里可采用固定值:

$$\sigma = \frac{d}{\sqrt{2M}} \tag{2}$$

式中,d 为所有类之间的最大欧式距离;M 为 RBF 隐含层中心点的数目。这样可以保证每一个径向基函数都不会太平或太尖[11-15]。

在隐层节点数、径向基函数、隐层中心点及宽度确定后,输出层权值可由线性方程组确定。设训练样本集$\{(X_i,d_i) i=1,2,\cdots,n\}$,学习目的是确定权值 ω_i,使得输出值与期望值相等:

$$y_i = \sum_{i=1}^{n} \varphi_i \omega_i = d_i \tag{3}$$

式中,y_i 为输出值;d_i 为输出期望值。则可以得到下列线性方程组:

$$\begin{bmatrix} \varphi_{11} & \cdots & \varphi_{1n} \\ \vdots & & \vdots \\ \varphi_{n1} & \cdots & \varphi_{nn} \end{bmatrix} \begin{bmatrix} \omega_1 \\ \vdots \\ \omega_n \end{bmatrix} = \begin{bmatrix} d_1 \\ \vdots \\ d_n \end{bmatrix} \tag{4}$$

令

$$\left. \begin{aligned} \boldsymbol{G} &= \begin{bmatrix} \varphi_{11} & \cdots & \varphi_{1n} \\ \vdots & & \vdots \\ \varphi_{n1} & \cdots & \varphi_{nn} \end{bmatrix} \\ \boldsymbol{W} &= \begin{bmatrix} \omega_1 \\ \vdots \\ \omega_n \end{bmatrix} \\ \boldsymbol{D} &= \begin{bmatrix} d_1 \\ \vdots \\ d_n \end{bmatrix} \end{aligned} \right\} \tag{5}$$

上式可表示为:

$$\boldsymbol{GW} = \boldsymbol{D} \tag{6}$$

通过最小二乘法不断训练权值,使总误差达到最小。

样本的总误差,如果只有一个输出单元,则第 n 个样本的误差为:

$$E_n = \frac{1}{2} \sum_{l=1}^{N} (d-y)^2 \tag{7}$$

则 S 个样本的总误差:

$$MSE = \frac{1}{2n} \sum_{i=1}^{n} E^2 \tag{8}$$

3 实验分析

试验数据采用安徽省电力系统 10 个 CORS 站的坐标,数据所采集的时间是 2014 年 1 月 21 日 00 时 00 分 00 秒到 2014 年 1 月 21 日 23 时 59 分 59 秒。利用 GAMIT 软件解算出这 10 个 CORS 站的对流层延迟。

实验设计方案:根据 10 个安徽省 CORS 站的坐标数据和对流层延迟,随机选取 6 个 CORS 站数据作为样本建立 RBF 神经网络模型,利用另 4 个 CORS 站数据作为测试样本,验证该模型的可靠性,评定精度。输入向量是 CORS 站的经、纬度和高程,输出对流层延迟。输入层维度为3，径向基函数选择高斯函数，隐含层中心点宽度利用公式(2)求得。隐层中心点利用K-mean聚类方法最终通过误差分析确定合适的分类个数，这样隐含层的个数也就可以确定。权值可通过列出线性方程组利用伪逆法直接求出。

利用其中6个CORS站数据建立RBF神经网络模型，预测剩余4个测站的对流层延迟，分6类、5类和4类时的结果分别图2～图4以及表1～表3所示。

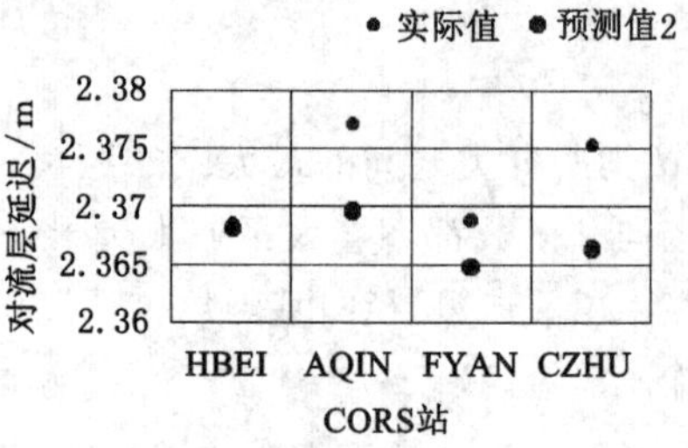

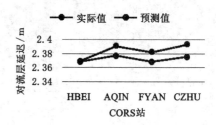

图2 分6类时预测值与实际值的比较

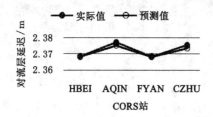

图3 分5类时预测值与实际值的比较

图4 分4类时预测值与实际值的比较

表1　　　　　　　　　　分6类时预测值与实际值的比较

测站	实际值/m	预测值/m	差值/m
HBEI	2.368 6	2.368 133	0.000 467
AQIN	2.377 2	2.369 53	0.007 67
FYAN	2.368 7	2.364 806	0.003 894
CZHU	2.375 4	2.366 23	0.009 17

表2　　　　　　　　　　分5类时预测值与实际值的比较

测站	实际值/m	预测值/m	差值/m
HBEI	2.368 6	2.368 106 794	0.000 493
AQIN	2.377 2	2.375 326 985	0.001 873
FYAN	2.368 7	2.368 237 715	0.000 462
CZHU	2.375 4	2.373 587 202	0.001 813

表3　　　　　　　　　　分4类时预测值与实际值的比较

测站	实际值/m	预测值/m	差值/m
HBEI	2.368 6	2.369 639 235	0.001 039 235
AQIN	2.377 2	2.391 393 938	0.014 193 938
FYAN	2.368 7	2.382 511 349	0.013 811 349
CZHU	2.375 4	2.393 413 674	0.018 013 674

从以上图表中可以看到,使用不同的分类预测结果不同,其中当隐含层个数为 5 时,预测值与实际值差值最小,最大误差约为 0.002 mm。

从表 2 中可以看出,RBF 神经网络的对流层延迟预测值与实际值相比,所有测站的 GPS 对流层延迟误差均在毫米级别,最大误差约为 2 mm。分析得出:利用 RBF 神经网络模型预测 GPS 对流层延迟精度较高,建模训练数据地理位置分布均匀,能覆盖所预测区域。

3 结束语

根据设计方案,采用 RBF 神经网络对对流层延迟进行内插,通过对测站的预测值与实际值比较,所有测站的 GPS 对流层延迟误差均在毫米级别,最大误差约为 2 mm。可以看出,利用 RBF 模型来预测某测站的 GPS 对流层延迟效果比较理想,误差可以控制在毫米级,具有较高的准确性和可靠性。

参考文献

[1] 尹为松. 基于 GA_BP 模型的 GPS 对流层延迟内插算法研究[D]. 合肥:合肥工业大学,2015.

[2] 李昭,邱卫宁,邱蕾,等. 几种对流层延迟改正模型的分析与比较[J]. 测绘通报,2009(7):16-18.

[3] 韩伟. 中国地区对流层延迟模型研究[D]. 南京:东南大学,2016.

[4] 洪卓众. 区域对流层模型在地基 GPS 气象学中的应用研究[D]. 西安:长安大学,2011.

[5] 邱蕾,罗和平,王泽民. GPS 网络 RTK 流动站的对流层内插改正分析[J]. 测绘工程,2011(5):70-73.

[6] 彭楠峰. 距离反比插值算法与 Kriging 插值算法的比较[J]. 大众科技,2008(5):57-58.

[7] 郭秋英,郝光荣,陈晓岩. 中长距离网络 RTK 大气延迟的 Kriging 插值方法研究[J]. 武汉大学学报(信息科学版),2012(12):1425-1428.

[8] 陶庭叶,高飞,刘文星,等. 利用 RBF 神经网络对 GPS 广播星历插值[J]. 大地测量与地球动力学,2012(2):44-46.

[9] 王勇,张立辉,杨晶. 基于 BP 神经网络的对流层延迟预测研究[J]. 大地测量与地球动力学,2011(3):134-137.

[10] 王炜,吴耿锋,张博锋,等. 径向基函数(RBF)神经网络及其应用[J]. 地震,2005(2):19-25.

[11] 卫敏,余乐安. 具有最优学习率的 RBF 神经网络及其应用[J]. 管理科学学报,2012(4):50-57.

[12] 缪凯. RBF 神经网络的研究与应用[D]. 青岛:青岛大学,2007.

[13] 周维华. RBF 神经网络隐层结构与参数优化研究[D]. 上海:华东理工大学,2014.

[14] 马东宇. 基于 Gaussian 型 RBF 神经网络的函数逼近与应用[D]. 长沙:中南大学,2011.

[15] 陈远鸿,邱蕾,冯玉钊. 利用神经网络建立 GPS 网络 RTK 的双差对流层误差模型[J]. 大地测量力学,2011(6):128-131.

作者简介:马健武(1992—),男,硕士研究生,主要研究方向大地测量与全球定位导航系统。
E-mail:757179534@qq.com。

基于 ArcEngine 建筑物保护煤柱留设自动化及三维可视化研究

洪娅岚

(安徽理工大学,安徽 淮南,232000)

摘 要:我国是煤炭资源使用大国,在煤炭的开采过程中,煤层上部的建筑物或构筑物会产生不同程度的变形损坏。为了保护煤层上的建筑物,水体或者各类道路设施,要在煤层中设置保护煤柱。本文主要介绍了煤柱留设的基本原理,利用现阶段最适用的垂线法留设煤柱的原理以及具体的留设技术路线。

关键词:保护煤柱;ArcEngine;自动化;三维可视化

Research on Automation and 3D Visualization of Building Protection Coal Pillar Based on ArcEngine

HONG Yalan

(Anhui University Of Science & Technology, Huainan 232000, China)

Abstract: The coal resources is main energy resources of our country. In the process of exploitation of coal resources, the buildings or structures on the upper part of the coal seam will deform in varying degrees. In order to protect the buildings on the coal seam, water bodies or various road facilities, a protective coal pillar shall be provided in the coal seam. This paper mainly introduces the basic principle of coal pillar setting, using the most suitable vertical method at this stage, the principle of retaining the coal pillar and the specific technical route are given.

Keywords: protective coal pillar; ArcEngine; automation; 3D visualization

随着我国经济建设的发展,在不断调整能源结构的背景下,煤炭仍然是首选能源煤矿开采带来的负面影响包括岩层移动和地表沉陷,会导致煤矿上部及周围的建(构)筑物发生变形和破坏。各类道路、桥梁、工矿企业、村庄等工程所牵涉的"三下"压煤不断增加,为保护和合理利用矿产资源,除了严格管理开采过程,煤柱留设这一举措必不可少。

1 国内外研究现状

目前,我国对煤柱留设所做的探索有以下几类:

(1)在煤柱留设领域探索新的更快速有效的方法。似椭圆法的煤柱留设这一原理就是由陈俊杰提出的[1],刘继树利用变形预计方法设计煤柱[2],柴华彬通过研究高层建筑的点载荷对保护煤柱的影响,提出一种设计高层建筑下保护煤柱的新方法[3]。

(2)在传统留设煤柱方法上探寻新的思路,进行提升改进。仅在重要的道路保护对象下留设保护煤柱如桥梁隧道等这一想法是由曹利提出的,在其他非关键保护对象处采用井上下协调保护技术的方法[4],冯尊德将数字标高投影法修改为只需根据保护煤柱等高线图作图的方法[5]。

(3) 煤柱留设过程中方法是否合理,采用的方法有什么影响效果以及之后的变化规律都有进一步探究的必要。如魏峰远探讨了煤矿开采的深度、厚度和煤层倾角等因素对保护煤柱尺寸的影响[6],彭文庆分析了分层开采浅埋厚煤层时的保护煤柱宽度[7]。

(4) 保护煤柱留设自动化研究。如 Liu YaJing 利用 ACCESS2000 数据库、VC++语言和 Open GL 接口实现保护煤柱绘制和三维可视化系统[8],才向军使用 Excel VBA 编写角度、垂线长度等计算函数来简化垂线法计算[9]。

大多数欧洲国家的主要能源结构是以汽油为主,而非同我国以煤炭资源为主。风沙充填、水砂充填、部分开采法、陷落法、风力充填和房柱式采矿[10-11]等压煤开采技术的进步及煤矿远离城镇的分布现状等因素,煤柱设计研究集中在采煤中用于支撑稳定性所保留矿柱的宽度合理性、受力变化规律和特殊环境因素影响等方面,如 G. S. Esterhuizen 的断层对煤柱强度的影响调查[12],E. Ghasemi 为提高房柱式采煤法回采安全性而提出的煤柱设计新方法[13]和 K. Biswas 通过实验研究风化作用对老矿区矿柱的影响研究[14]等。

2 保护煤柱的留设原理与方法

2.1 保护煤柱的留设原理

设地面有一建筑物,位于煤层上方,根据建筑物等级可确定它的受护面积为 $a_0b_0c_0d_0$,如图 1(a)中的阴影部分。

确定了受保护对象后,以该对象的几何中心 o 为中心,向煤层的倾向和走向方向分别做截面Ⅰ-Ⅰ和Ⅱ-Ⅱ;并利用事先已知的煤层移动角 $\beta、\gamma、\delta$,煤层倾角 α 以及保护对象几何中心距离煤层的垂直高度 H。在倾向截面上,以 c_0d_0 为起始点向煤层下山和上山方向分别做 γ 角和 β 角,交煤层于 c,d 两点,见图 1(b)。在走向截面上,以 a_0b_0 点为起始点分别向建筑物两侧作 δ 角,向下交煤层于 $a、b$ 两点,见图 1(c)。再将 $abcd$ 四个点用几何投影的方法投影到地表平面上,即可得到保护对象的保护煤柱留设边界[图 1(a)]。由此可知在保护边界外部进行的煤矿资源开采活动不会对保护对象产生较大影响,也就是临界变形值以上的移动变形,但是仍有可能产生临界变形值以下的微小移动变形。

主要参数:

(1) 围护带宽度

建筑物在确定为保护对象后又分为两部分:一个是建筑物地表部分,另一个是所要保护的建筑物其周围可能受影响的部分称为围护带(即图 1 中的 2)。留围护带的目的是[15]:

① 避免在留设保护煤柱时因为移动角及其他参数的误差导致系统计算的保护煤柱尺寸的不足。

② 避免由于地理开采环境和煤层地表上下位置关系确定的误差而导致的保护煤柱的位置以及尺寸大小的偏差。根据建筑物和构筑物的重要级别、使用途径以及进行煤炭资源开采后会引起的后果,把矿区开采影响范围内的建筑物和构筑物分为四个保护等级。不同等级的建筑物选用不同的围护带宽度[16],例如一级建筑物的围护带宽度为 20 m。

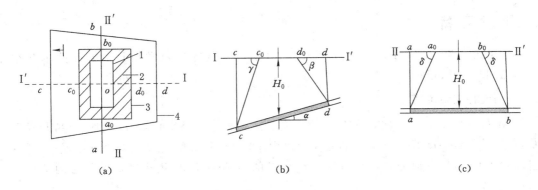

图 1 煤柱留设图
(a) 平面图；(b) 斜剖面图；(c) 平剖面图；
1——建筑物边界；2——围护带；3——围护带保护面积边界；4——留住的保护煤柱边界

(2) 移动角 β、γ、δ 及松散层 φ 移动角

在留设保护煤柱过程中,移动角的确定非常关键。有些矿区拥有地表移动观测的数据,它的移动角及其他参数可以在对观测数据进行分析的过程中利用综合分析而来[16]。对于有些并没有地表移动观测数据和一些新的矿区,移动角可利用类比法来确定。

2.2 垂线法(图2)

首先,在受护对象边界上,依建筑物保护等级加围护带,得到围护带边界 $efgh$。然后,在围护带边界上,向外按长度 $P=h \times \cot\varphi$ 作 $efgh$ 的垂线(h 是松散层厚度,φ 是松散层移动角),得出松散层与基岩接触面上的松散层保护边界 $e'f'g'h'$。从保护边界 $e'f'g'h'$ 分别按垂线长度 q、l 计算公式作各拐点的垂线至点 E、E'、F、F'、G、G'、H、H'。最后,连接 E、E'、F、F'、G、G'、H、H' 各点,相交得保护煤柱边界 1—2—3—4。

向上山方向垂线长度为 q,计算公式为:

$$q = \frac{H\cot\beta'}{1+\cot\beta'\cdot\tan\alpha\cdot\cos\theta} \quad (1)$$

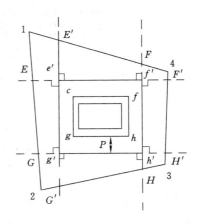

图 2 垂线法留设保护煤柱示意图

向下山方向上垂线长度为 L,计算公式为:

$$l = \frac{H\cot\gamma'}{1-\cot\gamma'\cdot\tan\alpha\cdot\cos\theta} \quad (2)$$

其中

$$\cot\beta' = \sqrt{\cot^2\beta\cos^2\theta + \cot^2\delta\sin^2\theta} \quad (3)$$

$$\cot\gamma' = \sqrt{\cot^2\gamma\cos^2\theta + \cot^2\delta\sin^2\theta} \quad (4)$$

式中,H 是煤层埋藏深度；β 是斜交剖面下山移动角；α 是煤层倾角；θ 是受保护面积边界与煤层走向所交的锐角；γ 是斜交剖面上山移动角。

3 平台支持

本系统是在 ArcEngine 平台,应用 C♯ 语言,实现煤柱自动留设。下面简单介绍 ArcGIS 和 ArcEngine。

3.1 ArcGIS Engine 平台

ArcGIS Engine 是一款简单的、独立于各种应用程序的 Arc Objects 编程平台,开发人员可以利用 ArcGIS Engine 建立自定义应用程序。Arc Engine 主要由两部分组成,一部分是软件开发包,另一部分是一个可以重新分发的为 ArcGIS 应用程序提供平台的运行时(runtime)。

ArcGIS Engine 功能大致分为以下几个层次。

基本服务:地图上几何要素的体现,总体由 GIS 核心 Arc Objects 构成。

数据存取:不管是栅格还是矢量数据都可以在 ArcGIS Engine 中进行批量存取,包括强大而灵活的地理数据库。

地图表达、开发组件和运行时选项。

ArcEngine 开发基本过程如图 3 所示。

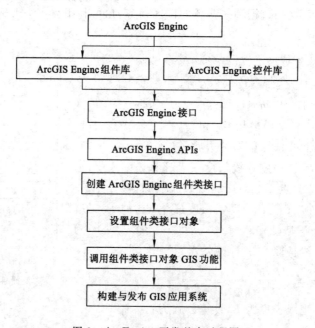

图 3 ArcEngine 开发基本过程图

4 系统的设计与模块

4.1 系统总体设计

保护煤柱自动留设可视化系统应对各种类型的保护煤柱达到自动处理,计算求解相应条件下的各种数据参数,并完成全过程的可视化操作显示,以满足工作人员的需要。

4.2 系统的主要功能模块

（1）二、三维图形加载模块

在系统中设置二、三维图形加载按钮。DEM 数据的加载需要用到两个组件类：Scene 和 SceneGraph。Sence 是一个矢量、栅格和图形数据显示与处理的容器，该类实现了 ISence 接口，提供了控制 Sence 的方法和属性。

（2）数据处理模块

三维场景属性查询，即在单击时返回该位置的坐标、高程等信息。通过 ISceneGraph 接口的方法 Locate，可以获取 IPoint 接口对象，利用 IPoint 接口获取单击处的地理坐标和高程值。

拉伸模块，即在加载三维 DEM 数据后，在系统界面中各煤层及地表的起伏效果不明显，运用拉伸按钮即可加大起伏变化，三维效果更加明显。主要运用到的接口是 ISceneGraph、IScene、IRasterBandCollection 以及 I3Dproperties。

在对平面建筑物二维数据进行选取过程中，运用凸包算法生成建筑物外围最小凸多边形，在这个多边形的基础上进行围护带、保护边界以及保护煤柱边界的生成。运用 Graham 算法，首先找出 Y 坐标最小的点，如果最小的点有多个，可选择其中 X 坐标最小的；运用叉积算法判断点集向量是否左转，形成最小凸多边形。

5 系统的实现

系统构建的最终界面大致如图 4 所示，实现了二、三维数据的加载，三维数据的拉伸效果以及围护带的生成，受保护界面的生成，最终实现保护煤柱边界的显示，输出边界坐标，建筑物坐标以及压煤量等参数。

图 4 系统界面图

参考文献

[1] 陈俊杰,邹友峰.似椭圆法设计保护煤柱的方法研究[J].煤炭技术,2005(9):2-4.

[2] 刘继树,吴永生.保护煤柱留设的变形预计法[J].煤矿开采,2001(2):50-51.

[3] CHAI HUABIN,DING ANMIN,ZOU YOUFENG. Design of protective coal pillar for

high buildings[J]. Dongbei Daxue Xuebao/Journal of Northeastern University,2011, 32(SUPPL.1):321-324.

[4] 曹利,刘辉,张宏贞,邓喀中,何春桂.铁路桥隧下保护煤柱合理留设及安全性评价[J].煤矿安全,2014(3):193-196.

[5] 冯尊德,吴庆忠,赵庆.数字标高投影法留设煤柱的改进[J].江苏煤炭,1997(1):16-17.

[6] 魏峰远,陈俊杰,邹友峰.留设保护煤柱尺寸的影响因素及变化规律探讨[J].中国矿业,2006(12):61-63.

[7] 彭文庆,王卫军.浅埋厚煤层分层开采保护煤柱合理宽度研究[J].煤炭科学技术,2008(11):14-16+20.

[8] LIU YAJING,MAO SHANJUN,YAO JIMING,etc. Research on 3D modeling and visualization of coal pillars for surface protection[J]. China University of Mining and Technology,2006,16(3):254-257.

[9] 才向军.EXCEL VBA 在保护煤柱留设中应用[J].矿山测量,2014(2):34-37+46.

[10] 姚金蕊,李夕兵,周子龙."三下"矿体开采研究[J].地下空间与工程学报,2005(S1):95-97.

[11] 开滦煤炭科学研究所情报室.国外三下采煤技术现状[J].矿山测量,1978(1):20-40.

[12] ESTERHUIZEN G S. Investigations into the effect of discontinuities on the strength of coal pillars [J]. Journal of The South African Institute of Mining and Metallurgy, 1997.

[13] GHASEMI E,SHAHRIAR K. A new coal pillars design method in order to enhance safety of the retreat mining in room and pillar mines [J]. Safety Science,2012,50(3):579-585.

[14] BISWAS K,PENG S S. Study of weathering action on coal pillars and its effects on long-term stability[J]. Society for Mining, Metallurgy and Exploration,1999,51(1):71-76.

[15] 邱洪钢,张青莲,熊友谊.ArcGISEngine 地理信息系统开发从入门到精通[M].2版.北京:人民邮电出版社,2013:162-188.

[16] 闫定.矢量地图局域非线性变换技术研究[D].哈尔滨:哈尔滨工程大学,2013.

作者简介:洪娅岚(1994—),女,本科,从事 GIS 软件开发。E-mail:515251357@qq.com。

探地雷达技术在矿区的应用

胡荣明,王舒,李岩

(西安科技大学测绘科学与技术学院,陕西 西安,710054)

摘 要:探地雷达是矿区应用的一项重要技术手段。其重要性体现在它的应用高效性和无损性,在矿区的采空区探测,煤层覆盖厚度的探测,矿区断层裂缝的探测,矿区地下水的探测中发挥着其他手段无法替代的重要性。采矿活动会造成所采工作面物性特征产生变换,利用探测图像出现的异常情况来确定出异常空间的分布。本文主要介绍了探地雷达的工作原理与方法,并分析采空区的形成机理、物性特征以及矿区地下水探测的模式,重点评述其在采空区探测,矿区有害地质构造的探测以及矿区地下水探测的应用。

关键词:探地雷达;矿区;采空区;地下水;探测

Application of Ground Penetrating Radar Technology in Mining Area

HU Rongming, WANG Shu, LI Yan

(*College of Geomatics, Xi'an University of Science and Technology, Xi'an 710054, China*)

Abstract: Ground penetrating radar is an important technical means for mining applications. Its importance is reflected in its application efficiency and non-destructive, in the mining area of the mined-out area detection, the detection of coal seam thickness, mining fault detection, mine groundwater exploration play other means can not replace the importance. Mining activities will result in the transformation of the physical properties of the mining face, using the abnormal situation of the detection image to determine the distribution of abnormal space. This paper mainly introduces the working principle and method of ground penetrating radar, and analyzes the forming mechanism, physical characteristics and groundwater exploration mode of mined-out area, and focuses on the exploration of mined-out area, the detection of harmful geological structure in mining area and the exploration of groundwater Applications.

Keywords: Ground penetrating radar; mining area; goaf; groundwater; detection

中国幅员辽阔,矿产资源丰富,在开采矿产资源时采用不同的方法对采矿活动进行监测与预警。随着科学技术的发展与进步,探地雷达技术日益成熟,在采矿活动中也有着广泛的应用。通过该技术可以探测矿区的地质环境,为矿区的后续建设提供依据与便利。

1 探地雷达工作原理与方法

探地雷达是用高频无线电波来确定介质内部物质分布规律的一种探测方法。探地雷达采用高频电磁波进行探测,频率范围一般分布在 1 MHz~10 GHz 之间。探地雷达的探测系统主要包括发射天线和接受天线,以及控制收发和数据存储的控制系统。由于天线频带的范围控制,所以一般情况下,不同的天线对应着不同的频率范围,也控制着探测目标的探测深度和分辨率。探地雷达探测中一般以电磁脉冲的形式进行探测,脉冲在介质中的传播遵循惠更斯定理、费马定理和斯涅尔定律,发生折射、反射现象,其运动学规律与地震勘探方法相似[1]。探地雷达概念于1910年被正式提出。由于军事中需要对飞机、舰艇等目标体的速度和位置进行实时测定,最初雷达技术装备的研制是为了服务于军事领域。从20世纪90年代以后日益成熟,它的发展得益于高新技术的发展与推动,同时又被研究并应用在各个行业。

电磁波在介质的传播过程中,由于所通过介质的电性差异以及几何形态的不同,其路径、电磁场强度与波形也会有所变化。所以,可以根据接受波的旅行时间,亦称为双程走时,幅度与波形资料可以推断介质的结构及其物理性质[2]。探地雷达工作示意图如图1所示。

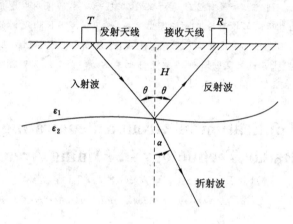

图1 探地雷达工作示意图

2 采空区形成机理以及与采空区物性特征

2.1 形成机理

地下煤层采空后形成具有一定几何规模的空间称为采空区。采空区的出现使得周围岩体原有应力平衡状态遭到破坏,上覆岩层失去支撑,产生移动变形,直到破坏塌落。随着煤层开采面积的扩大,上覆岩层自下向上直至地表逐次产生移动、变形、破裂等,由此引起采空区塌陷、回填及地面塌陷下沉。随着开采的终结及时间的变化,当应力重新分布并达到新的平衡时,岩层与地表移动才会终止。采空区上方的覆岩体往往会出现变形和移动,若采空区至地表岩层均处于冒落带范围内,则地表出现塌陷坑;若裂隙带发育至地表,则地表以出现地裂缝为主;弯曲带上方地表往往形成下沉盆地。

2.2 采空区物性特征

采空区的物性特征不仅与冒落带、裂隙带的范围,围岩岩性,充填物及含水程度等有关,还与时间,采深,上覆岩层稳定程度有关。对于正在进行开采的采空区而言,冒落带、裂隙带不发育,当采深比较大时,采空区引起的地球物理异常非常弱,探测的效果也较差。对于开采后废弃的采空区而言,其上覆岩层已达到新的应力平衡状态,冒落带、裂隙带均已发育成熟。

(1) 电阻率特征

煤层一旦采动,短期内若无充填,则空气充满采空区,其电阻率较围岩高。若采动后出现地下水渗透,则采空区的电阻率呈低电阻高极化特征。

(2) 电磁波特征

电磁波会在地下介电常数和电导率发生变化的位置发生反射,引起二者变化的因素主要是介质电性的不同、相对密度的改变、介质含水量的变化等。

(3) 地震波特征

煤层采空及其顶板遭受破坏后,地层变得疏松,介质密度降低,地层对地震波的吸收频散衰减作用增强,同时使传播的地震波速度下降,而它不论被何种介质所充填,在其边缘部位都存在一个明显的波阻抗反射界面,采空区内介质和围岩介质的波速存在明显的差异。

(4) 面波特征

煤层采空区或塌陷区与完整地层相比,地层变得疏松、密实度降低,使传播于其中的瑞雷波速度下降。

(5) 密度特征

煤层采掘后形成空区,致使煤系地层质量亏损,当煤矿采空区保存完整时形成低值剩余重力异常。

(6) 放射性元素分布特征

煤层未采动之前,岩性均匀,地层稳定,地表土体一定深度内,氡气浓度相对稳定。而在采煤过程中,地层将不断受到破坏,氡气的聚集与散溢环境将发生变化。

利用探地雷达对采空区进行探测时利用以上几个方面的特性进行判断,当出现采空区时在雷达剖面上出现局部反射波中断,界面不连续,剖面中出现"空白区"等异常反映。

3 探地雷达在采空区中的应用

在矿区生产过程中主要的危害就是隐藏在各个平台下面的不明采空区,给矿区后续建设带来极大的安全隐患,因此,对矿区采空区的探测一直没有间断。张耀平[3]利用防暴探地雷达对采空区覆盖层厚度进行探测,探测结果表明,该矿山采空区垫层厚度大于 25 m,满足国家安全生产规程规定的无底柱自然崩落法空区垫层厚度必须超过两个分段高度的要求。龚术[4]、石刚[5]、张淑婷[6]等都利用探地雷达对矿区采空区进行探测,探测结果证实了探地雷达在采空区探测的有效性。但是探地雷达只能运用到浅层采空区探测,对深层采空区达不到探测的要求。

利用探地雷达进行煤矿的断层扫描,可以探测地下煤矿有害地质结构,确定采矿前煤层或矿区的地质条件,以确保安全生产,Cui Du[7]利用探地雷达对煤矿的断层进行扫描并将阻尼 LSQR 算法与经典 ART 和 SIRT 算法进行比较。探测地雷也可以用于探讨和判断煤层巷道隧道工作面前部和煤层采空工作面内部的地质条件[8]。Xianxin Shi[9]利用探地雷达检测煤矿井架结构。Jonathon C. Ralston[10]介绍了地面穿透雷达(GPR)在地下煤层地质测量中的实际应用。

4 探地雷达在探测地下水方面的应用

随着地质雷达技术日趋成熟,矿区地下水探测可以选择不同的模式,奠定了新型资源开发与利用方案。目前主要采用的是下面两种模式：

（1）网络化。在矿区布设网络链路与节点，对测区实时监测。同时系统物理层具有多层次的安全监测，首先是要通过信息的确认才能进入系统，其次进入系统查询之后，系统被查询出的数据是具有定向性的，实时地监测其发出的数据是否具有安全隐患和泄露风险。

（2）模型化。对矿区构建模型，通过分析掌握矿区地下水的分布情况，有效预防地下水对矿区可能造成的危害。随着虚拟模型技术普及化发展，地质雷达用于地下水探测技术实现了升级转型，按照预定模型平台设置处理中心，可进一步提升虚拟空间的可操作性。在GPR技术引导下，地下水探测可从变换、编码、增强、描述等方面体现出来，为图像模型控制提供技术化平台[11]。

目前探地雷达在矿区地下水探测方面的研究较少。王梦倩[12]对西部矿区地下潜水位进行探测，验证了用探地雷达探测干旱半干旱地区地下潜水位的可行性，为矿区地下潜水位的变化监测以及保水开采提供技术支持。李晓静[13]利用探地雷达对西南地区采煤塌陷区导致的地下水位下降以及水田漏水进行实地探测，运用不同的探测技术证实探地雷达在探测裂缝方面的可行性。但是以上方法主要是对浅层地下水进行探测，要想加深对地下水的探测就必须解决电磁波的频率和噪声对探测深度的影响。

5 结 论

探地雷达测量的是介质的阻抗差异。阻抗差异表现为介电常数、电导率和磁导率的综合贡献，其中介电常数的贡献较大，因而不可避免地存在多解性和探测结果的复杂性，主要表现在探测异常多，探测异常复杂，很难进行目标的认定和识别。尽管探地雷达存在高分辨率的特点，但在实际应用中还是存在许多多尺度的介质问题。到目前为止，针对多尺度的目标介质，除采用等效参数进行解释外，还没有充分利用探地雷达的多尺度分辨率性质，这也限制了探地雷达的进一步应用。

探地雷达因为利用电磁波进行无损探测，渐渐应用在矿区活动中，主要用于采空区的探测、煤层覆盖厚度的探测、矿区断层裂缝的探测、矿区地下水的探测等等。虽然在应用解决不少问题，但是，目前仍然存在一些有待进一步解决的问题：① 探测深度与探测分辨率无法同时都具有良好的精度；② 不管是国内还是国外的雷达，都容易受到其他波的干扰，探测信息不纯粹；③ 收集到的信息十分有限。这些问题虽然限制了探地雷达在矿区的研究与应用，但是它广阔的应用前景催促着我们不断地对探地雷达进行完善和改进。

参考文献

[1] 曾昭发.探地雷达理论与应用[M].北京：电子工业出版社，2010.
[2] 程久龙，胡克峰，王玉和，等.探地雷达探测地下采空区的研究[J].岩土力学，2004，25(z1)：79-82.
[3] 张耀平，董陇军，袁海平.新型探地雷达设备在采空区覆盖层厚度探测中的应用[J].中国矿业，2011，20(4)：114-118.
[4] 龚术，全朝红，陈程.探地雷达在采空区探测中的应用[J].西部探矿工程，2010，22(8)：167-168.
[5] 石刚，屈战辉，唐汉平，等.探地雷达技术在煤矿采空区探测中的应用[J].煤田地质与勘

探,2012(5):82-85.

[6] 张淑婷.地球物理勘查技术在探测煤矿采空区中的应用[R].煤矿采空区地球物理勘查技术暨工程物探疑难问题研讨,2012:83-87.

[7] DU C,YANG F,XU X,XU X. Coal mine geological hazardous body detection using surface ground penetrating radar velocity tomography[R]. International Conference on Ground Penetrating Radar,2014:339-344.

[8] ZHANG P,LI Y,ZHAO Y,GUO L. Application and analysis on structure exploration of coal seam by mine ground penetrating radar[R]. International Conference on Ground Penetrating Radar,2012:469-472.

[9] SHI X,YANG X M. A Study on Coal Mine Gob Detection with Ground Penetrating Radar[J]. International Conference on Remote Sensing, Environment and Transportation Engineering,2012:1-4.

[10] RALSTON J C,STRANGE A D. An industrial application of ground penetrating radar for coal mining horizon sensing,2015.

[11] 陆永坤,苟天红.分析地质雷达在探测地下富含水区域中的作用[J].有色金属文摘,2016(4):69-70.

[12] 王梦倩.探地雷达在西部矿区地下潜水位探测中的应用.煤矿安全,2013,44(1),133-136.

[13] 李晓静,胡振琪,赵艳玲,等.我国西南地区采煤塌陷水田漏水探测及机理分析.煤炭科学技术,2012,40(11),125-128.

作者简介:胡荣明,男,教授,现主要从事摄影测量与遥感、矿山测量等研究与教学活动,在国内主要期刊发表论文30余篇。E-mail:rmhu2007@163.com。

三维空间实体自动拓扑构建研究

鹿凤

(安徽理工大学,安徽 淮南,232000)

摘 要:拓扑关系作为地理信息系统中一种重要关系,一直是学者研究的重点、热点。目前,二维自动拓扑构建方法已经较为成熟,三维拓扑研究大都集中于外拓扑,即空间实体间拓扑的构建。本文根据三维拓扑的研究现状,提出了一种基于离散面完成内拓扑的自动寻体算法,利用左转算法,完成三维空间实体的拓扑自动构建。

关键词:三维;内拓扑;拓扑构建;左转算法

The Study of 3D Spatial Entity Automatic Topology Construction

LU Feng

(Anhui University Of Science & Technology, Huainan 232000, China)

Abstract: The topological relationship is an important relationship in the Geographic Information System, which has been the focus and hotspot of scholars' research. At present, the two dimensional automatic topology construction method is more mature, and the three-dimensional topology study is mainly focused on the outer topology, namely the construction of the space entity topology. Based on the present situation of the study on 3 d topology, is put forward based on the discrete surface finish inside topology automatically search algorithm, using left algorithm, a complete build three-dimensional entity topology automatically.

Keywords: 3D; the topology; topology construction; turn left algorithm

许多学者对3D GIS中的拓扑关系的表达和构建进行了相关研究[1-4]。根据文献[5]将三维拓扑分为内拓扑和外拓扑,内拓扑是指独立的三维实体内部的拓扑元素间的相互关系;外拓扑则是指多个三维实体之间的各种拓扑关系。目前,三维实体间的拓扑(外拓扑)构建方法已经相当成熟,如Egenhofer等人在点集拓扑理论的基础上创建的4元组模型,即比较两目标实体的内部与目标实体间的边界的关系;在其4交模型的基础上加上两目标实体之间外部的关系则构成了9元组模型;陈军等人提出的一种对9交模型的改进方法——基于Voronoi图的混合方法,用空间目标的Voronoi区域(Voronoi region)作为其外部;另外还有基于单纯形的拓扑构建方法,以及后来简化4交模型、简化9交模型等。文献[6]提出了两种三维拓扑构建方法,不仅完成内拓扑的构建,也考虑到外拓扑关系的构建。方法一是基于体的拓扑构建方式,在体对象独立构建完成后进行体之间的拓扑构建;方法二基于离散面的拓扑构建方式,是以离散面方式为组织实现自动寻体,在进行体之间的拓扑构建。

1 三维实体内部拓扑关系分析

郭薇陈军在《基于流形拓扑的三维空间实体形式化》一文[7]中将空间体状实体分为两种情形：① 由若干个连通的封闭曲面围成的空间体；② 具有内部空洞的体。本文中所研究的三维实体主要是指凸面体，三维实体不拘泥于其中，所提出的拓扑构建方法适用于上述两种三维实体。

1.1 拓扑模型

拓扑模型包括拓扑层和几何层两个层次。其中，拓扑层是由具有一定拓扑关系的结点、边、面、体四种拓扑层基元构成的；几何层是包括点、弧、面三种元素用于表达上述结点、边、面、体四种拓扑基元的空间几何形态。几何层元素与拓扑层元素存在着一一对应关系。

该模型中，结点是 0 维空间物体，1 维空间物体是指弧段或边，三角形或其他多边形则对应 2 维空间物体，3 维空间物体则主要表示四面体或其他多面体，每种类型的空间体包括其各自的坐标序列和属性值，之间并通过基本的邻接、关联、包含、几何和层次关系等建立相互联系，而不同类型的物体相互组合又构成复杂的地理空间对象。其中，一个拓扑边由两个顶点确定；一个平面由至少三条拓扑边构成，这些拓扑边按照一定的顺序存储；一个体至少由 3 个平面围成。

1.2 拓扑关系

在拓扑关系数据模型[8]中，创建拓扑数据结构的核心问题是对元素间拓扑关系的表达。基本的拓扑关系包括拓扑邻接关系、拓扑关联关系和拓扑包含关系。拓扑邻接和拓扑关联是用来描述如结点、弧段、面域之间结构元素的两类二元关系。拓扑邻接关系存在于同类型元素之间（注意是"偶对集合"）。一般用来描述面域邻接。拓扑关联关系存在于不同类型元素之间。一般用来描述结点与边、边与面的关系。拓扑包含关系用来说明面域包含于其中的点、弧段、面域的对应关系。拓扑包含关系可以是同类的元素之间，如面里面包含其他面域；也可以是不同类元素之间，如面域里面包含弧段、结点等。

2 拓扑构建方法

2.1 空间约束

此方法是一种基于离散面的构建方式，着重于如何从离散面自动构建封闭三维实体。其具备完整的点、线、面之间的拓扑关系，因为没有体的概念，所以缺乏体与面之间的组织关系。

文献[9]总结了构体的空间约束：① 无孤立点且点数据咬合；② 边是由多个互不重叠的连续点构成且边不存在自相交；③ 三维实体面片为二维平面多边形；④ 已经基本构建了点、边和面之间的拓扑关系。结合本文需要加上以下的约束条件：① 三维实体为凸面体，即每个面都为凸面片；② 组成每个面片的边按照逆时针存储；如图 1 中面 A 的边存储顺序为 a_1, a_2, a_3, a_4；③ 每条边的两顶点的存储顺序为从上到下、从左到右；如图 1 中 a_1 边的顶点存储顺序为 ab，a_2 边存储顺序为 cb，b_1、b_3 边顶点的存储顺序分别为 ae、bf。

2.2 左转算法

与二维拓扑类似，三维空间拓扑中的左转算法也是在二维平面上使用。结合到本文，左

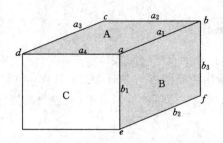

图 1 边和结点存储顺序的确定

转算法的基本思想可以这样理解：将构造的相交于一点的弧段投影于法平面上，以开始边所在的方向为 y 轴，建立平面直角坐标系。从 y 轴正半轴开始逆时针寻找，所找到的第一条弧段即为后续弧段[10]，该弧段所在的面片即为要查找的后续面片。

2.3 临近面的确定

基于离散面的自动拓扑构建方式的核心问题是如何寻找最邻近面，并通过离散面组织形成一个独立的三维实体。李霖等人在《空间体对象间三维拓扑构建研究》[11]一文中提出了一种夹角最小确定最临近面的方法。该方法需考虑到所用面的法方向，处理较为复杂。

从一平面的任一条边开始，如图 2 中 AB 边，将共享该边的所有平面（F_1、F_2、F_3、F_4、F_5）的中心点与该弧段 AB 的中点连接，所有构造弧段交于同一结点，沿着弧段端点存储顺序构造以该弧段为法线的平面，并将该边与所有构造的弧段投影到同一平面上，从该弧段的同一结点出发的其他弧度中，方向角最小的弧段是该多边形的后续弧段，则该弧段所在的平面则为要寻找的一个最临近面。

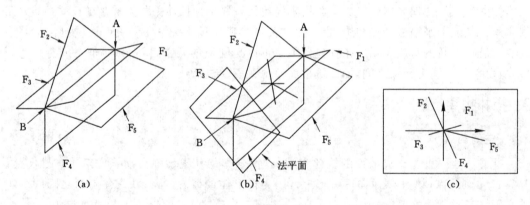

图 2 最邻近面的确定

2.4 三维体的自动构建

在三维空间中，一个面可以是两个体的公共面，一个边则可能是多个面的公共边。在图 3 中，以 A 面为初始面，边 a_1 为起始边，通过边 a_1 使用上述搜寻最临近面的方法可搜索到面 B；以在 B 面中按逆时针方向寻找 a_1 的后续边 b_1，通过 b_1 边搜寻最临近面可找到面 C；在面 C 中寻找 b_1 的后续边 a_4，通过 a_4 边可搜寻到面 A，此时返回到上一次的面 B 中，通过 b_2 继续搜索，可得到面 D，如此循环重复迭代搜索，直到没有新的面片被搜索到，即可得到封闭三维实体。

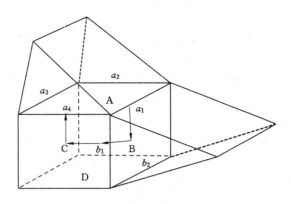

图 3 内拓扑自动构建过程

3 讨 论

目前,内拓扑的拓扑构建的模型中,虽然都进行了基础的拓扑检查[12],如结点是否匹配,多边形是否闭合等,排除了这些不能构体的元素,但是也都不可避免地规避了一个关键问题[13]:它们在做这些模型之前就已经默认了体的存在,然后才能按照后续的方法进行实现。本算法中较为重要的是选用语言进行编程实现,对每个面所包含的弧段进行循环,确保每条弧段,每个面片都被搜索查询到,直到循环体结束,三维实体的构成。

与李霖基于离散面的拓扑构建方式相同,两种算法都是基于离散面,拓扑的构建都是在相邻维度进行,避免了跨维元素[14]之间的影响。其主要考虑到构造面片的弧段,以及面片两种元素。本算法实现较为简单,重点在于编程的实现。

参 考 文 献

[1] ZLATANOVA S. On 3D Topological Relationships[C]//The 11th International Workshop on Database and Expert System Applications(DEXA 2000),London,2000.

[2] ZLATANOVA S,RAHMAN A A,SHI W. Topological Models and Frameworks for 3D Spatial Objects[J]. Computers&Geosciences,2004,30(4):419-428.

[3] SCHNEIDER M,BEHR T. Topological Relationships Between Complex Spatial Objects[J]. ACM Transaction on Database Systems,2006,31:39-81.

[4] 吴长彬,间国年.空间拓扑关系若干问题研究现状的评析[J].地球信息科学学报,2010,12(4):524-531.

[5] LEDOUX H,MEIJERS M. Topologically Consistent 3D City Models Obtained by Extrusion[J]. International Journal of Geographical Information Science,2011,25(4):557-574.

[6] 李霖,赵志刚,郭仁忠,等.空间体对象间三维拓扑构建研究[J].武汉大学学报(信息科学版),2012,37(6):719-723.

[7] 贺彪,李霖,郭仁忠.顾及外拓扑的异构建筑三维拓扑重建[J].武汉大学学报(信息科学版),2010,36(5):579-583.

[8] 郭薇,陈军.基于流形拓扑的三维空间实体形式化描述[J].武汉测绘科技大学学报,

1997(3):15-20.

[9] 郭仁忠,应申,李霖.基于面片集合的三维地籍产权体的拓扑自动构建[J].测绘学报,2012,41(4):620-626.

[10] 吴立新,史文中.地理信息系统原理与算法[M].北京:科学出版社,2000.

[11] 李霖,赵志刚,郭仁忠,等.空间体对象间三维拓扑构建研究[J].武汉大学学报(信息科学版),2012,37(6):719-723.

[12] 周立新.一个基于图的多边形拓扑关系生成算法[J].计算机应用,1999,19(10):37-39.

[13] 郭仁忠,应申,李霖.基于面片集合的三维地籍产权体的拓扑自动构建[J].测绘学报,2012,41(4):620-626.

[14] 郭仁忠,应申.三维地籍形态分析与数据表达[J].中国土地科学,2010,24(12):45-51.

时序双极化 SAR 开采沉陷区土壤水分估计

马威[1], 陈登魁[1], 王夏冰[1], 马超[1,2]

(1. 河南理工大学测绘与国土信息工程学院, 河南 焦作, 454000；
2. 河南理工大学矿山空间信息国家测绘与地理信息局重点实验室, 河南 焦作, 454000)

摘 要: 开采沉陷地质灾害诱发矿区生态环境恶化的关键因子是土壤水分变化。研究提出了一种利用 Sentinel-1A 和 OLI 地表反射率数据联合反演土壤含水量的方法, 即基于 OLI NDWI(Normalized Difference Water Index, NDWI)反演出植被含水量; 采用 Water-Cloud Model(WCM)模型消除植被对 Sentinel-1A 后向散射系数产生的影响, 将其转化为裸土区的后向散射系数; 利用基于 AIEM 模型和 Oh 模型建立的经验模型反演研究区地表参数, 并用 OLI 光学反演结果进行了验证; 最后比较了开采沉陷区内外土壤水分含量。研究表明: (1) 与基于 OLI 的土壤水分监测指数(Soil Moisture Monitoring Index, SMMI)的土壤水分含量反演结果相比, VH 极化反演的水分结果具有更好的一致性, 反演结果绝对误差在 2% 以内的点所占比例最高为 80%, 相关系数最大为 0.20, 而在荒漠化草原区绝对误差在 2% 以内的点所占比例最高为 100%, 相关系数最大为 0.52, 说明地形对后向散射的影响不可忽略。(2) 利用 VH 极化反演结果对 DInSAR 获得的 6 个开采沉陷区以及对比区土壤水分进行分析, 发现 2016 年内 72 期数据中, 对比区土壤水分含量大于沉陷区的有 41 期, 所占比例为 57%。表明对于整体而言, 开采沉陷会对地表土壤水分产生负面影响。

关键词: 极化雷达; 土壤水分; 相干系数图; 合成孔径雷达干涉测量; Sentinel-1A; 时间序列

A Time-Series Approach to Estimate Soil Moisture of Subsidence area Using Dual Polarimetric Radar Data

MA Wei[1], CHEN Denkui[1], WANG Xiabing[1], MA Chao[1,2]

(1. School of Surveying & Land Information Engineering,
Henan Polytechnic University, Jiaozuo 454000, China;
2. Key Laboratory of Mine Spatial Information Technologies of SBSM,
Henan Polytechnic University, Jiaozuo 454000, China)

Abstract: The key factor to the deterioration of ecological environment induced by mining subsidence hazard in mining area is the soil moisture change. In this paper, a method of inversion soil moisture using Sentinel-1A and OLI surface reflectance data is proposed. Firstly, the water content of vegetation is retrieved based on OLI NDWI (Normalized Difference Water Index, NDWI). Secondly, the effect of vegetation on Sentinel-1A backscattering coefficient was eliminated by using Water-Cloud Model (WCM) model, which was transformed into the backscattering coefficient of bare soil. And then based on the empirical model established by AIEM model and Oh model, the surface parameters of the study area were retrieved and verified by OLI optical inversion results. Finally, the soil moisture content in the subsidence area and non-subsidence area was compared. The result shows that: (1) Compared with the results of soil moisture based on the soil moisture monitoring index(SMMI), the results of VH polarization inversion have a better agreement. And the highest proportion of the point that absolute error of the inversion result is within 2% is 80% in the four data. The highest correlation coefficient is 0.20. While the highest proportion and correlation coefficient is 100% and 0.52 in the desertification grassland area, respectively. It mean that the impact of terrain on the backscatter can not be ignored. (2) The result of VH polarization inversion were used to analyze the soil moisture of subsidence areas obtained by DInSAR and non-subsidence areas, it found that the number of non-subsidence soil moisture greater than subsidence soil moisture was 41 and accounted 57%. The result indicate that, for the whole, mining subsidence will have a negative impact on surface soil moisture.

Keywords: polarimetric radar; soil moisture; interferometry synthetic aperture radar(InSAR); sentinel-1A; time series

土壤水分是全球水循环和能量交换过程中一个关键变量,在水文、气候和农业生产中扮演着重要角色[1-3]。传统的土壤水分监测方法虽然精度很高,但很难大范围、高效率以及全过程地获取土壤水分信息[4,5]。而遥感技术的发展则为不同时间、空间尺度的土壤水分变化监测提供了有效的途径[6,7]。遥感监测土壤水分的方法主要有:热惯量法、距平植被指数法、植被指数法、光谱特征空间法以及微波遥感法等[8,9]。可见光和红外遥感易受到天气的限制,而微波遥感具有全天时、全天候的监测能力,受云、雨、大气等影响较小,因此相较其他遥感监测方法而言具有先天优势。

荒漠化矿区植被对土壤水分变化极为敏感,对矿区进行长时间序列的土壤水分监测研究尚不多见[10],尤其是以矿井综采工作面开采时空尺度,研究地下矿产资源开采对于地表土壤水分的影响未见报道。马保东等[11]利用MODIS数据对低植被覆盖度区域进行了9年的土壤水分监测,发现矿区与背景区相比,土壤并未发生干化。刘英等[12]利用MODIS数据的NDVI产品以及地表温度数据评估了神东矿区的旱情。卞正富等[13]分别利用野外实测和TM影像反演方法从两个尺度分析了采空区与非采空区上方的土壤含水量,发现实测微观尺度上两个地区的土壤含水量有着明显的差别,而遥感面域尺度上两个地区的土壤含水量并没有明显的差别,但是并没有给出这种现象发生的规律性。

本文以内蒙—陕西交界处的干旱—半干旱区为研究区,利用Sentinel-1A VH,VV双极化后向散射系数数据,结合Landsat8 OLI地表反射率数据,采用水云模型(Water-Cloud Model,WCM)分离出研究区植被散射对于雷达后向散射系数的贡献,得到裸土后向散射系数;然后根据李震[14]、韩桂红等[15]依据AIEM模型[16]和Oh模型[17]所建立的经验模型得到研究区土壤水分空间分布图,将此结果与基于Landsat8 OLI地表反射率数据计算的土壤水分结果进行采样对比,验证反演结果的合理性;最后基于Sentinel-1A的DInSAR结果,重点分析了沉陷区内外的地表土壤水分含量变化,探究了长时序下高强度开采对于地表土壤水分含量的扰动效应。

1 研究区与数据预处理

1.1 研究区概况

如图1所示,研究区位于内蒙古自治区和陕西省交界处,E109°12′48″—110°46′05″,N38°32′24″—39°38′08″,是黄土高原和毛乌素沙漠的过渡带,属于典型的干旱—半干旱大陆性气候,年降水量在400 mm左右,土壤贫瘠,风蚀沙化比较严重。植被类型多是些低矮、稀疏的旱生、半旱生草本植物,生态环境十分脆弱[11,18]。研究区覆盖了整个神东主矿区,矿区大规模、高强度的矿产资源开采活动不可避免的会影响到当地生态系统,而土壤含水率对于植物生长至关重要,因此,研究干旱—半干旱区,尤其是荒漠化矿区的地表土壤水分对于当地生态保护、恢复与重建具有重要意义[10]。

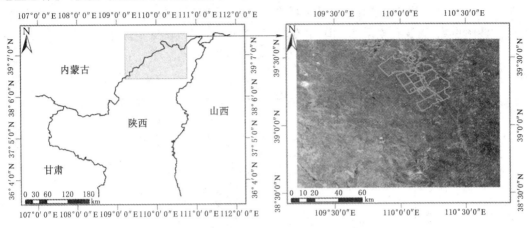

图 1　研究区地理位置

1.2　数据及预处理

（1）雷达遥感数据(Sentinel-1A)处理

Sentinel-1A 卫星是欧洲航天局哥白尼计划(Global Monitoring for Environment and Security, GMES)中的一颗地球观测卫星,于 2014 年 4 月 3 日发射上空。卫星载有 C 波段 SAR 传感器,工作频率为 5.405 GHz,重访周期 12 d,共有四种观测模式,本文获取的研究区数据为干涉宽幅(Interferometric Wide Swath, IW)模式的斜距单视复数(Single Look Complex, SLC)产品,数据来源于欧空局(https://scihub.copernicus.eu/),分辨率为 5 m × 20 m,主要参数见表 1。

表 1　Sentinel-1A 数据参数

景编号	获取日期	时间基线/d	成像模式	极化方式	平均入射角/(°)
1	2016-02-10	0	IW	VH+VV	39.0
2	2016-03-29	48	IW	VH+VV	39.0
3	2016-04-22	24	IW	VH+VV	39.0
4	2016-05-16	24	IW	VH+VV	39.0
5	2016-06-09	24	IW	VH+VV	39.0
6	2016-07-03	24	IW	VH+VV	39.0
7	2016-08-20	48	IW	VH+VV	39.0
8	2016-09-25	36	IW	VH+VV	39.0
9	2016-10-19	12	IW	VH+VV	39.0
10	2016-11-12	12	IW	VH+VV	39.0
11	2016-12-06	12	IW	VH+VV	39.0
12	2016-12-30	12	IW	VH+VV	39.0

① 沉陷区提取。为了对比沉陷区内外的土壤含水量变化规律,可利用 Sentinel-1A 数据,基于 DInSAR 技术获取研究区内受开采扰动引起的沉陷区。ENVI5.3 下的高级雷达处理扩展模块 SARscape5.2.1 提供了完整的 SAR 数据处理功能,可提取毫米级的地表形变。本文利用 2016-02-10 和 2016-03-29 两期 SLC 数据,在 SARscape5.2.1 下完成参数设置、数据导入、DEM 数据下载和基线评估等前期准备,然后可利用软件提供的 DInSAR 工作流工具经干涉图生成、滤波和相干性计算、相位解缠、控制点选取、轨道精炼和重去平、相位转形变以及地理编码等过程获得地表形变图,如图 2 所示。

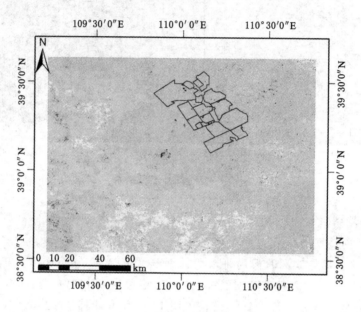

图 2 研究区地表形变图(Sentinel-1A)

② 后向散射系数生成。Sentinel-1A 的后向散射系数生成主要包括了多视、滤波、辐射定标和地理编码等过程。采用窗口大小为 7×7 的 Refined Lee 滤波去除斑点噪声[10],地理编码和辐射定标可在 SARscape 5.2.1 中的地理编码和辐射定标模块同时进行,最后生成具有地理坐标信息的后向散射系数图像(图 3),定标公式为[20]:

$$\sigma_{ij}^0 = 10\log[(DN_{ij}^2 + A_0)/A_i + 10\log(\sin(I_i))] \quad (1)$$

式中,DN 为雷达影像灰度值;i,j 分别代表影像的行和列;A_0,A_1 为雷达系统的自动增益控制系数;I_i 为像元沿距离向上的入射角。

(2) 光学遥感数据(Landsat 8)处理

为了去除植被对雷达后向散射系数的影响,进一步验证 Sentinel-1A 的土壤水分反演结果,结合空间分辨率、时间、云量等条件,研究中同时下载了 Landsat 8 OLI 地表反射率数据,数据来源于美国地质勘探局(https://earthexplorer.usgs.gov/),此数据不需要再做辐射定标和大气校正处理,主要参数见表 2。

由于 Landsat 8 OLI 影像与 Sentinel-1A 影像的坐标系和空间分辨率不统一,因此需要对 OLI 影像进行重投影和重采样预处理。

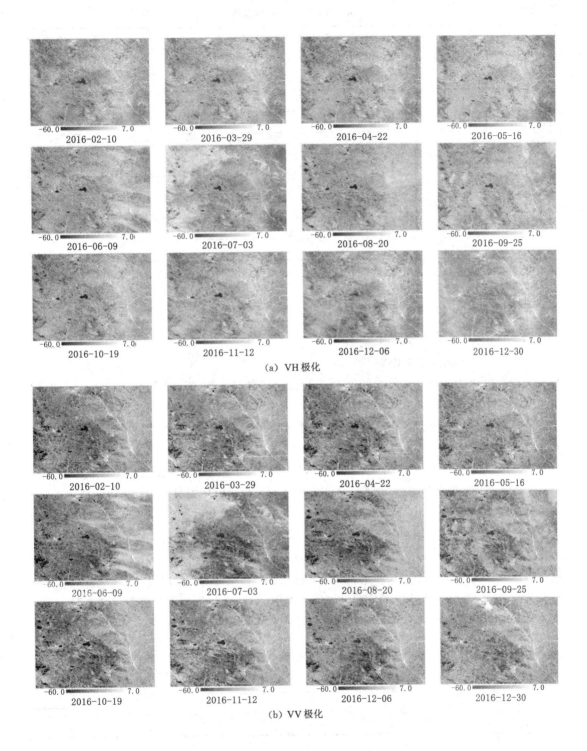

图 3 VH 和 VV 极化后向散射系数图像

表 2　OLI 地表反射率影像参数

景编号	获取日期	云量/%	分辨率/m
1	2016-02-10	10.37	30
2	2016-03-29	0.94	30
3	2016-04-14	6.23	30
4	2016-05-16	0.03	30
5	2016-06-17	15.64	30
6	2016-08-04	8.65	30
7	2016-09-21	9.94	30
8	2016-11-08	0.08	30
9	2016-12-10	0.71	30
10	2017-01-11	9.48	30

2　研究方法

2.1　Sentinel-1A 土壤水分反演

(1) 水云模型去除植被影响

当研究区内 NDVI>0.4 时,植被对于雷达后向散射系数的贡献就不可忽略[21]。利用 2016 年 8 月 4 号的 Landsat 8 地表反射率影像计算 NDVI 值,平均结果达到了 0.406,考虑到研究区内东部植被覆盖度较高,西部植被覆盖度较低,因此植被对于雷达后向散射系数的影响不可忽略。

Attema 和 Ulaby[22]根据分离植被和地表对于后向散射系数贡献的思想,建立了水云模型,后来经过不断修正和改进,在给定入射角 θ 下,模型可表达为[22]:

$$\begin{cases} \sigma^0 = \sigma^0_{veg} + \tau^2 \sigma^0_{soil} \\ \tau^2 = \exp(-2Bm_v \sec\theta) \\ \sigma^0_{veg} = Am_v \cos\theta(1-\tau^2) \end{cases} \quad (2)$$

式中,m_v 是植被水含量;σ^0,σ^0_{veg} 和 σ^0_{soil} 分别代表总后向散射系数、植被后向散射系数和土壤后向散射系数;τ^2 是雷达波穿透植被层的衰减因子;A 和 B 是依赖于植被类型的参数,可通过已有研究得到,如表 3 所示。

表 3　水云模型中的植被参数值[23]

参数	所有植被	牧场	冬小麦	草地
A	0.001 2	0.000 9	0.001 8	0.001 4
B	0.091	0.032	0.138	0.084

本文选取所有植被类型参数,即 $A=0.001\,2$,$B=0.091$。

张友静等利用 NDWI、EVI 和 NDVI 分别反演了小麦含水量,发现 NDWI 反演精度要优于后两者。因此,本文利用 Landsat 8 地表反射率影像求取 NDWI(Normalized

Difference Water Index,NDWI),然后反演植被含水量。NDWI[25]可通过 ENVI 软件中的波段运算工具求取:

$$NDWI = (R_{NIR} - R_{SWIR})/(R_{NIR} + R_{SWIR}) \tag{3}$$

式中,R_{NIR} 和 R_{SWIR} 是近红外和短波红外,分别代表 Landsat 8 地表反射率影像的第 5 和第 6 波段。考虑到研究区内多为低矮植被,根据 Jackson 等[25]的研究,可建立研究区植被含水量反演模型:

$$m_v = 1.44 NDWI^2 + 1.36 NDWI + 0.34 \tag{4}$$

根据式(2)、式(3)、式(4)以及 A 和 B 值可去除植被对于雷达后向散射系数的影响,求出裸土对于总雷达后向散射系数的贡献值,如图 4 所示。

(2) Sentinel-1A 土壤水分反演模型

在雷达系统参数确定的条件下,后向散射系数值主要受到地表粗糙度、土壤含水量以及入射角的影响,可以表示为:

$$\sigma_{pq}^0 = f(s, l, M_v, \theta) \tag{5}$$

式中,σ_{pq}^0 是雷达后向散射系数;pq 是极化方式;s, l 是地表均方根高度和相关长度;M_v 是土壤含水量;θ 是入射角。

对于同景多极化雷达数据,任鑫和李震等[14,26]结合以往的研究再根据大量的模拟分析,建立了地表参数反演模型。利用 AIEM 模型模拟的后向散射系数值代入该模型反演的水分值,与 AIEM 输入水分值以及反演值,与实测土壤水分值相关系数都达到了 0.9 以上,从而验证了模型的可靠性,该模型可表示为:

$$\begin{cases} \Delta\sigma_{VV}^0 = A_V(\theta)\ln(Z_s) + B_V(\theta) \\ \sigma_{VV}^0 = A_{VV}(\theta)\ln(M_V) + B_{VV}(\theta)\ln(Z_S) + C_{VV}(\theta) \end{cases} \tag{6}$$

式中,Z_S 是组合粗糙度,可以达到减少未知数、简化模型的目的,可根据 Zribi 等[27]的研究表达为 $Z_S = s^2/l$;$\Delta\sigma_{VV}^0 = \sigma_{VH}^0 - \sigma_{VV}^0$,是两种极化的后向散射系数差;$A_V(\theta)$、$B_V(\theta)$ 和 $A_{VV}(\theta)$、$B_{VV}(\theta)$、$C_{VV}(\theta)$ 是根据模拟结果拟合出的值,只与入射角有关:

$$\begin{cases} A_V(\theta) = 2.49 - 2.91\sin(\theta) + 2.00\sin^2(\theta) \\ B_V(\theta) = -14.86 + 11.44\sin(\theta) - 5.31\sin^2(\theta) \\ A_{VV}(\theta) = 4.59 - 3.18\cos(\theta) + 1.43\cos^2(\theta) \\ B_{VV}(\theta) = -0.92 + 11.67\sin(\theta) - 7.32\sin^2(\theta) \\ C_{VV}(\theta) = 10.97 - 33.09\cos(\theta) + 28.42\cos^2(\theta) \end{cases} \tag{7}$$

模型(6)只能反演 VV 同极化数据的土壤水分含量,韩桂红[15]则结合 AIEM 和 Oh 模型,给出了 VH 交叉极化后向散射系数反演土壤含水量的模型:

$$\begin{cases} \sigma_{VH}^0 = A_{VH}(\theta)\ln(M_V) + B_{VH}(\theta)\ln(Z_S) + C_{VH}(\theta) \\ A_{VH}(\theta) = -3.2819 + 21.0285\cos(\theta) - 12.3298\cos^2(\theta) + 4.2910\cos^3(\theta) \\ B_{VH}(\theta) = 2.0281 - 3.9620\sin(\theta) + 0.1842\sin^2(\theta) + 4.1026\sin^3(\theta) \\ C_{VH}(\theta) = 4.1292 - 0.1706\sin(\theta) - 5.2902\sin^2(\theta) + 17.3358\sin^3(\theta) \end{cases} \tag{8}$$

结合式(6)-(8),可得到研究区地表参数反演方法:

$$\begin{cases} Z_S = \exp((\Delta\sigma_{VV}^0 - B_V(\theta))/A_V(\theta)) \\ M_V(VV) = \exp((\sigma_{VV}^0 - B_{VV}(\theta)\ln(Z_S) - C_{VV}(\theta))/A_{VV}(\theta)) \\ M_V(VH) = \exp((\sigma_{VH}^0 - B_{VH}(\theta)\ln(Z_S) - C_{VH}(\theta))/A_{VH}(\theta)) \end{cases} \tag{9}$$

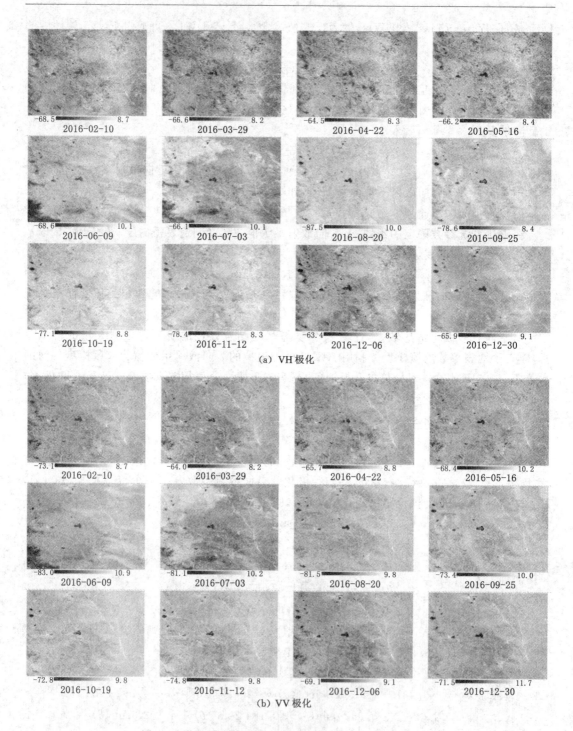

图 4 去除植被影响的 VH 和 VV 极化后向散射系数图像

2.2 Landsat 8 土壤水分反演

刘英等[28]利用 TM/ETM+影像不同波段的地表反射率数据,建立了不同的二维光谱特征空间,并提出了土壤水分监测指数(Soil Moisture Monitoring Index, SMMI),且基于

SWIR(band 7)-NIR(band 4)特征空间的 SMMI(7,4)在监测地表 0～5 cm 深度的土壤水分是最优的($R^2=0.5410$)。

为了进一步验证模型(7)的可靠性,本文借助 Landsat 8 OLI 地表反射率数据利用光谱特征空间法,同时对研究区进行土壤了水分反演。为了保证与 Sentinel-1A 数据的时间一致性,本文选取 2016-02-10、2016-05-16、2016-09-21、2016-12-10 四期 OLI 地表反射率影像进行处理。

(1) 土壤湿度指数 SMMI 计算

因为 Landsat 8 OLI 影像的第 5、7 波段分别对应 Landsat 5 TM 影像、Landsat 7 ETM+影像的第 4、7 波段,因此,可构建土壤湿度指数 SMMI(7,5)。SMMI 计算公式为[28]:

$$SMMI(i,j) = |OE|/|OD| = \sqrt{r_i^2 + r_j^2}/\sqrt{2} \tag{10}$$

式中,r_i 和 r_j 分别为影像的第 i 和第 j 波段地表反射率。在二维光谱特征空间中,$|OE|$ 长度的变化可一定程度上反映土壤水分的变化(图5)。

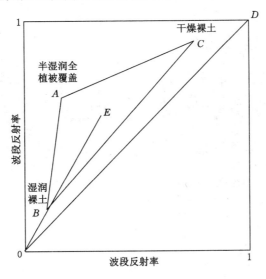

图 5 SMMI 构建示意

根据式(8)计算的四期 SMMI(7,5)如图6所示。

(2) Landsat 8 土壤水分反演模型

刘英等[28]根据 SMMI(7,4)和 0～5 cm 土壤水分(SM)实测数据构建了 SMMI-SM 散点图,并给出了土壤水分反演模型:

$$M_V = -32.920 SMMI + 10.156 \tag{11}$$

本文利用此模型对研究区土壤水分进行了反演。

3 结果与分析

3.1 Sentinel-1A 与 Landsat 8 水分反演结果分析

利用 Sentinel-1A 雷达数据与 Landsat 8 地表反射率数据,反演的研究区土壤水分空间分布。结合 Sentinel-1A 的 DInSAR 结果,对两种方法反演的土壤水分采样,采样点分布如图7所示。

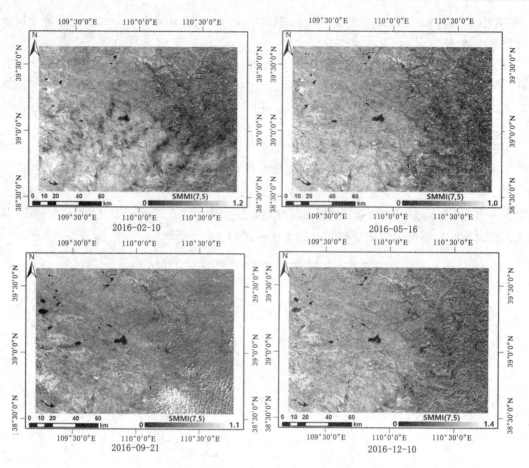

图 6 SMMI(7,5)图像

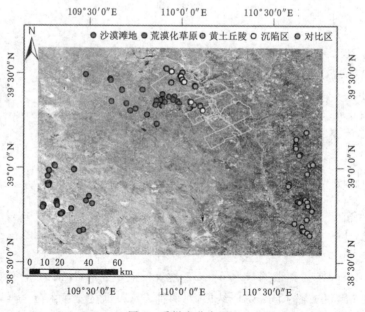

图 7 采样点分布图

研究区内主要包括沙漠裸地、荒漠化草原和黄土丘陵三种地表覆盖类型。分别在每种地表类型内随机采取样点,剔除水分含量大于 0.5 的异常值点以及距离近的相关性点,最终每种地表类型保留 30 个样点。样点用于分析微波与光学反演结果的相关性,验证模型(9)的可靠性。然后,依据 DInSAR 结果,重点分析了沉陷区内外土壤水分的变化趋势。沉陷区与对比区采取等间距网格采样,在每个沉陷区及对比区内分别采取 9 个样本点。对比区的选取主要根据以下几个准则:(1) 不能与沉陷区相距太远;(2) 地表类型与沉陷区相似;(3) 不能在沉陷区移动方向的前后;(4) 云量条件与沉陷区相似。

对采样点水分值分析可知 Landsat 8 数据反演的沙漠裸地区的土壤水分大部分为负值,说明模型(11)反演的土壤水分含量值在沙漠裸地区是偏低的,需要进一步改进和优化。因此,本文只采用荒漠化草原区和黄土丘陵区的采样数据,对两种方法的结果做对比,如图 8 所示。

统计分析 60 个样点值可知,四期 VH 极化与 OLI 数据水分反演结果绝对误差在 2% 以内的点所占比例分别为 48%、80%、80% 和 50%,相关系数最大为 0.20。四期 VV 极化与 OLI 数据水分反演结果绝对误差在 2% 以内的点所占比例分别为 20%、32%、22% 和 17%,相关系数最大为 -0.03,表明两种结果基本不相关。此结果说明相对于 VV 极化,VH 极化更适用于土壤水分反演,这与赵昕等[8]的研究结果一致。

3.2 沉陷区与对比区土壤水分分析

对 VH 极化反演的土壤水分结果进行沉陷区与对比区的采样分析(一个样区取 9 个样

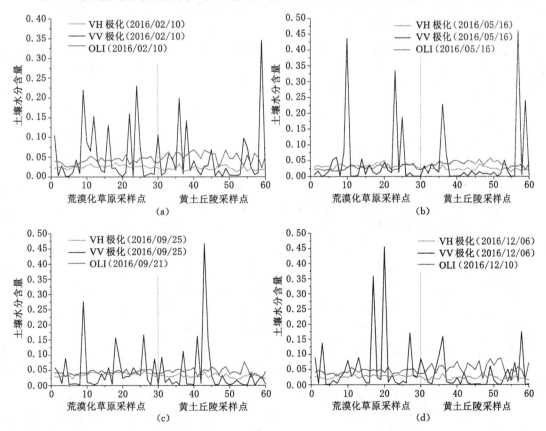

图 8 Sentinel-1A 与 Landsat 8 水分反演结果对比图

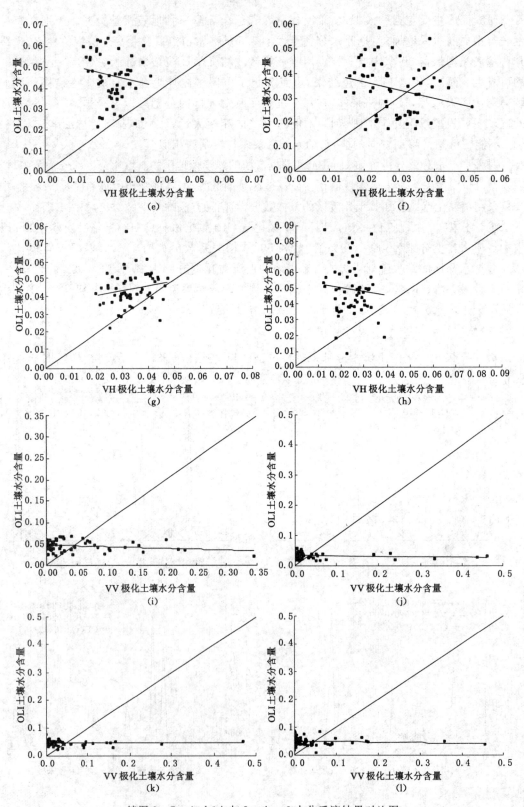

续图 8 Sentinel-1A 与 Landsat 8 水分反演结果对比图

点值),分别去除沉陷区与对比区内 9 个采样点中的最大值和最小值然后取平均,得到每个开采沉陷区以及相应对比区 2016 年 12 期土壤水分面域平均值,然后做对比,如图 9 所示。

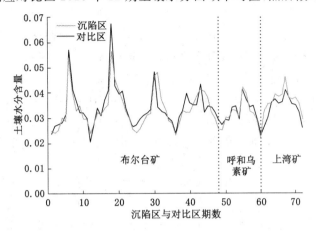

图 9　沉陷区与对比区土壤水分含量对比

统计每个开采沉陷区与相应对比区 2016 年 12 期的土壤水分含量大小,见表 4。

表 4　沉陷区与对比区土壤水分含量对比

极化	项目	布尔台矿 (4 个沉陷区)	呼和乌素矿 (1 个沉陷区)	上湾矿 (1 个沉陷区)	总计
VH	对比区大于沉陷区(期次)	32	7	2	41
	所占比例/%	67	58	17	57

由表 4 可知,布尔台矿区地表土壤水分受开采沉陷的负面影响最大,上湾矿区内沉陷区土壤水分含量则偏大,这可能是由于不同矿区的地下水埋深造成,需进一步验证。对比可知,对于 VH 极化对比区土壤水分含量大于沉陷区的有 41 期,所占比例为 57%。说明整体而言,开采沉陷导致地表土壤水分含量降低。

4　结　论

土壤水分是矿区生态环境评价的一个重要参考标准,也是制约矿区可持续发展的一个主要问题。本文联合 Sentinel-1A 双极化雷达数据和 Landsat 8 光学数据反演了内蒙古—陕西交界处的干旱—半干旱区的土壤表层水分,研究区覆盖了整个神东主矿区,并对微波和光学两种反演结果做了对比分析;然后基于 Sentinel-1A 的 DInSAR 结果重点分析了开采沉陷对于地表土壤水分含量的影响,得到的主要结论有:

(1) 将 VH 和 VV 极化反演结果分别与基于 OLI 的土壤水分监测指数的土壤水分含量反演结果比较,发现 VH 极化更适用于土壤水分反演,反演结果绝对误差在 2% 以内的点所占比例最高为 80%,相关系数最大为 0.20,且地形对后向散射的影响不可忽略。

(2) 对神东矿区内 6 个开采沉陷区以及对比区进行采样对比,2016 年内 72 期数据中,VH 极化对比区土壤水分含量大于沉陷区的有 41 期,所占比例为 57%。说明对于整体而言,开采沉陷会对地表土壤水分产生负面影响,但也有部分样点沉陷区土壤水分含量偏大,可能与当地地下水埋深等因素有关,需进一步做验证。

参考文献

[1] KIM Y J, ZYL J J V. A time-series approach to estimate soil moisture using polarimetric radar data[J]. IEEE Transactions on Geoscience & Remote Sensing, 2009, 47(8): 2519-2527.

[2] HE B. Method for soil moisture retrieval in arid prairie using TerraSAR-X data[J]. Journal of Applied Remote Sensing, 2015, 9(1): 96062.

[3] 周鹏, 丁建丽, 王飞, 等. 植被覆盖地表土壤水分遥感反演[J]. 遥感学报. 2010, 14(5): 959-973.

[4] 施建成, 杜阳, 杜今阳, 等. 微波遥感地表参数反演进展[J]. 中国科学:地球科学, 2012(06): 814-842.

[5] 蒋金豹, 张玲, 崔希民, 等. 植被覆盖区土壤水分反演研究——以北京市为例[J]. 国土资源遥感, 2014(2): 27-32.

[6] KORNELSEN K C, COULIBALY P. Advances in soil moisture retrieval from synthetic aperture radar and hydrological applications[J]. Journal of Hydrology, 2013, 476(476): 460-489.

[7] BAI X, HE B, LI X. Optimum Surface Roughness to Parameterize Advanced Integral Equation Model for Soil Moisture Retrieval in Prairie Area Using Radarsat-2 Data[J]. IEEE Transactions on Geoscience and Remote Sensing, 2016, 54(4): 2437-2449.

[8] 赵昕, 黄妮, 宋现锋, 等. 基于Radarsat2与Landsat8协同反演植被覆盖地表土壤水分的一种新方法[J]. 红外与毫米波学报, 2016, 35(5): 609-616.

[9] 郭广猛, 赵冰茹. 使用MODIS数据监测土壤湿度[J]. 土壤学报, 2004, 36(2): 219-221.

[10] 刘英, 吴立新, 岳辉, 等. 基于尺度化SMMI的神东矿区土壤湿度变化遥感分析[J]. 科技导报, 2016, 34(3): 78-84.

[11] 马保东, 吴立新, 刘英, 等. 基于MODIS的神东矿区土壤湿度变化监测[J]. 科技导报, 2011, 29(35): 45-49.

[12] 刘英, 吴立新, 马保东, 等. 神东矿区土壤湿度遥感监测与双抛物线型NDVI-T_s特征空间[J]. 科技导报, 2011, 29(35): 39-44.

[13] 卞正富, 雷少刚, 常鲁群, 等. 基于遥感影像的荒漠化矿区土壤含水率的影响因素分析[J]. 煤炭学报, 2009(4): 520-525.

[14] 李震, 陈权, 任鑫. Envisat-1双极化雷达数据建模及应用[J]. 遥感学报, 2006, 10(5): 777-782.

[15] 韩桂红. 干旱区盐渍地极化雷达土壤水分反演研究[D]. 乌鲁木齐:新疆大学, 2013.

[16] CHEN K S, WU T D, TSANG L, et al. Emission of rough surfaces calculated by the integral equation method with comparison to three-dimensional moment method simulations[J]. IEEE Transactions on Geoscience & Remote Sensing, 2003, 41(1): 90-101.

[17] OH Y. Quantitative retrieval of soil moisture content and surface roughness from

multipolarized radar observations of bare soil surfaces[J]. IEEE Transactions on Geoscience & Remote Sensing, 2004, 42(3): 596-601.

[18] 马超, 田淑静, 邹友峰, 等. 神东矿区 AVHRR/NDVI 的时空、开采强度和气候效应[J]. 中国环境科学, 2016, 36(9): 2749-2756.

[19] 何连, 秦其明, 任华忠, 等. 利用多时相 Sentinel-1 SAR 数据反演农田地表土壤水分[J]. 农业工程学报, 2016(3): 142-148.

[20] 王娇, 丁建丽, 陈文倩, 等. 基于 Sentinel-1 的绿洲区域尺度土壤水分微波建模[J]. 红外与毫米波学报, 2017(01): 120-126.

[21] NEUSCH T, STIES M. Application of the Dubois-model using experimental synthetic aperture radar data for the determination of soil moisture and surface roughness[J]. Isprs Journal of Photogrammetry & Remote Sensing, 1999, 54(4): 273-278.

[22] ATTEMA E P W, ULABY F T. Vegetation modeled as a water cloud[J]. Radio Science, 1978, 13(2): 357-364.

[23] BINDLISH R, BARROS A P. Parameterization of vegetation backscatter in radar-based, soil moisture estimation[J]. Remote Sensing of Environment, 2001, 76(1): 130-137.

[24] 张友静, 王军战, 鲍艳松. 多源遥感数据反演土壤水分方法[J]. 水科学进展, 2010, 21(2): 222-228.

[25] JACKSON T J, CHEN D, COSH M, et al. Vegetation water content mapping using Landsat data derived normalized difference water index for corn and soybeans[J]. Remote Sensing of Environment, 2004, 92(4): 475-482.

[26] 任鑫. 多极化、多角度 SAR 土壤水分反演算法研究[D]. 北京: 中国科学院研究生院(遥感应用研究所), 2004.

[27] ZRIBI M, DECHAMBRE M. A new empirical model to retrieve soil moisture and roughness from C-band radar data[J]. Remote Sensing of Environment, 2002, 84(1): 42-52.

[28] 刘英, 吴立新, 马保东. 基于 TM/ETM+ 光谱特征空间的土壤湿度遥感监测[J]. 中国矿业大学学报, 2013, 42(2): 296-301.

[29] PASOLLI L, NOTARNICOLA C, BRUZZONE L, et al. Estimation of Soil Moisture in an Alpine Catchment with RADARSAT2 Images[J]. Applied & Environmental Soil Science, 2011(1).

基金项目: 国家自然科学基金委员会与神华集团有限责任公司联合资助项目(重点项目 U1261206, 培育项目 U1261106)。

作者简介: 马威(1990—), 男, 河南商丘人, 硕士研究生在读, 研究方向为矿区地质灾害遥感、微波遥感土壤湿度研究。

联系方式: 河南省焦作市高新区世纪路 2001 号河南理工大学(454000); E-mail: 1534660893@qq.com。

基于地形梯度的皖南地区土地利用类型分布特征

张平,陆龙妹,赵明松

(安徽理工大学测绘学院,安徽 淮南,232001)

摘　要:本文以安徽省皖南地区为例,利用 GIS 空间分析技术,通过计算高程、坡度和地形位指数等地形梯度上的土地利用分布指数,分析了三种地形梯度上不同土地利用类型的分布特征,探讨了该区土地利用分布特点与地形间的关系。结果表明:(1)研究区在高程 0~600 m、坡度 0~21°和地形位指数 0~1.575 0 区域内的面积占皖南地区总面积的 93.10%、83.11%和 93.89%,影响着该区的土地利用类型分布;(2)土地利用类型分布分层明显,耕地、水域、建设用地这三种土地利用类型在较低级地形梯度分布,分布指数随地形梯度的增大而减少直至趋向于 0;林地、草地分布则与之相反,多在中高级梯度上分布;(3)依据土地利用和地形的关系,皖南地区土地利用格局趋于合理,但是占用耕地等土地利用方式仍然存在,需要加强其土地利用的规划管理。

关键词:土地利用类型分布;地形位指数;地形因子;皖南地区

Distribution Characteristics of Land Use Types of Different Terrain Gradient in Southern Anhui Province

Zhang Ping, Lu Longmei, Zhao Mingsong

(School of Geodesy and Geomatics, Anhui University of Science and Technology, Huainan 232001, China)

Abstract: This paper discusses the spatial distribution characteristics of land use under different topography gradient in southern Anhui Province, through calculating land use distribution index corresponding to different elevation, slope, and topographic index based on GIS technique. This research also discussed the relationship between land use distribution pattern and topographic factors. The results showed that: (1) The area of the study area occupies 93.10%, 83.11% and 93.89% of the total area of Wannan area in the area at altitude of 0~600 m, slope 0~21° and topographic index 0~1.575 0, which affects the distribution of land use types. (2) The land use in study area is mainly cultivated land, forest land and grassland. The terrain distribution of land use types has obvious hierarchical characteristics. Cultivated land, water and construction land are mainly distributed in low terrain gradient. Forest land and grassland are mainly distributed on higher terrain gradient. (3) According to the relationship between land use and terrain features, the land use patterns in southern Anhui are becoming more reasonable, but the land use pattern of cultivated land reclamation and cultivated land use is still in place, and the planning and management of land use need to be strengthened.

Keywords: land use type distribution; topographic index; topographic factor; southern Anhui Province

　　地形因素是主导区域土地利用类型分布的重要因素之一[1-3]。研究不同地形梯度上土地利用类型的分布特征,有助于区域土地利用的合理布局和规划。目前,国内学者主要利用GIS技术通过数字高程模型(DEM)提取坡度、地形位指数等地形因子,计算不同高程、坡度和地形位指数等梯度上各土地利用类型的分布指数,进而揭示区域土地利用分布模式与地形的定量关系[4-8]。在省级或流域尺度上,郜红娟等[9]分析了贵州省1990～2010年不同地形梯度上土地利用的变化特征,高彦净等[10]通过计算土地坡度和地形位指数图,对白龙江流域1977～2010年不同梯度上土地利用特征进行定量分析在市级尺度上;梁发超等[11]研究了湖南省浏阳市的土地利用类型分布模式及其与地形因素之间的对应关系;曲衍波等[12]研究了山东省栖霞市在垂直梯度上的土地利用时空格局。

皖南地区为安徽省长江以南地区,地形环境复杂,资源丰富,是安徽省粮食、棉花、木材、茶叶的重要产地,农业产值是全省农业总产值的16%。对皖南地区土地利用类型的分布特征进行研究,对该地区土地利用、农业和林业的发展具有重要意义。本文在GIS空间分析技术的基础上,根据海拔、坡度、地形梯度和土地利用类型分布指数,研究了安徽省皖南地区土地利用类型分布与地形要素之间的关系,探讨了地形因素对土地利用的影响,对该区土地利用形式的优化具有重要的参考价值。

1 研究区概况

皖南地区地理位置为 29°31′—31°45′N 与 116°31′—119°45′E,总面积约 3.65×10⁴ km²,人口约1 000万。行政上包括黄山、芜湖、马鞍山、铜陵、宣城、池州六市及辖县。研究区区内年均温15～16 ℃,年均降水量1 200～260 mm,高程在1～1 600 m之间。皖南有三条海拔均在1 300 m以上的山系,在三条山系间盆地和谷地分布较多,而且海拔均在200 m左右。由2010年数据可知,土地利用类型分布主要是林地、耕地,分别占皖南地区总面积的52.84%、30.27%(图1)。

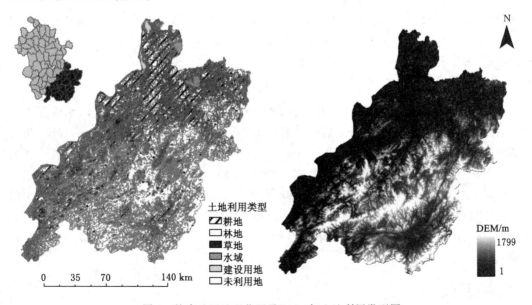

图1 皖南地区地理位置及2010年土地利用类型图

2 数据与方法

2.1 数据来源

研究数据：(1) 90 m 空间分辨率的数字高程模型 SRTM DEM (http://srtm.csi.cgiar.org/SELECTION/input Coord.asp)；(2) 2010 年土地利用类型数据从长江三角洲科学数据共享平台下载得到(http://nnu.geodata.cn)，利用研究区边界裁剪得到皖南地区土地利用图。

2.2 数据指标

（1）地形位指数

本研究利用地理信息建模，将高程和坡度以某种方式组合成为地形位指数[13]，来反映地形条件的空间差异，来重新对皖南地区的地形特征进行描述和梯度分类。公式如下：

$$T = \lg\left[\left(\frac{E}{\overline{E}}+1\right)\left(\frac{S}{\overline{S}}+1\right)\right] \tag{1}$$

其中，T 为地形位；$E,\overline{E}$ 代表某点的高程值和该区平均高程值；$S,\overline{S}$ 代表任一点的坡度值和该区平均坡度值。在海拔低、坡度平缓的地方地形位偏小，反之则较高，而其他的地区（海拔低、坡度大；海拔高、坡度小）处在中间位置。

（2）土地利用类型的地形分布指数

地形分布指数[14-15]通过计算土地利用类型出现的频率，来反映不同地形因子梯度上土地利用类型的分布特征。为了消除面积大小的影响，利用缩放系数 S/S_e 来表示土地总面积与某个地形因子等级下土地面积的比值，使得土地使用类型的相对较小的分布也可以被显示出来。公式如下：

$$P = \left(\frac{S_{ie}}{S_i}\right)\bigg/\left(\frac{S_e}{S}\right) \tag{2}$$

其中，P 是分布指数；e 代表海拔、坡度、地形位等地形因素；S,S_e 分别是该区域和 e 地形因子总面积，S_i 是 i 地类的面积，S_{ie} 是在某个等级下的 e 地形因子所占 i 地类的面积。由此可得到海拔、坡度和地形位相应的分布指数。

2.3 研究方法

本文通过计算皖南地区 2010 年在高程、坡度和地形位梯度上的分布指数，来研究土地利用类型在三种地形梯度上的分布特征。利用 ENVI 和 ArcGIS 生成坡度图、高程图，将坡度图和高程图叠加得到地形位指数图[16]（图 2）。依据皖南地图地形特点对坡度、高程和地形位指数图进行分级。高程分级时将高程>1 200 m 和高程<100 m 单独分级，其余高程区域按照每 100 m 分一级，总共分为 13 个等级；在进行坡度图分级考虑到坡度梯度大于 36°以上的是陡坡，对土地利用的限制性比较强，从而将它单独作为一级，在 0°～36°之间与高程分级相对应，坡度也划分为 13 个等级，每 3°为一级；与高程、坡度对应，地形位指数梯度也分成 13 个等级。

3 结果与分析

3.1 皖南地区土地利用总体概况

皖南地区 2010 年土地利用类型以林地、耕地为主，林地面积为 19 106.92 km²，林地所

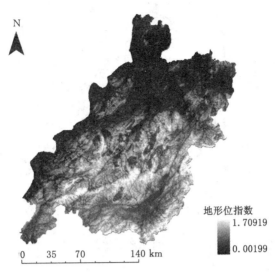

图 2 研究区地形位指数图

占面积是该区域总面积的 52.84%,耕地面积为 10 945.10 km², 耕地地所占面积是该区域总面积的 30.27%。且耕地多分布在低海拔和地形平坦区域,林地在中高梯度上分布具有明显优势。皖南地区红壤区水热条件配合得很好,地面水资源丰富[17], 气候、自然条件良好,适合各种茶叶、果树和其他农作物生长。

3.2 基于高程梯度的土地利用类型分布特征

从图 3 可知,在较低高程梯度(0～200 m)上,林地、水域、建设用地分布指数均大于 1,区位优势显著。其中,在 1 级梯度上,水域、建设用地分布指数大于 2,水域分布指数高达 2.308,是该高程梯度上的主导土地利用方式。在中高海拔区域(300～1 200 m)内,林地、草地具有明显的区位优势,随着海拔的增加,林地、草地分布指数持续增加,且均大于 1。这种趋势主要由于:一是皖南地区有三条海拔较高的山系,适合林地、草地的生长;二是皖南地区分布在高程 400～800 m 的黄红壤土地类型适宜林地、草地的发展。而耕地、水域、建设用地分布指数逐渐趋向于 0,是因为随着海拔高度的升高,人们生产生活的难度加大,不利于人们从事各项生产活动。在 2、3 级高程梯度上,未利用地的分布指数大于 1,主要是在该梯度上水域所占面积较多造成的,在 10～12 级上,未利用地分布指数增长陡快,分布具有明显的优势,主要是随着海拔高度增高,土地利用强度降低,未利用地面积增大。

3.3 基于坡度梯度的土地利用类型分布特征

从图 4 可知,在 1～13 级坡度梯度上,林地、草地分布指数与坡度成正比,耕地、建设用地、未利用地分布指数变化趋势相反,未利用地在坡度梯度上先急速上升后缓慢下降。在 1 级坡度梯度上,耕地、水域、建设用地分布指数均大于 2,水域的分布指数高达 2.630,是该梯度上的主导土地利用方式。在 3～13 级坡度梯度上,林地、草地的分布指数均大于 1,区位优势明显。一方面是由于坡度因素对林地、草地的限制性较小;另一方面,是由于皖南地区山地日照较少,适宜于喜射散光林木的生长。在 3～13 级上,耕地、水域、建设用地分布指数逐渐减小,最终趋向 0。在高坡度梯度(18°～36°)上,未利用地分布指数逐渐减小,说明坡度

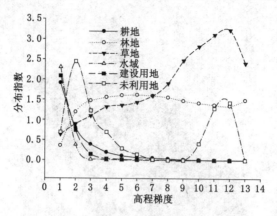

图 3 高程梯度上土地利用类型分布指数

的增加对于土地利用并没有起到决定性的作用,人们可以充分利用现有技术和智慧在坡地上进行生产生活。

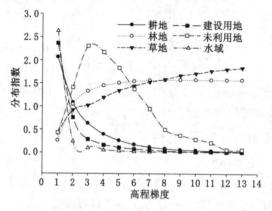

图 4 坡度梯度上土地利用类型分布指数

3.4 基于地形位指数梯度的土地利用类型分布特征

从图 5 可知,在整个地形位指数梯度上,耕地、林地、水域、建筑用地的分布格局与在这三种土地利用类型在高程、坡度梯度上的变化保持一致,草地、未利用地在地形位指数较高梯度上变化与海拔较高梯度上变化规律基本相同,这主要是由于在高地形位指数梯度上,坡度地形对于草地、未利用地对于限制性作用比较小,而海拔的限制性较大。

在 1～10 级地形位指数梯度上,草地分布指数呈稳步上升的趋势,最高分布指数达到 2.431,在 11～13 级上,草地分布指数逐渐下降,但指数仍大于 1,草地在皖南地区土地利用占有较大的优势。在 1～9 级地形位指数梯度上,未利用地的变化趋势与对应的高程梯度、坡度梯度变化基本相同,在 10～13 级上,未利用地分布指数与在高程坡度上分布规律基本相同,但分布指数明显偏小,这是综合考虑地形位指数是海拔和坡度的结果,导致未利用地受到了在高坡度上分布较少的影响。

通过三种梯度分布指数的对比,发现采用地形位指数梯度来研究土地利用类型的分布指数与采用高程、坡度梯度变化规律基本一致。但草地和未利用地在高程梯度和坡度梯度存在较大的差异。在同一个等级梯度上,只用单个的地形因子来评价土地利用类型分布特征存在一定的不足,所以,地形位指数避免了在分析土地利用类型时需要考虑多个地形因子,能更快速有效地反映研究区土地利用类型的分布格局。

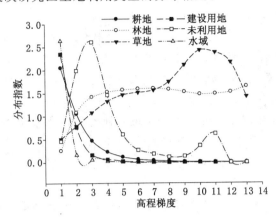

图5 地形位梯度上土地利用类型分布指数

4 结 论

(1) 皖南地区土地利用类型的地形分布分层明显。耕地、水域和建设用地主要分布于海拔低、坡度平缓和地形位梯度较低的区域,主要是因为该地区地形与环境有利于人类的生产和生活活动;林地、草地和未利用地主要集中在高梯度区域,是由于林地、草地对土地的限制性要求比较小。

(2) 在分布指数的变化方面:随着各地形梯度的增加,耕地、水域和建设用地的分布指数不断下降,其主导性逐渐降低;林地和草地分布指数逐渐增加,其在相应的梯度带内优势地位逐渐增强;未利用地的分布指数在低梯度上下降,在中高级梯度带上增加。耕地、水域、建设用地的变化主要集中在低梯度带,林地、草地的变化则与之相反,在中高梯度带内变化较大。

参考文献

[1] 陈利顶,张淑荣,傅伯杰,等.流域尺度土地利用与土壤类型空间分布的相关性研究[J].生态学报,2003,23(12):2497-2505.

[2] 王志宏,李仁东,毋河海.基于空间分析的土地利用垂直分异研究[J].长江流域资源与环境,2002,11(6):531-535.

[3] ANNE M, SYLVIE L, NATHALIE C, et al. Agricultural land-use change and its drivers in mountain in Landscapes: A case study in the Pyrenees[J]. Agriculture, Ecosystems and Environment 2006,114(2-4):296-310.

[4] 许宁,张广录,刘紫玉.基于地形梯度的河北省太行山区土地利用时空变异研究[J].中国生态农业学报,2013,21(10):1284-1292.

[5] 王鹏,张磊,吴炳方,等.三峡水库建设期秭归县土地利用变化与地形因素的关系[J].长江流域资源与环境,2011,20(3),371-376.

[6] 王宗明,宋开山,刘殿伟,等.地形因子对三江平原土地利用/覆被变化的影响研究[J].

水土保持通报,2008,28(6):10-15.
- [7] 乔青,高吉喜,王维.川滇农牧交错区地形特征对土地利用空间格局的影响[J].长江流域资源与环境,2009,18(9):812-818.
- [8] 陈利顶,杨爽,冯晓明.土地利用变化的地形梯度特征与空间扩展:以北京市海淀区和延庆县为例[J].地理研究,2008,27(6):1225-1234.
- [9] 邰红娟,张朝琼,张凤太.基于地形梯度的贵州省土地利用时空变化分析[J].四川农业大学学报,2015,33(1):62-70.
- [10] 高彦净,巩杰,贾珍珍,等.甘肃白龙江流域土地利用在地形梯度上的空间分布[J].兰州大学学报(自然科学版),2014,50(5):681-686.
- [11] 梁发超,刘黎明.基于地形梯度的土地利用类型分布特征分析[J].资源科学,2010,32(11):2138-2144.
- [12] 曲衍波,商冉,齐伟,等.山东省栖霞市土地利用是空格局的垂直梯度研究[J].中国土地科学,2014,28(8):24-32.
- [13] 喻红,曾辉,江子瀛.快速城市化地区景观组分在地形梯度上的分布特征研究[J].地理科学,2001,21(1):64-69.
- [14] 孙丽,陈焕伟,潘家文.运用DEM剖析土地利用类型的分布及时空变化[J].山地学报,2004,22(6):762-766.
- [15] 邹敏,吴泉源,逄杰武.基于DEM的龙口市土地利用空间格局与时空变化研究[J].测绘科学,2007,32(6):173-175.
- [16] 冯险峰,汪闻,孟雪莲,等.ARCGIS空间分析使用指南[R].北京:Arcinfo中国技术咨询与培训中心,2002.
- [17] 郭熙盛.皖南黄红壤改良的对策与措施[J].安徽农业科学,1999,27(1):28-30.
- [18] 李京京,吕哲敏,石小平,等.基于地形梯度的汾河流域土地利用时空变化分析[J].农业工程学报,2016,32(7):230-236.
- [19] 陈利顶,张淑荣,傅伯杰,等.流域尺度土地利用与土壤类型空间分布的相关性研究[J].生态学报,2003,23(12):2497-2505.
- [20] 王志宏,李仁东,毋河海.基于空间分析的土地利用垂直分异研究[J].长江流域资源与环境,2002,11(6):531-535.

基金项目:国家自然科学基金项目(41501226);安徽省高校自然科学研究项目(KJ2015A034);土壤与农业可持续发展国家重点实验室开放基金项目(Y412201431);安徽理工大学人才引进项目(ZY020)。

作者简介:张平(1993—),女,硕士研究生,主要研究方向为土壤资源遥感。

联系方式:安徽省淮南市田家庵区泰丰大街168号安徽理工大学山南新校区。E-mail:997233033@qq.com。

基于PSR模型的稀土矿区生态安全评价

李恒凯,杨柳

(江西理工大学建筑与测绘工程学院,江西 赣州,341000)

摘 要:稀土开采导致矿区植被破坏、水土流失、土壤沙化等生态问题,为定量评估稀土矿区的生态安全状况,本文以Landsat系列数据作为数据源,以定南县岭北稀土矿区为例,结合压力—状态—响应(PSR)框架模型和层次分析法,构建了3个层次、10个评价因子的稀土矿区生态安全评价指标体系及评价模型。结果表明:(1)在稀土矿区中,林地对于矿区生态安全贡献度最大,而稀土开采活动直接影响矿区生态安全;(2)矿区生态安全平均值由6.99上升为7.00,矿区植被的自然生长与复垦能改善生态安全状况,但植被的砍伐及焚烧以及稀土开采则会恶化其生态安全状况;(3)矿点稀土的开采会直接导致生态安全恶化。

关键词:稀土矿区;生态安全评价;PSR模型;层次分析法

Assessment of Ecological Security in Rare Earth Mining Area Based on PSR Model

LI Hengkai,YANG Liu

(College of Architecture and Surveying Engineering, Jiangxi University of Science and Technology, Ganzhou 341000, China)

Abstract: The vegetation destruction, soil erosion, soil desertification and other ecological problems had been caused by earth rare mining activities. To quantitatively evaluate the ecological security status of the rare earth mining area, we took Lingbei rare earth mining area in Dingnan County as study area and used the PSR(Pressure-State-Response) model and the method of AHP(Analytic Hierarchy Process) to constructed its ecological security assessment system and grade scale which was made up of 3 levels and 10 evaluation factors by selecting Landsat series imageries as data source. The results showed that the forest land had the largest contribution to the ecological security in the rare earth mining area, and the activities of mining rare earth directly affected it; the average value of the ecological security in the mining area increased from 6.99 to 7. The natural growth and reclamation of the vegetation in the mining area can improve the ecological security, Cutting and burning of vegetation and the exploitation of rare earth will worsen; Mining rare earth ore will directly lead to the deterioration of the ecological security.

Keywords: rare earth mining area; ecological security assessment; PSR model; AHP

稀土素有"工业维生素"之称,被广泛应用于国民经济生产的各个领域,是极其重要的战略资源[1]。然而,由于稀土矿点大多位于偏远山区,山高林密、矿区分散、矿点众多,导致监管成本高、难度大。无序粗放式的资源开发方式不仅带来资源的浪费,而且带来了一系列的诸如大面积土地损毁、植被破坏、水土流失等生态环境问题,给稀土矿区生态安全带来严重破坏及威胁[2]。随着稀土资源的不断开采，造成的生态环境问题也愈发严重，矿区生态环境问题已成为生态安全的一项重要研究内容。

PSR框架理论是由世界经合组织（OCED）提出，可同时考虑社会经济、自然环境、人类活动等不同范畴，是一种较为完整的指导性评价模型[3]，在矿区生态安全评价应用较为广泛。如汤霞芳研究了矿区生态安全内涵和本质特征，基于耗散结构理论和PSR概念，建立煤矿采空区国土生态安全耗散模型，分析其国土生态安全状态过程[4]；柯小玲等运用PSR模型和模糊综合评价法对郑州某煤矿生态安全进行评价[5]；刘元慧等结合数理统计方法、GIS技术和PSR模型构建兖州矿区生态评价指标体系，对矿区做出生态安全评价[6]；陶晓燕等从人口、资源、经济和环境四个方面构建了基于PSR框架的矿区生态安全预警评价体系，对河南省义马煤矿生态安全综合预警[7]；杨建军等运用主成分分析法和PSR模型对新疆准东露天煤矿生态安全进行研究[8]。稀土矿区特殊的开采方式及其对矿区生态安全的影响与其他矿区有显著区别，而当前对稀土矿区生态安全评价较少。因此，本研究以2期遥感影像作为基本数据，针对矿区的生态状况，结合PSR模型和层次分析法构建了一套针对稀土矿区生态安全评价体系，旨在为稀土矿区生态环境评价和治理提供理论基础和技术保障。

1 数据获取与处理

1.1 研究区概况

岭北稀土矿区位于江西省定南县城北约20 km处，属中亚热带季风湿润气候区，光、热充足，年均气温19 ℃。地理坐标：E114°58′04″～115°10′56″，N24°51′24″～25°02′56″，面积约200 km^2，如图1所示。该矿区已历经二十多年开采活动，导致大面积植被破坏及退化。同时，原地浸矿工艺的浸矿溶液长时间浸泡山体，破坏土壤结构，通过侧渗和毛细管作用破坏地表植被，使植被难以恢复，植被复垦工作不易开展。此外，稀土开采产生大量堆积的尾砂使得稀土矿区及周边土壤沙化，形成大面积沙化地表[9]。2002年以后，部分矿山经批准使用堆浸工艺，并逐步过渡到原地浸矿工艺。"原地浸矿"避免了以往的"搬山运动"，但原地浸矿工艺需要配备足够数量的注液井和集液沟渠，它们的挖掘以及本身均会使原地浸矿的坡沟谷底淤积大量泥沙，造成水土流失，土地沙化。据统计，每1 t稀土产品产出尾矿仅比矿山池浸工艺少220 t左右[10]。

1.2 数据来源及预处理

本研究使用的数据主要包括遥感影像数据、降雨量数据、地形数据、土壤数据、土地利用数据，人口密度数据。其中遥感影像数据来源于地理空间数据云平台提供的2景Landsat系列数据，该数据获取时间及其相关信息如表1所示，研究区域在卫星过境时晴朗无云。USGS（United States Geological Survey）指出Landsat-8卫星TIRS波段11存在定标不确定性问题，且TIRS波段10位于较低的大气吸收区，其大气透过率高于TIRS波段11，更适合地表温度反演[11]，因此本文采用TIRS波段10，单波段反演地表温度；地形数据为ASTGTM2 DEM数据，由日本METI和美国NASA联合研制并免费面向公众分发，空间分辨率为30 m；降雨数据为赣州市气象局岭北镇日降雨量数据；土壤数据来源于联合国粮农组织（FAO）和维也纳国际应用系统研究所（IIASA）所构建的世界土壤数据库（Harmonized World Soil Database Version 1.1）（HWSD），中国境内数据源为第二次全国

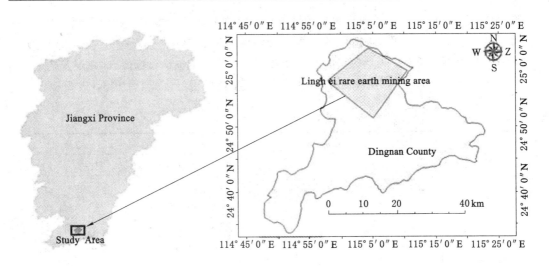

图 1 研究区地理位置图

土地调查南京土壤所所提供的 1∶100 万土壤数据（HWSD_China_Geo），数据分辨率为 1 km；土地利用数据来自江西省国土局 2010 年野外调查数据；人口密度数据来源于统计年鉴。

以 2008 年 Landsat TM 影像为参考，对 2014 年 Landsat OLI 影像进行配准，采用二次多项式方式进行几何校正。为获得准确的岭北矿区影像，本研究利用 2010 年赣州市矿产资源分区中的岭北稀土矿的实测拐点坐标生成的矿区边界，对 2 景影像进行裁剪和掩膜处理获得研究区。然后对 DEM 数据进行镶嵌处理，并对研究区域进行裁剪，从而得到矿区 DEM 数据。导入 HWSD_China_Geo 数据，用生成的矿区矢量数据裁剪得到研究区土壤栅格文件，然后打开 HWSD 的 Access 数据库，导出数据库中 HWSD_Data 为 Excel 数据。

表 1   研究区卫星数据参数

数据采集时间	卫星标识	传感器标识	轨道号	热红外分辨率	云量
2008-12-10	Landsat-5	TM	121/43	120 m	0.04
2014-10-8	Landsat-8	OLI	121/43	100 m	3.14

2 研究方法

依据稀土矿区特点和自然因素、社会经济因素对矿区生态环境的影响，选择出稀土矿区生态安全评价指标因子，并采用层次分析法确定每个指标因子的权重，利用 PSR 模型构建出稀土矿区生态安全评价体系。将 2 个时期土地利用分类图分别与同期的景观生态安全图叠加，分析不同土地利用类型对矿区生态安全的影响。最后，利用 ArcMap 绘制出 2008 年和 2014 年的矿区生态安全分级图，分析 2 个时期的矿区生态安全状况。

2.1 矿区生态安全评价指标的构建

建立科学的指标体系是矿区生态安全评价的基础和关键。矿区生态安全评价指标的选择不仅要考虑矿区生态环境的实际状况，更要反映潜在影响因子的变化情况，不仅要考虑自然因素的影响,更要考虑以人类活动为主体的社会经济因素的影响。本文在遵循了科学性、代表性、综合性、简明性、可操作性、适用性和层次性等原则[12]的基础上,采用压力—状态—响应(PSR)模型,构建了稀土矿区生态安全评价体系。该评价体系包含目标层、准则层及指标层3个层次,其中准则层包括压力层、状态层及响应层,每个指标层包含若干个指标(表2)。

表2 稀土矿区生态安全评价体系

目标层	准则层	指标层	性质
A 生态安全综合指数	B_1 压力层	C_1 人口密度	负向
		C_2 荒漠化指数	正向
		C_3 土壤侵蚀模数	负向
	B_2 状态层	C_4 植被指数	正向
		C_5 生态弹性度	正向
		C_6 生物丰度指数	正向
	B_3 响应层	C_7 景观破碎度	负向
		C_8 香农多样性	正向
		C_9 分维数	正向
		C_{10} 地表温度	负向

(1) 压力层(B1)指标

稀土矿区的开采活动导致大面积植被破坏及退化,对研究区生态系统的稳定造成潜在压力,促使其发生相应变化;同时,原地浸矿工艺的使用,产生了大量泥沙,而南方多雨水,导致该区域水土流失非常严重;随着稀土持续开采和人口增长,当地人地矛盾日益突出。因此,矿区生态安全所承受的压力可用人口密度、荒漠化指数和土壤侵蚀模数表示。其中,人口密度可从统计年鉴获得,并按照世界人口密度分级标准分级;荒漠化指数可据 Verstraete 和 Pinty[13]的研究,在 Albedo-NDVI 特征空间用 DDI 表示,如式(1)、式(2):

$$DDI = k*N - A \quad (1)$$
$$A = a*N + b \quad (2)$$

式中,k 为式(2)中 a 的负倒数,即 $k=-1/a$;N 为正规化后的植被指数;A 为正规化后的地表反照率,a 为回归方程的斜率,b 为回归方程在纵坐标上的截距。

土壤侵蚀模数采用修正通用土壤流失方程(RUSLE),该模型定义如式(3)所示[14]:

$$A = K*L*S*P*R*C \quad (3)$$

式中,A 为平均土壤流失量,单位为 $t/(km^2 \cdot a)$;R 为降雨侵蚀力因子,单位为 $(MJ \cdot mm)/(hm^2 \cdot h \cdot a)$;$K$ 为土壤可蚀性因子,单位为 $(t \cdot h)/(MJ \cdot mm)$;$L$ 是坡长因子;S 为坡度因子;C 为植被覆盖因子;P 为土壤侵蚀控制措施因子。

(2) 状态层(B2)指标

矿区状态选择归一化植被指数(NDVI)、生态弹性度(ECO)、生物丰度指数(BAI)来体现。

① 归一化植被指数(NDVI)。运用 NDVI 对矿区的植被覆盖度和生长活力等进行定量评价,如式(4)[15]:

$$NDVI = \frac{\rho_{NIR} - \rho_{Red}}{\rho_{NIR} + \rho_{Red}} \tag{4}$$

式中,ρ_{NIR} 和 ρ_{Red} 分别为近红外波段和红光波段像元的反射率或亮度值。

② 生态弹性度(ECO)。ECO 是指当生态系统在内外扰动或压力不超过其弹性限度时,系统在偏离原来状态后可恢复到原有状态的程度,用于表征生态系统缓冲与调节的能力。将生态系统健康评价中提取 ECO 的方法用于景观生态安全评价,如式(5)[16,17]:

$$ECO_{res} = \sum_{i=1}^{n}(S_i * P_i) \tag{5}$$

式中,S_i 为第 i 类土地利用类型面积;P_i 为第 i 类土地利用类型的弹性分值;n 为土地利用类型数。

③ 生态丰度指数(BAI)。BAI 反映评价区域生物多样性的丰贫程度(生物丰富质),如式(6)[15]:

$$BAI = A_{bio} \frac{\sum_{i=1}^{n}(S_i * P_i)}{S} \tag{6}$$

式中,A_{bio} 为归一化系数,S_i 为第 i 类土地利用类型面积;P_i 为第 i 类土地利用类型的生物丰度权重,S 为区域总面积,n 为土地利用类型数。

(3) 响应层(B3)指标

响应是指矿区生态针对当前环境压力所产生的反映,或人类感知区域生态安全问题受到影响后所采取的正向弥补措施。景观破碎度、香农多样性和分维数景观结构指数能定量描述研究区景观空间格局结构组成,因而对区域生态结构的研究能揭示区域生态安全的状况[15]。稀土开采产生的尾砂,其比热容较小,具有吸热和散热快的特点,使其与其余土地利用类型地表温度分异,从而能够间接反映矿区的生态安全状况。

① 景观破碎度。破碎化指数(FN)用来测度景观破碎度,如式(7)[18]:

$$FN = (N_p - 1)/N_c \tag{7}$$

式中,N_c 为景观总面积;N_p 为景观中各类斑块的总和。

② 香农多样性。香农多样性 SHDI 计算如式(8)[18]:

$$SHDI = -\sum_{i=1}^{n}(p_i * \ln p_i) \tag{8}$$

式中,p_i 为土地利用类型 i 在整个景观中所占比例,其表示景观总各类嵌块体的复杂性和变异性的指标值越大,表示景观多样程度越高;n 为土地利用类型数。

③ 分维数。分维数 D 计算如式(9):

$$D = 2\ln(P/4)\ln(A) \tag{9}$$

式中,P 为斑块周长,A 为斑块面积,当 D 值越大时,表明斑块形状越复杂。

④ 地表温度[19]。地表温度 T_S 计算如式(10)、式(11):

$$T_S = \frac{T}{1 + (\lambda * T/\rho)\ln \varepsilon} \tag{10}$$

$$\varepsilon = 0.004 P_V + 0.986 \tag{11}$$

式中,$T(K)$ 是卫星高度上热红外波段所探测到的像元亮度温度;$\lambda(\mu m)$ 为热红外波段的中心波长;$\rho = hc/\delta = 1.439 \times 10^{-2}$ m·K;$\delta = 1.38 \times 10^{-23}$ J/K,为玻尔兹曼常数;$h = 6.626 \times$

10^{-34} J/s,为 Plank 常数；$c=2.998\times10^8$ m/s,为光速；ε(无量纲)是地表比辐射率；P_v 为植被覆盖度,可由像元二分法计算获得。

2.2 矿区生态安全评价指标权重的确定

层次分析法广泛应用于计算评价指标体系的权重,能使复杂问题层次化,是一种灵活的多维目标决策统计方法[20]。本文为更客观地量化生态安全评价指数,采用 AHP 法和 PSR 模型相结合的方法对矿区生态安全进行评价。经计算,各层的权重如上表 3 所示。且判断矩阵目标层的随机一致性比例小于 0.1。

表 3 稀土矿区生态安全评价指标权重

目标层	准则层	指标层	权重 ω_i
A 生态安全综合指数	B_1(0.400)	C_1(0.030 8)	0.076 9
		C_2(0.184 6)	0.461 5
		C_3(0.184 6)	0.461 5
	B_2(0.200 0)	C_4(0.107 9)	0.539 6
		C_5(0.059 4)	0.297 0
		C_6(0.032 7)	0.163 4
	B_3(0.400 0)	C_7(0.070 2)	0.175 5
		C_8(0.070 2)	0.175 5
		C_9(0.029 9)	0.074 8
		C_{10}(0.229 7)	0.574 1

2.3 矿区生态安全评价指标的规范化

通过上述方法得到的指标因子由于量纲不统一,不具有可比性。因此需要对原始数据指标因子进行规范化处理,使所有指标因子的值在标准化后都在 0~10 范围内。

对于正向评价因子指标,生态安全的规范化方式如式(12)：

$$P_i = \frac{X_i - X_{\min}}{X_{\max} - X_{\min}} * 10 \tag{12}$$

对于负向评价因子指标,生态安全的规范化方式如式(13)：

$$P_i = \left(1 - \frac{X_i - X_{\min}}{X_{\max} - X_{\min}}\right) * 10 \tag{13}$$

式中,$X_i(i=1,2,\cdots,n)$ 为第 i 个评价指标的原始值；$X_{\max}$ 为最大值；$X_{\min}$ 为最小值,P_i 为标准化值。

2.4 稀土矿区生态安全评价指标计算

矿区生态安全指数是通过各指标因子加权求和得到,其评价模型为：

$$LESI = \sum_{i=1}^{n}(\omega_i * x_i) \tag{14}$$

式中,LESI 为稀土矿区生态安全评价指数；x_i 为第 i 个评价因子的评价向量；ω_i 为第 i 个评级因子的权重向量；n 为评价指标的个数。

目前,国内的生态安全并没有统一的等级划分标准[21]。因此,该研究在参考国内已有研究成果的基础上,结合稀土矿区生态安全状况,运用自然断点法将该研究区生态安全状况分为安全、较安全、临界安全、较不安全、极不安全5个生态安全等级[22],等级划分标准如表4所示。

表 4   生态安全等级划分标准

年份	极不安全	较不安全	临界安全	较安全	安全
2008	[0,5.8)	[5.8,6.2)	[6.2,6.9)	[6.9,7.1)	(7.1,10]
2014	[0,5.9)	[5.9,6.2)	[6.2,6.9)	[6.9,7.1)	(7.1,10]

3 分析与讨论

将研究的土地利用类型分为尾砂地、农田、水体、疏林地和密林地等5类,依据上述方法,分别计算出2个年份的稀土矿区生态安全指数,并绘制2景稀土矿区生态安全等级图,如图2所示。

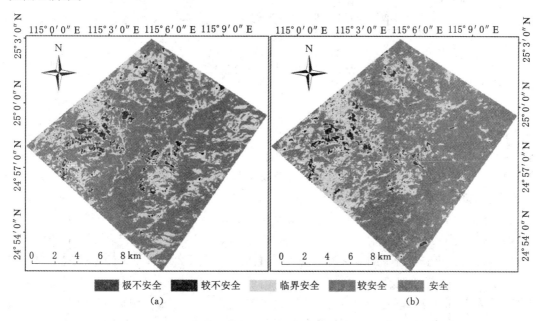

图 2 稀土矿区生态安全等级图
(a) 2008 年;(b) 2014 年

3.1 稀土矿区生态安全综合分析

将矿区生态安全综合指数统计,2008年矿区生态安全均值为6.99,处于较安全水平;2014年其均值为7.00,处于生态安全水平。该结果说明矿区生态安全整体水平有小幅度上升,总体上反映了矿区生态安全稍有变好。

对2个时期的生态安全的各个等级栅格数统计及计算出其所占比例,并绘制直方图3。结合图2、图3可知:2008年、2014年"安全"等级所占的比例均最多,且分布较聚集,其中2008年所占比例达到41.55%,2014年为40.91%。结合原始影像分类结果,发现该等级区域基本对应为密林地,说明研究区的较高植被覆盖度对整个该区域的生态安全贡献度最大;2008年、2014年的"临界安全"、"较安全"2个等级所占比例均仅次于"安全"等级,在分类影像上,其大部分对应为稀疏林地,少部分为果园和农田;2008年、2014年的"极不安全"、"较不安全"等级所占比例均较小,且分布较为离散。其中,2008年的"极不安全"所占比例仅为1.73%,而2014年为1.38%,所占比例有所减少。结合分类结果,该2个年份的"极不安全"、"较不安全"区域对应着稀土开采产生的尾砂地,说明稀土开采活动给矿区生态安全带来直接威胁。

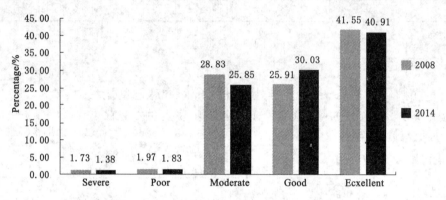

图3 稀土矿区生态安全各等级所占比例图

3.2 稀土矿区生态安全变化分析

为分析2个年份间矿区生态安全变化,将上述计算出的2014年与2008年生态安全系数相减,绘制出其生态安全变化图(图4)。为深入分析,本文从矿区选择出5个具有典型变化区域。从2008年到2014年,部分区域生态安全状况改善,如P1、P2和P3,也有部分区域生态安全恶化,如N1和N2。结合图4及2个年份对应区域高分影像资料,P1代表林地在没有人类活动干扰的情况下自然生长。P2代表从2008年到2014年,该区域植被被砍或焚烧等破坏后,经过6年时间植被自然恢复,改善该区域生态安全。P3代表在稀土开采遗留下的尾砂地上,政府支持下的复垦工作使该区域生态安全系数增加;N1代表林地遭到直接破坏,从而导致其生态安全的恶化,且矿区生态安全恶化大部分属于此类。N2代表砍掉植被,剥离表土,直接进行稀土开采,恶化了该区域生态安全。因此,植被复垦能够改善矿区生态安全,但同时对林地的破坏以及稀土的开采均会导致矿区生态安全的恶化。

3.3 稀土矿点生态安全分析

为研究矿点的生态安全状况,选择岭北矿区具有代表性的陈坞下矿点。采用该矿点2000年设立矿点时的边界范围裁剪分别获得陈坞下矿点2008、2014年2景生态安全等级图(图5(a)、(b)),同时选择相邻时相的Quickbird高分遥感影像作为对照影像(图5(c)、(d))。由于2009、2013年高分Google Earth遥感影像与对应的2008、2014年该矿点生态安全等级图时相接近且具有较好的对应关系,因此可依据高分影像矿点的开采状况分析该矿点生态安全等级的空间分布及变化。高分影像图5(c)、(d)中的稀土开采区域A、B、C分别与图5(a)、(b)对应位置的"极不安全"、"较不安全"和"临界安全"生态安全等级区域在空间分布上高度吻合(图5),这表明稀土开采产生的裸露地表是矿区"极不安全"、"较不安全"

图 4 2008～2014 年岭北稀土矿区生态安全栅格变化图
(5 个典型区域(P1,P2,P3,N1,N2)用边界线和编号标注)

和"临界安全"生态安全等级的区域。从 2009 年至 2013 年,随着高分影像 B 区域——稀土开采区域明显减少,图 5(b)对应区域相比于图(a)"临界安全"也相应明显减少,这进一步印证矿点稀土的开采会直接导致其生态安全恶化。

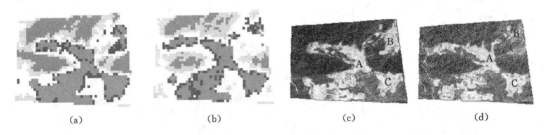

图 5 陈坳下矿点生态安全等级图及高分遥感影像
(a) 2008 年;(b) 2014 年;(c) 2009 年;(d) 2013 年

4 结　论

(1) 针对离子型稀土开采过程及对环境的影响,本文结合 PSR 模型和层次分析法构建了稀土矿区生态安全评价方法,为稀土矿区生态环境评价和治理提供了技术支持。

(2) 矿区生态安全平均值由 2008 年 6.99 上升到 2014 年的 7.00,矿区植被的自然生长与复垦能改善生态安全状况,但植被的砍伐及焚烧以及稀土开采则会恶化其生态安全状况。

(3) 稀土矿区中,林地对于矿区生态安全贡献度最大,而矿点稀土的开采会直接导致生态安全恶化,当地政府部门还需加大对林地的保护及复垦工作的支持和推广。

参考文献

[1] 边璐,张江朋,宋宇辰,等.国际金属价格指数,广义需求与中国稀土产品价格——基于两市场协整视角下的多因素模型研究[J].资源科学,2014,36(3):641-652.

[2] 李恒凯.南方稀土矿区开采与环境影响遥感监测与评估研究[D].北京:中国矿业大学(北京),2016.

[3] 刘剑锋,张可慧,马文才.基于高分一号卫星遥感影像的矿区生态安全评价研究——以井陉矿区为例[J].地理与地理信息科学,2015,31(5):121-126.

[4] 汤霞芳.基于耗散结构理论的矿区生态安全评价研究[D].湘潭:湖南科技大学,2015.

[5] 柯小玲,冯敏,刁凤琴.改进模糊综合评价法在煤矿区生态安全评价中的应用[J].矿业安全与环保,2016,43(6):32-36.

[6] 刘元慧,李钢.基于 PSR 模型和遥感的矿区生态安全评价——以兖州矿区为例[J].测绘与空间地理信息,2010,33(5):134-138.

[7] 陶晓燕,朱九龙.基于情景预测的矿区生态安全预警评价及驱动因素分析——以河南义马煤矿为例[J].资源开发与市场,2016(3):298-302.

[8] 杨建军,张园园,周耀治,等.新疆准东露天煤矿生态安全评价研究[J].中国矿业,2015,24(10):76-82.

[9] 李恒凯,杨柳,雷军.基于温度分异的稀土矿区地表扰动分析方法[J].中国稀土学报,2016,34(3):373.

[10] 蔡奇英,刘以珍,管毕财,等.南方离子型稀土矿的环境问题及生态重建途径[J].国土与自然资源研究,2013(5):52.

[11] 胡德勇,乔琨,王兴玲,等.单窗算法结合 Landsat8 热红外数据反演地表温度[J].遥感学报,2015,19(6):964.

[12] 杨赛明.煤矿区生态安全研究[D].济南:山东师范大学,2010.

[13] VERSTRAETE M M, PINTY B. Designing optimal spectral indexes for remote sensing applications [J]. IEEE Transactions on Geoscience & Remote Sensing,1996,34(5):1254-1265.

[14] 李恒凯,杨柳,雷军,等.利用 HJ-CCD 影像的红壤丘陵区土壤侵蚀分析——以赣州市为例[J].遥感信息,2016,31(3):122-129.

[15] 虞继进,陈雪玲,陈绍杰.基于遥感和 PSR 模型的城市景观生态安全评价——以福建省龙岩市为例[J].国土资源遥感,2013,25(1):143-149.

[16] 环境保护部科技标准司.生态环境状况评价技术规范 HJ 192-2015[S].北京:中国环境科学出版社,2015.

[17] 徐明德,李静,彭静,等.基于 RS 和 GIS 的生态系统健康评价[J].生态环境学报,2010(08):1809-1814.

[18] 郑新奇,付梅臣,姚慧.景观格局空间分析技术及其应用[J].北京:科学出版社,2010:32-37.

[19] ARTIS D A, CAMAHAN W H. Survey of emissivity variability in thermography of urban areas [J]. Remote Sensing of Environment,1982,12(4):313.

[20] SUM H,WANG S,HAO X. An Improved Analytic Hierarchy Process Method for the evaluation of agricultural water management in irrigation districts of north China [J]. Agricultural Water Management,2017(179):324-337.

[21] 和春兰,赵筱青,张洪.基于 GIS 的矿区流域生态安全诊断研究[J].安徽农业科学,2015,43(7):256-260.

[22] 范小杉,韩永伟.宁东矿区生态安全评估[J].中国水土保持,2011(11):56-59.

基金项目:江西省自然科学基金项目(20161BAB206143);江西省 2016 年度研究生创新专项资金项目(YC2016-S300);江西省社会科学规划课题项目(14YJ20);江西省教育厅科学研究课题项目(GJJ150659)。

作者简介:李恒凯(1980—),男,博士,副教授,主要研究方向为矿区环境遥感。E-mail:giskai@126.com。

后差分技术及像控点密度对无人机摄影测量精度影响研究

陈鹏飞[1],胡海峰[1],廉旭刚[1],杜永军[2]

(1. 太原理工大学矿业工程学院,山西 太原,030024;
2. 中国能源建设集团山西省电力勘测设计院有限公司,山西 太原,030001)

摘 要:基于Inpho摄影测量软件对比分析后差分、单点定位的无人机影像数据,在密集像控点、稀疏像控点条件下的DOM精度及DEM精度。在1 km²的试验区布设68个像控点及检查点,通过调整参与计算的像控点数量及布设位置,采用检查点对生成的DOM及DEM精度进行验证。通过试验发现,基于后差分技术以及对控制点的合理布设对无人机摄影测量成果精度的提高具有显著效果。本次试验,最高精度达到平面±4 cm,高程±9 cm。因此,后差分技术及合理像控点布设对于大比例无人机数字测图具有重要的意义。

关键词:后差分;像控点;空三加密;Inpho;DEM;DOM

Influencestudy of Post-processed Difference Technique and Image Control Point Density on UAV Photogrammetry Accuracy

CHEN Pengfei[1], HU Haifeng[1], LIAN Xugang[1], DU Yongjun[2]

(1. *School of mining engineering, Taiyuan University of Technology, Taiyuan 030024, China*;
2. *China Energy Construction Group Shanxi Electric Power Survey and Design Institute Co., Ltd., Taiyuan 030031, China*)

Abstract: Based on the Inpho photogrammetry software, the DOM precision and DEM precision of the UAV image data of post-processed difference and point positioning under the condition of dense image control points and sparse image control points are compared and analyzed. In the test area of 1 km², 68 image control points and check points are laid. By adjusting the number and layout position of image control points of the involved calculation, the inspection points are used to verify accuracy of the generated DOM and DEM. Through the experiment, it is found that the accuracy of UAV photogrammetry results is improved remarkably based on the post-processed difference technique and the reasonable layout of the control points. In this experiment, the highest precision reaches the plane ±4 cm and the elevation is ±9 cm. Therefore, post-processed differencing technique and reasonable image control point layout are of great significance for large scale UAV digital mapping.

Keywords: post-processed difference; image control point; aerial triangulation; inpho; DEM; DOM

目前,无人机低空遥感数字航空摄影测量系统已经成为获取地形测量数字成果的重要手段之一。但是由于其质量轻、体积小,且携带的非量测型相机,影响数字成果的因素众多:

① 在后差分技术对其影响方面,基于后差分的 POS 辅助定向技术即全球定位技术以及惯性导航测量装置,使得无人机摄影装置能够获得比常规 POS 辅助定向技术更准确的曝光时刻的外方位元素[1];② 在像控点布设对其影响方面,采用传统的摄影测量布点方式,不但增加控制点数量,而且实施起来比较困难,因此,不能对无人机影像完全使用传统航测布设方式[2]。基于上述因素对数字成果的精度影响,本文将这些因素进行了整体性分析,以航空摄影测量外业控制点布设方案对空三加密的精度影响为主要实验内容,通过不同数据源不同像控点布设方案依托 Inpho 摄影测量工作站对试验区进行航飞数据获取与处理,得到该区的 DOM、DEM 数字产品,通过野外实测检查点对其空三成果以及数字产品的精度进行对比分析,得出这些因素对数字产品的影响程度,以期为无人机低空遥感数据处理及应用提供参考。

1 无人机低空摄影测量数字成果获取

1.1 数据源获取

试验区域选取在太原理工大学明向校区,测区呈规则矩形,面积约 1.05 km²,平均海拔 810 m,测区的东区和北区高楼和道路密集,其他区域地势较平坦,布设像控点比较方便。数据获取基于两种不同飞行平台对太原理工大学明向校区进行航飞,两个飞行平台采用同一种非量测型数码相机,数据源 I 采用了后差分技术,数据源 II 采用常规航测手段。两套数据源参数见表 1。

表 1　数据源参数

类型	数据源 I	数据源 II
相机型号	ILCE-7R_FE35 mm F2.8ZA(RGB)	
镜头类型	索尼 Sonnar T * FE 35 mm F2.8 ZA(SEL35F28Z)	
像素数	7 360×4 912	
有效像素	3 640 万	
平均地面采样距离	2.79 cm/1.09 in	2.16 cm/0.85 in
平均密度/m²	232.12	248.73
设计航高	280 m	180 m
航向重叠度	70%以上	80%以上
旁向重叠度	65%以上	70%以上

1.2 控制点布设方案设计

控制点数量及布设位置的不同对空三加密精度影响的研究表明,控制点的减少会影响空三加密的精度,但并不是控制点的密度越大越好[3-4]。本文采用了两套比较典型的控制点布设方案,利用 RTK 共采集 68 个外业控制点。

(1) 布设方案1:区域网四周边及中心线处布设平高点。考虑到本测区为较规则矩形区域,在矩形的四个角点、四条边中心处及矩形中心位置共布设 9 个点,形成规则的九点法,其余 59 个点均为精度检查点。布设方案 1 如图 1 所示。

（2）布设方案2：区域网四周边及中心线处布设平高点控制点，四角呈点组式布点并且都是平高点，在区域中心周围均匀加布高程点，即在第一种布设方案的基础上增加8个点，其余51个点均为精度检查点。布设方案2如图2所。

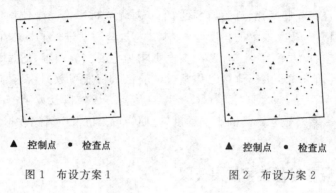

▲ 控制点　● 检查点　　　　　　　　▲ 控制点　● 检查点

图 1　布设方案 1　　　　　　　　　　图 2　布设方案 2

2　Inpho 平台数据处理

Inpho 是一款专业的无人机影像处理软件，其数字正摄影像（DOM）以及数字高程模型（DEM）都是以空三加密为基础，依托 Applications Master 基础平台，利用 Match-AT 自动空中三角测量加密模块、inBLOCK 区域网平差模块、Match-T DSM 自动提取地形地表模块、DTMMaster DTM/DSM 编辑模块、OrthoMaster 正摄纠正模块及 OrthoVista 镶嵌匀色等模块，可为无人机低空摄影测量数据提供高精度的内业数据处理[5-7]。

数据的处理过程：首先对原始影像进行预处理，包括影像的匀光、匀色、畸变处理；接下来是光束法区域网空中三角测量，依托 Applications Master 平台建立项目，导入畸变后影像、POS 文件、控制点文件，并自动生成航带；为影像创建金字塔，基于影像金字塔逐级细化的影像分级匹配策略进行影像匹配，可以得到可靠性好、精度高的同名像点。利用 Match-AT 空中三角测量加密模块进行连接点的自动提取和区域网平差，接着删除残差较大的连接点，而后进行控制点和检查点量测，再进行光束法区域网整体平差查看其残差并进行争议点编辑，如此反复直到残差落入允许范围内；利用 Match-T DSM 模块自动提取地形地表模型，由于生成的 DTM 更趋向于 DSM，所以在 DTM/DSM Editor 中要对 DTM 编辑，使其与实际地形一致，由此生成 DEM；在 OrthoMaster 正摄纠正模块引入生成的 DEM 进行单张影像正摄纠正生成单张正摄瓦片，在 OrthoVista 中智能镶嵌出初始 DOM，编辑 DOM、调整镶嵌线完成 DOM 制作。

3　各方案数字成果精度对比分析

3.1　空三加密成果精度分析

空中三角测量区域网平差后的定向点和检查点实际精度是通过野外实测检查点进行评定，计算由解算出的外方位元素与检查点的像点坐标所求出检查点地面坐标的解算值与实测坐标的差值，其差值认为是真误差，根据式（1）及式（2）求出中误差[8-10]，结果见表2。

$$\sigma_X = \sqrt{\frac{\sum(X_{检}-X_{解})^2}{n}}, \sigma_Y = \sqrt{\frac{\sum(Y_{检}-Y_{解})^2}{n}} \quad (1)$$

$$\sigma_{XY} = \sqrt{\sigma_X^2 + \sigma_Y^2}, \sigma_Z = \sqrt{\frac{\sum(Z_{检} - Z_{解})^2}{n}} \tag{2}$$

式中，σ_X、σ_Y 为点在 X、Y 方向的中误差；σ_Z 为点的高程中误差；σ_{XY} 为点的平面中误差。

表 2　　　　　　　　　不同数据源不同布设方案空三精度

数据源		数据源Ⅰ		数据源Ⅱ	
控制点布设方案		方案 1	方案 2	方案 1	方案 2
基本定向点	平面中误差	0.050	0.055	0.221	0.174
	平面最大误差	0.068	0.092	0.381	0.312
	高程中误差	0.033	0.023	0.758	0.135
	高程最大误差	0.042	0.035	1.144	0.255
检查点	平面中误差	0.064	0.062	0.159	0.138
	平面最大误差	0.148	0.102	0.357	0.210
	高程中误差	0.187	0.084	0.754	0.203
	高程最大误差	0.321	0.164	1.343	0.393

根据不同数据源不同布设方案不同软件平台空三结果分析：数据源Ⅰ的定向点与检查点中误差普遍小于数据源Ⅱ，数据源Ⅰ的平面中误差较数据源Ⅱ可以提高 2 倍以上，高程中误差较则可以提高 2 倍以上，这是由于数据源Ⅰ采用了后差分技术，其所用的 POS 是经过差分软件的处理并解算出相机曝光时刻准确的经纬度和椭球高，所以数据源Ⅰ的精度会高于数据源Ⅱ；随着控制点布设数量的增加和类型的变化，空三平面中误差变化不大，这是由于方案 1 的九点已经可以将平面精度控制到很好的程度，但是对于高程有显著提升，最小提高到 2 倍以上。在利用差分技术和合理布设像控点的基础上，本试验空中三角测量的平面和高程精度能够满足《数字航空摄影测量 空中三角测量规范》(GB/T 23236—2009)[11] 中 1∶500 的要求。

3.2　DEM 成果精度对比

经过编辑后的 DEM 精度验证是通过野外实测检查点进行评定，在 ArcGIS 中提取检查点在 DEM 中对应的高程值并同实测高程值进行比较得出整个图幅中误差[12]，由式(3)计算求得，结果见表 3。

$$M = \pm \sqrt{\frac{[\Delta\Delta]}{n-1}} \tag{3}$$

式中，Δ 为检查点高程提取值与实测值较差；n 为检查点个数。

表 3　　　　　　　　　不同数据源不同布设方案 DEM 精度

数据源		数据源Ⅰ		数据源Ⅱ	
控制点布设方案		方案 1	方案 2	方案 1	方案 2
检查点中误差	高程中误差	0.224	0.093	0.738	0.362
	高程最大误差	0.696	0.257	1.568	0.676

根据不同数据源不同布设方案 DEM 精度统计结果分析:统计结果和空三结果很接近,由于数据源Ⅰ采用了后差分解算结果,其中误差要比数据源Ⅱ小,数据源Ⅰ较数据源Ⅱ提高了至少 3 倍;受到方案 2 控制点的变化,检查点中误差有明显的减小,可以提高 2 倍以上。本试验得出,利用差分技术以及合理的控制点布设其所生产的 DEM 精度可以达到《基础地理信息数字成果 1∶500、1∶1 000、1∶2 000 数字高程模型》(CH/T 9008.2—2010)[13]中 1∶500 的要求。

3.3 DOM 成果精度对比

数字正射影像图(DOM)的精度是通过野外实测检查点进行评定,利用 ArcGIS 在正射影像图上提取出检查点的坐标,与实测值进行比较求取平面位置中误差[14],由式(4)求得平面中误差。DOM 中误差统计结果见表 4。

$$\sigma_X = \sqrt{\frac{\sum(X_{提} - X_{实})^2}{n}},\sigma_Y = \sqrt{\frac{\sum(Y_{提} - Y_{实})^2}{n}},\sigma_{XY} = \sqrt{\sigma_X^2 + \sigma_Y^2} \quad (4)$$

式中,σ_X、σ_Y 为点在 X、Y 方向的中误差;σ_{XY} 为点的平面中误差。

表 4　不同数据源不同布设方案不同处理平台 DOM 精度

数据源		数据Ⅰ		数据Ⅱ	
控制点布设方案		方案 1	方案 2	方案 1	方案 2
检查点中误差	平面中误差	0.055	0.043	0.305	0.152
	平面最大误差	0.116	0.084	0.355	0.212

根据不同数据源不同布设方案 DOM 统计精度分析:由于受到后差分技术以及所生成的 DEM 影响,数据源Ⅰ的 DOM 点位中误差比数据Ⅱ小。本文设计下控制点方案的变化对 DOM 精度影响趋势较平缓,这是由于方案 1 控制点的布设方法已经足够控制整副图的平面精度,并能够满足《基础地理信息数字成果 1∶500、1∶1 000、1∶2 000 数字正射影像图》(CH/T 9008.3—2010)[15]中 1∶500 的要求。

4　结　语

本文以太原理工大学明向校区为航飞区域,利用后差分技术与常规航测技术两种方法对其进行数据获取,分别布设了两套不同控制点方案,并对比分析了不同数据源不同控制点方案制作的数字成果精度。结果表明:

(1) 数据源Ⅰ由于利用后差分手段,其精度较数据源Ⅱ有显著提升,无论是对于平面还是高程其精度最少有 2 倍的提升,其中,空三平面最高精度可以达到±6 cm,高程最高可以达到±8 cm,DEM 精度可以达到±9 cm,DOM 精度可以达到±4 cm。

(2) 随着设计控制点的增多与布设位置的调整,平面精度变化趋势较平缓,但高程中误差可以提升 2 倍,变化较显著。

(3) 影响 DEM 与 DOM 精度的因素有差分技术的引用、控制点布设方案的选取。从两个影响因素的影响程度来看,差分技术的引用较本文设计下的控制点方案对其精度提升效果更显著。

参考文献

[1] 吴波涛,刘斌,李云帆,等.差分GPS无人机航测技术测试及分析[J].长江科学院院报,2017(1):142-144+145.

[2] 刘学杰.相控布设方案对无人机航测精度影响的测试[J].地理信息世界,2016,23(5):109-112.

[3] 朱进,丁亚洲,陈攀杰,等.控制点布设对无人机影像空三精度的影响[J].测绘科学,2016(5):116-120.

[4] 他光平.无人机遥感数据处理及其精度评定[D].兰州:兰州交通大学,2016.

[5] 江思梦,朱大明,王德智,等.Inpho和MapMatrix在无人机遥感数据处理中的对比研究[J].安徽农业科学,2016(11):264-267.

[6] 胡海友.基于Inpho的空三加密及正射影像制作方法研究[J].铁道勘察,2013(6):12-15.

[7] 孔娟,高永红,周青青.基于INPHO平台对无人机空中三角测量的研究与应用[J].测绘与空间地理信息,2017(2):209-211.

[8] 林卉,王仁礼.摄影测量学基础[M].徐州:中国矿业大学出版社,2013.

[9] 陈凤.基于无人机影像空中三角测量的研究[D].抚州:东华理工大学,2012.

[10] 郑强华.低空无人机空中三角测量精度分析[D].抚州:东华理工大学,2015.

[11] 国家测绘局.数字航空摄影测量 空中三角测量规范:GB/T 23236—2009[S].北京:中国标准出版社,2009.

[12] 许存玲,王伟丽,李菊绘.DEM和DOM生产的基本环节及质量控制[J].测绘标准化,2010(1):34-36.

[13] 国家测绘局.基础地理信息数字成果1:500、1:1 000、1:2 000数字高程模型:CH/T 9008.2—2010[S].北京:测绘出版社,2010.

[14] 卢晓攀.无人机低空摄影测量成图精度实证研究[D].徐州:中国矿业大学,2014.

[15] 国家测绘局.基础地理信息数字成果1:500、1:1 000、1:2 000数字正射影像图:CH/T 9008.3—2010[S].北京:测绘出版社,2010.

基金项目:国家自然科学基金项目(51574132)。

作者简介:陈鹏飞(1990—),男,硕士研究生,研究方向开采沉陷与变形监测。

联系方式:山西省太原市万柏林区新矿院路18号太原理工大学虎峪校区太原理工大学矿业工程学院测绘科学与技术系。E-mail:644439661@qq.com。

三维激光扫描点云边界提取研究

杜秋,郭广礼

(中国矿业大学环境与测绘学院,江苏 徐州,221116)

摘 要:在数字矿山建设过程中,三维激光扫描仪可快速获得地表或建筑物的点云数据。点云边界不仅作为曲面表达的重要几何特征,而且作为模型求解曲面的定义域,对重建曲面模型的品质和精度起着重要作用。利用激光点云数据进行建模首先需从海量数据当中提取边界区域的采样点。本文提出了一种通过局部型面参考点集拟合微切平面,讨论参考点在对应微切平面上投影点的几何分布来自动提取边界特征的算法。该算法运行速度快,提取结果准确,可适用于各种复杂型面的点云数据。

关键词:数字矿山;三维激光扫描;点云边界;特征提取;K近邻

Research on Boundary Extraction of 3D Laser Scanning Point Cloud

DU Qiu, GUO Guangli

(*School of Environment Science and Spatial Informatics,*
China University of Mining and Technology, Xuzhou 221116, China)

Abstract: In the process of digital mine construction, 3D laser scanning is used to obtain point cloud data of surface or buildings quickly. The point cloud boundary is not only an important geometric feature to represent surface, but also serves as a model to solve the domain of the surface, which plays an important role in reconstructing the quality and precision of the surface model. It is necessary to extract the boundary points from the mass data in order to model the laser point cloud data. In this paper, a method is proposed to automatically extract the boundary features of the point cloud by discussing the geometric distribution of the local point set projection onto the micro-tangent plane fitted by them. This algorithm could be applied to various point cloud data in complicated surface with its rapid processing speed and accurate extraction result.

Keywords: digital mine; 3D laser scanning; boundary point; feature extraction; K-nearest neighbor

与传统测量方式如全站仪和 GPS 相比,三维激光扫描技术能够获取目标地物表面的高密度点云数据,具有测量效率快、自动化程度高等优点,被誉为"继 GPS 技术以来测绘领域的又一次革命",是文物保护[1]、数字城市[2,3]、变形监测[4]等领域的研究热点。但目前大多数扫描仪获取的数据通常只包含采样点的几何信息(三维坐标值)与物理信息(色彩信息和激光强度值),无法直接得到采样点的拓扑关系。在利用散乱点云进行三维建模的过程中,基于特征点拟合的特征线是进行网格构造和数据分块的主要依据[5,6]。

到目前为止,已有很多研究人员提出了不同的边界点提取算法。第一类是基于空间栅格划分的边界点提取算法。

李江雄[7]首先提出了一种简单易实现的"网孔法"进行散乱点云边界提取。其算法的主要思想是将空间单值曲面的散乱点投影至二维平面,将投影后的散乱点经栅格划分为网孔,考察某网孔邻近网孔的状态以判断是否为边界网孔。

慈瑞梅等[8]在李江雄的研究基础上提出了经纬线扫描式的判断方法。其算法的主要思想是先令扫描经线 $x=X_{\min}$,在给定的微小变动范围 $(X_{\min}, X_{\min}+\mathrm{d}x)$ 中,寻找 y 的最大和最小值对应的点,并把它们存储起来,然后增加 $\mathrm{d}x$,在 $(X_{\min}+\mathrm{d}x, X_{\min}+2\mathrm{d}x)$ 中查找边界点并记录,依此类推,直至搜寻完整个区间。再令扫描纬线 $y=Y_{\min}$,取步长为 $\mathrm{d}y$,继续如 x 轴方向的操作。

柯映林等[9]则直接进行空间网格划分,直接考察三维网孔邻近网孔的状态,首先得到种子边界网格,然后利用种子边界网孔的拓扑关系,使种子边界网孔沿特定拓扑方向进行带约束的生长来获得所有边界网孔。

总体说来,这一类算法最为简单,易于编程实现,但是由于网孔包含的是一个区域的点集,仅仅判断网孔会将不在边界上的点误判为边界点,导致获得的边界粗糙,给后期建模造成较大误差;另外,空间三维栅格划分法只适用于能找到合适投影面且分布较为均匀的点云,算法适用性较低。

第二类是基于建立三角网格曲面的边界点提取算法。张献颖[10]等人首先建立空间三角网格曲面,然后判断一个点的邻接点能否通过三角网格的边组成闭合曲线来获取边界点,具体思想如图1所示:由于 A、B、C、J、G、H 能够围成封闭多边形,所以 I 是内部点;点 A、B、C、D、E、F、G、H 的邻接点不能围成封闭多边形,所以是边界点。

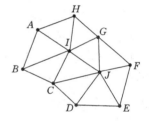

图1 三角网格

这类算法的数据适应性较强,提取结果在理论上更接近于边界点的定义,但由于需提前建立三角网格模型,程序运行时需占据大量的系统资源,导致提取效率较低。

针对这两种方法存在的问题,本文提出了基于考察局部型面参考点集分布状态的边界点提取算法。相比于前两种方法,一方面提取处理的对象是点,得到的结果更为清晰,精度更高;另一方面,避免了各种网型的建立,提升了数据处理的效率,并易于编程实现。

1 点云边界提取算法

1.1 采样点 k 近邻点查询

空间三维散乱点云中,计算某采样点 p_i 的 k 近邻点是从点集 $p=\{p_i | i=1,2,\cdots,n\}$ 中找到与采样点欧氏距离最近的 k 个点。由于边界点判断算法当中需要查找各点的 k 近邻点,并且运算次数庞大,因此,k 近邻点搜索算法的执行速度直接代表了整个点云边界提取的速度。

如表1所示,Neighbourhood 函数即为 k 近邻点查询算法的具体实现,其运行占据了总程序的大部分时间。(注意:JudgePoint 函数包含了 Neighbourhood 函数,所以其运行时长在表格中显示得比 Neighbourhood 函数长)

表 1　　点云边界提取程序各函数运行时长表

函数名称	运行时间/s
JudgePoint	36.968
Neighbourhood	26.939
GetLMax	7.924
FittingPlanar	1.397
Projective	0.266
Getvector	0.225
ReadPoint	0.034

已经有许多学者对快速提取 k 近邻点提出了一些实际的方法。熊邦书等[11]利用空间分块策略进行三维空间 k 近邻搜索，提出了包含点的总数及最近邻点数来考虑确定子立方体包围盒尺寸的方法，但是这种算法一旦在目前子立方体包围盒中不能顺利找到当前点的 k 近邻点时，就要求将搜索范围扩大一圈甚至几圈。

针对上述问题，张涛等[12]提出了一种改进的 k 近邻算法。这种算法通过控制搜索方向，优先向当前点 k 近邻点最可能出现的子立方体包围盒中进行扩展，进一步缩小了搜索的范围，从根本上提高了搜索速度。

马娟[13]等人在此基础上继续提出一种以建立离散数据空间索引为空间划分目标的 k 近邻搜索新算法，在点云分配和遍历时间效率、随机点搜索时间稳定性及对不同 k 值的适应性等方面得到了提高。

1.2　特征值法拟合微切平面

从散乱点云中拟合平面的方法有很多种，其中最常见的有最小二乘法[14]和特征值法，另外还有稳健整体最小二乘法[15]。

最小二乘法一般将平面方程：

$$ax+by+cz=d$$

改写为：

$$z=-\frac{ax}{c}-\frac{by}{c}+\frac{d}{c}$$

此方法将 z 视为观测值，平差时只考虑 z 方向的误差，但是这样与实际测量中 3 个坐标方向都存在误差的情况是不符合的，具有奇异点。而与最小二乘法不同，特征值法在满足 $a^2+b^2+c^2=1$ 的条件下，根据平面方程 $ax+by+cz=d$ 经过一系列计算得出所拟合平面的参数。它综合考虑了 3 个方向的误差，而且没有奇异点，是一种十分实用的平面拟合方法。

1.3　点至微切平面的投影

通过上述分析，已得到采样点与其 k 近邻点构成的微切平面的相关参数。接下来需要将采样点与其 k 近邻点投影到它们形成的微切平面上。

根据空间几何的知识，过某一点 (x_i,y_i,z_i) 且垂直于投影面的直线 L 与投影面 P 相交所得的交点即为点 (x_i,y_i,z_i) 至投影面 P 的投影点。

为了符合平面表达式的规范性和唯一性，定义三维空间当中平面的标准表达式为：

$$ax+by+cz=d \tag{1}$$

其中，$\boldsymbol{n}(a,b,c)$ 为平面单位的法向量，且满足 $a^2+b^2+c^2=1$，d 的大小为坐标系原点到平面的距离。确定平面的关键就是确定 a,b,c,d 这四个参数，而唯一确定 a,b,c 及 d 还需要规定法向量的正方向，法向量的正方向可以任意选取。

对于经过目标点的直线，其方向向量即为投影面的法线向量。为了方便运算，本文选择点法式方程作为求投影点直线 L 的表达式，即：

$$\frac{x-x_i}{a}=\frac{y-y_i}{b}=\frac{z-z_i}{c}=m \tag{2}$$

式中，m 是为了方便运算而取的符号。

由上式可得：

$$\begin{cases} x=ma+x_i \\ y=mb+y_i \\ z=mc+z_i \end{cases} \tag{3}$$

将上式带入平面方程解得：

$$m=-\frac{ax_i+by_i+cz_i-d}{a^2+b^2+c^2} \tag{4}$$

所以各点至投影面的投影点的坐标即为：

$$\begin{cases} x'_i=-\dfrac{(ax_i+by_i+cz_i-d)a}{a^2+b^2+c^2}+x_i \\ y'_i=-\dfrac{(ax_i+by_i+cz_i-d)b}{a^2+b^2+c^2}+y_i \\ z'_i=-\dfrac{(ax_i+by_i+cz_i-d)c}{a^2+b^2+c^2}+z_i \end{cases} \tag{5}$$

1.4 解算向量夹角

本文边界点提取算法中判断某采样点是否为边界点的核心思想为设置一个角度阈值 ε，如果采样点的投影与其 k 邻域点的连线所形成的 k 各向量之间的夹角的最大值 δ_{max} 大于角度阈值 ε，就判定这个采样点为边界点。

因此，问题就涉及求出上述 k 个向量之间的夹角。经过分析可用以下步骤进行求解：

(1) 设点集 $P=\{(x_i,y_i,z_i)|i=0,1,\cdots,k\}$ 为某采样点与其 k 近邻点，与此对应的投影点集 $P'=\{(x'_i,y'_i,z'_i)|i=0,1,\cdots,k\}$（注：点集 P 和点集 P' 中 $i=0$ 时对应的点均为采样点）。

(2) 以当前点的投影点 p'_0 为起始点，$p'_i(i=1,2,\cdots,k)$ 为终点，定义向量 $p'_0p'_i(i=1,2,\cdots,k)$。在这些向量当中任意选取一个向量作为基准向量，求其与点集 P 形成的微切平面的法线向量 $\boldsymbol{n}$ 的叉积 v，也即下面叙述当中的判断向量。

(3) 分别计算基准向量 $p'_0p'_i$ 和判断向量 v 与采样点的投影与其余 $k-1$ 个点的投影所连接形成的向量之间的夹角 α_i,β_i，如果 $\beta_i \geqslant 90°$，那么令 $\alpha_i=360°-\alpha_i$。

(4) 将第(3)步所得的 α_i 从小到大进行排序，则这 k 个向量之间的夹角可以表示为：

$$\delta_i=\begin{cases} \alpha_j & (j=1) \\ \alpha_j-\alpha_{j-1} & (j=2,3,\cdots,k-2) \\ 360°-\alpha_j & (j=k-1) \end{cases} \tag{6}$$

获得各相邻向量之间的夹角,并按角值大小进行,当相邻向量之间的夹角的最大值 δ_{max} 大于角度阈值 ε 时,就可以判断采样点为边界点。

2 应用实例

2.1 实验数据获取

本文使用 Trimble GX200 全站式地面三维激光扫描仪(图 2)获取边界,提取研究所需要的点云数据,此仪器的相关指标如表 2 所示。为了能够进行点云边界提取研究,首先须对采集的数据进行数据预处理工作。预处理结果的质量优劣将直接影响边界提取的准确性以及最终生成模型的质量。

表 2　　Trimble GX200 相关性能指标

性能指标	指标值
点位精度	≤±6 mm(50 m)
	≤±12 mm(100 m)
距离精度	≤±4 mm(50 m)
	≤±7 mm(100 m)
角度精度	≤±12″
测距范围	最小距离:2 m
	最大距离:300 m
目标反射率	200 m/18%
扫描速度	5 000 点/s
视场角	水平方向:365°
	垂直方向:60°

和传统测量作业相同,三维激光扫描仪进行测量也遵照"先控制后碎步"的原则。首先用全站仪进行了平面控制测量,用水准仪进行了水准控制测量。经过这两个步骤获得控制点。将三维激光扫描仪直接安置到控制点上便可以进行扫描作业。

为了便于后期各站扫描数据的拼接工作,可采用靶标,或者后视棱镜直接定向两种方式进行处理。本文选择的是后视棱镜,该方法直接有效,扫完数据即可得到拼接后的结果。

2.2 程序运行结果

本文基于 MATLAB(R2014)编程实现了点云边界提取的整个算法流程。实验数据选取扫描了一半圆柱的数据,这样选择是因为该数据的边界存在直线和曲线两种线型,具有相对普遍的验证效果。

图 2　三维激光扫描仪 Trimble GX200

提取结果如图 3 所示。

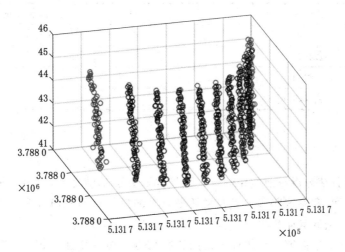

图 3　原始点云与边界点云的对比

其中,蓝色部分代表原始点云,红色部分代表经由本文算法实现的程序处理后的边界点。可以很清楚地看出,提取结果十分有效,达到了实验预期的效果。

为进一步验证所提取的点是否即为原始点云的边界点,还可将原始点云拟合成曲面。将提取的边界点与拟合曲面同时显示,可以发现,提取结果恰好环绕在曲面边界处,如图 4 所示。

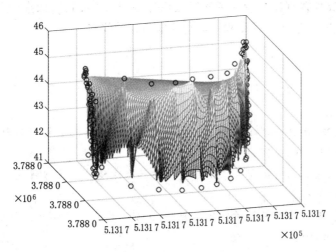

图 4　原始点云拟合曲面与边界点对比图

另外,如表 3 所示,还可通过计算提取的边界点到这些点拟合成的边界线距离的平均值来讨论其结果精度。

从表 3 可以看出,水平方向上提取的边界点拟合成的曲线的精度高于竖直方向上提取的边界点拟合形成的直线。经过分析,产生这种情况的原因是三维激光扫描圆柱时圆柱的边缘区域对激光的反射效果没有圆柱中间区域好。整体上精度均低于 10 mm,在仪器的指标范围内。

表 3　　　　　　　　　　　　　边界点提取精度

拟合线	点线距离均值/mm
直线(左)	8.5
直线(右)	7.6
圆曲线(上)	3.1
圆曲线(下)	2.4

3 结　论

本文在详细总结分析目前常用的点云边界提取方法基础之上,提出了拟合局部型面参考点集的微切平面,考察这些参考点在微切平面上的投影点的几何分布来提取边界点的算法,并给出了该算法的具体步骤,最后基于 MATLAB 编程实现。

实例证明,该算法能够有效提取三维激光扫描点云边界特征。相比于现有的边界提取算法,具有运行速度快,提取效率高,边界识别精度高,并且易于编程实现的优点。

随着三维激光扫描技术应用范围的不断拓展,数字城市建设、文物数字化存档、逆向工程均需对采集的点云数据进行处理,使用本文提出的算法可为模型的建立提供初始模型边界,但在实际的工程应用上还亟须解决以下两个问题:

(1)由于实际物体的边界大多数不是规则曲线,应建立评价提取的边界结果精度更加完善的体系。

(2)点云边界提取算法当中 k 近邻算法仍然是制约程序运行效率的关键因素,应寻求更加迅速的处理方法,进一步提高程序运行速度和建模效率。

参 考 文 献

[1] 孙文潇,王健,刘春晓.三维激光扫描在古建筑测绘中的应用[J].测绘科学,2016,41(12):297-301.

[2] 何原荣,郑渊茂,潘火平,等.基于点云数据的复杂建筑体真三维建模与应用[J].遥感技术与应用,2016,31(6):1091-1099.

[3] 关丽,丁燕杰,张辉,等.面向数字城市建设的三维建模关键技术研究与应用[J].测绘通报,2017(2):90-94.

[4] 刘杰,阎跃观,李军,等.基于激光点云的沉陷区水平位移求取方法研究[J].煤矿开采,2016,21(2):99-102.

[5] 马敏杰,杨洋,范爱平,等.复杂建筑物三维激光扫描与室内外精细建模[J].测绘与空间地理信息,2015(1):111-113.

[6] 罗寒,王建强.基于地面三维激光扫描两种模型重建技术[J].测绘与空间地理信息,2015(7):63-65.

[7] 李江雄.反求工程中复杂曲面边界线的自动提取技术[J].机械设计与制造工程,2000(2):26-28.

[8] 慈瑞梅,李东波.复杂曲面边界线自动提取技术研究[J].机床与液压,2006(7):50-51.

[9] 柯映林,范树迁.基于点云的边界特征直接提取技术[J].机械工程学报,2004,40(9):

116-120.

[10] 张献颖,周明全,耿国华.空间三角网格曲面的边界提取方法[J].中国图象图形学报,2003,8(10):1223-1226.

[11] 熊邦书,何明一,俞华璟.三维散乱数据的k个最近邻域快速搜索算法[J].计算机辅助设计与图形学学报,2004,16(7):909-912.

[12] 张涛,张定华,王凯,等.空间散乱点k近邻搜索的新策略[J].机械科学与技术,2008,27(10):1233-1235.

[13] 马娟,朵云峰,赵文亮.两种空间分块策略K近邻搜索算法的比较研究[J].中国图象图形学报,2011,16(9):1676-1680.

[14] 隋立芬,宋立杰,柴洪洲,等.误差理论与测量平差基础[M].北京:测绘出版社,2016:21-27.

[15] 官云兰,刘绍堂,周世健,等.基于整体最小二乘的稳健点云数据平面拟合[J].大地测量与地球动力学,2011,31(5):80-83.

作者简介:杜秋(1994—),男,硕士研究生,主要研究方向:变形监测与数据处理。E-mail:1241055483@qq.com。

基于无人机倾斜摄影的露天矿工程量计算方法

王果[1,2]，沙从术[1,2]，蒋瑞波[1,2]，郝力坤[1]

(1. 河南工程学院土木工程学院，河南 郑州，451191；
2. 煤化工资源综合利用与污染治理河南省工程实验室，河南 郑州，451191)

摘 要：露天矿工程量计算是露天矿开采过程中的核心技术之一，然而露天矿几何形状由于自然条件以及采矿工艺的影响具有复杂性，工程量难以用传统的方式进行精确计算。本文提出一种基于无人机倾斜摄影的露天矿工程量计算方法，该方法利用无人机搭载的数码相机获取矿区序列倾斜影像，通过特征提取、空三测量、多视影像密集匹配，在获得密集点云的基础上，构建不规则三角格网和纹理映射，重建出露天矿三维模型，之后通过方格网法实现露天矿工程量计算。选取三门峡渑池某铝矿进行试验，结果表明，该方法能够实现露天矿工程量的快速计算，而且具备高效低成本等特点，为复杂条件下快速计算露天矿工程量提供一种新的方法。

关键词：无人机倾斜摄影；露天矿；密集点云；方格网法；工程量计算

Research on Engineering Volume Calculation for Open-Pit Mine Based on UAV Oblique Photogrammetry

WANG Guo[1,2], SHA Congshu[1,2], JIANG Ruibo[1,2], HAO Likun[1]

(1. Institute of Civil Engineering, Henan Institute of Engineering, Zhengzhou 451191, China;
2. Engineering Laboratory of Comprehensive Coal Resource Utilization and Pollution Control in Henan Province, Zhengzhou 451191, China)

Abstract: The calculation of open-pit mine volume is one of the key technologies in open-pit mining, however, the amount of engineering is difficult to be accurately calculated by traditional methods because of the complicated geometry of open pit mine due to the influence of natural conditions and mining process. A method for calculating the volume of open-pit mine based on tilt photography of unmanned aerial vehicle (UAV) is proposed. Unmanned aerial vehicle equipped with digital oblique cameras is used for image sequence acquisition in open-pit area, through feature extraction, aerial triangulation, dense matching, 3D point cloud are generated, and then through irregular triangular gridding and texture mapping, 3D model of open-pit slope are reconstructed automatically, finally grid method is used for volume calculation of open-pit mine. An open-pit aluminum mine in Sanmenxia Mianchi city is selected for experiment, the results show that the open-pit volume can be rapidly obtained using the proposed method, with the characteristics of high efficiency and low cost. It provides a new method for rapid calculation of open-pit mine volume under complicated conditions.

Keywords: UAV oblique photography; Open-pit mine; dense point cloud; grid method; volume calculation

与地下开采相比，露天开采具有受开采空间影响小、资源回收率高、劳动生产率高、开采条件好和建设速度快等优点。全世界固体矿物的三分之二产量来自露天开采,采剥工程量计算作为露天开采过程中的核心技术之一,不仅是矿山工作量的综合指标,也是计算其他相关技术经济指标的基础。随着露天开采技术的迅速发展,未来露天矿的规模将越来越大,因此,如何快捷高精度地获取露天矿数据并计算采剥工程量是个亟待解决的问题[1]。

目前露天矿数据获取主要有以下几种方法:① 利用全站仪、GNSS 进行单点式数据获取,此类方法精度高,易于连续观测,但由于测量点位分散,难以对露天矿采剥量进行全面描述;② 利用近景摄影测量方法获取露天矿信息,该类方法能够节省人力物力,获取大量观测点的空间位置,但在露天矿图像获取时,由于矿区地形条件复杂,通常拍摄距离较远,难以获得良好的测量效果[2];③ 利用三维激光扫描技术对露天矿进行三维重建,该类方法能完成三维数据的快速获取,在此基础上,需要对深度图像分割、标志点匹配、滤波简化、点云拼接等步骤,存在以下缺点:三维激光扫描设备价格昂贵,对架站场地要求高,地形数据采集存在困难,而且后续处理过程复杂,数据处理自动化程度仍较低[3-7]。

伴随着自动控制工程和材料领域的发展,低空无人机(Unmanned Aerial Vehicle,UAV)遥感具备实施性强、成本低、机动灵活、几乎不受场地限制等优势,成为快速获得地理数据的有效平台[8],在矿山测量中的应用大大提高了地形数据的采集效率[9-10],并且经过无人机影像重建的点云模型的点间相对误差可小于±1%,堆放体积变化监测精度接近92%,可达到地面 LiDAR 扫描的堆放体积变化监测精度[11],已能够满足工程量提取的要求。作为一种新兴的三维数据获取方法,无人机倾斜摄影技术将无人机技术与倾斜摄影技术有效结合,通过无人机搭载多台传感器,突破传统航测从垂直角度拍摄的局限[12],更有利于露天矿纹理数据的获取。

本文利用无人机搭载的倾斜数码相机获取露天矿倾斜摄影数据,以三门峡渑池某铝矿为研究区域,对露天矿采剥量数据获取及采剥量计算进行深入研究。

1 基于无人机倾斜摄影的露天矿工程量计算

主要包括以下步骤:露天矿影像数据采集、数据预处理、露天矿三维模型构建和工程量计算等步骤,整个流程如图 1 所示。

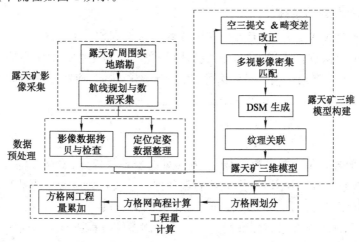

图 1 露天矿采剥工程量计算流程

1.1 试验区概况

以三门峡渑池某露天铝矿为试验区,试验区内地貌特征明显,环境较为复杂,采用红鹏 AP5100 型号 6 轴无人机飞行平台,如图 2 所示,搭载增稳平台和五镜头倾斜相机,其中相机传感器尺寸 13.2 mm×8.8 mm,相机焦距为 10.4 mm。

图 2 试验区数据倾斜摄影数据采集

1.2 露天矿外业数据采集

通过现场实地踏勘,了解露天矿待测区域周围的布局和高度落差,以 Google 影像为底图,按照以下步骤生成航线:① 测区绘制;② 飞行参数输入;③ 产生航点数据[13]。然后将规划的航线上传至无人机飞控系统,进行航飞完成露天矿待测区域数据采集。

设计航高为 90 m,布设 4 条航线,航向和旁向重叠度均为 80%,水平飞行速度 6 m/s,前后左右正射五个相机共获得 805 张影像,影像尺寸为 5 472 像素×3 678 像素,倾斜影像平均地面分辨率为 2.08 cm。

1.3 数据预处理

由于相机在飞行器起飞前已经处于工作状态,飞控获得的定位定姿(POS)数据数量会少于影像数量,因此需要根据规划的航线对飞控数据进行整理。另外,受偏向风干扰,会存在影像重叠率不规则、影像畸变误差较大、影像对比度不相同等现象,需要对影像的数量、清晰度、色彩反差、色调和层次的丰富性进行检查。

1.4 露天矿三维模型的构建

在数据预处理的基础上,对无人机获取的倾斜影像利用 SIFT(Scale Invariant Feature Transformation)算法进行特征提取,按照公式(1)进行光束法联合空三测量,得到经过优化的高精度外方位元素和消除畸变后的影像,用于后续露天矿三维模型创建和纹理提取:

$$\left.\begin{array}{ll} \boldsymbol{V} = \boldsymbol{C}\Delta + \boldsymbol{K}_G \dot{\Delta}_G + \boldsymbol{K}_T \dot{\Delta}_T - \boldsymbol{L} & P_1 \\ \boldsymbol{V}_d = \boldsymbol{I}\Delta - \boldsymbol{L}_d & P_d \\ \boldsymbol{V}_G = \boldsymbol{I}\dot{\Delta}_G - \boldsymbol{L}_G & P_G \end{array}\right\} \quad (1)$$

式中,Δ 表示影像外方位元素的改正数;C 为其对应的系数矩阵;$\dot{\Delta}_G$ 和 $\dot{\Delta}_T$ 分别表示控制点和连接点坐标改正数;K_G 和 K_T 分别为控制点和连接点改正数所对应的系数矩阵;L 表示像点观测值与计算结果之差;L_d 和 L_G 分别为虚拟观测向量;I 为单位矩阵;P_1、P_d、P_G 分别表示像点观测方程、外方位元素虚拟观测方程以及控制条件方程所对应的权阵。

通过多基元、多视密集影像匹配进行立体像对创建,将规则格网划分后的空间平面作为基础,综合利用像方特征点和物方面元,以及多视影像上的成像信息和特征信息,采用参考影像不固定的匹配策略,对无人机采集的多视影像进行密集匹配[14],利用并行算法快速准确获得多视影像同名点坐标,进而获取高密度三维点云数据并生成 DSM,最后通过纹理映射得到全要素三维模型。

1.5 方格网法工程量计算

根据设计高程和实测得到的地面密集点云,按照设定的方格网大小,将工程量计算区域划分为若干个方格,对于每个方格按照长方体进行体积计算作为该方格的工程量,最终通过将各个方格网累加得到工程量计算区域总工程量。

由于通过密集匹配产生密集点云,首先将各网格内各高程点高程相加,取平均值并与设计高程值相减,如公式(2)所示,然后根据设定的方格大小得到每个方格的面积,再按照长方体体积的公式计算得到每个网格的工程量,最终的工程量等于各方格工程量之和,如公式(3)所示。

$$H_{ij} = \frac{1}{k}\sum_{j=1}^{k}(H_j - H_D) \tag{2}$$

式中,H_{ij} 为 i 行 j 列方格网的高程;k 为落在该方格内的点的个数;H_j 为落在该方格内点的实际高程;H_D 为设计高程。

$$V = \sum_{i=1}^{n} H_{ij} \times a \times b \tag{3}$$

式中,V 为计算得到的总工程量;n 为测区的方格个数;a,b 分别为方格网的边长。

2 露天矿工程量计算试验

2.1 工程量计算

对采集的试验区倾斜影像通过多视影像密集匹配进行三维重建,生成的密集点云数据、数字表面模型和经过纹理映射的三维模型分别如图3、图4和图5所示。

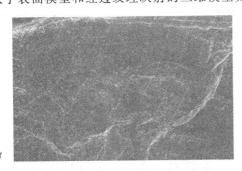
图 3 经密集匹配获得的试验区三维点云数据

图 4 试验区数字表面模型

在三维模型上手工选取 13 个特征点,获得周长为 687.07 m,面积为 35 832.93 m² 的封闭区域,按照方格网法进行工程量计算,如图6所示。

2.2 计算结果分析

理论上,方格网选取得越小,计算的土方量越精细,但同时会增加计算时间和计算量,为统计合适的尺寸,分别选取 20 个方格尺寸,从 10 m 开始以 0.5 m 递减到 0.5 m,以 13 个特

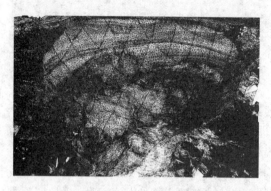
图5 纹理映射后的试验区三维模型

图6 方格网法工程量计算

征点的平均高程面为基准面,计算得的填挖方量统计如表1所示。

表1 不同方格网尺寸对应的填挖方量统计

方格网尺寸/m	填方量/m³	挖方量/m³
10	20 568.75	964 216.41
9.5	20 100.16	973 627.26
9	17 993.53	972 850.64
8.5	14 282.06	970 438.44
8	18 598.31	970 054.73
7.5	15 183.97	970 239.75
7	15 193.62	969 757.95
6.5	14 868.08	966 515.77
6	12 517.65	967 518.97
5.5	12 436.09	966 989.69
5	9 521.30	965 145.25
4.5	9 380.94	965 189.63
4	9 078.85	963 844.51
3.5	7 844.34	963 024.51
3	6 874.53	962 528.90
2.5	6 581.82	961 636.65
2	5 794.31	960 361.73
1.5	4 836.14	959 974.43
1	4 142.31	958 664.13
0.5	3 565.06	957 745.2

分析表1的统计结果,以相邻两个方格网尺寸获得的填方量和挖方量的平方和最小作为最佳尺寸的判断标准,当方格网尺寸分别为4.5 m和5 m时,二者所得到的土方量结果相差最小,取对应4.5 m和5 m方格网所得到的填挖方量作为最终计算的工程量。

3 结 论

针对露天矿几何形状由于自然条件以及采矿工艺的影响具有复杂性,工程量难以用传统的方式进行精确计算这一客观事实,提出基于无人机倾斜摄影的露天矿工程量计算方法,通过红鹏 AP5100 六旋翼无人机获取露天矿数据,利用影像三维重建以及纹理关联,运用方格网法计算工程量,对三门峡铝矿工程量计算按照不同的网格尺寸进行试验,以相邻两个方格网尺寸获得的填方量和挖方量的平方和最小作为最佳尺寸的判断标准,得出建议网格尺寸。从外业数据采集和内业计算方面,验证了基于无人机倾斜摄影的露天矿工程量计算方法的可操作性,具有一定的使用价值,而且具备高效低成本等特点,为复杂条件下快速计算露天矿工程量提供一种新的方法。

参 考 文 献

[1] 张立亭,罗亦泳,杨伟,等.露天矿采剥工程量计算方法精度分析[J].煤炭工程,2008(6):34-36.

[2] 吴庆深,衣瑛.基于远距离场景影像的露天矿边坡三维重建技术[J].金属矿山,2014,(10):130-132.

[3] 褚洪亮,殷跃平,曹峰,等.大型崩滑灾害变形三维激光扫描监测技术研究[J].水文地质工程地质,2015,42(3):128-134.

[4] 赵小平,闫丽丽,刘文龙.三维激光扫描技术边坡监测研究[J].测绘科学,2010,35(4):25-27.

[5] 刘亚兵,严怀民,刘如飞.基于车载三维激光扫描技术的露天矿三维建模[J].露天采矿技术,2015(4):37-39.

[6] 杨帆,李龙飞,吴昊.基于三维激光扫描的边坡变形数据提取研究[J].测绘工程,2016,25(10):1-4.

[7] 李崇瑞,张锦,肖杰.应用 TLS 点云数据确定边坡特征对象区域和形变分析[J].测绘通报,2016(7):94-97.

[8] 孙宏伟.基于倾斜摄影测量技术的三维数字城市建模[J].现代测绘,2014,37(1):18-21.

[9] LIU X F,CHEN P,TONG X H,et al. UAV-based low-altitude erial photogrammetric application in mine areas measurement[C]// Second International Workshop on Earth Observation nd Remote Sensing Applications. Shanghai,2012:40-42.

[10] MCLEOD T,SAMSON C,LABRIE M,et al. Using video acquired rom an unmanned aerial vehicle (UAV) to measure fracture orientation in an open-pit mine[J]. Geomatica,2013,67(3):173-80.

[11] 许志华,吴立新,陈绍杰,等.基于无人机影像的露天矿工程量监测分析方法[J].东北大学学报(自然科学版),2016,37(1):84-88.

[12] 李隆方,张著豪,邓晓丽,等.基于无人机影像的三维模型构建技术[J].测绘工程,2013,22(4):85-89.

[13] 李秀丽.基于 Google 地图数据的可视化无人机航线规划研究[J].测绘通报,2014(1):

74-76.

[14] GERKE M. Dense matching in high resolution oblique airborne images[OL/EB].[2012-3-15]. http://www.isprs.org/proceedings/xxxviii/3-w4/pub/cmrt09_gerke.pdf.

基金项目：煤化工资源利用与污染治理河南省工程实验室开放基金项目（502002-B02，502002-B03）；河南工程学院博士基金项目（D2015040）；河南省高等学校重点科研项目（18B170003）。

作者简介：王果（1986—），男，博士，讲师，主要从事三维数据获取及处理方面的研究工作。

数字水准仪二等水准测量记录、计算程序的开发应用

曾振华[1],王炎[2]

(1. 江西理工大学建筑与测绘工程学院,江西 赣州,341000;
2. 江西环境工程职业学院林业与环境学院,江西 赣州,341000)

摘 要:水准仪的水准测量、记录、计算方法比较繁琐。然而,数字水准仪就其数据格式转换及数据处理等功能数字化,运用C#程序设计语言进行开发设计,编写的应用程序不但可以输出满足现行测量规范格式要求的成果,还可以进行各项改正计算,而且具有数据筛选功能。为了解决国家二等传统水准测量、记录、计算格式的方法问题,采用C#语言编写程序进行了分析,提出了用C#语言对传统水准测量、记录、计算格式的程序开发。试验结果表明:用C#语言编写数字水准仪水准测量、记录、计算格式的程序,对国家二等水准测量、记录、计算具有方法创新、格式简便。该程序完全可以替代国家二等水准测量、记录、计算的格式。该成果对国家二等水准测量、记录、计算方法创新具有一定的参考价值和指导意义。经水准测量实践验证,程序运行稳定,精度可靠,具有较强的推广价值。

关键词:国家二等水准;高程;测量;数字水准仪;创新;程序

The Development and Application of the Calculation and Measurement Record Program in Digital Level Second Level

ZENG Zhenhua[1], WANG Yan[2]

(1. *Construction And Surveying Engineering School of Jiangxi University of Science and Technology*, *Ganzhou 341000*, *China*; 2. *College of Environmental and Forestry of Jiang Xi Environmental Engineering Vocational College*, *Ganzhou 341000*, *China*)

Abstract: Level of the level of measurement, recording, calculation method is more complicated. However, the digital level of its data format conversion and data processing and other functions of digital, the use of C# programming language development and design, the preparation of the application program can not only meet the requirements of the current measurement specifications to meet the requirements of the results, but also to correct the calculation, and With data filtering function. In order to solve the problem of the second-class traditional level measurement, record and calculation format, the author uses C# language to write the program, and puts forward the program development of traditional level measurement, recording and calculation format with C# language. The test results show that: Language preparation of digital level leveling, recording, calculation of the format of the program, the second level of national measurement, recording, calculation with a method of innovation, the format is simple. The program can replace the national second-class leveling, recording, calculation format. The results of the second level of national measurement, recording, calculation method innovation has a certain reference value and guiding significance. The practice of verification by leveling, the program is stable, reliable and reliable, with a strong promotional value.

Keywords: national second-class; level elevation; measure; electronic digital level; innovate; procedure

1 引 言

水准测量的目的是确定地面点的高程,它是高程测量的主要方法[1]。水准仪按结构可分为微倾水准仪、自动安平水准仪、激光水准仪和数字水准仪(又称电子水准仪)。显然,数字水准仪具有测量速度快、操作简便、读数客观、精度高、能减轻作业劳动,自1990年世界上第一台数字水准仪诞生以来,由于其精度高、测量速度快、操作简单等优点,得到了迅速发展和广泛的应用,开创了水准测量自动化的新时代。与传统的光学水准仪相比,数字水准仪测量原理新颖,测量误差来源也有所不同,而且不同厂家的仪器采用了不同的读数原理和标尺编码结构[2]。

数字水准仪自1990年诞生以来,凭借其精度高、速度快、操作简单等优点很快得到了广大用户的认可,并逐步应用于高精度水准测量、变形监测、工业测量等多个领域,成为水准测量仪器发展的趋势,经水准测量实践验证,程序运行稳定,具有较强的推广价值[3]。水准高程是公认的高精度高程。根据水准测量原理,水准仪的主要功能是提供一条精密水平视线,并能照准水准尺读数;数字水准仪一般是采用CCD照相扫描标尺编码,测量时采用13种宽度不同的黑条码。一次照准,可以自动测出平距和中丝。数据自动保存,测量时配合专门的条码水准尺,通过仪器中内置的数字成像系统,自动获取水准尺的条码读数,不再需要人工读数。而传统的水准测量、记录、计算方法比较繁琐。

2 传统水准测量方法和记录格式[4]

水准测量应用最多的仪器是水准仪,水准仪测量高差的原理是:仪器安置整平后,水准仪的水准轴和望远镜的主光轴这两条轴线始终平行,全园360°水准视线都是同一高度,这样,地面的高度就显示于水准尺上。数字水准仪以其测量的高度自动化、测量速度快、自动获取水准尺的条码读数,读数客观精确、便于实现测量数据的自动记录和处理等优点,一经问世,很快受到用户的青睐;与传统的光学水准仪相比,数字水准仪测量原理新颖,测量误差来源也有所不同,而且不同厂家的仪器采用了不同的读数原理和标尺编码结构。仪器操作时,国家二等水准测量的顺序一般为:奇数站为后、前、前、后,偶数站为前、后、后、前;高差=后视中丝-前视中丝,所求高程=已知高程+高差。具体测量、记录、计算见表1。

3 国家二水准测量记录、计算的程序编写[6-8]

众所周知,水准测量是通过水准仪的前、后视中丝的高差来传算水准线路的。传统的计算方法比较繁琐。鉴于此,笔者根据国家二等水准传统测量、记录、计算方法,利用C♯语言编写程序,在实地直接用笔记本电脑,计算水准测量数据,得出国家二等水准高程,实现数字水准仪测量、记录、计算一体化。主要代码如下:

表 1　　二等水准测量记录表[5]

测区：　　温度：　　日期：　　观测：
仪器号：　　天气：　　呈像：　　记录：

测站编号	点号	后尺 后视距 视距差 d	前尺 前视距 累计视距差	方向及尺号	条码尺读数		单次高差 h/m	平均高差 h/m
1	H3	36.48	36.82	后	第一次读数	1.422 2	−0.059 6	−0.060 2
		36.46	36.80	前		1.481 8		
		36.47	36.81	后	第二次读数	1.421 8	−0.060 7	
		−0.34		前		1.482 5		
2		31.70	31.54	后	第一次读数	1.283 0	−0.195 7	−0.195 6
		31.68	31.55	前		1.478 7		
		31.69	31.54	后	第二次读数	1.283 6	−0.195 6	
		0.15	−0.19	前		1.479 2		
3		28.34	28.67	后	第一次读数	1.510 9	0.438 8	0.438 5
		28.34	28.64	前		1.072 1		
		28.34	28.66	后	第二次读数	1.510 6	0.438 2	
		−0.32	−0.51	前		1.072 4		
4		30.53	30.69	后	第一次读数	2.082 6	1.195 9	1.195 7
		30.52	30.76	前		0.887 1		
		30.52	30.72	后	第二次读数	2.082 6	1.195 5	
		−0.2	−0.71	前		0.887 1		
5		19.21	18.42	后	第一次读数	1.913 7	0.991 9	0.991 8
		19.20	18.42	前		0.921 8		
		19.20	18.42	后	第二次读数	1.913 5	0.991 7	
		0.78	0.07	前		0.921 8		
6	T12	5.42	6.06	后	第一次读数	1.717 1	0.452 6	0.452 8
		5.42	6.06	前		1.264 5		
		5.42	6.06	后	第二次读数	1.717 1	0.453 1	
		−0.64	−0.57	前		1.264 0		
7		19.61	19.47	后	第一次读数	2.135 6	0.772 3	0.772 1
		19.61	19.47	前		1.363 3		
		19.61	19.47	后	第二次读数	2.135 4	0.771 9	
		0.14	−0.43	前		1.363 5		
8		40.36	40.61	后	第一次读数	1.745 7	0.419 5	0.419 8
		40.35	40.61	前		1.326 2		
		40.36	40.61	后	第二次读数	1.746 0	0.420 0	
		−0.15	−0.58	前		1.326 0		

续表 1

测站编号	点号	后尺	前尺	方向及尺号	条码尺读数	单次高差 h/m	平均高差 h/m
		后视距	前视距				
		视距差 d	累计视距差				
9		40.57	40.58	后	第一次读数 1.571 7	0.185 4	0.185 8
		40.54	40.58	前	1.386 3		
		40.56	40.58	后	第二次读数 1.572 0	0.186 1	
		−0.02	−0.6	前	1.385 9		

测区：　　　　温度：　　　　日期：　　　　观测：
仪器号：　　　天气：　　　　呈像：　　　　记录：

using System;

namespace 二等水准{public partial class 二等水准 : Form { DataManager pData; string ErrorMEssage = " "; public 二等水准(){ InitializeComponent(); pData = new DataManager();

//初始化参数列表 pData.InitializeOptions(DgvOptions)

///读取外业数据 private void SourceData_Click(object sender, EventArgs e){ if (pData.SourceFileToDataGridView(this.DgvData, ref ErrorMEssage)){ //清除结果数 pData.ClearDataGridView (DgvOutsideData); pData.ClearDataGridView (DgvInsideDtabData.SelectedIndex = 0;} else{ if (ErrorMEssage != " "){ //初始化数据 pData.StationList = new List<Station>(); MessageBox.Show(ErrorMEssage," Errror", MessageBoxButtons.OK); if (DialogResult.Yes== MessageBox.Show("是否清除数据", "Question", MessageBoxButtons.YesNo)){ pData.ClearDataGridView (DgvDa }} /// <summary> /// 获取外业结果数据 /// </summary> /// <param name=" sender"></param> /// < param name = " e"></param> private void OutsideDataRead_Click_1(object sender, EventArgs e) { ErrorMEssage = " "; if (pData. OutsideDataTxtFileToDataGridView (this. DgvOutsideData, ref ErrorMEssage)) //清除结果数据 pData.ClearDataGridView(DgvInsideData); tabData.SelectedIndex = 1;} els { if(ErrorMEssage != " ") MessageBox.Show(ErrorMEssage, "Error", MessageBoxButtons.OK);}} /// <summary> /// 外业数据进行计算 /// </summary>/// <param name="sender"></param> /// <param name="e"></param private void SourceDataCompute_Click(object sender, EventArgs e){ ///每次点击计算 获取界面的数据 转化为测站, ErrorMEssage = " "; ///获取参数数据 if (! pData. GetOptions (DgvOptions, ref ErrorMEssage)) { MessageBox. Show (ErrorMEssage, "Error", MessageBoxButtons.OK); return;} pData.StationList = new List<Station>();pData.StationsList = new List<Stations>();ErrorMEssage = " "; if (pData.SourceFromDataGridView(DgvData, ref ErrorMEssage)) { //获取了测站集合 if (pData.StationList.Count == 0) return; for (int i = 0; i < pData.StationList.Count;i++){///清除计算结果 pData.StationList[i].Result.Clear(); if (! pData.

StationList［i］. Compate（pData. pOptionsref ErrorMEssage））｛ MessageBox. Show（ErrorMEssage，"Error"，MessageBoxButtons. OK）return;｝｝//检测是否有测段数据 ♯region 检测测段 for（int i ＝ 0；i＜ pData. StationList. Count；i++）｛ int j ＝ i ＋ 1;//如果某测站数据显示有点名,即测段的一部分 if（pData. StationList[i]. IsPtStation）｛for（；j＜ pData. StationList. Count；j++）if（pData. StationList[j]. IsPtStation）｛ List＜Station＞ Stationss ＝ new List＜Station＞（）；for（int z ＝ i；z ＜＝ j；z++）Stationss. Add（pData. StationList［z］）；｝//测段的出现 Stations NewStations ＝ new Stations（Stationss）;if（NewStations. SingleStationList. Count ％ 2 !＝ 0MessageBox. Show("一侧段的测站数应该是偶数"，"Error"，MessageBoxButtons. OK）；return;}i ＝ j；pData. StationsList. Add（NewStations）； break；｝｝｝｝ ♯ endregion //显示数据 pData. OutsideDataToDataGridView（DgvData）；｝else｛MessageBox. Show（ErrorMEssage，"Errror"，MessageBoxButtons. OK）；return;｝♯region 数据输入完毕,进行外业结果进行整理 输出到外业结果表中 if（chkisOver. Checked ＝＝ true）{//对数据进行判断（限差）//判断总视距差 的限差 if（DialogResult. Yes ＝＝ MessageBox. Show("外业数据计算完成,是否显示在外业结果表?"，"Question"，MessageBoxButtons. YesNo））｛ //测段匹配 往返测数据 if（pData. TrueDoubleStations（））{//匹配成功 进行数据和转换:将外业数据表的数据转换到外业结果数据表 pData. SourceDataToOutsideData（DgvOutsideData）；this. tabData. SelectedIndex ＝ 1;｝ else{//没有往返测段 //将往测数据转换为往返测数据 pData. SingalToDouble（）；pData. SourceDataToOutsideData（DgvOutsideData）；this. tabData. SelectedIndex ＝ 1;｝｝｝♯endregion｝/// ＜summary＞/// 对外业数据进行内业处理 /// ＜/summary＞/// ＜param name＝"sender"＞＜/param＞/// ＜param name ＝"e"＞＜/param＞ private void InsideDataCompute_Click(object sender，EventArgs e)｛ErrorMEssage ＝ ""；///获取参数数据 if（! pData. GetOptions（DgvOptions，ref ErrorMEssage））｛ MessageBox. Show（ErrorMEssage，"Error"，MessageBoxButtons. OK）；return;｝ Point StartElevation ＝ new Point（）；Point EndElevation ＝ new Point(); try ｛ StartElevation. Elevation ＝ double. Parse（txtStartElevationVature. Text）；StartElevation. Name ＝ txtStartElevationName. Text；

EndElevation. Elevation ＝ double. Parse（txtEndElevationVature. Text）；EndElevation. Name ＝ txtEndElevationName. Text；｝catch（Exception）｛ MessageBox. Show("请正确输入起始终点数据"，"Error"，MessageBoxButtons. OK）；return；｝//从 DataGridView 中获取外业结果数据 pData. ResultStati ＝ new ResultStations（）；if（pData. OutsideDataFromDataGridView(this. DgvOutsideData，ref ErrorMEssage））{//判断是只有往测还是往返测都有: if（pData . DoubleStationsList. Count ＝＝ pData. StationsList. Coun ）｛ pData. ResultStation. DoubleStationsList ＝ pData. DoubleStationsList；

｝else ｛//将往测数据转换为往返测数据 pData. SingalToDouble（）；pData. ResultStation. DoubleStationsList ＝ pData. DoubleStationsList；}//结果集的测段集为数据管理器中测段集 //往返测站 //清除内业数据 pData. ClearDataGridView（DgvInsideData）;pData. ResultStation. StartElevation ＝ StartElevation；

pData. ResultStation. EndElevation = EndElevation; pData. ResultStation. PtElevation = new List < Point > ( ); //进行点名匹配 int count = pData. DoubleStationsList. Count; if (pData. ResultStation. EndElevation. Name ! = pData. DoubleStationsList[count - 1]. ForwardPtName || pData. ResultStation. StartElevation. Name ! = pData. DoubleStationsList[0]. RearPtName){ MessageBox. Show("输入点名与数据点名不匹配,请检查数据", "Info", MessageBoxButtons. OK); return; } //果计算 pData. ResultStation. PtElevation. Clear( ); if (! pData. ResultStation. Compute (pData. pOptions, ref ErrorMEssage, 0)) { if (DialogResult. Yes = = MessageBox. Show (ErrorMEssage +" 是否继续计算", " Alarm", MessageBoxButtons. YesNo)) {ErrorMEssage = " "; //虽然误差超限,但继续计算 pData. ResultStation. Compute (pData. pOptions, ref ErrorMEssage, 1); }}//结果显示 pData. InsideDataToDataFridView (DgvInsideData); tabData. SelectedIndex = 2;} else { if (ErrorMEssage ! = " ") { MessageBox. Show (ErrorMEssage, " Error ", MessageBoxButtons. OK); } }} /// <summary>/// 保存数据为 Txt/// </summary> /// <param name="sender"></param> /// <param name="e"></param> private void SaveTxtFile_Click(object sender, EventArgs e){TabPage NewTabPage = tabData. SelectedTab; string Name = NewTabPage. Name; bool f = false; if (Name = = " tpSourceData")

{f = pData. SaveTxtFile (DgvData);} elseif (Name = = " tpInsideData"){f = pData. SaveTxtFile (DgvInsideData);} else if (Name = = " tpOutsideData") { f = pData. SaveTxtFile(DgvOutsideData); }else{ f = pData. SaveTxtFile(DgvOptions); } if (f){ MessageBox. Show ("保存成功!", " Message", MessageBoxButtons. OK);} }/// < summary> /// 保存文件为 Excel /// </summary>/// <param name="sender"></param> /// <param name="e"></param> private void SaveExcelFile_Click(object sender, EventArgs e) { bool f = false; TabPage NewTabPage = tabData. SelectedTab; string Name = NewTabPage. Name; if (Name = = " tpSourceData"){ f = pData. SaveExcelFile(DgvData);}else if (Name = = "tpInsideData"){ f= pData. SaveExcelFile (DgvInsideData);}else if (Name = = "tpOutsideData")

{f = pData. SaveExcelFile (DgvOutsideData); } else { f = pData. SaveExcelFile (DgvOptions);}if (f)

{ MessageBox. Show("保存成功!","Message", MessageBoxButtons. OK); }}}

4 应用实例[9-11]

由于数字水准仪水准测量是通过水准仪的前、后视中丝的高差来传算水准线路高程的。现场测量时,直接将数据输入笔记本电脑的程序,测量平差时输入已知点数据,再按程序数据标准化;某地有一闭合水准测量线路,程序测量和计算操作过程分解见图1~图4和表2。

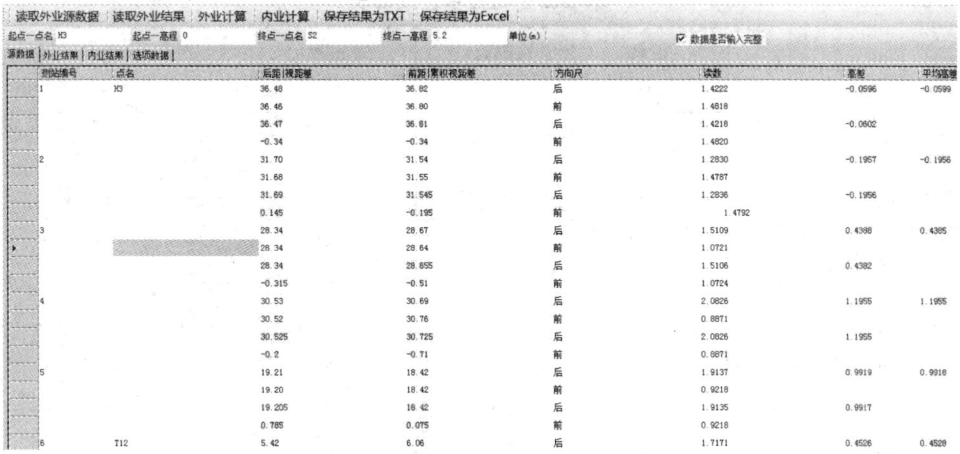

测站编号	点名	后距|视距差	前距|累积视距差	方向尺	读数	高差	平均高差
1	H3	36.48	36.82	后	1.4222	-0.0596	-0.0599
		36.46	36.80	前	1.4818		
		36.47	36.81	后	1.4218	-0.0602	
		-0.34	-0.34	前	1.4820		
2		31.70	31.54	后	1.2830	-0.1957	-0.1956
		31.68	31.55	前	1.4787		
		31.69	31.545	后	1.2836	-0.1956	
		0.145	-0.195	前	1.4792		
3		28.34	28.67	后	1.5109	0.4388	0.4385
		28.34	28.64	前	1.0721		
		28.34	28.655	后	1.5106	0.4382	
		-0.315	-0.51	前	1.0724		
4		30.53	30.69	后	2.0826	1.1955	1.1955
		30.52	30.76	前	0.8871		
		30.525	30.725	后	2.0826	1.1955	
		-0.2	-0.71	前	0.8871		
5		19.21	18.42	后	1.9137	0.9919	0.9918
		19.20	18.42	前	0.9218		
		19.205	18.42	后	1.9135	0.9917	
		0.785	0.075	前	0.9218		
6	T12	5.42	6.06	后	1.7171	0.4526	0.4528

图 1　读取水准测量外业数据

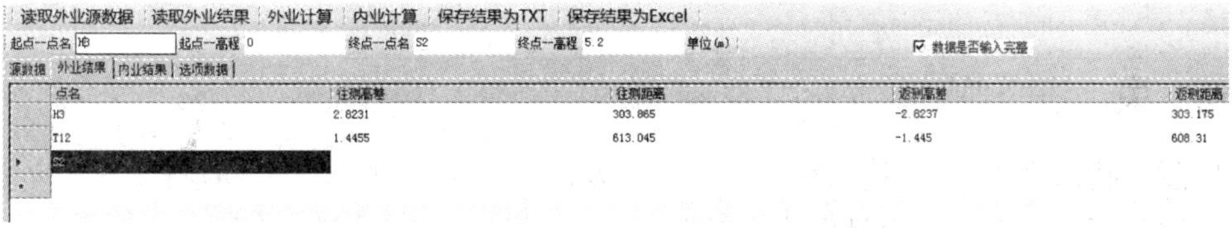

点名	往测高差	往测距离	返测高差	返测距离
H3	2.8231	303.865	-2.8237	303.175
T12	1.4455	613.045	-1.445	608.31
S2				

图 2　输入已知点高程

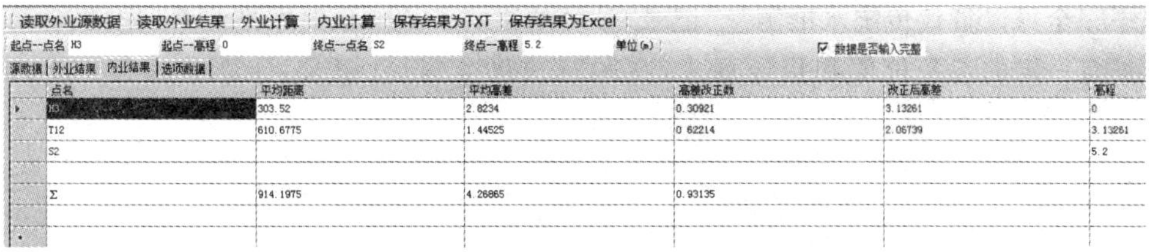

点名	平均距离	平均高差	高差改正数	改正后高差	高程
H3	303.52	2.8234	0.30921	3.13261	0
T12	610.6775	1.44525	0.62214	2.06739	3.13261
S2					5.2
Σ	914.1975	4.26865	0.93135		

图 3　水准平差结果

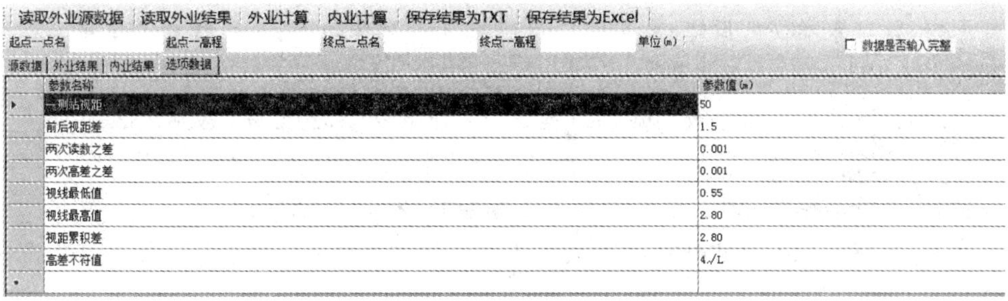

参数名称	参数值(m)
一测站视距	50
前后视距差	1.5
两次读数之差	0.001
两次高差之差	0.001
视线最低值	0.55
视线最高值	2.80
视距累积差	2.80
高差不符值	$4\sqrt{L}$

图 4　水准平差参数

表2　　　　　　　　　　　　　　水准测量高程平差成果表

点名	测段编号	距离/m	观测高差/m	改正数/m	改正后高差/m	高程/m
H3	1	303.85	2.823 0	−0.000 1	2.822 9	115.230
T12						118.052 9
	2	613.05	1.445 6	−0.000 0	1.445 6	
S2						119.498 5
	3	608.30	−1.444 7	−0.000 0	−1.444 7	
T12						118.053 8
	4	300.17	−2.823 7	−0.000 1	−2.823 8	
H3						115.230
Σ		1 825.37	+0.000 2	−0.000 2	0	
			$W=+0.2$ mm	$W_允=±5.4$ mm	$W<W_允$ 合格	

5　结　束　语[12-14]

随着科技的进步,测量技术得到了快速的发展。本文运用C♯编写的国家二水准测量、记录、计算的程序,在水准测量作业中对国家二水准测量、记录、计算是一个技术提升,大大提高了国家二水准测量、记录、计算的进度和效率;程序界面友好,计算简单明了,容易掌握;方便了国家二水准测量、记录、计算,为国家二水准测量、记录、计算服务。其理论价值在于:该程序完全可以替代传统水准测量、记录、计算的格式。该成果对水准测量、记录、计算方法创新具有一定的参考价值和指导意义,在国家二水准测量、记录、计算中具有广泛的实际应用[15]。

参考文献

[1]　曾振华,等.DINI系列数字水准仪的功能、特点及测量原理[J].地矿测绘,2003,6(3):32-33.

[2]　杨俊志,刘宗泉.数字水准仪的测量原理及其检定[M].北京:测绘出版社,2005:11-40.

[3]　薛志宏.数字水准仪的原理、检定及应用研究[D].郑州:中国人民解放军信息工程大学,2002:10-13.

[4]　邓融.如何评价电子水准仪的质量与性能[J].北京测绘,2002,6(3):31-33.

[5]　宁津生,等.测绘学概论[M].武汉:武汉大学出版社,2004:33-36.

[6]　冯仲科.测量学原理[M].北京:中国林业出版社,2002:34-180.

[7]　曾振华,等.徕卡SPRINTER系列数字水准仪计算程序的开发应用[J].金属矿山,2011(3):112-113.

[8]　同济大学,清华大学.测量学[M].北京:测绘出版社,2000:31-38.

[9]　赵瑞,樊钢.数字水准仪与精密光学水准仪测量精度比较[J].测绘科学技术学报,2006,23(1):78-79.

[10] 北京市测绘设计研究院.城市测量规范 CJJ/T 8—2011[S].北京:中国建筑工业出版社,2011.
[11] 葛永慧,等.测量平差[M].徐州:中国矿业大学出版社,2005:123-125.
[12] 潘正风,杨正尧,程效军,等.数字测图原理与方法[M].武汉:武汉大学出版社,2004:162-167.
[13] 国家技术监督局,中华人民共和国建设部.工程测量规范 GB 50026—93[S].北京:中国计划出版社,1994:6-8.
[14] 曾振华,等.三、四等水准测量记录、计算程序的开发应用[J].实验室研究与探索,2013(12):96-100.
[15] 汪祖民.光学水准仪精度指标检定方法探讨[J].海洋测绘,2002,22(5):50-52.

基金项目:江西省教育厅科技项目(GJJ10488)。
作者简介:曾振华(1959—)男,江西吉安人,江西理工大学高级实验师,现主要从事大地测量仪器应用与教学研究。
联系方式:江西赣州市江西理工大学(341000)。E-mail:Zengzh_2005@163.com。

三维激光扫描技术在相似模型实验的应用

焦晓双,胡海峰,廉旭刚

(太原理工大学,山西 太原,030024)

摘　要:针对传统相似材料模型实验观测方法存在工作量大、数据处理复杂的问题,本文在多次实验的基础上提出了一种应用三维激光扫描技术对相似材料模型进行观测的新方法。对扫描的点云数据进行特征点提取,并采用 Matlab 平台基于布尔莎七参数坐标转换模型开发的观测数据后处理软件实现扫描数据坐标的转换,提高了观测的速度以及数据处理的效率。基于三维激光技术的扫描方法与全站仪测量方法的对比实验表明:该方法不仅可以快速有效地完成批量测点的观测,还能够满足实验的精度要求,具有效率高、方便易行等优点,实现了对相似材料模型实验的快速观测和数据的高效处理,可在相似材料模型实验中推广应用。

关键词:三维激光扫描技术;相似材料模型;观测方法

Application of 3D Laser Scanning Technology in Similar Model Experiment

JIAO Xiaoshuang, HU Haifeng, LIAN Xugang

(Taiyuan University of Technology, Taiyuan 030024, China)

Abstract: A new method of observing similar material model by using 3D laser scanning technology is proposed for the problem of large workload and complicated data processing in the traditional similar material model experimental observation methods. The feature points extraction are carried out by using the software, and using the the observation data post-processing software which is developed based on the Bursa seven-parameter coordinate transformation model and application of Matlab platform to achieve scanning data coordinates conversion, which improves the observation's speed and efficiency of data processing. The measurement method of using 3D laser scanning instrument and total station comparison test shows that the method can not only complete the observation of batch points quickly and efficiently, but also meet the accuracy requirements of the experiment, which is high efficiency and convenient. The measurement method can realize the fast observation and data processing in similar material model experiment, which can be applied in the similar material model experiment.

Keywords: 3D laser scanning technology; similar material model; observation method

　　岩层移动相似材料模拟方法是根据相似原理将矿山岩层以一定比例缩小、用相似材料做成模型,然后在模型上模拟煤层开采,观测模型上岩层的移动和破坏情况,根据模型上出现的情况分析推测岩层实际发生的破坏和移动情况[1]。通过模型实验,能在短时间内从一定程度上全面地反映岩土工程力学过程和变形形态,具有灵活性和直观性,是研究人员经常采用的研究手段[2]。目前很多学者对相似材料模型的观测提出了不少方法,康建荣[1]等提出应用经纬仪进行相似材料模拟试验的位移观测方法,经分析经纬仪观测法的精度与灯光透镜法、小钢尺法等方法的精度相近,具有布设测点灵活、量程不受限制、设置测点简单等特点。徐良骥、胡青峰等[3-4]分析了用全站仪在相似材料模型实验中的应用,认为该方法可作为一种行之有效的位移观测方法。陈冉丽等[5]提出利用三维光学测量技术结合数字近景摄影测量以及结构光栅空间编码测量等技术进行观测,该方法具有设备安装简单、测量精度高、信息容量大等优点。B. Ghabraie、M. He、T. Thongprapha 等[6-9]使用激光测量设备、红外和声学测量等新技术,提出将新的和旧的测量技术最佳组合在一起,用于挖掘相关问题的物理建模和观测方法探讨。

相似材料模型实验被广泛应用于开采沉陷等问题的研究中,但目前将三维激光扫描技术应用于相似材料模型观测的研究还是相对较少,三维激光扫描仪作为一种空间信息获取的新技术手段,可以一次性实时获取模型表面大量的三维空间坐标,与上述观测方法相比有采集速度快、效率高、数据获取同时的优点[10-11],本文在相似材料模型实验实践的基础上提出采用三维激光扫描仪进行位移观测的方法,通过多次实验对该方法的效率以及所能达到的精度进行分析,得到了预期的结果。

1 观测原理及实验设计

三维激光扫描测量技术是空间数据获取的一种重要技术手段,同传统的测量手段相比,三维激光扫描仪具有非接触、实时动态、自动连续、高密度、高精度、全数字化、信息量大、采集数据速度快等特点[12-13]。三维激光扫描仪获取的点云数据所在的扫描坐标规定:激光发射起点为坐标的原点 O,扫描仪保持水平时的指向天的方向为 Z 轴,扫描仪水平时转动的轴的初始方向为 Y 轴,Y 轴与 X 轴、Z 轴构成右手坐标系(图1)。

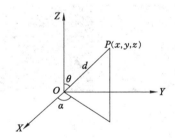

图1 三维激光扫描计算坐标

由图1可知,假设原点到被测量点 P 的距离为 d,扫描仪测得的水平扫描角和竖直扫描角分别为 α、θ,则被测点 P 在扫描坐标系中的三个坐标可表示为[13]:

$$\begin{cases} X = d\sin\theta\cos\alpha \\ Y = d\sin\theta\sin\alpha \\ Z = d\cos\theta \end{cases} \quad (1)$$

相似材料模型架尺寸为 3 000 mm×250 mm×1 400 mm(长×宽×高),实验设计两层煤层开采,第一层煤层厚度为 114 mm,第二层煤层厚度为 86 mm,开采长度为 2 500 mm。在模型岩层上布置了8行29列共232个观测点,观测点横向布置间距为 100 mm,测点标志为具有十字丝的黑白靶标,布设测点时用大头钉将测点标志钉在模型上。模型采用全部垮落法处理顶板,每 500 mm 为 1 个开采阶段,共 5 个阶段。每采完 1 个阶段需稳定一段时间后,再采用徕卡 MS50 三维激光扫描仪对模型进行从左到右的整体扫描,仪器设在距模型表面 2 m 处。模型设计和测点布置如图 2 所示。

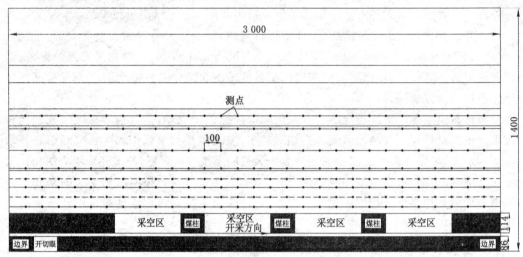

图 2 模型设计和测点布置

2 实验方法与过程

采用点云后处理软件对扫描的点云数据进行预处理和特征提取,可得到模型观测点的三维坐标数据。靶标特征提取如图 3 所示。

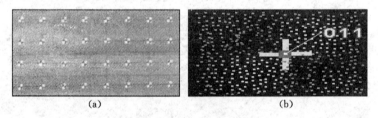

图 3 模型观测点的特征提取
(a) 模型局部点云图;(b) 靶标中心坐标提取

相似材料模型实验主要是获取模型上测点不同时刻 X、Y 方向的坐标值,即在目标坐标系 $O—XYZ$ 中的坐标变换情况,可认为 Z 方向的坐标为 0[8]。设通过三维激光扫描仪获取的数据在任意假定坐标系上,两个不同空间直角坐标系间的关系如图 4 所示,$O—XYZ$ 为目标坐标系,$O'—X'Y'Z'$ 为三维激光扫描仪假定坐标系。

基于布尔莎七参数转换模型[14]坐标系间的关系,应用 Matlab 平台进行编程实现两个不同空间直角坐标系的转换[15]。转换模型如下:

$$\begin{bmatrix} X \\ Y \\ Z \end{bmatrix} = (1+m) \begin{bmatrix} 1 & \varepsilon_Z & -\varepsilon_Y \\ -\varepsilon_Z & 1 & \varepsilon_X \\ \varepsilon_Y & -\varepsilon_X & 1 \end{bmatrix} \begin{bmatrix} X' \\ Y' \\ Z' \end{bmatrix} + \begin{bmatrix} \Delta X_0 \\ \Delta Y_0 \\ \Delta Z_0 \end{bmatrix} \tag{2}$$

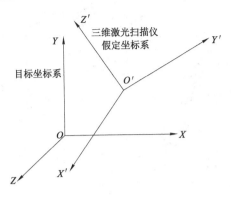

图 4 空间直角坐标系示意图

式中,ΔX_0、ΔY_0、ΔZ_0 为 3 个平移参数;ε_X、ε_Y、ε_Z 为 3 个旋转参数;m 为尺度变化参数。为了求得这 7 个转换参数,至少需要 3 个公共点,当多余 3 个公共点时,可按最小二乘法求得 7 个参数的最或然值[14]。

设目标坐标系如图 5 所示,点 O、A、B、C 在模型架的左右两侧的固定架上,这些点不受开采影响,相当于固定点。在模型正前方任意一点处架设三维激光扫描仪,在任意假定的坐标系下分别观测 O、A、B、C 4 个点的三维坐标。由于公共点的坐标存在误差,求得的转换参数将受影响,为了提高转换参数的可靠性,可对这 4 个公共点进行多次重复观测,求得这 4 个点坐标的平均值,再对模型上其他测点进行观测。

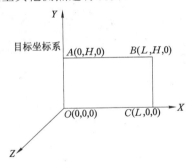

图 5 目标坐标系示意图

3 实验结果分析

根据提取的模型观测点不同期次的三维坐标,经过坐标变换获得测点在模型平面中的坐标,通过计算各期次观测与初始模型的坐标差值得到测点的移动变形量,绘制模拟开采条件下覆岩下沉随工作面推进的动态沉陷过程曲线,如图 6 所示。从图 6 中可以看出,当模型开采至第二阶段(1 000 mm)时,覆岩变形明显,最大下沉达到 147 mm;当模型开采至第四阶段(2 000 mm)时,覆岩最大下沉达到最大下沉数值 200 mm。随着工作面的向前推进,下沉盆地的范围和下沉量逐渐增大,底部趋于平缓,开采到 2 500 mm 时,覆岩下沉曲线底部出现平底,基本达到充分下沉,符合一般沉陷规律。应用三维激光扫描技术观测相似材料模型,可以反映开采沉陷规律。

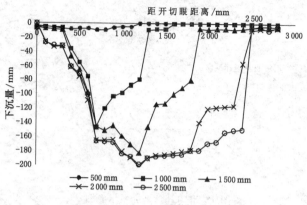

图 6 水平煤层模型观测下沉曲线

3.1 观测效率分析

为客观地反映三维激光扫描仪方法的扫描效率,分别采用三维激光扫描仪和全站仪对相似材料模型上的测点进行观测,进行了三组对比实验。第一组观测点数为 60 个点,第二组观测点数为 150 个点,第三组观测点数为 230 个点。表 1 为两种测量方法在观测点数不同时的时间对比。由表 1 可看出,三维激光扫描仪的观测时间整体比全站仪观测时间短,且随着观测点数的增多,两者对比明显。三维激光扫描仪在一定程度上缩短了观测时间,提高了相似材料模型实验的效率。

表 1 观测时间对比

测点点数测量时间/min	三维激光扫描仪	全站仪
60	10	40
150	25	100
230	38	130

3.2 观测精度分析

实验在用三维激光扫描仪获取坐标数据的同时,随机选取模型上 60 个特征点为研究对象,另采用全站仪对测点靶标中心坐标进行采集,其测距精度为 1 mm+1.5 ppm,测角精度为 1′。由于全站仪获取的点位精度较高,因此将用全站仪获取的数据当作理论值,地面三维激光扫描仪获取的数据当作观测值[16],将三维激光扫描仪与全站仪测量的数据分别通过 Matlab 平台编写的坐标系转换程序,转换为在目标坐标系下的二维坐标,则观测值的真误差为:

$$\begin{cases} \Delta x = X - x \\ \Delta y = Y - y \end{cases} \tag{3}$$

式中,Δx、Δy 为真误差;X、Y 为全站仪获取的点坐标值;x、y 为三维激光扫描仪获取的坐标值。图 7 为扫描数据在 x、y 方向的真误差图。

根据真误差,计算其点位中误差[17]:

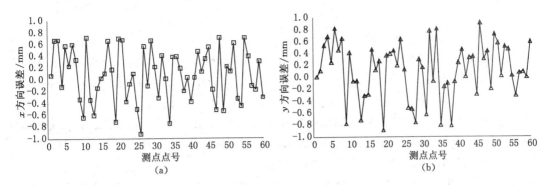

图 7 扫描数据真误差图

$$\sigma_x = \pm \sqrt{\frac{\sum_{i=1}^{n}\Delta x_i^2}{n}}, \sigma_y = \pm \sqrt{\frac{\sum_{i=1}^{n}\Delta y_i^2}{n}}, \sigma_p = \pm \sqrt{\sigma_x^2 + \sigma_y^2} \tag{4}$$

代入公式(4)计算点位中误差,得到 x、y 方向的中误差分别为 0.45 mm、0.47 mm,点位中误差为 0.65 mm,可以满足实验的精度要求。

4 结束语

本文在相似材料模型实验实践的基础上,结合三维激光扫描数据效率高、信息量丰富的优点,通过对相似材料模型进行多次观测,提出采用三维激光扫描仪进行位移观测的方法。结果分析表明:

(1) 应用三维激光扫描技术观测相似材料模型,通过绘制模拟开采条件下地表下沉随工作面推进的动态沉陷过程曲线,可以反映开采沉陷规律。

(2) 利用三维激光扫描仪进行相似材料模型的观测,并基于布尔莎七参数模型通过 Matlab 平台实现了坐标的转换,数据处理简便。

(3) 三维激光扫描技术应用于相似材料模型变形观测与其他观测手段相比有着明显的优点:可以瞬间获取大量物理信息和几何信息并自动存储记录,适用于观测测点众多的目标,扫描速度快,效率高。

(4) 通过与全站仪观测方法进行对比分析,三维激光扫描仪观测方法能够满足实验精度要求,证实本次研究观测方法的可靠性,可以作为一种有效的观测方法在相似材料模型实验中推广使用。

参 考 文 献

[1] 康建荣,王金庄,胡海峰. 相似材料模拟试验经纬仪观测方法分析[J]. 矿山测量,1999(1):41-44.

[2] 戴华阳,王金庄,张俊英,等. 急倾斜煤层开采非连续变形的相似模型实验研究[J]. 湘潭矿业学院学报,2000,15(3):1-6.

[3] 徐良骥,高永梅,张玉. 全站仪在相似材料模拟实验中的应用[J]. 现代情报,2004(4):189-190.

[4] 胡青峰,王果,崔希民. 地下采矿相似材料模拟试验观测方法探讨[J]. 测绘科学,2014

(7):80-82.

[5] 陈冉丽,吴侃. 相似材料模型观测新技术[J]. 矿山测量,2011(6):84-86+89.

[6] GHABRAIE B,REN G,ZHANG X,SMITH J. Physical modelling of subsidence from sequential extraction of partially overlapping longwall panels and study of substrata movement characteristics[J]. Int J Coal Geol,2015(140):71-83.

[7] HE M,JIA X,GONG W,FARAMARZI L. Physical modeling of an underground roadway excavation in vertically stratified rock using infrared thermography[J]. Int J Rock Mech Min Sci,2010,47(7):1212-1221.

[8] THONGPRAPHA T,FUENKAJORN K,DAEMEN J J K. Study of surface subsidence above an underground opening using a trap door apparatus[J]. Tunn Undergr Space Technol,2015(46):94-103.

[9] LIN P,LIU H,ZHOU W. Experimental study on failure behaviour of deep tunnels under high insitu stresses[J]. Tunn Undergr Space Technol,2015(46):28-45.

[10] 李秋,秦永智,李宏英. 激光三维扫描技术在矿区地表沉陷监测中的应用研究[J]. 煤炭工程,2006(4):97-99.

[11] 史长鳌,周园,刘秀格,等. 基于LIDAR数据融合的数码城市三维重建[J]. 河北工程大学学报(自然科学版),2007,24(2):81-83.

[12] 张舒,吴侃,王响雷,等. 三维激光扫描技术在沉陷监测中应用问题探讨[J]. 煤炭科学技术,2008,36(11):92-95.

[13] 徐源强,高井祥,王坚. 三维激光扫描技术[J]. 测绘信息与工程,2010(4):5-6.

[14] 孔祥元,郭际明,刘宗泉. 大地测量学基础[M]. 武汉:武汉大学出版社,2010.

[15] 董春来,史建青,陈邵杰,等. MATLAB语言及测绘数据处理应用[M]. 西安:西安交通大学出版社,2012.

[16] 代世威. 地面三维激光点云数据质量分析与评价[D]. 西安:长安大学,2013.

[17] 武汉大学测绘学院测量平差学科组. 误差理论与测量平差基础[M]. 武汉:武汉大学出版社,2014.

基金项目:国家自然科学基金项目(51574132)。

作者简介:焦晓双(1992—),女,山西运城人,硕士研究生,主要从事开采沉陷与变形监测方面的研究。E-mail:765768501@qq.com。

一种 Web 数字校园路径查询研究与实现

韩海涛

(安徽理工大学,安徽 淮南,232010)

摘 要:路径分析是 GIS 的基本功能,在各类 GIS 系统中应用广泛,并且随着数字校园和智慧城市的飞速发展,某些 Web 环境下的应用,逐渐开始注重交互性的优化。本文就 Web 环境下的数字校园中某些路径查询的特殊需求进行了研究并对算法进行了相应的改进,实现了特殊需求下的路径查询功能。

关键词:路径分析;数字校园;Dijkstra 算法;WebGIS

Research and Implementation of Web Digital Campus Path Analysis

HAN Haitao

(*School of Geomatics,Anhui University of science and technology,Huainan 232000,China*)

Abstract:Path analysis is the basic function of GIS. It is widely used in all kinds of GIS systems. With the rapid development of digital campus and smart city, the application of some Web environment has gradually begun to focus on interactive optimization. This paper studies the special requirements of some path queries in Digital Campus under Web environment, and improves the algorithm accordingly, and realizes the path query function under special requirements.

Keywords:path analysis; digital campus; Dijkstra's algorithm; WebGIS

1 研究目的和现状

1.1 路径分析研究内容

路径分析是 GIS 的基本功能,它的任务是求解最优路径或最短路径。

路径分析的基本数学表达为:在{Ai}条件下,从 B 到 C 是否可能到达,如能到达,给出其最短路径组成及距离并显示(或打印)路径图。

它包含了两个基本内容:一个是路径的搜索;另一个是距离的计算。路径搜索的算法与连通分析是一致的,通过邻接关系的传递来实现路径搜索。距离的计算方法为:在进行路径搜索的同时计算每个路径段的长度并累计起来,表示从起点到当前单元的距离。

从网络模型的角度看,最佳路径求解就是在指定网络的两结点间,找一条阻碍强度最小的路径。最佳路径的产生基于网线和结点转角(如果模型中结点具有转角数据的话)的阻碍强度。

1.2 最优路径查询应用领域

在 LBS 导航服务以及消防、物流、O2O、公共安全、救灾、救援和公共交通信息查询等公共信息服务为主要目的的专题信息系统中,路径分析和定位查询模块是其重要基础模块。因此,关于路径分析算法的理论很多,其中最成熟的是"最短路径分析"算法的研究。

然而,简单的"最短路径分析"算法在实际应用中有很大的局限性。在实践中,"最短路径分析"算法已经发展到路径分析中。两者的根本区别是,前者是纯粹的数学模型;后者是有分析判断条件的数学模型,以前者的算法为基础,实现查询定位和路径分析。

因此,路径分析的研究不仅对专题信息系统建设的经济性至关重要,而且是系统效率和先进性的重要支撑基础。

1.3 WebGIS 中的路径分析

随着数字城市、智慧城市的建设,轻量级、高效、智能化、交互性强的地图服务已成为发展的必然趋势,移动互联网的飞速扩张,更进一步推动了 WebGIS 的发展。

最优路径分析作为 WebGIS 中必不可少的功能模块,在 web 环境下该功能的实现不可能像桌面端那样灵活多变,这给 Web 环境下的路径分析的实现带来极大的不便。

目前主流 GIS 软件像 ArcGIS、MapGIS、SuperMap 等商业软件以及某些开源的 WebGIS 都提供了支持相关功能的产品和功能模块,如 ESRI 的 ArcGIS API 通过调用 ArcGIS Server 发布的 GP 服务实现路径分析功能。随着软硬件及需求的发展,像这样依靠前后端的协作的模式也逐渐从展示性的瘦客户机模式转变为交互性的胖客户机模式。但限于 Web 地图服务软件中的对象库和开发语言功能的限制,对 WebGIS 中路径分析的研究仍是任重道远。

2 最优路径查询的基本算法

2.1 基本算法

最短路径分析的基本算法目前,关于最短路径分析的算法有 17 种,比较成熟与较广泛应用的算法有 3 种:

① TQQ 算法(graph growth with two queues);

② DKA 算法(the Dijkstra's algorithm implemented with approximate buckets);

③ DKD 算法(the Dijkstra's algorithm implemented with double buckets)。

TQQ 算法的基础是图增长理念,较适合于计算单源点到其他所有点间的最短距离;DKA、DKD 两种算法则是基于 Dijkstra 的算法,是一个按路径长度递增的次序产生最短路径的算法,更适合于计算两点间的最短路径问题。

2.2 狄克斯特拉(Dijkstra)算法

Dijkstra 算法用于计算一个源节点到所有其他节点的最短代价路径,它是按路径长度递增的次序来产生最短路径的算法。

以邻接矩阵描述 Dijkstra 算法的实现过程。

构建权邻接矩阵 Cost 来表示具有 N 个结点的带权有向图(这里讨论的最短路径算法主要是针对平面有向图),$Cost[i,j]$ 表示弧 $\langle V_i, V_j \rangle$ 的权值,如果从 V_i 到 V_j 不通,则 $Cost[i,j]=\infty$。

引进一个辅助向量 Dis，并设 V_s 为起始点，每个分量 Dis$[i]$ 表示已找到的从起始点 V_s 到每个终点 V_i 的最小权值。则该向量的初始值为：Dis$[i]$=Cost$[s,i]V_i \in V$. 其中，V 是结点的集合。令 S 为已经找到的从起点出发的最短路径的终点集合，初始值为 $S=\{V_s\}$，则从 V_s 出发到图 G 上其他所有结点 V_i 可能达到的最短路径长度为：

$$\text{Dis}[i]=\text{Cost}[i,j]V_i \in V$$

选择 V_j，使得：

$$\text{Dis}[j]=\text{Min}\{\text{Dis}[i]|V_i \in V-S\}$$

V_j 就是当前求得的一条从 V_s 出发的最短路径的终点，令 $S=S \cup \{V_j\}$。

修改从 V_s 出发到集合 $V-S$ 中任意顶点 V_k 的最短路径长度。

如果 Dis$[j]$+Cost$[j,k]<$Dis$[k]$

修改 Dis$[k]$ 为：

$$\text{Dis}[k]=\text{Dis}[j]+\text{Cost}[j,k]$$

重复第 2、3 步操作共 $N-1$ 次，由此求得从 V_s 出发到图上各个顶点的最优路径是依路径权值递增的序列。

2.3 存在问题

上面的 Dijkstra 算法依赖于完备的网络和拓扑，在网络和拓扑完备的情况下可以准确高效的计算出网络中的最优路径，但在 LBS 或导航等实际应用中经常会遇到网络和拓扑并不完备的情况。一方面，新建设的功能性区域（如校园、厂区等）内部道路网络相对外界数据更新有一定的滞后性，而用户随时有进入或离开该区域的可能性，导航和路径规划功能需要进一步优化；另一方面，在某些具有尺度要求的 Web 地图服务上为了兼顾交互性和流畅性，有时会舍弃一些较大尺度上的信息从而形成局部的数据真空区域，此时可以利用一些简单的算法，在不增加数据负担的情况下完成对这些区域的导航服务。

3 算法改进

计算机网络环境下由于数据精度、表达尺度，系统软硬件性能等方面的限制，在实际应用中经常会遇到需要在拓扑不完备的区域的导航问题。此时传统的路径分析方法不再完全适用，需要进行一定的改进。在应用中常见的有任意点的最优路径查询和有限制条件的任意点最优路径查询两种基本类型。

3.1 任意点的最优路径查询

例如：由一大片开放的多边形区域（如没有围栏的大型运动场、农田、空地等）中的一点开始导航到该区域所在的网络中的某点或该网络中另一区域中的某点，这种在起止于多边形内部的导航需要对算法进行相应的优化。

算法描述：

判断起止点$\{V_s, V_t\}$是否在给定网络上，如果在给定网络上，执行 Dijkstra 算法，否则将不在给定网络上的目标点添加到搜索结果路径节点 $P[0]$,$P[N-1]$。

搜索可能包含目标点的多边形 polygon，对目标点$\{V_s, V_t\}$检测每个 polygon$[i]$ 是否包含该点。

遍历搜索结果中包含该点的 polygon$[i]$ 的每一条边，求出目标点到该条边的垂足 P_i，

判断垂足 P_i 是否在边 $E_{i,i+1}$ 上。

若成立则计算目标点 $\{V_s,V_t\}$ 到该边的距离记为 $D[i]$，

否则令 $D[i]=\min\{P_iV,P_{i+1}V|V\in\{V_s,V_t\}\}$

其中 P_i 为多边形 polygon[i] 的顶点。

将 $\{P_i|D[i]=\min(D[i])\}$ 添加到搜索结果路径节点 $P[1],P[N-2]$，并执行 Dijkstra 算法。

其数学描述为在 $\{Ai\}$ 条件下，从 S 到 T 如能到达，给出其最短路径组成及距离；如不能到达，给出从距 S 最近的网络上的点到距 T 最近的网络上的点的路径组成及距离。

3.2 有限制条件的任意点最优路径查询

类似上面的情况，当多边形区域有一定限制，如区域只有一个或多个出入口时则应采取不同算法。

算法描述：

第一步与任意点最优路径查询过程相同，先判断起止点 $\{V_s,V_t\}$ 是否在给定网络上，如果在给定网络上，执行 Dijkstra 算法，否则将不在给定网络上的目标点添加到搜索结果路径节点 $P[0],P[N-1]$。

搜索包含目标点 $\{V_s,V_t\}$ 的多边形 polygon[i]。

如果 polygon[i] 是开放的区域则执行前面算法，如果区域有限定的出入口 $Ps[n]$ 和 $Pt[n]$，对 Ps,Pt 执行 Dijkstra 算法得到最短路径 Path。

计算每条路径的距离并与 $V_s-Ps,Pt-V_t$ 的距离相加求得 Dis[i]，
$$\{\text{Path}_i|\text{Dis}[i]=\min(D[i])\}$$

Path[i] 即为所求的最短路径。

将两种类型的算法结合最终算法流程如图 1 所示。

4 系统实现

4.1 系统简介

本文所涉及的系统基于 openlayer 开发，运用 jsp 技术，前端语言使用 JavaScript，后台采用 java 语言。实现了国内某高校三维感地图场景的展示，各种地物属性信息查询，设施查询，监控视频查看，校园内路径查询，POI 查询，全景展示等功能。本文提出的改进型路径分析算法，应用于校园内步行路线规划模块，能够实现从地图内任意点到任意点(含网络节点、网络边线上的点及非网络上的点)的最佳路径导航。

4.2 数据组织

数据组织采用常规的矢量数据的组织形式，节点数据直接存储坐标及相关属性，链数据结构采用节点索引表的形式存储所包含的节点，路径权值及属性信息，面(多边形)数据结构采用链索引表的形式存储组成该面的链，面的限定出入口列表以及属性信息，除此之外会对面计算出面的最小外包络矩形，并存储为 block 字段，用以代替索引提高查询效率。

4.3 算法的实现

Java 版本改进算法的关键代码：

List<RoutePoint> ImprovedDijkstra (RoutePoint start,RoutePoint end){

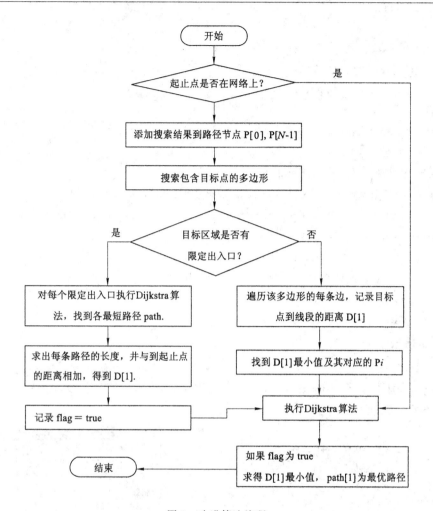

图 1 改进算法流程

```
RouteAnalysisService routeAnalysisService；
boolean flag=false；
this. CleanData()；if(! isInRange(start,boundary)||! isInRange(start,boundary))
return null；
if(! isInNetwork(start)){
RoutePoint NewStart = start；
Polygon polyStart =new Polygon(Blocks,start)；FindNewNode(start,polyStart)；}
else{
path. add(start)；}
flag=true；
if(! isInNetwork(end)){
RoutePoint NewEnd = end；
Polygon polyEnd =new Polygon(Blocks,end)；
FindNewNode(end,polyStart)；}
```

```
else{
path.add(end);}
if(startRange.isEmpty()){
startRange.add(path.get(0));
path.remove(0);}
if(endRange.isEmpty()) startRange.add(path.get(0));
int i=0;
for(RoutePoint rps:startRange){
for(RoutePoint rpe:endRange){ routeAnalysisService.PrepareData(rps,rpe,route,mapId); routeAnalysisService.buildMatrix(); routeAnalysisService.caculate();
if(route.get(i).get(0)!=start)
route.get(i).add(0,start);
if(route.get(i).get(route.get(i).size()-1)!=end)
route.get(i).add(end);}}
return MinDistanceRoute(route);}
```

4.4 成果展示

系统的道路网络建立在主要大路上，对于某些较小的道路并未建立网络，对于这样的区域可以视为开放式或限定出入口的多边形区域的一部分。对于不同类型的非网络上的点，其查询效果如图2、图3所示。

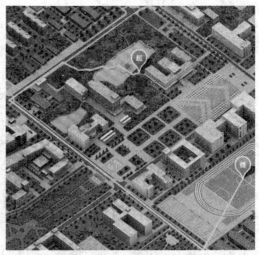

图2　区域类型设定为开放式的查询结果　　　　图3　为区域限定出入口之后的查询结果

参考文献

[1] 张安平,龙盈.路径分析的数据组织方法[J].地矿测绘,2009,25(2):24-25.

[2] 陈卓,焦元.基于GIS系统的动态最短路径的研究与应用[J].电脑与信息技术,2009,17(3):11-13.

[3] 计会凤,徐爱功,隋达嵬.Dijkstra算法的设计与实现[J].辽宁工程技术大学学报,2008,27(s1):222-223.

[4] 王树西,吴政学.改进的Dijkstra最短路径算法及其应用研究[J].计算机科学,2012,39(5):223-228.

[5] 吴虎发.蚁群优化算法在求解最短路径问题中的研究与应用[D].合肥:安徽大学,2012.

[6] 王玉琨,吴锋.嵌入式GIS最短路径分析中Dijkstra算法的改进[J].计算机工程与应用,2008,44(28):128-129.

[7] 黄睿.Dijkstra算法在物流中的优化与实现[J].计算机时代,2012(2):10-12.

[8] 卢云辉,曹健,孙晓茹.基于SuperMap Object的网络分析研究[J].城市勘测,2012(3):53-55.

[9] 郭超.改进Dijkstra算法在校园地下管网GIS中的应用研究[D].海口:海南大学,2013.

[10] 刘庆元,杜文贞.基于ArcGIS Server的物流配送最短路径分析系统的设计与实现[J].测绘科学,2010,35(2):197-198.

[11] 郭亮,龚建华,孙麋,等.基于ArcGIS Server与AJAX的WebGIS设计与实现[J].测绘科学,2011,36(3):210-212.

[12] 邹娟茹.基于SuperMap object.net 6R的三维数字小区展示系统的设计与实现[D].西安:西安科技大学,2012.

[13] 王树西,吴政学.改进的Dijkstra最短路径算法及其应用研究[J].计算机科学,2012,39(5):223-228.

[14] 戴文博,殷招伟,钱俊彦.改进的Dijkstra最短路径算法在GIS-T中的研究与实现[J].大众科技,2015(2):1-3.

[15] 吴微微.基于.NET的WebGIS中小城市防震减灾服务系统的设计与实现[D].北京:中国地震局地球物理研究所,2009.

作者简介:韩海涛(1992—),男,研究生在读,研究方向为Web3D。E-mail:347142432@qq.com。

全站仪视准线测小角观测法在紫金山金铜矿重点大坝边坡安全监测中的设计与应用

刘国元

(紫金矿业集团股份有限公司,福建 上杭,364200)

摘 要:在坝体和边坡的安全监测方法中,全站仪视准线测小角法具有简单易行、便于实地操作、精度较高的优点。本文主要介绍了如何运用全站仪视准线测小角法对紫金山金铜矿重点大坝边坡进行变形观测设计、实施以及监测成果的管理和发布。

关键词:全站仪;视准线测小角法;紫金山金铜矿;大坝边坡安全监测

Depending on the Alignment of Small Angle Measurement Method of Total Station Focuses on Dam and Mountain Slope of Deformation Observation of Design and Application of Zijinshan Gold and Copper Mine

LIU Guoyuan

(*Zijin Mining Group Co. ,Ltd. ,Shanghang 364200,China*)

Abstract:In the dam and slope safety monitoring methods, depending on the alignment of small angle measurement method of total station is easy and convenient for field operations, advantages of higher precision. The article mainly introduces that how to use depending on the alignment of small angle measurement method of total station focuses on dam and mountain slope of deformation observation design and implementation. As well as managing and publishing test results in Zijinshan gold and copper mine.

Keywords:tacheometry; the alignment of small angle measurement method; Zijinshan gold and copper mine; monitoring of dams and slope

工矿区尤其是露天采矿区,由于采矿和选矿生产的需要,产生了如露采场边坡、排土场边坡、大型堆浸场边坡、运矿大道边坡等较大型人为边坡。由于防洪调节及环保水处理的需要,产生了如重力拦水坝、混排坝、拦碴坝、尾矿坝等较大型大坝。紫金山金铜矿作为"中国第一大金矿",经过20多年的发展,创造了黄金可利用资源量最大、黄金产量最大、采选规模最大、经济效益最好、发展速度最快等多项全国第一,成为中国唯一的世界级特大金矿。在这快速发展的过程中,也产生了大大小小重点大坝边坡20几处,如何对这些大坝边坡进行安全监测和统一管理,成为紫金山安全监测人员面临的迫切难题。本文主要介绍了如何采取方便有效的方法对紫金山地区的重点大坝边坡进行安全监测并对监测的成果进行统一管理和发布。

1 紫金山金铜矿重点大坝边坡概况

紫金山金铜矿经过 20 多年的露天和井下建设开发,原有山体应力已逐渐发生变化,加上堆浸选矿工艺形成了大规模的不稳定矿碴堆积体,极易形成泥石流、崩塌、塌陷等地质灾害的发生。由于防洪调节和环保处理的需要,紫金山形成了大大小小的拦水坝、拦碴坝、尾矿坝 10 几座。

重点大坝有金矿一选厂金子湖拦水坝、金矿一选厂金子湖坝拦碴坝、金矿二选厂三清亭大坝、金矿三选厂余田坑 1 号坝、金矿三选厂余田坑 2 号坝、铜矿一选厂大紫背 1 号尾矿坝、铜矿一选厂大紫背 2 号尾矿坝、铜矿一选厂哑坑 1 号坝、铜矿一选厂哑坑 2 号坝、铜矿湿法厂湖洋坑 220 大坝、东南矿段小金山沟拦碴坝、金矿二选厂 2# 拱坝。

重点边坡有铜矿湿法厂 3 号子坝边坡、金矿二选厂肚子坑边坡、金矿二选厂 2 号混排坝边坡、金矿二选厂 3 号混排坝边坡、金矿二选厂 4 号混排坝东侧边坡、金矿三选厂余田坑 3 万吨环保处理系统边坡、铜矿二选厂厂房边坡、铜矿湿法厂堆场边坡、东南矿段 B 块边坡、铜矿湿法厂哑坑萃取系统边坡、铜矿运输大道路基边坡、金矿三选厂余田坑 315 硐口上方边坡、金建食堂下方边坡。

2 大坝边坡安全监测的目的及意义

紫金山金铜矿地处汀江边上,毗邻迳美行政村,下游为金山水电站,矿区大坝边坡较多且规模较大。如果发生地质灾害或大坝溃坝,对人身和财产造成的危害也是巨大的。主要表现在摧毁矿山生产及生活设施、淤埋矿山坑道、伤害矿山人员、造成停工停产,造成汀江淤堵、冲毁水电站、造成环境污染等重大事件发生。

随着紫金山金矿露天开采和铜矿大规模开发的持续推进以及各种配套基建工程的建设,边坡开挖和矿碴堆砌在所难免,给整个矿区的大坝和边坡带来不稳定因素。紫金山金铜矿是紫金矿业的核心企业,是集团公司发展壮大的发祥地、利润中心和人才基地,紫金山金铜矿的发展关系到整个集团公司的可持续发展。因此,通过采取有效的方法对紫金山金铜矿的重点大坝边坡进行安全监测,及时了解矿区重点大坝边坡的安全运行情况,对整个紫金矿业的可持续发展也具有重要的战略意义。

3 紫金山大坝边坡安全监测的方法和内容

针对紫金山金铜矿重点大坝边坡多,点多面广,工作量大的特点,紫金山重点大坝边坡安全监测主要以视准线测小角法来进行。该技术具有简单易行,便于实地操作,精度较高的优点。为了方便外业测量和内业原始数据和成果数据的统一管理和发布,对矿区重点大坝安全监测内容主要以表面位移沉降观测为主。

4 视准线测小角法

4.1 定义

视准线作为大坝和边坡(直线型)监测的一种常用手段,越来越多地布设在大坝和边坡的顶部、迎水面和背水面边坡、廊道等部位,用来监测大坝和边坡各高程面的水平位移和垂直位移(沉降),反映大坝和边坡不同高程面的外部变形趋势。

视准线是由端点和多个测点组成，视准线法是测定测点至由端点组成的直线的垂距（即测点偏离值），测定测点偏离值常用的方法有活动觇牌法和小角法，活动觇牌法主要用于短距离视准线观测中，现运用得越来越少，普遍采用小角法观测。利用小角法观测视准线，必须观测距离和角度，距离精度对测点偏离值计算精度影响较少，只需在首次观测时精确获取端点之间和端点至各测点的水平距离即可，周期观测不考虑水平距离的变化，测点偏离值的精度主要取决于角度观测精度，同时测点偏离值与端点周期观测间隔时间内是否发生位移有关，当端点在周期观测间隔时间内发生位移时，应利用周边已布设好的监测网点获取端点首次和某周期角度变化值，通过首次和某周期观测角度值相比计算端点在某周期的实际位移量。观测仪器一般为高精度全站仪配合小棱镜来进行观测。

实际工作中，用全站仪视准线测小角法安全监测时，当视准线长度在500 m以内时，成像较清晰，角度观测误差小，测点偏离值精度高；当视准线长度大于500 m时，角度观测误差相对大，加上大气折光因素的影响，测点偏离值精度难以保证，需要采取中间设站等方法来进行观测。但是其原理都是测小角算位移量。紫金山大坝边坡跨度一般都在500 m左右，因此本文主要介绍当视准线在500 m以内时的全站仪视准线测小角安全监测的设计与应用。

4.2 原理与公式推导

以紫金山金铜矿金矿三选厂余田坑$2^{\#}$重力坝为例（图1），在坝轴线延长线的坝体左岸原山体稳固基岩处设置A点，作为全站仪视准线测小角法的工作基点。在坝轴线延长线的坝体右岸原山体稳固基岩处设置B点，作为全站仪视准线测小角法的后视基准点，即参考点。A、B两点的连线形成了一个视准线AB，然后在坝体上均匀布设观测点C、D、E、F、G、H，布设观测点时需注意使工作基点、后视基准点、观测点必须尽量在同一直线上，工作基点A和后视基准点B和各测点之间高差不能太大。由于A点和B点都建在稳固的基岩上，几乎不发生位移，如果发现A、B由于人为因素发生了位移，需要附近的高等级控制点来重新校核后方可再进行安全监测。在实际大坝边坡安全监测工作中为方便区分与记录，同一水平马道或坝体工作基点一般点号设置为A_0，后视基准点号设置为A_1，观测点号设置为A_0-1、A_0-2、A_0-3……。本文为方便公式推导叙述，点号设置按图1设置。

（1）垂直位移观测原理及公式推导

如图2所示，以金矿三选厂余田坑$2^{\#}$重力坝观测点C点为例。A、B、C三点竖直方向的投影为A_1、B_1、C_1，用高精度全站仪架在A处测出C点的垂直角α_1和距离L_1，设A点与C点之间的高差为D_1，观测点C觇高为H_1，仪器高为G_1，由此可以得出以下公式：

$$P_1 = L_1 \cos \alpha_1 \tag{1}$$

$$D_1 = G_1 + \sin \alpha_1 - H_1 \tag{2}$$

设C点第n个观测周期与A点高差为D_n，ΔD为较差（垂直位移量），则：

$$\Delta D = D_n - D_{n-1} \tag{3}$$

（2）水平位移观测原理及公式推导

如图3所示，A、B、C三点水平方向的投影为A_2、B_2、C_2，用高精度全站仪架在A处测出C点与B点的水平角α_2和距离L_2以及垂直角β_2，设A点与C点之间的水平距离（平距）为P_2，观测点C与视准线AB的水平距离为G_2，同理垂直位移观测原理中式(1)，由此可以

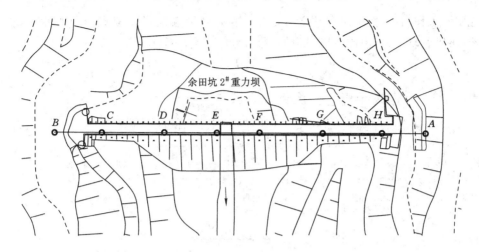

图 1 紫金山金铜矿金矿三选厂余田坑 2# 重力坝安全监测点位分布图

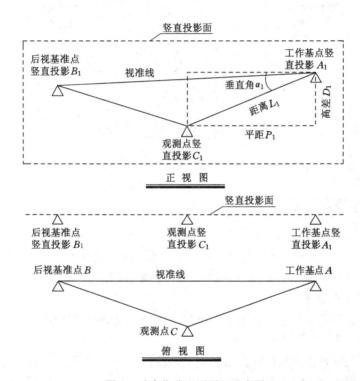

图 2 垂直位移观测原理示意图

得到：

$$P_2 = L_2 \cos \beta_2 \tag{4}$$

根据三角形正弦定理，观测点 C 与视准线 AB 的水平距离为 G_2 为：

$$G_2 = P_2 \sin \alpha_2 \tag{5}$$

设 C 点第 n 个观测周期与视准线 AB 的水平距离为 G_n，设 A 点与 C 点之间的水平距离（平距）为 P_n，C 点与 B 点的水平角 α_n，ΔG 为偏离（水平位移量），则：

$$\Delta G = G_n - G_{n-1} \tag{6}$$

在实际工作当中,由于用全站仪第 n 次与第 $n-1$ 次测得的 C 点距离值 L_n 和 L_{n-1} 相差很微小,可以忽略不计,由此可以得到偏离(水平位移量)ΔG 为:

$$\Delta G = G_n - G_{n-1} = P_n \sin(\alpha_n - \alpha_{n-1}) \tag{7}$$

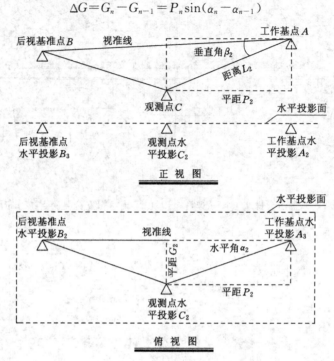

图 3　水平位移观测原理示意图

5　变形监测控制网布设

全站仪测小角观测法的变形监测控制网一般同一水平马道或大坝布设工作基点、后视基准点、变形观测点。如果工作基点和后视基准点由于人为破坏发生位移,必须利用附近的高等级控制点作为校核基点对其进行校核。如图 4 所示,大坝边坡位移沉降监测控制网布设必须遵循以下几点原则:

(1) 工作基点和后视基准点必须选在地基稳固、便于监测和视线不受影响的地点,三者之间必须能通视。

(2) 工作基点一般设在坝体或边坡的左岸,后视基准点一般设在坝体或边坡的右岸,按照相关变形监测规范,这样通过公式算出来的位移值才是向边坡或坝体下游偏离或下降值符号为正,向边坡或坝体上游偏离或上升值符号为负。

(3) 校核基点一般用来验证工作基点和后视基准点是否有变化,所以校核基点等级越高越好且尽量靠近工作基点和后视基准点。

(4) 变形观测点应选择在能反映变形体变形特征又便于监测的位置,对于一般的大坝和边坡而言一般在横纵断面均匀布设。

(5) 在同一个水平断面上,工作基点、后视基准点、变形观测点必须尽量在同一直线,且工作基点、后视基准点、变形观测点之间高差不能相差太大,以保证工作基点、后视基准点和变形观测点的水平投影和竖起投影之间形成小角,保证观测精度。

（6）基准点和工作基点及变形观测点的埋设时必须采用不锈钢材质带有强制归心和保护装置的对中盘的观测墩。

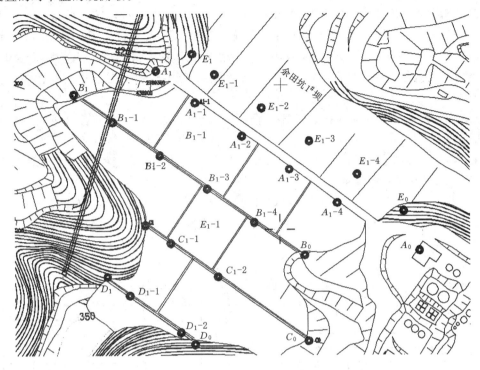

图 4　紫金山金铜矿余田坑1#坝位移沉降观测点位布置图

如图 5 所示，工作基点、后视基准点与变形观测点的设计与施工都差不多，只是为了测量方便，避免长时间工作产生疲劳，工作基点和后视基准点的监测桩可以设计得比观测点高一些。安装不锈钢材质带有强制归心和保护装置的对中盘时利用调整螺栓将对中盘调整至其水平。

6　外业观测

视准线测小角法大坝边坡位移沉降观测一般三人一组（测站一人，后视基准点一人，测点一人），有条件的话也可以四人（测站一人，记录一人，后视基准点一人，测点一人），利用高精度全站仪进行观测。紫金山金铜矿重点大坝边坡视准线测小角法安全

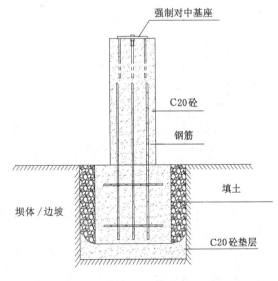

图 5　桩点施工示意图

监测采用的是拓普康 MS05 全站仪，测角精度 0.5′，测距精度为 0.000 1 m，成果数据位移量精度达到 0.000 1 m，达到变形监测的精度要求。

观测时应定期观测，以保证观测时间间隔相同，从而使位移数据更加客观，也便于位移

量时间变化曲线图更加贴合实际。观测时不应选择雨雪天(视线不好,仪器容易进水受潮)、大风(测量时角度值不容易固定)、高温(水蒸气,大气折光影响观测)。遇到此情况时可在定期观测日期适当推后几天。外业观测时一般用 2B 铅笔进行记录,以防止雨水打到纸面模糊不清,如有记错应轻轻划一下在旁边空白处重新记录,主要外业观测步骤如下:

(1) 观测时用铜质连接螺丝将全站仪与强制对中基座连接,调整水准气泡使之居中,量取仪器高及觇高并记录在原始记录表中。在原始记录表中记录观测地点、天气、时间、仪器型号及观测者、记录者等。

(2) 将小棱镜利用铜质连接螺丝拧在后视基准点的对中基座上,使棱镜正面对准工作基点方向。

利用全站仪望远镜上的物镜大致将望远镜对准后视基准点棱镜位置,固定水平和竖直制动,利用水平和竖直微调将十字丝中心点调整至棱镜中心。

(3) 记录测站、测点(后视基准点和变形观测点),将全站仪水平角置零后进行水平角盘左、垂直角盘左及距离观测,量取小棱镜觇高并记录在原始记录表格中,如图 6 所示。

测站	测点	水平角观测		半测回值	一测回值	垂直角观测	盘左	盘右	指标差	垂直角值	距离/m	仪高	觇高	平距	高差
		盘左	盘右												

观测地点: 　　　　　　　　　天气:
时间: 　　　　　　　　　　　仪器型号:
观测者: 　　记录者: 　　计算者: 　　检查者:

图 6　全站仪视准线测小角法原始记录表格

(4) 旋转全站仪水平和竖直方向进行水平角盘右、垂直角盘右、距离的观测并记录在原始记录表中。

(5) 以同样的方法对其余变形观测点进行水平角盘左、盘右,垂直角盘左盘右、距离、觇高的观测并记录在原始记录表中。

(6) 如果测点为三个或三个以上,最后必须要返回重新测量后视基准点归零,以减小人为操作带来的误差,最后的后视基准点盘左盘右值为两次的平均值。

(7) 按照相关测量规范利用已测得的水平角盘左盘右值和垂直角盘左盘右值计算出测点的水平角值(水平角一测回值),和垂直角值。

(8) 利用公式(1)、公式(2)计算出测点本次测量的平距和高差。

7 内业数据计算

如图 7 所示，本次水平角观测值减去上一次水平角观测值就是水平角较差，本次沉降观测值减去上一次沉降观测值就是沉降值（较差），利用公式(3)和公式(7)计算得出本次测量的水平位移量和本次测量的垂直位移量。

_____位移沉降观测成果表

日期： 年 月 日

观测站	测点	平距	月 日水平观测值 月 日水平观测值	较差(″)	偏离 ±(mm)	月 日沉降观测值 月 日沉降观测值	较差 ±/mm	说明

计算：　　　　　　　　　　　　　　　　检查：

图 7　全站仪视准线测小角法成果记录表

8 基于 EXCEL 的成果数据管理

成果数据算出来以后得到本次水平位移量和本次垂直位移量，也就是单次测量所得的位移量。在大坝边坡的安全监测中，最终的结果是要最终位移量，也就累计位移量，把每次所测单次位移量加上上一次所测位移量就可以得到本次测量的累计位移量。如图 8 所示，利用 EXCEL 表的图表功能就可以得到最终的本次水平垂直位移量和累计垂直位移量，将所得成果发给相关的大坝边坡日常管理部门及相关的领导以供参考和决策。

9 结　论

由于紫金山金铜矿矿区面积大，需要安全监测的重点大坝边坡多，点多面广，采用全站仪视准线法对这些重点大坝边坡进行安全监测具有机动性好、精度高、便于实地操作、简单易行等优点。通过编制年度监测计划，对这些大坝边坡进行定期监测，及时了解各大坝边坡的安全运行情况，对提升整矿本质安全有着积极的推动作用。

铜湿法厂3号子坝边坡位移沉降监测统计表 点名：A1-1					
监测日期		偏离值(mm)		升降值(mm)		备注
年度	月日	本次	累计	本次	累计	
2014	3月8日	0	0	0	0	初次观测
	4月1日	-1	-1	9	9	
	4月15日	-7	-8	14	23	
	4月29日	-5	-13	10	33	
	5月15日	-2	-15	6	39	
	5月23日	-1	-16	0	39	负号表示向边坡上游偏离或上升，反之。
	5月26日	6	-10	1	40	
	5月30日	-2	-12	7	47	
	6月2日	1	-11	-1	46	
	6月7日	0	-11	-2	44	
	6月11日	-2	-13	3	47	
	6月18日	0	-13	3	50	

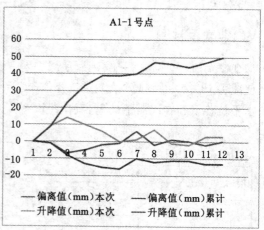

图8 全站仪视准线小角法位移沉降监测统计图表

经过一段时间的安全监测和现场实地踏勘的情况作对比，就可以评价该边坡坝体是否安全运行，一旦成果数据的累计水平位移量或累计垂直位移量时间变化图呈线性增加或减小，就可以组织相关部门对其进行安全性评价，最终决定是否需要治理。

通过这种方法对矿区重点大坝边坡安全监测，分析监测数据并编写监测报告，已成功为金矿三选厂余田坑三万吨环保处理系统边坡、金矿一选厂金子湖拦水坝、铜矿湿法厂3号子坝边坡、铜矿二选厂运矿大道路基边坡、金矿三选厂315硐口上方边坡的治理提供了第一手参考资料，为矿区安全生产起到了积极的保障作用。

参 考 文 献

[1] 刘武陵,罗琛.小角法在大坝视准线观测中的应用[J].城市勘测,2010,6(3):97-100.

作者简介：刘国元,男,福建上杭人,主要从事测绘、大坝边坡安全监测、GIS软件应用等研究工作。E-mail:guoyuanliu@163.com。

基于 Matlab 的 SIFT 和 SURF 算法在无人机影像配准中的对比研究

徐妍,王鹏辉,焦明连

(淮海工学院测绘与海洋信息学院,江苏 连云港,222005)

摘 要:无人机影像配准是无人机影像拼接中最关键的技术问题。首先介绍了 SIFT 和 SURF 两种无人机影像配准常用算法,并进行了比较,然后选取无人机岩鹰 UX-1000 对某矿区的航拍影像基于 Matlab 进行实验,对两种算法配准的速度和精度进行分析研究。实验表明,两种算法在无人机影像配准过程中都可以抑制和抵消一定的干扰,但 SIFT 算法的速度更优,适合用于对精度要求高的工程;SURF 算法的速度更优,适合用于对速度要求高的工程。

关键词:SIFT;SURF;无人机影像;对比研究

The Contrast Research of SIFT and SURF Algorithm in UAV Image Registration Based on Matlab

XU Yan, WANG Penghui, JIAO Minglian

(School of Surveying and Oceanographic Information,
Huaihai Institute of Technology, Lianyungang 222005, China)

Abstract: The UAV image registration is the key technology of UAV image fusion. First introduced and compared the two kind of UAV image registration algorithms, SIFT algorithm and SURF algorithm, and then select the aerial images of a region obtained by the Yanying UX-1000 UAV experimented based on Matlab, analyzed and studied the speed and accuracy of the two algorithms. Experimental results show that the two algorithms can suppress and cancel some interference in the process of UAV image registration, but the speed of SIFT algorithm is better. It is suitable for engineering with high precision. The speed of SURF algorithm is better. It is suitable for engineering with high speed requirement.

Keywords: SIFT; SURF; UAV image; comparative study

近几年,由于计算机和传感器技术的不断更新,无人机遥感也得到了迅速发展。无人机遥感是一种新型的低空遥感技术,较之卫星遥感与有人机遥感技术,其价格低廉、易于操作,并且可以快速获取高分辨率影像。如今,无人机遥感技术已广泛应用于气象监测与预报、国图资源监测、城市管理、海洋管理以及灾害预报、监测评估等各个方面[1-3]。但是由于无人机飞行高度低,系统多使用非测量型相机,故单张无人机影像覆盖面积小,影像序列数目多。所以为得到目标地域完整的数字正射影像,需要对无人机影像序列拼接,拼接的关键步骤是影像的配准,配准质量直接影响拼接成果的好坏[4]。常用的影像配准方式有根据灰度分布[5]、频度分布[6]以及特征点的配准方式,由于无人机影像受光照不均以及飞机飞行姿态影响过大,故多使用基于特征点的方法对其进行配准。本文针对基于点特征的 SIFT 和 SURF 无人机配准算法对比分析,并通过实验验证了 SIFT 算法和 SURF 算法的优劣,以期为无人机影像序列的拼接提供参考。

1 SIFT 算法

尺度不变特征变换(Scale Invariable Feature Transform,SIFT)算法由 D. G. Lowe 在 2004 年首次提出[7],该算法原理是依据特征点描述向量间的欧氏距离来描述特征点间的相似性。SIFT 算法适用性广、稳定性强、匹配能力强,对外外界因素的影响如影像亮度变化和拍摄角度的变化等都具有一定的稳健性[9]。整个算法分为以下几个部分:

1.1 特征点检测

首先使用高斯卷积核进行尺度变换以建立尺度空间模拟影像数据的多尺度特征,影像的尺度空间表示为:

$$L(x,y,\sigma) = I(x,y) * G(x,y,\sigma) \tag{1}$$

使用高斯差分尺度空间提高特征点稳定性,表达式为:

$$D(x,y,\sigma) = (G(x,y,\sigma) - G(x,y,\sigma) * I(x,y)) = L(x,y,k\sigma) - L(x,y,\sigma) \tag{2}$$

其中,$D(x,y,\sigma)$ 是尺度坐标;$L(x,y,\sigma)$ 是二维图像的尺度空间。

极值检测通过高斯微分方法实现。具体实施方法为:对比检测点与周围像素点,若该检测点值为最值点,则认为检测点是候选特征点。

1.2 特征点描述

由于 DOG 值对噪声和边缘较敏感,故上述步骤中检测的候选特征点需要依据其稳定程度才能精确定位为特征点。对每个候选特征点,采用对尺度空间 DOG 函数曲线拟合确定其位置和尺度,并通过梯度直方图统计确定其方向,每个特征点的方向可以有一个或多个,由此特征点对缩放、平移和旋转变换都有一定的稳健性。最后通过测量每个特征点邻域内的影像梯度,得到特征点的向量描述,通过此过程为特征点建立的描述符对光照和拍摄视角具有相当大的稳定性。

1.3 特征点匹配

特征点匹配通过特征向量的欧式距离判断影像中特征点的相似性。以一幅影像为基准,对影像中的特征点,在待配准影像中计算得出欧式距离与此特征点最近邻的特征点与次近邻的特征点,对最近邻距离和次近邻距离的比值设定一定阈值,如果选取的特征点最近邻距离和次近邻距离的比值小于设定的阈值,则认为这是一对匹配点[8]。

2 SURF 算法

加速健壮特征(Speed-up Robust Features,SURF)算法是在 SIFT 算法的基础上改进的一种速度更优的特征点提取和影像配准算法[10]。过程包括特征点提取、特征点匹配、去除误匹配点、确定匹配模型和重采样四个方面[11-13]。整个算法主要步骤如下:

2.1 特征点检测

该算法通过箱式滤波器建立尺度空间,首先对待配准影像进行积分,得到积分影像,积分影像上的点是影像原点到该点矩形区域的所有像素和,从而通过简单的加减运算就能得出影像中矩形区域的像素和。通过箱式滤波器代替高斯核函数建立尺度空间,可以减少积分影像的计算量,从而提高计算速度;对积分影像,采用改变箱式滤波器大小的方法滤波,建立影像的尺度空间。SURF 算法中对极值点的检测采用快速 Hessian 矩阵的方法,对于通过此方法选定的极值点,对其相应立体邻域范围进行非极大值抑制,取最大点为特征点,并对尺度空间进行插值计算特征点的位置与尺度。

2.2 特征点描述

特征描述分为两个步骤,首先求得特征点的主方向,目的是使影像特征点具有旋转不变性,具体过程为:① 以特征点为中心,分别加权计算得到邻域像素点在 x,y 方向上的 Haar 小波响应,并统计得到直方图。② Haar 小波响应值相加,得到 72 个矢量,最大矢量方向即是特征点的主方向。第二步是通过像素点 Haar 小波响应值描述特征点,对所有响应值加权求和得到四维的特征向量,将区域向量分别加入到特征向量中,形成特征向量。最后对描述子进行归一化处理,使描述子具有亮度和尺度不变性。

2.3 特征匹配

为加快配准速度,可以先根据 Hessian 矩阵迹进行判断,接着对于待匹配影像的特征点,统计该点到参考影像上全部特征点的欧氏距离,可以得到一个距离集合。在集合中计算最小欧氏距离和次小欧式距离的比值,并根据实验对此比值设定一个阈值,若比值比阈值小,则此特征点和其对应的最小欧氏距离的特征点匹配。

3 SIFT 算法和 SURF 算法的区别

根据以上描述可以看出,SIFT 算法与 SURF 算法在尺度空间、特征点检测过程、特征点方向及描述方式等方面均有所区别,两种算法具体区别如表 1 所示。

表 1　　　　　　　　　SIFT 算法与 SURF 算法区别

	SIFT	SURF
尺度空间	通过使用高斯卷积核建立	通过箱式滤波器建立
检测过程	一、非极大抑制;二、删掉对比度低的点;三、去除边缘点	一、确定候选点;二、非极大抑制
方向	通过梯度直方图计算最大对应方向,可能有一个或多个方向	通过 x、y 方向的 haar 小波响应值计算最大扇形方向
特征描述	统计各区域采样点梯度的方向和幅值,统计成 8 bin 直方图,128 维	统计采样点的 haar 小波响应值,记录 $\sum dx$,$\sum dy$,$\sum \lvert dx \rvert$,$\sum \lvert dy \rvert$,64 维

4 实验分析

实验采用无人机岩鹰 UX-1000 对某矿区的航拍影像为研究对象,该地区地势平坦,所用影像光照均匀,使用 Matlab 软件进行编程实验。为增加实验的可靠性,选取房屋较少、影像中基本为道路和荒地的平坦地区像对 1 和房屋较多且有视线遮挡区域为像对 2 做对比实验,分别使用 SIFT 算法和 SURF 算法对两组影像配准。由于 SIFT 算法对高分辨率影像提取的特征点过多,为便于观察分析,将待配准影像统一压缩为 640×480 像素。实验结果及对两种算法特征点提取和特征点匹配情况统计如图 1、图 2 和表 2 所示。

图 1　像对 1 配准结果

(a) SIFT 算法配准；(b) SURF 算法配准

图 2　像对 2 配准结果

(a) SIFT 算法配准；(b) SURF 算法配准

表 2　　　　SIFT 算法和 SURF 算法对两组像对特征点提取结果

	像对 1			像对 2		
	图 1 特征点	图 2 特征点	匹配特征点	图 1 特征点	图 2 特征点	匹配特征点
SIFT	1 186	914	307	1 697	1 675	395
SURF	238	104	60	468	416	115

从图 1、图 2 可以看出,在房屋较少、没有遮挡物的平坦地区,SIFT 算法和 SURF 算法都能匹配到分布均匀的特征点；在房屋较多、有视线遮挡的区域,两种算法匹配的特征点多集中于房屋较多区域,相比之下,SIFT 算法在道路和田边仍能匹配到较多的点。综合图 1、图 2,在对两种影像的配准过程中,SIFT 算法配准的特征点和匹配成功率均高于 SURF 算法。结合表 2 可以看出,两种像对中,SIFT 算法提取到的特征点都比 SURF 算法多,但也因为此原因,SIFT 算法在特征点提取和影像配准时的速度也慢得多。总的来说,两种算法都表现出了较高的稳定性,而 SIFT 算法由于其计算的特征点远多于 SURF 计算得到的特征点,所以其配准精度高于 SURF 算法,同时其配准速度低于 SURF 算法。所以笔者认为,在无人机影像配准时,若需配准实时性高,如在进行应急救灾时,可选用 SURF 算法对无人机影像配准,同时一些速度要求高的无人机遥感工程中也可以选用 SURF 算法。而当工程对精度的要求更高时,考虑到 SIFT 算法在对特征较少的平坦区域仍能匹配到更多的特征点,并且其匹配精度更高,所以采用 SIFT 算法进行无人机影像配准更为合适。

5 结 论

本文主要对 SIFT 和 SURF 两种无人机影像配准方法进行了研究,首先简单介绍了 SIFT 算法和 SURF 算法的计算过程,并对两种算法在尺度空间、特征点检测、方向和特征描述方面的不同做了对比分析。然后采用岩鹰 UX-1000 无人机航拍影像作为实验研究对象,分别选取房屋较少的平坦地区和房屋较多有视线遮挡地区的两组像对,采用 SIFT 算法和 SURF 算法进行无人机影像的配准实验。对比两种算法在配准无人机影像时生成的特征点数量和算法运行时间,并根据对比结果对两种算法的速度和精度方面进行了分析,验证了两种方法在无人机影像配准中都具有一定的稳健性,但相对来说,SURF 算法速度更快,对应急测绘和时间要求紧的工程更为适用,而 SIFT 算法配准精度更高,更适合用于对精度要求高的工程中。

参 考 文 献

[1] 李德仁,李明.无人机遥感系统的研究进展与应用前景[J].武汉大学学报(信息科学版),2014(5):505-513,540.

[2] 汪小钦,王苗苗,王绍强,等.基于可见光波段无人机遥感的植被信息提取[J].农业工程学报,2015,31(5):152-159.

[3] 张涵.无人机在测绘工程中应用技术的分析[J].硅谷,2014(16):127-128.

[4] 刘庆元,刘有,邹磊,等.无人机遥感影像拼接方法探讨[J].测绘通报,2012(5):53-55.

[5] 王维真,熊军,魏开平,等.基于粒子群算法的灰度相关图像匹配技术[J].计算机工程与应用,2010(12):169-171.

[6] ZHANG MENGMENG, LI ZEMING, ZHANG CHANGNIAN, et al. Adaptive Feature Extraction and Image matching Based on Haar Wavelet Transform and SIFT[J]. EN,2012,67-73.

[7] LOWE D G. Distinctive image features from scale-invariant keypoints [J]. International Journal of Computer Vision,2004,60(2):91-100.

[8] 李莹莹,刘庆杰,荆林海,等.SIFT 算法优化及其在遥感影像配准中的应用[J].遥感信息,2017(2):94-98.

[9] 许佳佳.结合 Harris 与 SIFT 算子的图像快速配准算法[J].中国光学,2015,8(4):574-581.

[10] 刘朝霞,安居白,邵峰,等.航空遥感图像配准技术[M].北京:科学出版社,2014:1-54.

[11] 陈超,秦其明,江涛,等.一种改进的遥感图像配准方法[J].北京大学学报:自然科学版,2010,46(4):629-635.

[12] 范大昭,任玉川,贾博,等.一种基于点特征的高精度图像配准方法[J].地理信息世界,2007(5):66-70.

[13] 潘建平,郝建明,赵继萍.基于 SURF 的图像配准改进算法[J].国土资源遥感,2017(1):110-115.

作者简介:徐妍(1993—),女,江苏徐州人,淮海工学院测绘与海洋信息学院硕士研究生,主要从事感图像处理方向研究。

联系方式:江苏省连云港市海州区苍梧路 59 号淮海工学院淮海工学院测绘与海洋信息学院。E-mail:xyicey@126.com。

三维动态测量技术在地下矿山的
测绘与安全生产管理应用

王飞[1]，康锡勇[2]，代邵波[2]

(1. 北京盛科瑞仪器有限公司,北京,100048；2. 西藏华钰矿业股份有限公司,西藏 拉萨,850000)

摘 要：使用先进的 SLAM 三维动态测量技术在地下矿山进行测量工作,利用测量数据对地下矿山的开拓和采掘工程进行绘图与三维建模,通过所得三维矿山模型,完成矿山施工测量、资源模型核验、开采安全管理等多项工作。

关键词：SLAM；三维动态测量；矿山测绘；安全生产

Application of 3D Dynamic Measurement Technology in Underground Mine Mapping and Safety Production Management

WANG Fei[1], KANG Xiyong[2], DAI Shaobo[2]

(1. Beijing SCR Instruments Ltd., Beijing 100048,China；
2. Tibet Huayu Mining Co., Ltd., Lasa 850000,China)

Abstract: Using advanced SLAM 3D dynamic measurement technology in the underground mine for measurement works, mapping and 3D modeling for underground mining development and excavation works with measurement data. To complete the mine construction survey, resource model verification, mining safety management and many other works through the 3-dimensional mine model.

Keywords: SLAM; 3D dynamic measurement; mine mapping; safety production

  SLAM(Simultaneous localization and mapping) 即时定位与测图构建技术,最早起源于 R. C. Smith 和 P. Cheeseman 在 1986 年做出的关于对空间不确定性估测研究[1],其主要研究内容是通过测量仪器从某一未知点出发,根据运动过程中重复测量到的特征物体(例如墙角、柱子等)定位自身的位置和姿态,再根据自身位置运动变化的增量进行三维空间重构,从而达到同时完成定位和空间构建的目的[2]。

  随着三维测量技术的发展,目前市面上的三维激光测量仪种类繁多[3],绝大多数属固定式,使用效率不高。近期开始出现可移动的三维激光扫描仪,可大幅度提高扫描的效率,多数可移动设备设计用于地表扫描,体积大,数据处理复杂,不太适合地下矿山空间狭窄,碎部测量多的情况。针对地下矿山的实际测量需求,引入英国一款小型便携式动态三维激光测量仪,以满足地下矿山的日常测量工作需求。

1 便携式动态三维激光测量仪

  本文中所使用的基于 SLAM 技术的小型三维动态激光测量仪是由北京盛科瑞仪器有

限公司提供,设备外形见图1,技术参数见表1。

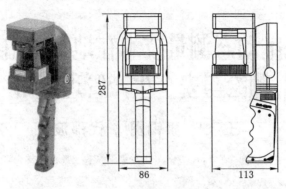

图1 便携三维动态测量仪外形尺寸

传统激光探头只能获取二维数据,当需要获取三维动态数据时,一般需要一个探头按垂直方向扫描,然后线形移动,另一个探头则平面扫描以供定位,进而通过至少两个探头来获取动态三维数据[4]。由于一般激光探头扫描范围小于360°,如果需要实现全景数据扫描,在任意平面上的探头至少需要2个,因此导致动态扫描仪很难小型化、便携化。

本文中使用的扫描仪通过一套优化 SLAM 算法,使得探头在线形运动的过程中进行周转运动,即可仅使用一个探头完成平面移动扫描和垂直扫描参照物扫描的工作,通过这套算法直接减少了探头数量、有效的轻量化测量设备。

该款便携式三维激光测量仪主要参数见表1,可在地下矿山快速地完成现场数据测量,所采集的数据存储在设备自带的 SSD 固态硬盘或 U 盘后,可回到办公室进行数据处理。采集数据使用配套的优化 SLAM 算法,可将实测矿山点云数据解算并导出,供多种第三方专业矿业软件(例如 Datamine 软件)进行后期处理。

表1 设备主要参数

主要指标	参 数
测量距离	30 m
扫描速率	43 200 pt/s
扫描频率	100 Hz
测量范围	360°×270°
角分辨率	0.625°
距离精度	±0.1%
激光波长	905 nm
存储容量	55 GB
使用时长	4 h(单次充电)
探头质量	1 kg
防护等级	IP64

2 地下矿山现场测量

2.1 地下金矿测量

使用上文介绍的设备,在河南省某地下金矿进行实地测量,该金矿有近百年开采历史,为典型的老旧矿山。该金矿目前已有采掘工程区域东西约1 300 m,南北约600 m,深约240 m。由于开采时间较久,该矿区内有大量古采空区,且开采巷道断面小,机械自动化程度较低。

矿区地质位于马超营断裂带,矿化类型分别为蚀变破碎带.石英脉复合型和蚀变破碎带型金矿,蚀变矿化过程分为早期石英—黄铁矿阶段,中期多金属硫化物阶段和晚期碳酸盐阶段,而富矿围岩熊耳群提供成矿物质的可能性反而较小,因此确定中生代时沿马超营断裂倾向北的陆内俯冲诱发了流体成矿作用,导致该地金矿的形成和规律性分带[5]。

本次测量由一位测量人员手持设备,一位矿山安全人员随行共同完成,总计7 d时间完成地下矿主要区域整体测量,另用3天时间完成所有数据的后期处理,所得矿山整体测量点云数据图如图2所示。

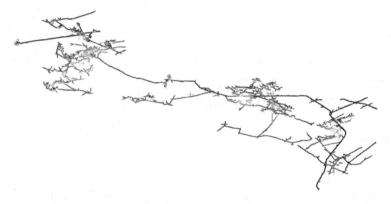

图2 地下金矿整体三维点云数据

2.2 地下多金属矿测量

同样使用此款设备,在东北某地下多金属矿进行350与375两中段的测量工作,此次测量依然是由一位测量人员和矿山现场安全人员共同完成。现场测量工作主要集中于采集巷道和采场空区的轮廓及定位,同时测量350中段各天井。该次现场测量仅用时3 h,后期数据处理于当天即处理完成。所得三维点云数据如图3所示。

图3 地下铅锌矿350-375中段三维点云数据

3 测量数据处理

3.1 点云解算

本次测量所得原始数据为.zip压缩格式,需要使用硬件设备配套的专用解算软件进行数据解算以获得原始点云数据。该解算软件通过虚拟机在Ubuntu系统下运行,解算时只需要将.zip文件拖拽至解算目录即可自动完成解算过程。

3.2 点云处理

由于测量区域非常大,实际测量工作必须分段测量,因此后期需要使用点云数据处理软件进行三维点云数据处理。处理过程主要包括降噪、剪裁、旋转、拼接、定位、渲染等。

3.3 逆向建模

三维点云数据为离散XYZ数据集,在下游的采矿软件中需导入实体模型数据,将处理好的点云数据导入至处理软件中,通过对点数据的处理封装,得到实体(线框)模型[6],同时在该软件中可以完成多种实体模型验证和修补工作,可以得到优化后的实体模型供下游专业采矿软件使用。

3.4 后期处理

本次测量数据的后期综合应用处理主要基于专业矿业软件Datamine平台完成[7],将测量的矿山模型导入到Datamine软件后,结合资源模型、开采设计、开采管理等数据,可以完成包括资源模型校验、测量数据核验、工程验方、开采安全管理等多项工作。

4 数据综合应用

4.1 测量验方

三维激光测量技术已在矿山的测量及验方工作中得到应用和认可[8],由于激光的直线传播原理限制,传统的固定式激光测量设备对于复杂的空间测量存在一定难度,无法很好的测量轮廓和空间体积,使用动态三维激光测量设备则可以解决以上问题。

图4为某金矿内一个较为复杂的采空区,由于开采时主要采用沿脉采掘的方法,空区轮廓非常不规范,且多空区连接,传统测量基本无法一次性快速测量。使用动态三维激光测量设备则可以一次性快速完成该复杂的多采空区测量并由计算机自动计算出真实空区体积。

同时利用动态测量技术,可对开拓工程进行大范围测量验方,例如图5,利用该技术,可以快速测量地下多金属矿375中段已有开拓工程总量。

4.2 资源模型优化

使用动态三维激光测量技术对地下矿的采场和空区进行测量后,建立具有相互空间位置关系的地下资源实际空间模型,通过实测模型与开采前的估值模型进行对比校正,可进一步优化生产模型,为实际开采设计提供可信度更高的设计模型基础。如图6所示,根据矿山实际开采后的三维测量数据可以发现,实际开采过程中在原资源模型中不是矿化的区域出现了可采矿石,进而测量得到了该采场空间信息,通过测量数据,可以返回Datamine采矿软件中进行二次资源核验,修正原始资源模型,为下一步开采设计和施工提供指导依据。

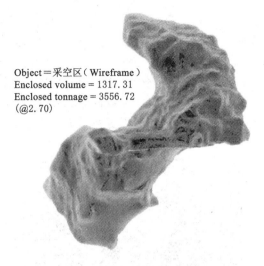

图 4　金矿内的复杂采空区

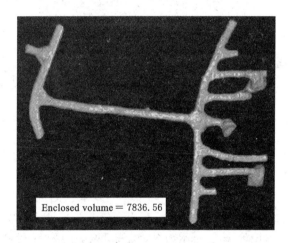

图 5　地下多金属矿开拓工程

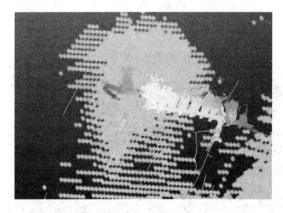

图 6　资源模型核验

4.3 地下残矿定位

对于部分脉状矿物或地质构造控矿的矿物,例如上面提到的河南省某地下金矿,使用动态三维激光测量技术,对地下矿山已开采的空间进行全面的三维测量,获取其三维空间信息与产状,如图7所示。由于这些采集的空间信息均为原开采矿石赋存区域,因而当获取了地下全局的已采矿石空间信息后,可通过三维矿业软件 Datamine 对尚未布置工程的区域进行依据已采空区的残矿定位。指导后续补充勘探、坑道钻或开拓工程的布置,为矿山残矿资源的定位与开采提供靶区。

图7 残矿探矿靶区

4.4 安全生产管理

使用动态三维激光测量技术,可以对不同中段的复杂空间进行连续测量并获得真实的三维数据,利用这一特点,可以对各中段间具有相互影响的工程(例如天井)进行测量,并及时发现潜在的安全隐患。图8、图9所示为某地下矿的两个中段的测量成果,520和545中段间测量各天井的三维数据,将数据处理导入至三维矿业软件 Datamine 后,可以非常明显的发现520中段10线天井已超挖至540中段,同时520中段9天井也仅距离545中段底板 2.1 m。

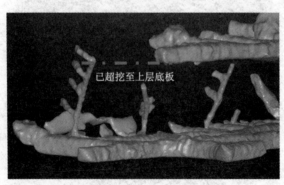

图8 10线天井

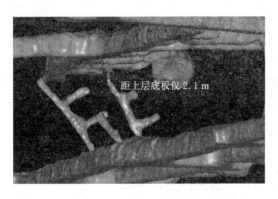

图 9 9 线天井

5 结　论

通过实际矿山的测量应用表明，与传统全站仪测量技术和固定式三维激光测量技术相比，动态三维激光测量技术可以快速便捷的对地下矿山的整体和碎部进行较精确的三维数据测量，测量数据经过后期处理，可以导入至专业的三维矿业软件中进行包括工程验方、资源优化、残矿定位、安全管理等多方面应用。这种新的测量技术既为地下矿山测量提供了更简便有效的三维测量解决方案，也能为矿山日常生产管理提供更直观可靠的三维模型，提升矿山开采效率，保障矿山安全开采。

参 考 文 献

[1] SMITH R C,CHEESEMAN P. On the Representation and Estimation of Spatial Uncertainty[J]. The International Journal of Robotics Research,1986,5(4):56-68.

[2] SMITH R C,SELF M,CHEESEMAN P. Estimating Uncertain Spatial Relationships in Robotics[C]// Proceedings of the Second Annual Conference on Uncertainty in Artificial Intelligence. University of Pennsylvania,Philadelphia,PA,USA:Elsevier,1986:435-461.

[3] 马立广.地面三维激光扫描仪的分类与应用[J].地理空间信息，2005，3(3):60-62.

[4] 余建伟,危迟.基于 SLAM 的室内移动测量系统及其应用[J].测绘通报,2016(6):146-147.

[5] 王海华.河南康山和上官金矿成矿流体及矿床成因研究[D].北京:北京大学,2000.

[6] 黄鹤,王柳,姜彬,等.3D SLAM 激光影像测量背包测绘机器人精度验证[J].测绘通报,2016(12):68-73.

[7] 贾建红,周传波,张亚梅,等.基于 Datamine 的三维采矿工程可视化建模技术研究[J].金属矿山,2009(3):111-115.

[8] 夏永华,方源敏,孙宏生,等.三维激光探测技术在采空区测量中的应用与实践[J].金属矿山,2009(2):112-113,127.

作者简介：王飞(1986—)，男，硕士，主要从事矿山三维测量与矿业三维模拟软件应用方面的研究工作。E-mail:wangf@scrgeo.com。

混合大地坐标和笛卡儿坐标的赫尔默特转换模型

林鹏[1,2]，高井祥[1,2]，常国宾[1,2]

(1. 中国矿业大学国土环境与灾害监测国家测绘地理信息局重点实验室，江苏 徐州，221116；
2. 中国矿业大学环境与测绘学院，江苏 徐州，221116)

摘 要：在大地测量中，常常存在通过对传统水平网和高程网(连同一个大地基准点)进行平差得到测站的大地坐标(旧框架)，而其笛卡儿直角坐标(新框架)是采用现代3D GNSS技术所获取。为了估算赫尔默特坐标转换在两个框架之间的参数，在相同框架中，可以简单地把公共站的大地坐标转换为笛卡儿直角坐标，然后根据两个框架下的笛卡儿坐标，采用最小二乘(least squares，LS)进行求解。由于在同框架中大地坐标与直角坐标变换的非线性特征，这种两步求解的方式并不能达到全局最优。因此，需要研究大地坐标与直角坐标之间直接转换模型。本文首先建立混合大地坐标与直角坐标的函数模型以及顾及新旧框架下的测量误差的随机模型，并且考虑公共站与非公共站之间的相关性，采用加权LS准则，详细推导了两个框架间的转换参数并且将所有参考站平差后的直角坐标统一扩展到新框架下。通过仿真实验验证了本文所提出的方法，与两步法相比具有优势。

关键词：赫尔默特坐标转换；大地坐标；笛卡儿坐标；加权最小二乘方法

Helmert Transformation with Mixed Geodetic and Cartesian Coordinates

LIN Peng[1,2], GAO Jingxiang[1,2], CHANG Guobin[1,2]

(1. NASG Key Laboratory of Land Environment and Disaster Monitoring,
China University of Mining & Technology, Xuzhou 221116, China;
2. School of Environment Science and Spatial Informatics,
China University of Mining & Technology, Xuzhou 221116, China)

Abstract: It is common in geodetic practice that stations' geodetic coordinates in an old frame are measured/estimated through adjusting conventional leveling and vertical networks (together with a vertical datum), while their Cartesian coordinates in a new frame are measured/estimated through adjusting modern 3D GNSS networks. To estimate the Helmert transformation parameters between the two frames, one can simply convert the geodetic coordinates to their Cartesian counterparts in the same frame; then perform a least-squares transformation with Cartesian coordinates in both frames. This stepwise approach is not optimal due to the nonlinearity in the first step. A direct transformation is conducted. A functional model with mixed geodetic and Cartesian measurements is followed. A realistic stochastic model considering measurement errors in both frames is adopted. Correlations between common and non-common stations are also taken into account. The weighted least-squares estimates of the transformation parameters as well as the transformed/adjusted coordinates in the new frame are derived in detail, the latter of which represents the enlarged network of the new frame. Simulations are conducted and the results validate the superiority of the proposed method compared to the stepwise method.

Keywords：helmert transformation；geodetic coordinates；cartesian coordinates；weighted least-squares

1 引 言

逐步提高全球参考框架在覆盖范围、密度、准确性等方面的质量是大地测量学的基本任务之一（Lu et al., 2014）。虽然新的参考站使用了新的空间技术进行测量，但是使用传统的技术建立的旧参考站也存在使用的价值。在坐标转换中，相似变换的 Helmert 模型被广泛采用（Lehmann, 2014）。通过 Helmert 转换可以把原测量的老的/初始框架转换至新的/目标框架。框架间的转换参数需要使用两个框架中的公共站进行求解，通过求解的转换参数可以将旧框架下的非公共站统一到新框架下，得到比新框架下原有更多的参考站数量。

随着科技的发展，新框架中的笛卡儿坐标可直接采用现代空间技术（Seeber, 2003），然而，旧框架下的大地坐标是通过对传统的水平和高程网测量获得，而大地坐标可以变换为相应的笛卡儿坐标，在坐标变换的同时，方差协方差也进行了传播。通过新旧框架中公共站的笛卡儿坐标可以很容易实现框架间的 Helmert 转换（Fang, 2015），这即是存在大地坐标的情况进行 Helmert 转换的两步法。但在上述两步法中，虽然每一步是最优，但不能达到 LS 上的全局最优，这是由于在第一步中信息的损失导致了两步法是次优的。由于大地坐标和笛卡儿坐标转换函数是非线性的，均值和协方差的传播是对函数进行线性化，保留一阶项。因此获得具有方差协方差矩阵的笛卡儿坐标不能等价于原有的大地坐标。当然，即使通过考虑第一步过程中的非线性来改正均值与协方差（Xue, Dang 等, 2016；Xue, Yang 等, 2016），上述非等价方差协方差矩阵也是有效的，因为即使具有更准确的均值和协方差，引入非高斯性的非线性仍难以被考虑。因此，本文提出直接采用大地坐标和笛卡儿坐标进行框架间 Helmert 转换的直接法，以此来达到全局最优的目的。

在新框架中的测量值往往比那些在旧框架中的精度高一些。然而，在这两个框架中的测量误差都应充分被考虑，这种随机模型被称为 Gauss-Helmer（GH）模型或 error-invariable（EIV）模型（Neitzel, 2010；Xu et al., 2012；Leick et al., 2015），采用 GH 模型的 LS 解被称为整体最小二乘（total least squares, TLS）（Schaffrin & Felus, 2008；Fang, 2013）。考虑实际情况，可以做出以下假设：在旧框架下参考的平面大地坐标，即，大地纬度和经度，是从独立的平面控制网通过平差后获得，而旧框架下参考站的大地高也是从独立建立的高程控制网通过平差后获得，而且新框架下参考站的笛卡儿坐标来自于独立的 3D GNSS 控制网。因此，对于同一个控制网，坐标的误差随机模型应充分考虑参考站坐标间的相关性。本文中的方法无疑扩展了更全面的误差模型，但是，若考虑不同框架之间的相关性，这显然并不具有任何实际意义。Helmert 转换问题的最终目的不仅仅是对转换参数进行估计，而是在旧框架下非公共站的坐标统一归化到新框架下。在同一框架中的公共站和非公共站，由于它们之间存在非零相关性的原因，因此，在 Helmert 转换问题中也应该将非公共站考虑在内（Li 等, 2012；Li 等, 2013；Kotsakis 等, 2014；Wang 等, 2017）。因此，事实上，除了估计转换参数以及将旧框架下非公共站坐标转换到新框架下坐标外，对公共站坐标和新框架的非公共站进行平差也是必要。

鉴于上述分析，本文从 Helmert 转换模型出发构建观测方程，根据 GH 模型并考虑公共站与非公共站之间的相关构建随机模型,采用 LS 准则构建 Lagrange 目标函数,基于 Pope 迭代法推导直接法求解步骤。

2 大地坐标与笛卡儿坐标转换的直接法

首先,定义两个数据集,即 $\Phi_0 = [1, 2, \cdots, m_0]$,$\Phi_1 = [1, 2, \cdots, m_1]$,分别代表公共站、在旧框架下的非公共站。使 x 和 y 分别表示上述两个数据集中参考站在新框架中的笛卡儿坐标。u 和 v 分别表示 Φ_0 和 Φ_1 在旧框架中的大地坐标,使 h 和 $\hbar$ 分别表示 Φ_0 和 Φ_1 在旧框架中的大地高,则观测方程如下:

$$\begin{cases} \tilde{x}_j - e_{x_j} = t + s\mathbf{R} \cdot f(\mathbf{u}_j - e_{\mu_j}, h_j - e_{\zeta_j}) & j \in \Phi_0 \\ \bar{y}_j = t + s\mathbf{R} \cdot f(\mathbf{v}_j - e_{v_j}, \hbar_j - e_{\xi_j}) & j \in \Phi_1 \\ \tilde{x}_j - e_{x_j} = \bar{x}_j & j \in \Phi_0 \end{cases} \quad (1)$$

式中,"∼"表示测量值;"ˉ"表示坐标真值;e 表示相应测量值的测量误差;t, s 和 $\mathbf{R}$ 分别表示 helmert 转换的平移参数、尺度参数和旋转矩阵;$\mathbf{R} = (\mathbf{I}_3 - [\mathrm{d}\theta \times])(\mathbf{I}_3 + [\mathrm{d}\theta \times])^{-1} \mathbf{R}_0$,其中 3×1 的 Rodrigues 参数 $\mathrm{d}\theta$ 定义为叉积矩阵 $[\mathrm{d}\theta \times] = \begin{bmatrix} 0 & -\mathrm{d}\theta_3 & \mathrm{d}\theta_2 \\ \mathrm{d}\theta_3 & 0 & -\mathrm{d}\theta_1 \\ -\mathrm{d}\theta_2 & \mathrm{d}\theta_1 & 0 \end{bmatrix}$;$f$ 表示同框架下大地坐标转换为笛卡儿坐标的函数。

对式(1)采用 Taylor 级数展开,得:

$$\begin{cases} \tilde{x}_j - e_{x_j} = t_0 + s_0 \mathbf{R}_0 \cdot f(\mathbf{\mu}_j - e_{\mu_{j0}}, \mathbf{\zeta}_j - e_{\zeta_{j0}}) - \mathrm{d}t - \mathbf{R}_0 \cdot f(\mathbf{\mu}_j - e_{\mu_{j0}}, \mathbf{\zeta}_j - e_{\zeta_{j0}}) \mathrm{d}s \\ \quad - s_0 \dfrac{\partial \mathbf{R}}{\partial \mathbf{\theta}} \cdot f(\mathbf{\mu}_j - e_{\mu_{j0}}, \mathbf{\zeta}_j - e_{\zeta_{j0}}) \mathrm{d}\theta - s_0 \mathbf{R}_0 \mathbf{G}_1^j (e_{\mu_j} - e_{\mu_{j0}}) - s_0 \mathbf{R}_0 \mathbf{F}_1^j (e_{\zeta_j} - e_{\zeta_{j0}}) \\ \bar{y}_j = t_0 + s_0 \mathbf{R}_0 \cdot f(\mathbf{v}_j - e_{v_{j0}}, \hbar_j - e_{h_{j0}}) - \mathrm{d}t - \mathbf{R}_0 \cdot f(\mathbf{v}_j - e_{v_{j0}}, \hbar_j - e_{h_{j0}}) \mathrm{d}s \\ \quad - s_0 \dfrac{\partial \mathbf{R}}{\partial \mathbf{\theta}} \cdot f(\mathbf{v}_j - e_{v_{j0}}, \hbar_j - e_{h_{j0}}) \mathrm{d}\theta - s_0 \mathbf{R}_0 \mathbf{G}_2^j (e_{v_j} - e_{v_{j0}}) - s_0 \mathbf{R}_0 \mathbf{F}_2^j (e_{h_j} - e_{h_{j0}}) \\ \tilde{x}_j - e_{x_j} = \bar{x}_j \end{cases}$$

式中,$\mathbf{G} = \dfrac{\partial f}{\partial [\varphi \quad \lambda]} = \begin{bmatrix} g_{11} & -(N+h)\cos\varphi\sin\lambda \\ g_{21} & (N+h)\cos\varphi\cos\lambda \\ g_{31} & 0 \end{bmatrix}$;$\mathbf{F} = \dfrac{\partial f}{\partial h} = \begin{bmatrix} \cos\varphi\cos\lambda \\ \cos\varphi\sin\lambda \\ \sin\varphi \end{bmatrix}$;$g_{11} = -\left[\dfrac{N(1-e^2)}{1-e^2\sin^2\varphi} + h\right]\sin\varphi\cos\lambda$;$g_{21} = -\left[\dfrac{N(1-e^2)}{1-e^2\sin^2\varphi} + h\right]\sin\varphi\sin\lambda$;$g_{31} = \left[\dfrac{N(1-e^2)}{1-e^2\sin^2\varphi} + h\right]\cos\varphi$;$N = \dfrac{a}{\sqrt{1-E^2\sin^2\varphi}}$;$a$ 和 E 分别表示椭球的长半径与离心率。

对于集合 Φ_0 和 Φ_1,整体的观测方程为:

$$\begin{cases} \tilde{x} - e_x = t_0 + s_0 \mathbf{R}_0 \cdot f(\mathbf{\mu} - e_{\mu_0}, \mathbf{\zeta}_0 - e_{\zeta_0}) + \mathbf{B}_1 \mathbf{\xi} - \mathbf{M}_1 (e_\mu - e_{\mu_0}) - \mathbf{N}_1 (e_\zeta - e_{\zeta_0}) \\ \bar{y} = t_0 + s_0 \mathbf{R}_0 \cdot f(\mathbf{v} - e_{v_0}, \hbar - e_{h_0}) + \mathbf{B}_2 \mathbf{\xi} - \mathbf{M}_2 (e_v - e_{v_0}) - \mathbf{N}_2 (e_h - e_{h_0}) \\ \tilde{x} - e_x = \bar{x} \end{cases} \quad (2)$$

式中,

$$\mathbf{\xi} = \begin{bmatrix} \mathrm{d}t & \mathrm{d}s & \mathrm{d}\theta^T \end{bmatrix}^T$$

$$B_1 = \begin{bmatrix} -I_3 & -R_0 \cdot f(\mu_1-e_{\mu_{1,0}}, \zeta_1-e_{\zeta_{1,0}}) & 2s_0[(R_0 \cdot f(\mu_1-e_{\mu_{1,0}}, \zeta_1-e_{\zeta_{1,0}}))\times] \\ -I_3 & -R_0 \cdot f(\mu_2-e_{\mu_{2,0}}, \zeta_2-e_{\zeta_{2,0}}) & 2s_0[(R_0 \cdot f(\mu_2-e_{\mu_{2,0}}, \zeta_2-e_{\zeta_{2,0}}))\times] \\ \vdots & \vdots & \vdots \\ -I_3 & -R_0 \cdot f(\mu_n-e_{\mu_{n,0}}, \zeta_n-e_{\zeta_{n,0}}) & 2s_0[(R_0 \cdot f(\mu_n-e_{\mu_{n,0}}, \zeta_n-e_{\zeta_{n,0}}))\times] \end{bmatrix}$$

$$M_1 = \begin{bmatrix} s_0 R_0 G_1^1 & & & \\ & s_0 R_0 G_1^2 & & \\ & & \ddots & \\ & & & s_0 R_0 G_1^{m_0} \end{bmatrix}$$

$$N_1 = \begin{bmatrix} s_0 R_0 F_1^1 & & & \\ & s_0 R_0 F_1^2 & & \\ & & \ddots & \\ & & & s_0 R_0 F_1^{m_0} \end{bmatrix}$$

B_2 与 B_1 形式相同；M_2 和 N_2 与 M_1 和 N_1 形式相同。

令：
$$\boldsymbol{\beta} = [d\boldsymbol{t}^T \quad ds \quad d\boldsymbol{\theta}^T \quad \bar{\boldsymbol{x}}^T \quad \bar{\boldsymbol{y}}^T]^T, \quad \boldsymbol{e}_{L_1} = [\boldsymbol{e}_\mu^T \quad \boldsymbol{e}_\zeta^T \quad \boldsymbol{e}_v^T \quad \boldsymbol{e}_\hbar^T \quad \boldsymbol{e}_x^T]^T$$

将式(2)改写为：
$$L_1 - C \cdot e_{L_1} = A\boldsymbol{\beta} \tag{3}$$

式中：
$$L_1 = \begin{bmatrix} \tilde{x} - (t_0 \otimes I_{m_1,1}) - (s_0 R_0 \otimes I_{m_1}) \cdot f(\mu-e_\mu^0, \zeta-e_\zeta^0) - M_1 e_\mu^0 - N_1 e_\zeta^0 \\ -(t_0 \otimes I_{m_1,1}) - (s_0 R_0 \otimes I_{m_1}) \cdot f(v-e_v^0, \hbar-e_\hbar^0) - M_2 e_v^0 - N_2 e_\hbar^0 \\ \tilde{x} \end{bmatrix}$$

$$C = \begin{bmatrix} -M_1 & -N_1 & 0 & 0 & I_{m_1} \\ 0 & 0 & -M_2 & -N_2 & 0 \\ 0 & 0 & 0 & 0 & I_{m_1} \end{bmatrix}$$

$$A = \begin{bmatrix} B_1 & 0 & 0 \\ B_2 & 0 & -I_{m_2} \\ 0 & I_{m_1} & 0 \end{bmatrix}$$

$$Q_{e_{L_1} e_{L_1}} = \begin{bmatrix} Q_{\mu\mu} & 0 & Q_{\mu v} & 0 & 0 \\ 0 & Q_{\zeta\zeta} & 0 & 0 & 0 \\ Q_{v\mu} & 0 & Q_{vv} & 0 & 0 \\ 0 & Q_{\hbar\zeta} & 0 & Q_{\hbar\hbar} & 0 \\ 0 & 0 & 0 & 0 & Q_{xx} \end{bmatrix}$$

构建 Lagrange 目标函数：
$$\Phi(e_{L_1}, \boldsymbol{\beta}, K) = e_{L_1}^T P_1 e_{L_1} + 2K^T(L_1 - C \cdot e_{L_1} - A\boldsymbol{\beta})$$

根据 Eular-Lagrange 必要条件可得：
$$\frac{1}{2} \frac{\partial \Phi(\tilde{e}_{L_1}, \hat{\boldsymbol{\beta}}, \hat{K})}{\partial e_{L_1}} = P_1 \tilde{e}_{L_1} - C^T \hat{K} = 0 \Rightarrow \tilde{e}_{L_1} = P_1^{-1} \cdot C^T \hat{K} \tag{4}$$

$$\frac{1}{2}\frac{\partial \Phi(\tilde{e}_{L_1},\hat{\boldsymbol{\beta}},\hat{\boldsymbol{K}})}{\partial \boldsymbol{\beta}} = -\boldsymbol{A}^{\mathrm{T}}\hat{\boldsymbol{K}} = 0 \tag{5}$$

$$\frac{1}{2}\frac{\partial \Phi(\tilde{e}_{L_1},\hat{\boldsymbol{\beta}},\hat{\boldsymbol{K}})}{\partial \boldsymbol{K}} = \boldsymbol{L}_1 - \boldsymbol{C} \cdot \tilde{e}_{L_1} - \boldsymbol{A}\hat{\boldsymbol{\beta}} = 0 \tag{6}$$

由式(4)代入式(6),可得:

$$\boldsymbol{L}_1 - \boldsymbol{C} \cdot \boldsymbol{P}_1^{-1} \cdot \boldsymbol{C}^{\mathrm{T}}\hat{\boldsymbol{K}} - \boldsymbol{A}\hat{\boldsymbol{\beta}} = 0$$

$$\hat{\boldsymbol{K}} = (\boldsymbol{C}\boldsymbol{P}_1^{-1}\boldsymbol{C}^{\mathrm{T}})^{-1}(\boldsymbol{L}_1 - \boldsymbol{A}\hat{\boldsymbol{\beta}}) \tag{7}$$

联立式(5)和式(7),令 $\boldsymbol{Q}_c = (\boldsymbol{C}\boldsymbol{P}_1^{-1}\boldsymbol{C}^{\mathrm{T}})^{-1}$ 可得:

$$\hat{\boldsymbol{\beta}} = (\boldsymbol{A}^{\mathrm{T}}\boldsymbol{Q}_c\boldsymbol{A})^{-1}(\boldsymbol{A}^{\mathrm{T}}\boldsymbol{Q}_c\boldsymbol{L}_1) \tag{8}$$

根据式(8)的解算结果对参数进行更新 $\hat{\boldsymbol{\beta}}_{i+1} = \hat{\boldsymbol{\beta}}_i + \hat{\boldsymbol{\beta}}$,并更新 $\tilde{e}_{L_1}$、$\boldsymbol{A}$、$\boldsymbol{C}$ 以及 $\boldsymbol{L}_1$ 直至 $\|\hat{\boldsymbol{\beta}}\| < \omega$ 时停止迭代。值得注意的是,由于 $\hat{\boldsymbol{\beta}}$ 后 $3m_0 + 3m_1$ 是估计的坐标,并不是改正值,因此后 $3m_0 + 3m_1$ 项需要计算与之前迭代的估值进行求差值并与 Helmert 转换参数一起进行收敛判定。

3 仿真实验

从旧框架到新框架中,转换参数的真值为:$t_{true} = \begin{bmatrix} 100 & 5 & -200 \end{bmatrix}^{\mathrm{T}}$; $s_{true} = 0.89$; $\theta_{true} = \begin{bmatrix} 0.035 & -0.029 & 0.033 \end{bmatrix}^{\mathrm{T}}$, and $\boldsymbol{R}_{true} = (\boldsymbol{I}_3 - [\boldsymbol{\theta}_{true} \times])(\boldsymbol{I}_3 + [\boldsymbol{\theta}_{true} \times])^{-1}$。假设有 15 个公共站,有 10 个旧框架下的非公共站。所有 25 个参考站是随机选择,其中每一个旧框架下参考站的大地坐标真值采用如下方式生成:① 经度 λ_{true} 采用均匀分布在 $U[-\pi \quad \pi]$ 范围内生成;② 纬度 φ_{true} 用均匀分布在 $U[-0.45\pi \quad 0.45\pi]$ 范围内生成;③ 大地高 h_{true} 采用均匀分布在 $U[10 \quad 1\,000]$ 范围内生成。计算 4 个参考站的笛卡儿坐标真值:$\boldsymbol{x}_{true} = \boldsymbol{t}_{true} + s_{true}\boldsymbol{R}_{true} f\left(\begin{bmatrix} \varphi_{true} \\ \lambda_{true} \end{bmatrix}, h_{true}\right)$,所有这些 25 个新的框架中的站点的分布如图 1 所示。新框架下笛卡儿坐标的 15 个参考站,旧框架下 25 个站的大地坐标的方差协方差矩阵维数分别为 45×45、50×50 以及 25×25,具体生成步骤如下:① 对于 45×45 矩阵,通过均匀分布 $U[0.05 \quad 0.15]$ 生成的所有 45 个的对角元素的平方根,即标准差;② 通过均匀分布 $U[-0.8 \quad 0.8]$ 生成的所有 990 个相关系数,每个相关系数乘以其对应的两个标准差来生成了协方差。旧框架下大地坐标的经纬度和大地高的方差协方差矩阵仿真过程如上,只是经纬度的标准差通过均匀分布 $U[1.5 \quad 3] \times 10^{-7}$,大地高的标准差通过均匀分布 $U[1 \quad 5]$,相关系数都通过均匀分布 $U[-0.8 \quad 0.8]$ 生成对应的相关系数。运行 100 次 Monte Carlo 实验,对于每次的实验,上述参数真值和坐标是固定的,只是每次实验的测量误差是通过上述的方差协方差矩阵采用零均值高斯分布的独立生成。

通过实验结果对直接法和两步法进行对比,两步法详细内容参见附录 A。通过 100 次 Monte Carlo 实验的结果与真值求差,计算出转换参数和坐标的均方根误差(root mean square error,RMSE)来对比两种方法的估计精度。图 2、图 3 和图 4 分别为转换参数、15 个公共站的笛卡儿坐标以及 10 个非公共站的笛卡儿坐标的估计精度。在图中,蓝色条形代表两步法的 RMSE,而红色代表直接法的 RMSE,黄色条形代表原始测量误差的 RMSE。另外,图 2 中,平移参数、尺度参数和旋转参数的单位长度沿垂直轴分别表示 m,ppm(part per million)和 mas(milli-arc-second)。在图 4 中,黄色条形代表了求解的转换参数将大地坐标转换成新框架下笛卡儿坐标,并与真值求差计算 RMSE。

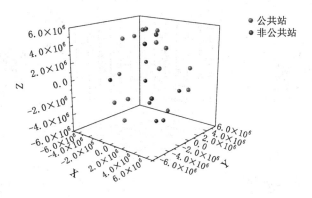

图 1　仿真实验中参考站的三维分布

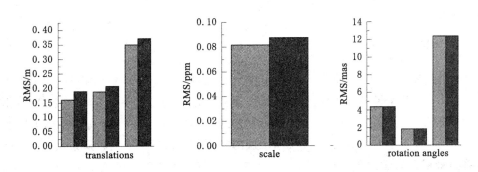

图 2　转换参数的 RMSE

从图 2 可以看出,虽然这两种方法在关于旋转参数的估计上的精度基本一致,但估计的平移和缩放参数中直接法优于两步法。从图 3 和图 4 可以得出以下结论:① 在新框架中所有站点的直接测量的坐标,即在图 3 中,采用直接法和两步法估计的这些参考站的坐标是比原始坐标精度更高;② 对于在旧框架下的非公共站,即图 4,估计后的坐标是比使用估计的转换参数转换而来的精度更高。这些两个发现清楚地表明了在 Helmert 转换问题中除转换参数外,把坐标合并为参数的必要性,也验证了 Kotsakis 教授的观点(Kotsakis et al.,2014);③ 对于大部分的坐标,直接法优于两步法,但前者并不能在所有站点和坐标中优于后者。

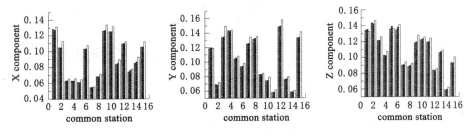

图 3　15 个公共站的笛卡儿坐标的估计精度

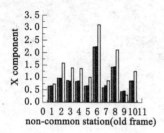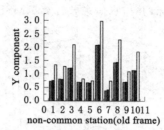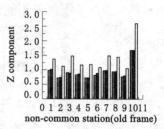

图4 10个非公共站的笛卡儿坐标估计精度

当然,还有一些站点或一些坐标分量,两步法优于直接法。这在一定程度上显然是不合理。更不合理的是有一些坐标分量原始的测量值比这两种方式的估算值更精确的。由于Monte Carlo 实验已经对误差的随机特性进行补偿改正,所以这种"不合理"的现象并不能归咎于误差的随机特性。因此,需要进一步的研究去解释这种不合理的现象,并对本文提出的直接法进行进一步的优化。

4 结 论

在大地坐标和笛卡儿坐标属于不同框架时,通过将大地坐标变换为同框架下的笛卡儿坐标,然后采用两个框架下的笛卡儿坐标完成 Helmert 转换。然而在本文中,明确指明了这种两步法并不能达到全局最优。因此,本文提出了直接采用大地坐标与笛卡儿坐标进行Helmert 转换的直接法。回顾 Helmert 转换的问题,重新估计/平差新框架下所有相关参考站也许是最重要的任务之一。另外,由于不同参考站坐标之间存在相关性,故除了转换参数以外,新框架所有参考站坐标需要作为参数((Kotsakise 等,2014),采用 LS 准则进行估计,并且采用 Pope 迭代求取参数的数值解。最后通过 Monte Carlo 实验,验证了本文观点:所提出的直接法的综合性能优于两步法。

附录 A:两步法

首先,对旧框架中每个公共站和非公共站将其大地坐标换算为笛卡儿坐标的:

$$\begin{cases} \tilde{x}_j = f(\tilde{u}_j, \tilde{h}_j), \text{for } j \in \Phi_0 \\ \tilde{y}_j = f(\tilde{v}_j, \tilde{\hbar}_j), \text{for } j \in \Phi_1 \end{cases} \quad (9)$$

式中,$\tilde{x}_j/\tilde{y}_j$ 看作为原始测量值;$e_{\tilde{x}_j}/e_{\tilde{y}_j}$ 为相应的测量误差。令:

$$G'_j = \frac{\partial f(u,h)}{\partial u^T}\bigg|_{u=\tilde{u}_j, h=\tilde{h}_j}, f'_j = \frac{\partial f(u,h)}{\partial h}\bigg|_{u=\tilde{u}_j, h=\tilde{h}_j}, \text{for } j \in \Phi_0$$

$$\mathcal{G}'_j = \frac{\partial f(v,\hbar)}{\partial v^T}\bigg|_{v=\tilde{v}_j, \hbar=\tilde{\hbar}_j}, \mathcal{f}'_j = \frac{\partial f(v,\hbar)}{\partial \hbar}\bigg|_{v=\tilde{v}_j, \hbar=\tilde{\hbar}_j}, \text{for } j \in \Phi_1$$

计算 $\tilde{x}_j/\tilde{y}_j$ 方差协方差:

$$\text{cov}[e_{\tilde{x}_i}, e_{\tilde{x}_j}] = G_j Q_{uu} G_j^T + f_j Q_{hh} f_j^T, i, j \in \Phi_0;$$

$$\text{cov}[e_{\tilde{y}_i}, e_{\tilde{y}_j}] = \mathcal{G}_j Q_{vv} \mathcal{G}_j^T + \mathcal{f}_j Q_{\hbar\hbar} \mathcal{f}_j^T, i, j \in \Phi_1;$$

$$\text{cov}[e_{\tilde{x}_i}, e_{\tilde{y}_j}] = G_j Q_{uv} \mathcal{G}_j^T + f_j Q_{h\hbar} \mathcal{f}_j^T, i \in \Phi_0 \text{且} j \in \Phi_1$$

同式,可得如下观测方程:

$$\begin{cases} \tilde{x}'_j - e_{\tilde{x}'_j} = t + sR(\tilde{x}_j - e_{\tilde{x}_j}), \text{for } j \in \Phi_0 \\ \tilde{y}'_j = t + sR(\tilde{y}_j - e_{\tilde{y}_j}), \text{for } j \in \Phi_1 \\ \tilde{z}'_j = z'_j + e_{\tilde{z}'_j}, \text{for } j \in \Phi_2 \\ \tilde{x}'_j = x'_j + e_{\tilde{x}'_j}, \text{for } j \in \Phi_0 \end{cases} \quad (10)$$

同理线性化公式：

$$\begin{cases} l_j - e_{\tilde{x}'_j} = \boldsymbol{B}_1^j \boldsymbol{\xi} - s_0 \boldsymbol{R}_0 e_{\tilde{x}_j}, \text{for } j \in \Phi_0 \\ l_j = \boldsymbol{B}_2^j \boldsymbol{\xi} - \overline{y}'_j - s_0 \boldsymbol{R}_0 e_{\tilde{y}_j}, \text{for } j \in \Phi_1 \\ \tilde{z}'_j = z'_j + e_{\tilde{z}'_j}, \text{for } j \in \Phi_2 \\ \tilde{x}'_j = x'_j + e_{\tilde{x}'_j}, \text{for } j \in \Phi_0 \end{cases} \quad (11)$$

式中，$\begin{cases} l_j = \tilde{x}'_j - t_0 - s_0 \boldsymbol{R}_0 (\tilde{x}_j - e_{\tilde{x}_j}^0), \text{for } j \in \Phi_0 \\ l_j = -t_0 - s_0 \boldsymbol{R}_0 (\tilde{y}_j - e_{\tilde{y}_j}^0), \text{for } j \in \Phi_1 \end{cases}$，各个变量表示含义与上述一致。定义以下变量：

$$\boldsymbol{e}_{\tilde{x}} = [\boldsymbol{e}_{\tilde{x}_1}^T \vdots \boldsymbol{e}_{\tilde{x}_2}^T \vdots \cdots \vdots \boldsymbol{e}_{\tilde{x}_{m_0}}^T]^T, \boldsymbol{e}_{\tilde{y}} = [\boldsymbol{e}_{\tilde{y}_1}^T \vdots \boldsymbol{e}_{\tilde{y}_2}^T \vdots \cdots \vdots \boldsymbol{e}_{\tilde{y}_{m_1}}^T]^T,$$

$$\boldsymbol{e}'_{\tilde{x}} = [\boldsymbol{e}_{\tilde{x}'_1}^T \vdots \boldsymbol{e}_{\tilde{x}'_2}^T \vdots \cdots \vdots \boldsymbol{e}_{\tilde{x}'_{m_0}}^T]^T, \boldsymbol{e}'_{\tilde{z}} = [\boldsymbol{e}_{\tilde{z}'_1}^T \vdots \boldsymbol{e}_{\tilde{z}'_2}^T \vdots \cdots \vdots \boldsymbol{e}_{\tilde{z}'_{m_2}}^T]^T$$

同理可得：

$$\begin{cases} l - e_{\tilde{x}'} = \boldsymbol{B}_1 \boldsymbol{\xi} - (s_0 \boldsymbol{R}_0 \otimes \boldsymbol{I}_{m_0}) \boldsymbol{e}_{\tilde{x}} \\ l = \boldsymbol{B}_2 \boldsymbol{\xi} - \overline{y}' - (s_0 \boldsymbol{R}_0 \otimes \boldsymbol{I}_{m_1}) \boldsymbol{e}_{\tilde{y}} \\ \tilde{z}' = \overline{z}' + e_{\tilde{z}'} \\ \tilde{x}' = \overline{x}' + e_{\tilde{x}'} \end{cases} \quad (12)$$

令 $\boldsymbol{e}_{L_1} = [\boldsymbol{e}_{\tilde{x}}^T \quad \boldsymbol{e}_{\tilde{y}}^T \quad \boldsymbol{e}_{\tilde{x}'}^T \quad \boldsymbol{e}_{\tilde{z}'}^T]^T$，则：

$$\boldsymbol{Q}_{e_{L_1} e_{L_1}} = \begin{bmatrix} \boldsymbol{Q}_{e_{\tilde{x}} e_{\tilde{x}}} & \boldsymbol{Q}_{e_{\tilde{x}} e_{\tilde{y}}} & 0 & 0 \\ \boldsymbol{Q}_{e_{\tilde{y}} e_{\tilde{x}}} & \boldsymbol{Q}_{e_{\tilde{y}} e_{\tilde{y}}} & 0 & 0 \\ 0 & 0 & \boldsymbol{Q}_{e_{\tilde{x}'} e_{\tilde{x}'}} & \boldsymbol{Q}_{e_{\tilde{x}'} e_{\tilde{z}'}} \\ 0 & 0 & \boldsymbol{Q}_{e_{\tilde{z}'} e_{\tilde{x}'}} & \boldsymbol{Q}_{e_{\tilde{z}'} e_{\tilde{z}'}} \end{bmatrix}$$

整体的观测方程为：

$$L_1 - \boldsymbol{C} \cdot \boldsymbol{e}_{L_1} = \boldsymbol{A}\boldsymbol{\beta} \quad (13)$$

根据 LS 原理：

$$\hat{\boldsymbol{\beta}} = \begin{bmatrix} \hat{\boldsymbol{\xi}} \\ \hat{\boldsymbol{\vartheta}} \end{bmatrix} = [\boldsymbol{A}^T (\boldsymbol{C} \boldsymbol{Q}_{e_{L_1} e_{L_1}} \boldsymbol{C}^T)^{-1} \boldsymbol{A}]^{-1} \boldsymbol{A}^T (\boldsymbol{A} \boldsymbol{Q}_{e_{L_1} e_{L_1}} \boldsymbol{A}^T)^{-1} L_1 \quad (14)$$

$$\begin{bmatrix} \boldsymbol{Q}_{\hat{\xi}\hat{\xi}} & \boldsymbol{Q}_{\hat{\xi}\hat{\vartheta}} \\ \boldsymbol{Q}_{\hat{\vartheta}\hat{\xi}} & \boldsymbol{Q}_{\hat{\vartheta}\hat{\vartheta}} \end{bmatrix} = [\boldsymbol{A}^T (\boldsymbol{C} \boldsymbol{Q}_{e_{L_1} e_{L_1}} \boldsymbol{C}^T)^{-1} \boldsymbol{A}]^{-1} \quad (15)$$

参考文献

[1] BJORCK A. Numerical methods for least squares problems [M]. SIAM, Philadelphia, 1996.

[2] CHANG G. On least-squares solution to 3D similarity transformation problem under Gauss-Helmert model[J]. Journal of Geodesy,2015(89):573-576.

[3] CHANG G. Closed form least-squares solution to 3D symmetric Helmert transformation with rotational invariant covariance structure[J]. Acta Geodaetica et Geophysica,2016(51): 237-244.

[4] CHANG G, XU T, WANG Q. Error analysis of the 3D similarity coordinate transformation[J]. GPS Solutions, doi: 10.1007/s10291-10016-10585-10292.

[5] CHANG G, XU T, WANG Q, et al. A generalization of the analytical least-squares solution to the 3D symmetric Helmert coordinate transformation problem with an approximate error analysis[J]. Advances in Space Research, doi: 10.1016/j.asr.2017.1002.1034.

[6] FANG X. Weighted total least squares: necessary and sufficient conditions, fixed and random parameters[J]. Journal of Geodesy, 2013(87):733-749.

[7] FANG X. Weighted total least-squares with constraints: a universal formula for geodetic symmetrical transformations[J]. Journal of Geodesy,2015(89): 459-469.

[8] KAY S M. Fundamentals of statistical signal processing, Volume I: estimation theory[M]. Pearson Education, New York,2013.

[9] KOTSAKIS C, VATALIS A, SANSO F. On the importance of intra-frame and inter-frame covariances in frame transformation theory[J]. Journal of Geodesy, 2014(88): 1187-1201.

[10] LEHMANN R. Transformation model selection by multiple hypotheses testing[J]. Journal of Geodesy, 2014(88): 1117-1130.

[11] LEICK A, RAPOPORT L, TATARNIKOV D. GPS Satellite Survey[M]. 4th Edition. Wiley, New Jersey,2015.

[12] LI B, SHEN Y, LI W. The seamless model for three-dimensional datum transformation[J]. Science China Earth Sciences, 2012(55): 2099-2108.

[13] LI B, SHEN Y, ZHANG X, et al. Seamless multivariate affine error-in-variables transformation and its application to map rectification[J]. International Journal of Geographical Information Science, 2013(27): 1572-1592.

[14] LU Z, QU Y, QIAO S. Geodesy: Introduction to Geodetic Datum and Geodetic Systems[M]. Springer, Berlin,2014.

[15] NEITZEL F. Generalization of total least-squares on example of unweighted and weighted 2D similarity transformation[J]. Journal of Geodesy, 2010(84): 751-762.

[16] POPEA J. Some pitfalls to be avoided in the iterative adjustment of nonlinear problems[C]//Proceedings of the 38th annual meeting, American Society of Photogrammetry, Washington DC, 1972:449-477.

[17] SCHAFFRIN B, FELUS Y A. On the multivariate total least-squares approach to empirical coordinate transformations[J]. Three algorithms. Journal of Geodesy, 2008 (82): 373-383.

[18] SEEBERG. Satellite geodesy[R]. Walter de Gruyter, 2003.

[19] WANG B, LI J, LIU C, et al. Generalized total least squares prediction algorithm for universal 3D similarity transformation[J]. Advances in Space Research, 2017(59): 815-823.

[20] WANG Q, CHANG G, XU T, et al. Representation of the rotation parameter estimation errors in the Helmert transformation model[J]. Survey Review, doi: 10.1080/00396265.00392016.01234806.

[21] XU P, LIU J, SHI C. Total least squares adjustment in partial errors-in-variables models: algorithm and statistical analysis[J]. Journal of Geodesy, 2012(86): 661-675.

[22] XUE S, DANG Y, LIU J, et al. Bias estimation and correction for triangle-based surface area calculations[J]. International Journal of Geographical Information Science, 2016(30): 2155-2170.

[23] XUE S, YANG Y, DANG Y. Formulas for precisely and efficiently estimating the bias and variance of the length measurements[J]. Journal of Geographical Systems, 2016(18): 399-415.

作者简介：林鹏(1991—)，男，目前在中国矿业大学环境与测绘学院攻读博士学位，主要研究方向为现代测量数据处理理论。E-mail: austlinpeng@163.com。

GPS实时三频电离层改正方法及精度分析

陈少鑫,徐良骥

(安徽理工大学,安徽 淮南,232001)

摘　要:为了有效提高GPS定位精度,避免GPS三频观测数据解算中整周模糊度的解算及计算量大的问题。本文在GPS载波和码观测量的双频电离层改正方法的基础上,融合GPS电离层折射误差三频二阶改正方法,构建了GPS载波和码观测量的三频电离层改正方法,并采用GPS三频观测数据,对该方法进行了验证。实验结果表明:在GPS载波和码观测量的双频电离层改正方法中,电离层延迟改正在-1～6 m范围之内;在GPS载波和码观测量的三频电离层改正方法中,电离层延迟改正在-19～4 m范围之内。电离层路径延迟得到改正,验证了该方法的可行性。

关键词:GPS;电离层延迟;载波相位;码伪距;整周模糊度;三频电离层改正

Corrected Method and Accuracy Analysis of GPS Real-time Three-frequency Ionosphere

CHEN Shaoxin, XU Liangji

(Anhui University of Science and Technology, Huainan 232001, China)

Abstract: In order to effectively improve the accuracy of GPS positioning, to avoid the GPS three frequency observation data in the calculation of the ambiguity of the week and the calculation of large problems. Based on the three-frequency ionospheric correction method of GPS carrier and code view, this paper constructs the trivalent ionospheric correction method of GPS carrier and code measurement by combining the three-frequency correction method of GPS ionospheric refraction error. GPS three-frequency observation data, the method was verified. The experimental results showed that the ionospheric delay correction is in the range of $-1 \sim 6$ m in the three-frequency ionospheric correction method of GPS carrier and code measurement. In the trivalent ionospheric correction method of GPS carrier and code measurement, Layer delay correction in the range of $-19 \sim 4$ m; ionospheric path delay is corrected to verify the feasibility of the method.

Keywords: GPS; ionospheric delay; carrier phase; code pseudorange; integer ambiguity; three-frequency ionospheric correction

电离层延迟误差是GPS信号处理过程中常见的误差之一,在传统的GPS单频电离层延迟误差改正方法中,常见的电离层改正方法有klobuchar模型和全球参考电离层模型即IRI模型。其中利用klobuchar模型对电离层延迟误差进行改正,改正效果一般在60%～70%[1-3];IRI模型适用于全球的任何地方,但不足之处是由于较少或没有采用中国区域的资料,根据插值求得的一些主要参数,在中国地区产生不同程度的偏差[4-6]。此外,在GPS双频电离层延迟误差改正方法中,该方法可将电离层延迟误差改正到cm级,使电离层延迟引入的距离误差改正至 90% 左右[7-11]。

基于 GPS 现代化,在 GPS 三频观测数据下,采用无电离层的三频组合方法来消弱电离层对信号传播的影响[12-15],通过对电离层折射误差进行二阶项改正,可使电离层延迟误差改正到 mm 级[16-22]。但采用三频载波相位进行电离层延迟计算时,需要求解整周模糊度,并且计算复杂。本文在载波和码观测量的双频电离层改正方法的基础上[23],融合 GPS 电离层折射误差三频二阶改正方法,提出了载波和码观测量的三频电离层改正方法,并采用 GPS 三频观测数据进行实验,验证了该方法的可靠性。

1 载波和码观测量的双频电离层改正方法

在双频接收机中,可采用双频观测量来进行电离层误差修正。通过双频观测结果的差值,可以分别估算出 L_1、L_2 频率上的电离层延迟。

对于码观测量有:

$$\sigma \rho_{L1} = (\rho_2 - \rho_1) \frac{f_2^2}{(f_1^2 - f_2^2)} \tag{1}$$

$$\sigma \rho_{L2} = (\rho_2 - \rho_1) \frac{f_1^2}{(f_1^2 - f_2^2)} \tag{2}$$

其中,f_1,f_2 为双频载波频率;ρ_1,ρ_2 为 L_1,L_2 频率上的码观测量;$\sigma \rho_{L1}$,$\sigma \rho_{L2}$ 为 L_1,L_2 频率上的电离层延迟:

$$\sigma \rho_{L1} = \frac{(\rho'_2 - \rho'_1) f_2^2}{(f_1^2 - f_2^2)} \tag{3}$$

$$\sigma \rho_{L2} = \frac{(\rho'_2 - \rho'_1) f_1^2}{(f_1^2 - f_2^2)} \tag{4}$$

其中,ρ'_1,ρ'_2 分别为 L_1,L_2 频率上的载波观测量。

利用 $\sigma \rho_{L1}$、$\sigma \rho_{L2}$ 与双频电离层延迟差 $\sigma \rho_{L2} - \sigma \rho_{L1}$ 的关系可以分别求出 L_1、L_2 频率的电离层延迟[23]:

$$\sigma \rho_{L1} = (\sigma \rho_{L2} - \sigma \rho_{L1}) \frac{f_2^2}{(f_1^2 - f_2^2)} \tag{5}$$

$$\sigma \rho_{L2} = (\sigma \rho_{L2} - \sigma \rho_{L1}) \frac{f_1^2}{(f_1^2 - f_2^2)} \tag{6}$$

其中,f_1,f_2 分别为 GPS 中 L_1,L_2 的载波频率。至此便完成了电离层误差的精确计算。

2 载波和码观测量的三频电离层改正方法

采用三频观测量的码伪距测量值和载波相位测量值,构建组合方程分别如下:

$$\rho_1 = R + c\sigma t + \sigma \rho_{L1} + \sigma \rho_T + \varepsilon_1 \tag{7}$$

$$\rho'_1 = R + c\sigma t - \sigma \rho_{L1} + \sigma \rho_T - N_1 \lambda_1 + \varepsilon'_1 \tag{8}$$

$$\rho_2 = R + c\sigma t + \sigma \rho_{L2} + \sigma \rho_T + \varepsilon_2 \tag{9}$$

$$\rho'_2 = R + c\sigma t - \sigma \rho_{L2} + \sigma \rho_T - N_2 \lambda_2 + \varepsilon'_2 \tag{10}$$

$$\rho_5 = R + c\sigma t + \sigma \rho_{L5} + \sigma \rho_T + \varepsilon_5 \tag{11}$$

$$\rho'_5 = R + c\sigma t - \sigma \rho_{L5} + \sigma \rho_T - N_5 \lambda_5 + \varepsilon'_5 \tag{12}$$

式中,ρ_1 为 L_1 频率的码伪距测量值;ρ'_1 为 L_1 频率的载波相位测量值;ρ_2 为 L_2 频率的码伪距测量值;ρ'_2 为 L_2 频率的载波相位测量值;ρ_5 为 L_5 频率的码伪距测量值;ρ'_5 为 L_5 频率的载波相位测量值;R 为实际卫星和掩星探测器之间的距离;$c\sigma t$ 为接收机钟差和卫星钟差之差;$\sigma\rho_{L1}$,$\sigma\rho_{L2}$,$\sigma\rho_{L5}$ 分别为 L_1,L_2,L_5 频率上的电离层延迟;$\sigma\rho_T$ 为对流层折射造成的延迟;N_1,N_2,N_5 分别为 L_1,L_2,L_5 频率上载波测量值的整周模糊度;ε_1,ε_2,ε_5 分别为 L_1,L_2,L_5 频率上的码伪距测量误差;ε'_1,ε'_2,ε'_5 分别为 L_1,L_2,L_5 频率的载波相位测量误差。从上面的 6 个观测量中,可以分别得到 L_1,L_2,L_5 频率的载波和码联合观测量:

$$\frac{\rho_1+\rho'_1}{2}=R+c\sigma t+\sigma\rho_T-\frac{N_1\lambda_1}{2}+\frac{\varepsilon_1+\varepsilon'_1}{2} \tag{13}$$

$$\frac{\rho_2+\rho'_2}{2}=R+c\sigma t+\sigma\rho_T-\frac{N_2\lambda_2}{2}+\frac{\varepsilon_2+\varepsilon'_2}{2} \tag{14}$$

$$\frac{\rho_5+\rho'_5}{2}=R+c\sigma t+\sigma\rho_T-\frac{N_5\lambda_5}{2}+\frac{\varepsilon_5+\varepsilon'_5}{2} \tag{15}$$

从式中可以看出,载波和码联合观测量消除了电离层延迟误差,并使观测误差和整周模糊度产生的影响减半。三频的联合观测量两两相减,分别得到:

$$\frac{\rho_1+\rho'_1-\rho_2-\rho'_2}{2}=\frac{(\varepsilon_1+\varepsilon'_1-\varepsilon_2-\varepsilon'_2)}{2}-\frac{N_1\lambda_1-N_2\lambda_2}{2} \tag{16}$$

$$\frac{\rho_2+\rho'_2-\rho_5-\rho'_5}{2}=\frac{(\varepsilon_2+\varepsilon'_2-\varepsilon_5-\varepsilon'_5)}{2}-\frac{N_2\lambda_2-N_5\lambda_5}{2} \tag{17}$$

相减后只剩下观测误差和整周模糊度的影响。接收机的观测误差主要为热噪声,而其他的误差来源一般时间短暂并且可以忽略[24]。如认为观测误差的均值为 0,那么经过一段时间的统计平均,可以去除 $(\varepsilon_1+\varepsilon'_1-\varepsilon_2-\varepsilon'_2)/2$ 项和 $(\varepsilon_2+\varepsilon'_2-\varepsilon_5-\varepsilon'_5)/2$ 项的影响,得到精确的 $(N_1\lambda_1-N_2\lambda_2)/2$ 和 $(N_2\lambda_2-N_5\lambda_5)/2$。

利用 L_1、L_2、L_5 频率上的载波观测量可以得到:

$$\rho'_1-\rho'_2=\sigma\rho_{L2}-\sigma\rho_{L1}-(N_1\lambda_1-N_2\lambda_2)+\varepsilon'_1-\varepsilon'_2 \tag{18}$$

$$\rho'_2-\rho'_5=\sigma\rho_{L5}-\sigma\rho_{L2}-(N_2\lambda_2-N_5\lambda_5)+\varepsilon'_2-\varepsilon'_5 \tag{19}$$

式中,ε'_1,ε'_2,ε'_5 为载波测量的观测误差,一般小于 2 mm,对于电离层误差修正可以忽略不计;$(N_1\lambda_1-N_2\lambda_2)$、$(N_2\lambda_2-N_5\lambda_5)$ 可以通过上述方法计算得到;因此,可以计算得到精确的 $\sigma\rho_{L2}-\sigma\rho_{L1}$、$\sigma\rho_{L5}-\sigma\rho_{L2}$。

利用 $\sigma\rho_{L1}$、$\sigma\rho_{L2}$、$\sigma\rho_{L5}$ 与三频电离层延迟差 $\sigma\rho_{L2}-\sigma\rho_{L1}$、$\sigma\rho_{L5}-\sigma\rho_{L2}$ 的关系可以分别求出 L_1、L_2、L_5 频率的电离层延迟:

$$\sigma\rho_p(f_i)=\frac{A_1}{f_i^2}+\frac{A_2}{f_i^3} \quad (i=1,2,3) \tag{20}$$

$$A_1=\frac{\rho_{12}f_1^3(f_3^3-f_2^3)-\rho_{25}f_3^3(f_2^3-f_1^3)}{f_1^3(f_2-f_3)+f_2^3(f_3-f_1)+f_3^3(f_1-f_2)} \tag{21}$$

$$A_2=\frac{\rho_{12}f_1^3f_2f_3(f_3^2-f_2^2)-\rho_{25}f_1f_2f_3(f_2^2-f_1^2)}{f_1^3(f_2-f_3)+f_2^3(f_3-f_1)+f_3^3(f_1-f_2)} \tag{22}$$

其中,若令:

$$B_1=f_1^3(f_3^3-f_2^3), B_2=-f_3^3(f_2^3-f_1^3),$$
$$B_3=-f_1^3f_2f_3(f_3^2-f_2^2), B_4=f_1f_2f_3(f_2^2-f_1^2),$$
$$w=f_1^3(f_2-f_3)+f_2^3(f_3-f_1)+f_3^3(f_1-f_2)$$

则有:

$$\sigma\rho_p(f_i) = \frac{B_1\rho_{12}}{wf_i^2} + \frac{B_2\rho_{25}}{wf_i^2} + \frac{B_3\rho_{12}}{wf_i^3} + \frac{B_4\rho_{25}}{wf_i^3} \quad (i=1,2,3) \tag{23}$$

可分别得到：

$$\sigma\rho_p(f_1) = \frac{B_1\rho_{12}}{wf_1^2} + \frac{B_2\rho_{25}}{wf_1^2} + \frac{B_3\rho_{12}}{wf_1^3} + \frac{B_4\rho_{25}}{wf_1^3} \tag{24}$$

$$\sigma\rho_p(f_2) = \frac{B_1\rho_{12}}{wf_2^2} + \frac{B_2\rho_{25}}{wf_2^2} + \frac{B_3\rho_{12}}{wf_2^3} + \frac{B_4\rho_{25}}{wf_2^3} \tag{25}$$

$$\sigma\rho_p(f_3) = \frac{B_1\rho_{12}}{wf_3^2} + \frac{B_2\rho_{25}}{wf_3^2} + \frac{B_3\rho_{12}}{wf_3^3} + \frac{B_4\rho_{25}}{wf_3^3} \tag{26}$$

上式两两相减，可得式(27)、式(28)：

$$\sigma\rho_p(f_1) - \sigma\rho_p(f_2) = \frac{B_1\rho_{12}}{w}\left(\frac{1}{f_1^2} - \frac{1}{f_2^2}\right) + \frac{B_2\rho_{25}}{w}\left(\frac{1}{f_1^2} - \frac{1}{f_2^2}\right) + \frac{B_3\rho_{12}}{w}\left(\frac{1}{f_1^3} - \frac{1}{f_2^3}\right) + \frac{B_4\rho_{25}}{w}\left(\frac{1}{f_1^3} - \frac{1}{f_2^3}\right) \tag{27}$$

$$\sigma\rho_p(f_2) - \sigma\rho_p(f_3) = \frac{B_1\rho_{12}}{w}\left(\frac{1}{f_2^2} - \frac{1}{f_3^2}\right) + \frac{B_2\rho_{25}}{w}\left(\frac{1}{f_2^2} - \frac{1}{f_3^2}\right) + \frac{B_3\rho_{12}}{w}\left(\frac{1}{f_2^3} - \frac{1}{f_3^3}\right) + \frac{B_4\rho_{25}}{w}\left(\frac{1}{f_2^3} - \frac{1}{f_3^3}\right) \tag{28}$$

其中，若令：

$$D_1 = \left(\frac{1}{f_1^2} - \frac{1}{f_2^2}\right), D_2 = \left(\frac{1}{f_1^3} - \frac{1}{f_2^3}\right),$$

$$D_3 = \left(\frac{1}{f_2^2} - \frac{1}{f_3^2}\right), D_4 = \left(\frac{1}{f_2^3} - \frac{1}{f_3^3}\right)$$

则化简为式(29)、式(30)：

$$\sigma\rho_p(f_1) - \sigma\rho_p(f_2) = \frac{(B_1D_1 + B_3D_2)}{w}\rho_{12} + \frac{(B_2D_1 + B_4D_2)}{w}\rho_{25} \tag{29}$$

$$\sigma\rho_p(f_2) - \sigma\rho_p(f_3) = \frac{(B_1D_3 + B_3D_4)}{w}\rho_{12} + \frac{(B_2D_3 + B_4D_4)}{w}\rho_{25} \tag{30}$$

其中，若令：

$$H_1 = \frac{(B_1D_1 + B_3D_2)}{w}, H_2 = \frac{(B_2D_1 + B_4D_2)}{w}$$

$$H_3 = \frac{(B_1D_3 + B_3D_4)}{w}, H_4 = \frac{(B_2D_3 + B_4D_4)}{w}$$

则化简为：

$$\sigma\rho_p(f_1) - \sigma\rho_p(f_2) = H_1\rho_{12} + H_2\rho_{25} \tag{31}$$

$$\sigma\rho_p(f_2) - \sigma\rho_p(f_3) = H_3\rho_{12} + H_4\rho_{25} \tag{32}$$

$$\rho_{12} = \frac{H_4(\sigma\rho_p(f_1) - \sigma\rho_p(f_2)) - H_2(\sigma\rho_p(f_2) - \sigma\rho_p(f_3))}{H_1H_4 - H_2H_3} \tag{33}$$

$$\rho_{25} = \frac{H_3(\sigma\rho_p(f_1) - \sigma\rho_p(f_2)) - H_1(\sigma\rho_p(f_2) - \sigma\rho_p(f_3))}{H_2H_3 - H_1H_4} \tag{34}$$

将式(33)和式(34)代入式(23)，则有：

$$\sigma\rho_p(f_1) = \frac{B_1\rho_{12}}{wf_1^2} + \frac{B_2\rho_{25}}{wf_1^2} + \frac{B_3\rho_{12}}{wf_1^3} + \frac{B_4\rho_{25}}{wf_1^3} \tag{35}$$

$$\sigma\rho_p(f_2) = \frac{B_1\rho_{12}}{wf_2^2} + \frac{B_2\rho_{25}}{wf_2^2} + \frac{B_3\rho_{12}}{wf_2^3} + \frac{B_4\rho_{25}}{wf_2^3} \tag{36}$$

$$\sigma\rho_p(f_3) = \frac{B_1\rho_{12}}{wf_3^2} + \frac{B_2\rho_{25}}{wf_3^2} + \frac{B_3\rho_{12}}{wf_3^3} + \frac{B_4\rho_{25}}{wf_3^3} \tag{37}$$

其中，f_1,f_2,f_3 分别为 GPS 中 L_1,L_2,L_5 的载波频率，至此便完成了电离层误差的精确计算。

3 结果与分析

采用 GNSS 网站（ftp://ftp.cddis.eosdis.nasa.gov/pub/gnss/data/campaign/mgex/daily）提供的 2017-03-22 的 GPS 三频观测数据，对电离层折射误差改正方法进行验证，选取 G17 卫星、G05 卫星、G09 卫星和 G12 卫星的三频观测数据，如表 1 所示。

表 1   GPS 三频观测数据

卫星	伪距	m	载波相位	m	频率	MHz
G17	ρ_1	23 104 659.443	ρ'_1	121 415 796.913 06	f_1	1 575.42
	ρ_2	23 104 661.058	ρ'_2	94 609 705.874 04	f_2	1 227.60
	ρ_3	23 104 660.160	ρ'_3	94 609 705.842 06	f_3	1 176.45
G05	ρ_1	20 864 892.214	ρ'_1	109 645 749.680 07	f_1	1 575.42
	ρ_2	20 864 891.895	ρ'_2	85 438 248.313 06	f_2	1 227.60
	ρ_3	20 8 64 892.095	ρ'_3	85 438 250.294 07	f_3	1 176.45
G09	ρ_1	23 509 517.762	ρ'_1	123 543 344.313 06	f_1	1 575.42
	ρ_2	23 509 519.854	ρ'_2	96 267 554.247 03	f_2	1 227.60
	ρ_3	2 350 9518.874	ρ'_3	96 267 542.216 06	f_3	1 176.45
G12	ρ_1	23 497 848.572	ρ'_1	123 482 013.153 06	f_1	1 575.42
	ρ_2	23 497 849.378	ρ'_2	96 219 743.358 03	f_2	1 227.60
	ρ_3	23 497 849.084	ρ'_3	96 219 733.320 05	f_3	1 176.45

依据表 1 所示数据，由式（5）、式（6）可得双频电离层相路径延迟误差，由式（35）、式（36）、式（37）可得三频电离层相路径延迟误差，计算结果分别如表 2 所示：在 GPS 载波和码观测量的双频电离层改正方法中，电离层延迟误差改正在 $-1\sim6$ m 范围之内；在 GPS 载波和码观测量的三频电离层改正方法中，电离层延迟误差改正在 $-19\sim4$ m 范围之内。

表 2   电离层相路径延迟分析

卫星	频率组合	相路径延迟改正/m		
		$\sigma\rho_p(f_1)$	$\sigma\rho_p(f_2)$	$\sigma\rho_p(f_3)$
G17	L_1/L_2 组合	2.496 350 357	4.111 350 351	−17.106 68 991
	$L_1/L_2/L_5$ 组合	−18.004 689 91	−18.004 689 91	
G05	L_1/L_2 组合	−0.493 087 171	−0.812 087 176	3.809 953 257
	$L_1/L_2/L_5$ 组合	4.009 953 26	4.009 953 26	
G09	L_1/L_2 组合	3.233 662 505	5.325 662 498	−18.668 770 76
	$L_1/L_2/L_5$ 组合	−19.648 770 76	−19.648 770 76	
G12	L_1/L_2 组合	1.245 856 559	2.051 856 538	−5.600 631 484
	$L_1/L_2/L_5$ 组合	−5.894 631 498	−5.894 631 498	

4 结 论

（1）本文在双频载波和码观测量进行实时电离层延迟计算方法的基础上，融合 GPS 电离层折射误差三频二阶改正方法，提出了一种同时利用三频载波和码观测量进行实时电离层延迟计算的方法，此方法避免了 GPS 三频观测数据解算中整周模糊度的解算，并且计算量小，具有实时性。

（2）本文采用 2017-03-22 的 GPS 三频观测数据，经过 GPS 载波和码观测量的三频电离层延迟误差改正方法解算，解得电离层延迟误差改正在－19～4 m 范围之内，电离层延迟误差得到控制。此外，采用 GPS 三频载波和码观测计算电离层延迟误差，可避免由载波和码观测分别求解电离层延迟误差带来的问题。

参 考 文 献

[1] BI T,AN J,YANG J,et al. A modified Klobuchar model for single-frequency GNSS users over the polar region[J]. Advances in Space Research,2016(57):1555-1569.

[2] WANG N,YUAN Y,LI Z,et al. Improvement of Klobuchar model for GNSS single-frequency ionospheric delay corrections[J]. Advances in Space Research,2016,57(7):1555-1569.

[3] 王斐,吴晓莉,周田,等. 不同 Klobuchar 模型参数的性能比较[J]. 测绘学报,2014,43(11):1151-1157.

[4] BIDAINE B,LONCHAY M,WARNANT R. Galileo single frequency ionospheric correction: performances in terms of position[J]. GPS solutions,2013,17(1):63-73.

[5] WICHAIPANICH N,HOZUMI K,SUPNITHI P,et al. A comparison of neural network-based predictions of foF2 with the IRI-2012 model at conjugate points in Southeast Asia[J]. Advances in Space Research,2017.

[6] PATEL N C,KARIA S P,PATHAK K N. Comparison of GPS-derived TEC with IRI-2012 and IRI-2007 TEC predictions at Surat, a location around the EIA crest in the Indian sector, during the ascending phase of solar cycle 24[J]. Advances in Space Research,2016.

[7] MARQUES H A,et al. Second and third order ionospheric effects on GNSS positioning:a case study in Brazil[J]. Int Assoc Geodesy Symp,2012,136(1):619-625.

[8] WANG K,ROTHACHER M. GNSS triple-frequency geometry-free and ionosphere-free track-to-track ambiguities[J]. Advances in Space Research,2015,55(11):2668-2677.

[9] SPITS J,WARNANT R. Total electron content monitoring using triple frequency GNSS:Results with Giove-A-B data[J]. Advances in Space Research,2011,47(2):296-303.

[10] ZHAO L,YE S,SONG J. Handling the satellite inter-frequency biases in triple-frequency observations[J]. Advances in Space Research,2017,59(8):2048-2057.

[11] XU Y,JI S,CHEN W,et al. A new ionosphere-free ambiguity resolution method for long-range baseline with GNSS triple-frequency signals[J]. Advances in Space

Research,2015,56(8):1600-1612.

[12] ELSOBEIEY M,EL-RABBANY A. Impact of second-order ionospheric delay on GPS precise point positioning[J]. J. Appl. Geodesy,2011,5(1):37-45.

[13] DENG LIANSHENG,JIANG WEIPING,LI ZHAO,et al. Analysis of higher-order ionospheric effects on reference frame realization and coordinate variations[J]. Geomat. Inf. Sci. Wuhan Univ.,2015,40(2):193-198.

[14] ZHANG XIAOHONG, REN XIAODONG, GUO FEI. Influence of higher-order ionospheric delay correction on static precise point positioning[J]. Geomat. Inf. Sci. Wuhan Univ.,2013,38(8):883-887.

[15] WU WEI. Modelling of higher-order ionospheric terms for precise point positioning by dual frequency GPS observation method[J]. J. Nanjing Tech. Univ.,2015,37(1):94-98.

[16] 黄令勇,吕志平,刘毅锟,等. 三频 BDS 电离层延迟改正分析[J]. 测绘科学,2015,40(3):12-15.

[17] 黄张裕,赵义春,秦滔. 电离层折射误差的多频改正方法及精度分析[J]. 海洋测绘,2010,30(2):7-10.

[18] LI ZHENGHANG,QU XIAOCHUAN. New development in GPS (the sixth lecture) ddwide area real time precise positioning system and triple-frequency ionospheric correction method[J]. J. Geomat.,2012,37(6):68-72.

[19] GONG X,LOU Y,LIU W,et al. Rapid ambiguity resolution over medium-to-long baselines based on GPS/BDS multi-frequency observables[J]. Advances in Space Research,2017,59(3):794-803.

[20] LIU Z,LI Y,GUO J,et al. Influence of higher-order ionospheric delay correction on GPS precise orbit determination and precise positioning[J]. Geodesy and Geodynamics,2016,7(5):369-376.

[21] EL-MOWAFY A. Advanced receiver autonomous integrity monitoring using triple frequency data with a focus on treatment of biases[J]. Advances in Space Research,2017,59(8):2148-2157.

[22] FAN L,LI M,WANG C,et al. BeiDou satellite's differential code biases estimation based on uncombined precise point positioning with triple-frequency observable[J]. Advances in Space Research,2017,59(3):804-814.

[23] 先毅,孙越强,杜起飞,等. 一种实时双频电离层修正方法[J]. 科学技术与工程,2012,20(5):992-995.

[24] KAPLAN E D. GPS 原理与应用[M]. 2 版. 寇艳红,译. 北京:电子工业出版社,2007:205-208.

基金项目：安徽省对外科技合作计划项目(1503062020)。

作者简介：陈少鑫(1994—),男,大地测量与测量工程专业研究生。E-mail:1337406344@qq.com。

矿山测量

人才培养篇

基于项目导向的矿山测量专业
人才培养体系研究与实践

邓军,冯大福,李天和

(重庆工程职业技术学院,重庆,402260)

摘　要:矿山测量专业的培养目标就是培养矿山建设与开采、工程施工等岗位的高端技能型人才,以完成矿山企业生产一线工作应具备的基本能力为导向,通过改革人才培养模式、重构课程体系、改革教学方式和手段、加强实习实训基地建设和师资队伍建设等途径,探索高端技术技能型矿山测量人才培养途径。

关键词:项目导向;人才培养模式;课程体系;师资队伍;实训基地

Study and Practice on Talent-training Model of Mine Survering Base on Projected-oriented

DENG Jun,FENG Dafu,LI Tianhe

(*Chongqing Vocational Institute of Engineering* ,*Chongqing 402260*,*China*)

Abstract:The training goal of mine surveying specialty is to train high skilled personnel of mine construction, mining and engineering construction,In order to complete the production line work of mining enterprises should have the basic ability as the guide,Through the reform of personnel training mode, the reconstruction of curriculum system, reform teaching methods and means, strengthen the construction of training base and teachers team construction way, explore the way of cultivating talents high-end technical skills of mine surveying.

Keywords:projected-oriented;talent-training model;curricula system;teachers;training base

1　引　言

　　随着中国经济社会的飞速发展和安全高效的能源政策的实施,以矿产资源勘察与开发行业为代表的国民经济各部门需要大量的能从事矿山建设与生产一线的测绘高端技能型人才。矿山测量技术专业的培养目标就是培养矿山建设与开采、工程施工、国家基础测绘生产第一线的高端技能型人才。然而,受传统教育体制、教育观念、教学条件等因素的影响,目前我们的测绘高职专业人才培养仍然是重理论,轻实践。在现有的人才培养体系下培养出的高职专科学生,在理论知识上不如本科生,在实践动手能力上又不比中职生强,这样高职生毫无优势可言,在人才市场上没有竞争力[1]。

　　为了提高矿山测量专业人才培养质量,满足生产一线对测绘高端技能型人才的需求,我们不断学习国内外工学结合的先进职业教育教学理念和成功经验,结合矿山测量专业特点,致力于探索"项目导向"的人才培养体系,改革工学结合人才培养模式,重构课程体系结构,改革教学内容、教学方法和教学手段,加强师资队伍建设,完善实习实训条件,不断提升教学软硬件实力,提高教学质量。

2 基于项目导向工学结合人才培养模式改革

通过市场调研、矿山测量专业建设指导委员会论证,矿山测量专业以培养学生职业能力、职业素质和可持续发展能力为目标,以"工学结合、校企合作"为切入点,结合重庆煤矿建设工程的区域特点,与煤矿企业合作并在充分调研的基础上,确定了矿山生产的四大系统,分析完成四大系统的典型测量项目的知识、能力与素质,将矿山建设与生产典型测绘项目引入人才培养方案中,研究实施"1导向、1载体、1依托、1机制"[2]为内涵的"项目导向"的工学结合人才培养模式,人才培养的构建如图1所示。

矿山测量专业项目导向人才培养模式主要有三种实现途径:一是根据生产一线真实测绘项目所需要的能力来确定本专业的课程体系;二是在课程教学中,按照一个项目完成的过程组织教学;三是学生参与真实的测绘生产项目,让他们在完成项目的同时获得最直接的实践动手能力。

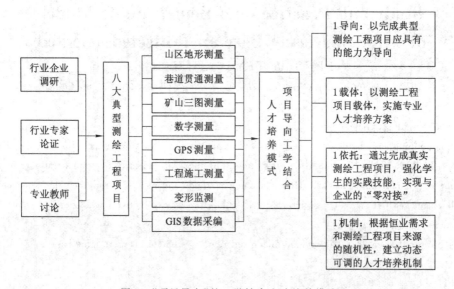

图1 "项目导向"的工学结合人才培养模式

3 基于项目导向的矿山测量专业课程体系构建

以职业能力培养为重点,以职业工作岗位需求为导向,以矿山测绘工程项目为载体,以学生为中心,与行业企业合作进行基于工作过程的开发与设计,充分体现职业性、实践性和开放性的要求,确定培养矿山生产典型测绘项目对应工作任务所需要的岗位能力的支撑课程,制定课程标准,重构基于测绘项目的课程体系[3](课程体系构建过程见图2,重构后的课程体系见图3)。通过三年的培养,使学生能够获得满足矿山测绘项目中岗位能力要求的知识和技能,实现培养矿山测量及测绘相关行业高端技能型人才的目标。

根据行业发展需要和完成职业岗位实际工作任务所需要的知识、能力、素质要求,选取

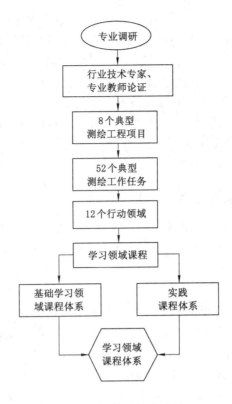

图 2 课程体系构建过程

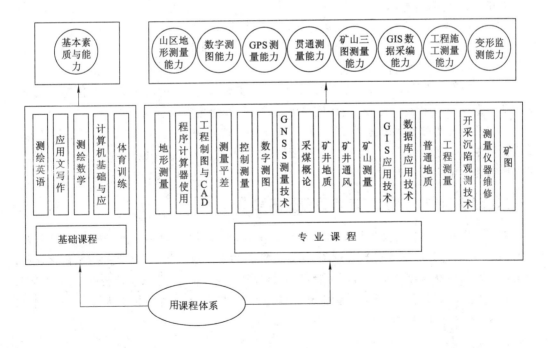

图 3 课程体系构建图

教学内容,兼顾工学结合、项目导向、情境设计三个方面进行教学设计。通过市场调研、企业参与、专业建设指导委员会论证,形成教学内容改革方案;围绕矿山测绘工程项目的实施,通过深入企业现场,寻找现场项目,根据现场需要设计教学内容,企业与学院共同参与制定教学计划、活页,确定具有应用性和实践性的教学内容;建立授课内容动态修订机制,根据市场和企业的实际需求,调整授课内容,留出部分章节主要讲授测绘新知识、新技术,特别注重测绘前沿技术的讲授,使学生获得的知识、技能真正满足职业岗位的要求。根据不同的课程所支撑的核心能力培养,以"边学边练、讲练结合"为出发点,不同的课程采用不同的教学方法,主要有项目教学法、案例教学法等[4]。

4 矿山测量专业实训基地建设

建设满足测绘工程项目实习实训需要的"虚拟与实战"相结合的校内外生产性实训基地,为矿山、测绘、国家基础建设等各行业培养高端技能型测绘人才,使本专业成为测绘高端技能人才的培养基地。

(1) 实训基地建设

以服务"项目导向"的工学结合人才培养计划为宗旨,根据矿山测量专业学生职业能力和岗位技能培养的需要,在原有实训室的基础上,新建或完善了测量电子仪器实训基地、现代测绘实训中心、测量光学仪器实训基地、GPS检验网实训基地4个校内实训基地,与矿山开采专业共建模拟矿井实训基地。五个校内实训基地可开出10个生产性测绘工程项目的实习,共18个单项技能训练,实训项目开出率100%。为了加强矿山测量教学条件,校内实训基地在加强数字化测绘实训条件的同时,重点购置了激光指向仪、陀螺经纬仪、防爆全站仪等矿井建设与施工测量设备,保证能同时满足150人次的实习。

与重庆南桐矿业有限公司等矿山生产单位合作共建了20个校外实习基地,主要承担学生最后一学期的顶岗实习,学生顶岗实习的签约率达到100%。

(2) 实训基地管理运行机制建设

建立"实训内容项目化、学生顶岗实战化、过程管理企业化"的实训能力标准考核机制,完成了测量电子仪器实训基地、现代测绘实训中心、测量光学仪器实训基地、GNSS检验网实训基地及校外实习实训基地共22个管理制度和考核办法,共完成20个校内外实习实训基地管理制度。通过建立实习实训基地管理制度和考核办法,确保校内外实习实训基地的正常运转和学生实习实训质量。

5 矿山测量专业"双师型"专业师资队伍建设

矿山测量专业根据专业发展和教学改革的需要,校企共建"校企互通,动态组合"年龄、学历、"双师"结构合理的专业教师队伍,制定专业教师下基层锻炼、再培训的相关制度,形成专业教学团队终身学习的良好机制,避免师资队伍的知识、技能、理念与社会脱节。

通过培养、聘用、引进、参与社会服务等多种方式,培养专业(群)带头人2名,骨干教师10名,"双师"素质教师达到80%以上。

6 结 束 语

通过近8年的专业建设和人才培养模式的探索改革,笔者所在院校的矿山测量专业建设和高端技术技能型人才培养已取得了很大的成效。2010年测绘教学团队被评为国家级教学团队;2013年,"GPS测量技术"成为国家级精品资源共享课;2015年,"基于项目导向的矿山测量专业人才培养体系研究与实践"获第五届煤炭行业教育教学成果特等奖;2016年,《地形测量》、《地籍调查与测量》两部教材获第二届煤炭行业优秀教材。矿山测量专业的学生在全国职业院校技能大赛测绘赛项中共获5项一等奖,7项二等奖,2016年,在全国煤炭行业矿山测量技术技能大赛中获第一名,毕业生的职业能力和综合素质得到了全面的提升,毕业生的就业率达到100%,在西南地区煤炭行业和测绘企业中获得较好的口碑。

参 考 文 献

[1] 李玲,李天和.工程测量技术专业高职人才培养模式研究与实践[J].科学咨询,2012(10):72-73.

[2] 李天和.工程测量技术专业人才培养改革与实践[J].测绘通报,2014(9):126-128.

[3] 冯大福,邓军.基于项目导向的工程测量专业课程体系的构建[J].职教论坛,2012(8):48-49.

[4] 张福荣.高职铁路工程类专业测量课程教学改革与实践[J].测绘通报,2013(8):107-108.

作者简介:邓军(1978—),男,硕士,副教授,从事测绘工程的教学与研究工作。
联系方式:重庆市江津区滨江新城南北大道1号重庆工程职业技术学院地测学院。E-mail:357059173@qq.com。